Richard von Krafft-Ebing

**Psychopathia sexualis**

Richard von Krafft-Ebing

**Psychopathia sexualis**

ISBN/EAN: 9783743616073

Hergestellt in Europa, USA, Kanada, Australien, Japan

Cover: Foto ©berggeist007 / pixelio.de

Manufactured and distributed by brebook publishing software (www.brebook.com)

Richard von Krafft-Ebing

**Psychopathia sexualis**

# PSYCHOPATHIA SEXUALIS

MIT BESONDERER BERÜCKSICHTIGUNG DER

## CONTRÄREN SEXUALEMPFINDUNG.

EINE

KLINISCH-FORENSISCHE STUDIE

VON

DR. R. v. KRAFFT-EBING,

O. Ö. PROF. FÜR PSYCHIATRIE UND NERVENKRANKHEITEN AN DER K. K. UNIVERSITÄT WIEN

**Zehnte,**
verbesserte und theilweise vermehrte Auflage.

STUTTGART.
VERLAG VON FERDINAND ENKE.
1898.

Druck der Union Deutsche Verlagsgesellschaft in Stuttgart.

# Vorwort zur ersten Auflage.

Die wenigsten Menschen werden sich vollkommen des gewaltigen Einflusses bewusst, welchen im individuellen und im gesellschaftlichen Dasein das Sexualleben auf Fühlen, Denken und Handeln gewinnt. Schiller in seinem Gedicht „Die Weltweisen" erkennt diese Thatsache an mit den Worten: „Einstweilen bis den Bau der Welt Philosophie zusammenhält, erhält sie das Getriebe durch Hunger und durch Liebe."

Auffallenderweise hat auch von Seiten der Philosophen das sexuelle Leben eine nur höchst untergeordnete Würdigung erfahren.

Schopenhauer (Die Welt als Wille und Vorstellung, 3. Aufl., Bd. 2, p. 586 u. ff.) findet es geradezu sonderbar, dass die Liebe bisher nur Stoff für den Dichter und, dürftige Untersuchungen bei Plato, Rousseau, Kant ausgenommen, nicht auch für den Philosophen war.

Was Schopenhauer und nach ihm der Philosoph des Unbewussten, E. v. Hartmann, über sexuelle Verhältnisse philosophiren, ist so fehlerhaft und in seinen Consequenzen so abgeschmackt, dass, abgesehen von den mehr als geistreiche Causeries, denn als wissenschaftliche Abhandlungen zu betrachtenden Darstellungen eines Michelet (L'amour) und Mantegazza (Physiologie der Liebe), sowohl die empirische Psychologie als die Metaphysik der sexuellen Seite des menschlichen Daseins ein noch nahezu jungfräulicher wissenschaftlicher Boden sind.

Vorläufig dürften die Dichter bessere Psychologen sein als die Psychologen und Philosophen von Fach, aber sie sind Gefühls- und nicht Verstandesmenschen und mindestens einseitig in der Betrachtung des Gegenstands. Sehen sie doch über dem Licht und der sonnigen Wärme des Stoffes, von dem sie Nahrung ziehen, nicht die tiefen Schatten! Mögen auch die Erzeugnisse der Dichtkunst aller Zeiten und Völker dem Monographen einer „Psychologie der Liebe" unerschöpflichen Stoff bieten, so kann diese grosse Aufgabe doch nur gelöst werden unter Mithilfe der Naturwissenschaft und speciell der Medicin, welche den psychologischen Stoff an seiner anatomisch-physiologischen Quelle erforscht und ihm allseitig gerecht wird.

Vielleicht gelingt es ihr dabei, einen vermittelnden Standpunkt für die philosophische Erkenntniss zu gewinnen, der gleichweit sich entfernt von der trostlosen Weltanschauung der Philosophen, wie Schopenhauer und Hartmann[1]), und der heiter naiven der Poeten.

Die Absicht des Verfassers geht nicht dahin, Bausteine zu einer Psychologie des Sexuallebens beizutragen, obwohl zweifelsohne wichtige Erkenntnissquellen für die Psychologie aus der Psychopathologie sich ergeben dürften.

Der Zweck dieser Abhandlung ist die Kenntnissnahme der psychopathologischen Erscheinungen des Sexuallebens und der Versuch ihrer Zurückführung auf gesetzmässige Bedingungen. Diese Aufgabe ist eine schwierige und trotz vieljähriger Erfahrungen als Psychiater und Gerichtsarzt bin ich mir klar bewusst, nur Unvollkommenes bieten zu können.

Die Wichtigkeit des Gegenstands für das öffentliche Wohl und speciell für das Forum gebietet gleichwohl, dass er wissenschaftlich untersucht werde. Nur wer als Gerichtsarzt in der Lage war, über Mitmenschen, deren Leben, Freiheit und Ehre auf dem Spiel stand, sein Urtheil abgeben zu müssen, und sich der Unvollkommenheit unserer Kenntnisse auf dem pathologischen Gebiet des Sexuallebens in peinlicher Weise klar wurde, vermag die Bedeutung eines Versuchs, zu leitenden Gesichtspunkten zu gelangen, voll zu würdigen.

Jedenfalls kommen auf dem Gebiet der sexuellen Delikte noch die irrigsten Anschauungen zum Ausdrucke und werden die fehlerhaftesten Urtheile geschöpft, gleichwie die Strafgesetzbücher und die öffentliche Meinung von ihnen beeinflusst erscheinen.

Wer die Psychopathologie des sexualen Lebens zum Gegenstand einer wissenschaftlichen Abhandlung macht, sieht sich einer Nachtseite menschlichen Lebens und Elends gegenübergestellt, in deren Schatten das glänzende Götterbild des Dichters zur scheusslichen Fratze wird und die Moral und Aesthetik an dem „Ebenbild Gottes" irre werden möchten.

Es ist das traurige Vorrecht der Medicin und speciell der Psychiatrie, dass sie beständig die Kehrseite des Lebens, menschliche Schwäche und Armseligkeit, schauen muss.

---

[1]) Hartmann's philosophische Anschauung von der Liebe in „Philosophie des Unbewussten", Berlin 1869, p. 583, ist folgende: Die Liebe verursacht mehr Schmerz als Lust. Die Lust ist nur illusorisch. Die Vernunft würde gebieten, die Liebe zu meiden, wenn nicht der fatale Geschlechtstrieb wäre — ergo wäre es am besten, wenn man sich castriren liesse. Dieselbe Anschauung minus der Consequenz findet sich schon bei Schopenhauer: „Die Welt als Wille und Vorstellung", 3. Aufl., Bd. 2, p. 586 u. ff.

Vielleicht gewinnt sie einen Trost in dem schweren Beruf und entschädigt sie den Ethiker und Aesthetiker, indem sie auf krankhafte Bedingungen vielfach zurückzuführen vermag, was den ethischen und ästhetischen Sinn beleidigt. Damit übernimmt sie die Ehrenrettung der Menschheit vor dem Forum der Moral und der Einzelnen vor ihren Richtern und Mitmenschen. Pflicht und Recht der medicinischen Wissenschaft zu diesen Studien erwächst ihr aus dem hohen Ziel aller menschlichen Forschung nach Wahrheit.

Der Verfasser macht den Ausspruch Tardieu's (Des attentats aux moeurs): „Aucune misère physique ou morale, aucune plaie, quelque corrompue qu'elle soit, ne doit effrayer celui qui s'est voué à la science de l'homme et le ministère sacré du médecin, en l'obligeant à tout voir, lui permet aussi de tout dire" zu dem seinigen.

Die folgenden Blätter wenden sich an die Adresse von Männern ernster Forschung auf dem Gebiet der Naturwissenschaft und der Jurisprudenz. Damit jene nicht Unberufenen als Lektüre dienen, sah sich der Verfasser veranlasst, einen nur dem Gelehrten verständlichen Titel zu wählen, sowie, wo immer möglich, in terminis technicis sich zu bewegen. Ausserdem schien es geboten, einzelne besonders anstössige Stellen statt in deutscher, in lateinischer Sprache zu geben.

Möge der Versuch, über ein bedeutsames Lebensgebiet dem Arzt und Juristen Aufschlüsse zu bieten, wohlwollende Aufnahme finden und eine wirkliche Lücke in der Literatur ausfüllen, die, ausser einzelnen Aufsätzen und Casuistik, nur die Theilgebiete behandelnden Schriften von Moreau und Tarnowsky aufweist.

## Vorwort zur zehnten Auflage.

Die vorliegende zehnte Auflage ist eine sorgfältig revidirte, verbesserte und bedeutend vermehrte. Die ausnahmslos günstige Kritik, welche das Buch bisher in juridischen Kreisen gefunden hat, ist dem Verfasser Gewähr dafür, dass es nicht ohne Einfluss auf Rechtsprechung und Gesetzgebung bleiben und zur Beseitigung von vielhundertjährigen Härten und Irrthümern beitragen wird.

Der unerwartet grosse buchhändlerische Erfolg ist wohl der beste Beweis dafür, dass es unzählige Unglückliche gibt, die in dem Buche Aufklärung und Trost hinsichtlich räthselhafter Erscheinungen ihrer Vita sexualis suchen und finden. Zahllose Zuschriften solcher Stiefkinder der Natur, aus allen Ländern an den Verfasser gerichtet, sind Belege dafür, dass diese Annahme begründet ist. Die Lektüre dieser Briefe, deren Schreiber in der Mehrzahl geistig und social hochstehende und oft sehr feinfühlige Menschen sind, erweckt das tiefste Mitleid. Sind es doch seelische Leiden, die da geoffenbart werden, gegen die alles Andere, was das Schicksal verhängen kann, in Nichts verschwindet!

Möge das Buch solchen Unglücklichen auch ferner Trost und sittliche Rehabilitation bieten!

Um seine Lektüre etwaigen Unberufenen zu erschweren und zu verleiden, wurde noch mehr, als in vorausgehenden Auflagen, von terminis technicis und lateinischer Sprache Gebrauch gemacht. Neue d. h. in der 9. Auflage nicht enthaltene Beobachtungen sind Nr. 58. 59. 67. 75. 76. 79. 80. 85. 87. 88. 101. 102. 116—120. 132. 139. 176. 188. 190. 192. 196. 203. der gegenwärtigen.

Hoffentlich ist auch dieser Auflage die freundliche Aufnahme beschieden, deren sich die vorausgehenden zu erfreuen hatten. Möge das Buch im Dienst der Wissenschaft, des Rechts und der Humanität sich nützlich erweisen!

Wien, Jänner 1898.

Der Verfasser.

# Inhalt.

**I. Fragmente einer Psychologie des Sexuallebens** .......... Seite 1

Mächtigkeit sexueller Triebe 1. Sexualer Trieb als Grundlage ethischer Gefühle 1. Liebe als Leidenschaft 2. Culturgeschichtliche Entwicklung des Sexuallebens 2. Schamhaftigkeit 2. Christenthum 3. Monogamie 4. Stellung des Weibes im Islam 5. Sinnlichkeit und Sittlichkeit 6. Culturelle Versittlichung des Sexuallebens 6. Episoden sittlichen Niederganges im Völkerleben 7. Entwicklung sexueller Gefühle beim Individuum. Pubertät 7. Sinnlichkeit und religiöse Schwärmerei 8. Beziehungen zwischen religiösem und sexuellem Gebiet 9. Sinnlichkeit und Kunst 10. Idealisirender Zug der ersten Liebe 10. Wahre Liebe 10. Sentimentalität 11. Platonische Liebe 11. Liebe und Freundschaft 11. Verschiedenheit der Liebe von Mann und Weib 12. Cölibat 13. Ehebruch 13. Ehe 14. Putzsucht 14. Thatsachen des physiologischen Fetischismus 16. Religiöser und erotischer Fetischismus 17. Haar, Hand, Fuss des Weibes als Fetisch 18. Auge, Geruch, Stimme, seelische Eigenschaften als Fetisch 19.

**II. Physiologische Thatsachen** .......... 22

Geschlechtsreife 22. Zeitliche Begrenzung des Sexuallebens 22. Geschlechtssinn 23. Lokalisation? 23. Physiologische Entwicklung des Sexuallebens 23. Erection. Erectionscentrum 24. Geschlechtssphäre und Geruchssinn 25. Geisselung ein das Sexualleben erregender Eingriff 27. Flagellantensekte 27. Paullini's Flagellum salutis 28. Erogene Zonen 29. Beherrschung des Sexualtriebs 30. Cohabitation 31. Ejaculation 31.

**III. Allgemeine Neuro- und Psychopathologie des Sexuallebens** ....... 32

Häufigkeit und Wichtigkeit pathologischer Erscheinungen 32. Schema der sexualen Neurosen 33. Reizzustände des Erectionscentrums 33. Lähmung desselben 33. Hemmungsvorgänge im Erectionscentrum 34. reizbare Schwäche desselben 34. Neurosen des Ejaculationscentrums 34. Cerebral bedingte Neurosen 35. Paradoxie d. h. Sexualtrieb ausserhalb der Zeit anatomisch-physiologischer Vorgänge 35. Im Kindesalter auftretender Geschlechtstrieb 35. Im Greisenalter wieder erwachender Trieb 37. Sexuelle Verirrungen bei Greisen, erklärt durch Impotenz und Demenz 38. Anaesthesie sexualis d. h. fehlender Geschlechtstrieb 39, als angeborene Anomalie 39, als erworbene 44. Hyperästhesie d. h. krankhaft gesteigerter Trieb 45. Bedingungen und Erscheinungen dieser Anomalie 46. Parästhesie der Sexualempfindung oder Perversion des Geschlechtstriebs 52. Perversion und Perversität 53. Sadismus. Versuch einer Erklärung des Sadismus 54. Sadistischer Lustmord 59. Anthropophagie 61. Leichenschänder 63. Missbandeln von Weibern, Blutigstechen, Flagelliren derselben 66. Besudeln weiblicher Personen 71. Symbolischer Sadismus d. h. sonstige Ausübung von Gewalt gegen weibliche Personen 73. Sadismus an beliebigem Objekt 73. Knabengeisler 75. Sadistische Akte an Thieren 76. Sadismus des Weibes 78. Kleist's Penthesilea 79. Masochismus 79. Wesen und klinische Erscheinung des Masochismus 80. Aufsuchen von Missbandlungen und Demüthigungen zum Zweck sexueller Befriedigung 81. Passive Flagellation in ihren Beziehungen zum Masochismus 90. Häufigkeit und Praktiken des Masochismus 99. Symbolischer Masochismus 101. Ideeller Masochismus 102. Jean Jacques Rousseau 103. Der Masochismus in der wissenschaftlichen und belletristischen Literatur 106. Larvirter Masochismus 108. Schuh- und Fussfetischisten 108. Koprolagnie 120. Masochismus des Weibes

125. Versuch einer Erklärung des Masochismus 128. Geschlechtliche Hörigkeit 131. Masochismus und Sadismus 137. Fetischismus. Erklärung des Fetischismus 142. Fälle, in welchen der Fetisch ein Theil des weiblichen Körpers ist 147. Handfetischismus 147. Körperfehler als Fetisch 154. Zopffetischismus. Zopfabschneider 157. Der Fetisch ist ein Stück der weiblichen Kleidung 160. Liebhaber resp. Diebe weiblicher Taschentücher 166. Schuhfetischisten 169. Der Fetisch ist ein bestimmter Stoff 173. Pelz-, Seide- und Sammtfetischisten 185. Conträre Sexualempfindung 182. Erworbene conträre Sexualempfindung bei beiden Geschlechtern 185. Neurotische Belastung als Bedingung erworbener conträrer Sexualempfindung 187. Stufen der erworbenen Entartung 187. Einfache Verkehrung der Geschlechtsempfindung 188. Eviratio und Defeminatio 192. Wahnsinn der Skythen 195. Mujerados 196. Uebergangsstufe zur Metamorphosis sexualis 196. Metamorphosis sexualis paranoica 209. Angeborene conträre Sexualempfindung 214. Verschiedene klinische Formen derselben 215. Allgemeine Merkmale 215. Erklärungsversuche der Anomalie 219. Die angeborene conträre Sexualempfindung beim Manne 224. Psychische Hermaphrodisie 226. Homosexuale oder Urninge 234. Effeminatio 244. Androgyne 250. Die angeborene conträre Sexualempfindung beim Weibe 254. Anderweitige Erscheinungen sexueller Perversion bei Conträrsexualen 275. Diagnose, Prognose und Therapie der conträren Sexualempfindung 277.

**IV. Specielle Pathologie** . . . . . . . . . . . . . . . . . . 286

Die Erscheinungen krankhaften Sexuallebens in den verschiedenen Formen und Zuständen geistiger Störung 286. Psychische Entwicklungshemmungen 286. Erworbene geistige Schwächezustände 288. Consecutive Geistesschwäche nach Psychosen 289, nach Apoplexien 289, nach Kopfverletzung 289, auf Grund von Lues cerebralis 290. Dementia paralytica 290. Epilepsie 291. Periodische Geistesstörung 296. Psychopathia sexualis periodica 297. Manie 298. Zeichen sexueller Erregung bei Manischen 298. Satyriasis und Nymphomanie 299. Chronische Satyriasis und Nymphomanie 300. Melancholie 300. Hysterie 300. Paranoia 301.

**V. Das krankhafte Sexualleben vor dem Criminalforum** . . . . . . . . . . 304

Gefahr sexueller Delikte für die allgemeine Wohlfahrt 304. Zunehmende Häufigkeit derselben 304. Muthmassliche Ursachen 304. Klinische Forschungen 304. Mangelhafte Würdigung solcher seitens der Juristen 305. Anhaltspunkte für die forensische Beurtheilung sexueller Delikte 306. Bedingungen der Aufhebung der Zurechnungsfähigkeit 307. Indicien für die psychopathologische Bedeutung sexueller Delikte 307. Die einzelnen sexuellen Delikte. Exhibitioniren 308. Frotteurs 319. Statuenschänder 321. Nothzucht und Lustmord 321. Körperverletzung, Sachbeschädigung, Thierquälerei auf Grund von Sadismus 326. Masochismus und geschlechtliche Hörigkeit 329. Körperverletzung, Raub, Diebstahl auf Grund von Fetischismus 332. Unzucht mit Individuen unter 14 Jahren. Schändung 334. Unzucht wider die Natur 340. Thierschändung 340. Zooerastie 341. Unzucht mit Personen desselben Geschlechts. Päderastie 346. Die Päderastie im Lichte der Forschungen über conträre Sexualempfindung 347. Nothwendigkeit der Unterscheidung krankhafter und nicht krankhaft bedingter Päderastie 347. Forensische Beurtheilung der veranlagten conträren Sexualempfindung, sowie der erworbenen krankhaften 347. Denkschrift eines Urnings 348. Gründe für die Unterlassung der strafgerichtlichen Verfolgung homosexualer Liebesakte 351. Die gezüchtete, nicht krankhafte Päderastie 356. Ursachen des Lasters 356. Sociales Leben der Päderasten 358. Ein Ball der Weiberfeinde in Berlin 359. Art der sexuellen Triebrichtung bei den verschiedenen Kategorien conträrer Sexualempfindung 361. Paedicatio mulierum 362. Amor lesbicus 369. Nekrophilie 371. Incest 372. Unsittliche Handlungen mit Pflegebefohlenen 373.

Register . . . . . . . . . . . . . . . . . . . . . . . . 374

# I. Fragmente einer Psychologie des Sexuallebens.

Die Fortpflanzung des Menschengeschlechts ist nicht dem Zufall oder der Laune der Individuen anheimgegeben, sondern durch einen Naturtrieb gewährleistet, der allgewaltig, übermächtig nach Erfüllung verlangt. In der Befriedigung dieses Naturdrangs ergeben sich nicht nur Sinnengenuss und Quellen körperlichen Wohlbefindens, sondern auch höhere Gefühle der Genugthuung, die eigene, vergängliche Existenz durch Vererbung geistiger und körperlicher Eigenschaften in neuen Wesen über Zeit und Raum hinaus fortzusetzen. In der grobsinnlichen Liebe, in dem wollüstigen Drang, den Naturtrieb zu befriedigen, steht der Mensch auf gleicher Stufe mit dem Thier, aber es ist ihm gegeben, sich auf eine Höhe zu erheben, auf welcher der Naturtrieb ihn nicht mehr zum willenlosen Sklaven macht, sondern das mächtige Fühlen und Drängen höhere, edlere Gefühle weckt, die, unbeschadet ihrer sinnlichen Entstehungsquelle, eine Welt des Schönen, Erhabenen, Sittlichen erschliessen.

Auf dieser Stufe steht der Mensch hoch über dem Trieb der Natur und schöpft aus der unversieglichen Quelle Stoff und Anregung zu edlerem Genuss, zu ernster Arbeit und zur Erreichung idealer Ziele. Mit Recht bezeichnet Maudsley (Deutsche Klinik 1873, 2, 3) die geschlechtliche Empfindung als die Grundlage für die Entwicklung der socialen Gefühle. „Wäre der Mensch des Fortpflanzungstriebes beraubt und alles Dessen, was geistig daraus entspringt, so würde so ziemlich alle Poesie und vielleicht auch die ganze moralische Gesinnung aus seinem Leben herausgerissen sein."

Jedenfalls bildet das Geschlechtsleben einen gewaltigen Factor im individuellen und im socialen Dasein, den mächtigsten Impuls zur Bethätigung der Kräfte, zur Erwerbung von Besitz, zur Gründung eines häuslichen Herdes, zur Erweckung altruistischer Gefühle, zunächst gegen eine Person des anderen Geschlechts, dann gegen die Kinder und im weiteren Sinne gegenüber der gesammten menschlichen Gesellschaft.

So wurzelt in letzter Linie alle Ethik, vielleicht auch ein guter Theil Aesthetik und Religion in dem Vorhandensein geschlechtlicher Empfindungen.

Wie das sexuale Leben die Quelle der höchsten Tugenden werden kann, bis zur Aufopferung des eigenen Ich, so liegt in seiner sinnlichen Macht die Gefahr, dass es zur gewaltigen Leidenschaft ausarte und die grössten Laster entwickle.

Als entfesselte Leidenschaft gleicht die Liebe einem Vulkan, der Alles versengt, verzehrt, einem Abgrund, der Alles verschlingt — Ehre, Vermögen, Gesundheit.

Von hohem psychologischen Interesse erscheint es, die Entwicklungsphasen zu verfolgen, durch welche im Laufe der Culturentwicklung der Menschheit das Geschlechtsleben bis zu heutiger Sitte und Gesittung hindurchgegangen ist[1]). Auf primitiver Stufe erscheint die Befriedigung sexueller Bedürfnisse der Menschen wie die der Thiere. Der geschlechtliche Akt entzieht sich nicht der Oeffentlichkeit, und Mann und Weib scheuen sich nicht, nackt zu gehen. Auf dieser Stufe sehen wir (vgl. Ploss) heute noch wilde Völker, wie z. B. die Australier, Polynesier, Malayen der Philippinen. Das Weib ist Gemeingut der Männer, temporäre Beute des Mächtigsten, Stärksten. Dieser strebt nach den schönsten Individuen des anderen Geschlechts und erfüllt damit instinktiv eine Art geschlechtlicher Zuchtwahl.

Das Weib ist dabei eine bewegliche Sache, eine Waare, ein Gegenstand des Kaufs, Tauschs, der Schenkung, ein Werkzeug des Sinnengenusses, der Arbeit. Den Anfang einer Versittlichung des Geschlechtslebens bildet das Auftreten eines Schamgefühls bezüglich der Kundgebung und Bethätigung des Naturtriebs der Gesellschaft gegenüber und die Schamhaftigkeit im Verkehr der Geschlechter. Daraus entsprang das Bestreben, die Schamtheile zu verhüllen („Sie erkannten, dass sie nackt waren") und sexuelle Akte abseits zu vollziehen.

Die Entwicklung dieser Culturstufe wird begünstigt durch Kälte des Klimas und das dadurch geweckte Bedürfniss nach allseitiger Bedeckung des Körpers. Daraus erklärt es sich zum Theil, dass bei nordischen Völkern die Schamhaftigkeit anthropologisch früher nachzuweisen ist als bei südlichen [2]).

---

[1]) Vergl. Lombroso, Der Verbrecher, übersetzt von Fränkel, p. 38 u. ff.; Westermarck, Geschichte der menschlichen Ehe, deutsch von Katscher und Grazer, Jena (Costenoble) 1893; Ploss, Das Weib in der Natur- und Völkerkunde, 3. Aufl. Leipzig 1891. Bd. II. p. 413—90.

[2]) Nach Westermarck op. cit. ist es „nicht das Gefühl der Scham, welches die Bedeckung veranlasst hat, sondern die Bedeckung hat das Gefühl der Scham hervorgerufen. Die Bedeckung der Schamtheile entsprang aber ursprünglich dem Wunsche der Männer und Frauen, sich gegenseitig anziehend zu machen".

Ein weiteres Moment in der culturellen Entwicklung des Sexuallebens ergibt sich damit, dass das Weib aufhört, bewegliche Sache zu sein. Es wird eine Person, und, wenn auch lange noch social tief unter den Mann gestellt, entwickelt sich doch die Anschauung, dass dem Weibe ein Verfügungsrecht über sich und seine Liebesgunst zustehe.

Damit wird es Gegenstand der Bewerbung des Mannes. Zu dem roh sinnlichen Gefühle geschlechtlicher Bedürfnisse gesellen sich Anfänge ethischer Empfindungen. Der Trieb wird durchgeistigt. Die Weibergemeinschaft hört auf. Die geschlechtlich differenten Einzelwesen fühlen sich durch geistige und körperliche Vorzüge zu einander hingezogen und erweisen nur einander Liebesgunst. Auf dieser Stufe hat das Weib ein Gefühl, dass seine Reize nur dem Manne seiner Neigung gehören und ein Interesse daran, sie Anderen gegenüber zu verhüllen. Damit sind, neben der Schamhaftigkeit, die Grundlagen der Keuschheit und der sexuellen Treue — solange der Liebesbund dauert — gegeben.

Um so früher erreicht das Weib diese sociale Stufe da, wo mit dem Sesshaftwerden der Menschen aus früherem Nomadenleben ihnen ein Heim, ein Haus ersteht und für den Mann sich das Bedürfniss ergibt, eine Lebensgefährtin für die Hauswirthschaft, eine Hausfrau in dem Weibe zu besitzen.

Diese Stufe haben unter den Völkern des Orients früh die alten Aegypter, die Israeliten und die Griechen, unter den Völkern des Abendlands die Germanen erreicht. Ueberall auf dieser Stufe findet sich die Werthschätzung der Jungfräulichkeit, Keuschheit, Schamhaftigkeit und sexuellen Treue, im Gegensatz zu anderen Völkern, die die Hausgenossin dem Gastfreund zum sexuellen Genusse bieten.

Dass diese Stufe der Versittlichung des sexuellen Lebens eine ziemlich hohe ist und viel später als manche andere culturelle Entwicklungsformen, z. B. ästhetische, sich einstellt, lehren die Japanesen, bei denen bis vor Decennien jedes unverheirathete Weib sich prostituiren konnte, ohne an seinem Werth als künftige Frau Einbusse zu erleiden.

Die Versittlichung des sexuellen Verkehrs erfuhr einen mächtigen Impuls durch das Christenthum, indem es das Weib auf gleiche sociale Stufe mit dem Manne erhob und den Liebesbund zwischen Mann und Weib zu einer religiös-sittlichen Institution gestaltete[1]). Damit war der

---

[1]) Diese allgemeine und auch von vielen Culturhistorikern aufgestellte Meinung bedarf aber einer Einschränkung, insofern der symbolische und sakramentale Charakter der Ehe erst vom Concil zu Trient klar und deutlich ausgesprochen wurde, wenn auch es von jeher im Geist des Christenthums lag, dass das Weib aus seiner inferioren Stellung, die es in der alten Welt und im alten Testament einnahm, befreit und erhoben werden sollte.

Dass dies so spät wirklich geschah, erklärt sich zum Theil wohl aus den Traditionen der Genesis von der secundären Schöpfung des Weibes aus der Rippe des

Thatsache entsprochen, dass die Liebe des Menschen auf höherer Civilisationsstufe nur eine monogamische sein kann und sich auf einen dauernden Vertrag stützen muss. Mag auch die Natur bloss Fortpflanzung fordern, so kann ein Gemeinwesen (Familie oder Staat) nicht bestehen ohne Garantie, dass das Erzeugte physisch, moralisch und intellectuell gedeihe. Durch die Gleichstellung des Weibes mit dem Manne, durch die Statuirung der monogamischen Ehe und ihre Festigung durch rechtliche, religiöse und sittliche Bande erwuchs den christlichen Völkern eine geistige und materielle Superiorität über die polygamischen Völker, speciell über den Islam.

Wenn auch Mohamed das Weib in seiner Stellung als Sklavin und

---

Mannes, von seiner Rolle beim Sündenfall und dem dafür erfolgten Fluche „dein Wille soll dem Manne unterthan sein". Indem der Sündenfall, für den die hl. Schrift des alten Testaments das Weib verantwortlich gemacht hatte, der Grundstein des kirchlichen Lehrgebäudes wurde, musste die sociale Stellung der Frau so lange verkümmert bleiben, bis der Geist des Christenthums über Tradition und Scholastik den Sieg gewann.

Bemerkenswerth ist, dass die Evangelien, mit Ausnahme des Verbots der Verstossung (Matth. 19. 9) keine Stelle zu Gunsten der Frau enthalten. Die Milde gegen die Ehebrecherin und gegenüber der büssenden Magdalena berührt die Stellung der Frau an und für sich nicht. Eindringlich erklären geradezu die Paulini'schen Briefe, dass an der Stellung des Weibes nichts geändert werden solle (II. Korinther 11. 3—12; Epheser 5. 22 „die Weiber seien unterthan ihren Männern" und 23 „das Weib fürchte den Mann").

Wie sehr die Kirchenväter durch Eva's Schuld gegen das Weib präoccupirt sind, lehren Stellen bei Tertullian: „Weib, du solltest stets in Trauer und Lumpen gehen, deine Augen voll Thränen. Du hast das Menschengeschlecht zu Grunde gerichtet!" Der hl. Hieronymus ist gar schlecht auf das Weib zu sprechen. Er sagt: „Das Weib ist die Pforte des Teufels, der Weg des Unrechts, der Stachel des Skorpions" (de cultu feminarum 1. 1).

Das kanonische Recht erklärt: Nur der Mann ist nach dem Ebenbilde Gottes erschaffen, nicht das Weib; deshalb soll das Weib ihm dienen und seine Magd sein!

Das Provincialconcil von Macon im 6. Jahrhundert debattirte ernstlich darüber, ob das Weib überhaupt eine Seele habe.

Die Wirkung dieser Ansichten der Kirche auf die Völker, welche das Christenthum annahmen, war eine entsprechende. Bei den Germanen wurde nach der Annahme des neuen Glaubens aus den obigen Gründen das Wehrgeld der Frauen — der naive Ausdruck ihres Werthes — herabgesetzt (J. Falke, Die ritterliche Gesellschaft. Berlin 1862 p. 49). Ueber die Schützung beider Geschlechter bei den Juden s. III. Mosis 27. 3—4.

Auch die Polygamie, im alten Testament (Deuteronom. 21. 15) ausdrücklich anerkannt, wird im neuen nirgends ausdrücklich aufgehoben. Thatsächlich haben christliche Fürsten (z. B. merovingische Könige wie Chlotar I., Charibert I., Pippin I. und viele vornehme Franken) in Polygamie gelebt, wogegen die Kirche damals noch nichts einzuwenden hatte (Weinhold, Die deutschen Frauen im Mittelalter II. p. 15); vgl. auch Unger, „Die Ehe" etc. und das Werk von Louis Bridel „La femme et le droit", Paris 1884.

Werkzeug des Sinnengenusses zu heben, social und ehelich auf eine höhere Stufe zu stellen bestrebt war, so blieb dasselbe in der islamitischen Welt dennoch tief unter den Mann gestellt, dem allein die Ehescheidung möglich und überdies sehr leicht gemacht war.

Unter allen Umständen schloss der Islam das Weib von der Bethätigung am öffentlichen Leben aus und hinderte damit seine intellectuelle und sittliche Fortentwicklung. Dadurch blieb das muselmannische Weib wesentlich Mittel zum Sinnengenuss und zur Erhaltung der Race, während die Tugenden und Fähigkeiten des christlichen Weibes als Hausfrau, Erzieherin der Kinder, gleichberechtigte Gefährtin des Mannes, sich herrlich entfalten konnten. So stellt sich der Islam mit seiner Polygamie und seinem Haremleben in grellen Contrast zur Monogamie und zu dem Familienleben der christlichen Welt.

Derselbe Contrast macht sich bei einem Vergleich der beiden Religionen auch bezüglich der Vorstellungen vom Jenseits geltend, das dem christlichen Gläubigen unter dem Bilde eines von aller irdischen Sinnlichkeit befreiten, rein geistige Wonnen verheissenden Paradieses sich darstellt, während die Phantasie des Muselmanns in Bildern eines wollüstigen Haremlebens mit herrlichen Houris sich das Jenseits ausmalt.

Trotz aller Hülfen, die Religion, Gesetz, Erziehung und Sitte dem Culturmenschen in der Zügelung seiner sinnlichen Triebe angedeihen lassen, läuft derselbe jederzeit Gefahr, von der lichten Höhe reiner und keuscher Liebe in den Sumpf gemeiner Wollust herabzusinken.

Um sich auf jener Höhe zu behaupten, bedarf es eines beständigen Kampfes zwischen Naturtrieb und guter Sitte, zwischen Sinnlichkeit und Sittlichkeit. Nur willensstarken Charakteren ist es gegeben, sich ganz von der Sinnlichkeit zu emancipiren und jener reinen Liebe theilhaftig zu werden, aus der die edelsten Freuden menschlichen Daseins erblühen.

Man kann darüber streiten, ob die Menschheit im Verlauf der letzten Jahrhunderte sittlicher geworden ist. Zweifelsohne ist sie schamhafter geworden, und diese civilisatorische Erscheinung des Verbergens sinnlichthierischer Bedürfnisse ist wenigstens eine Concession, welche das Laster der Tugend macht.

Aus der Lektüre des Werkes von Scherr (Deutsche Culturgeschichte) wird Jeder den Eindruck gewinnen, dass unsere sittlichen Anschauungen gegenüber denen des Mittelalters geläuterte geworden sind, wenn auch zugegeben werden muss, dass vielfach an die Stelle früherer Unfläthigkeit und Rohheit des Ausdrucks nur feinere Sitten ohne grössere Sittlichkeit getreten sind.

Vergleicht man jedoch weiter aus einander liegende Zeitabschnitte und Culturperioden, so kann kein Zweifel obwalten, dass die öffentliche Moral, trotz episodischer Rückschläge, einen unaufhaltsamen Aufschwung innerhalb der Culturentwicklung nimmt und dass einen der mächtigsten Hebel auf der Bahn des sittlichen Fortschritts das Christenthum darstellt.

Wir sind heutzutage doch weit erhaben über jene sexuellen Zustände, wie sie sich in dem sodomitischen Götterglauben, dem Volksleben, der Gesetzgebung und den religiösen Uebungen der alten Griechen ausprägten, ganz zu schweigen von dem Phallus- und Priapuscult der Athener und Babylonier, von den Bacchanalien des alten Roms und der bevorzugten öffentlichen Stellung, welche die Hetären bei jenen Völkern einnahmen.

Innerhalb des langsamen, oft unmerklichen Aufschwungs, welchen menschliche Sitte und Gesittung nehmen, zeigen sich Schwankungen, Fluctuationen, gleichwie im individuellen Dasein die sexuale Seite ihre Ebbe und Fluth aufweist.

Episoden des sittlichen Niedergangs im Leben der Völker fallen jeweils zusammen mit Zeiten der Verweichlichung, der Ueppigkeit und des Luxus. Diese Erscheinungen sind nur denkbar mit gesteigerter Inanspruchnahme des Nervensystems, das für das Plus an Bedürfnissen aufkommen muss. Im Gefolge überhandnehmender Nervosität erscheint eine Steigerung der Sinnlichkeit, und indem sie zu Ausschweifungen der Massen des Volks führt, untergräbt sie die Grundpfeiler der Gesellschaft, die Sittlichkeit und Reinheit des Familienlebens. Sind durch Ausschweifung, Ehebruch, Luxus jene unterwühlt, dann ist der Zerfall des Staatslebens, der materielle, moralische Ruin eines solchen unvermeidlich. Warnende Beispiele in dieser Hinsicht sind der römische Staat, Griechenland, Frankreich unter Louis XIV. und XV.[1]). In solchen Zeiten des staatlichen und sittlichen Verfalls traten vielfach geradezu monströse Verirrungen des sexuellen Trieblebens auf, die jedoch zum Theil auf psycho- oder wenigstens neuro-pathologische Zustände in der Bevölkerung sich zurückführen lassen.

Dass die Grossstädte Brutstätten der Nervosität und entarteten Sinnlichkeit sind, ergibt sich aus der Geschichte von Babylon, Ninive, Rom, gleichwie aus den Mysterien des modernen grossstädtischen Lebens. Bemerkenswerth ist die Thatsache, welche aus der Lektüre des Plossschen Werks hervorgeht, nämlich, dass Verirrungen des Geschlechtstriebs (ausser bei den Aleuten, ferner in Gestalt von Masturbation bei den Orientalinnen und den Nama-Hottentottinnen) bei un- oder halbcivilisirten Völkern nicht vorkommen[2]).

Die Erforschung des sexuellen Lebens des Individuums hat mit

---

[1]) Vgl. Friedländer, Sittengeschichte Roms. Wiedemeister, Der Cäsarenwahnsinn. Suetonius, Moreau, Des aberrations du sens génésique.

[2]) Diese Angaben stehen aber im Widerspruch mit Friedreich (Hdb. der gerichtsärztl. Praxis 1843, 1. p. 271), nach welchem Päderastie bei den Wilden Amerikas sehr häufig vorkommen soll, ferner mit Lombroso (op. cit. p. 42).

dessen Entwicklung in der Pubertät zu beginnen und dasselbe in seinen verschiedenen Phasen bis zum Erlöschen sexualer Empfindungen zu verfolgen.

Schön schildert Mantegazza in seiner „Physiologie der Liebe" das Sehnen und Drängen des erwachenden Geschlechtslebens, von dem Ahnungen, unklare Empfindungen und Dränge aber weit über die Epoche der Pubertätsentwicklung zurückreichen. Diese Epoche ist wohl die psychologisch bedeutsamste. An dem reichen Zuwachs an Gefühlen und Ideen, welche sie weckt, lässt sich die Bedeutung des sexuellen Factors für das psychische Leben überhaupt ermessen.

Jene anfangs dunklen, unverständlichen Dränge, entstanden aus den Empfindungen, welche bisher unentwickelte Organe im Bewusstsein wachriefen, gehen mit einer mächtigen Erregung des Gefühlslebens einher. Die psychologische Reaction des Sexualtriebs in der Pubertät gibt sich in mannigfachen Erscheinungen kund, denen nur gemeinsam der affectvolle Zustand der Seele ist und der Drang, den fremdartigen Gemüthsinhalt in irgend einer Form auszuprägen, zu objectiviren. Naheliegende Gebiete sind die Religion und Poesie, die selbst, nachdem die Zeit der sexuellen Entwicklung vorüber und jene ursprünglich unverstandenen Stimmungen und Dränge. abgeklärt sind, mächtige Förderungen aus der sexualen Welt erfahren. Wer daran zweifeln wollte, möge bedenken, wie oft religiöse Schwärmerei im Pubertätsalter vorkommt, wie häufig in dem Leben der Heiligen [1]) sexuelle Anfechtungen sind und in welch widerliche Scenen, wahre Orgien, die religiösen Feste der alten Welt, nicht minder die Meetings gewisser Sekten der Neuzeit ausarteten, ganz zu geschweigen der wollüstigen Mystik, die in den Culten der alten Völker sich findet.

---

[1]) Vgl. Friedreich, gerichtl. Psychologie p. 389, der zahlreiche Beispiele gesammelt hat. So quälte die Nonne Blanbekin unaufhörlich der Gedanke, was aus dem Theil geworden sein möge, der bei der Beschneidung Christi verloren ging.

Die von Papst Pius II. selig gesprochene Veronica Juliani nahm aus Andacht zum göttlichen Lämmlein ein irdisches Lämmlein ins Bett, küsste das Lamm, liess es an ihren Brüsten saugen und gab auch einige Tropfen Milch von sich.

Die hl. Catharina von Genua litt oft an einer solchen inneren Hitze, dass sie, um sich abzukühlen, sich auf die Erde legte und schrie: „Liebe, Liebe, ich kann nicht mehr!" Dabei fühlte sie eine besondere Zuneigung zu ihrem Beichtvater. Eines Tages führte sie dessen Hand an ihre Nase und empfand dabei einen Geruch, der ihr ins Herz drang, „einen himmlischen Geruch, dessen Annehmlichkeit Todte erwecken könnte".

Von einer ähnlichen Brunst waren die hl. Armelle und die hl. Elisabeth vom Kinde Jesu gequält. Bekannt sind die Versuchungen des hl. Antonius von Padua. Bezeichnend ist ein altes protestantisches Gebet: „O dass ich dich gefunden hätt', holdseligster Emanuel, o hätt' ich dich in meinem Bett, des freute sich mein Leib und Seel. Komm, kehre willig bei mir ein; mein Herz soll deine Kammer sein!"

Umgekehrt sehen wir, dass nicht befriedigte Sinnlichkeit gar häufig in religiöser Schwärmerei ein Aequivalent sucht und findet [1]).

Aber auch auf unzweifelhaft psychopathologischem Gebiet zeigt sich diese Beziehung zwischen religiösem und sexuellem Fühlen. Es genüge der Hinweis auf die mächtig sich geltend machende Sinnlichkeit in den Krankengeschichten vieler religiös Wahnsinnigen, auf die bunte Vermischung von religiösem und sexuellem Delir, wie sie in Psychosen so vielfach beobachtet wird (z. B. bei maniakalischen Weibern, die sich für die Muttergottes und Gottesgebärerin halten), aber ganz besonders bei Psychosen auf masturbatorischer Grundlage; endlich der Hinweis auf die wollüstig grausamen Selbstkasteiungen, Verletzungen, Selbstentmannungen, sogar Kreuzigungen auf Grund eines krankhaften, geschlechtlich religiösen Fühlens.

Ein Versuch, die psychologischen Beziehungen zwischen Religion und Liebe zu erklären, stösst auf Schwierigkeiten. Analogien bieten sich in grosser Zahl.

Das Gefühl der sexuellen Neigung und das religiöse Gefühl (als psychologische Thatsache betrachtet) bestehen beide aus je zwei Elementen.

Auf religiösem Gebiet ist das primäre das Gefühl der Abhängigkeit, eine Thatsache, die Schleiermacher erkannt hat, lange bevor die neuere anthropologische und ethnographische Forschung, auf Grund der Beobachtung primitiver Zustände, zu demselben Resultat gelangt ist. Erst auf höherer Culturstufe tritt das zweite und eigentliche ethische Element — die Liebe zur Gottheit — in das religiöse Gefühl ein. An die Stelle der bösen Dämonen der Naturvölker treten die doppelseitigen, bald gütigen, bald zürnenden Gestalten complicirterer Mythologien, bis endlich der allgütige Gott als Spender des ewigen Heils verehrt wird, gleichviel ob dies von Jehovah als Wohlergehen auf Erden, von Allah als physisches Wohlergehen, im Paradiese gespendet, vom Christen als ewige Seligkeit im Himmel, vom Buddhisten als Nirwana erhofft wird.

In der geschlechtlichen Neigung ist die Liebe, die Erwartung einer überschwänglichen Seligkeit, das primäre Element. Secundär tritt das Gefühl der Abhängigkeit hinzu. Dieses besteht zwar im Keim für beide Theile, insofern der andere Theil sich versagen kann; es ist aber in der Regel nur im Weibe, in Folge seiner passiven Rolle bei der Fortpflanzung und socialer Verhältnisse, stärker ausgebildet; ausnahmsweise ist dies auch bei Männern mit zum weiblichen neigendem psychischem Typus der Fall.

Die Liebe ist in beiden Gebieten, dem religiösen und dem sexuellen, eine mystische und transcendente, d. h. es tritt bei der Geschlechtsliebe das eigentliche Ziel des Triebes, die Propagation der Gattung, nicht ins Bewusstsein, und die Stärke des Impulses ist mächtiger, als irgend eine ins Bewusstsein gelangende Befriedigung rechtfertigen könnte. Auf religiösem Gebiete aber ist das erstrebte Gut und das geliebte Wesen seiner Natur nach so beschaffen, dass es nicht in die empirische Erkenntniss eingehen kann. Beide seelische Vorgänge lassen deshalb der Phantasie den weitesten Spielraum.

Beide haben aber auch einen „unendlichen" Gegenstand, insofern die Seligkeit, welche der Geschlechtstrieb vorspiegelt, gegenüber allen anderen

---

[1]) Vgl. Friedreich, Diagnostik der psych. Krankheiten p. 247 u. ff. Neumann, Lehrb. d. Psychiatrie p. 80.

Lustgefühlen als unvergleichbar und unmessbar erscheint, und das Gleiche von den versprochenen Seligkeiten des Glaubens gilt, die als zeitlich und qualitativ unendlich vorgestellt werden.

Aus der Uebereinstimmung beider Bewusstseinszustände bezüglich der Grösse ihres Gegenstandes folgt, dass sie beide oft zu unwiderstehlicher Macht anwachsen und alle Gegenmotive vor sich niederwerfen. Aus ihrer Aehnlichkeit bezüglich der Unfassbarkeit ihres eigentlichen Gegenstandes folgt, dass sie beide leicht in eine vage Schwärmerei übergehen, in welcher die Lebhaftigkeit des Gefühls die Deutlichkeit und Constanz der Vorstellungen bei weitem überwiegt. In dieser Schwärmerei spielt in beiden Fällen neben der Erwartung eines unfassbaren Glückes das Bedürfniss schrankenloser Unterwerfung eine Rolle.

Aus dieser mehrfachen Uebereinstimmung beider Schwärmereien erklärt sich, dass bei starken Intensitätsgraden die eine für die andere vicariirend eintreten kann, oder dass eine neben der anderen auftaucht, da jede starke Hebung eines Elementes im Seelenleben die Umgebung mitbebt. Das gleichbleibende Gefühl ruft also von den beiden Vorstellungskreisen, mit welchen es verknüpft ist, bald den einen, bald den anderen ins Bewusstsein. Beide seelische Erregungen können aber auch in den Trieb zur (activ geübten oder passiv erduldeten) Grausamkeit umschlagen.

Innerhalb des religiösen Lebens kömmt es dazu durch das Opfer. Dieses wird zuerst mit der Vorstellung dargebracht, dass es von der Gottheit materiell genossen wird, dann, dass es ihr zu Ehren, als Zeichen der Unterwerfung, als Tribut, dargebracht wird, endlich dass die Sünde und Verschuldung gegen die Gottheit getilgt und die Seligkeit erworben wird.

Besteht das Opfer aber, wie dies in allen Religionen vorkömmt, in einer Selbstpeinigung, so dient es bei religiös sehr erregbaren Naturen nicht nur als Symbol der Unterwerfung und als ein Aequivalent im Tausch gegenwärtiger Unlust gegen künftige Lust, sondern Alles, was als von der unendlich geliebten Gottheit kommend gedacht wird, was immer auf ihren Befehl oder ihr zu Ehren geschieht, wird direct als Lust empfunden. Die religiöse Schwärmerei führt dann zur Ekstase, zu einem Zustand, in dem das Bewusstsein derart von psychischen Lustgefühlen präoccupirt ist, dass die Vorstellung der erduldeten Misshandlung nur ohne ihre Schmerzqualität appercipirt werden kann.

Auch activ kann die Exaltation der religiösen Schwärmerei zur Freude an der Opferung Anderer führen, wenn das Mitleid mit fremdem Schmerz von religiösen Lustgefühlen übercompensirt wird.

Dass es auf dem Gebiete des Geschlechtslebens zu ähnlichen Erscheinungen kommen kann, zeigt der Sadismus und ganz besonders der Masochismus (s. u.).

So lässt sich die oft constatirte Verwandtschaft von Religion, Wollust und Grausamkeit[1]) etwa auf die folgende Formel bringen: Religiöser und sexueller Affectzustand zeigen auf der Höhe ihrer Entwicklung Uebereinstimmung im Quantum und Quale der Erregung und können desshalb unter geeigneten Verhältnissen vicariiren. Beide können unter pathologischen Bedingungen in Grausamkeit umschlagen.

Nicht minder einflussreich erweist sich der sexuelle Factor auf die Weckung ästhetischer Gefühle. Was wären die bildende Kunst und die

---

[1]) Dieses Trivium findet seinen Ausdruck nicht nur in den oben geschilderten Erscheinungen des wirklichen Lebens, sondern auch in der frömmelnden Literatur und selbst in der bildenden Kunst sinkender Zeiten. Berüchtigt in dieser Beziehung ist z. B. die Gruppe der hl. Theresa von Bernini, die in „hysterischer Ohnmacht auf eine Marmorwolke sinkt, während ein verhüllter Engel ihr den Pfeil (der göttlichen Liebe) ins Herz schleudert" (Lübke).

Poesie ohne sexuelle Grundlage! In der (sinnlichen) Liebe gewinnen sie jene Wärme der Phantasie, ohne die eine wahre Kunstschöpfung nicht möglich ist, und in dem Feuer sinnlicher Gefühle erhält sich ihre Gluth und Wärme. Damit begreift sich, dass die grossen Dichter und Künstler sinnliche Naturen sind.

Diese Welt der Ideale eröffnet sich mit dem Auftreten sexueller Entwicklungsvorgänge. Wer in dieser Lebensperiode nicht für Grosses, Edles, Schönes sich begeistern konnte, bleibt ein Philister sein Leben lang. Schmiedet doch selbst der nicht zum Dichter Veranlagte in dieser Epoche Verse!

Auf der Gränze physiologischer Reaction stehen Vorgänge in der Pubertätsentwicklung, wo jene unklaren, sehnsüchtigen Stimmungen sich in selbst- und weltschmerzlichen Anwandlungen bis zum Taedium vitae ausprägen, vielfach mit Lust, Anderen wehe zu thun (schwache Analogien eines psychologischen Zusammenhangs zwischen Wollust und Grausamkeit), einhergehen.

Die Liebe der ersten Jugend hat einen romantischen idealisirenden Zug. Sie verklärt den Gegenstand der Liebe bis zur Apotheose. In ihren ersten Anfängen ist sie eine platonische und wendet sich gern Gestalten der Poesie, Geschichte zu. Mit dem Erwachen der Sinnlichkeit läuft sie Gefahr, ihre idealisirende Macht auf Personen des anderen Geschlechts zu übertragen, die geistig, körperlich und social nichts weniger als hervorragend sind. Daraus können Mesalliancen, Entführungen, Fehltritte entstehen, mit der ganzen Tragik der leidenschaftlichen Liebe, die in Conflict geräth mit den Satzungen der Sitte und Herkunft und zuweilen im Selbstmord oder Doppelselbstmord ihren düsteren Abschluss findet.

Die allzu sinnliche Liebe kann nie eine dauernde und rechte Liebe sein. Deshalb ist die erste Liebe in der Regel eine höchst flüchtige, weil sie nichts Anderes ist, als das Auflodern einer Leidenschaft, ein Strohfeuer.

Nur diejenige Liebe, welche sich auf die Erkenntniss der sittlichen Vorzüge der geliebten Person stützt, die nicht bloss Freuden gewärtigt, sondern auch Leiden um jener willen zu tragen gewillt ist und für sie Alles aufzuopfern vermag, diese ist die wahre Liebe. Die Liebe des stark veranlagten Menschen scheut vor keiner Schwierigkeit und Gefahr zurück, wenn es gilt, den Besitz der geliebten Person zu erringen und zu behaupten.

Thaten des Heroismus, der Todesverachtung, sind ihre Leistungen. Eine solche Liebe läuft aber Gefahr, nach Umständen zum Verbrechen zu gelangen, wenn die sittliche Grundlage keine feste ist. Ein hässlicher Flecken dieser Liebe ist die Eifersucht. Die Liebe des schwach veranlagten Menschen ist eine sentimentale. Sie führt nach Umständen zu

Selbstmord, wenn sie nicht erwiedert wird oder Hindernisse findet, während unter gleichen Verhältnissen der stark Veranlagte zum Verbrecher werden konnte.

Die sentimentale Liebe läuft Gefahr, zur Karrikatur zu werden, namentlich da, wo das sinnliche Element kein starkes ist (die Ritter Toggenburg, Don Quixote, viele Minnesänger und Troubadours des Mittelalters).

Solche Liebe hat einen faden, süsslichen Beigeschmack. Sie kann damit geradezu lächerlich werden, während sonst die Aeusserungen dieses mächtigen Gefühls in der Menschenbrust Mitgefühl, Achtung, Grauen, je nachdem, erwecken.

Vielfach wird jene schwache Liebe auf äquivalente Gebiete gedrängt — auf Poesie, die aber dann eine süssliche ist, auf Aesthetik, die sich als outrirte erweist, auf Religion, in welcher sie der Mystik und religiösen Schwärmerei, bei stärkerer sinnlicher Grundlage dem Sektenwesen bis zum religiösen Wahnsinn, anheimfällt. Von all Dem hat die unreife Liebe des Pubertätsalters etwas an sich. Lesbar aus jener Zeit des Dichtens und Reimens sind nur die Verse des Dichters von Gottes Gnaden.

Bei aller Ethik, deren die Liebe bedarf, um sich zu ihrer wahren und reinen Gestalt zu erheben, bleibt ihre stärkste Wurzel gleichwohl die Sinnlichkeit.

Platonische Liebe ist ein Unding, eine Selbsttäuschung, eine falsche Bezeichnung für verwandte Gefühle.

Insofern die Liebe ein sinnliches Verlangen zur Voraussetzung hat, ist sie normaliter nur denkbar zwischen geschlechtsverschiedenen und zu geschlechtlichem Verkehr fähigen Individuen. Fehlen diese Bedingungen, oder gehen sie verloren, so tritt an die Stelle der Liebe die Freundschaft.

Bemerkenswerth ist die Rolle, welche für die Entstehung und die Erhaltung des Selbstgefühls beim Manne das Verhalten seiner sexuellen Functionen spielt. An der Einbusse von Männlichkeit und Selbstvertrauen, die der nervenschwache Onanist und der impotent gewordene Mann bieten, lässt sich die Bedeutung jenes Factors ermessen.

Sehr richtig sagt Gyurkovechky (Männl. Impotenz, Wien 1889), dass alte und junge Männer sich psychisch wesentlich durch das Verhalten ihrer Potenz unterscheiden, und dass Impotenz Lebensfreude, geistige Frische, Thatkraft, Selbstvertrauen und den Schwung der Phantasie schwer schädigt. Dieser Ausfall ist umso bedeutender, in je jugendlicherem Alter der Mann seine Potenz verliert und je sinnlicher er veranlagt war.

Ein plötzlicher Verlust der Potenz kann hier zu schwerer Melancholie und sogar zu Selbstmord führen, denn für solche Naturen ist Leben ohne Liebe unerträglich.

Aber auch da, wo die Reaction keine so einschneidende ist, erscheint der in seiner Potenz Getroffene moros, missgünstig, egoistisch, eifersüchtig, philiströs, energielos, von geringem Selbst- und Ehrgefühl, feige.

Analoges sieht man bei den Skopzen, die nach ihrer Entmannung ihren Charakter in pejus ändern.

Noch bedeutsamer äussert sich der Ausfall der Potenz bei gewissen Belasteten im Sinne förmlicher Effeminatio (s. u.).

Psychologisch weniger einschneidend, aber doch merklich ist die Situation bei dem Weibe, das seine geschlechtliche Rolle ausgespielt hat, indem es zur Matrone geworden ist. War die nun historisch gewordene Periode des Geschlechtslebens eine befriedigende, erfreuen Kinder das Herz der alternden Mutter, so kommt ihr der Wechsel ihrer biologischen Persönlichkeit kaum zum Bewusstsein. Anders ist die Situation da, wo Sterilität, oder durch die Umstände auferlegte Abstinenz von dem natürlichen Beruf des Weibes, jenes Glück versagten.

Diese Thatsachen sind geeignet, die Differenzen, welche in der Psychologie des Sexuallebens zwischen Mann und Weib bestehen, die Verschiedenheit des sexuellen Fühlens und Verlangens bei beiden in ein helles Licht zu setzen.

Ohne Zweifel hat der Mann ein lebhafteres geschlechtliches Bedürfniss als das Weib. Folge leistend einem mächtigen Naturtrieb, begehrt er von einem gewissen Alter an ein Weib. Er liebt sinnlich, wird in seiner Wahl bestimmt durch körperliche Vorzüge. Dem mächtigen Drange der Natur folgend, ist er aggressiv und stürmisch in seiner Liebeswerbung. Gleichwohl füllt das Gebot der Natur nicht sein ganzes psychisches Dasein aus. Ist sein Verlangen erfüllt, so tritt seine Liebe temporär hinter anderen vitalen und socialen Interessen zurück.

Anders das Weib. Ist es geistig normal entwickelt und wohlerzogen, so ist sein sinnliches Verlangen ein geringes. Wäre dem nicht so, so müsste die ganze Welt ein Bordell und Ehe und Familie undenkbar sein. Jedenfalls sind der Mann, welcher das Weib flieht, und das Weib, welches dem Geschlechtsgenuss nachgeht, abnorme Erscheinungen.

Das Weib wird um seine Gunst umworben. Es verhält sich passiv. Es liegt dies in seiner sexualen Organisation und nicht bloss in den auf dieser fussenden Geboten der guten Sitte begründet.

Gleichwohl macht sich in dem Bewusstsein des Weibes das sexuelle Gebiet mehr geltend als in dem des Mannes. Das Bedürfniss nach Liebe ist grösser als bei diesem, continuirlich, nicht episodisch, aber diese Liebe ist eine mehr geistige als sinnliche. Während der Mann zunächst das Weib und in zweiter Linie die Mutter seiner Kinder liebt, findet sich im Bewusstsein der Frau im Vordergrund der Vater ihres Kindes und dann erst der Mann als Gatte. Das Weib wird in der Wahl des Lebensgefährten viel mehr durch geistige als durch körperliche Vorzüge bestimmt. Nachdem es Mutter geworden ist, theilt es seine Liebe zwischen Kind und Gatten. Vor der Mutterliebe schwindet die Sinnlichkeit. In dem ferneren ehelichen Umgang findet die Frau weniger eine sinnliche Befriedigung, als einen Beweis der Liebe und Zuneigung des Gatten.

Das Weib liebt mit ganzer Seele. Liebe ist ihm Leben, dem Manne Genuss des Lebens. Unglückliche Liebe schlägt diesem eine Wunde. Dem Weibe kostet sie das Leben oder wenigstens das Lebensglück. Es wäre eine des Nachdenkens werthe psychologische Streitfrage, ob ein Weib zweimal in seinem Leben wahrhaft lieben kann. Jedenfalls ist die seelische Richtung des Weibes eine monogame, während der Mann zur Polygamie hinneigt.

In der Mächtigkeit sexueller Bedürfnisse liegt die Schwäche des Mannes dem Weibe gegenüber. Er geräth in Abhängigkeit von dem Weibe, und zwar um so mehr, je schwächer und sinnlicher er wird. Dies wird er in dem Masse, als er neuropathisch wird. So begreift sich die Thatsache, dass in Zeiten der Erschlaffung und Genusssucht die Sinnlichkeit üppig gedeiht. Dann entsteht aber die Gefahr für die Gesellschaft, dass Maitressen und ihr Anhang den Staat regieren und dieser zu Grunde geht. (Die Maitressenwirthschaft am Hofe Ludwigs XIV. und XV., die Hetären des alten Griechenlands.)

Die Biographie so mancher Staatsmänner aus alter und neuer Zeit lehrt, dass sie Weiberknechte waren in Folge ihrer grossen Sinnlichkeit, die wieder ihren Grund hatte in neuropathischer Constitution.

Es ist ein Zug feiner psychologischer Kenntniss des Menschen, dass die katholische Kirche ihre Priester zur Keuschheit (Cölibat) verpflichtet und damit von der Sinnlichkeit zu emancipiren trachtet, um sie ganz den Zwecken ihres Berufs zu erhalten.

Schade nur, dass der im Cölibat lebende Priester der veredelnden Wirkung verlustig wird, welche Liebe und dadurch Ehe auf die Entwicklung des Charakters gewinnen.

Da dem Manne durch die Natur die Rolle des aggressiven Theils im sexuellen Leben zufällt, läuft er Gefahr, die Gränzen, welche ihm Sitte und Gesetz gezogen haben, zu überschreiten.

Unendlich schwerer fällt moralisch ins Gewicht und viel schwerer sollte gesetzlich wiegen der Ehebruch des Weibes gegenüber dem vom Manne begangenen. Die Ehebrecherin entehrt nicht nur sich, sondern auch den Mann und die Familie, abgesehen davon, dass es heisst: Pater incertus. Naturtrieb und gesellschaftliche Stellung bringen den Mann leicht zu Fall, während dem Weibe Vieles Schutz gewährt.

Auch bei dem unverheiratheten Weibe ist sexueller Umgang etwas ganz Anderes als beim Manne. Die Gesellschaft verlangt vom ledigen Manne Sittsamkeit, vom Weibe zugleich Keuschheit. Auf der Culturhöhe des heutigen gesellschaftlichen Lebens ist eine socialen sittlichen Interessen dienende sexuelle Stellung des Weibes nur als Ehefrau denkbar.

Das Ziel und das Ideal des Weibes, auch des in Schmutz und Laster verkommenen, ist und bleibt die Ehe. Das Weib, wie Mantegazza richtig bemerkt, begehrt nicht bloss Befriedigung sinnlicher Triebe, sondern auch Schutz und Unterhalt für sich und seine Kinder. Der noch so sinnliche Mann von besserem Gefühl verlangt ein Weib zur Ehe, das keusch war und ist.

Schild und Zierde des Weibes in der Anstrebung dieses seiner einzig würdigen Ziels ist die Schamhaftigkeit. Mantegazza bezeichnet sie fein als „eine der Formen der physischen Selbstachtung" beim Weibe.

Zu einer anthropologisch-historischen Untersuchung über die Entwicklung dieses schönsten Schmuckes des Weibes ist hier nicht der Ort. Wahrscheinlich ist weibliche Schamhaftigkeit eine erblich gezüchtete Frucht der Culturentwicklung.

Wunderlich steht mit ihr im Contrast eine gelegentliche Preisgebung von körperlichen Reizen, die unter dem Gesetz der Mode und conventionell sanktionirt, selbst die züchtigste Jungfrau im Ballsaal sich gefallen lässt. Die ausstellerischen Gründe dafür sind naheliegend. Glücklicherweise kommen sie dem keuschen Mädchen ebensowenig zum Bewusstsein als die Motive zeitweise wiederkehrender Mode, gewisse Körpertheile plastischer hervortreten zu lassen („culs"), ganz zu geschweigen von Corset u. dergl.

Zu allen Zeiten und bei allen Völkern zeigt die Frauenwelt das Bestreben, sich zu schmücken und Reize zu entfalten. In der Thierwelt hat die Natur das Männchen durchweg mit grösserer Schönheit ausgezeichnet. Die Männerwelt bezeichnet die Weiber als das schöne Geschlecht. Diese Galanterie entspringt offenbar dem sinnlichen Bedürfniss der Männer. Solange dieses Sichschmücken Selbstzweck ist, oder der wahre psychologische Grund des Gefallenwollens dem Weibe unbewusst bleibt, ist dagegen nichts einzuwenden. In bewusster Bethätigung nennt man dieses Bestreben Gefallsucht.

Der putzsüchtige Mann wird unter allen Umständen lächerlich. An dem Weibe ist man diese kleine Schwäche gewöhnt und findet nichts dabei, solange sie nicht Theilerscheinung eines Ganzen ist, für das die Franzosen das Wort Coquetterie erfunden haben.

Die Frauen sind den Männern in der natürlichen Psychologie der Liebe weit überlegen, theils hereditär und durch Erziehung, da das Gebiet der Liebe ihr eigentliches Element ist, theils weil sie feinfühliger sind (Mantegazza).

Selbst auf der Höhe der Gesittung kann dem Manne nicht verübelt werden, dass er im Weibe zunächst den Gegenstand für die Befriedigung seines Naturtriebes erkennt. Aber es erwächst ihm die Verpflichtung, nur dem Weibe seiner Wahl anzugehören. Im Rechtsstaat wird daraus ein bindender sittlicher Vertrag, die Ehe, und, insofern das Weib für sich und die Nachkommenschaft Schutz und Unterhalt benöthigt, ein Eherecht.

Von grossem psychologischem Werth und für gewisse später zu besprechende pathologische Erscheinungen unerlässlich ist es, auf die psychologischen Vorgänge einzugehen, welche Mann und Weib einander zuführen und an einander fesseln, so dass unter allen anderen Personen desselben Geschlechts nur der oder die Geliebte begehrenswerth erscheinen.

Könnte man den Vorgängen in der Natur Absicht nachweisen — Zweckmässigkeit kann man ihnen nicht absprechen — so erschiene die Thatsache der Fascinirung durch eine einzige Person des anderen Geschlechts mit Indifferenz gegen alle anderen, wie sie beim wahrhaft und glücklich Liebenden thatsächlich besteht, als eine bewunderungswürdige Einrichtung der Schöpfung, um ihre Zwecke fördernde monogamische Verbindungen zu sichern.

Für den Forscher erweist sich diese Verliebtheit oder diese „Harmonie der Seelen", dieser „Bund der Herzen" aber keineswegs als ein „Mysterium der Seelen", sondern ist in den meisten Fällen zurückführbar auf bestimmte körperliche, nach Umständen auch seelische Eigenschaften, durch welche die Anziehungskraft der dadurch geliebten Person bedingt ist.

Man spricht dann von sogenanntem Fetisch und Fetischismus. Unter Fetisch pflegt man Gegenstände oder Theile oder blosse Eigenschaften von Gegenständen zu verstehen, die vermöge associativer Beziehungen zu einer lebhafte Gefühle, bezw. wichtiges Interesse hervorrufenden Gesammtvorstellung oder Gesammtpersönlichkeit eine Art Zauber („fetisso" portugiesisch) bilden, mindestens einen sehr tiefen, dem äusseren Zeichen (Symbol, Fetisch) an und für sich nicht zukommenden[1], weil individuell eigenartig betonten Eindruck bewirken.

Die individuelle Werthschätzung des Fetisch bis zur Schwärmerei Seitens einer von demselben afficirten Persönlichkeit nennt man Fetischismus. Diese psychologisch interessante Erscheinung, erklärbar aus einem empirischen associativen Gesetz: der Beziehung einer Theilvorstellung zur Gesammtvorstellung, wobei das Wesentliche aber die individuell eigenartige Gefühlsbetonung der Theilvorstellung im Sinne von Lustgefühlen ist, findet sich vornehmlich in zwei verwandten psychischen Gebieten — dem der religiösen und der erotischen Gefühle und Vorstellungen. Der religiöse Fetischismus hat andere Beziehung und Bedeutung als der sexuelle, insofern er seine ursprüngliche Motivirung in dem Wahn fand und findet, dass der als Fetisch imponirende Gegenstand oder das Götzenbild göttliche Eigenschaften besitze, nicht bloss Sinnbild sei, oder, insofern dem Fetisch besondere wunderthätige (Reliquien) oder schutzkräftige (Amulette) Eigenschaften abergläubischerweise zugeschrieben werden.

Anders der erotische Fetischismus, welcher seine psychologische Motivirung darin findet, dass physische oder auch psychische Qualitäten einer Person, ja selbst blosse Gegenstände ihres Gebrauchs u. dergl. zum Fetisch werden,

---

[1] Vgl. Max Müller, der das Wort „Fetisch" etymologisch von factitius künstlich, unbedeutendes Ding) ableitet.

indem sie mächtige associative Vorstellungen zur Gesammtpersönlichkeit jeweils wecken und überdies mit einer lebhaften sexuellen Lustempfindung jederzeit betont werden. Analogien mit dem religiösen Fetischismus ergeben sich immerhin insofern, als auch bei diesem nach Umständen recht unbedeutende Gegenstände (Nägel, Haare u. s. w.) Fetisch sind und mit Lustgefühlen bis zur Ekstase sich verbinden.

Bezüglich der Entwicklung physiologischer Liebe ist es wahrscheinlich, dass ihr Keim immer in einem individuellen Fetischzauber, welchen die Person des einen Geschlechts auf eine des anderen ausübt, zu suchen und zu finden ist.

Am einfachsten ist der Fall, dass mit einer sinnlichen Erregung der Anblick einer Person des anderen Geschlechts zeitlich zusammenfällt und dieser Anblick die sinnliche Erregung steigert.

Gefühls- und optischer Eindruck treten in associative Verknüpfung und diese festigt sich in dem Masse, als das wiederkehrende Gefühl das optische Erinnerungsbild weckt oder dieses (Wiedersehen) neuerlich sexuelle Erregung auslöst, möglicherweise bis zu Orgasmus und Pollution (Traumbild).

In diesem Falle wirkt die körperliche Gesammterscheinung als Fetisch.

Wie Binet u. A. hervorhebt, können es aber auch Theile des Ganzen, blosse Eigenschaften und zwar körperliche oder auch bloss seelische sein, welche die Person des anderen Geschlechts als Fetisch beeinflussen, indem ihre Wahrnehmung mit einer (zufälligen) sexuellen Erregung zusammenfällt (oder eine solche hervorruft).

Dass über diese seelische Association der Zufall entscheidet, dass der Gegenstand des Fetisch ein individuell höchst verschiedenartiger sein kann, dass daraus die sonderbarsten Sympathien (und umgekehrt Antipathien) entstehen, ist allbekannte Thatsache der Erfahrung.

Aus dieser physiologischen Thatsache des Fetischismus erklären sich die individuellen Sympathien zwischen Mann und Weib, die Bevorzugung einer bestimmten Persönlichkeit vor allen anderen desselben Geschlechts. Da der Fetisch ein ganz individuelles Localzeichen darstellt, wird es begreiflich, dass er nur ganz individuell wirkt. Da er von höchst mächtigen Lustgefühlen betont ist, führt er dazu, über die etwaigen Fehler des Gegenstands der Liebe hinwegzutäuschen („die Liebe macht blind") und eine Exaltation hervorzurufen, welche nur individuell begründet, anderen Personen unbegreiflich, nach Umständen selbst lächerlich erscheint. So erklärt es sich, wie der Nüchterne seinen verliebten Mitmenschen nicht begreifen kann, während dieser sein Idol vergöttert, mit ihm einen wahren Cultus treibt, ihm Eigenschaften andichtet, welche dasselbe, objectiv betrachtet, keineswegs besitzt. So erklärt es sich, dass die Liebe bald mehr als eine Leidenschaft, bald als ein förmlicher psychischer Ausnahmszustand sich darstellt, in welchem das Unerreichbare erreichbar, das Hässliche schön, das Profane erhaben erscheint, jegliches sonstige Interesse, jegliche Pflicht verschwunden ist.

Mit Recht macht auch Tarde (Archives de l'anthropologie criminelle, 5. Jahrg. Nr. 30) geltend, dass nicht bloss individuell, sondern auch national der Fetisch verschieden sein kann, jedoch das Ideal der Gesammtschönheit bei den Culturvölkern derselben Zeit dasselbe bleibt.

Binet hat sich das grosse Verdienst erworben, diesen **Fetischismus der Liebe** genauer studirt und analysirt zu haben.

Aus ihm entstehen die besonderen Sympathien. So fühlt sich der Eine zu schlanken, der Andere zu dicken, zu brünetten oder zu blonden Schönen hingezogen. Für den Einen ist ein besonderer Ausdruck des Auges, für den Anderen ein besonderer Klang der Stimme oder der eigenartige Geruch, selbst ein artificieller (Parfüm), oder die Hand, der Fuss, das Ohr u. s. w. der individuelle Fetischzauber, der Ausgangspunkt einer complicirten Kette von seelischen Vorgängen, deren Gesammtausdruck Liebe, d. h. die Sehnsucht nach dem physischen und seelischen Besitz des Gegenstands der Liebe darstellt.

Mit dieser Thatsache ist eine wichtige Bedingung für die Statuirung eines noch physiologischen Fetischismus erwähnt.

Der Fetisch mag dauernd seine Bedeutung behalten, ohne pathologisch zu sein, aber nur dann, wenn er von der **Theilvorstellung zur Gesammtvorstellung vorschreitet**, wenn die durch ihn erschlossene Liebe als ihren Gegenstand die gesammte seelische und physische Persönlichkeit umfasst.

Die normale Liebe kann nur Synthese, Generalisation sein. Geistreich sagt Max Dessoir (pseudonym Ludwig Brunn)[1]) in einem Aufsatz „der Fetischismus in der Liebe":

„Die normale Liebe erscheint uns also als eine Symphonie, die sich aus Tönen aller Art zusammensetzt. Sie resultirt aus den verschiedensten Anreizen. Sie ist gleichsam polytheistisch. Der Fetischismus kennt nur die Klangfarbe eines einzigen Instruments; er entsteht aus einem bestimmten Anreiz; er ist monotheistisch."

Wer nur einigermassen darüber nachdenkt, wird zur Erkenntniss kommen, dass von wirklicher Liebe (dieses Wort wird nur zu oft missbraucht) nur dann die Rede sein darf, wenn die ganze Person zugleich leiblich und seelisch Gegenstand der Verehrung ist.

Ein sinnliches Element muss jede Liebe haben, d. h. den Drang, den Gegenstand der Liebe zu besitzen und mit ihm vereint Gesetzen der Natur zu dienen.

---

[1]) Deutsches Montagsblatt, Berlin 20. 8. 88.

Aber wenn Jemand bloss der Körper der Person des anderen Geschlechts Gegenstand der Liebe ist, wenn er bloss Sinnengenuss befriedigen will, ohne die Seele zu besitzen und seelisch gemeinsam zu geniessen, dann ist seine Liebe keine echte, so wenig als die des Platonikers, der nur die Seele liebt und sinnlichen Genuss verschmäht (manche conträr Sexuale). Für den Einen ist der blosse Körper, für den Anderen die blosse Seele ein Fetisch, die Liebe blosser Fetischismus.

Derartige Existenzen stellen jedenfalls Uebergangsfälle zum pathologischen Fetischismus dar.

Diese Annahme trifft um so mehr zu, als als weiteres Kriterium wirklicher Liebe seelische[1]) Befriedigung durch den Geschlechtsakt gefordert werden muss.

Innerhalb der physiologischen Erscheinungen des Fetischismus bleibt die interessante Thatsache zu besprechen, dass unter der grossen Zahl von Dingen, die zum Fetisch werden können, es einzelne gibt, die eine solche Bedeutung bei einer grösseren Zahl von Personen gewinnen.

Als solche sind zu erwähnen für den Mann das Haar, die Hand, der Fuss des Weibes, der Ausdruck seines Auges. Einzelne derselben gewinnen in der Pathologie des Fetischismus eine bemerkenswerthe Bedeutung. Diese Thatsachen spielen offenbar in der Seele des Weibes sogar eine unbewusste bis bewusste Rolle.

Eine Hauptsorge des Weibes ist die Cultur seines Haares, dem es oft ungebührlich viel Zeit und Geld widmet. Mit welcher Sorge pflegt

---

[1]) Der „spinal cérébral postérieur" Magnan's, welcher bei jedem Weibe Genuss empfindet und dem auch jedes Weib recht ist, vermag bloss seine Wollust zu befriedigen. Gekaufte oder geschundene Liebe ist keine eigentliche Liebe. (Mantegazza.) Wer das Sprüchwort erfunden hat: „sublata lucerna nullum discrimen inter feminas" muss ein arger Cyniker gewesen sein. Potenz des Mannes, den Liebesakt überhaupt zu leisten, ist keine Gewähr, dass dieser auch wirklich den höchsten Liebesgenuss vermittelt.

Gibt es doch Urninge, die dem Weib gegenüber potent sind, Männer, die ihr Weib nicht lieben und gleichwohl die eheliche „Pflicht" zu leisten vermögen. In den meisten Fällen wird in solcher Situation sogar das Wollustgefühl ausbleiben; handelt es sich doch wesentlich um eine Art onanistischen Aktes, vielfach nur ermöglicht durch die Zuhülfenahme der Phantasie die ein anderes geliebtes Wesen unterschiebt. Durch diese Täuschung kann dann allerdings ein Wollustgefühl erzielt werden, aber diese rudimentäre psychische Befriedigung entstammt einem psychischen Kunstgriff, ganz wie bei der solitären Onanie, dem vielfach die Phantasie zu Hülfe kommen muss, um ein Wollustgefühl zu erzielen. Ueberhaupt scheint derjenige Grad von Orgasmus, mit Hülfe dessen es zu einem Wollustgefühl kommt, nur da erzielbar, wo die Psyche intervenirt.

Da wo psychische Impedimente bestehen (Gleichgültigkeit, Widerwille, Ekel, Angst vor Ansteckung, Schwängerung u. s. w.) scheint das Wollustgefühl überhaupt auszubleiben.

schon beim kleinen Mädchen die Mutter das Haar! Welche Rolle spielt der Friseur! Ausgehen des Haares setzt jugendliche Frauenzimmer in Verzweiflung. Ich erinnere mich einer eitlen Frau, die darüber gemüthskrank wurde und durch Selbstmord endigte. Frauenzimmer sprechen mit Vorliebe von Coiffuren, beneiden andere um ihren schönen Haarwuchs.

Schönes Haar ist ein mächtiger Fetisch für viele Männer. Schon in der Sage von der Loreley, die Männer ins Verderben lockt, erscheint das „goldene Haar", das sie mit goldenem Kamme kämmt, als Fetisch. Nicht mindere Anziehungskraft besitzen vielfach Hand und Fuss, wobei freilich oft (aber keineswegs immer) masochistische und sadistische Gefühle die besondere Art des Fetisch bestimmen helfen.

In übertragenem Sinne, durch Ideenassociation, kann der Handschuh oder der Schuh Fetischbedeutung gewinnen.

Max Dessoir (op. cit.) weist mit Recht darauf hin, dass bei den mittelalterlichen Sitten das Trinken aus dem Schuh einer schönen Frau (noch heute in Polen zu finden) eine bemerkenswerthe Rolle als Galanterie, Huldigung spielte. Auch im Märchen vom Aschenbrödel spielt der Schuh eine hervorragende Rolle.

Besonders wichtig als den Funken der Liebe entzündend, ist der Ausdruck des Auges. Ein neuropathisches Auge wirkt vielfach als Fetisch. „Madame, vos beaux yeux me font mourir d'amour" (Stelle bei Molière).

An Beispielen, dass die Ausdünstung des Körpers Fetisch werden kann, herrscht Ueberfluss.

Auch diese Thatsache wird in der Ars amandi des Weibes bewusst oder unbewusst verwerthet. Schon die Ruth im alten Testament suchte Booz an sich zu fesseln, indem sie sich parfümirte. Die Demimonde der alten und neuen Zeit consumirte und braucht viel Wohlgerüche. Jäger in seiner „Entdeckung der Seele" gibt manche Hinweise auf Geruchssympathien.

Bekannt sind Fälle, wo Jemand ein hässliches Weib heirathete, nur weil dessen Geruch ihm unendlich sympathisch war.

Dass auch die Stimme zum Fetisch werden mag, macht Binet wahrscheinlich.

Auch Belot's Roman „les baigneuses de Trouville" spricht für diese Annahme. Binet vermuthet, dass so manche Heirath, welche mit Sängerinnen geschlossen wurde, auf Fetischzauber ihrer Stimme beruhte.

Er macht noch auf die interessante Thatsache aufmerksam, dass bei den Singvögeln die Stimme die gleiche sexuelle Bedeutung hat wie bei den Vierfüssern der Geruch.

So locken die Vögel durch ihren Gesang, und demjenigen Vogel, welcher am schönsten singt, fliegt Nachts das angelockte Weibchen zu.

Dass auch seelische Eigenschaften als Fetisch in einem weiteren Sinne wirken können, ergibt sich aus den pathologischen Thatsachen des Masochismus und des Sadismus.

So erklärt sich die Thatsache der Idiosynkrasien und erhält sich der alte Satz „de gustibus non est disputandum" in Kraft.

Ueber den Fetischismus beim Weibe lassen sich wissenschaftlich nur Vermuthungen gewinnen. Dass er eine analoge Rolle spielt, wie in der Vita sexualis des Mannes und der Herbeiführung sexueller Sympathien zum Weib, kann schon aus dem Umstand, dass jener eine physiologische Erscheinung ist, mit Sicherheit gefolgert werden. Detaillirte Einblicke in die weibliche Vita sexualis lassen sich nur erwarten, wenn Aerztinnen an dieses Studium herantreten werden.

Sicher sind es sowohl körperliche als seelische Eigenschaften der Männer, die für Weiber zum Fetisch werden. Für die meisten sind es wohl körperliche Vorzüge des Mannes, die solche Bedeutung gewinnen, ohne dass daraus gerade auf bewusste Sinnlichkeit geschlossen werden könnte. In manchen Fällen ist es aber nicht des Leibes Wohlgestalt, die sogar viel zu wünschen übrig lassen kann, als vielmehr die geistige Bedeutung des Mannes, welche das Weib anzieht. Auf hoher Cultur- und Intelligenzstufe findet sich diese Erscheinung sogar auffallend häufig, auch ohne die Vermittlung blaustrümpfiger Erziehung und Geschmacksrichtung und ohne den bewussten Gedanken einer durch geistige Vorzüge des Mannes bereits erreichten höheren Lebensstellung oder zu gewärtigenden glänzenden socialen Carrière.

Dieser Fetischismus des Leibes oder der Seele ist nicht ohne Bedeutung für die Descendenz, insofern er eine Zuchtwahl begünstigt und die Vererbung von seelischen oder körperlichen Vorzügen ermöglicht.

Im Allgemeinen imponiren dem Weib beim Manne und wirken anziehend Körperkraft, Muth, Edelsinn, Ritterlichkeit, Selbstvertrauen, eventuell selbst ein gewisser Uebermuth, und ein Betonen der Rolle des Starken und Herrschenden, gegenüber dem schwachen Geschlecht.

Selbst das Renommé eines Don Juan macht vielfach den Mann interessant und anziehend für das Weib, gleich als läge darin eine Gewähr für die Potenz desselben, wobei freilich das unerfahrene Mädchen keine Ahnung hat, welche Gefahren auf dasselbe in Gestalt von Lues und chronischer Urethritis durch eine eheliche Verbindung mit dem interessanten Sünder lauern können.

Auf Backfische, aber auch auf reifere Weiber übt der vom Beifall der Menge beglückte Schauspieler und Sänger, nach Umständen auch der Circusreiter und Athlet oft einen fascinirenden Einfluss aus, wenigstens werden derlei Künstler allenthalben von der Damenwelt angeschwärmt und oft mit Liebesbriefen überschüttet.

Unbestritten ist das Faible der meisten Weiberherzen für das Militär („zweierlei Tuch"), wobei der Cavallerist unbedingt einen Vorzug vor dem Infanteristen behauptet.

Zweifellos hat auch das Haar des Mannes beim Weib eine Fetischbedeutung, natürlich das Barthaar, als Signum der Virilität und als hervorragendes secundäres Geschlechtsmerkmal. Gleichwie beim Weibe Kopfhaar, speciell Zopf, spielt in der Toilette derjenigen Männer, welche dem schönen Geschlecht gefallen möchten, die Pflege des Bartes, und ganz besonders die des Schnurrbarts, eine ganz hervorragende Rolle.

Dass auch das Auge Bedeutung hat, ergibt sich aus der auffälligen Häufigkeit, mit welcher Liebes- und Eheleute von neuropathischem Auge sich zusammenfinden.

Der Zauber der Stimme des Mannes gilt auch dem Weibe gegenüber. Bedeutende Sänger haben leichtes Spiel mit Weiberherzen. In der Zahl der ihnen zukommenden Billetsdoux drückt sich dieser Fetischzauber aus. Tenore sind entschieden im Vortheil Baryton- oder gar Bassstimmen gegenüber.

Binet (op. cit.) theilt eine bezügliche Beobachtung von Dumas mit, welche dieser in seiner Novelle („La maison du vent") verwerthete. Sie betraf eine Frau, welche sich in die Stimme eines Tenors verliebte und darüber ihrem Manne untreu wurde. Ueber pathologischen Fetischismus beim Weibe gelang es mir bisher nicht Erfahrungen zu sammeln.

## II. Physiologische Thatsachen.

Innerhalb der Zeit anatomisch-physiologischer Vorgänge in den Generationsdrüsen finden sich im Bewusstsein des Individuums Dränge vor, zur Erhaltung der Gattung beizutragen (Geschlechtstrieb).

Der Sexualtrieb in diesem Alter der Geschlechtsreife ist ein physiologisches Gesetz.

Die Zeitdauer der anatomisch-physiologischen Vorgänge in den Sexualorganen, gleichwie die Stärke des sich geltend machenden Sexualtriebes ist bei Individuen und Völkern verschieden. Race, Klima, hereditäre und sociale Verhältnisse sind darauf von entscheidendem Einfluss. Bekannt ist die grössere Sinnlichkeit der Südländer gegenüber den sexuellen Bedürfnissen der Nordländer. Aber auch die sexuelle Entwicklung ist bei den Bewohnern südlicher Himmelsstriche erheblich frühzeitiger als bei denen nördlicher. Während bei dem Weibe nördlicher Länder die Ovulation, erkennbar an der Entwicklung des Körpers und dem Auftreten periodisch wiederkehrender Blutflüsse aus den Genitalien (Menstruation), gewöhnlich erst um das 13. bis 15. Lebensjahr erscheint, beim Manne die Pubertätsentwicklung (erkennbar am Tieferwerden der Stimme, Entwicklung von Haaren im Gesicht und am Mons veneris, an zeitweise auftretenden Pollutionen etc.) erst vom 15. Jahre an bemerklich wird, tritt die geschlechtliche Entwicklung bei den Bewohnern südlicher Länder um mehrere Jahre früher ein, beim Weibe zuweilen schon im 8. Jahre.

Bemerkenswerth ist, dass Stadtmädchen sich um etwa 1 Jahr früher entwickeln als Landmädchen, und dass, je grösser die Stadt ist, um so früher, ceteris paribus, die Entwicklung erfolgt.

Von nicht geringem Einfluss auf Libido und Potenz sind aber auch hereditäre Einflüsse. So gibt es Familien, in welchen, neben grosser Körperkraft und Longaevitas, bedeutende Libido und Potenz bis in hohe Altersjahre sich erhalten, während in anderen die Vita sexualis spät sich entwickelt und vorzeitig erlischt.

Beim Weibe ist die Zeit der Thätigkeit der Generationsdrüsen enger begrenzt als beim Manne, bei dem die Spermabereitung bis ins höchste Alter fortdauern kann. Beim Weibe hört die Ovulation etwa 30 Jahre nach eingetretener Mannbarkeit auf. Diese Periode der versiegenden Thätigkeit der Ovarien heisst der Wechsel (Klimakterium). Diese biologische Phase stellt nicht einfach eine Ausserfunctionssetzung und schliessliche Atrophie der Generationsorgane dar, sondern einen Umwandlungsprocess des gesammten Organismus. Die Geschlechtsreife des Mannes in Mitteleuropa beginnt um das 18. Jahr. Die Potenz erreicht ihren Höhepunkt um das 40. Von da ab sinkt sie langsam.

Die Potentia generandi des Mannes erlischt meist um das 62. Jahr, die P. coeundi kann bis ins höhere Alter fortbestehen. Der Sexualtrieb besteht continuirlich in der Zeit des Geschlechtslebens mit wandelbarer Intensität. Er tritt unter physiologischen Bedingungen niemals intermittirend (periodisch) zu Tage, wie beim Thier. Beim Manne schwankt seine Intensität auf und nieder mit der Ansammlung und Verausgabung von Sperma; beim Weibe fallen die Steigerungen des Trieblebens mit dem Process der Ovulation zusammen, und zwar so, dass postmenstrual die Libido sexualis am grössten ist.

Der Sexualtrieb als Fühlen, Vorstellen und Drang ist eine Leistung der Hirnrinde. Ein Territorium in dieser, das ausschliesslich sexuale Empfindungen und Dränge vermittelte (Centrum eines Geschlechtssinns), ist bis jetzt nicht nachgewiesen, muss aber nothwendig zur Erklärung der physiologischen Thatsachen angenommen werden. Ein solches psychosexuales Centrum kann aber nichts Anderes sein, als ein Sammel- und Kreuzungspunkt von Leitungsbahnen, die von da einerseits zu den motorischen und sensiblen Apparaten der Generationsorgane führen, andererseits zu jenen Partbien des Gesichts-, Geruchs- etc. Centrums, welche Träger der Bewusstseinsvorgänge sind, die zusammen die Vorstellung „Mann" oder „Weib" geben.

Die nahen Beziehungen, in welchen Sexualleben und Geruchssinn¹) zu einander stehen, lassen vermuthen, dass sexuelle und Olfactoriussphäre in der Hirnrinde einander räumlich nahe oder durch mächtige Associationsbahnen verknüpft sind. Die Entwicklung des Sexuallebens nimmt ihren Anfang aus Organempfindungen der sich entwickelnden Sexualdrüsen. Jene erregen die Aufmerksamkeit des Individuums. Lektüre, Wahrnehmungen im öffentlichen Leben (heutzutage leider viel zu früh und häufig) führen die Ahnungen in deutliche Vorstellungen über. Diese werden von organischen Gefühlen, und zwar Lust-(Wollust-)gefühlen betont. Mit der Betonung erotischer Vorstellungen durch Lustgefühle entwickelt sich ein Drang zur Hervorrufung solcher (Geschlechtstrieb).

Es entwickelt sich nun eine gegenseitige Abhängigkeit zwischen Hirnrinde (als Entstehungsort der Empfindungen und Vorstellungen) und den Generationsorganen. Diese lösen durch anatomisch-physiologische Vorgänge (Hyperämie, Spermabereitung, Ovulation) sexuelle Vorstellungen, Bilder und Dränge aus.

Die Hirnrinde wirkt durch appercipirte oder reproducirte sinnliche Vorstellungen auf die Generationsorgane (Hyperämisirung, Samenbereitung, Erection, Ejaculation). Dies geschieht durch Centra der Gefässinnervation und Ejaculation, die im Lendenmark, und jedenfalls einander räumlich nahe, sich befinden. Beide sind Reflexcentren.

Das Centrum erectionis (Goltz, Eckhard) ist eine zwischen Gehirn und Genitalapparat eingeschaltete Zwischenstation. Die Nervenbahnen, welche sie mit dem Gehirn in Verbindung setzen, laufen wahrscheinlich durch die Pedunculi cerebri und die Brücke. Dieses Centrum vermag durch centrale (psychische und organische) Reize, durch directe Reizung seiner Bahnen in Pedunculis cerebri, Pons, Cervicalmark, sowie durch periphere Reizung sensibler Nerven (Penis, Clitoris und Annexa) in Erregung zu gerathen. Dem Einfluss des Willens ist es direct nicht unterworfen.

Die Erregung dieses Centrums wird durch in der Bahn des ersten bis dritten Sacralnerven verlaufende Nerven (Nervi erigentes — Eckhard) zu den Corpp. cavernosa fortgeleitet.

---

¹) Das Centrum für den Olfactorius vermuthet Ferrier (Functionen des Gehirns) in der Gegend des Gyr. uncinatus. Zuckerkandl, „Ueber das Riechcentrum" 1887, vindicirt aus vergleichend anatomischen Forschungen dem Ammonshorn die Zugehörigkeit zum Riechcentrum.

Die Thätigkeit dieser die Erection vermittelnden Nn. erigentes ist eine hemmende. Sie hemmen den ganglären Innervationsapparat in den Schwellkörpern, unter dessen Abhängigkeit die glatten Muskelfasern der Corpp. cavernosa stehen (Kölliker und Kohlrausch). Unter dem Einfluss der Thätigkeit der Nn. erigentes werden die glatten Muskelfasern der Schwellkörper erschlafft und deren Räume mit Blut erfüllt. Gleichzeitig wird durch die erweiterten Arterien des Rindennetzes der Schwellkörper ein Druck auf die Venen des Penis geübt und der Rückfluss des Blutes aus dem Penis gehemmt. Unterstützt wird diese Wirkung durch Contraction der Mm. bulbo- und ischiocavernosus, die sich aponeurotisch auf der Rückenfläche des Penis ausbreiten.

Das Erectionscentrum steht unter dem Einfluss von erregenden, aber auch von hemmenden Innervationen Seitens des Grosshirns. Erregend wirken Vorstellungen und Sinneswahrnehmungen sexuellen Inhalts. Nach Erfahrungen bei Erhängten scheint das Erectionscentrum auch durch Erregung der Leitungsbahnen im Rückenmark in Thätigkeit treten zu können. Dass dies auch durch organische Reizvorgänge in der Hirnrinde (psychosexuales Centrum?) möglich ist, lehren Beobachtungen an Hirn- und Geisteskranken. Direct kann das Erectionscentrum in Erregung versetzt werden durch das Lumbarmark treffende Rückenmarkserkrankungen (Tabes, überhaupt Myelitis) in frühen Stadien.

Eine reflectorisch bedingte Erregung des Centrums ist durch Reizung der (peripheren) sensiblen Nerven der Genitalien und der Umgebung derselben durch Friction, durch Reizung der Harnröhre (Gonorrhoe), des Rectum (Hämorrhoiden, Oxyuris), der Blase (Füllung durch Urin, besonders Morgens, Reizung durch Blasenstein), durch Füllung der Samenblasen mit Sperma, durch in Folge von Rückenlage und Druck der Eingeweide auf die Blutgefässe des Beckens entstandene Hyperämie der Genitalien möglich und häufig.

Auch durch Reizung der massenhaft im Prostatagewebe vorfindlichen Nerven und Ganglien (Prostatitis, Kathetereinführung u. s. w.) kann das Erectionscentrum erregt werden.

Dass das Erectionscentrum auch hemmenden Einflüssen von Seiten des Gehirns unterworfen ist, lehrt der Versuch von Goltz, wonach, wenn (bei Hunden) das Lendenmark durchschnitten ist, die Erection leichter eintritt.

Dafür spricht auch die Thatsache beim Menschen, dass Willenseinfluss, Gemüthsbewegungen (Furcht vor Misslingen des Coitus, Ueberraschung inter actum sexualem u. s. w.) das Eintreten der Erection hemmen, bezw. die vorhandene sistiren können.

Die Dauer der Erection ist abhängig von der Fortdauer erregender Ursachen (Sinnes-, sensible Reize), von dem Fernbleiben hemmender Vorgänge, der Innervationsenergie des Centrums, sowie von dem früheren oder späteren Eintreten der Ejaculation (s. u.).

Die centrale und oberste Instanz im sexuellen Mechanismus ist die Hirnrinde. Es ist gerechtfertigt, als Stelle für die Auslösung sexualer Gefühle, Vorstellungen und Dränge eine bestimmte Region derselben (cerebrales Centrum) zu vermuthen, als Entstehungsort all der psychisch-somatischen Vorgänge, die man als Geschlechtsleben, Geschlechtssinn, Geschlechtstrieb bezeichnet. Dieses Centrum ist ebensowohl durch centrale als durch periphere Reize erregbar.

Centrale Reize können organische Erregungen durch Krankheiten der Hirnrinde darstellen. Physiologisch bestehen sie in psychischen Reizen (Erinnerungsvorstellungen und Sinneswahrnehmungen).

Unter physiologischen Bedingungen handelt es sich wesentlich um optische Wahrnehmungen und Erinnerungsbilder (z. B. lascive Lektüre), ferner um Tasteindrücke (Berührung, Händedruck, Kuss u. s. w.).

Jedenfalls spielen in physiologischer Breite Gehörs- und Geruchswahrnehmungen eine sehr untergeordnete Rolle. Unter pathologischen Verhältnissen (s. u.) haben die letzteren entschieden eine sexuell erregende Bedeutung.

Bei den Thieren ist ein Einfluss der Geruchswahrnehmungen auf den Geschlechtssinn unverkennbar. Althaus (Beiträge zur Physiol. u. Pathol. des Olfactorius, Arch. für Psych. XII, H. 1) erklärt geradezu den Geruchssinn für wichtig bezüglich der Reproduction der Gattung. Er macht geltend, dass Thiere verschiedenen Geschlechts durch Geruchswahrnehmungen zu einander hingezogen werden und dass fast alle Thiere zur Brunstzeit von ihren Geschlechtsorganen aus einen besonders scharfen Geruch verbreiten. Dafür spricht ein Experiment von Schiff, der neugeborenen Hunden die Nn. olfactorii exstirpirte und bei den herangewachsenen Thieren constatirte, dass das männliche Thier das Weibchen nicht herauszufinden vermochte. Ein entgegengesetzter Versuch von Mantegazza (Hygiene der Liebe), welcher Kaninchen die Augen entfernte und kein Hinderniss für die Begattung aus diesem Defect beobachtete, lehrt, wie wichtig der Geruchsinn für die Vita sexualis bei Thieren sein dürfte.

Bemerkenswerth ist auch, dass manche Thiere (Moschusthier, Zibethkatze, Biber) an ihren Genitalien Drüsen haben, die scharfriechende Stoffe secerniren.

Auch für den Menschen macht Althaus Beziehungen zwischen Geruchs- und Geschlechtssinn geltend. Er erwähnt Cloquet (Osphrésiologie, Paris 1826), der auf den wollusterregenden Duft der Blumen aufmerksam machte und auf Richelieu hinwies, der zur Anregung seiner Geschlechtsfunctionen in einer Atmosphäre der stärksten Parfüms lebte.

Zippe (Wien. med. Wochenschrift 1879, Nr. 24) macht anlässlich eines Falles von Stehltrieb bei einem Onanisten ebenfalls solche Beziehungen geltend und citirt als Gewährsmann Hildebrand, der in seiner populären Physiologie sagt: „Es lässt sich gar nicht läugnen, dass der Geruchssinn mit den Geschlechtsverrichtungen in einem schwachen Zusammenhang steht. Blumendüfte erregen oft wollüstige Empfindungen, und wenn wir uns der Stelle aus dem hohen Liede Salomonis erinnern: ‚Meine Hände troffen von Myrrhen und Myrrhen liefen über meine Finger an dem Riegel des Schlosses', so finden wir diese Bemerkung schon von dem weisen Salomo gemacht. Im Orient sind die Wohlgerüche wegen ihrer Beziehung zu den Geschlechtstheilen sehr beliebt und die Frauengemächer des Sultans duften von aller Blüten Gemisch."

Most, Prof. in Rostock, erzählt (vgl. Zippe): „Von einem wollüstigen jungen Bauern erfuhr ich, dass er manche keusche Dirne zur Wollust gereizt und seinen Zweck leicht erreicht habe, indem er beim Tanze einige Zeit sein Taschentuch unter den Achseln getragen und der von Schweiss triefenden Tänzerin damit das Gesicht getrocknet hatte."

Dass die nähere Bekanntschaft mit der Transspiration eines Menschen der erste Anlass zu einer leidenschaftlichen Liebe sein kann, beweist der Fall Heinrichs III., welcher sich zufällig bei dem Vermählungsfest des Königs von Navarra mit Margaretha von Valois mittelst des schweisstriefenden Hemdes der Maria von Cleve das Gesicht getrocknet hatte. Obgleich letztere die Braut des Prinzen von Condé war, fühlte Heinrich dennoch sofort eine so leidenschaftliche Liebe zu ihr, dass er ihr nicht widerstehen konnte und Maria dadurch, wie geschichtlich bekannt, höchst unglücklich machte. Analoges wird von Heinrich IV. erzählt, bei welchem die Leidenschaft zur schönen Gabriele von dem Moment an entstanden sein soll, wo er auf einem Ball mit einem Taschentuch dieser schönen Dame sich die Stirne getrocknet hatte.

Aehnliches deutet der „Entdecker der Seele", Prof. Jäger, in seinem bekannten Buch (2. Aufl., 1880, Cap. 15) an, indem er p. 173 den Schweiss als wichtig für die Entstehung von Sexualaffecten und als besonders verführerisch ansieht.

Auch aus der Lektüre des Werkes von Ploss (Das Weib) ergibt sich, dass mannigfach in der Völkerpsychologie das Bestreben sich findet, durch die eigene Ausdünstung eine Person des anderen Geschlechts an sich zu ziehen.

Bemerkenswerth in dieser Hinsicht ist eine von Jagor berichtete Sitte, die zwischen verliebten Eingeborenen auf den Philippinen herrscht. Müssen sich dort Liebespaare trennen, so überreicht man sich gegenseitig Wäschestücke des eigenen Gebrauchs, mit Hülfe derer man sich der Treue versichert. Diese Gegenstände werden sorgfältig gehütet, mit Küssen bedeckt und — berochen.

Auch die Vorliebe gewisser Libertins und sinnlicher Frauen für Parfüms[1]) spricht für Zusammenhang von Geruchs- und Geschlechtssinn. Bemerkenswerth ist auch ein von Heschl (Wiener Zeitschr. f. pract. Heilkunde, 22. März 1861) mitgetheilter Fall von Mangel beider Riechkolben bei gleichzeitiger Verkümmerung der Genitalien. Es handelte sich um einen 45jährigen, sonst wohlgebildeten Mann, dessen Hoden bohnengross, ohne Samenkanälchen waren, und dessen Kehlkopf von weiblichen Dimensionen erschien. Jede Spur von Riechnerven fehlte; auch die Trigona olfactoria und die Furche an der unteren Fläche der Vorderlappen des Gehirns mangelten. Die Löcher der Siebplatte waren spärlich; statt Nerven traten durch dieselbe nervenlose Fortsätze der Dura. Auch in der Schleimhaut der Nase fand sich Mangel an Nerven. Bemerkenswerth ist endlich der bei Geisteskrankheit deutlich hervortretende Consensus zwischen Geruchs- und Geschlechtsorgan, insofern sowohl bei masturbatorischen Fällen von Psychose bei beiden Geschlechtern, als auch bei Psychosen auf Grund von Erkrankung der weiblichen Genitalien oder klimakterischer Vorgänge Geruchshallucinationen überaus häufig, bei fehlender sexueller Veranlassung überaus selten sind.

Dass bei normalen Menschen Geruchsempfindungen, gleichwie beim Thier, eine hervorragende Rolle für die Erregung des sexualen Centrums spielen, möchte ich bezweifeln[2]). Bei der Wichtigkeit dieses Consensus für das Verständniss pathologischer Fälle musste aber schon hier auf die Beziehungen zwischen Geruchs- und Geschlechtssinn eingegangen werden.

Eine interessante Thatsache, Angesichts dieser physiologischen Beziehungen, ist auch eine gewisse histologische Uebereinstimmung zwischen Nase und Genitalorganen, indem sie (einschliesslich Brustwarze) erectiles Gewebe enthalten.

Merkwürdige physiologische und klinische Beobachtungen hat auch J. N. Mackenzie (Journal of medical Science 1884, April) mitgetheilt. Er fand 1) dass bei einer gewissen Zahl von Frauen, deren Nasen ganz gesund waren, regelmässig mit der Menstruation eine „Anschoppung" der Nasenschwellkörper eintrat und mit dem Aufhören jener wieder schwand; 2) das Auftreten einer vicariirenden nasalen Menstruation, welche später meist durch uterinalen Blutfluss ersetzt wird, manchmal aber während des ganzen Geschlechtslebens menstrual wiederkehrt; 3) gelegentlich in der Nase bei geschlechtlicher Aufregung auftretende Reizerscheinungen, wie Niesen u. s. w.; 4) umgekehrt gelegentliche Erregung des genitalen Tractus bei Erkrankung an der Nase.

---

[1]) Vgl. Laycock, Nervous diseases of women, 1840, der die Vorliebe für Moschus und derlei Parfüms mit sexueller Erregung bei Damen in Beziehung fand.

[2]) Folgende Beobachtung, welche Binet mittheilt, scheint mit dieser Annahme im Widerspruch. Leider ist über die Persönlichkeit des Gegenstands jener Beobachtung nichts mitgetheilt. Unter allen Umständen bleibt sie sehr bezeichnend für den Consensus zwischen Geruchs- und Geschlechtssinn. Stud. med. D. sitzt auf einer Bank in einer öffentlichen Anlage, eifrig in einem Buch (über Pathologie) studirend. Plötzlich stört ihn eine heftige Erection. Er schaut auf und bemerkt, dass eine stark parfümirte Dame auf der anderen Ecke der Bank Platz genommen hat. D. konnte sich die Erection nur durch den unbewusst ihm zugekommenen Geruchseindruck erklären.

So fand M. ferner, dass bei zahlreichen Frauen, welche ein Nasenleiden hatten, dasselbe während der Menstruation sich verschlimmerte; dass Excesse in Venere geeignet sind, eine Entzündung der Nasenschleimhaut hervorzurufen, oder eine schon bestehende zu steigern.

Er weist auch auf die Erfahrung hin, dass Masturbanten ganz gewöhnlich nasenkrank sind, an abnormen Geruchsempfindungen häufig leiden, desgleichen an Rhinorhagien. Nach M.'s Erfahrungen gibt es Erkrankungen der Nase, welche jeder Behandlung widerstehen, so lange nicht gleichzeitig bestehende (ursächliche?) Genitalleiden beseitigt sind. Interessante Bestätigungen und Erweiterungen unserer Kenntnisse über den Consensus narium et genitalium bietet ein kürzlich erschienenes Buch von Fliess, „Die Beziehungen zwischen Nase und weiblichen Geschlechtsorganen" Wien (Deuticke) 1897.

Die sexuelle Sphäre in der Hirnrinde kann auch durch Vorgänge in den Generationsorganen im Sinne von sexuellen Vorstellungen und Drängen erregt werden. Dies ist möglich durch alle Momente, welche auch das Erectionscentrum durch centripetale Einwirkung in Erregung versetzen (Reiz der gefüllten Samenblasen, die geschwellten Graf'schen Follikel, irgendwie hervorgerufene sensible Reizung im Bereich der Genitalien, Hyperämie und Turgescenz der Genitalien, speciell der erectilen Gebilde der Schwellkörper von Penis, Clitoris, durch sitzende üppige Lebensweise, durch Plethora abdominalis, hohe äussere Temperatur, warme Betten, Kleidung, Genuss von Cantharidcn, Pfeffer und anderen Gewürzen).

Auch durch Reizung der Nerven der Gesässgegend (Züchtigung, Geisselung) kann die Libido sexualis erregt werden[1]).

Diese Thatsache ist nicht unwichtig für das Verständniss gewisser pathologischer Erscheinungen. Zuweilen geschieht es, dass bei Knaben durch eine Züchtigung auf den Podex die ersten Regungen des Geschlechtstriebes wachgerufen werden und ihnen damit die Anregung zur Masturbation gegeben wird, eine Erfahrung, die sich Erzieher merken sollten.

Angesichts der Gefahren, welche diese Form der Züchtigung Schülern bereiten kann, wäre es wünschenswerth, wenn sie von Eltern, Lehrern und Erziehern gänzlich aufgegeben würde.

Dass passive Flagellation die Sinnlichkeit zu erwecken vermag, lehrt die im 13.—15. Jahrhundert verbreitet gewesene Sekte der Flagellanten[1]), die, theils aus Busse, theils um das Fleisch zu tödten (im Sinne des von der Kirche geltend gemachten Keuschheitsprincips, d. h. der Emancipation des Geistes von der Sinnlichkeit) sich selbst geisselten.

Anfangs wurde diese Sekte von der Kirche begünstigt. Da aber durch das Flagelliren erst recht die Sinnlichkeit wachgerufen wurde und diese Thatsache in unliebsamen Vorkommnissen sich kundgab, war die Kirche schliesslich genöthigt, gegen das Flagellantenthum einzuschreiten. Bezeichnend für die sexuell erregende Bedeutung der Geisselung sind folgende Thatsachen aus dem Leben der beiden Geisselheldinnen Maria Magdalena von Pazzi und Elisabeth von Genton. Die erstere, Tochter angesehener Eltern, war Karmeliternonne zu Florenz (um 1580) und erlangte durch ihre Geisselungen und noch mehr durch deren Folgen einen bedeutenden Ruf, weshalb sie auch in den Annalen Erwähnung findet. Es war ihre grösste Freude, wenn ihr die Priorin die Hände auf den Rücken binden und sie in Gegenwart sämmtlicher Schwestern auf die blossen Lenden geisseln liess.

---

[1]) Meibomius, De flagiorum usu in re medica, London 1765. — Boileau, The history of the flagellants, London 1783. — Doppet, Aphrodisiaque externe, Paris 1788.

[2]) Corvin, Hist. Denkmale des christlichen Fanatismus II, Leipzig 1847. — Förstemann, Die christlichen Geisslergesellschaften, Halle 1828.

Die schon von Jugend auf vorgenommenen Geisselungen hatten aber ihr Nervensystem ganz und gar zerrüttet und vielleicht keine Geisselheldin hatte so viel Hallucinationen („Entzückungen") wie diese. Während derselben hatte sie es besonders mit der Liebe zu thun. Das innere Feuer drohte sie dabei zu verzehren und häufig schrie sie: „Es ist genug! Entflamme nicht stärker diese Flamme, die mich verzehrt. Nicht diese Todesart ist es, die ich mir wünsche, sie ist mit allzu vielen Vergnügungen und Seligkeiten verbunden." So ging es immer weiter. Der Geist der Unreinigkeit aber blies ihr die wollüstigsten und üppigsten Phantasien ein, so dass sie mehrmals nahe daran war, ihre Keuschheit zu verlieren.

Aehnlich verhielt es sich mit Elisabeth von Genton. Dieselbe gerieth durch das Geisseln förmlich in bacchantische Wuth. Am meisten raste sie, wenn sie, durch ungewöhnliche Geisselung aufgeregt, mit ihrem „Ideal" vermählt zu sein glaubte. Dieser Zustand war für sie so überschwänglich beglückend, dass sie häufig ausrief: „O Liebe, o unendliche Liebe, o Liebe, o ihr Creaturen, rufet doch alle zu mir: Liebe, Liebe!" Bekannt ist auch die von Taxil (op. cit. p. 175) bestätigte Beobachtung, dass Wüstlinge, um ihrer gesunkenen Potenz aufzuhelfen, zuweilen sich vor dem geschlechtlichen Akt flagelliren lassen.

Diese Thatsachen finden eine interessante Bestätigung durch folgende Paullini's „Flagellum salutis" (1. Aufl. 1698, Neudruck Stuttgart 1847) entlehnte Erfahrungen:

„Es sind einige Nationen, namentlich die Persianer und Russen, so (bevorab die Weiber) Schläge für ein sonderbares Liebs- und Gnadenzeichen annehmen. Sonderlich sind die Russischen Weiber fast nicht vergnügter und fröhlicher, als wenn sie gute Schläge von ihren Männern empfangen, wies Joann Barclarus mit einer merkwürdigen Historie erläutert. Es kam ein Teutscher, Namens Jordan, in Muscovien, und weil ihm das Land gefiel, liess er sich häuslich daselbst nieder, und nahm ein Russisch Weib, so er hertzlich liebte, und in allem freundlich gegen sie war. Sie aber sahe immer runtzlicht aus, warff die Augen nieder und liess ach und wehe von sich hören. Der Mann wollte wissen, warum? denn er ja nicht ersinnen konte, was ihr fehlen mochte. Ey, sprach sie, was wolt ihr mich doch lieb haben, massen ihr dessen noch kein Zeichen habt spüren lassen. Er umhälsete sie, und bat, wo er sie etwa ohnversehens und unwissend beleidigt hätte, solches ihm zu verzeihen, er wolte es ja nimmer thun. Mir fehlt nichts, war die Antwort, als, nach unser Landes Manier, die Geissel, das eigentliche Merkmahl der Liebe. Jordan merckte diese Mode, und gewehnte sich dran, da fieng das Weib an den Mann hertzinniglich zu lieben. Eben solche Geschicht erzählt auch Peter Petreus von Erlesund mit dem Zusatz, wie die Männer gleich nach der Hochzeit unter andern unentbehrlichem Hausgeräth ihnen auch Peitschen zulegten."

Auf S. 73 dieses merkwürdigen Buches sagt Verfasser weiter:

„Der berühmte Graff von Mirandula, Joann Picus, zeugt von einem seiner guten Bekandten, dass er ein unersättlicher Kerles gewesen, doch aber so träge und untüchtig zum Zyprischen Streit, dass er nicht das Geringste vermochte, ehe und bevor er derb abgeschmiert war. Je mehr er nun seinen Willen zu sättigen verlangte, je durchdringendere Schläge er begehrte, massen er seines Wunsches gar nicht theilhafft werden konnte, wann er nicht vorher bis auf's Blut abgepeitschet war. Zu dem ende liess er ihm eine eigne Peitsche machen, peitzte solche den Tag zuvor in essig, hernach gab er sie seiner Gespielbin, mit inständigster Bitte und gebognen Knieen, ja nicht fehl zu schlagen, sondern je düchter, je lieber. Der eintzle Mensch (meint der gute Graff) sey dieser, so seine Leibeslust unter solcher Marter gefunden habe. Und weil er sonst eben der Schlimste nicht war, erkandte und haste er zugleich seine Schwachheit. Gleiche Historie erwehnt Coelius Rhodigin, und aus diesem der berühmte Jurist Andreas Tiraquell. Zu des geschickten Medici Otten Brunfelsen Zeit lebte in der Churbayerischen Residenzstadt München auch ein guter Schlucker, so aber seine Pflichtschuldigkeit, ohne vorhergehende scharfe Schläge nimmer abstatten konte. Auch kandte Herr Thomas Barthelin einen Venetianer, der durch blosse Schläge zum Beyschlaf muste erbitzt und angetrieben werden. Wie denn auch Cupido selbst seine Nachfolger mit einem hiazynthinen Stäblein hinder ihm herschleppt. Zu Lübeck war vor wenig Jahren ein Käsekrämer, in der Mühlstrassen wohnend, so, wegen begangenen Ehebruchs, bey der Obrigkeit verklagt, die Stadt räumen solte. Die Metze aber, mit der er zugehalten hatte, gieng zu den Gerichtsherrn, und thät eine Vorbitte seinthalb bey ihnen, mit Erzählung, wie Blutsaur ihm alle Gänge worden wären. Denn er ja nichts vermocht, wenn sie ihn nicht zuvor erbärmlich abgeprügelt hätte. Der Kerl wolte es anfangs, aus Schaam und Vermeidung des Hohns, nicht allerdings gestehn, doch auf ernstlicheres Befragen konte ers nicht ableugnen. In dem vereinigten Niederland sol gleichfalls ein ansehnlicher Mann dergleichen Trägheit an sich gehabt, und ohne Schläge zum Handel nicht getaugt haben. Wies aber die Obrigkeit erfuhr, ward er nicht nur seines Dienstes entsetzt, sondern auch überdas gebührend abgestrafft. Ein glaubwürdiger Freund und Physicus einer vornehmen Reichsstadt, berichtete mich vom 14. Juli vorigen Jahrs, wie ein liederlich Weibsstück ihrer Gespielin vor weniger Zeit im Hospital erzählt habe, dass ein gewisser Mann Sie, beneben einer andern von gleicher Gattung, in den Wald beschieden haben, und nachdem sie gefolgt, hätte ihnen der Kerl Ruthen abgeschnitten, und den blossen Hintern zum besten gegeben, und sie brav drauf houen geheissen, welches sie auch gethan. Was er hiernechst ferner mit ihnen begonnen habe, ist leichtlich zu schliessen. Nicht aber wurden nur die Männer durch Schläge zur Geilheit erbitzt und aufgemuntert, sondern auch die Weiber, damit sie desto ehe und mehr empfingen. Das Römische Frauenzimmer liess sich von den Lupercis desswegen peitschen und geisseln. Denn so singt Juvenal:

„— — Steriles moriuntur, et illis
Turgida non prodest condita pyscido Lyde:
Nec prodest agili palmas praebere Luperco."

Auch von einer Reihe anderer Haut- und Schleimhautbezirke kann, sowohl beim Manne als auch beim Weibe, Erection und Orgasmus, ja selbst der Ejaculationsvorgang ausgelöst werden. Diese „erogenen" Zonen sind beim Weibe, solange es Virgo ist, die Clitoris, nach erfolgter Defloration auch die Vagina und der Cervix uteri.

Besonders erogen scheint beim Weib überhaupt die Brustwarze zu wirken. Titillatio hujus regionis spielt in der Ars erotica eine hervorragende Rolle. In seiner topograph. Anatomie 1865 Bd. I p. 552 citirt Hyrtl Val. Hildenbrandt, der eine besondere Anomalie des Sexualtriebs, die er Suctusstupratio nannte, bei einem Mädchen beobachtete. Dasselbe liess sich von seinem Galan an den Mammae saugen und brachte es durch Zerren an denselben allmälig dahin, das Saugen mit dem eigenen Munde vorzunehmen, was ihr die angenehmsten Gefühle verursachte. H. weist auch darauf hin, das bei Kühen das Selbstaussaugen der Euter vorkomme.

L. Brunn (Zeitg. f. Literatur etc. d. Hamburg. Correspondenten 1889 Nr. 21 in einem interessanten Aufsatz „über Sinnlichkeit und Nächstenliebe") macht geltend, wie eifrig die säugende Mutter „aus Liebe zum Schwachen, Unentwickelten, Hülflosen" sich dem Geschäft des Stillens des Kindes widmet.

Es liegt nahe, zu vermuthen, dass neben den erwähnten ethischen Beziehungen auch der Umstand, dass das Säugen mit körperlichen Lustgefühlen verbunden sein dürfte, eine Rolle spielt. Dafür spricht die weitere, an und für sich ganz richtige, aber einseitig gedeutete Bemerkung Brunn's, dass nach Houzeau's Erfahrungen bei den meisten Thieren nur während der Zeitperiode des Säugens die Beziehungen zwischen Mutter und Jungen innige sind und später völliger Gleichgültigkeit weichen.

Dasselbe (Abstumpfung der Gefühle für das Kind nach dem Abstillen) fand Bastian u. A. auch bei wilden Völkern.

Unter pathologischen Verhältnissen, wie u. A. aus einer Thèse de doctorat von Chambard hervorgeht, können (bei Hysterischen) auch Körperstellen in der Nähe der Mammae sowie der Genitalien die Bedeutung erogener Zonen gewinnen.

Beim Manne ist physiologisch die einzige erogene Zone die Glans penis und vielleicht noch die Haut der äusseren Genitalien.

Unter pathologischen Verhältnissen kann der Anus erogenes Gebiet sein — damit würde sich anale Automasturbation, die nicht allzu selten vorzukommen scheint, und passive Päderastie erklären. (Vgl. Garnier, Anomalies sexuelles, Paris, p. 514; A. Moll, Conträre Sexualempfindung, 2. Aufl. p. 222; Frigerio, Archivio di Psichiatria 1893; Cristiani, Archivio delle Psicopatie sessuali p. 182 „autopederastia in un alienato, affetto da follia periodica".)

Der psycho-physiologische Vorgang, welchen der Begriff Geschlechtstrieb umfasst, setzt sich zusammen

1) aus central oder peripher geweckten Vorstellungen,
2) aus damit sich associirenden Lustgefühlen.

Daraus entsteht der Drang zu geschlechtlicher Befriedigung (Libido sexualis). Dieser Drang wird immer stärker in dem Masse, als die Erregung des cerebralen Gebietes durch bezügliche Vorstellungen und durch Hereingreifen der Phantasie die Lustgefühle potenzirt und durch Erregung des Erectionscentrums und damit Hyperämisirung der Genitalorgane diese Lustgefühle zu Wollustgefühlen (Austreten von Liquor prostaticus in die Urethra u. s. w.) steigert.

Sind die Umstände günstig zur Ausübung des individuell befriedigenden Geschlechtsakts, so wird dem immer mehr anwachsenden Drang Folge geleistet, andernfalls treten hemmende Vorstellungen dazwischen, verdrängen die geschlechtliche Brunst, hemmen die Leistung des Erectionscentrums und verhindern den geschlechtlichen Akt.

Für den Culturmenschen ist erforderlich und entscheidend die Bereitschaft von solchen den geschlechtlichen Drang hemmenden Vorstellungen. Von der Stärke der treibenden Vorstellungen und der sie begleitenden organischen Gefühle einer- und der der hemmenden Vorstellungen andererseits hängt die sittliche Freiheit des Individuums ab und die Entscheidung, ob es nach Umständen zur Ausschweifung und selbst zum Verbrechen gelangt. Auf die Stärke der treibenden Momente haben Constitution, überhaupt organische Einflüsse, auf die der Gegenvorstellungen Erziehung und Selbsterziehung gewichtigen Einfluss.

Treibende und hemmende Kräfte sind wandelbare Grössen. Verhängnissvoll wirkt in dieser Hinsicht der Alkoholübergenuss, insofern er die Libido sexualis weckt und steigert, gleichzeitig die sittliche Widerstandsfähigkeit herabsetzt.

### Der Akt der Cohabitation [1]).

Grundvoraussetzung für den Mann ist genügende Erection. Mit Recht macht Anjel (Archiv für Psychiatrie VIII, H. 2) darauf aufmerksam, dass bei der sexuellen Erregung nicht bloss das Erectionscentrum erregt wird.

---

[1]) Vgl. Roubaud, Traité de l'impuissance et de la stérilité. Paris 1878.

sondern dass die Nervenerregung sich auf das ganze vasomotorische Nervensystem fortpflanzt. Beweis dafür ist der Turgor der Organe beim sexuellen Akt, die Injection der Conjunctiva, die Prominenz der Bulbi, die Erweiterung der Pupillen, das Herzklopfen (durch Lähmung der aus dem Halssympathicus stammenden vasomotorischen Herznerven, dadurch Erweiterung der Herzarterien und in Folge der Wallungshyperämie stärkere Erregung der Herzganglien). Der Geschlechtsakt geht mit einem Wollustgefühl einher, das beim Manne durch (in Folge der sensiblen Reizung der Genitalien reflectorisch hervorgerufenes) Eintreten von Sperma durch die Ductus ejaculatorii in die Urethra angeregt sein dürfte. Das Wollustgefühl tritt beim Manne früher auf, als beim Weibe, schwillt zur Zeit der beginnenden Ejaculation lawinenartig an, erreicht seine Höhe im Moment der vollen Ejaculation, um post ejaculationem rasch zu schwinden.

Beim Weibe tritt das Wollustgefühl später und langsam ansteigend auf und überdauert meist den Akt der Ejaculation.

Der entscheidende Vorgang bei der Cohabitation ist die Ejaculation. Diese Function ist abhängig von einem Centrum (genito-spinale), das Budge in der Höhe des 4. Lendenwirbels nachgewiesen hat. Dasselbe ist ein Reflexcentrum; der dasselbe erregende Reiz ist das durch Reizung des Glans penis aus den Samenblasen reflectorisch in die Pars membranacea urethrae getriebene Sperma. Sobald diese unter wachsendem Wollustgefühl vor sich gehende Samenentleerung eine entsprechend grosse Quantität darstellt, um als genügender Reiz auf das Ejaculationscentrum zu wirken, tritt dieses in Action. Die motorische Reflexbahn befindet sich in dem 4. und 5. Lumbalnerven. Die Action besteht in einer convulsivischen Erregung des M. bulbocavernosus (innervirt vom 3. und 4. Sacralnerv), wodurch das Sperma herausgeschleudert wird.

Auch beim Weibe findet auf der Höhe seiner geschlechtlichen und wollüstigen Erregung ein reflectorisch bedingter Bewegungsakt statt. Er wird eingeleitet durch die Reizung der sensiblen Genitalnerven und besteht in einer peristaltischen Bewegung in den Tuben und im Uterus bis zur Portio vaginalis, wodurch der Tubar- und Uterinschleim ausgepresst wird. Eine Hemmung des Ejaculationscentrums ist möglich durch Hirnrindeneinfluss (Unlust beim Coitus, überhaupt Gemüthsbewegungen, sowie einigermassen durch Willenseinfluss).

Mit dem vollzogenen Geschlechtsakt schwinden normaler Weise Erection und Libido sexualis, indem die psychische und geschlechtliche Erregung einer behaglichen Erschlaffung Platz macht.

## III. Allgemeine (Neuro- und Psycho-) Pathologie[1]).

Ueberaus häufig erweisen sich bei dem Culturmenschen die sexualen Funktionen abnorm. Diese Thatsache findet zum Theil ihre Erklärung

---

[1]) **Literatur.** Parent-Duchatelet, Prostitution dans la ville de Paris 1837. — Rosenbaum, Entstehung der Syphilis. Halle 1839. — Derselbe, Die Lustseuche im Alterthum. Halle 1839. — Descuret, La médecine des passions. Paris 1860. — Casper, Klin. Novellen 1860. — Bastian, Der Mensch in der Geschichte. — Friedländer, Sittengeschichte Roms. — Wiedemeister, Cäsarenwahnsinn. — Scherr, Deutsche Kultur- und Sittengeschichte Bd. I, Cap. 9. — Jeannel, Die Prostitution, deutsch von Müller, Erlangen 1869. — v. Krafft, Neue Forschungen auf dem Gebiete der Psychopathia sexualis. 2. Aufl., Stuttgart 1891. — Taxil, La Prostitution contemporaine. Paris 1884. — Frank Lydston, Philadelph. med. and surg. reports 1889. — Urquhardt, Journal of mental science 1891, Jan. — Antonini, Achiv. di Psichiatria XII, 1, 2. — Cantarano, Zeitschr. „La Psichiatria" V, 2. 3. — Krauss, Psychologie des Verbrechens 1884. — Kiernan, Medic. Standard 1889, Nov. — Delcourt, Le vice à Paris 1889. — Lombroso, L'uomo delinquente. 2. Aufl. 1878. — Toulmouche, Annal. d'hygiène 1868. — Giraldès et Horteloup, ebenda 1876, p. 419. — Eulenburg, Klin. Handb. d. Harn- und Sexualorgane 1894, 4. Abthl., p. 36. — Moll, Untersuchungen über die Libido sexualis 1897. — Archivio delle psicopatie sessuali, Neapel (1896) volume unico. — Tardieu, Des attentats aux moeurs, 7. édit. 1878. — Emminghaus, Psychopathol. p. 98. 225. 230. 232. — Schüle, Handbuch der Geisteskrankheiten p. 114. — Marc, Die Geisteskrankheiten, übers. v. Ideler, II, p. 128. — v. Krafft, Lehrb. d. Psychiatrie. 5. Aufl. I, p. 83; Lehrb. d. ger. Psychopathol. 3. Aufl. p. 279; Archiv f. Psychiatrie VII, 2. — Moreau, Des aberrations du sens génésique. Paris 1880. — Kirn, Allg. Zeitschr. f. Psychiatrie 39, Heft 2 u. 3. — Lombroso, Geschlechtstrieb und Verbrechen in ihren gegenseitigen Beziehungen (Goltdammer's Archiv, Bd. 30). — Turnowsky, Die krankhaften Erscheinungen des Geschlechtssinnes. Berlin 1886. — Ball, La folie érotique. Paris 1888. — Sérieux, Recherches cliniques sur les anomalies de l'instinct sexuel. Paris 1888. — Hammond, Sexuelle Impotenz, übers. v. Sallinger. Berlin 1889.

Ueberaus gross ist die Zahl französischer Romanciers, welche sexuelle Perversionen behandeln, so z. B. Catulle Mendès, Péladan, Lemonnier, Dubut de la Forest („L'homme de joie"), Huysmans („Là bas"), Zola.

in dem vielfachen Missbrauch der Generationsorgane, zum Theil in dem Umstand, dass solche Functionsanomalien häufig Zeichen einer meist erblichen krankhaften Veranlagung des Centralnervensystems („functionelle Degenerationszeichen") sind.

Da die Generationsorgane aber in bedeutsamer functioneller Relation zu dem ganzen Nervensystem und zwar in seinen psychischen wie somatischen Beziehungen stehen, begreift sich die Häufigkeit der aus sexuellen (functionellen oder organischen) Störungen hervorgehenden allgemeinen Neurosen und auch Psychosen.

## Schema der sexualen Neurosen.

### I. Periphere Neurosen.

#### 1) Sensible.

a) Anästhesie. b) Hyperästhesie. c) Neuralgie.

#### 2) Secretorische.

a) Aspermie. b) Polyspermie.

#### 3) Motorische.

a) Pollutionen (Krampf). b) Spermatorrhöe (Lähmung).

### II. Spinale Neurosen.

#### 1) Affectionen des Erectionscentrums.

a) Reizung (Priapismus) entsteht reflectorisch durch periphere sensible Reize (z. B. Gonorrhöe), direct durch organische Reizung der Leitungsbahnen vom Gehirn zum Erectionscentrum (spinale Erkrankungen im unteren Cervical- und oberen Dorsalmark) oder des Centrums selbst (gewisse Gifte) oder durch psychische Reize.

Im letzteren Fall besteht Satyriasis, d. h. abnorm lange Andauer von Erection mit Libido sexualis. Bei blosser reflectorischer oder directer organischer Reizung kann die Libido fehlen und der Priapismus selbst mit Unlustgefühlen verbunden sein.

b) Lähmung entsteht durch Zerstörung des Centrums oder der Leitungsbahnen (Nervi erigentes) bei Rückenmarkskrankheiten (paralytische Impotenz).

Eine mildere Form stellt die verminderte Erregbarkeit des Centrums dar, in Folge von Ueberreizung desselben (durch sexuelle Excesse, besonders Onanie) oder durch Intoxication mit Alkohol, Bromsalzen u. s. w. Sie kann mit cerebraler Anästhesie verbunden sein, oft auch mit solcher der äusseren Genitalien. Häufiger findet sich hier cerebrale Hyperästhesie (gesteigerte Libido sexualis, Lüsternheit).

Eine eigene Form verminderter Erregbarkeit stellen diejenigen Fälle dar, wo das Centrum nur auf gewisse Reize anspruchsfähig ist und mit einer Erection antwortet. So gibt es Männer, bei welchen der sexuelle Contact mit der züchtigen Ehefrau nicht das nöthige Reizmoment zur Erection abgibt, wohl aber diese eintritt, wenn der Akt mit einer Dirne oder in Form einer widernatürlichen sexuellen Handlung verursacht wird. Soweit hier psychische Reize in Betracht kommen, können sie sogar inadäquate sein (s. u. Parästhesie und Perversion des Sexuallebens).

c) Hemmung. Das Erectionscentrum kann durch vom Gehirn kommende cerebrale Einflüsse functionsunfähig sein. Dieser hemmende Einfluss ist ein emotioneller Vorgang (Ekel, Furcht vor Ansteckung) oder die Vorstellung[1]) der ungenügenden Potenz. Im ersteren Fall befinden sich vielfach Männer, die unüberwindliche Abneigung gegen die Frau haben, oder Furcht vor Infection, oder mit perverser Geschlechtsempfindung behaftet sind; im letzteren Fall befinden sich Neuropathiker (Neurasthenische, Hypochonder), vielfach auch in ihrer Potenz Geschwächte (Onanisten), die Grund haben oder zu haben glauben, Misstrauen in ihre Potenz zu setzen. Der bezügliche psychische Vorgang wirkt als Hemmungsvorstellung und macht den Akt mit der betreffenden Person des anderen Geschlechts temporär oder dauernd unmöglich.

d) Reizbare Schwäche. Hier besteht abnorme Anspruchsfähigkeit, aber rascher Nachlass der Energie des Centrums. Es kann sich um functionelle Störung im Centrum selbst, oder um Innervationsschwäche der N. erigentes handeln, oder um Schwäche des M. ischiocavernosus. Im Uebergang zu den folgenden Anomalien ist noch der Fälle zu gedenken, wo durch abnorm frühe Ejaculation die Erection unausgiebig ist.

## 2) Affectionen des Ejaculationscentrums.

a) Abnorm leichte Ejaculation durch mangelnde cerebrale Hemmung in Folge grosser psychischer Erregung oder durch reizbare Schwäche des Centrums. In diesem Fall genügt nach Umständen die blosse Vorstellung einer lasciven Situation, um das Centrum in Action zu versetzen (hohe Grade von spinaler Neurasthenie, meist durch sexuellen Missbrauch). Eine dritte Möglichkeit ist Hyperaesthesia urethrae, vermöge welcher das austretende Sperma eine sofortige und stürmische Reflexaction des Ejaculationscentrums auslöst. Hier kann die blosse Annäherung an die weiblichen Genitalien genügen, um die Ejaculation (ante portam) herbeizuführen.

Bei Hyperaesthesia urethrae, als Ursache, kann die Ejaculation mit einem Schmerz- statt einem Wollustgefühl ablaufen. Meist besteht in Fällen, wo Hyperaesthesia urethrae vorhanden ist, zugleich reizbare Schwäche des Centrums. Beide Functionsstörungen sind wichtig für die Vermittlung der Pollutio nimia und diurna.

Das begleitende Wollustgefühl kann pathologisch fehlen. Derlei kommt bei belasteten Männern und Weibern vor (Anästhesie, Aspermie?), ferner in Folge von Krankheit (Neurasthenie, Hysterie), oder (bei Meretrices) in Folge von Ueberreizung und dadurch bedingter Abstumpfung. Von der Stärke des Wollustgefühls hängt der Grad der den Geschlechtsakt begleitenden psychischen und motorischen Erregung ab. Unter pathologischen Bedingungen kann diese

---

[1]) Ein interessantes Beispiel, wonach auch eine (Zwangs-)Vorstellung nicht sexuellen Inhalts im Spiel sein kann, erzählt Magnan, Ann. méd. psych. 1885: Student, 21 Jahre, erblich stark belastet, früher Onanist, hat beständig mit der Zahl 13 als Zwangsvorstellung zu kämpfen. Sobald er coitiren will, hemmt die betreffende Zwangsvorstellung die Erection und macht den Akt unmöglich.

sich so hoch steigern, dass die Coitusbewegungen ein dem Willen entzogenes convulsivisches Gepräge gewinnen, selbst sich bis zu allgemeinen Convulsionen erstrecken.

b) **Abnorm schwer eintretende Ejaculation.** Sie ist bedingt durch Unerregbarkeit des Centrums (mangelnde Libido, Lähmung des Centrums, organisch durch Gehirn- und Rückenmarkskrankheiten, functionell durch sexuellen Missbrauch, Marasmus, Diabetes, Morphinismus), hier dann meist mit Anästhesie der Genitalien und Lähmung des Erectionscentrums verbunden. Oder sie ist die Folge einer Läsion des Reflexbogens oder peripherer Anaesthesia (urethrae) oder der Aspermie. Die Ejaculation tritt gar nicht oder verspätet ein im Verlauf des sexuellen Aktes, oder erst später, in Form einer Pollution.

## III. Cerebral bedingte Neurosen.

1) **Paradoxie**, d. h. sexuale Erregungen ausserhalb der Zeit anatomisch-physiologischer Vorgänge im Bereich der Generationsorgane.

2) **Anästhesie** (fehlender Geschlechtstrieb). Hier lassen alle organischen Impulse von den Generationsorganen aus, gleichwie alle Vorstellungen, alle optischen, acustischen und olfactorischen Sinneseindrücke das Individuum sexuell unerregt. Physiologisch ist die Erscheinung im Kindes- und im höheren Greisenalter.

3) **Hyperästhesie** (vermehrter Trieb bis zur Satyriasis). Hier besteht abnorm starke Anspruchsfähigkeit der Vita sexualis auf organische, psychische und sensorielle Reize (abnorm starke Libido, Lüsternheit, Geilheit). Der Reiz kann central (Nymphomanie, Satyriasis) oder peripher, functionell oder organisch ein.

4) **Parästhesie** (Perversion des Geschlechtstriebs, d. h. Erregbarkeit des Sexuallebens durch inadäquate Reize).

Diese cerebralen Anomalien fallen in das Gebiet der Psychopathologie. Die spinalen und die peripheren können mit den ersteren combinirt vorkommen. In der Regel finden sie sich jedoch bei geistig Gesunden. Sie können in verschiedenen Combinationen vorkommen und den Anlass zu sexuellen Delicten geben. Aus diesem Grund verlangen sie Berücksichtigung in der folgenden Darstellung. Das Hauptinteresse nehmen jedoch die cerebral bedingten Anomalien in Anspruch, da sie überaus häufig zu perversen und selbst criminellen Handlungen führen.

### A. Paradoxie. Sexualtrieb ausserhalb der Zeit anatomisch-physiologischer Vorgänge.

#### 1) Im Kindesalter auftretender Geschlechtstrieb.

Jeder Nerven- und jeder Kinderarzt kennt die Thatsache, dass schon bei kleinen Kindern Regungen des Geschlechtslebens auftreten können.

Bemerkenswerth in dieser Hinsicht sind Ultzmann's Mittheilungen über Masturbation im Kindesalter[1]). Man muss hier unterscheiden zwischen den zahlreichen Fällen, wo durch Phimosis, Balanitis, Oxyuris in Anus oder Vagina Kinder Jucken in den Genitalien bekommen, an diesen herummanipuliren, davon eine Art Wollustreiz empfinden und so zur Masturbation gelangen, und zwischen jenen Fällen, wo ohne peripheren Anlass, auf Grund cerebraler Vorgänge, beim Kind sexuale Ahnungen und Dränge auftreten. Nur in letzteren Fällen kann von einem vorzeitigen Hervortreten des Geschlechtstriebs die Rede sein. Immer dürfte es sich hier um eine Theilerscheinung eines neuro-psychopathischen Belastungszustandes handeln.

Eine Beobachtung von Marc (Die Geisteskrankheiten etc. von Ideler I. p. 66) illustrirt treffend diese Zustände. Gegenstand derselben war ein achtjähriges Mädchen aus ehrenwerther Familie, das, aller kindlichen und moralischen Gefühle baar, seit dem 4. Jahr masturbirte, praeterea cum pueris decem usque ad duodecim annos natis stupra fecit. Es schwelgte in dem Gedanken, seine Eltern umzubringen, um sie bald zu beerben und dann mit Männern sich zu vergnügen.

Auch in diesen Fällen von vorzeitig sich regender Libido verfallen die Kinder der Masturbation, und da sie schwer belastet sind, versinken sie häufig in Blödsinn und fallen schweren degenerativen Neurosen oder Psychosen anheim.

Lombroso (Archiv. di Psichiatria IV, p. 22) hat eine Anzahl hierhergehöriger, schwer erblich belastete Kinder betreffender Fälle gesammelt, so den eines Mädchens, das mit 3 Jahren schamlos und hemmungslos masturbirte. Ein anderes Mädchen begann mit 8 Jahren, setzte die Onanie auch in der Ehe und namentlich in der Schwangerschaft fort. Sie gebar 12mal, 5 Kinder starben früh, 4 waren Hydrocephali, 2 davon (Knaben) ergaben sich mit 7, bezw. 4 Jahren der Masturbation.

Zambaco (l'Encéphale 1882, Nr. 1. 2) gibt die entsetzliche Geschichte zweier Schwestern mit prämaturem und perversem Sexualtrieb. Die ältere R. masturbirte schon mit 7 Jahren, stupra cum pueris faciebat, stabl, wo sie nur konnte, sororem quatuor annorum ad masturbationem illexit, trieb mit 10 Jahren schon die grössten Scheusslichkeiten, war nicht einmal durch Ferr. candens ad clitoridem von ihrem Drang abzubringen, masturbirte sich u. A. mit der Sutane des Geistlichen, während dieser ihr zusprach, sich zu bessern etc. Vgl. f. den von Magnan, Psychiatr. Vorlesungen, deutsch v. Möbius (II. u. III. Heft, p. 27), geschilderten Fall von prämaturer und perverser Vita sexualis bei einem hereditär degenerativen 12jährigen Mädchen. Weitere Fälle ebenda p. 120 und 121.

---

[1]) Auch Louyer-Villermay berichtet Onanie von einem 3—4 Jahre alten Mädchen, ebenso Moreau (Aberrations du sens génésique, 2. édit. p. 209) von einem 2jährigen. Siehe ferner Maudsley, Physiologie und Pathologie der Seele, übersetzt von Böhm, p. 218. — Hirschsprung (Kopenhagen), Berl. klin. Wochenschr. 1886, Nr. 38. — Lombroso, Der Verbrecher, übersetzt von Fränkel, p. 119 u. ff. (besonders Fall 10. 19. 21).

## 2) Im Greisenalter wieder erwachender Geschlechtstrieb[1]).

Es gibt seltene Fälle, wo bis zum höheren Greisenalter der Geschlechtstrieb fortbesteht. „Senectus non quidem annis sed viribus magis aestimatur" (Zittmann). Oesterlen (Maschka, Handb. III, p. 18) berichtet sogar von einem 83jährigen Mann, der von einem württembergischen Schwurgericht wegen Unzuchtvergehens zu drei Jahren Zuchthaus verurtheilt wurde. Leider erfährt man nichts über Art des Delicts und psychischen Zustand des Thäters.

Das Bestehen von Aeusserungen des Geschlechtstriebs bei Männern in höherem Alter ist an und für sich jedenfalls nicht pathologisch. Präsumptionen auf pathologische Bedingungen müssen sich aber nothwendig ergeben, wenn das Individuum decrepid ist, sein Geschlechtsleben schon längst erloschen war, der Trieb bei dem zudem vielleicht früher sexuell nicht sehr bedürftigen Menschen mit grosser Stärke sich geltend macht und rücksichtslos, schamlos, selbst pervers Befriedigung erstrebt.

In solchen Fällen wird schon der gesunde Menschenverstand pathologische Bedingungen vermuthen. Die medicinische Wissenschaft kennt die Thatsache, dass ein so qualificirter Trieb auf krankhaften Veränderungen im Gehirn, die zu Greisenblödsinn führen, beruht. Diese krankhafte Erscheinung des Geschlechtslebens kann ein Vorbote der senilen Demenz sein und sich jedenfalls lange vorher einstellen, ehe es zu greifbaren Erscheinungen intellectueller Schwäche kommt. Immer wird der aufmerksame und erfahrene Beobachter schon in diesem Prodromalstadium eine Umwandlung des Charakters in pejus und eine Abschwächung des moralischen Sinnes zugleich mit der auffallenden geschlechtlichen Erscheinung nachweisen können.

Die Libido des seniler Demenz Entgegengehenden äussert sich zunächst in lasciven Reden und Gesten. Das nächste Angriffsobject dieser der Hirnatrophie und psychischen Degeneration verfallenden cynischen Greise sind Kinder. Die leichtere Gelegenheit, an solche zu gerathen, gewiss aber wesentlich das Gefühl mangelhafter Potenz dürften diese traurige und bedenkliche Thatsache erklären. Mangelhafte Potenz und tief gesunkener moralischer Sinn machen die weitere Thatsache begreiflich, warum die geschlechtlichen Akte dieser Greise perverse sind. Sie sind eben einfach Aequivalente des unmöglichen physiologischen Aktes. Als solche verzeichnen die Annalen der gerichtlichen Medicin Ex-

---

[1]) Vgl. Kirn, Zeitschr. f. Psych. Bd. 39. — Legrand du Saulle, Annal. d'hyg. 1868 oct.

hibition der Genitalien[1]), wollüstiges Betasten der Genitalien von Kindern[2]), Verleitung dieser zur Manustupration des Verführers, Onanisirung der Opfer[3]), Flagellation derselben.

In diesem Stadium kann die Intelligenz noch intact genug sein, um die Oeffentlichkeit und die Entdeckung zu meiden, während der moralische Sinn schon zu tief gesunken ist, um die sittliche Bedeutung des Aktes zu ermessen und dem Trieb zu widerstehen. Mit eintretender Demenz werden diese Akte immer schamloser. Nun schwindet auch das Bedenken wegen mangelhafter Potenz und werden auch Erwachsene heimgesucht, aber die defecte Potenz nöthigt zu Aequivalenten des Coitus. Nicht selten kommt es hier auch zur Sodomie, wobei, wie Tarnowski (op. cit. 77) bemerkt, beim Geschlechtsakt mit Gänsen, Hühnern u. dgl., der Anblick des sterbenden Thieres und seiner Todeszuckungen im Momente des Coitus dem Kranken volle Befriedigung gewährt. Ebenso grauenerregend und nach dem Obigen psychologisch verständlich sind die perversen geschlechtlichen Handlungen mit Erwachsenen.

Einen Beleg, wie hoch gesteigert die Geschlechtslust während des Ablaufs einer Dementia senilis sein kann, bietet die Beobachtung 49 in des Verf. Lehrbuch der gerichtl. Psychopath., 3. Aufl., p. 161, quum senex libidinosus germanam suam filiam aemulatione motus necaret et adspectu pectoris sciosi puellae moribundae delectaretur.

Im Verlauf des Leidens kann es anlässlich manischer Episoden, oder auch ohne solche, zu erotischem Delir und Zuständen wahrer Satyriasis kommen, wie der folgende Fall erweist.

Beobachtung 1. J. René, von jeher sinnlichen und sexuellen Genüssen ergeben, aber das Decorum wahrend, hatte seit seinem 76. Jahr eine fortschreitende Abnahme der Intelligenz und zunehmende Perversion des moralischen Sinnes gezeigt. Früher geizig, äusserst sittsam, consumpsit bona sua cum meretricibus, lupanaria frequentabat, ab omni femina in via occurente, ut uxor fiat sua voluit, aut ut coitum concederet, und verletzte so sehr den öffentlichen Anstand, dass man ihn in eine Irrenanstalt bringen musste. Dort steigerte sich die geschlechtliche Erregung zu einem Zustand wahrer Satyriasis, die bis zum Tod andauerte. Semper masturbavit vel aliis praesentibus, delirium ejus plenum erat obscoenis imaginibus, viros qui circa eum erant, mulieres eos esse ratus, sordidis postulationibus vexavit (Legrand du Saulle. La folie p. 533).

Auch bei der Dem. senilis verfallenen Matronen, früher ehrbaren Frauen, können solche Zustände von höchster sexueller Erregung (Nymphomanie, Furor uterinus) vorkommen.

Dass auf dem Boden der Dem. senilis der krankhaft erregte und perverse Trieb sich auch Personen des eigenen Geschlechts (s. u.) aus-

---

[1]) Fälle s. Lasègue: Les Exhibitionistes. Union médicale 1871 1. Mai.
[2]) Legrand du Saulle. La folie devant les tribunaux p. 530.
[3]) Kirn, Maschka's Handb. d. ger. Med. p. 373. 374. — Derselbe, Allg. Zeitschr. f. Psychiatrie Bd. 39. p. 220.

schliesslich zuwenden kann, geht schon aus der Lektüre Schopenhauer's[1]) hervor. Die Art der Befriedigung ist hier passive Päderastie oder, wie ich aus folgendem Fall erfuhr, mutuelle Masturbation.

Beobachtung 2. Herr X., 80 Jahre alt, von hohem Stand, aus belasteter Familie, von jeher sexuell sehr bedürftig und Cyniker, von abnormem und jähzornigem Charakter, zog nach eigenem Geständniss schon als junger Mensch Masturbation dem Coitus vor, bot aber nie Erscheinungen von conträrer Sexualität, hatte Maitressen, zeugte mit einer derselben ein Kind, heirathete 48 Jahre alt aus Neigung, zeugte noch 6 Kinder, gab seiner Gemahlin Zeit seiner Ehe nie zu Klagen Anlass. Die Verhältnisse seiner Familie konnte ich nur unvollkommen erfahren. Sichergestellt ist, dass sein Bruder im Verdacht mannmännlicher Liebe stand und dass ein Neffe in Folge excessiver Masturbation irrsinnig wurde.

Seit Jahren hat sich der von Hause eigenartige, jähzornige Charakter des Patienten immer extremer gestaltet. Er ist äusserst misstrauisch geworden und eine geringfügige Contrariirung seiner Wünsche bringt ihn in masslosen Affect bis zu Wuthanfällen, in welchen er sogar die Hand gegen seine Gemahlin erhebt.

Seit einem Jahr bestehen deutliche Zeichen einer Dem. senilis incipiens. Patient ist vergesslich geworden, er localisirt falsch in der Vergangenheit und ist zeitlich nicht recht orientirt. Seit 14 Monaten bemerkt man an dem alten Herrn eine wahre Verliebtheit gegenüber einzelnen männlichen Dienstboten, namentlich einem Gärtnerburschen. Sonst schroff und vornehm gegenüber Untergebenen, überhäuft er diesen Favori mit Gunstbezeugungen und Geschenken und befiehlt seiner Familie und seinen Hausofficianten, ihm mit dem grössten Respekt zu begegnen. Mit wahrer Brunst erwartet der Alte die Stunden des Rendezvous. Er schickt seine Familie fort, um ungestört mit dem Favoriten zu sein, hält sich stundenlang mit ihm eingeschlossen und wird, wenn die Thüren sich wieder öffnen, ganz erschöpft auf dem Ruhebett getroffen. Neben diesem Geliebten hat Patient aber episodisch noch Verkehr mit anderen Dienern. Hoc constat amatos eum ad se trahere, ab iis oscula concupiscere. genitalia sua tangi jubere itaque maturbationem mutuam fieri. Durch dieses Treiben ist eine förmliche Demoralisation geschaffen. Die Familie ist machtlos, denn jede Gegenvorstellung ruft Zornanfälle bis zur Bedrohung der Angehörigen hervor. Patient ist vollkommen einsichtslos für seine sexuellen perversen Handlungen, so dass die Entmündigung und Versetzung in eine Irrenanstalt als einziger Ausweg für die trostlose hochangesehene Familie übrig bleibt.

Irgendwelche erotische Erregung gegenüber dem anderen Geschlecht ist nicht zu beobachten, obwohl Patient noch mit seiner Gemahlin dasselbe Schlafgemach bewohnt. Bemerkenswerth bezüglich der perversen Sexualität und des tief gesunkenen moralischen Sinnes dieses Unglücklichen ist die Thatsache, dass er die Dienerinnen seiner Schwiegertochter ausfragt, ob diese keine Liebhaber besitze.

## B. Anaesthesia sexualis (fehlender Geschlechtstrieb).

### 1) Als angeborene Anomalie.

Als unanfechtbare Beispiele von cerebral bedingtem Fehlen des Geschlechtstriebs können nur solche Fälle gelten, in welchen trotz normal

---

[1]) Die Welt als Wille und Vorstellung 1859. Bd. II. p. 461 u. ff.

entwickelter und functionirender Generationsorgane (Spermabereitung, Menstruation) jegliche Regung des Geschlechtslebens überhaupt und von jeher mangelt. Diese functionell geschlechtslosen Individuen sind sehr selten und wohl immer degenerative Existenzen, bei denen anderweitige functionelle Cerebralstörungen, psychische Degenerationszustände, ja selbst anatomische Entartungszeichen nachweisbar sind.

Einen klassischen, hierher gehörenden Fall beschreibt Legrand du Saulle (Annales médicopsychol. 1876, Mai).

Beobachtung 3. D., 33 Jahre, stammt von einer Mutter, die an Verfolgungswahnsinn litt. Der Vater dieser Frau litt ebenfalls an Verfolgungswahn und endete durch Selbstmord. Deren Mutter war irrsinnig; die Mutter dieser Frau war im Puerperium irrsinnig geworden. Drei Geschwister des Patienten waren im Säuglingsalter gestorben, ein überlebendes war charakterologisch abnorm. D. war schon mit 13 Jahren mit Ideen geplagt, irrsinnig zu werden. Mit 14 Jahren machte er einen Suicidversuch. Später Vagabondage. Als Soldat wiederholt Insubordination, ganz verrückte Streiche. Er war von beschränkter Intelligenz, bot keine Degenerationszeichen, normale Genitalien, hatte mit 17 oder 18 Jahren Samenergüsse gehabt, nie onanirt, niemals Geschlechtsempfindung gehabt, nie den Umgang mit Weibern gesucht.

Beobachtung 4. P., 36 Jahre alt, Taglöhner, wurde Anfang November wegen spastischer Spinalparalyse auf meiner Klinik aufgenommen. Er behauptet, aus gesunder Familie zu stammen. Seit der Jugend Stotterer. Schädel microcephal (cf. 53). Patient etwas imbecill. Er war nie gesellig, hatte niemals eine sexuelle Regung. Der Anblick eines Weibes hatte nie für ihn etwas Anziehendes. Niemals regte sich bei ihm ein masturbatorischer Drang. Erectionen häufig, aber nur Morgens beim Erwachen mit voller Blase und ohne Spur von sexueller Regung. Pollutionen sehr selten, etwa einmal jährlich im Schlafe, meist unter Träumen, dass er mit einem weiblichen Individuum etwas zu thun habe. Einen ausgesprochen erotischen Inhalt haben aber diese Träume nicht, wie überhaupt nicht seine Träume. Eine eigentliche Wollustempfindung soll mit dem Akt der Pollution nicht vorhanden sein. Pat. empfindet diesen Mangel sexueller Empfindungen nicht. Er versichert, sein 34 Jahre alter Bruder sei sexuell geradeso beschaffen wie er, für eine 21 Jahre alte Schwester macht er dies wahrscheinlich. Ein jüngerer Bruder sei sexuell normal beschaffen. Die Untersuchung der Genitalien des Pat. ergibt ausser Phimose nichts Abnormes.

Auch Hammond (Sexuelle Impotenz, deutsch von Salinger, Berlin 1889) weiss aus seiner reichen Erfahrung nur über folgende 3 Fälle angeborener Anaesthesia sexualis zu berichten.

Beobachtung 5. Herr W., 33 Jahre alt, kräftig, gesund, mit normalen Genitalien, hat nie Libido empfunden, vergebens durch obscöne Lektüre und Verkehr mit Meretrices seinen mangelnden Sexualtrieb zu wecken versucht. Er empfand bei solchen Versuchen nur Ekel bis zu Erbrechen, nervöse und physische Erschöpfung, und selbst, als er die Situation forcirte, nur einmal eine flüchtige Erection. W. hat nie onanirt, seit dem 17. Jahr alle paar Monate eine Pollution gehabt. Wichtige Interessen forderten, dass er heirathe. Er hatte keinen Horror feminae, sehnte sich nach Heim und Weib, fühlte sich aber unfähig, den sexuellen Akt zu vollziehen und starb unbeweibt im amerikanischen Bürgerkriege.

**Beobachtung 6.** X., 27 Jahre, mit normalen Genitalien, hat nie Libido empfunden. Erection gelang leicht durch mechanische oder thermische Reize, aber statt Libido sexualis entstand dann regelmässig Drang zu Alkoholexcessen. Umgekehrt riefen solche auch spontane Erectionen hervor, wobei er dann gelegentlich masturbirte. Er empfand Abneigung gegen Frauen und Ekel vor Coitus.

Versuchte er gleichwohl solchen während einer Erection, so schwand diese sofort. Tod im Coma in einem Anfall von Hirnhyperämie.

**Beobachtung 7.** Frau O., normal gebaut, gesund, regelmässig menstruirt, 35 Jahre alt, seit 15 Jahren verheirathet, hat niemals Libido gefühlt, niemals im sexuellen Verkehr mit dem Gemahl einen erotischen Reiz empfinden. Sie hatte keine Aversion gegen den Coitus, schien ihn zuweilen sogar angenehm zu empfinden, hatte aber nie einen Wunsch nach Wiederholung der Cohabitation.

Im Anschluss an derartige reine Fälle von Anästhesie[1]) möge solcher gedacht werden, in welchen die psychische Seite der Vita sexualis zwar ebenfalls ein leeres Blatt in der Lebensgeschichte des Individuums darstellt, wo aber zeitweise elementare sexuelle Empfindungen sich wenigstens durch Masturbation (vgl. den Uebergangsfall, Beob. 6) kundgeben. Nach der geistreichen, aber nicht streng richtigen und zu dogmatischen Eintheilung Magnan's wäre die sexuelle Existenz hier auf das spinale Gebiet beschränkt. Möglicherweise besteht in einzelnen solcher Fälle immerhin virtuell eine psychische Seite der Vita sexualis, aber sie ist höchst schwach veranlagt und geht durch Masturbation, bevor sie Ansätze zu einer Entwicklung nehmen konnte, unter.

Damit würden sich Uebergangsfälle von der angeborenen zur erworbenen (psychischen) Anaesthesia sexualis ergeben. Diese Gefahr droht nicht wenigen belasteten Masturbanten. Psychologisch interessant ist, dass dann auch ein ethischer Defect sich zeigt, wenn die sexuelle Wurzel früh verdorrt.

Als beachtenswerthe Fälle mögen die beiden folgenden, von mir im Archiv für Psychiatrie VII. früher veröffentlichten hier Erwähnung finden.

---

[1]) Ein Fall von Anaesthesia sexualis dürfte auch der grosse englische Satyriker Swift gewesen sein. Adolf Stern, „Aus dem 18. Jahrhundert: biographische Bilder und Skizzen", Leipzig 1874, sagt in seiner Swiftbiographie p. 34 folgendes: „Ihm scheint das sinnliche Element der Liebe gänzlich gefehlt zu haben; der unbefangene Cynismus, der in manchen Stellen seiner Briefe zu Tage tritt, kann beinahe als ein Beweis dafür gelten. Und wer gewisse Seiten in den späteren Reisen Gulliver's recht versteht und besonders den Bericht, den Swift von Ehe und Nachkommenschaft der Hauyhnhmms, der edlen Pferde des letzten Capitels, gibt, kann kaum zweifeln, dass der grosse Satyriker eine Art Ekel vor der Ehe und jedenfalls den Drang nicht empfand, der die Geschlechter zu einander führt." Thatsächlich lassen sich die räthselhaftesten Seiten von Swift's Charakter, sowie einzelne seiner Werke, wie „Tagebuch an Stella" und „Gulliver's Reisen", nur voll und ganz verstehen, wenn man Swift als sexuell anästhetisch annimmt.

Beobachtung 8. F. J., 19 Jahr, Stud., stammt von einer nervösen Mutter, deren Schwester epileptisch war. Mit 4 Jahren acute 14tägige Hirnaffection. Als Kind gemüthlos, kalt gegen die Eltern, als Schüler sonderbar, verschlossen, sich absondernd, grübelnd und lesend. Gute Begabung. Vom 15. Jahre an Onanie. Seit der Pubertät excentrisches Wesen, beständiges Schwanken zwischen religiöser Schwärmerei und Materialismus, Studium der Theologie und Naturwissenschaften. Auf der Universität hielten ihn die Commilitonen für einen Narren. Las ausschliesslich Jean Paul, verbummelte seine Zeit. Gänzlicher Mangel geschlechtlicher Empfindungen gegenüber dem anderen Geschlecht. Liess sich einmal zum Beischlaf herbei, empfand aber kein geschlechtliches Gefühl dabei, fand den Coitus eine Albernheit und liess die Wiederholung bleiben. Ohne alle emotionelle Grundlage stieg ihm oft der Gedanke an Selbstmord auf; er machte ihn zum Gegenstand einer philosophischen Abhandlung, in der er ihn, gleich der Masturbation, für eine recht zweckmässige Handlung erkannte. Nach wiederholten Versuchen, die er an sich mit den verschiedenen Giften anstellte, probirte er es mit 57 Gran Opium, wurde aber gerettet und ins Irrenhaus gebracht.

Pat. ist aller sittlichen und socialen Gefühle baar. Seine Schriften verrathen eine unglaubliche Frivolität und Banalität. Er besitzt ausgebreitete Kenntnisse, aber seine Logik ist eine eigenthümlich verschrobene. Von affectiven Erscheinungen keine Spur. Mit einer Blasirtheit und Ironie ohne Gleichen behandelt er Alles, selbst das Erhabenste. Mit philosophischen Scheingründen und Trugschlüssen plaidirt er für die Berechtigung des Selbstmords, den zu vollbringen er jeweils vorhat, wie ein Anderer das gleichgültigste Geschäft. Er bedauert, dass man ihm sein Federmesser genommen hat. Er hätte sich sonst wie Seneca im Bade die Adern öffnen können. Ein Freund hatte ihm kürzlich statt eines Giftes, wie er wünschte, ein Abführmittel gegeben. Es sei für ihn statt eines Abführmittels in die andere Welt eines in den Abort gewesen. Seine „alte lebensgefährliche närrische Idee" könne nur der grosse Operateur mit der Sense herausschneiden etc.

Pat. hat einen grossen, rhombisch verschobenen Schädel, die linke Stirnhälfte ist flacher als die rechte. Hinterhaupt sehr steil. Ohren weit hinten, stark abstehend, die äussere Ohröffnung bildet eine schmale Spalte. Genitalien sehr schlaff, Hoden ungewöhnlich weich und klein.

Ab und zu klagt Pat. über „Grübelsucht". Er müsse zwangsweise den unnützesten Problemen nachgeben, unterliege einem stundenlangen höchst peinlichen und ermattenden Denkzwang und sei dann so abgehetzt, dass er zu keinem vernünftigen Gedanken mehr fähig sei.

Pat. wurde nach Jahresfrist ungebessert nach Hause entlassen, vertrieb sich nach wie vor die Zeit mit Lesen, Bummelei, trug sich mit dem Gedanken, ein neues Christenthum zu schaffen, weil Christus an Grössenwahnsinn gelitten und die Welt mit Wundern getäuscht habe (!). Nach einjährigem Aufenthalt zu Hause führte ihn ein plötzlich aufgetretener psychischer Aufregungszustand wieder der Anstalt zu. Er bot ein buntes Gemisch von Primordialdelirium der Verfolgung (Teufel, Antichrist, wähnt sich verfolgt, Vergiftungswahn, verfolgende Stimmen) und der Grösse (Christuswahn, Welterlösung), dabei ganz impulsives verwirrtes Handeln. Nach 5 Monaten ging diese intercurrente Geisteskrankheit zurück und Pat. befand sich wieder auf dem Boden seiner originären intellectuellen Verschrobenheit und moralischen Defecte.

Beobachtung 9. E., 30 Jahre, vacirender Malergeselle, wurde betreten, als er einem Knaben, den er in den Wald gelockt hatte, das Scrotum abschneiden wollte. Er motivirte dieses Vorhaben damit, dass er hineinschneiden wollte, auf dass die Erde sich nicht vermehre; er habe in seiner Jugend oft zu gleichem Zweck in seine Geschlechtstheile hineingeschnitten.

E.'s Stammbaum ist nicht zu eruiren. Von Kindheit an war E. geistig abnorm, hinbrütend, nie lustig, sehr reizbar, jähzornig, grübelnd, schwachsinnig. Er hasste die Weiber, liebte die Einsamkeit, las viel. Er lachte zuweilen vor sich hin, machte dummes Zeug. In den letzten Jahren hatte sich sein Hass gegen Frauenzimmer gesteigert, namentlich gegen Schwangere, durch die nur Elend in die Welt komme. Er hasste auch die Kinder, verfluchte seinen Erzeuger, hegte communistische Ideen, schimpfte über die Reichen und die Geistlichen, über den Herrgott, der ihn so arm auf die Welt habe kommen lassen. Er erklärte, es sei besser, die noch vorhandenen Kinder zu castriren, als neue auf die Welt zu setzen, die doch nur zur Armuth und zu Elend verurtheilt wären. Er habe es immer so gehalten, schon im 15. Jahr sich selbst zu castriren versucht, um nicht zum Unglück und zur Vermehrung der Menschen beizutragen. Das weibliche Geschlecht verachte er, weil es zur Vermehrung der Menschen beitrage. Nur zweimal habe er in seinem Leben von Weibern manustupriren lassen, sonst nie mit ihnen zu thun gehabt. Geschlechtliche Regungen habe er wohl dann und wann, aber nie zu naturgemässer Befriedigung derselben. Wenn die Natur nicht selbst helfe, so helfe er gelegentlich durch Onanie nach.

E. ist ein starker, musculöser Mann. Die Bildung der Genitalien lässt nichts Abnormes erkennen. An Scrotum und Penis finden sich zahlreiche Schnittnarben als Spuren früherer Selbstentmannungsversuche, an deren Ausführung er durch den Schmerz gehindert gewesen sein will. Am rechten Kniegelenk Zustand des Genu valgum. Von Onanie wurde nichts an ihm bemerkt. Er ist von finsterem, trotzigem, reizbarem Wesen. Sociale Gefühle sind ihm vollständig fremd. Ausser sehr mangelhaftem Schlaf und häufigem Kopfschmerz bestehen keine Functionsstörungen.

Von derartigen cerebral bedingten Fällen müssen diejenigen getrennt werden, wo ein Mangel oder eine Verkümmerung der Generationsorgane den Functionsausfall bedingt, so bei gewissen Hermaphroditen, Idioten, Cretinen.

Dass Anaesthesia sexualis nicht durch blosse Aspermie bedingt ist, lehren Ultzmann's[1]) Erfahrungen, wonach selbst bei Angeborenheit dieser Aspermie die Vita sexualis und die Potenz ganz befriedigend sein kann, ein weiterer Beleg dafür, dass mangelnde Libido ab origine in cerebralen Bedingungen zu suchen ist.

Eine mildere Form der Anästhesie stellen die „naturae frigidae" des Zacchias dar.

Man trifft sie häufiger beim weiblichen als beim männlichen Geschlecht. Geringe Neigung zum sexuellen Umgang bis zur ausgesprochenen Abneigung, natürlich ohne sexuelles Aequivalent, Mangel jeglicher psychischen, wollüstigen Erregung beim Coitus, der einfach pflichtgemäss gewährt wird, ist die Signatur dieser Anomalie, über die ich häufig Klagen von Ehemännern zu hören bekam. In solchen Fällen handelte es sich immer um neuropathische Frauen ab origine. Einzelne waren zugleich hysterisch.

---

[1]) Ueber männliche Sterilität. Wiener med. Presse 1878, Nr. 1. Ueber Potentia generandi et coeundi. Wiener Klinik 1885, Heft 1, S. 5.

## 2) Erworbene Anästhesie.

Die erworbene Verminderung bis zum Erlöschen des Sexualtriebs kann auf sehr verschiedenen Ursachen beruhen.

Diese können organische und functionelle, psychische und somatische, centrale und periphere sein.

Physiologisch ist die Abnahme der Libido mit fortschreitendem Alter und das temporäre Schwinden derselben nach dem Geschlechtsakt. Die Verschiedenheiten bezüglich der zeitlichen Dauer des Sexualtriebs sind individuell grosse. Erziehung und Lebensweise haben auf die Intensität der Vita sexualis grossen Einfluss. Geistig angestrengte Thätigkeit (ernstes Studium), körperliche Anstrengung, gemüthliche Verstimmung, sexuelle Enthaltsamkeit sind der Erregung des Sexualtriebs entschieden abträglich.

Die Abstinenz wirkt anfangs steigernd. Bald früher, bald später, je nach constitutionellen Verhältnissen, lässt die Thätigkeit der Generationsorgane nach und damit die Libido.

Jedenfalls besteht bei dem geschlechtsreifen Individuum zwischen der Thätigkeit seiner Generationsdrüsen und dem Grad seiner Libido ein enger Zusammenhang. Dass jene aber nicht entscheidend ist, lehrt die Erfahrung bezüglich sinnlicher Frauen, die noch post climacterium den sexuellen Umgang fortsetzen und (cerebral bedingte) sexuelle Erregungszustände bieten können.

Auch an den Eunuchen lässt sich erkennen, dass die Libido die Spermabereitung lange überdauern kann.

Andererseits lehrt aber die Erfahrung, dass die Libido doch wesentlich mitbedingt wird von der Function der Generationsdrüsen und dass die erwähnten Thatsachen Ausnahmeerscheinungen sind. Als periphere Ursachen für verminderte bis fehlende Libido sind anzuführen: Castration, Entartung der Geschlechtsdrüsen, Marasmus, sexuelle Excesse in Form von Coitus und Masturbation, Alkoholismus chronicus. In gleicher Weise dürfte das Schwinden der Libido bei allgemeinen Ernährungsstörungen (Diabetes, Morphinismus u. s. w.) zu deuten sein.

Endlich wäre der Hodenatrophie zu gedenken, die zuweilen in Folge von Herderkrankungen des Gehirns (Kleinhirn) beobachtet wurde.

Eine Herabsetzung der Vita sexualis durch Degeneration der Leitungsbahnen und des Centr. genitospinale findet sich bei Rückenmarks- und Hirnkrankheiten. Eine centrale Schädigung des Geschlechtstriebs kann organisch durch Hirnrindenerkrankung (Dem. paralytica in vorgerücktem Stadium), functionell durch Hysterie (centrale Anästhesie?), durch Gemüthskrankheit (Melancholie, Hypochondrie) hervorgerufen sein.

## C. Hyperästhesie (krankhaft gesteigerter Geschlechtstrieb).

Nicht geringe Schwierigkeit hat die Pathologie, selbst im Einzelfall, wenn sie angeben soll, ob der Drang nach sexueller Befriedigung pathologische Höhe erreicht hat. Emminghaus, Psychopathologie, p. 225, bezeichnet als entschieden krankhaft „das unmittelbare Wiedererwachen der Begierde nach der Befriedigung, mit Inbeschlagnahme der ganzen Aufmerksamkeit, nicht minder das Erwachen der Libido bei an und für sich geschlechtlich indifferentem Anblick von Personen oder Sachen". Im Allgemeinen stehen sexueller Trieb und entsprechendes Bedürfniss in Proportion zur körperlichen Kraft und zum Alter.

Von der Pubertät an erhebt sich der Sexualtrieb rapid zu bedeutender Höhe, ist von den 20er bis zu den 40er Jahren am mächtigsten, um von da an langsam abzunehmen. Das eheliche Leben scheint den Trieb zu conserviren und zu zügeln.

Sexueller Verkehr bei wechselndem Object der Befriedigung steigert den Trieb.

Da das Weib weniger geschlechtsbedürftig ist als der Mann, muss ein Vorherrschen geschlechtlichen Bedürfnisses bei jenem die Vermuthung pathologischer Bedeutung erwecken, um so mehr, wenn dieses Bedürfniss in Putzsucht, Coquetterie oder gar Männersucht zu Tage tritt und so über die von Zucht und Sitte gezogenen Schranken hinaus sich bemerklich macht.

Von grösster Bedeutung ist bei beiden Geschlechtern die Constitution. Mit einer neuropathischen Constitution ist häufig ein krankhaft gesteigertes geschlechtliches Bedürfniss verbunden, und derlei Individuen tragen einen grossen Theil ihres Lebens schwer unter der Last dieser constitutionellen Anomalie ihres Trieblebens. Die Gewalt des Sexualtriebs kann bei ihnen zeitweise geradezu die Bedeutung einer organischen Nöthigung gewinnen und die Willensfreiheit ernstlich gefährden. Die Nichtbefriedigung des Dranges kann hier eine wahre Brunst oder eine mit Angstempfindungen einhergehende psychische Situation herbeiführen, in welcher das Individuum dem Trieb erliegt und seine Zurechnungsfähigkeit zweifelhaft wird.

Unterliegt das Individuum nicht seinem mächtigen Drang, so steht es in Gefahr, durch die erzwungene Abstinenz sein Nervensystem im Sinne einer Neurasthenie zu ruiniren oder eine bereits vorhandene bedenklich zu steigern.

Auch bei normal organisirten Individuen ist der Sexualtrieb keine constante Grösse. Abgesehen von der der Befriedigung folgenden temporären Gleichgültigkeit, dem Nachlass des Triebes bei dauernder Abstinenz, nachdem ein gewisses Reactionsstadium des sexuellen Verlangens glücklich überwunden ist, hat die Art der Lebensweise grossen Einfluss.

Der Grossstädter, welcher beständig an sexuelle Dinge erinnert und zu sexuellem Genuss angeregt wird, ist jedenfalls geschlechtsbedürftiger als der Landbewohner. Excedirende, weichliche, sitzende Lebensweise, vorwiegend animalische Nahrung, der Genuss von Spirituosen, Gewürzen u. dgl. wirken stimulirend auf das Sexualleben.

Beim Weibe ist dieses postmenstrual gesteigert. Bei neuropathischen Frauen kann die Erregung zu dieser Zeit pathologische Höhe erreichen.

Bemerkenswerth ist die grosse Libido der Phthisiker. Hofmann a. a. O. berichtet von einem phthisischen Bauern, der noch am Abend vor seinem Tod sein Weib sexuell befriedigte.

Die sexuellen Akte sind Coitus (eventuell Nothzucht), faute de mieux: Masturbation, bei defectem moralischen Sinn Päderastie, Bestialität. Ist bei übermässigem Sexualtrieb die Potenz herabgesetzt oder gar erloschen, so sind alle möglichen Perversitäten geschlechtlichen Handelns möglich.

Die excessive Libido kann peripher und central hervorgerufen sein. Die erstere Entstehungsweise ist die seltenere. Pruritus der Genitalien, Ekzem können sie bedingen, desgleichen gewisse, die Geschlechtslust mächtig stimulirende Stoffe, wie z. B. Cantharidinen.

Bei Frauen kommt nicht selten im Klimakterium eine durch Pruritus vermittelte sexuelle Erregung vor, aber auch sonst bei neuropathischer Belastung. Magnan (Annales médico-psychol. 1885, p. 157) berichtet von einer Dame, die anfallsweise Morgens von einem schrecklichen Erethismus genitalis befallen wurde, desgleichen von einem 55jährigen Manne, der Nachts von unerträglichem Priapismus gefoltert war. In beiden Fällen bestand eine Neurose.

Centrale Auslösung von geschlechtlicher Erregung ist ein bei Belasteten, Hysterischen und in psychischen Exaltationszuständen häufiges Vorkommniss[1]). Hier, wo die Hirnrinde und damit das psychosexuale

---

[1]) Bei Individuen, bei welchen hochgradige sexuelle Hyperästhesie mit erworbener reizbarer Schwäche des sexuellen Apparates einhergeht, kann es sogar dazu kommen, dass auf den blossen Anblick gefälliger weiblicher Gestalten hin, vom psychosexualen Centrum aus, ohne jede periphere Reizung der Genitalien, nicht allein der Erections-, sondern auch der Ejaculationsmechanismus in Thätigkeit gesetzt wird. Solche Individuen haben nur nöthig, mit einem weiblichen Vis-à-vis im Eisenbahn-Coupé, Salon u. s. w. sich in ideelle sexuelle Relation zu setzen, um zum Orgasmus und zur Ejaculation zu gelangen.

Hammond, op. cit. p. 40, beschreibt eine Reihe derartiger Fälle, welche wegen consecutiver Impotenz in seine Behandlung kamen, und erwähnt, dass die betreffenden Individuen für diesen Vorgang den Ausdruck „ideeller Coitus" gebrauchen. Herr Dr. Moll in Berlin theilte mir einen ganz gleichen Fall mit; auch dort wurde für den Vorgang die gleiche Bezeichnung gewählt.

Centrum in einem Zustand von Hyperästhesie sich befindet (abnorme Erregbarkeit der Phantasie, erleichterte Associationen), können nicht bloss optische und Tastempfindungen, sondern auch solche des Gehörs und Geruchs genügen, um lascive Vorstellungen hervorzurufen.

Magnan (op. cit.) berichtet von einem Fräulein, das mit der Pubertät wachsenden sexuellen Drang hatte und ihn durch Masturbation befriediget. Allmählig bekam die Dame beim Anblick eines beliebigen Mannes heftige sexuelle Erregung, und da sie für sich nicht gut stehen konnte, schloss sie sich jeweils in ein Zimmer ein, bis der Sturm sich gelegt hatte. Schliesslich gab sie sich beliebigen Männern hin, um vor ihrem quälenden Trieb Ruhe zu bekommen, aber weder Coitus noch Onanie brachten Erleichterung, so dass sie in ein Irrenhaus ging.

Ein Pendant ist eine Mutter von fünf Kindern, die, sehr unglücklich über ihren sexuellen Drang, Suicidversuche machte, dann eine Irrenanstalt aufsuchte. Dort besserte sich ihr Zustand, aber sie getraute sich nicht mehr, das Asyl zu verlassen.

Mehrere prägnante, Männer und Frauen betreffende Fälle siehe in des Verfassers Arbeit „Ueber gewisse Anomalien des Geschlechtstriebs", Beob. 6, 7 (Archiv für Psychiatrie VII, 2), von denen 3 und 5 hier Aufnahme finden mögen.

Beobachtung 10. Am 7. Juli 1874 Nachmittags verliess der von Triest in Geschäftsangelegenheiten nach Wien reisende Ingenieur Clemens in Bruck den Bahnzug, ging durch die Stadt nach dem nahen Dorf St. Ruprecht und machte dort an einem 70 Jahre alten, allein in einem Hause befindlichen Weib einen Nothzuchtsversuch. Er wurde von den Ortsbewohnern festgenommen und von der Ortspolizei arretirt. Er gab im Verhör an, die Wasenmeisterei aufsuchen gewollt zu haben, um dort seinen aufgeregten Geschlechtstrieb an einer Hündin zu befriedigen. Er leide oft an solchen Geschlechtsaufregungen. Er leugnet nicht seine Handlung, entschuldigt sie mit Krankheit. Die Hitze, das Rütteln des Waggons, Sorge um seine Familie, zu der er sich begeben wollte, hätten ihn verwirrt und krank gemacht. Scham und Reue waren nicht an ihm zu bemerken. Sein Benehmen war offen, seine Miene heiter, die Augen geröthet, glänzend, der Kopf heiss, die Zunge belegt, Puls voll, weich, über 100 Schläge, die Finger etwas zitternd.

Die Angaben des Delinquenten sind präcise, aber hastig, der Blick unsicher, mit dem unverkennbaren Ausdruck der Lüsternheit. Dem herbeigerufenen Gerichtsarzt macht er einen pathologischen Eindruck, wie wenn er sich im Beginn des Säuferwahnsinns befände.

Cl. ist 45 Jahre alt, verheirathet, Vater eines Kindes. Die Gesundheitsverhältnisse seiner Eltern und sonstigen Familie sind ihm unbekannt.

In der Kindheit war er schwächlich, neuropathisch. Mit 5 Jahren erlitt er eine Kopfverletzung durch einen Hieb mit einer Haue. Davon datirt eine auf dem rechten Scheitel- und Stirnbein sich befindende $1/2$" breite, über 1" lange Narbe. Der Knochen ist hier etwas eingedrückt. Die überliegende Haut mit dem Knochen verwachsen.

An dieser Stelle erzeugt Druck Schmerz, der in den unteren Ast des Trigeminus irradiirt. Auch spontan ist diese Stelle häufig schmerzhaft. In der Jugend öfter Anfälle von „Ohnmacht". Vor der Pubertätszeit Pneumonie, Rheumatismus und Darmkatarrh.

Schon mit 7 Jahren empfand er eine auffällige Hinneigung zu Männern, resp. zu einem Oberst. Es gab ihm einen Stich durchs Herz, wenn er diesen Mann sah, er küsste den Boden, den dieser betreten hatte. Mit 10 Jahren verliebte er sich in einen Reichstagsabgeordneten. Auch später schwärmte er für

Männer, jedoch in durchaus platonischer Weise. Vom 14. Jahre an onanirte er. Mit 17 Jahren erster Umgang mit Frauen. Damit verloren sich sofort die früheren Erscheinungen conträrer Sexualempfindung. Damals auch ein acuter eigenthümlicher psychopathischer Zustand, den Cl. als eine Art Clairvoyance schildert. Vom 15. Jahre an Hämorrhoidalleiden mit Erscheinungen von Plethora abdominalis. Wenn er, wie dies alle 3—4 Wochen stattfand, profusen Hämorrhoidalblutfluss hatte, befand er sich besser. Sonst war er beständig in einer peinlichen geschlechtlichen Erregung, der er theils durch Onanie, theils durch Coitus Abhülfe schuf. Jedes Weib, dem er begegnete, reizte ihn. Selbst wenn er unter weiblichen Verwandten sich befand, trieb es ihn, ihnen unzüchtige Anträge zu machen. Zuweilen gelang es ihm, seiner Triebe Herr zu werden, zu Zeiten wurde er zu unzüchtigen Handlungen hingerissen. Wenn man ihn dann zur Thüre hinauswarf, war es ihm ganz recht, denn er bedurfte, wie er meint, einer solchen Correctur und Unterstützung gegenüber seinem übermächtigen Trieb, der ihm selbst lästig war. Eine Periodicität war in diesen geschlechtlichen Regungen nicht zu erkennen.

Bis zum Jahre 1861 excedirte er in Venere und zog sich mehrere Tripper und Chancres zu.

1861 Heirath. Er fühlte sich geschlechtlich befriedigt, fiel aber seiner Frau lästig durch seine grossen Bedürfnisse.

1864 machte er einen Anfall von Manie im Spital zu F. durch, erkrankte nochmals im gleichen Jahr und wurde nach der Irrenanstalt X. gebracht, wo er bis 1867 blieb.

Er litt dort an recidivirender Manie, mit grosser geschlechtlicher Erregung. Einen Darmkatarrh und Aerger bezeichnet er als Ursache seiner damaligen Erkrankung.

In der Folge war er wohl, aber er litt sehr unter der Uebermacht seiner geschlechtlichen Bedürfnisse. Wenn er nur kurze Zeit von seiner Frau entfernt war, zeigte sich der Trieb so mächtig, dass ihm Mensch oder Thier ganz gleich zur Befriedigung seiner Geschlechtslust war. Namentlich zur Sommerszeit war es gar arg mit diesen Antrieben, die immer mit einem starken Blutandrang zum Unterleib einhergingen. Er meint, auf Grund von medicin. Reminiscenzen aus medic. Lektüre, bei ihm überwiege eben das Gangliensystem über das cerebrale.

Im Oktober 1873 musste er sich seines Berufs wegen von seiner Frau trennen. Bis Ostern, ausser zeitweiser Onanie, keine geschlechtlichen Handlungen. Von da an brauchte er Weiber und Hündinnen. Von Mitte Juni bis 7. Juli hatte er keine Gelegenheit zu geschlechtlicher Befriedigung. Er fühlte sich nervös aufgeregt, abgespannt, wie wenn er irre würde. Schlief die letzten Nächte schlecht. Die Sehnsucht nach seiner Frau, die in Wien lebte, trieb ihn von seinem Dienst fort. Er nahm Urlaub. Die Hitze unterwegs, der Lärm der Eisenbahn machten ihn ganz confus, er konnte es vor geschlechtlicher Aufregung und Blutwallung im Unterleib nicht mehr aushalten, Alles tanzte ihm vor den Augen. Da verliess er in Bruck das Coupé; er sei ganz verwirrt gewesen, habe nicht gewusst, wohin er gehe, es sei ihm momentan der Gedanke gekommen, sich ins Wasser zu stürzen, es sei ihm wie ein Nebel vor den Augen gewesen. Mulierem tunc adspexit, penem nudavit, feminamque amplecti conatus est. Diese schrie jedoch um Hülfe und so wurde er arretirt.

Nach dem Attentat wurde es ihm plötzlich klar, was er gethan. Er bekannte offen seine That, der er sich in allen Details erinnert, die ihm aber als etwas Krankhaftes erscheint. Er habe nichts dafür gekonnt.

Cl. litt noch einige Tage an Kopfweh, Congestionen, war ab und zu aufgeregt, unruhig, schlief schlecht. Seine geistigen Functionen sind ungestört, jedoch ist er originär ein eigenthümlicher Mensch, von schlaffem, energielosem Wesen. Der Gesichtsausdruck hat etwas faunartig Lüsternes und Verschrobenes.

Er leidet an Hämorrhoiden. Die Genitalien bieten nichts Abnormes. Der Schädel ist im Stirntheil schmal und etwas fliehend. Körper gross, gut genährt. Ausser einer Diarrhöe ist an ihm keine Störung der vegetativen Functionen bemerkbar.

**Beobachtung 11.** Frau E., 47 Jahre. Onkel väterlicherseits war irrsinnig, Vater ein exaltirter und in Venere excessiver Mann. Bruder der Pat. an einer acuten Hirnaffection gestorben. Pat., von Kindheit auf nervös, excentrisch, schwärmerisch, zeigte, kaum den Kinderschuhen entronnen, einen excessiven Geschlechtstrieb und ergab sich schon mit dem 10. Jahre dem Geschlechtsgenuss. Mit 19 Jahren Heirath. Leidliche Ehe; der sonst leistungsfähige Gemahl genügte ihr nicht, sie hatte bis auf die letzten Jahre beständig ausser dem Manne noch mehrere Freunde. Sie war sich der Verwerflichkeit dieser Lebensweise wohl bewusst, fühlte aber die Ohnmacht ihres Willens gegenüber dem unersättlichen Trieb, den sie äusserlich wenigstens geheim zu halten suchte. Sie meinte später, sie habe eben an „Männermanie" gelitten.

Pat. hat 6mal geboren. Vor 6 Jahren Sturz aus dem Wagen mit bedeutender Hirnerschütterung. In der Folge Melancholie mit Persecutionsdelirium, welche Krankheit sie der Irrenanstalt zuführte. Pat. nähert sich dem Klimakterium, Menses in letzter Zeit profus und zu häufig. Seitdem ihr selbst angenehmes Zurücktreten des früher übermächtigen Triebes. Decentes Verhalten. Geringer Grad von Descensus uteri und Prolapsus ani.

Die Hyperaesthesia sexualis kann continuirlich, mit Exacerbationen vorhanden sein, oder intermittirend, selbst periodisch. Im letzteren Fall ist sie cerebrale Neurose für sich (siehe specielle Pathologie) oder Theilerscheinung eines allgemeinen psychischen Erregungszustandes (Manie, episodisch bei Dementia paralytica, senilis u. s. w.).

Einen bemerkenswerthen Fall von intermittirender Satyriasis hat Lentz (Bulletin de la société de méd. légale de Belgique Nr. 21) veröffentlicht.

**Beobachtung 12.** Seit 3 Jahren hatte der allgemein geachtete, verheirathete Landwirth D., 35 Jahre alt, immer häufigere und heftigere Zustände von geschlechtlicher Aufregung geboten, die seit einem Jahre sich zu wahren Paroxysmen von Satyriasis gesteigert hatten. Eine erbliche oder sonstige organische Ursache war nicht aufzufinden.

D. tempore, quum libidinibus valde afficeretur, decim vel quindecim cohabitationes per 24 horas exegit, neque tamen cupiditates suas satiavit.

Allmählig entwickelte sich bei ihm ein Zustand allgemeiner nervöser Ueberreiztheit (éréthisme général) mit grosser Gemüthsreizbarkeit bis zu pathologischen Zornaffecten und Drang zu Alcoholausschweifung, die Symptome von Alcoholismus herbeiführte. Seine Anfälle von Satyriasis erreichten solche Heftigkeit, dass das Bewusstsein sich verdunkelte und der Kranke in blindem Drang zu geschlechtlichen Akten sich hinreissen liess. Qua de causa factum est ut uxorem suam alienis viris immovero animalibus ad coeundum tradi, cum ipso filiabus praesentibus concubitum exsequi jusserit, propterea quod haec facta majorem ipsi voluptatem afferent. Die Erinnerung für die Ereignisse auf der Höhe dieser Anfälle, in welchen die extreme Gereiztheit selbst zu Wuthzornanfällen führte, fehlte gänzlich. D. meinte selbst, er habe Momente gehabt, in welchen er seiner Sinne nicht mehr mächtig war und, ohne Befriedigung durch die Frau, an dem nächstbesten weiblichen Individuum sich hätte vergreifen müssen. Nach einer heftigen Gemüthsbewegung verloren sich mit einem Male diese geschlechtlichen Aufregungszustände.

Wie mächtig, bedenklich und peinlich die sexuelle Hyperästhesie für mit dieser Anomalie Behaftete werden kann, lehren folgende zwei Beobachtungen.

Beobachtung 13. Hyperaesth. sexualis. Delir. acutum ex abstinentia. Am 29. Mai 1882 wurde F., 23 Jahre, ledig, Schuhmacher, auf der Grazer psychiatrischen Klinik aufgenommen. Er stammt von jähzornigem Vater, neuropathischer Mutter, deren Bruder irrsinnig war. Pat. war früher nie erheblich krank, kein Trinker, aber von jeher sexuell sehr bedürftig gewesen. Vor 5 Tagen war er acut psychisch erkrankt. Er machte am hellen Tage und vor Zeugen 2 Nothzuchtsversuche, delirirte, verhaftet, nur von obscönen Dingen, masturbirte masslos, gerieth vom 3. Tage ab in zornige Tobsucht und bot bei der Aufnahme das Bild eines schweren Delirium acutum mit heftigen motorischen Reizerscheinungen und Fieber. Unter Ergotinbehandlung wurde Genesung erzielt.

Am 5. Januar 1888 zweite Aufnahme in zorniger Tobsucht. Am 4. war er moros, reizbar, weinerlich, schlaflos geworden, dann hatte er nach fruchtlosen Attaquen auf Frauenzimmer wachsende zornige Erregung geboten. Am 6. Steigerung des Zustands zu schwerem Delir. acutum (schwere Bewusstseinsstörung, Jactation, Zähneknirschen, Grimassiren u. a. motorische Reizerscheinungen, Temp. bis 40,7). Ganz triebartiges Masturbiren. Genesung unter energischer Ergotinbehandlung bis 11. Januar.

Pat. gibt genesen interessante Aufschlüsse über die Ursache seiner Erkrankung.

Von jeher sexuell sehr bedürftig. Erster Coitus mit 16 Jahren. Abstinenz machte Kopfweh, grosse psychische Reizbarkeit, Mattigkeit, Nachlass der Arbeitslust, Schlaflosigkeit. Da er auf dem Lande selten Gelegenheit zur Befriedigung seiner Bedürfnisse hatte, half er sich mit Masturbation. Er musste 1—2mal täglich masturbiren.

Seit 2 Monaten kein Coitus. Zunehmende sexuelle Erregung, konnte nur an Mittel zur Befriedigung seines Triebes denken. Masturbation genügte nicht zur Bannung der immer mehr sich geltend machenden Beschwerden ex abstinentia. In den letzten Tagen heftiger Drang nach Coitus, zunehmende Schlaflosigkeit und Reizbarkeit. Für die Höhe der Erkrankung nur summarische Erinnerung. Pat. genesen im December, höchst anständiger Mensch. Er fasst seinen unbändigen Trieb als entschieden pathologisch auf und fürchtet sich vor der Zukunft.

Beobachtung 14. Am 11. Juli 1884 wurde R., 33 Jahre, Bediensteter, mit Paranoia persecutoria und Neurasthenia sexualis aufgenommen. Mutter war neuropathisch. Vater starb an Rückenmarkskrankheit. Von Kindesbeinen auf mächtiger, dabei schon im 6. Jahr bewusst gewordener Sexualtrieb. Seit dieser Zeit Masturbation, vom 15. Jahr an faute de mieux Päderastie, gelegentlich sodomitische Anwandlungen. Später Abusus des Coitus, in der Ehe cum uxore. Ab und zu selbst perverse Impulse, Cunnilingus auszuführen, der Frau Cantharitin beizubringen, da ihre Libido der seinigen nicht entsprach. Nach kurzer Ehe starb die Frau. Pat. gerieth in schlechte Verhältnisse, hatte keine Mittel zu coitiren. Nun wieder Masturbation, Benutzung von Lingua canis zur Erzielung von Ejaculation. Zeitweise Priapismus und der Satyriasis nahe Zustände. Er war dann gezwungen, zu masturbiren, damit ihm nicht Stuprum passire. Mit überhandnehmender sexueller Neurasthenie und hypochondrischen Anwandlungen wohlthätig empfundene Abnahme der Libido nimia.

Ein klassisches Beispiel von reiner Hyperaesthesia sexualis bietet folgender, für das Verständniss so mancher, theilweise selbst geschichtlich berühmter Messalinen werthvolle Fall, den ich Trelat's „Folie lucide" entlehne.

**Beobachtung 15.** Frau V. leidet seit frühester Jugend an Männersucht. Aus guter Familie, feingebildet, gutmüthig, sittsam bis zum Erröthen, war sie schon als junges Mädchen der Schreck ihrer Familie. Quandoquidem sola erat cum homine sexus alterius, negligens, utrum infans sit an vir, an senex, utrum pulcher an teter, statim corpus nudavit et vehementer libidines suas satiari rogavit vel vim et manus ei iniecit. Man versuchte sie durch Heirath zu curiren. Maritum quam maxime amavit neque tamen sibi temperare potuit quin a quolibet viro, si solum apprehenderat, seu verso, seu mercennario, seu discipulo coitum exposceret.

Nichts konnte sie von dem Drange curiren. Selbst als sie Grossmutter war, blieb sie Messaline. Puerum quondam duodecim annos natum in cubiculum allectum stuprare voluit. Der Junge wehrte sich, entwich. Sie bekam eine derbe Züchtigung durch dessen Bruder. Alles vergebens. Man that sie in ein Kloster. Sie war dort ein Muster von guter Sitte und liess sich nicht das Mindeste zu Schulden kommen. Sofort nach der Zurücknahme begannen wieder die Skandale. Die Familie verbannte sie, warf ihr eine kleine Rente aus. Sie verdiente durch ihrer Hände Arbeit das Nöthige, ut amantes sibi emere posset. Wer diese sauber gekleidete Matrone von guten Manieren und liebenswürdigem Wesen sah, konnte nicht ahnen, wie rücksichtslos geschlechtsbedürftig sie mit 65 Jahren noch war. Am 17. Januar 1854 brachte sie ihre Familie, verzweifelt durch neue Skandale, in die Irrenanstalt.

Sie lebte dort bis zum Mai 1858, wo sie einer Apoplexia cerebri im 73. Lebensjahr erlag. Ihr Benehmen in der Ueberwachung der Anstalt war musterhaft. Sich selbst überlassen und unter günstiger Gelegenheit, traten bis kurz vor dem Tod die sexuellen Dränge zu Tage. Ausgenommen diese, ergab die vierjährige Beobachtung durch Irrenärzte niemals ein Zeichen von geistiger Abnormität.

Als eine eigene Art von Hyperaesthesia sexualis lassen sich Fälle bei weiblichen Individuen bezeichnen, in welchen ein stürmisches Verlangen zu sexuellem Verkehr mit bestimmten Männern sich einstellt und gebieterisch Befriedigung verlangt. „Unglückliche Liebe" zu einem anderen Mann mag bei psychisch oder physisch (Impotentia mariti!) in der Ehe unbefriedigten Ehefrauen von Temperament ja oft genug vorkommen, aber sie wird vom unbelasteten Weibe zu Gunsten ethischer Hemmungsvorstellungen in der Regel beherrscht werden. —

Anders ist es in pathologischen Fällen, d. h. auf degenerativer psychischer Grundlage.

Fetischismus dürfte hier wohl immer im Spiele sein. Der sexuelle Drang ist ein übermächtiger, zuweilen periodisch sich einstellender. Der Versuch gegen ihn anzukämpfen, ruft qualvolle Angstzustände hervor. Das krankhafte Bedürfniss ist ein derart mächtiges, dass alle Rücksichten auf Scham, Sitte, weibliche Ehre ihm gegenüber zurücktreten und schamlos, selbst dem Ehemann gegenüber jenes bekannt wird, während ein normales, moralisch vollsinniges Weib das schreckliche Geheimniss zu verbergen weiss.

Magnan (Psychiatr. Vorlesungen, deutsch v. Möbius, Heft 2 u. 3) hat 2 prägnante Beispiele dieser Art aus seiner Erfahrung mitgetheilt. Das eine, besonders instructive, betrifft eine junge Dame, Mutter von 3 Kindern, von tadelloser Vergangenheit, aber Tochter eines Irrsinnigen, die eines Tags ohne alle Scham ihrem entsetzten Manne das Geständniss ablegte, sie liebe einen jungen Mann und werde sich umbringen, wenn man sie am intimen Umgang mit diesem hindere. Man möge sie nur 6 Monate ihrer glühenden Leidenschaft genügen lassen, dann werde sie zum ehelichen Heerd zurückkehren. Jetzt seien ihr Mann und Kinder nichts gegenüber dem Geliebten. Der unglückliche Ehemann brachte seine Frau in ein entferntes Land und führte sie dort ärztlicher Behandlung zu.

Diese pathologische Liebe von Ehefrauen zu anderen Männern ist eine noch sehr der wissenschaftlichen Klärung bedürftige Erscheinung im Gebiet der Psychopathia sexualis. Ich habe 5 hierhergehörige Fälle beobachtet. In allen handelte es sich um schwer belastete (entartete) Persönlichkeiten. Der krankhafte Zustand erschien paroxysmal, in einem Falle mehrmals recidivirend, immer scharf geschieden von der relativ gesunden Lebenszeit. Nie fehlte im gesunden Zustand tiefe Reue über das Vorgefallene, das jedoch mehr weniger als ein unvermeidliches, in einem psychisch abnormen Zustand zugestossenes Verhängniss und Unglück empfunden wurde.

Für die Dauer des krankhaften Zustandes bestand jeweils völlige Gleichgültigkeit gegen Mann und Kinder, selbst bis zur Abneigung gegen den ersteren, dabei völlige Einsichtslosigkeit für die Bedeutung und Folgen des scandalösen, weibliche und familiäre Ehre und Würde preisgebenden Benehmens. Bemerkenswerth war, dass in allen Fällen die beleidigten Gatten und sonstigen Angehörigen sich die Ansicht gebildet hatten, hier könne nur eine Psychopathie die Ursache sein, bevor diese Anschauung ihre Bestätigung und Begründung durch ärztliche Expertise fand.

Gegenüber der nicht psychopathischen, wenn auch abnorm libidinösen gewöhnlichen Messaline erscheint hier bemerkenswerth, dass die sexuelle Entgleisung nur eine Episode im Leben einer sonst honnetten Frau, das illegitime Verhältniss ein streng monogomisches war und die Befriedigung des sexuellen Bedürfnisses nicht das Um und Auf der krankhaften Verirrung darstellte. Die letzteren Thatsachen, ganz besonders aber der Umstand, dass die Unglückliche nicht omnium virorum mulier, sondern nur die Geliebte eines Einzigen war, sind auch hinsichtlich der Unterscheidung von Nymphomanie ausschlaggebend. In 3 meiner Fälle stand das grobsinnliche Moment überhaupt nicht im Vordergrund und war das treibende Moment zum ehelichen Treubruch ein fetischartiger Zauber, den seelische Eigenschaften, einmal auch die Stimme Seitens des Anderen, bewirkten.

In 2 Fällen gelang mir aber der Nachweis, dass es sich um wirkliche Hyperaesthesia sexualis, bei absoluter Anaphrodisie dem Ehemann gegenüber handelte, während schon die blosse Berührung durch den Anderen Orgasmus hervorrief und der sexuelle Akt die höchste Lust gewährte. Natürlich kam es in diesen letzteren Fällen zu absoluter geschlechtlicher Hörigkeit (s. u. Beob. 190).

### D. Parästhesie der Geschlechtsempfindung (Perversion des Geschlechtstriebs).

Hier findet eine perverse Betonung sexueller Vorstellungskreise mit Gefühlen statt, insofern Vorstellungen, die physio-psychologisch sonst mit Unlustgefühlen betont sind, mit Lustgefühlen einhergehen, und zwar können diese abnorm stark damit sich associiren, bis zur Höhe von Affecten. Das praktische Resultat sind perverse Handlungen (Perversion des Geschlechtstriebs). Dies ist um so leichter der Fall, wenn bis zur Höhe von Affect gesteigerte Lustgefühle die etwa noch möglichen gegensätzlichen Vorstellungen mit entsprechenden Unlustgefühlen hemmen, oder aber, indem solche durch Fehlen oder Verlust von moralischen, ästhetischen, rechtlichen Vorstellungen überhaupt nicht hervorgerufen werden können. Dieser Fall ist aber nur zu häufig da vorhanden, wo die Quelle ethischer Vorstellungen und Gefühle (eine normale Geschlechtsempfindung) von jeher eine trübe oder verpestete war.

Als pervers muss — bei gebotener Gelegenheit zu naturgemässer geschlechtlicher Befriedigung — jede Aeusserung des Geschlechtstriebs erklärt werden, die nicht den Zwecken der Natur, i. e. der Fortpflanzung entspricht. Die aus Parästhesie entspringenden perversen geschlechtlichen Akte sind klinisch, social und forensisch äusserst wichtig; deshalb muss auf sie hier näher eingegangen und jeder ästhetische und sittliche Ekel überwunden werden.

Perversion des Geschlechtstriebs ist, wie sich unten ergeben wird, nicht zu verwechseln mit Perversität geschlechtlichen Handelns, denn dieses kann auch durch nicht psychopathologische Bedingungen hervorgerufen sein. Die concrete perverse Handlung, so monströs sie auch sein mag, ist klinisch nicht entscheidend. Um zwischen Krankheit (Perversion) und Laster (Perversität) unterscheiden zu können, muss auf die Gesammtpersönlichkeit des Handelnden und auf die Triebfeder seines perversen Handelns zurückgegangen werden. Darin liegt der Schlüssel der Diagnostik (s. u.).

Parästhesie kann mit Hyperästhesie combinirt vorkommen. Diese Combination erscheint klinisch als eine häufige. Bestimmt sind dann sexuelle Akte zu gewärtigen. Die perverse Richtung der Geschlechtsbefriedigung kann auf sexuelle Befriedigung am anderen Geschlecht und auf solche am eigenen abzielen.

Damit ergeben sich zwei für die Eintheilung des zu behandelnden Stoffes benützbare grosse Gruppen von Perversion des Sexuallebens.

## I. Geschlechtliche Neigung zu Personen des anderen Geschlechts in perverser Bethätigung des Triebs.

### 1) Verbindung von aktiver Grausamkeit und Gewaltthätigkeit mit Wollust — Sadismus [1]).

Dass Wollust und Grausamkeit häufig mit einander verbunden auftreten, ist eine längst bekannte und nicht selten zu beobachtende Thatsache. Schriftsteller aller Richtungen haben auf diese Erscheinung hingewiesen [2]). Noch innerhalb der Breite des Physiologischen stehen die nicht seltenen Fälle, wo sexuell sehr erregbare Individuen während des Coitus den Consors beissen oder kratzen [3]).

Schon ältere Autoren haben auf den Zusammenhang zwischen Wollust und Grausamkeit aufmerksam gemacht.

Blumröder (Ueber Irresein, Leipzig 1836, p. 51) hominem vidit, qui compluria vulnera in musculo pectorali habuit, quae femina valde libidinosa in summa voluptate mordendo effecit.

In einer Abhandlung „Ueber Lust und Schmerz" (Friedreich's Magazin für Seelenkunde 1830, II, 5) macht er speciell aufmerksam auf den psychologischen Zusammenhang zwischen Wollust und Mordlust. Er verweist in dieser Hinsicht auf die indische Mythe von Siwa und Durga (Tod und Wollust), auf die Menschenopfer mit wollüstigen Mysterien, auf die sexuellen Triebe in der Pubertät mit wollüstig gefühltem Drang zum Selbstmord, mit Peitschen, Zwicken, Blutigstechen der Genitalien, im dunklen Drang nach Befriedigung der Geschlechtslust.

Auch Lombroso (Verzeni e Agnoletti, Roma 1874) bringt zahlreiche Beispiele für das Auftreten von Mordlust bei hochgesteigerter Wollust.

Umgekehrt tritt oft, wenn die Mordlust aufgestachelt ist, in ihrem Gefolge die Wollust auf. Lombroso führt op. cit. die von Mantegazza

---

[1]) So genannt nach dem berüchtigten Marquis de Sade, dessen obscöne Romane von Wollust und Grausamkeit triefen. In der französischen Literatur ist der Ausdruck „Sadismus" zur Bezeichnung dieser Perversion eingebürgert. Eulenburg (Klin. Handb. der Harn- und Sexualorgane) bespricht hierher gehörige Erscheinungen unter dem Terminus „active Algolagnie".

[2]) U. A. Novalis in seinen „Fragmenten", Görres, „Christliche Mystik" Bd. III, S. 460.

[3]) Vgl. auch die berühmten Verse Alfred de Musset's an die Andalusierin:
Qu'elle est superbe en son désordre, — quand elle tombe, les seins nus —
Qu'on la voit, béante, se tordre — dans un baiser de rage et mordre —
En hurlant des mots inconnus!

erwähnte Thatsache an, dass sich den Schrecken einer Plünderung Seitens der Soldateska regelmässig viehische Wollust hinzugeselle [1]).
Diese Beispiele stellen Uebergänge zu ausgesprochen pathologischen Fällen dar.

Belehrend sind die Beispiele entarteter Cäsaren (Nero, Tiberius), die sich daran ergötzten, Jünglinge und Jungfrauen vor ihren Augen abschlachten zu lassen, nicht minder die Geschichte jenes Scheusals, des Marschalls Gilles de Rays (Jacob, Curiosités de l'histoire de France. Paris 1858), der 1440 wegen Schändung und Tödtung, die er während 8 Jahren an über 800 Kindern begangen hatte, hingerichtet wurde. Wie dieses Ungeheuer bekannte, war es durch die Lektüre des Suetonius und die Schilderungen der Orgien eines Tiber, Caracalla u. s. w. auf die Idee gekommen, Kinder in seine Schlösser zu locken, sie unter Martern zu schänden und dann zu tödten. Der Unmensch versicherte, bei der Verübung dieser Thaten eine unerklärliche Seligkeit genossen zu haben. Er hatte dabei zwei Helfershelfer. Die Leichen der unglücklichen Kinder wurden verbrannt und nur eine Anzahl von besonders hübschen Kinderköpfen wurde — zum Andenken aufbewahrt. Vgl. Eulenburg op. cit. p. 58, mit dem fast sicheren Nachweis, dass Rays ein Geistesgestörter war.

Beim Versuch einer Erklärung der Verbindung von Wollust und Grausamkeit muss man auf die quasi noch physiologischen Fälle zurückgehen, in denen, im Momente der höchsten Wollust, ein sehr erregbares, aber sonst normales Individuum Akte wie Beissen und Kratzen begeht, die sonst vom Zorne eingegeben werden. Erinnert muss ferner daran werden, dass die Liebe und der Zorn nicht nur die beiden stärksten Affecte, sondern auch die beiden allein möglichen Formen des rüstigen (sthenischen) Affects sind. Beide suchen ihren Gegenstand auf, wollen sich seiner bemächtigen und entladen sich naturgemäss in einer körperlichen Einwirkung auf denselben; beide versetzen die psychomotorische Sphäre in die heftigste Erregung und gelangen mittelst dieser Erregung zu ihrer normalen Aeusserung.

Von diesem Standpunkte aus wird es begreiflich, dass die Wollust zu Handlungen treibt, die sonst dem Zorn adäquat sind [1]). Sie ist wie dieser ein Exaltationszustand, eine mächtige Erregung der gesammten psychomotorischen Sphäre. Daraus entsteht ein Drang, gegen das Ob-

---

[1]) In der Exaltation des Kampfes drängt sich die Vorstellung der Exaltation der Wollust ins Bewusstsein. Vgl. bei Grillparzer die Schilderung einer Schlacht durch einen Krieger:
„Und als nun erschallt das Zeichen, — beide Heere sich erreichen, — Brust an Brust, — Götterlust! — herüber, hinüber, — jetzt Feinde, jetzt Brüder — streckt der Mordstahl nieder. — Empfangen und Geben — den Tod und das Leben — im wechselnden Tausch – wild taumelnd im Rausch." Traum ein Leben, 1. Akt.

[1]) Schulz, Wiener med. Wochenschrift 1869, Nr. 49, berichtet einen merkwürdigen Fall von einem 28jährigen Mann, der mit seiner Frau den Coitus nur dann vollziehen konnte, wenn er sich vorher künstlich in die Stimmung des Zornes versetzte.

ject, welches den Reiz hervorruft, auf alle mögliche Weise und in der intensivsten Art zu reagiren. So wie die maniakalische Exaltation leicht in furibunde Zerstörungssucht übergeht, so erzeugt die Exaltation des geschlechtlichen Affects manchmal einen Drang, die allgemeine Erregung in sinnlosen und scheinbar feindseligen Akten zu entladen. Diese stellen sich gewissermassen als psychische Mitbewegungen dar; es handelt sich aber nicht etwa um eine blosse unbewusste Erregung der Muskelinnervation (was als blindes Umsichschlagen nebenbei auch vorkommt), sondern um eine wahre Hyperbulie, um den Willen, auf das Individuum, von dem der Reiz ausgeht, eine möglichst starke Wirkung auszuüben. Das stärkste Mittel dazu ist aber die Zufügung von Schmerz.

Von solchen Fällen der Schmerzzufügung im höchsten Affecte der Wollust ausgehend, gelangt man zu Fällen, in denen es zur ernstlichen Misshandlung, zur Verwundung und selbst zur Tödtung des Opfers kommt [1]). In diesen Fällen ist der Trieb zur Grausamkeit, der den wollüstigen Affect begleiten kann, in einem psychopathischen Individuum ins Masslose gewachsen, während andererseits wegen Defectuosität der moralischen Gefühle alle normalen Hemmungen entfallen oder sich zu schwach erweisen.

Derartige monströse — sadistische Handlungen haben aber beim Manne, bei welchem sie weit häufiger vorkommen als beim Weibe, noch eine zweite starke Wurzel in physiologischen Verhältnissen.

Im Verkehr der Geschlechter kommt dem Manne die active, selbst aggressive Rolle zu, während das Weib passiv, defensiv sich verhält [2]). Für den Mann gewährt es einen grossen Reiz, das Weib sich zu erobern, es zu besiegen, und in der Ars amandi bildet die Züchtigkeit des in der Defensive bis zum Zeitpunkte der Hingebung verharrenden Weibes ein Moment von hoher psychologischer Bedeutung und Tragweite. Unter normalen Verhältnissen sieht sich also der Mann einem Widerstande gegenüber, welchen zu überwinden seine Aufgabe ist und zu dessen Ueberwindung ihm die Natur den aggressiven Charakter gegeben hat. Dieser aggressive Charakter kann aber unter pathologischen Bedingungen gleichfalls ins Masslose wachsen und zu einem Drange werden, sich den Gegenstand seiner Begierden schrankenlos zu unterwerfen, bis zur Vernichtung, Tödtung desselben [3]) [4]).

---

[1]) Ueber analoge Vorkommnisse bei brünstigen Thieren s. Lombroso (Der Verbrecher, übers. v. Fränkel p. 18).

[2]) Auch bei den Thieren ist es regelmässig das Männchen, welches das Weibchen mit Liebesanträgen verfolgt. Verstellte oder ernstliche Flucht des Weibchens ist nicht selten zu beobachten; dann kommt es zu einem ähnlichen Verhältniss wie zwischen Raubthier und Beutethier.

[3]) Die Eroberung des Weibes findet heutzutage in der civilen Form der Courmacherei, Verführung, List u. s. w. statt. Aus der Culturgeschichte und der Anthropo-

Treffen diese beiden constituirenden Elemente, der abnorm gesteigerte Drang nach einer heftigen Reaction gegen den Gegenstand des Reizes und das krankhaft gesteigerte Bedürfniss, sich das Weib zu unterwerfen, zusammen, so wird es zu den heftigsten Ausbrüchen des Sadismus kommen.

Sadismus ist also nichts Anderes als eine pathologische Steigerung von — andeutungsweise auch unter normalen Umständen möglichen — Begleiterscheinungen der psychischen Vita sexualis, insbesondere der männlichen, ins Masslose und Monströse. Es ist aber selbstverständlich durchaus nicht nothwendig und durchaus nicht die Regel, dass das sadistische Individuum sich dieser Elemente seines Triebs bewusst sei. Was es empfindet, ist in der Regel nur der Drang nach grausamen und gewaltthätigen Handlungen am entgegengesetzten Geschlecht und die Betonung der Vorstellung solcher Akte mit wollüstigen Empfindungen. Daraus ergibt sich ein mächtiger Impuls, die vorgestellten Handlungen wirklich zu begehen. Insofern die eigentlichen Motive dieses Dranges dem Handelnden nicht bewusst werden, tragen die sadistischen Akte den Charakter impulsiver Handlungen.

Wenn die Association zwischen Wollust und Grausamkeit vorhanden ist, so weckt nicht nur der wollüstige Affect den Drang zur Grausamkeit, sondern auch umgekehrt: Vorstellung und besonders der Anblick grausamer Handlungen wirken sexuell erregend und werden in diesem Sinne vom perversen Individuum benützt[1]).

logie wissen wir, dass es Zeiten gab und noch Völker gibt, in welchen die brutale Gewalt, der Raub, selbst die Wehrlosmachung des Weibes durch Keulenschläge die Liebesbewerbung ersetzte. Es ist möglich, dass atavistische Rückschläge in derartige Neigungen zu Ausbrüchen des Sadismus beitragen.

[1]) In den Jahrbüchern für Psychologie II, p. 128 referirt Schäfer (Jena) über zwei Krankheitsberichte A. Payer's. In dem ersten Falle wurden Zustände höchster sexueller Erregung durch den Anblick von Kampfscenen, selbst gemalten, ausgelöst; in dem anderen durch grausame Quälereien kleiner Thiere. Referent fügt hinzu: „Kampflust und Mordgier sind in der ganzen Thierreihe so überwiegend ein Attribut des männlichen Geschlechts, dass ein engster Zusammenhang dieser Seite männlicher Neigungen mit der rein sexuellen wohl ausser Frage steht. Ich glaube übrigens auf Grund einwandfreier Beobachtungen constatiren zu dürfen, dass auch bei psychisch und sexuell vollkommen gesunden männlichen Personen die ersten dunklen und unverstandenen Vorboten sexueller Regungen durch die Lectüre aufregender Jagd- und Kampfscenen ausgelöst werden können, resp. in unbewusstem Drange nach einer Art Befriedigung zu kriegerischen Knabenspielen (Ringkämpfen) Veranlassung geben, in denen ja auch der Fundamentaltrieb des Geschlechtslebens nach möglichst extensiver und intensiver Berührung des Partners mit dem mehr oder weniger deutlichen Hintergedanken der Ueberwältigung zum Ausdruck kommt."

[1]) Es kommt auch vor, dass eine zufällige Wahrnehmung von Blutvergiessen u. dgl. den präformirten psychischen Mechanismus des Sadisten erst in Bewegung setzt und den latenten perversen Trieb weckt.

Eine empirische Unterscheidung zwischen originären und erworbenen Fällen von Sadismus ist nicht durchführbar. Viele ab origine belastete Individuen bieten geraume Zeit hindurch Alles auf, um ihren perversen Trieben zu widerstehen. Ist die Potenz noch vorhanden, so führen sie anfangs, oft mit Zuhülfenahme innerlicher Vorstellungen perverser Art, eine normale Vita sexualis. Später erst, nach allmähliger Ueberwindung der ethischen und ästhetischen Gegenmotive und nach immer wiederholter Erfahrung, dass der normale Akt nicht voll befriedigt, kommt es zum Durchbruch des krankhaften Triebes nach aussen. Durch diese späte Umsetzung einer originären perversen Anlage in Handlungen kann der Schein einer erworbenen Perversion vorgetäuscht werden. A priori ist aber anzunehmen, dass dieser psychopathische Zustand stets ab origine besteht. Die Begründung dieser Annahme s. unten.

Die sadistischen Akte sind dem Grade ihrer Monstrosität nach verschieden, je nach der Macht des perversen Triebes über das ergriffene Individuum und der Stärke der noch vorhandenen Widerstände, welche fast immer durch originäre ethische Defecte, erbliche Degenerescenz, moralisches Irresein, mehr oder minder herabgesetzt sind. So entsteht eine lange Reihe von Formen, welche mit den schwersten Verbrechen beginnt und bei läppischen Handlungen endigt, die dem perversen Bedürfnisse des Sadisten eine bloss symbolische Befriedigung gewähren sollen.

Die sadistischen Akte können ferner noch ihrer Art nach unterschieden werden, je nachdem sie entweder nach consumirtem Coitus, durch welchen die Libido nimia noch nicht gesättigt ist, vorgenommen werden, oder, bei gesunkener Potenz, präparatorisch zur Aufstachelung der gesunkenen Kraft verwendet werden, oder endlich, bei gänzlich fehlender Potenz, als Aequivalent an die Stelle des unmöglich gewordenen Coitus, zur Erzielung der Ejaculation treten. In den beiden letzteren Fällen besteht jedoch trotz der Impotenz noch heftige Libido, oder hat wenigstens beim betreffenden Individuum zur Zeit bestanden, als sadistische Akte gewohnheitsmässig wurden. Sexuelle Hyperästhesie ist immer als Basis sadistischer Neigungen zu betrachten. Die Impotenz, welche bei den hier in Betracht kommenden psycho- und neuropathischen Individuen, in Folge ihrer meistens von früher Jugend an geübten Excesse, so häufig ist, wird in der Regel spinale Schwäche sein. Manchmal mag auch eine Art psychischer Impotenz eintreten, durch die Concentration des Denkens auf den perversen Akt, neben welchem das Bild der normalen Befriedigung verblasst.

Wie immer die That äusserlich beschaffen sein mag, für ihr Verständniss wesentlich ist immer die seelisch-perverse Veranlagung und Triebrichtung des Thäters.

a) **Lustmord**¹) (Wollust, potenzirt als Grausamkeit, Mordlust bis zur Anthropophagie).

Am grässlichsten, aber auch am bezeichnendsten für den Zusammenhang zwischen Wollust und Mordlust ist der Fall des Andreas Bichel, den Feuerbach in seiner „aktenmässigen Darstellung merkwürdiger Verbrechen" veröffentlicht hat.

B. puellas stupratas necavit et dissecuit. Bezüglich des Mordes eines seiner Opfer äusserte er sich folgendermassen im Verhör:

„Ich habe ihr die Brust geöffnet und mit einem Messer die fleischigen Theile des Körpers durchschnitten. Darauf habe ich mir diese Person, wie der Metzger das Vieh, zugerichtet und habe den Körper mit dem Beil von einander gehackt, so wie ich ihn für das Loch brauchen konnte, das ich zum Einscharren auf dem Berg gemacht hatte. Ich kann sagen, dass ich während des Oeffnens so gierig war, dass ich zitterte und mir ein Stück wollte herausgeschnitten und gegessen haben."

Auch Lombroso (Geschlechtstrieb und Verbrechen in ihren gegenseitigen Beziehungen, Goltdammer's Archiv Bd. 30) führt bezügliche Fälle an, so einen gewissen Philippe, der meretrices post actum zu erwürgen pflegte und meinte: „Die Weiber habe ich lieb, aber es macht mir Spass, sie zu erwürgen, nachdem ich sie genossen."

Ein gewisser Grassi (Lombroso op. cit. p. 12) wurde Nachts von Libido gegen eine Verwandte ergriffen. Durch ihren Widerstand gereizt, versetzte er ihr mehrere Messerstiche in das Abdomen, und da der Vater und der Onkel der Unglücklichen ihn zurückhalten wollten, erschlug er auch diese. Deinde statim ad meretricem properavit, ut in eius amplexu libidinem suam ardentem satiaret. Doch das genügte nicht. Er mordete dann noch seinen Vater und tödtete mehre Ochsen im Stalle.

Dass eine grössere Anzahl von sog. Lustmorden auf Hyperästhesia in Verbindung mit Paraesthesia sexualis beruhen, ist nach allem Vorausgehenden nicht zu bezweifeln.

So kann es auf Grund perverser Gefühlsbetonung zu weiteren Akten der Brutalität gegen den Leichnam kommen, so z. B. zum Zerstücken desselben, wollüstigem Wühlen in dessen Eingeweiden. Schon der Fall Bichel deutet diese Möglichkeit an.

Ein Beispiel aus neuerer Zeit ist Menesclou (Annales d'hygiène publique), von Lasègue, Brouardel, Motet begutachtet, für geistig gesund erklärt und hingerichtet.

Beobachtung 16. Am 15. April 1880 verschwand ein vierjähriges Mädchen aus der Wohnung seiner Eltern. Am 16. verhaftete man Menesclou, einen der Miether des Hauses. In seinen Taschen fand man die Vorderarme des Kindes, aus dem Ofen zog man den Kopf und Eingeweide halb verkohlt

---

¹) Vgl. Metzger's ger. Arzneiw., herausgegeben von Remer, p. 539. Klein's Annalen X, p. 176, XVIII, p. 311. Heinroth, System des psych. ger. Med. p. 270. Neuer Pitaval 1855. 23. Th. (Fall Blaize Ferrage).

hervor. Auch im Abort fanden sich Theile der Leiche. Die Genitalien wurden nicht aufgefunden. M., über ihren Verbleib gefragt, wurde verlegen. Die Umstände, sowie ein bei ihm gefundenes schlüpfriges Gedicht liessen keinen Zweifel, dass er das Kind geschändet und dann ermordet hatte. M. äusserte keine Reue, seine That sei eben ein Unglück. Die Intelligenz ist beschränkt. Er bietet keine anatomischen Degenerationszeichen, ist schwerhörig, skrophulös.

M., 20 Jahre alt, litt im Alter von 9 Monaten an Convulsionen; später litt er an unruhigem Schlaf, Enuresis nocturna, war nervös, entwickelte sich verspätet und mangelhaft. Von der Pubertät an wurde er reizbar, zeigte schlimme Neigungen, war faul, ungelehrig, in allen Beschäftigungen unbrauchbar. Selbst im Correctionshause wurde er nicht besser. Man that ihn zur Marine, auch dort that er nicht gut. Heimgekehrt, bestahl er seine Eltern, trieb sich in schlechter Gesellschaft herum. Den Weibern lief er nicht nach, der Onanie war er eifrig ergeben, gelegentlich sodomisirte er Hündinnen. Seine Mutter litt an Mania menstrualis periodica, ein Onkel war irrsinnig, ein anderer trunksüchtig.

Bei der Untersuchung von M.'s Gehirn erwiesen sich beide Stirnlappen, die erste und zweite Schläfenwindung, sowie ein Theil der Occipitalwindungen krankhaft verändert.

Beobachtung 17. Commis Alton in England geht vor die Stadt spazieren. Er lockt ein Kind in ein Gebüsch, kehrt nach einer Weile zurück und geht auf sein Bureau, wo er die Notiz „Killed to-day a young girl, it was fine and hot" in sein Tagebuch macht.

Man vermisst das Kind, sucht es, findet es in Stücke zerfetzt; manche Theile, darunter die Genitalien, sind nicht auffindbar. A. zeigte nicht die geringste Spur von Gemüthsbewegung und gab keine Aufschlüsse über Motive und Umstände seiner schrecklichen That.

Er war ein psychopathischer Mensch, hatte zeitweise Depressionszustände mit Taedium vitae.

Sein Vater hatte einen Anfall von acuter Manie gehabt, ein naher Verwandter litt an Manie mit Mordtrieben. A. wurde hingerichtet.

In derartigen Fällen kann es geschehen, dass sogar Gelüste nach dem Fleisch des ermordeten Opfers auftreten und dass, in Folgegebung dieser perversen Betonung der bezüglichen Vorstellung, Theile der Leiche verzehrt werden.

Beobachtung 18. Leger, Winzer, 24 Jahre alt, von Jugend auf finster, verschlossen, leutscheu, geht fort, um eine Stelle zu suchen. Er treibt sich 8 Tage in einem Wald herum, puellam apprehendit XII annorum; stupratae genitalia mutilat, cor eripit, isst davon, trinkt das Blut und verscharrt den Leichnam. Verhaftet, leugnet er anfangs, gesteht aber endlich sein Verbrechen mit cynischer Kaltblütigkeit. Er hört sein Todesurtheil gleichgültig an und wird hingerichtet. Esquirol fand bei der Section krankhafte Verwachsungen zwischen Hirnhäuten und Gehirn (Georget, Darstellung der Processe Leger, Feldtmann etc., übersetzt von Amelung, Darmstadt 1827).

Beobachtung 19. Tirsch, Siechenhauspfründner in Prag, 55 Jahre alt, von jeher verschlossen, eigenthümlich, roh, höchst reizbar, mürrisch, rachsüchtig, wegen Nothzuchtsversuch an einem 10jährigen Mädchen zu 20 Jahren verurtheilt, hatte in letzter Zeit durch Wuthausbrüche aus geringem Anlass und durch Taedium vitae Aufmerksamkeit erregt.

1864, nach Abweisung eines einer Wittwe gemachten Heirathsantrags, hatte er einen Hass gegen die Frauenzimmer gefasst und trieb sich am 8. Juli herum, in der Absicht, eine von diesem verhassten Geschlecht zu tödten.

Vetulam occurentem in silvam allexit, coitum poposcit, renitentem prostravit, jugulum feminae compressit „furore captus". Cadaver virga betulae desecta verberare voluit nequetamen id perfecit, quia conscientia sua haec fieri vetuit, cultello mammas et genitalia desecta domi cocta proximis diebus cum globis comedit. Am 12. September bei der Verhaftung fand man noch Reste dieses grauenvollen Mahles vor. Er motivirte seine Handlung mit „innerlicher Gier", wünschte selbst seine Hinrichtung, da er ja immer ein Verstossener gewesen sei. In der Haft enorme Gemüthsreizbarkeit, gelegentlich Wuthausbruch, der mehrtägige Beschränkung nöthig machte und mit Nahrungsweigerung einherging. Es wurde aktenmässig constatirt, dass die meisten seiner früheren Excesse mit Ausbrüchen von Aufregung und Wuth zusammenfielen (Maschka, Prager Vierteljahrsschrift 1886, I, p. 79; Gauster bei Maschka, Handb. der ger. Medicin, IV, p. 489).

In die Reihe dieser psycho-sexualen Monstra gehört wohl auch der Frauenmörder von Whitechapel[1]). Das regelmässige Fehlen von Uterus, Ovarien und Labien bei den (10) Opfern dieses modernen „Blaubart" spricht überdies für die Annahme, dass er in Anthropophagie noch weitergehende Befriedigung suchte und fand.

In anderen Fällen von Lustmord unterbleibt aus physischen oder psychischen Gründen (s. oben) das Stuprum, und das sadistische Verbrechen tritt allein als Ersatz für den Coitus auf.

Das Prototyp solcher Fälle ist der folgende Fall des Verzeni. Das Leben seiner Opfer hing von dem raschen oder tardiven Eintreten der Ejaculation ab. Da dieser denkwürdige Fall Alles bietet, was die gegenwärtige Wissenschaft über den Zusammenhang von Wollust mit Mordlust bis zur Anthropophagie kennt, so möge er, zumal da er gut beobachtet ist, ausführliche Erwähnung finden.

Beobachtung 20. Vincenz Verzeni, geb. 1849, seit dem 11. Januar 1872 in Haft, ist angeklagt 1) der versuchten Erdrosselung seiner Muhme Marianne, als dieselbe vor vier Jahren krank zu Bette lag; 2) des gleichen Verbrechens an der 27jährigen Ehefrau Arsuffi; 3) der versuchten Erdrosselung der Ehefrau Gala, indem er ihr die Kehle zudrückte, während er auf ihrem Leib kniete; 4) ausserdem verdächtig folgender Mordthaten:

Im December begab sich die 14jährige Johanna Motta Morgens zwischen 7 und 8 Uhr auf ein benachbartes Dorf. Da sie nicht zurück kam, ging ihr Dienstherr aus, sie zu suchen, und fand ihren Leichnam in der Nähe des Dorfes an einem Feldweg, durch eine Unzahl von Wunden gräulich verstümmelt. Die Gedärme und Genitalien waren aus dem geöffneten Leibe herausgerissen und fanden sich in der Nähe. Die Nacktheit der Leiche, Erosionen an deren Schenkeln liessen ein unsittliches Attentat vermuthen, der mit Erde gefüllte Mund deutete auf Erstickung. In der Nähe der Leiche unter einem Strohhaufen fanden sich ein abgerissenes Stück der rechten Wade und Kleidungsstücke vor. Der Thäter blieb unermittelt.

[1]) Vgl. u. A. Spitzka, The Journal of nervous and mental Disease, Dec. 1888; Kiernan, The medical Standard, Nov.-Dec. 1888.

Am 28. August 1871 früh Morgens ging die 28jährige Ehefrau Frigeni aufs Feld. Da sie um 8 Uhr nicht zurück war, ging ihr Mann fort, sie zu holen. Er fand sie als Leiche nackt auf dem Feld, mit einer von Erdrosselung herrührenden Strangrinne am Hals, mit zahlreichen Verletzungen, aufgeschlitztem Bauch und heraushängenden Därmen.

Am 29. August, Mittags, als Maria Previtali, 19 Jahre alt, übers Feld ging, wurde sie von ihrem Vetter Verzeni verfolgt, in ein Getreidefeld geschleppt, zu Boden geworfen und am Halse gewürgt. Als er sie einen Moment losliess, um zu spähen, ob Niemand in der Nähe sei, erhob sich das Mädchen und erreichte durch sein flehentliches Bitten, dass V. es laufen liess, nachdem er ihm während einiger Zeit noch die Hände zusammengepresst hatte.

V. wurde vor Gericht gestellt. Er ist 22 Jahre alt, sein Schädel über mittelgross, asymmetrisch. Das rechte Stirnbein ist schmäler und niedriger als das linke, der Stirnhöcker rechts wenig entwickelt, das rechte Ohr kleiner als das linke (um 1 cm in der Höhe und 3 in der Breite); beide Ohren ermangeln der unteren Hälfte des Helix, die rechte Schläfenarterie ist etwas atheromatös. Stiernacken, enorme Entwicklung des Os zygomat. und des Unterkiefers, Penis sehr entwickelt, Frenulum fehlend; leichter Strabismus alternans divergens (Insufficienz der Mm. recti interni und Myopie). Lombroso schliesst aus diesen Degenerationszeichen auf eine angeborene Bildungshemmung des rechten Stirnlappens. Wie es scheint, ist Verzeni ein Hereditarier — zwei Onkel sind Cretins, ein dritter ist mikrocephal, bartlos, ein Hode fehlend, der andere atrophisch. Der Vater bietet Spuren von pellagröser Entartung und hatte einen Anfall von Hypochondria pellagrosa. Ein Vetter litt an Hyperaemia cerebri, ein anderer ist Gewohnheitsdieb.

Verzeni's Familie ist bigott, von schmutzigem Geiz. Er selbst zeigt gewöhnliche Intelligenz, weiss sich gut zu vertheidigen, sucht sein Alibi zu beweisen, Andere zu verdächtigen. In seiner Vergangenheit findet sich nichts, was auf Geisteskrankheit deutet; sein Charakter ist übrigens auffällig; er ist schweigsam, liebt die Einsamkeit. Im Gefängniss cynisch, Masturbant; sucht sich um jeden Preis den Anblick von Weibern zu verschaffen.

V. gestand endlich seine Thaten und deren Motive ein. Ihre Begehung habe ihm ein unbeschreiblich angenehmes (wollüstiges) Gefühl verschafft, das von Erection und Samenergiessung begleitet war. Schon wenn er seine Opfer am Halse kaum berührt hatte, stellten sich sexuelle Empfindungen ein. Es sei ihm ganz gleich in Bezug auf diese Empfindungen gewesen, ob die Frauen alt, jung, hässlich oder schön waren. Gewöhnlich habe schon das einfache Drosseln derselben ihn befriedigt und dann habe er seine Opfer am Leben gelassen — in den erwähnten 2 Fällen habe die geschlechtliche Befriedigung gezögert, einzutreten, und da habe er zugedrückt, bis seine Opfer todt waren. Seine Befriedigung bei diesen Garottirungen sei grösser gewesen, als wenn er onanirte. Die Hautabschürfungen an den Schenkeln der Motta seien durch seine Zähne entstanden, als er mit grossem Genuss das Blut aussaugte. Ein Wadenstück derselben habe er ausgesogen und dann mitgenommen, um es daheim zu braten, es indessen unterwegs unter einem Strohhaufen verborgen, aus Furcht, dass seine Mutter hinter seine Streiche komme. Auch die Kleider und Eingeweide habe er ein Stück weit mitgenommen, weil es ihm einen Genuss gewährte, sie zu beriechen und zu betasten. Die Stärke, die er in diesen Momenten höchster Wollust besessen, sei enorm gewesen. Ein Narr sei er nie gewesen; bei der Ausführung seiner Thaten habe er gar nichts mehr um sich gesehen (offenbar durch höchste sexuelle Erregung aufgehobene Apperception und instinctives Handeln). Nachher sei ihm immer sehr behaglich gewesen, ein Gefühl grosser Befriedigung; Gewissensbisse habe er nie gehabt. Nie sei es ihm in den Sinn gekommen, die Geschlechtstheile der von ihm gemarterten Frauen zu berühren oder die Opfer zu stupriren, es habe ihm genügt, sie zu erdrosseln und ihr Blut zu saugen. In der That scheinen die Angaben dieses modernen Vampyrs auf Wahrheit zu beruhen. Normale geschlechtliche Antriebe scheinen ihm fremd gewesen zu sein — zwei Geliebte, die er hatte, begnügte er sich zu beschauen — es ist ihm selbst auffällig, dass er keine Gelüste ihnen gegenüber hatte, sie zu drosseln oder ihnen die Hände zu pressen, aber freilich habe er mit ihnen nicht denselben Genuss gehabt wie mit seinen Opfern. Von moralischem Sinne, Reue u. dgl. fand sich keine Spur.

Verzeni sagte selbst, es dürfte gut sein, wenn man ihn eingesperrt lasse, denn in der Freiheit könne er seinen Gelüsten keinen Widerstand leisten. V. wurde zu lebenslänglichem Kerker verurtheilt. (Lombroso: Verzeni e Agnoletti, Roma 1873.)

Interessant sind die Geständnisse, welche V. nach seiner Verurtheilung machte.

„Incredibilem voluptatem habui feminas suffocans, erectiones tum sensi atque vera libidine affectus sum. Vel vestimenta mulierum olfacere voluptatem mihi adtulit. In suffocando feminas maiorem voluptatem inveni quam in masturbando. Bei dem Trinken des Blutes der Motta empfand ich grosses Wohlgefallen. Es gewährte mir auch grossen Genuss, den Ermordeten die Haarnadeln aus dem Haar zu ziehen.

„Die Kleider und Eingeweide nahm ich aus Lust, sie zu beriechen und zu betasten. Meine Mutter kam schliesslich hinter meine Streiche, weil sie nach jedem Mord oder Mordversuch Spermaflecke in meinem Hemd bemerkte. Verrückt bin ich nicht, aber in jenen Augenblicken des Würgens sah ich gar nichts mehr. Nach der Verübung der Thaten war ich befriedigt und fühlte mich wohl. Es fiel mir nie ein, die Geschlechtstheile u. dgl. zu berühren oder zu beschauen. Es genügte mir, die Weiber am Halse zu quetschen und ihr Blut zu saugen. Ich weiss heute noch nicht, wie das Weib gebaut ist.

„Während des Würgens und nach demselben drückte ich mich an den ganzen Leib, ohne auf einen Körpertheil mehr als auf den anderen zu achten."

V. war ganz von selbst auf seine perversen Akte gekommen, nachdem er, 12 Jahre alt, bemerkt hatte, dass ihn ein seltsames Lustgefühl überkomme, wenn er Hühner zu erwürgen hatte. Deshalb habe er auch öfters Massen davon getödtet und dann vorgegeben, ein Wiesel sei in den Hühnerstall eingedrungen (Lombroso, Goltdammer's Archiv Bd. 30, p. 13).

Einen analogen Fall führt Lombroso (Goltdammer's Archiv) an, der in Vittoria (Spanien) vorkam.

Beobachtung 21. Ein gewisser Gruyo, 41 Jahre alt, von früher unbescholtenem Lebenswandel und 3mal verheirathet gewesen, erwürgte im Lauf von 10 Jahren 6 Weiber. Sie waren fast sämmtlich öffentliche Dirnen und schon ziemlich alt gewesen. Suffocatis per vaginam intestina et renes extraxit. Nonnullas miseras ante mortem stupravit, alias (si forse impotens erat) non stupravit. Er verfuhr bei seinen Greuelthaten mit solcher Vorsicht, dass er 10 Jahre lang unentdeckt blieb.

### b) Leichenschänder.

An die grauenvolle Gruppe der Lustmörder reihen sich naturgemäss die Nekrophilen, insofern bei ihnen, gleichwie bei Lustmördern und analogen Fällen, eine an und für sich Grauen erweckende Vorstellung, vor der der Gesunde, bezw. Nichtentartete, zurückschaudert, mit Lustgefühlen betont und damit zum Impuls für nekrophile Akte wird.

Die in der Literatur vorkommenden Fälle von **Leichenschändung** machen den Eindruck pathologischer, nur sind sie, bis auf den berühmten des Sergeant Bertrand (s. u.), nichts weniger als genau beobachtet und beschrieben.

In einzelnen Fällen mag nichts Anderes vorliegen, als dass zügellose Begierde in der Vorstellung des eingetretenen Todes kein Hinderniss ihrer Befriedigung sieht.

Ein derartiger Fall ist vielleicht der siebente unter den von Moreau mitgetheilten.

In diesem machte ein 23 Jahre alter Mann einen Nothzuchtsversuch an der 53 Jahre alten X., tödtete die sich Sträubende, benutzte sie dann geschlechtlich, warf sie dann ins Wasser, fischte sie aber heraus, um sie neuerlich zu stupriren.

Der Mörder wurde hingerichtet. Die Meningen des Stirnhirns fand man verdickt und mit der Hirnrinde verwachsen.

Mehrere Beispiele von Nekrophilie haben andere französische Schriftsteller mitgetheilt. Zwei Fälle betrafen Mönche, während sie die Todtenwache hielten. In einem dritten handelte es sich um einen Idioten, der überdies an periodischer Manie litt, nach Nothzucht in einer Irrenanstalt Aufnahme gefunden hatte und dort weibliche Leichen in der Todtenkammer schändete.

In anderen Fällen liegt aber unzweifelhaft eine directe Bevorzugung der Leiche vor dem lebenden Weibe vor. Wenn keine weiteren Akte der Grausamkeit — Zerstückelung etc. — an der Leiche vorgenommen werden, so ist es wahrscheinlich die Leblosigkeit selbst, welche den Reiz für den perversen Thäter bildet. Es mag sein, dass die Leiche, welche allein menschliche Form mit vollkommener Willenslosigkeit verbindet, desshalb ein krankhaftes Bedürfniss befriedigt, den Gegenstand der Begierde sich ohne Möglichkeit eines Widerstandes schrankenlos unterworfen zu sehen.

Brierre de Baismont (Gazette médicale 1859, 21. Juli) theilte die Geschichte eines Leichenschänders mit, der sich, nach Bestechung der Leichenwächter, zur Leiche eines 16jährigen Mädchens aus vornehmen Hause eingeschlichen hatte. Nachts hörte man im Todtenzimmer ein Geräusch, wie wenn ein Stück Möbel umfalle. Die Mutter des verstorbenen Mädchens drang ein, bemerkte einen Menschen, der im Nachthemd vom Bett der Todten herabsprang. Man meinte zuerst, man habe es mit einem Dieb zu thun, erkannte aber bald den wahren Thatbestand. Es stellte sich heraus, dass der Schänder, ein Mensch aus vornehmen Hause, schon öfter die Leichen junger Weiber geschändet hatte. Er wurde zu lebenslänglichem Kerker verurtheilt.

Von hohem Interesse auf dem Gebiete der Nekrophilie ist die von Taxil[1])

---

[1]) Ein diesem Fall ähnlicher wurde von Neri (Archivio delle psicopatie sessuali 1896, p. 109) berichtet. Ein Herr, 50 Jahre alt, benutzt im Lupanar nur puellae, die weiss gekleidet, unbeweglich, eine Todte markirend, daliegen. Derselbe hat die Leiche seiner eigenen Schwester geschändet immissione mentulae in os mortuae usque ad ejaculationem! Dieses Scheusal hatte überdies fetischistische Anwandlungen zu crines pubis puellarum und Nägelabschnitzeln von Mädchen, deren Genuss ihn sexuell mächtig erregte!

(La prostitution contemporaine p. 171) berichtete Geschichte eines Prälaten, der zeitweise in einem Prostitutionshause in Paris erschien und eine Prostituirte, als Leiche weiss geschminkt auf dem Paradebett liegend, bestellte.

Hora destinata in cubiculum quasi funestum et lugubre factum vestimento sacerdotali exornatus intravit, ita se gessit, acsi missam legeret, tum se in puellam coniecit, quae per totum tempus mortuam se esse simulare debuit¹).

Durchsichtiger sind die Fälle, in denen der Thäter die Leiche misshandelt und zerstückelt. Solche Fälle schliessen sich unmittelbar an die Lustmörder an, indem Grausamkeit, wenigstens ein Drang, sich am weiblichen Körper zu vergreifen, mit der Wollust dieser Individuen verbunden ist. Vielleicht schreckt ein Rest moralischer Bedenken von der Vorstellung grausamer Akte am lebenden Weibe ab, vielleicht überspringt die Phantasie den Lustmord und hängt sich gleich an sein Resultat, die Leiche. Möglicher Weise spielt auch hier die Vorstellung der Willenlosigkeit der Leiche eine Rolle.

Beobachtung 22. Sergeant Bertrand ist ein Mensch von zartem Körperbau, von auffälligem Charakter, von Kindheit auf verschlossen und die Einsamkeit liebend.

Die Gesundheitsverhältnisse seiner Familie sind nicht genügend bekannt, das Vorkommen von Geisteskrankheiten in der Ascendenz ist jedoch sichergestellt. Schon als Kind will er mit einem ihm unerklärlichen Zerstörungsdrang behaftet gewesen sein. Er habe zerbrochen, was er gerade zur Hand hatte.

Schon in früher Kindheit kam er ohne alle Verführung zur Onanie. Mit 9 Jahren begann er Hinneigung zu Personen des anderen Geschlechts zu verspüren. Mit 13 Jahren erwachte mächtig in ihm der Drang zu geschlechtlicher Befriedigung an Weibern; er onanirte nun sehr viel. Wenn er dies that, stellte er sich in seiner Phantasie jeweils ein Zimmer, erfüllt mit Frauen, vor. Er stellte sich vor, er übe den Geschlechtsakt mit denselben und martere sie dann. Darauf stellte er sich dieselben als Leichen vor und wie er sie als Leichen befleckte. Gelegentlich kam bei solcher Situation auch die Vorstellung, es mit männlichen Leichen zu thun zu haben, aber sie war mit Ekel betont.

Mit der Zeit empfand er den Drang, mit wirklichen Leichen derartige Situationen durchzumachen.

Aus Mangel an menschlichen Leichen verschaffte er sich Thierleichen, schlitzte ihnen den Leib auf, riss die Eingeweide heraus und masturbirte dabei. Er will damit einen unsäglichen Genuss empfunden haben. 1846 genügten ihm nicht mehr Leichen. Er tödtete nun Hunde und verfuhr dann mit ihnen wie früher. Ende 1846 bekam er zum ersten Male das Gelüste, Menschenleichen zu benutzen. Er scheute sich anfangs davor. 1847, als er zufällig auf dem Kirchhof das Grab einer frisch beerdigten Leiche gewahr wurde, kam dieser Drang unter Kopfweh und Herzklopfen mit solcher Macht, dass er, obwohl Leute in der Nähe waren und Gefahr der Entdeckung bestand, die Leiche ausgrub. Beim Abgang eines geeigneten Instrumentes, um sie zu zerstückeln, begnügte er sich, dieselbe mit der Todtengräberschaufel voll Wuth zu hauen.

---

¹) Simon (Crimes et délits p. 209) theilt eine Erfahrung Lacassagne's mit, dem ein anständiger Mann berichtete, er sei jeweils, aber nur dann mächtig sexuell erregt, wenn er Zuschauer bei einem — Leichenbegängniss sei.

1847 und 1848 kam, angeblich in Zwischenräumen von etwa 14 Tagen und unter heftigen Kopfschmerzen, der Drang, an Leichen Brutalitäten zu verüben. Mitten unter den grössten Gefahren und mit den grössten Schwierigkeiten genügte er etwa 15mal diesem Trieb. Er grub die Leichen mit den Händen aus, spürte vor Erregung gar nicht die Verletzungen, die er sich dabei zuzog. Im Besitz der Leiche, schnitt er sie mit Säbel oder Taschenmesser auf, riss die Eingeweide aus und masturbirte in dieser Situation. Das Geschlecht der Todten war ihm angeblich ganz gleichgültig, jedoch wurde constatirt, dass dieser moderne Vampyr mehr weibliche als männliche Leichen ausgrub.

Während dieser Akte sei er in unbeschreiblicher geschlechtlicher Aufregung gewesen. Nachdem er sie zerschnitten, hatte er die Leichen jeweils wieder eingegraben.

Im Juli 1848 gerieth er zufällig an die Leiche eines etwa 16jährigen Mädchens.

Da erwachte zum ersten Mal in ihm das Gelüste, an dem Cadaver den Coitus auszuüben. „Ich bedeckte ihn allenthalben mit Küssen, drückte ihn wie rasend an mein Herz. Alles, was man an einem lebenden Weib geniessen kann, war nichts im Vergleich zu dem empfundenen Genuss. Nachdem ich diesen etwa eine ¼ Stunde gekostet, zerstückte ich wie gewöhnlich die Leiche und riss die Eingeweide heraus. Dann begrub ich den Cadaver wieder."

Erst von diesem Attentat ab will B. den Drang verspürt haben, Leichen vor der Zerstückung geschlechtlich zu benutzen und habe er in der Folge bei etwa drei weiblichen Leichen dies gethan. Das eigentliche Motiv des Leichenausgrabens sei aber nach wie vor das Zerstücken gewesen und der Genuss bei dieser Handlung grösser als beim geschlechtlichen Benutzen der Leiche.

Diese letzte Handlung habe immer nur eine Episode des Hauptaktes gebildet und niemals seine Brunst gestillt, weshalb er immer nachher dieselbe oder eine andere Leiche verstümmelt habe.

Die Gerichtsärzte nahmen „Monomanie" an. Das Kriegsgericht verurtheilte B. zu 1 Jahr Kerker.

(Michéa, Union méd. 1849. — Lunier, Annal méd. psychol. 1849, p. 153. — Tardieu, Attentats aux moeurs 1878, p. 114. — Legrand, La folie devant les tribun. p. 524.)

### c) Misshandeln von Weibern (Blutigstechen, Flagelliren etc.).

An die Lustmörder und Leichenschänder, und den Ersteren noch nahestehend, reihen sich solche Fälle an, wo Verletzung des Opfers der Lüste und der Anblick des fliessenden Blutes desselben Reiz und Genuss für entartete Menschen ist.

Ein solches Ungeheuer war der berüchtigte Marquis de Sade[1]), nach welchem die Verbindung von Wollust und Grausamkeit deshalb genannt wird.

---

[1]) Taxil (op. cit. p. 180) gibt nähere Mittheilungen über dieses psychosexuale Monstrum, das ein Fall von habitueller Satyriasis, zugleich mit Paraesthesia sexualis sein dürfte.

S. war so cynisch, dass er ernstlich seine grausame Lüsternheit idealisiren und sich zum Apostel einer darauf bezüglichen Lehre machen wollte. Er trieb es so arg (u. A. machte er eine geladene Gesellschaft von Herren und Damen liebes-

Coitus venerem suam non stimulavit, nisi quam futuabat ita pungere potuit ut sanguis flueret. Summa ei voluptas erat meretrices nudatas vulnerare et vulnera hoc modo facta obligare.

Hierher gehört auch wohl der Fall eines Capitäns, von dem Brierre de Boismont (a. a. O.) erzählt, der seine Geliebte zwang, jeweils vor dem sehr häufigen Coitus sich Hirudines ad pudenda zu setzen. Schliesslich verfiel dieses Weib in tiefe Anämie und wurde angeblich dadurch irrsinnig.

In sehr bezeichnender Weise zeigt diesen Zusammenhang zwischen Wollust und Grausamkeit mit Drang, Blut zu vergiessen und Blut zu sehen, folgender meiner Clientel entlehnter Fall.

Beobachtung 23. Herr X., 25 Jahre alt, stammt von luetischem, an Dem. paralytica gestorbenem Vater und constitutionell hystero-neurasthenischer Mutter. Er ist ein schwächliches, constitutionell neuropathisches, mit mehrfachen anatomischen Degenerationszeichen behaftetes Individuum. Schon als Kind Anwandlungen von Hypochondrie und Zwangsvorstellungen. Später beständiger Wechsel zwischen exaltirten und deprimirten Stimmungen. Schon als Junge von 10 Jahren fühlte Pat. einen sonderbaren wollüstigen Drang, Blut aus seinen Fingern fliessen zu sehen. Er schnitt oder stach sich deshalb öfters in die Finger und fühlte sich dann ganz beseligt. Schon früh gesellten sich dazu Erectionen, desgleichen, wenn er fremdes Blut sah, z. B. ein Dienstmädchen sich in den Finger schnitt. Das machte ihm besonders wollüstige Empfindungen. Seine Vita sexualis regte sich nun immer mächtiger. Ganz ohne Verführung begann er zu onaniren, dabei kamen ihm jeweils Erinnerungsbilder blutender Frauenzimmer. Es genügte ihm nun nicht mehr, sein eigenes Blut fliessen zu sehen. Er lechzte nach dem Anblick des Blutes junger Frauenspersonen, besonders solcher, die ihm sympathisch waren. Er konnte sich oft kaum bezwingen, zwei Cousinen und ein Stubenmädchen nicht zu verletzen. Aber auch an und für sich nicht sympathische Frauenzimmer riefen diesen Drang hervor, wenn sie ihn durch besondere Toilette, Schmuck, namentlich Corallenschmuck, reizten. Es gelang ihm, diesen Gelüsten zu widerstehen, aber in seiner Phantasie waren blutige Gedanken beständig gegenwärtig und unterhielten wollüstige Erregungen. Ein inniger Zusammenhang bestand zwischen beiden Gedanken- und Gefühlskreisen. Oft kamen auch anderweitige grausame Phantasien, z. B. dachte er sich in der Rolle eines Tyrannen, der das Volk mit Kartätschen zusammenschiessen liess. Er musste sich die Scene ausmalen, wie es wäre, wenn Feinde eine Stadt überfallen, die Jungfrauen schänden, martern, tödten, rauben würden. In ruhigeren Zeiten schämte und ekelte sich der sonst gutmüthige und ethisch nicht defecte Patient vor solchen grausam-wollüstigen Phantasien, gleichwie sie auch sofort latent wurden, sobald er durch Masturbation seiner sexuellen Erregung Befriedigung verschafft hatte.

---

toll, indem er ihr mit Canthariden versetzte Chocoladebonbons serviren liess), dass man ihn in die Irrenanstalt Charenton sperrte. In der Revolution (1790) wurde er frei. Er schrieb nun obscöne Romane, die von Wollust und Grausamkeit triefen. Als Bonaparte Consul wurde, machte ihm S. seine Romane, prachtvoll gebunden, zum Geschenk. Der Consul liess seine Werke vernichten und den Verfasser neuerdings in Charenton interniren, wo er 1814, 64 Jahre alt, starb. De Sade war unerschöpflich in seinen lasciven, offenbar auf Propaganda abzielenden Publicationen. Sie sind heutzutage glücklicher Weise recht selten geworden. Erhalten sind: „Histoire de Justine", 4 Bde., „Histoire de Juliette", 6 Bde., „Philosophie dans le boudoir", London 1805. Interessant ist Sade's Biographie von J. Janin 1835.

Schon nach wenigen Jahren war Pat. neurasthenisch geworden. Nun genügte ihm die blosse Phantasievorstellung von Blut und Blutscenen, um zur Ejaculation zu gelangen. Um sich von seinem Laster und seinen cynisch grausamen Phantasien zu befreien, trat Pat. in sexuellen Verkehr mit weiblichen Individuen. Coitus war möglich, aber nur indem Pat. sich vorstellte, das Mädchen blute aus den Fingern. Ohne Zuhülfenahme dieser Phantasievorstellung wollte sich keine Erection einstellen. Die grausamen Gedanken, hineinzuschneiden, beschränkten sich auf die Hand des Weibes. In Zeiten höchst gesteigerter sexueller Erregung genügte der Anblick einer sympathischen Frauenhand, um die heftigsten Erectionen hervorzurufen. Erschreckt durch populäre Lektüre über die schädlichen Folgen der Onanie und abstinirend, verfiel Pat. in einen Zustand schwerer allgemeiner Neurasthenie mit hypochondrischer Dysthymie, taed. vitae. Eine complicirte und wachsame ärztliche Behandlung stellte binnen Jahresfrist den Kranken wieder her. Er ist seit 3 Jahren psychisch gesund, ist nach wie vor sexuell sehr bedürftig, aber nur selten mehr von seinen früheren blutdürstigen Ideen heimgesucht. Der Masturbation hat X. ganz entsagt. Er findet Befriedigung im natürlichen Geschlechtsgenuss, ist vollkommen potent und nicht mehr genöthigt, seine Blutideen zu Hülfe zu nehmen.

Dass derlei wollüstig-grausame Dränge bloss episodisch und unter bestimmten Ausnahmezuständen bei Belasteten vorkommen können, lehrt folgender von Tarnowsky (op. cit. p. 61) berichteter Fall.

Beobachtung 24. Z., Arzt, von neuropathischer Constitution, auf Alkohol schlecht reagirend, unter gewöhnlichen Verhältnissen normal coitirend, fühlte, sobald er Wein getrunken, durch einfachen Coitus seine gesteigerte Libido nicht mehr befriedigt. In diesem Zustand musste er in die Nates der Puella stechen oder mit einer Lancette einschneiden, Blut sehen und das Eindringen der Klinge in den lebenden Körper fühlen, um Ejaculation zu erzielen und das Gefühl vollständiger Sättigung seiner Wollust zu haben.

Die Meisten aber, die mit dieser Form der Perversion belastet sind, erscheinen als durch den normalen Reiz des Weibes nicht erregbar. Schon im obigen ersten Fall musste die Vorstellung des Blutens zu Hülfe genommen werden, um Erectionen zu erzielen. Der folgende Fall betrifft einen Mann, der durch Onanie in früher Jugend etc. seine Erectionsfähigkeit eingebüsst hat, so dass der sadistische Akt bei ihm an die Stelle des Coitus tritt.

Beobachtung 25. Der Mädchenstecher in Bozen (mitgetheilt von Demme, Buch der Verbrecher Bd. II, p. 341).
1829 kam H., 30 Jahre alt, Soldat, in gerichtliche Untersuchung. Er hatte zu verschiedenen Zeiten und an verschiedenen Orten mit einem Brod- oder Federmesser Mädchen mit Stichen in das Abdomen, am liebsten in die pudenda verwundet und motivirte diese Attentate mit einem bis zur Wuth gesteigerten Geschlechtstrieb, der nur in dem Gedanken und der Handlung des Stechens von weiblichen Personen Befriedigung fand.

Dieser Drang habe ihn oft tagelang verfolgt. Er sei dann in einen ganz verwirrten Seelenzustand gerathen, der sich erst wieder löste, wenn diesem Drang durch die That entsprochen war. Im Moment des Stechens habe er die Befriedigung des vollbrachten Beischlafs gehabt und diese Befriedigung sei gesteigert worden durch den Anblick des Blutes, das am Messer herunterlief.

Schon im 10. Jahre war bei ihm der Geschlechtstrieb mächtig zu Tage getreten. Er verfiel zuerst der Masturbation und fühlte sich davon an Körper und Geist geschwächt.

Bevor er zum „Mädchenstecher" wurde, hatte er durch Missbrauch unreifer Mädchen, durch Onanisirung von solchen, ferner durch Sodomie seine Geschlechtslust befriedigt. Allmählig war ihm der Gedanke gekommen, welch ein Genuss es sein müsse, ein junges hübsches Mädchen in die Schamgegend zu stechen und an dem Anblick des vom Messer ablaufenden Blutes sich zu weiden.

Unter seinen Effecten fanden sich Nachbildungen von Gegenständen des Cultus, von ihm selbst gemalte obscöne Bilder der Empfängniss Maria's, des im Schoosse der Jungfrau „geronnenen Gedanken Gottes". Er galt als ein sonderbarer, sehr reizbarer, leutscheuer, weibersüchtiger, mürrischer, verdrossener Mensch. Scham und Reue über seine Handlungen wurden an ihm nicht wahrgenommen. Offenbar war er eine durch frühe sexuelle Excesse impotent gewordene Persönlichkeit[1]), die, bei fortdauernder starker Libido sexualis und durch Belastung, zu Perversion des Geschlechtslebens hinneigte.

Beobachtung 26. In den 60er Jahren wurde die Bevölkerung von Leipzig durch einen Mann erschreckt, welcher junge Mädchen auf der Strasse mit einem Dolch anzufallen pflegte und sie am Oberarm verletzte. Endlich verhaftet, erkannte man in ihm einen Sadisten, welcher im Moment des Dolchstichs eine Ejaculation hatte und bei dem also die Verwundung der Mädchen Aequivalent für Coitus war. (Wharton, A treatise on mental unsoundness. Philadelphia 1873, § 623 [2]).)

In den drei nächsten Fällen besteht gleichfalls Impotenz. Dieselbe ist aber vielleicht psychisch bedingt, indem ab origine der Hauptton der Vita sexualis auf der sadistischen Neigung liegt und deren normale Elemente verkümmert sind.

Beobachtung 27 (mitgetheilt von Demme, Buch der Verbrechen VII, p. 281). Der Mädchenschneider von Augsburg, Bartle, Weinhändler, hatte schon mit 14 Jahren sexuelle Regungen, jedoch entschiedenen Widerwillen gegen Befriedigung derselben durch Coitus, bis zu Ekel gegen das weibliche Geschlecht. Schon damals kam ihm die Idee, Mädchen zu schneiden und sich dadurch geschlechtlich zu befriedigen. Er verzichtete aber darauf, aus Mangel an Gelegenheit und Muth.

Masturbation verschmähte er; ab und zu hatte er Pollutionen, mit erotischen Träumen von geschnittenen Mädchen.

19 Jahre alt, schnitt er zum ersten Mal ein Mädchen. Haec faciens sperma eiaculavit, summa libidine affectus. Seither wurde der Impuls immer machtvoller. Er wählte nur junge und hübsche Mädchen und fragte sie meist vorher, ob sie noch ledig seien. Jeweils trat die Ejaculation und sexuelle

---

[1]) Vgl. Krauss, Psychologie des Verbrechens, 1884. p. 188. Dr. Hofer, Annalen der Staatsarzneikunde, 6. Jahrgang, Heft 2; Schmidt's Jahrbücher Bd. 59, p. 94.

[2]) Nach Zeitungsnachrichten wurden im December 1890 eine Reihe ähnlicher Attentate in Mainz verübt. Ein junger Bursche von 14 bis 16 Jahren drängte sich an Frauen und Mädchen heran und stach sie mit einem spitzen Instrument in die Beine. Er wurde verhaftet und machte den Eindruck, geistig gestört zu sein. Näheres über den höchst wahrscheinlich sadistischen Fall ist nicht bekannt.

Befriedigung ein, aber nur dann, wenn er merkte, dass er die Mädchen wirklich verwundet hatte. Nach dem Attentat fühlte er sich immer matt und übel, auch von Gewissensbissen gefoltert. Bis zum 32. Jahr verwundete er durch Schneiden, hatte aber immer Sorge, die Mädchen nicht gefährlich zu verletzen. Von da ab bis zum 36. Jahr vermochte er seinen Trieb zu beherrschen. Nun versuchte er sich zu befriedigen, indem er Mädchen bloss am Arm oder Hals drückte, aber es kam dabei nur zur Erection, nicht zur Ejaculation. Nun versuchte er es, die Mädchen mit dem in seiner Scheide gelassenen Messer zu stechen, aber auch das genügte nicht. Endlich stach er mit dem offenen Messer und hatte vollen Erfolg, da er sich vorstellte, ein gestochenes Mädchen blute stärker und habe mehr Schmerz, als ein geschnittenes. Im 37. Jahr wurde er erwischt und verhaftet. In seiner Behausung fand man eine Menge von Dolchen, Stockdegen, Messern. Er gab an, dass der blosse Anblick dieser Waffen, noch mehr das Anfassen derselben ihm Wollustgefühle mit heftiger Erregung verschafft habe.

Im Ganzen hatte er 50 Mädchen eingestandenermassen verletzt.

Seine äussere Erscheinung war eher eine angenehme. Er lebte in sehr guten Verhältnissen, war aber ein eigenthümlicher, leutscheuer Patron.

Beobachtung 28. J. H., 26 Jahre, kam im Jahre 1883 zur Consultation wegen seiner hochgradigen Neurasthenie und Hypochondrie. Pat. gibt zu, seit seinem 14. Jahre onanirt zu haben, und zwar bis zum 18. Jahre weniger; seit dieser Zeit aber fehlt ihm jede Kraft, dem Triebe zu widerstehen. Bis dahin hatte er, da er ängstlich gehütet wurde und man ihn wegen seiner Kränklichkeit fast nie allein liess, sich nie einer Frauensperson nähern können. Er hatte auch kein rechtes Verlangen nach dem ihm unbekannten Genuss.

Durch Zufall aber kam er dazu, als ein Stubenmädchen der Mutter beim Fensterwaschen eine Scheibe zerbrach und sich heftig in die Hand schnitt. Als er dabei behülflich war, die Blutung zu stillen, konnte er sich nicht enthalten, das ausströmende Blut von der Wunde aufzusaugen, wobei er in äusserst heftige erotische Erregung kam, bis zu vollständigem Orgasmus und Ejaculation.

Von nun an suchte er auf jede mögliche Weise sich den Anblick und womöglich den Geschmack von ausfliessendem frischem Blute von weiblichen Personen zu verschaffen. Am liebsten war ihm das von jungen Mädchen. Er scheute kein Opfer und keine Geldausgabe, um sich diesen Genuss zu verschaffen. Anfänglich stand ihm jenes junge Mädchen zu Diensten, das sich nach seinem Wunsch mit einer Nadel oder sogar Lancette in die Finger stechen liess. Als aber die Mutter es erfuhr, entliess sie das Mädchen. Nun musste er sich an Meretrices halten, um sich Ersatz zu verschaffen, was mit Schwierigkeiten, aber doch oft genug gelang. In der Zwischenzeit betrieb er Onanie und Manustupration per feminam, was ihm aber nie Befriedigung, vielmehr Abspannung und Selbstvorwürfe einbrachte. Er besuchte wegen seiner nervösen Leiden viele Curorte und war zweimal in Anstalten internirt, die er aus eigenem Antriebe aufsuchte. Er gebrauchte Hydrotherapie, Electricität und roborirende Curen ohne besonderen Erfolg. Es gelang, seine abnorme geschlechtliche Erregbarkeit und den Drang zur Onanie durch kalte Sitzbäder, Monobromkampher und Gebrauch von Bromsalzen zeitweise zu bessern. Jedoch wenn Pat. sich selbst überlassen war, verfiel er sofort wieder in seine alte Leidenschaft und scheute weder Mühe noch Geld, um seine Geschlechtslust auf die besagte abnorme Weise zu befriedigen.

Von ganz besonderem Interesse für die wissenschaftliche Begründung des Sadismus ist ein von Moll bearbeiteter, von mir als Beob. 29 in der 9. Aufl. dieses Werkes berichteter, von Moll neuerdings selbst in seinem

Werke über „Libido sexualis" p. 500 publicirter Fall. Derselbe deckt deutlich erkennbar eine der verborgenen Wurzeln des Sadismus auf, den Drang zur schrankenlosen Unterwerfung des Weibes, welcher hier bewusst geworden ist. Dies ist um so merkwürdiger, da es sich hier um ein schüchternes, im sonstigen Leben möglichst bescheiden, ja ängstlich auftretendes Individuum handelt. Der Fall zeigt auch deutlich, dass starke, ja das Individuum gegen alle Hindernisse mit sich fortreissende Libido vorhanden sein kann, während gleichzeitig der Coitus nicht begehrt wird, weil der Hauptton des Gefühls auf den grausamen Theil des sadistischen, wollüstig-grausamen Vorstellungskreises ab origine gefallen ist. — Dieser Fall enthält gleichzeitig schwache Elemente von Masochismus (s. unten).

Die Fälle sind übrigens durchaus nicht selten, in denen Männer mit perversen Neigungen mittelst hoher Bezahlung Prostituirte bewegen, sich von ihnen flagelliren und selbst blutig verwunden zu lassen. Die Werke, die sich mit der Prostitution beschäftigen, enthalten darüber Berichte. So Coffignon, la corruption à Paris etc.

### d) Besudelung weiblicher Personen.

Mitunter äussert sich der perverse sadistische Trieb, Frauen zu beschädigen und verächtlich, demüthigend zu behandeln in dem Drange, dieselben mit ekelhaften oder wenigstens beschmutzenden Dingen zu besudeln.

Hierher gehört der folgende von Arndt (Vierteljahrschr. f. ger. Medicin, N. F. XVII, H. 1) veröffentlichte Fall.

Beobachtung 29. Stud. med. A. in Greifswald accusatus quod iterum iterumque puellis honestis parentibus natis in publico genitalia sua e bracis dependentia plane nudata quae antea summo amiculo (Paletotschösse) tecta erant, ostenderat. Nonnunquam puellas fugientes secutus easque ad se attractas urina oblivit. Haec luce clara facta sunt; nunquam aliquid haec faciens locutus est.

A. ist 23 Jahre alt, kräftig von Körper, sauber im Anzug, decent in seinen Manieren. Andeutung von Cranium progeneum. Chronische Pneumonie der rechten Lungenspitze. Emphysem. Puls 60, in der Erregung nur 70—80 Schläge. Genitalien normal. Klagen über zeitweise Verdauungsstörungen, Hartleibigkeit, Schwindel, excessive Erregung des Geschlechtstriebes, die schon früh zur Onanie führte, nie aber, auch in der Folge nicht, auf naturgemässe Befriedigung desselben gerichtet war. Klagen über zeitweise melancholische Verstimmung, selbstquälerische Gedanken und perverse Antriebe, zu denen er selbst kein Motiv finden könne, z. B. zum Lachen bei ernsten Veranlassungen, sein Geld ins Wasser zu werfen, im strömenden Regen umherzulaufen.

Der Vater des Inculpaten ist von nervösem Temperament, die Mutter nervösem Kopfweh unterworfen. Ein Bruder litt an epileptischen Krämpfen.

Inculpat zeigte von Jugend auf nervöses Temperament, war zu Krämpfen und Ohnmachten geneigt, gerieth in Zustände von momentaner Erstarrung, wenn er hart getadelt wurde. 1869 studirte er Medicin in Berlin. 1870 machte er als Lazarethgehülfe den Krieg mit. Seine Briefe aus dieser Zeit verrathen eine auffallende Schlaffheit und Weichheit. Bei der Rückkehr nach Hause im Frühjahr 1871 fällt seine Gemüthsreizbarkeit der Umgebung auf. In der Folge häufig Klagen über körperliche Beschwerden, Unannehmlichkeiten wegen eines Liebesverhältnisses. Im November 1871 lebte er in Greifswald eifrig seinen Studien. Er galt als ein höchst anständiger Mensch. In der Haft ist er ruhig, gelassen, zeitweise in sich versunken. Seine Handlungen schiebt er auf Rechnung von peinigenden und in letzter Zeit excessiven geschlechtlichen Regungen. Seiner unzüchtigen Handlungen sei er sich wohl bewusst gewesen und habe sich ihrer hinterher geschämt. Eine wirkliche geschlechtliche Befriedigung habe er dabei nicht empfunden. Einer rechten Einsicht in seine Lage wird er sich nicht bewusst. Er betrachtete sich als eine Art Märtyrer, der einer bösen Macht zum Opfer gefallen ist. Annahme von Aufhebung der freien Willensbestimmung.

Dieser Besudelungsdrang kommt auch bei paradoxem, im Greisenalter wieder erwachenden Geschlechtstrieb vor, der sich ja so oft gleichzeitig auf perverse Art äussert.

So berichtet Tarnowsky (op. cit. p. 76) folgenden Fall:

Beobachtung 30. Ich kannte einen solchen Patienten, der ein mit einem decolletirten Ballkleid geputztes Frauenzimmer sich in einem hell erleuchteten Zimmer auf ein niedriges Sopha hinlegen liess. Ipse apud janum alius cubiculi obscurati constitit adspiciendo aliquantulum feminam, excitatus in eam insiluit et excrementa in sinus eius deposuit. Haec faciens eiaculationem quandam se sentire confessus est.

Ein Wiener Gewährsmann theilt mir mit, dass Männer Prostituirte mittelst hoher Belohnungen dazu bringen, zu dulden, ut illi viri in ora earum spuerent et faeces et urinas in ora explerent[1].

Hierher scheint auch der folgende Fall des Dr. Pascal (Igiene dell' amore) zu gehören.

Beobachtung 31. Ein Mann hatte eine Geliebte. Seine einzigen Beziehungen zu dieser bestanden darin, dass sie sich mit Kohle oder Russ die Hände von ihm schwärzen liess, dann musste sie sich vor einen Spiegel setzen, so dass er ihre Hände in diesem sehen konnte. Während einer oft längeren Conversation mit der Geliebten schaute er unverwandt nach dem Spiegelbild ihrer Hände und empfahl sich dann nach einiger Zeit sehr befriedigt.

Bemerkenswerth in dieser Art dürfte folgender, mir von ärztlicher Seite mitgetheilter Fall sein: Ein Offizier war in einem Lupanar zu K. nur unter dem Namen „Oel" bekannt. Oel erzielte Erection und Ejaculation einzig dadurch, dass er puell. publ. nudam in einen mit Oel gefüllten Bottich treten liess und sie am ganzen Körper einölte!

Angesichts dieser Vorkommnisse drängt sich die Vermuthung auf, dass gewisse Fälle von Schädigung der Kleidung weiblicher Personen (z. B. Bespritzen mit Schwefelsäure, Tinte u. s. w.) in der Befriedigung

---

[1] Leo Taxil, La Corruption, Paris, Noiret, macht p. 223 dieselben Angaben. Es gibt auch Männer, die introductio linguae meretricis in anum verlangen.

eines perversen Sexualtriebs wurzeln, wenigstens handelt es sich hier auch um eine Art von Wehethun und sind die Beschädigten jeweils Frauenzimmer, die Beschädiger männliche Individuen. Jedenfalls verlohnt es sich der Mühe, in derlei Gerichtsfällen künftig der Vita sexualis der Attentäter Aufmerksamkeit zu schenken.

Auf die sexuelle Natur derartiger Attentate wirft auch der unten mitgetheilte Fall Bachmann, Beob. 99, helles Licht, da in diesem Falle das sexuelle Motiv des Delicts erwiesen ist.

e) Sonstige Ausübung von Gewalt gegen weibliche Personen. Symbolischer Sadismus.

Mit den vorstehenden Gruppen sind die Formen, in welchen sich der sadistische Trieb gegen das Weib äussert, noch nicht erschöpft. Wenn der Trieb nicht übermächtig, oder noch genügender moralischer Widerstand vorhanden ist, kann es geschehen, dass die perverse Neigung durch einen scheinbar ganz sinnlosen läppischen Akt befriedigt wird, der aber für den Thäter symbolische Bedeutung hat.

Dies scheint der Sinn der folgenden zwei Fälle zu sein.

Beobachtung 32. (Dr. Pascal, Igiene dell' amore.) Ein Mann ging an einem festgesetzten Tage ein Mal monatlich zu seiner Geliebten und schnitt ihr mit einer Scheere die Haare ab, welche ihr über die Stirne herabhingen. Es gewährte ihm dies den stärksten Genuss. Sonst stellte er keine Ansprüche an das Mädchen.

Beobachtung 33. Ein Mann in Wien besucht regelmässig mehrere Prostituirte, nur um ihnen das Gesicht einzuseifen und ihnen dann mit einem Rasirmesser so über das Gesicht zu fahren, als ob er ihnen einen Bart abscheeren wollte. Nunquam puellas laedit, sed haec faciens valde excitatur libidine et sperma eiaculat [1]).

f) Sadismus an beliebigem Object. — Knabengeissler.

Ausser den geschilderten sadistischen Handlungen an weiblichen Individuen kommen solche an beliebigen lebenden und empfindenden Objecten, Kindern und Thieren, vor. Es kann dabei volles Bewusstsein bestehen, dass der grausame Drang eigentlich gegen Weiber gerichtet ist und nur faute de mieux das nächste erreichbare Object (Schüler) misshandelt werden; — es kann aber auch der Zustand des Thäters so beschaffen sein, dass

---

[1]) Leo Taxil op. cit. p. 224 erzählt, dass in den Pariser Lupanaren Instrumente bereit gehalten werden, die Knüttel vorstellen, aber nur luftgefüllte Hülsen sind, dieselben, mit denen sich im Circus die Clowns prügeln. Sadistische Männer verschaffen sich damit die Illusion, Weiber zu prügeln.

der Drang nach grausamen Handlungen allein, von wollüstigen Regungen begleitet, ins Bewusstsein tritt, während dessen eigentliches Object (das die wollüstige Betonung solcher Handlungen erst erklären kann) im Dunklen bleibt.

Die erstere Alternative genügt zur Erklärung in den Fällen, welche Dr. Albert (Friedrich's Blätter f. ger. Med. 1859 p. 77) erzählt, Fälle, in welchen wollüstige Erzieher ihre Zöglinge ohne alle Veranlassung auf den entblössten Podex peitschten.

An die zweite Alternative, den in Bezug auf sein Object unbewussten sadistischen Trieb, müssen wir wohl denken, wenn Knaben beim Anblick der Züchtigung ihrer Altersgenossen sofort sexuell erregt und dadurch in ihrer weiteren Vita sexualis bestimmt werden, so in den folgenden Fällen.

Beobachtung 34. K., 25 Jahre, Kaufmann, wendete sich im Herbst 1889 an mich um Rath wegen einer Anomalie seiner Vita sexualis, welche ihn Siechthum und Versagtbleiben künftigen ehelichen Glückes fürchten lasse.

Pat. stammt aus nervöser Familie, war als Kind zart, schwächlich, nervös, gesund bis auf Morbilli, entwickelte sich später kräftig.

Mit 8 Jahren, in der Schule, war er Zeuge, wie der Lehrer Knaben züchtigte, indem er ihnen den Kopf zwischen die Schenkel nahm und deren Gesäss mit Ruthenstreichen bearbeitete.

Dieser Anblick verursachte Pat. eine wollüstige Erregung. „Ohne eine Ahnung von der Gefährlichkeit und Abscheulichkeit der Onanie" befriedigte er sich durch solche und masturbirte von nun an oft, indem er jeweils das Erinnerungsbild gezüchtigter Knaben sich vergegenwärtigte.

So ging es fort bis zum 20. Jahre. Da erfuhr er von der Bedeutung der Onanie, erschrak heftig, suchte seinen Drang zur Masturbation zu unterdrücken, verfiel aber auf nach seiner Meinung unschädliche und moralisch zu rechtfertigende psychische Onanie, wozu er die erwähnten Erinnerungsbilder flagellirter Knaben benutzte.

Pat. wurde nun neurasthenisch, litt unter Pollutionen, versuchte sich durch Besuch öffentlicher Häuser zu heilen, brachte es aber zu keiner Erection.

Er bestrebte sich nun, zu normalen geschlechtlichen Empfindungen durch geselligen Verkehr mit anständigen Damen zu gelangen, erkannte aber, dass er ganz unempfindlich für die Reize des schönen Geschlechts sei.

Pat. ist ein intelligenter, normal gewachsener, schöngeistig veranlagter Mann. Neigung zu Personen des eigenen Geschlechts besteht nicht.

Mein ärztlicher Rath bestand in Vorschriften zur Bekämpfung der Neurasthenie, der Pollutionen, Verbot psychischer und manueller Onanie, Fernhaltung aller sexuellen Reize, Inaussichtstellung hypnotischer Behandlung behufs successiver Rückerziehung der Vita sexualis zur Norm.

Beobachtung 35. Abortiver Sadismus. N., Stud. Kommt im December 1890 zur Beobachtung. Er treibt seit früher Jugend Onanie. Nach seinen Angaben wurde er geschlechtlich erregt, als er seine Geschwister durch den Vater züchtigen sah, später Mitschüler durch den Lehrer. Als Zuschauer solcher Akte hatte er immer Wollustgefühle. Wann dies zum ersten Male auftrat, weiss er nicht genau zu sagen; etwa mit 6 Jahren sei dies schon der Fall gewesen. Er weiss auch nicht mehr genau, wann er zur Onanie kam; behauptet aber bestimmt, dass sein Sexualtrieb durch Züchtigung Anderer geweckt worden sei und dass er dadurch ganz unbewusst zur Onanie gelangte.

Pat. erinnert sich bestimmt, dass er vom 4.—8. Jahre öfters selbst auf den Podex gezüchtigt worden ist, davon aber nur Schmerz und niemals Wollust empfunden habe.

Da er nicht immer Gelegenheit hatte, Andere züchtigen zu sehen, stellte er sich nun in seiner Phantasie vor, wie Solche gezüchtigt wurden. Das erregte seine Wollust und er onanirte dann. Wo immer er konnte, suchte er es in der Schule so einzurichten, dass er beim Züchtigen Anderer zusehen konnte. Er fühlte ab und zu auch den Wunsch, selbst Andere zu züchtigen. Mit 12 Jahren brachte er einen Kameraden dazu, dass dieser sich von ihm züchtigen liess. Dabei empfand er grosse Wollust. — Als aber der Andere ihn dann en revanche züchtigte, empfand er nur Schmerz.

Der Drang, Andere zu züchtigen, war nie sehr stark. Pat. empfand mehr Befriedigung darin, seine Phantasie in Geisselscenen schwelgen zu lassen. Sonstige sadistische Anwandlungen hatte er nie. Niemals Drang, Blut zu sehen u. dgl.

Bis zum 15. Jahre bestand sein sexueller Genuss in Onanie, im Anschluss an obige Phantasien.

Von da an (Tanzstunde, Umgang mit Mädchen) schwanden die früheren Phantasien fast völlig und waren nur mehr schwach von Wollustgefühlen begleitet, so dass Pat. ganz davon abliess. An die Stelle derselben traten Coitusphantasien in natürlicher, nicht sadistischer Art.

Aus „Gesundheitsrücksichten" coitirte Pat. zum ersten Mal. Er war potent und vom Akt befriedigt. Er suchte nun von Onanie sich zu enthalten, aber es gelang nicht, obwohl er öfter coitirte und dabei mehr Genuss fand, als bei Onanie.

Er möchte von der Onanie, als etwas Unwürdigem loskommen. Schädliche Wirkungen hat er davon nicht bemerkt. Coitirt 1mal monatlich, onanirt aber 1—2mal in jeder Nacht. Er ist jetzt sexuell ganz normal, bis auf die Onanie. Von Neurasthenie ist nichts zu finden. Genitalien normal.

Beobachtung 36. P., 15 Jahre, aus vornehmem Hause, stammt von hysterischer Mutter. Der Bruder und Vater starben im Irrenhause.

Zwei Geschwister starben in Convulsionen im zarten Kindesalter.

P. ist talentirt, brav, ruhig, zeitweilig aber sehr ungehorsam, halsstarrig, jähzornig. Er leidet an Epilepsie, ist Onanist. Eines Tages kam heraus, dass P. den 14jährigen, mittellosen Kameraden B. durch Geld dazu vermochte, sich von ihm in Oberarme, Nates, Oberschenkel kneipen zu lassen. Wenn dann B. weinte, wurde P. aufgeregt, schlug auf B. mit der rechten Hand los, während er mit der linken in seiner linken Hosentasche manipulirte.

P. gestand, dass ihm die Misshandlung des Freundes, den er sonst sehr gern habe, ein besonderes Vergnügen bereitet habe, und dass ihm die Ejaculation, da er während der Misshandlung masturbirte, bedeutend mehr Genuss verschaffe, als wenn er solitär masturbirte. (v. Gyurkovechky, Pathologie und Therapie der männlichen Impotenz, 1889, p. 80.)

Dass in allen diesen Fällen sadistischer Misshandlungen an Knaben nicht etwa an eine Combination von Sadismus mit conträrer Sexualempfindung, wie sie bei conträr Sexualen öfters vorkommt (s. unten), zu denken ist, ergibt sich — abgesehen davon, dass alle positiven Anzeichen dafür fehlen — auch aus der Betrachtung der nächsten Gruppe, wo neben dem Object der Misshandlung — Thiere — die Richtung des Triebes auf das Weib wiederholt deutlich hervortritt.

### g) Sadistische Akte an Thieren.

In zahlreichen Fällen benützen sadistisch perverse Männer, die vor einem Verbrechen am Menschen zurückschrecken, oder denen es überhaupt nur auf den Anblick der Leiden eines empfindenden Wesens ankommt, zur Potenzirung oder Erregung ihrer Wollust den Anblick des Sterbens von Thieren oder die Marterung derselben.

Bezeichnend in dieser Hinsicht ist der von Hofmann in seinem Lehrbuch der gerichtlichen Medicin berichtete Fall eines Mannes in Wien, der sich nach der gerichtlichen Aussage mehrerer Prostituirten vor dem Geschlechtsakt durch Martern und Tödten von Hühnern, Tauben und anderen Vögeln aufzuregen pflegte und deshalb von ihnen den Spitznamen „Hendlherr" erhielt.

Werthvoll für die Bedeutung eines derartigen Falles ist die Beobachtung von Lombroso bezüglich zweier Männer, die, wenn sie Hühner oder Tauben drosselten oder schlachteten, Ejaculationen bekamen.

Derselbe Autor berichtet in seinem „Uomo delinquente" p. 201 von einem bedeutenden Dichter, der beim Anblick des Zerstückens eines geschlachteten Kalbes oder auch beim blossen Gewahrwerden von blutigem Fleisch sexuell mächtig erregt wurde.

Ein entsetzlicher Sport soll nach Mantegazza (op. cit. p. 114) bei entarteten Chinesen darin bestehen, Anseres zu sodomisiren und ihnen tempore ejaculationis den Hals abzusäbeln (!).

Mantegazza (Fisiologia del piacere, 5. ed. p. 394—395) berichtet von einem Mann, der einmal zusah, wie man Hühne abschlachtete, und seit dieser Zeit eine Gier hatte, die warmen, noch dampfenden Eingeweide derselben zu durchwühlen, weil er dabei ein Wollustgefühl empfand.

Die Vita sexualis ist also auch in diesem und in ähnlichen Fällen ab origine so beschaffen, dass der Anblick von Blut, Tödtung etc. wollüstige Gefühle erregt. Ebenso im folgenden Falle:

Beobachtung 37. C. L., 42 Jahre alt, Ingenieur, verheirathet, Vater von 2 Kindern. Stammt aus neuropathischer Familie, Vater jähzornig, Potator, Mutter hysterisch, litt an eclamptischen Anfällen.

Pat. erinnert sich, in seinen Knabenjahren mit Vorliebe der Schlachtung von Hausthieren zugesehen zu haben, insbesondere der von Schweinen. Es kam dabei zu ausgesprochenem Wollustgefühl und zu Ejaculation. Später suchte er Schlachthäuser auf, um sich am Anblick des ausfliessenden Blutes und der Todeszuckungen der Thiere zu ergötzen. Wo er Gelegenheit dazu finden konnte, tödtete er selbst ein Thier, was ihm jedesmal ein vicariirendes Gefühl des Geschlechtsgenusses verschaffte.

Erst um die Zeit der vollen Entwicklung kam er zur Erkenntniss seiner Abnormität. Weibern war Pat. nicht geradezu abgeneigt, aber nähere Berührung mit ihnen schien ihm ein Gräuel. — Auf Anrathen eines Arztes heirathete er mit 25 Jahren eine ihm sympathische Frau, in der Hoffnung, seinen abnormen Zustand los zu werden. Obwohl er seiner Frau sehr zugethan war, konnte er nur selten und nur nach langer Bemühung und Anspannung seiner Phantasie mit ihr den Coitus ausüben. Trotzdem zeugte er 2 Kinder. Im Jahre 1866 machte er den Krieg in Böhmen mit. Seine Briefe von dort an seine Frau waren in einem exaltirt enthusiastischen Tone geschrieben. Seit der Schlacht von Königgrätz ist er verschollen.

War die Fähigkeit zum normalen Beischlafe in diesem Falle durch das Ueberwiegen der perversen Vorstellungen sehr beeinträchtigt, so erscheint sie im folgenden Falle gänzlich unterdrückt.

**Beobachtung 38.** (Dr. Pascal, Igiene dell' amore.) Ein Herr erschien bei Prostituirten, liess von ihnen lebendes Geflügel oder ein Kaninchen kaufen und verlangte, dass die Person das Thier martere. Er hatte es abgesehen auf Köpfen, Augenausreissen, Ausreissen der Eingeweide. Fand er eine Puella, die sich zu derlei herbeiliess und recht grausam vorging, so war er entzückt, zahlte und ging, ohne von der Person etwas weiter zu verlangen oder sie zu berühren, seiner Wege.

Aus den beiden letzten Abschnitten f) und g) ergibt sich, dass das Leiden eines jeden empfindenden Wesens für sadistisch veranlagte Naturen zur Quelle eines perversen sexuellen Genusses werden kann, dass es einen Sadismus an beliebigem Object gibt.

Es wäre jedoch durchaus falsch und übertrieben, überall da, wo ausserordentliche, überraschende Grausamkeit sich findet, diese aus sadistischer Perversion erklären zu wollen, und, wie es hie und da geschieht, in den zahllosen Gräueln der Geschichte oder auch in gewissen massenpsychologischen Erscheinungen der Gegenwart den Sadismus als Motiv vorauszusetzen.

Grausamkeit fliesst ja aus verschiedenen Quellen und ist dem primitiven Menschen natürlich. Mitleid ist dem gegenüber die secundäre Erscheinung und spät erworbene Empfindung. Der Kampf- und Vernichtungstrieb, der für die prähistorischen Zustände eine so werthvolle Ausrüstung war, wirkt noch lange nach und erhält durch Culturbegriffe wie „der Verbrecher" noch neue Objecte, während sein ursprüngliches Object „der Feind" noch da ist. Dass nicht die blosse Tödtung, sondern die Marter des Unterlegenen verlangt wird, erklärt sich theils aus dem Machtgefühl, das sich auf diesem Wege befriedigt, theils aus der Masslosigkeit des Vergeltungstriebes. So lassen sich alle Gräuel und alle historischen Ungeheuer erklären, ohne auf den Sadismus zu recurriren (der ja öfters im Spiele gewesen sein mag, aber als relativ seltene Perversion nicht vorausgesetzt werden darf).

Daneben ist noch ein starkes psychisches Element zu berücksichtigen, welches namentlich die Anziehungskraft erklärt, die heute noch Hinrichtungen u. dgl. ausüben; das ist die Lust am starken und ungewöhnlichen Eindruck überhaupt, am seltenen Schauspiel, der gegenüber das Mitleid in rohen oder abgestumpften Naturen schweigt.

Es gibt aber unzweifelhaft sehr viele Individuen, auf die, trotz oder gerade vermittelst ihres lebhaften Mitleidens, Alles, was mit Tod und Qualen zusammenhängt, eine geheimnissvolle Anziehungskraft hat, die innerlich widerstrebend und doch einem dunklen Drange folgend, sich mit solchen Dingen oder wenigstens Bildern und Berichten davon zu beschäftigen trachten. Auch dies ist noch nicht Sadismus, so lange dabei kein sexuelles Element ins Bewusstsein tritt, obwohl möglicher Weise dunkle Fäden im Unbewussten solche Erscheinungen mit einem verborgenen Untergrund des Sadismus verbinden mögen.

### h) Sadismus des Weibes.

Dass Sadismus — eine, wie wir gesehen haben, beim Manne häufige Perversion — beim Weibe weit seltener vorkommt, ist leicht erklärlich. Einmal stellt der Sadismus, in welchem das Bedürfniss nach Unterwerfung des anderen Geschlechts ein constituirendes Element bildet, seiner Natur nach eine pathologische Steigerung des männlichen Geschlechtscharakters dar, zweitens sind die mächtigen Hindernisse, die sich der Aeusserung des monströsen Triebes entgegenstellen, begreiflicher Weise für das Weib noch grösser als für den Mann.

Gleichwohl kommt Sadismus des Weibes vor und lässt sich recht wohl aus dem ersten constitutiven Element des Sadismus, der allgemeinen Uebererregung der motorischen Sphäre, allein erklären.

Wissenschaftlich beobachtet sind bis jetzt nur zwei Fälle.

Beobachtung 39. Ein verheiratheter Mann stellt sich mit zahlreichen Schnittnarben an den Armen vor. Er gibt über den Ursprung derselben Folgendes an: Wenn er sich seiner jungen, etwas "nervösen" Frau nähern wolle, müsse er sich erst einen Schnitt am Arme beibringen. Sie sauge dann an der Wunde, worauf sich bei ihr eine hochgradige sexuelle Erregung einstelle.

Dieser Fall erinnert an die überall verbreitete Vampyrsage, deren Entstehung vielleicht auf sadistische Thatsachen zurückzuführen ist [1]).

In einem zweiten Falle von Sadismus des Weibes, den ich Herrn Dr. Moll in Berlin verdanke, liegt neben der perversen Richtung des Triebes, wie so oft, Anästhesie gegenüber den normalen Vorgängen des Geschlechtslebens vor, auch treten hier gleichzeitig Spuren von Masochismus (s. unten) auf.

Beobachtung 40. Frau H. in H., 26 Jahre alt, stammt aus einer Familie, in der sich Nervenkrankheiten oder psychische Störungen angeblich nicht finden; hingegen bietet Patientin selbst Zeichen von Hysterie und Neurasthenie. Obwohl 8 Jahre verheirathet und Mutter eines Kindes, hatte Frau H. niemals das Verlangen, den Coitus auszuführen. Als junges Mädchen streng

---

[1]) Die Sage ist besonders auf der Balkanhalbinsel weit verbreitet. Bei den Neugriechen geht sie auf die antike Mythe von den Lamien und Mormolyken — blutsaugende Weiber — zurück. Diesen Stoff hat Goethe in seiner "Braut von Korinth" bearbeitet. Die auf Vampyrismus bezüglichen Verse: "saugen deines Herzens Blut" etc. sind erst durch Vergleich der antiken Quellen ganz verständlich.

sittlich erzogen, blieb sie bis zur Verheirathung in fast naiver Unkenntniss der sexuellen Vorgänge. Sie ist seit dem 15. Lebensjahr regelmässig menstruirt. Eine wesentliche Abnormität an den Genitalien scheint nicht vorhanden zu sein. Der Coitus ist der Patientin nicht nur kein Vergnügen, sondern geradezu ein unangenehmer Akt; der Abscheu davor hat immer mehr zugenommen. Es ist der Patientin durchaus unklar, wie man einen solchen Akt als höchsten Genuss der Liebe bezeichnen kann, die ihr etwas bei weitem Höheres sei, das nicht mit solchem Triebe zusammenhänge. Dabei sei erwähnt, dass die Patientin ihren Mann ernstlich liebt. Sie hat auch am Küssen desselben einen entschiedenen Genuss, den sie aber nicht genauer beschreiben kann. Dass aber die Genitalien irgend etwas mit Liebe zu thun hätten, kann ihr nicht einleuchten. Frau H. ist übrigens eine entschieden verständige Frau mit weiblichem Wesen.

Si oscula dat conjugi, magnum voluptatem percipit in mordendo eum. Gratissimum ei esset conjugem mordere eo modo ut sanguis fluat. Contenta esset, si loco coitus morderetur a conjuge ipsaeque eum mordere liceret. Tamen eam poeniteret, si morsu magnum dolorem faceret (Dr. Moll).

In der Geschichte finden sich Beispiele von zum Theil illustren Frauen, deren Herrschsucht, Wollust und Grausamkeit die Annahme einer sadistischen Perversion dieser Messalinen nahe legt. Hierher gehört Valeria Messalina selbst, Katharina von Medici, die Anstifterin der Bartholomäusnacht, deren Hauptvergnügen es war, ihre Hofdamen vor ihren Augen mit Ruthen streichen zu lassen, u. A. Vergl. jedoch oben p. 77 [1]).

### 2) Verbindung erduldeter Grausamkeit und Gewaltthätigkeit mit Wollust. — Masochismus [2]).

Das Gegenstück des Sadismus ist der Masochismus. Während jener Schmerzen zufügen und Gewalt ausüben will, geht dieser darauf aus, Schmerzen zu leiden und sich der Gewalt unterworfen zu fühlen.

---

[1]) Ein grässliches Gemälde eines erdachten vollkommenen weiblichen Sadismus bietet der geniale, aber zweifellos geistig nicht normale Heinrich von Kleist in seiner „Penthesilea".

In seiner Penthesilea (22. Auftritt) schildert Kleist seine Heldin, wie sie, von wollüstig-mordlustiger Raserei ergriffen, den in ihre Hände gelockten, in Liebesbrunst bisher verfolgten Achilles in Stücke reisst, ihre Meute auf ihn hetzt.

„Sie schlägt, die Rüstung ihm vom Leibe reissend, den Zahn schlägt sie in seine weisse Brust, sie und die Hunde, die wetteifernden, Oxus und Sphinx den Zahn in seine rechte, in seine linke sie; als ich erschien, troff Blut von Mund und Händen ihr herab", und später, als Penthesilea ernüchtert ist:

„Küsst' ich ihn todt? — Nicht — küsst' ich ihn nicht? Zerrissen wirklich? — So war das ein Versehen; Küsse, Bisse, das reimt sich, und wer recht von Herzen liebt, kann schon das Eine für das Andre greifen."

In der neuesten Literatur findet sich ein weiblicher Sadismus geschildert, vor Allem in den weiter unten zu besprechenden Romanen Sacher-Masoch's, dann in Ernst von Wildenbruch's „Brunhilde", Rachilde's „La Marquise de Sade" etc.

[2]) So genannt nach dem Schriftsteller Sacher-Masoch, in Anerkennung der Thatsache, dass dessen Romane und Novellen die ersten Darstellungen dieser Per-

Unter Masochismus verstehe ich eine eigenthümliche Perversion der psychischen Vita sexualis, welche darin besteht, dass das von derselben ergriffene Individuum in seinem geschlechtlichen Fühlen und Denken von der Vorstellung beherrscht wird, dem Willen einer Person des anderen Geschlechtes vollkommen und unbedingt unterworfen zu sein, von dieser Person herrisch behandelt, gedemüthigt und misshandelt zu werden. Diese Vorstellung wird mit Wollust betont; der davon Ergriffene schwelgt in Phantasien, in welchen er sich Situationen dieser Art ausmalt; er trachtet oft nach einer Verwirklichung derselben und wird durch diese Perversion seines Geschlechtstriebs nicht selten für die normalen Reize des anderen Geschlechts mehr oder weniger unempfänglich, zu einer normalen Vita sexualis unfähig — psychisch impotent. Diese psychische Impotenz beruht dann aber durchaus nicht etwa auf einem horror sexus alterius, sondern nur darauf, dass dem perversen Trieb eine andere Befriedigung als die normale, zwar auch durch das Weib, aber nicht durch den Coitus, adäquat ist.

Es kommen aber auch Fälle vor, in welchen, neben der perversen Richtung des Triebs, die Empfänglichkeit für normale Reize noch leidlich erhalten ist und nebenher ein geschlechtlicher Verkehr unter normalen Bedingungen stattfindet. In anderen Fällen wieder ist die Impotenz eine nicht rein psychische, sondern eine physische, i. e. spinale, da diese Perversion, wie fast alle anderen Perversionen des Geschlechtstriebs, nur auf dem Boden einer psychopathischen, meistens einer belasteten Individualität sich zu entwickeln pflegt, und solche Individuen in der Regel sich masslosen Excessen, besonders masturbatorischen von früher Jugend an hinzugeben pflegen, zu welchen sie die Schwierigkeit, ihre Phantasien zu verwirklichen, immer wieder hindrängt.

Die Zahl der bis jetzt beobachteten Fälle von unzweifelhaftem Masochismus ist bereits eine recht grosse. Ob Masochismus neben einem normalen Geschlechtsleben vorkommt oder das Individuum ausschliesslich beherrscht, ob und inwieweit der von dieser Perversion Ergriffene eine Verwirklichung seiner seltsamen Phantasien anstrebt oder nicht, ob er seine Potenz dabei mehr oder weniger eingebüsst hat oder nicht — das Alles hängt nur vom Grade der Intensität der im einzelnen Falle vorhandenen Perversion und von der Stärke der ethischen und ästhetischen Gegenmotive, sowie von der relativen Rüstigkeit der physischen und psychischen Organisation des Ergriffenen ab. Das für den Standpunkt der Psychopathie Wesentliche und das Gemeinsame aller dieser Fälle ist: die Richtung des Geschlechtstriebs auf den Vorstellungskreis

---

version enthalten, den Verf. zu Forschungen auf ihrem Gebiet anregten und analog der wissenschaftlichen Wortbildung „Daltonismus" (nach Dalton, dem Entdecker der Farbenblindheit).

der Unterwerfung unter und Misshandlung durch das andere Geschlecht.

Was oben vom Sadismus bezüglich des impulsiven Charakters (Verdunklung der Motivation) der aus ihm fliessenden Handlungen, und bezüglich des durchaus originären Charakters der Perversion gesagt wurde, gilt auch vom Masochismus.

Auch beim Masochismus findet sich eine Abstufung der Akte von den widerlichsten und monströsesten Handlungen bis zu einfach läppischen herab, je nach dem Grade der Intensität des perversen Triebes und der restlichen Kraft der moralischen und ästhetischen Gegenmotive. Den äussersten Consequenzen des Masochismus wirkt aber auch der Selbsterhaltungstrieb entgegen, und deshalb finden Mord und schwere Verletzung, die im sadistischen Affecte begangen werden können, hier, soweit bis jetzt bekannt, kein passives Gegenstück in der Wirklichkeit. Wohl aber können die perversen Wünsche masochistischer Individuen in innerlichen Phantasien bis zu diesen äussersten Consequenzen fortschreiten (s. unten Beobachtung 50).

Auch die Akte, denen die Masochisten sich hingeben, werden von Einigen in Verbindung mit dem Coitus ausgeführt, resp. präparatorisch verwendet, von Anderen zum Ersatze des unmöglichen Coitus. Auch hier hängt dies nur vom Zustande der meist physisch oder psychisch, durch die perverse Richtung der sexuellen Vorstellungen beeinträchtigten Potenz ab und betrifft nicht das Wesen der Sache.

### a) Aufsuchen von Misshandlungen und Demüthigungen zum Zweck sexueller Befriedigung.

Die folgende ausführliche Selbstbiographie eines Masochisten gibt eine erschöpfende Darstellung eines typischen Falles dieser seltsamen Perversion.

Beobachtung 41. Ich stamme aus einer neuropathischen Familie, in welcher neben allerlei Sonderbarkeiten des Charakters und der Lebensführung auch mehrfache Abnormitäten in sexueller Beziehung vorkommen.

Meine Phantasie war von jeher ungemein lebhaft und sehr früh auf sexuelle Dinge gerichtet. Dabei war ich, soweit ich mich zurückerinnern kann, lange vor dem Eintritt der Pubertät (i. e. der Ejaculation) der Onanie sehr stark ergeben. Meine Gedanken waren schon damals in stundenlangem Brüten auf den Verkehr mit dem weiblichen Geschlecht gerichtet. Aber die Beziehungen, in die ich mich dabei zum anderen Geschlecht setzte, waren ganz seltsamer Art. Ich stellte mir nämlich vor, dass ich in der Gefangenschaft, in der unumschränkten Macht einer Frau sei, und dass diese Frau ihre Macht dazu benütze, mich auf jede mögliche Weise zu quälen und zu misshandeln. Dabei spielten namentlich Schläge und Hiebe in meiner Phantasie eine grosse Rolle, aber auch noch eine ganze Reihe anderer Handlungen und Situationen, welche alle ein Verhältniss der Knechtschaft und Unterwerfung ausdrückten. Ich sah mich vor meinem Ideal stets auf den Knieen liegen, wurde mit Füssen getreten, mit Ketten beladen und in Kerker gesperrt. Schwere Leiden aller Art wurden mir zur Probe meines Gehorsams und zur Belustigung meiner Herrin auferlegt. Je ärger ich gedemüthigt und misshandelt wurde, desto mehr schwelgte ich in diesen Vorstellungen. (Daneben entstand bei mir eine grosse Vorliebe für Sammt und für Pelzwerk, die ich immer zu berühren und zu streicheln trachtete, und die in mir gleichfalls Erregungen geschlechtlicher Natur hervorriefen.)

Ich erinnere mich deutlich, als Kind mehrere wirkliche Züchtigungen, auch von weiblicher Hand, erhalten zu haben. Niemals war damit eine andere Empfindung als Schmerz und Scham verbunden; nie ist es mir eingefallen, solche Wirklichkeiten mit meinen Phantasien in Zusammenhang zu bringen. Die Absicht, mich gerecht zu strafen und mich zu bessern, erschütterte mich schmerzlich, während ich mit meinen Phantasiegebilden eine Absicht meiner „Herrin" voraussetzte, sich an meinen Leiden und Demüthigungen zu weiden, die mich entzückte. Ebensowenig habe ich je die Leitung und die Befehle weiblicher Personen, die mich in diesen Kinderjahren zu beaufsichtigen hatten, zu meinen Phantasien in Beziehung gebracht. Es war mir früh gelungen, die Wahrheit über die normale Beziehung der Geschlechter aus Büchern zu erfahren; aber diese Entdeckung liess mich vollkommen kalt. Die Vorstellung sinnlicher Genüsse blieb an die Bilder geknüpft, mit denen sie vom Anfang an verbunden war. Ich hatte zwar auch den Wunsch, weibliche Geschöpfe zu betasten, zu umarmen und zu küssen; die höchsten Freuden erwartete ich aber nur von ihren Misshandlungen und von solchen Situationen, in denen sie mich ihre Macht fühlen liessen. Ich hatte bald das Bewusstsein, anders zu sein als andere Menschen, und war am liebsten allein, um meinen Träumen nachzuhängen. Wirkliche Mädchen und Frauen interessirten mich in meinen Knabenjahren nur wenig, da ich gar keine Möglichkeit sah, sie in der von mir gewünschten Weise in Thätigkeit treten zu sehen. Auf einsamen Wegen im Walde geisselte ich mich mit von Bäumen herabgefallenen Zweigen und liess meine Einbildungskraft dabei in gewohntem Sinne spielen. Im Anblick von Bildern gebieterischer Frauengestalten schwelgte ich, namentlich dann, wenn sie, z. B. als Königinnen, einen Pelz trugen. In allerlei Lectüre suchte ich Beziehungen zu meinen Lieblingsvorstellungen. Rousseau's confessions, die mir damals in die Hände fielen, boten mir eine grosse Entdeckung. Ich fand einen Zustand geschildert, der in wesentlichen Punkten dem meinigen glich. Noch mehr erstaunte ich über die Uebereinstimmung mit meinen Ideen, als ich Sacher-Masoch's Schriften kennen lernte. Ich verschlang sie alle mit Begierde, obwohl die blutrünstigen Scenen oft weit über meine Phantasien hinausgingen und dann meinen Abscheu erregten. Dabei war mir die Wirklichkeit auch nach eingetretener Pubertät noch immer gleichgültig. In Gegenwart eines weiblichen Wesens war mir jede sinnliche Regung fremd, höchstens kam beim Anblick eines weiblichen Fusses mir flüchtig der Wunsch, von ihm getreten zu werden.

Diese Gleichgültigkeit bezog sich indessen nur auf das rein sinnliche Gebiet. Während meiner späteren Knaben- und ersten Jünglingsjahre erfasste mich oft eine schwärmerische Neigung für junge Mädchen meiner Bekanntschaft, mit allen oft geschilderten Extravaganzen dieser jugendlichen Regungen. Dabei aber fiel mir niemals ein, die Welt meiner sinnlichen Gedanken mit diesen reinen Idealen in Beziehung zu setzen. Ich hatte eine solche Gedankenverbindung nicht einmal zurückzuweisen; sie tauchte gar nicht auf. Das ist um so merkwürdiger, als mir meine wollüstigen Phantasien wohl sehr seltsam und unrealisirbar, aber durchaus nicht schmutzig und verwerflich erschienen. Auch diese waren für mich eine Art von Poesie; es blieben aber zwei getrennte Welten: Dort war mein Herz oder vielmehr meine ästhetisch angeregte Phantasie, hier meine sinnlich entzündete Einbildungskraft. Während meine

„erhabenen" Gefühle immer ein bestimmtes junges Mädchen zum Gegenstande hatten, sah ich mich zu anderen Stunden zu den Füssen einer reifen Frau, die mich, wie oben geschildert, behandelte. Diese Rolle theilte ich jedoch niemals einer mir bekannten Dame zu. Auch in den Träumen meines Schlafs erschienen die beiden Kreise erotischer Vorstellungen mit einander abwechselnd, aber nie verschmelzend. Nur die Bilder des sinnlichen Kreises riefen Pollutionen hervor.

In meinem 19. Jahre liess ich mich von Freunden, innerlich widerstrebend, aber von Neugier getrieben, zu Prostituirten führen. Ich empfand aber dort nichts als Widerwillen und Abscheu und lief so bald als möglich davon, ohne auch nur die mindeste sinnliche Regung empfunden zu haben. — Später wiederholte ich den Versuch aus eigener Initiative, um mich zu überzeugen, ob ich geschlechtlich leistungsfähig sei, da ich über den ersten ganz unerwarteten Misserfolg sehr betrübt war. Das Resultat war immer dasselbe: Ich empfand keine Spur von Erregung und hatte nicht die mindeste Erection. Es war mir zunächst nicht möglich, ein wirkliches Weib als Gegenstand sinnlicher Befriedigung zu betrachten. Ferner konnte ich nicht auf die Umstände und Situationen verzichten, die für mich die Hauptsache in sexualibus ausmachten, und von denen ich doch um keinen Preis ein Wort gesagt hätte. Die Immissio penis, die ich vornehmen sollte, erschien mir als ein ganz unsinniger und schmutziger Akt. Erst in zweiter Reihe traten zu diesen Umständen mein Widerwille gegen gemeine Frauenzimmer und die Furcht vor Ansteckung.

In der Einsamkeit ging indessen mein geschlechtliches Leben in der alten Weise fort. So oft meine alten Phantasiebilder auftauchten, traten kräftige Erectionen ein und ich provocirte fast täglich Ejaculationen. Ich begann an allerlei nervösen Zuständen zu leiden und hielt mich jetzt für impotent, trotz der kräftigen Erectionen und der heftigen Begierde, wenn ich allein war. Trotzdem setzte ich meine Experimente mit Prostituirten in Zwischenräumen fort. Mit der Zeit streifte ich meine Schüchternheit und theilweise den Widerwillen gegen das Berühren des Gemeinen ab.

Meine Phantasien genügten mir nicht mehr ganz. Ich ging jetzt häufiger zu Prostituirten und liess mich von ihnen nach misslungenen Coitusversuchen onanisiren. Ich meinte dabei vorher immer ein reelleres Vergnügen zu finden, als bei meinen Gedankenschwelgereien, fand aber ein geringeres. Wenn das Weib sich auszog, folgte mein Interesse den Kleidern. Die leeren Gewänder haben mich nie stark angezogen, doch mehr als das nackte Weib. Der eigentliche Gegenstand meines Interesses war das bekleidete Weib. Dabei spielten Sammt und Pelz die erste Rolle, aber auch jeder andere Gegenstand der Bekleidung zog mich an und namentlich die Gestalt, wie sie durch Schnürung der Taille, Bauschen der Röcke etc. bestimmt wurde. Am nackten Körper hatte ich kaum je ein anderes Interesse als bestenfalls ein ästhetisches. Ein sehr grosses Interesse hatte ich von jeher für weibliche Schuhe, und namentlich für Stiefletten mit hohen Absätzen, immer verbunden mit der Vorstellung, getreten zu werden oder den Fuss huldigend zu küssen etc.

Ich überwand schliesslich auch meine letzte Scheu und liess mich eines Tages, um meine Träume zu realisiren, von einer Prostituirten flagelliren, treten etc. Der Effect war eine grosse Enttäuschung. Was da mir mir geschah, war für meine Empfindung roh, widerlich abstossend und lächerlich zugleich. Die Schläge verursachten mir nur Schmerz, die sonstige Situation Widerwillen und Beschämung. Trotzdem erzwang ich mechanisch eine Ejaculation, wobei ich mit Hülfe meiner Phantasie die wirkliche Situation in die von mir ersehnte umdichtete. Diese — die eigentlich erwünschte Situation — unterschied sich von der herbeigeführten wesentlich dadurch, dass ich mir ein Weib vorstellte, das mir die Misshandlung mit derselben Lust geben sollte, als ich sie von ihr empfangen wollte.

Auf der Voraussetzung einer solchen Gesinnung des Weibes, eines tyrannischen, grausamen Weibes, dem ich mich unterwerfen wollte, waren alle meine sexuellen Phantasien aufgebaut. Die Handlung, die das Verhältniss ausdrückte, war mir nebensächlich. Mir wurde jetzt erst, nach dem ersten Versuch einer unmöglichen Verwirklichung, ganz klar, worauf mein Sehnen eigentlich gerichtet war. Ich hatte freilich in meinen wollüstigen Träumen sehr oft von allen Misshandlungsvorstellungen abstrahirt, und nur ein gebieterisches Weib und etwa eine imperative Geberde, ein befehlendes Wort, einen Kuss auf ihren Fuss oder dergleichen vorgestellt; aber jetzt erst kam mir völlig zum Bewusstsein, was mich eigentlich anzog, und dass die Flagellation nur das stärkste Ausdrucksmittel der ersehnten Situation war, an und für sich aber werthlos oder vielmehr unlusterregend, selbst schmerzlich und widerlich.

Trotz dieser Enttäuschung gab ich die Versuche, meine erotischen Vorstellungen in die Wirklichkeit zu übertragen, nicht auf, nachdem der erste Schritt gethan war. Ich vertraute darauf, dass meine Phantasie, wenn einmal an die neue Wirklichkeit gewöhnt, in ihr Nahrung zu stärkeren Leistungen finden werde. Ich suchte zu meinem Zwecke möglichst geeignete Weiber und instruirte sie sorgfältig zu einer complicirten Comödie. Dabei erfuhr ich auch gelegentlich, dass mir der Weg von gleichgesinnten Vorgängern vorbereitet war. Der Werth dieser Comödien für die Wirkung meiner Phantasiebilder auf meine Sinnlichkeit blieb problematisch. Was mir diese Handlungen und Geberden leisteten, um mir Nebenumstände der erwünschten Situation lebhafter vorzustellen, das nahmen sie mir oft an der Hauptsache wieder weg, die meine Phantasie allein — ohne das Bewusstsein einer bestellten groben Täuschung — leichter vor mich hinzaubern konnte. Die körperliche Empfindung unter den mannigfaltigen Misshandlungen war abwechselnd. Je besser die Selbsttäuschung gelang, desto mehr wurde der Schmerz als Lust empfunden.

Oder vielmehr: die Misshandlung wurde dann vom Bewusstsein als symbolischer Akt aufgefasst. Daraus entstand die Illusion der ersehnten Situation, die zunächst von lebhafter psychischer Lustempfindung begleitet war. So wurde die Perception der Schmerzqualität der Misshandlung mitunter aufgehoben. Aehnlich, aber einfacher, weil ganz auf psychischem Gebiet, war der Vorgang bei den moralischen Misshandlungen, den Demüthigungen, denen ich mich unterwarf. Auch diese wurden mit Lust betont, wenn die Selbsttäuschung eben gelang. Sie gelang aber selten gut, und nie vollkommen. Es blieb immer ein störendes Element im Bewusstsein. Deshalb kehrte ich dazwischen immer wieder zur einsamen Onanie zurück. Uebrigens war auch im andern Falle der Schluss des ganzen Aktes gewöhnlich eine durch Onanie provocirte Ejaculation, manchmal eine solche ohne mechanische Nachhülfe.

So trieb ich es eine ganze Reihe von Jahren bei abnehmender Potenz, aber wenig verminderter Begierde und ungeschwächter Gewalt meiner seltsamen geschlechtlichen Vorstellung über mich. Und so ist der Zustand meiner Vita sexualis auch noch in der Gegenwart. Der Coitus, den ich nie zu Stande gebracht habe, erscheint meiner Vorstellung noch immer wie einer jener seltsamen und unsauberen Akte, die ich aus den Darstellungen geschlechtlicher Verirrungen kenne. Meine eigenen geschlechtlichen Vorstellungen erscheinen mir natürlich nur albern und beleidigen meinen sonst empfindlichen Geschmack nicht im Mindesten. Ihre Verwirklichung lässt mich freilich, wie oben dargestellt ist, aus verschiedenen Gründen ziemlich unbefriedigt. Eine directe, eigentliche Verwirklichung meiner geschlechtlichen Phantasie habe ich niemals, auch nicht andeutungsweise erreicht. So oft ich zu weiblichen Wesen in nähere Beziehung getreten bin, habe ich den Willen des Weibes dem meinigen unterworfen gefühlt, nie umgekehrt. Einem Weibe, das Herrschgelüste innerhalb der geschlechtlichen Beziehungen manifestirt, bin ich niemals begegnet. Frauen, die im Hause regieren wollen, und sogenanntes Pantoffelheldenthum sind etwas von meinen erotischen Vorstellungen ganz Verschiedenes. Ausser der Perversion meiner Vita sexualis bietet meine Gesammtpersönlichkeit noch viel Abnormes, meine neuropathische Anlage kommt in zahlreichen Symptomen auf psychischem und physischem Gebiete zum Ausdruck. Daneben glaube ich an mir originäre Abnormitäten des Charakters im Sinne einer Annäherung an den weiblichen Typus, constatiren zu können. Wenigstens fasse ich in diesem Sinne meine hochgradige Willensschwäche auf und einen auffallenden Mangel an Muth gegenüber Menschen und Thieren, die mit meiner Kaltblütigkeit gegenüber Elementarereignissen contrastirt. Meine äussere Erscheinung ist durchaus männlich.

Der Verfasser dieser Autobiographie machte mir ferner noch folgende Mittheilungen:

„Es war stets mein eifriges Bestreben, zu erfahren, ob die seltsamen Vorstellungen, welche mich in geschlechtlicher Beziehung beherrschen, auch bei anderen Männern vorkommen, und seit den ersten Mittheilungen hierüber, die mir zufällig zu Ohren kamen, habe ich vielfach darnach geforscht. Freilich ist, da es sich hier eigentlich um einen Vorgang im Innern der Vorstellungswelt handelt, die Constatirung nicht leicht und nicht überall sicher. Ich nehme Masochismus da an, wo ich perverse Handlungen im sexuellen Verkehr finde, die ich nicht anders als durch diese dominirende Idee erklären kann. Ich halte diese Anomalie für eine sehr verbreitete.

Von einer ganzen Reihe von Prostituirten hier in Berlin und in Paris, Wien etc. habe ich Berichte hierüber gehört und so erfahren, wie zahlreich meine Leidensgenossen sind. Immer gebrauche ich die Vorsicht, nicht etwa selbst Geschichten zu erzählen und zu fragen, ob diese ihnen vorgekommen sind, sondern ich liess diese Personen ihre Erlebnisse pêle-mêle erzählen.

Einfache Flagellation ist so verbreitet, dass fast jede Prostituirte darauf eingerichtet ist. Aber auch Fälle von unzweifelhaftem Masochismus sind äusserst häufig. Die von dieser Perversion beherrschten Männer unterwerfen sich den raffinirtesten Qualen. Dabei führen sie mit den dazu abgerichteten Prostituirten stets dieselbe Scene auf: demüthiges Niederwerfen des Mannes, Fusstritte, Befehle, eingelernte drohende und beschimpfende Reden, dann Flagellation, Schläge auf die verschiedensten Körpertheile und alle möglichen Misshandlungen, Blutigstechen mit Nadeln u. dgl. Die Scene endet manchmal mit dem Coitus, öfter mit Ejaculation ohne solchen. Zweimal haben mir solche Prostituirte schwere Eisenketten mit Handschellen, welche ihre Kunden anfertigen und sich anlegen liessen, dann die getrockneten Erbsen, auf welche sie knieen, mit Nadeln gespickte Sitze, auf welche sie sich auf Befehl des Weibes setzen müssen, und dergleichen mehr gezeigt. Manches Mal begehrt der perverse Mann, dass das Weib seinen Penis schmerzhaft zusammenschnürt, mit Nadeln sticht, mit einer Klinge Einschnitte in ihn macht oder ihn mit einem Holzstück schlägt. Selbst die Procedur des Henkens wird nachgeahmt und eben rechtzeitig unterbrochen. Andere wieder lassen sich mit der Spitze eines Messers oder Dolches leicht ritzen, dabei aber muss das Weib sie mit dem Tode bedrohen.

Bei allen diesen Dingen ist die Symbolik des Unterwerfungsverhältnisses Hauptsache. Das Weib wird gewöhnlich ‚Herrin' genannt, der Mann ‚Sklave'. Bei all diesen Comödien mit Prostituirten, die normalen Menschen als ekelhafter Wahnsinn erscheinen müssen, handelt es sich dem Masochisten um ein kümmerliches Surrogat. Ob es eine Verwirklichung masochistischer Träume in einem Liebesverhältnis gibt, weiss ich nicht.

Wenn die Sache vorkommt, so ist sie jedenfalls äusserst selten, weil die Geschmacksrichtung beim Weibe (Sadismus des Weibes, wie ihn Sacher-Masoch schildert) sehr selten zu finden sein dürfte und der Aeusserung sexueller Abnormitäten beim Weibe obendrein noch grössere Hindernisse der Scham etc. entgegenstehen als beim Manne. Ich selbst habe niemals das leiseste Anzeichen eines Entgegenkommens dieser Art bemerkt und keinen Versuch einer wirklichen Realisirung meiner Phantasien machen können. Einmal hat mir ein Mann seine masochistische Perversion anvertraut und behauptet, sein Ideal gefunden zu haben."

Dem obigen Falle der Beobachtung 41 ähnlich sind die beiden folgenden Fälle.

Beobachtung 42. Herr Z., 29 Jahre, Techniker, kommt wegen vermeintlicher Tabes in die Sprechstunde. Vater war nervös und starb tabisch. Vaters Schwester war irrsinnig. Mehrere Verwandte sind hochgradig nervös und sonderbare Leute.

Pat. erweist sich bei näherer Untersuchung als sexual, spinal und cerebral asthenisch. Er bietet keine anamnestischen noch gegenwärtigen Symptome im Sinne einer Tabes dorsalis. Die naheliegende Frage nach Missbrauch der Genitalorgane wird im Sinne der seit der Jugend geübten Masturbation beantwortet. Im Lauf der Exploration ergaben sich folgende interessante psychosexuale Anomalien.

Mit 5 Jahren erwachte die Vita sexualis im Sinne von wollüstig empfundenem Drang, sich selbst zu geisseln, zugleich mit dem Gelüste, der Flagellation durch Andere theilhaftig zu werden. An bestimmte, geschlechtlich differenzirte Individuen dachte Patient dabei nicht. Faute de mieux trieb er Autoflagellation und erzielte im Laufe der Jahre Ejaculation.

Schon lange vorher hatte er durch Masturbation sich zu befriedigen angefangen, wobei ihm jeweils Flagellationssituationen vorschwebten.

Herangewachsen, suchte er zweimal ein Lupanar auf, um daselbst von Meretrices geisselt zu werden. Er suchte sich zu diesem Zweck das schönste Mädchen aus, aber er war enttäuscht, brachte es nicht zur Erection, geschweige zur Ejaculation.

Er erkannte, dass das Geisseln Nebensache, die Hauptsache die Idee des Unterworfenseins unter den Willen des Weibes sei. Dazu gelangte er das erste Mal nicht, wohl aber das zweite Mal. Weil er im „Gedanken der Unterwerfung" war, hatte er vollen Erfolg.

Mit der Zeit erzielte er unter Anstrengung seiner Phantasie im Sinne masochistischer Vorstellungen sogar Coitus, auch ohne Flagellation, aber er empfand davon wenig Befriedigung, so dass er es vorzog, auf masochistische Weise sexuell zu verkehren. Im Sinne seiner originären Flagellationsgelüste fand er an masochistischen Scenen nur Gefallen, wenn er ad podicem flagellirt wurde oder sich wenigstens eine solche Situation phantastisch hinzudichtete. In Zeiten hoher Erregbarkeit genügte es ihm sogar, einem schönen Mädchen solche Scenen erzählen zu dürfen. Er gerieth dadurch in Orgasmus und gelangte meist zur Ejaculation.

Früh gesellte sich dazu eine höchst wirksame fetischistische Vorstellung. Er merkte, dass ihn nur solche Weiber fesselten und befriedigten, die hohe Stiefel und kurzen Rock („ungarische Tracht") trugen. Wie er zu dieser fetischistischen Vorstellung gelangt ist, weiss er nicht anzugeben. Auch an Knaben reize ihn das mit hohem Stiefel bekleidete Bein, aber dieser Reiz sei rein ästhetisch, ohne jegliche sinnliche Betonung, wie er überhaupt nie homosexuale Empfindungen an sich wahrgenommen haben will. Seinen Fetischismus begründet Pat. mit einer Vorliebe für Waden. Es reize ihn aber nur die in einem eleganten Stiefel steckende Damenwade. Nackte Waden, überhaupt feminile Nuditäten üben auf ihn nicht den geringsten sexuellen

Reiz aus. Eine untergeordnete Fetischnebenvorstellung ist für Patient das menschliche Ohr. Es ist ihm ein wollüstiges Gefühl, schönen Menschen, d. h. Menschen, die schönes Ohr haben, über die Ohren zu streichen. Bei Männern gewährt ihm dies einen sehr geringen, bei Weibern einen hohen Genuss.

Auch habe er ein Faible für Katzen. Er finde sie einfach schön, jede ihrer Bewegungen sei ihm sympathisch. Der Anblick einer Katze könne ihn sogar aus der tiefsten Gemüthsdepression herausreissen. Die Katze erscheine ihm heilig, er sehe in einer solchen geradezu ein göttliches Wesen! Des Grundes dieser sonderbaren Idiosynkrasie ist er sich nicht bewusst.

Neuerlich habe er häufiger auch sadistische Vorstellungen im Sinne der Prügelung eines Knaben. Bei diesen Flagellationsphantasien spielen sowohl Männer als Weiber eine Rolle, vorwiegend aber letztere, und dabei ist sein Genuss ein weit grösserer.

Pat. findet, dass neben dem, was er als Masochismus kenne und empfinde, noch etwas Anderes bestehe, das er am liebsten mit „Pagismus" bezeichnen möchte.

Während seine masochistischen Schwelgereien und Akte durchaus grobsinnlicher Art und Betonung seien, bestehe sein „Pagismus" in der Idee, Page eines schönen Mädchens zu sein. Er stelle sich dieses ganz keusch vor, aber pikant, seine Stellung ihm gegenüber als die eines Sklaven, aber in ganz keuschem Verhältniss, rein „platonischer" Hingebung. Dies Schwelgen in der Idee, einem solchen „schönen Geschöpf" als Page zu dienen, sei mit einem köstlichen, aber durchaus nicht sexuellen Gefühl betont. Er empfinde davon eine exquisite moralische Befriedigung im Gegensatz zum sinnlich betonten Masochismus, und deshalb müsse er seinen „Pagismus" für etwas Andersartiges halten.

Pat. bietet in seinem Aeusseren auf den ersten Blick nichts Auffälliges, aber sein Becken ist abnorm weit, hat flache Darmbeinschaufeln, ist abnorm geneigt und entschieden weiblich. Neuropathisches Auge. Er weist auch darauf hin, dass er oft Kitzel und Wollustreiz im Anus habe, auch von da aus (erogene Zone) sich Befriedigung ope digiti verschaffen könne.

Pat. zweifelt an seiner Zukunft. Hülfe wäre für ihn nur möglich, wenn er ein rechtes Interesse am Weibe bekommen könnte, aber sein Wille, seine Phantasie seien dazu zu schwach.

Was der Patient dieser Beobachtung als „Pagismus" bezeichnet, ist nichts vom Wesen des Masochismus Verschiedenes, wie sich aus dem Vergleich mit den unten folgenden Fällen von „symbolischem" Masochismus und anderen ergibt, ferner aus der Erwägung, dass der Coitus bei dieser Perversion mitunter als inadäquater Akt verschmäht wird, und aus der Thatsache, dass es in solchen Fällen öfters zu einer phantastischen Exaltirung des perversen Ideals kömmt.

Beobachtung 43. Ideeller Masochismus. Herr X., Techniker, 26 Jahre, stammt von nervöser, mit Migräne behafteter Mutter. In der väterlichen Ascendenz ist ein Fall von Rückenmarkskrankheit und ein solcher von Psychose vorgekommen.

Ein Bruder ist „nervös".

Herr X. hat unerhebliche Kinderkrankheiten überstanden, studirte leicht, entwickelte sich normal. Er ist eine durchaus männliche Erscheinung, jedoch etwas schwächlich und unter mittelgross. Der Descensus des rechten Hodens blieb unvollkommen, indem er im Leistencanal fühlbar ist; Penis normal gebildet, jedoch etwas klein.

Mit 5 Jahren entdeckte X. wollüstige Gefühle, als er mit übereinandergeschlagenen gestreckten Beinen Schwingungen an einem kleinen Barren machte. Er wiederholte diese Procedur einige Male, vergass dann auf diese Erscheinung, und als er sich als reiferer Knabe ihrer erinnerte und sie wiederholte, trat der erwartete Erfolg nicht mehr ein.

Mit 7 Jahren wohnte X. einer Knabenprügelei auf dem Schulhof bei, wobei schliesslich die Sieger sich rittlings auf die mit dem Rücken auf dem Boden liegenden Besiegten setzten.

Das machte auf X. Eindruck.

Er dachte sich die Position der Untenliegenden als eine angenehme, versetzte sich in Gedanken an ihre Stelle und malte sich aus, wie er durch scheinbare Versuche, sich aufzurichten, es dahin brachte, dass der Gegner rittlings seinem Gesichte immer näher komme, schliesslich darauf sitze und ihn so nöthige, die Exhalation seiner Genitalien zu empfinden. Solche Situationen tauchten in der Folge bei ihm öfter auf, von Lustgefühlen betont, jedoch empfand er nie dabei eine eigentliche Wollust, hielt solche Gedanken für schlecht und sündhaft und versuchte sie zurückzudrängen. Von sexuellen Dingen will er damals noch keine Ahnung gehabt haben. Bemerkenswerth ist, dass Patient bis zum 20. Jahre ab und zu noch an Enuresis nocturna litt.

Bis zur Pubertät hatten die zeitweise wiederkehrenden masochistischen Phantasien, sich unter den Schenkeln eines Anderen zu befinden, sowohl Knaben als Mädchen zum Gegenstand. Von da ab prävalirten weibliche Individuen, und nach beendigter Pubertät waren es ausschliesslich solche. Allmählig gewannen diese Situationen auch anderen Inhalt. Sie gipfelten nunmehr in dem Bewusstsein, vollkommen dem Willen und der Willkür eines erwachsenen Mädchens unterworfen zu sein, mit entsprechenden demüthigenden Handlungen und Situationen.

Als Beispiele solcher führt X. an:

„Ich liege am Boden mit dem Rücken nach unten. Mir zu Häupten steht die Herrin und hat einen Fuss auf meine Brust gesetzt, oder sie hat meinen Kopf zwischen ihren Füssen, so dass mein Gesicht sich direct unterhalb ihrer Pubes befindet. Oder sie sitzt rittlings auf meiner Brust oder auf meinem Gesichte, isst und benutzt meinen Körper als Tisch. Wenn ich einen Befehl nicht zur Zufriedenheit vollzogen habe, oder es meiner Herrin sonst beliebt, so werde ich auf einen dunklen Abort eingesperrt, während sie ausgeht und Vergnügungen aufsucht. Sie zeigt mich als ihren Sklaven den Freundinnen, verleiht mich als solchen ihnen.

„Ich werde von ihr zu den niedrigsten Dienstleistungen benutzt, muss sie bedienen, während sie aufsteht, beim Baden, bei der mictio. Zu letzterer Verrichtung bedient sie sich gelegentlich auch meines Gesichtes und zwingt mich, von ihrem Lotium zu trinken."

Zur Ausführung will X. diese Ideen nie gebracht haben, da er zugleich die dumpfe Empfindung hatte, dass ihre Verwirklichung ihm das erhoffte Vergnügen nicht bringen würde.

Nur einmal habe er sich in die Kammer eines hübschen Dienstmädchens geschlichen, veranlasst durch solche Vorstellungen, ut urinam puellae bibat. Er sei aber vor Ekel davon abgestanden.

Vergebens will X. gegen diese masochistischen Vorstellungskreise, als ihm peinlich und ekelhaft, angekämpft haben. Sie bestehen nach wie vor mächtig fort. Er macht aufmerksam, dass die Demüthigung dabei die Hauptrolle spielt und nie die Wonne einer Schmerzzufügung unterläuft.

Die „Herrin" denkt er sich mit Vorliebe unter der Gestalt zartgebauter Jungfrauen von etwa 20 Jahren, mit zartem, schönem Gesicht und womöglich kurzen hellen Kleidern.

An der gewöhnlichen Art, sich jungen Damen zu nähern, an Tanz und gemischter Gesellschaft will X. nie bis jetzt Gefallen gefunden haben. Von der Pubertät ab zeigten sich mit den betreffenden masochistischen Phantasien ab und zu Pollutionen unter schwachem Wollustgefühl.

Als Pat. einmal Frictionen der Glans unternahm, gelang ihm weder Erection noch Ejaculation, und statt eines wollüstigen Gefühls stellte sich jeweils ein unangenehmes, geradezu paralgisches ein. Dadurch blieb X. vor Masturbation bewahrt. Dafür stellte sich vom 20. Jahre ab beim Turnen am Reck, beim Klettern an Tauen und Stangen häufig eine mit starkem Wollustgefühl verbundene Ejaculation ein. Sehnsucht nach sexuellem Verkehr mit Weibern (conträr sexuale Empfindungen hat Pat. nie gehabt) trat bisher nie auf. Als ihn, 26 Jahre alt, ein Freund zum Coitus drängte, zeigten sich „angstvolle Unruhe und entschiedener Widerwille" schon auf dem Wege nach dem Lupanar, und vor Aufregung, Zittern an allen Gliedern und Schweissausbruch kam es zu keiner Erection. Bei mehrfacher Wiederholung des Versuches dasselbe Fiasko, nur waren die seelischen und körperlichen Erregungserscheinungen nicht so heftig wie das erste Mal.

Libido war nie vorhanden. Masochistische Phantasien zum Gelingen des Aktes zu verwerthen, gelang Pat. nicht, weil seine geistigen Fähigkeiten in solcher Situation „wie gelähmt seien und er die zu einer Erection nöthigen intensiven Vorstellungen" nicht zu Stande bringe. So gab er, theils aus mangelnder Libido, theils aus mangelhaftem Vertrauen ins Gelingen, weitere Coitusversuche auf. Nur gelegentlich befriedigte er in der Folge seine schwache Libido anlässlich Turnübungen. Gelegentlich von spontanen oder veranlassten masochistischen Phantasien (im wachen Zustand) kam es wohl zu Erection, nie mehr aber zu Ejaculation.

Pollutionen erfolgen etwa alle 6 Wochen.

Pat. ist eine intellectuell hochstehende, feinfühlige, etwas neurasthenische Persönlichkeit. Er klagt, dass er in Gesellschaft meist das Gefühl habe, aufzufallen, beobachtet zu werden, bis zu Angstzuständen, obwohl er sich bewusst sei, dass er sich derlei nur einbilde. Aus diesem Grund liebe er die Einsamkeit, zumal da er befürchten müsse, dass man auf seine sexuelle Abnormität komme.

Seine Impotenz sei ihm nicht peinlich, da seine Libido ja fast Null sei, gleichwohl würde er eine Sanirung seiner Vita sexualis für das grösste Glück halten, da davon im socialen Leben so viel abhänge und er sich dann gewiss sicherer und männlicher in der Gesellschaft bewegen würde.

Seine jetzige Existenz sei ihm eine Qual, ein solches Leben eine Last.

Epikrise: (Hereditäre) Belastung. Abnorm früh sich regendes Sexualleben. Schon mit 7 Jahren wollüstig und entschieden masochistisch empfundener Anblick von rittlings auf Anderen sitzenden Knaben (sexuelle und perverse Betonung einer an und für sich nicht den normalen Menschen sexuell erregenden Situation) zugleich mit Geruchsvorstellungen.

Solche Situationen in der Folge Gegenstand von Phantasien, anfangs geschlechtlich nicht differenzirt, von der Pubertät ab heterosexual.

Sie führen zu ausgesprochenem ideellem Masochismus (Ideen der Demüthigung, des Unterworfenseins), in welchem als einzige Beziehung zu den Genitalien des Weibes die Vorstellung, zur Mictio benutzt zu werden, selbst bibere urinam dominae erscheint.

Normaler sexueller Trieb zum Weibe fehlt, wesentlich auf Grund von Masochismus.

Beobachtung 44. X., 28 Jahre, Literat, belastet, von Kind auf sexuell hyperästhetisch, bekam mit 6 Jahren Träume, es prügle ihn ein Weib ad nates. Er erwachte dabei jeweils in höchster wollüstiger Erregung und gelangte so zur Onanie. Mit 8 Jahren bat er einmal die Köchin, sie möge ihn durchprügeln. Vom 10. Jahre ab Neurasthenie. Bis zum 25. Jahre Flagellationsträume, oder auch bezügliche Phantasien des wachen Lebens, mit

Onanie. Vor 3 Jahren Zwang, sich von einer Puella prügeln zu lassen. **Pat. war enttäuscht**, da dabei Erection und Ejaculation ausblieben. Neuer Versuch mit 27 Jahren in der Absicht, dadurch Erection und Coitus zu erzwingen. Dies gelang erst allmählig durch folgenden Kunstgriff. Die Puella musste, während er Coitus versuchte, ihm erzählen, wie sie andere Impotente unbarmherzig schlage, und ihm Gleiches androhen. Ueberdies musste er sich vorstellen, er sei gefesselt, **ganz in der Gewalt des Weibes**, hülflos, werde von demselben aufs Schmerzlichste geschlagen. Gelegentlich musste er, um potent zu sein, sich auch wirklich binden lassen. So gelang ihm Coitus. Pollutionen waren nur dann von Wollustgefühl begleitet, wenn er (selten) träumte, er werde misshandelt oder er sei Zuschauer, wie eine Puella die andere geisselte. Beim Coitus hatte er nie ein rechtes Wollustgefühl. **Am Weib interessiren ihn nur die Hände**. Kräftige handfeste Frauenzimmer mit derben Fäusten sind ihm die liebsten. Gleichwohl ist sein Flagellationsbedürfniss nur ein ideelles, denn bei seiner grossen Hautempfindlichkeit genügen im schlimmsten Fall einige Hiebe. Männerhiebe wären ihm zuwider. Er möchte heirathen. Aus der Unmöglichkeit, von einer honneten Frau Flagellation zu verlangen, und dem Zweifel, ob er ohne solche potent sei, entspringt seine Verlegenheit und sein Bedürfniss zu genesen.

In drei von den bis jetzt angeführten Fällen diente den von der Perversion des Masochismus Beherrschten, als Ausdruck der von ihnen ersehnten Situation der Unterwerfung unter das Weib, hauptsächlich die passive Flagellation. Das gleiche Mittel wird von einer grossen Zahl von Masochisten benutzt.

Nun ist aber passive Flagellation ein Vorgang, welcher bekanntlich geeignet ist, durch mechanische Reizung der Gesässnerven reflectorisch Erectionen auszulösen[1]). Diese Wirkung der Flagellation wird von geschwächten Wüstlingen dazu benützt, ihrer gesunkenen Potenz durch diese Procedur nachzuhelfen, und diese Perversität — nicht Perversion — ist eine ungemein häufige.

Es ist deshalb geboten, zu untersuchen, in welchem Verhältnisse die passive Flagellation der Masochisten zu jener psychisch nicht perverser, aber physisch geschwächter Wüstlinge steht.

Dass Masochismus etwas wesentlich Anderes und Umfassenderes sei als blosse Flagellation, geht aus den Mittheilungen der von dieser Perversion Ergriffenen deutlich hervor.

Für den Masochisten ist die Unterwerfung unter das Weib die Hauptsache, die Misshandlung nur ein Ausdrucksmittel für dieses Verhältniss und zwar eines der stärksten. Die Handlung hat für ihn symbolischen Werth und ist Mittel zum Zweck seelischer Befriedigung im Sinne seiner besonderen Gelüste.

Der nicht masochistische Geschwächte hingegen, der sich flagelliren lässt, sucht nur eine mechanisch vermittelte Reizung seines spinalen Centrums.

---

[1]) Vgl. oben, Einleitung p. 27.

Ob in einem einzelnen Falle einfacher (reflectorischer) Flagellantismus oder wirklicher Masochismus vorliegt, wird durch die Aussagen der Betreffenden, oft schon durch die Nebenumstände der Handlung klar.

Es kommt hier namentlich auf Folgendes an:

**Erstens** besteht beim Masochisten der Trieb zur passiven Flagellation fast immer ab origine. Er taucht als Wunsch auf, bevor eine Erfahrung über reflectorische Wirkung der Procedur gemacht wurde, oft zuerst in Träumen, wie z. B. in der unten folgenden Beobachtung 46.

**Zweitens** ist beim Masochisten in der Regel die passive Flagellation nur eine von den vielen und verschiedenartigen Misshandlungen, welche im Vorstellungskreise des Masochisten als Phantasien auftauchen und oft verwirklicht werden. Bei diesen anderen Misshandlungen und den häufigen rein symbolische Demüthigungen ausdrückenden Akten, die neben der Flagellation angewendet werden, kann von einer reflectorischen physischen Reizwirkung natürlich nicht die Rede sein; es ist also in solchen Fällen stets auf die originäre Anomalie, die Perversion zu schliessen.

**Drittens** ist der Umstand von Bedeutung, dass die ersehnte Flagellation beim Masochisten, wenn ausgeführt, gar nicht aphrodisisch zu wirken braucht. Es tritt sogar oft mehr oder minder deutlich eine Enttäuschung ein, und zwar jedesmal, wenn die Absicht des Masochisten nicht gelingt, sich durch diesen bestellten Vorgang die Illusion der ersehnten Situation (in der Gewalt des Weibes zu sein) zu verschaffen, so dass ihm das mit der Procedur beauftragte Weib nur als das executive Werkzeug seines eigenen Willens erscheint. Vergleiche in Bezug auf diesen wichtigen Punkt die drei vorangehenden Fälle und unten Beobachtung 48.

Zwischen Masochismus und einfachem (reflectorischem) Flagellantismus besteht ein analoges Verhältniss wie etwa zwischen conträrer Sexualempfindung und erworbener Päderastie.

Es benimmt dieser Anschauung nichts an Werth, dass auch beim Masochisten die Flagellation die bekannte reflectorische Wirkung haben kann, dass mitunter bei Gelegenheit einer in der Jugend erhaltenen Züchtigung auf diesem Wege die Wollust zum ersten Male geweckt wird und gleichzeitig dabei die masochistisch veranlagte Vita sexualis aus ihrer Latenz tritt. Dann muss der Fall eben durch die oben unter „zweitens" und „drittens" angeführten Umstände charakterisirt sein, um als masochistischer zu gelten.

Ist über die Entstehungsart des Falles nichts Näheres bekannt, so können Nebenumstände, wie die oben unter „zweitens" angeführten, ihn doch deutlich als einen masochistischen erkennen lassen. Dies gilt z. B. von den beiden folgenden Fällen.

**Beobachtung 45.** Ein Kranker Tarnowsky's liess durch eine Vertrauensperson eine Wohnung für die Dauer seiner Anfälle miethen und das Personal (3 Prostituirte) genau instruiren, was mit ihm zu geschehen habe. Er erschien zeitweise, wurde entkleidet, masturbirt, flagellirt, wie es befohlen war. Er leistete anscheinend Widerstand, bat um Gnade, dann gab man ihm befohlenermassen zu essen, liess ihn schlafen, behielt ihn aber trotz Protest da, schlug ihn, wenn er sich nicht fügte. So ging es einige Tage. Mit Lösung des Anfalls wurde er entlassen und kehrte zu Frau und Kindern zurück, die von seiner Krankheit keine Ahnung hatten. Der Anfall wiederholte sich 1—2mal jährlich. (Tarnowsky — op. cit.)

Beobachtung 46. X., 34 Jahre, schwer belastet, leidet an conträrer Sexualempfindung. Aus verschiedenen Gründen war er nicht in der Lage, sich am Manne zu befriedigen, trotz grossem sexuellem Bedürfniss. Gelegentlich träumte ihm, ein Weib geissle ihn. Er hatte dabei eine Pollution.

Durch diesen Traum kam er dazu, als Surrogat für mannmännliche Liebe sich von Meretrices misshandeln zu lassen. Conducit sibi non nunquam meretricem, ipse vestimenta sua omnia deponit, dum puellae ultimum tegumentum deponere non licet, puellam pedibus ipsum percutere, flagellare, verberare iubet. Qua re summa libidine affectus pedem feminae lambit quod solum eum libidinosum facere potest: tum eiaculationem assequitur. Mit dieser tritt grösster Ekel an der moralisch entwürdigenden Situation ein, der er sich dann, so rasch als möglich ist, entzieht.

Es kommen aber auch Fälle vor, in welchen passive Flagellation **allein** den ganzen Inhalt masochistischer Phantasien ausmacht, ohne dass andere Vorstellungen der Demüthigung etc. auftreten, und ohne dass die eigentliche Natur dieses Ausdrucksmittels der Unterwerfung deutlich ins Bewusstsein tritt. Solche Fälle sind von denen des einfachen, reflectorischen Flagellantismus schwer zu unterscheiden. Die Ermittlung der primären Entstehung des Gelüstes, vor jeder Erfahrung reflectorischer Wirkung (s. oben unter „erstens"), sichert hier allein die Differentialdiagnose, neben dem Umstande, dass es sich bei echten Masochisten gewöhnlich um bereits in jungen Jahren perverse Individuen handelt und dass die Verwirklichung des Gelüstes meistens später unterbleibt oder enttäuscht (s. oben unter „drittens"), da ja sich das Ganze hauptsächlich auf dem Gebiete der Phantasie abspielt.

Hier möge noch ein Fall von typischem Masochismus folgen, in welchem der gesammte Vorstellungskreis, wie er dieser Perversion eigenthümlich ist, vollkommen ausgebildet erscheint. Dieser Fall, über welchen wieder eine eingehende Selbstschilderung des gesammten psychischen Zustands vorliegt, unterscheidet sich von jenem der obigen Beobachtung 41 nur dadurch, dass auf eine Verwirklichung der perversen Phantasien hier ganz verzichtet wurde und dass neben der bestehenden Perversion der Vita sexualis normale Reize so weit wirksam sind, dass nebenher geschlechtlicher Verkehr unter normalen Bedingungen möglich ist.

Beobachtung 47. Ich bin 35 Jahre alt, geistig und körperlich normal. In dem weitesten Kreise meiner Verwandten — in gerader wie in der Seitenlinie — ist mir kein Fall von psychischer Störung bekannt. Mein Vater, welcher bei meiner Geburt etwa 30 Jahre alt war, hatte, soviel ich weiss, eine Vorliebe für üppige und grosse Frauengestalten.

Schon in meiner früheren Kindheit schwelgte ich gern in Vorstellungen, welche die absolute Herrschaft eines Menschen über den anderen zum Inhalt hatten. Der Gedanke an die Sklaverei hatte für mich etwas höchst Aufregendes, und zwar gleich stark vom Standpunkte des Herrn wie von dem des Dieners aus. Dass ein Mensch den anderen besitzen, verkaufen, prügeln könne, regte mich ungemein auf, und bei der Lektüre von „Onkel Tom's Hütte" (welches Werk ich etwa zur Zeit der eintretenden Pubertät las), hatte ich Erectionen. Besonders aufregend war für mich der Gedanke, dass ein Mensch vor einen Wagen gespannt würde, in welchem ein anderer, mit einer Peitsche versehener Mensch sass und den Ersteren lenkte und durch Schläge antrieb.

Bis zum 20. Lebensjahre waren diese Vorstellungen rein objectiv und geschlechtslos, d. h. der in meiner Vorstellung entstandene Unterworfene war ein Dritter (also nicht ich), auch war der Herrscher nicht nothwendig ein Weib. Diese Vorstellungen waren daher auch ohne Einfluss auf meinen geschlechtlichen Trieb, beziehungsweise auf die Ausübung desselben. Wenngleich durch jene Vorstellungen Erectionen eintraten, so habe ich doch niemals in meinem Leben onanirt, auch coitirte ich von meinem 19. Jahre an ohne Beihülfe der erwähnten Vorstellungen und ohne jede Beziehung auf dieselben. Immerhin hatte ich eine grosse Vorliebe für ältere, üppige und grosse Frauenspersonen, wenngleich ich auch jüngere nicht verschmähte.

Von meinem 21. Lebensjahr ab fingen die Vorstellungen an, sich zu objectiviren und als Essentiale trat hinzu, dass die „Herrin" eine über 40 Jahre alte, grosse, starke Person sein musste. Von jetzt an war ich — in meinen Vorstellungen — stets der Unterworfene; die „Herrin" war ein robes Weib, die mich in jeder Beziehung, auch geschlechtlich, ausnützte, die mich vor ihren Wagen spannte und sich von mir spazieren fahren liess, der ich folgen musste wie ein Hund, der nackt zu ihren Füssen liegen musste und von ihr geprügelt, bezüglich gepeitscht wurde. Das war das feststehende Gerippe meiner Vorstellungen, um welches sich alle anderen gruppirten.

Ich fand in diesen Vorstellungen stets ein unendliches Behagen, welches mir Erection, niemals aber Ejaculation verursachte. In Folge der entstandenen geschlechtlichen Aufregung suchte ich mir sodann irgend ein Weib, mit Vorliebe ein äusserlich meinem Ideale entsprechendes, aus und coitirte mit demselben, ohne irgend welches reale Beiwerk, zuweilen auch ohne beim Coitus von den Vorstellungen befangen zu sein. Daneben hatte ich jedoch auch Neigung zu anders gearteten Weibern und coitirte auch, ohne durch Vorstellung hierzu gezwungen zu sein.

Obgleich ich nach alledem ein in geschlechtlicher Beziehung nicht allzu anormales Leben führte, traten doch jene Vorstellungen periodisch mit Sicherheit ein, blieben sich im Wesentlichen auch stets gleich. Mit zunehmendem Geschlechtstriebe wurden die Zwischenräume immer geringer. Gegenwärtig melden sich die Vorstellungen etwa alle 14 Tage bis 3 Wochen. Würde ich vorher coitiren, so würde vielleicht dem Eintritt derselben vorgebeugt werden. Ich habe niemals den Versuch gemacht, meine sehr bestimmt und charakteristisch auftretenden Vorstellungen zu realisiren, d. h. sie mit der Aussenwelt in Verbindung zu bringen, sondern habe mich stets mit Schwelgereien in Gedanken begnügt, weil ich von der Ueberzeugung fest durchdrungen war, dass sich eine Realisirung meiner „Ideale" niemals auch nur annähernd würde herbeiführen lassen. Der Gedanke an eine Comödie mit bezahlten Dirnen erschien mir stets lächerlich und zwecklos, denn eine von mir bezahlte Person könnte in meiner Vorstellung niemals die Stelle einer „grausamen Herrin" einnehmen. Ob es sadistisch angehauchte Weiber wie Sacher-Masoch's Heldinnen gibt, bezweifle ich. Wenn es deren aber auch gäbe und ich das Glück (!) gehabt hätte, eine solche zu finden, so würde mir ein Verkehr mit derselben mitten in der realen Welt immer nur als eine Comödie erschienen sein. Ja, sagte ich mir, wenn es mir sogar passirt wäre, in die Sklaverei einer Messalina zu gelangen, so glaube ich, dass ich bei den sonstigen Entbehrungen jenes von mir erstrebten Lebens sehr bald überdrüssig geworden wäre, und in den lucidis intervallis meine Freiheit unter allen Umständen zu erreichen getrachtet hätte.

Dennoch habe ich ein Mittel gefunden, in gewissem Sinne eine Realisirung herbeizuführen. Nachdem durch vorangegangene Schwelgereien mein Geschlechtstrieb stark angeregt ist, gehe ich zu einer Prostituirten und stelle mir dort irgend eine Geschichte des vorerwähnten Inhaltes, in welcher ich die Hauptperson bilde, innerlich lebhaft vor. Nach etwa halbstündiger, unter stetiger Erection erfolgenden inneren Ausmalung solcher Situationen coitire ich sodann mit gesteigertem Wollustgefühl unter starker Ejaculation. Nach der letzteren ist der Spuck verschwunden. Beschämt entferne ich mich so bald als möglich, und vermeide, auf das Vorangegangene zurückzukommen. Sodann habe ich etwa 14 Tage keinerlei Vorstellungen mehr; bei besonders befriedigendem Coitus kommt es sogar vor, dass ich bis zum nächsten Anfalle gar kein Verständniss für masochistische Situationen habe. Der nächste Anfall kommt aber sicher, ob früher oder später. Ich muss jedoch bemerken, dass ich auch coitire, ohne durch solche Vorstellungen präparirt zu sein, insbesondere auch mit weiblichen Wesen, die mich und meine bürgerliche Stellung genau kennen, und in deren Gegenwart ich jene Vorstellungen durchaus perhorrescire. In letzteren Fällen bin ich jedoch nicht immer potent, während die Potenz unter dem Banne masochistischer Vorstellungen eine unbedingte ist. Dass ich in meinem übrigen Denken und Fühlen sehr ästhetisch veranlagt bin und die Misshandlung eines Menschen an sich u. s. w. im höchsten Grade verachte, erscheint mir nicht überflüssig zu bemerken. Schliesslich will ich nicht unerwähnt lassen, dass auch die Form der Anrede von Bedeutung ist. Es ist ein Essentiale in meinen Vorstellungen, dass die „Herrin" mich mit „Du" anredet, während ich dieselbe mit „Sie" anreden muss. Dieser Umstand des Geduztwerdens von einer dazu geeigneten Person, als Ausdruck der absoluten Herrschaft, hat mir von früher Jugend an schon Wollustgefühle erregt und thut dies auch heute noch.

Ich habe das Glück gehabt, eine Frau zu finden, welche mir in allen Punkten, vor Allem auch in geschlechtlicher Beziehung, durchaus zusagte, obwohl dieselbe, wie ich nicht erst hinzuzufügen brauche, in keiner Weise masochistischen Idealen ähnelt.

Dieselbe ist sanftmüthig, jedoch üppig, ohne welche Eigenschaft ich mir überhaupt einen geschlechtlichen Reiz nicht vorstellen kann.

Die ersten Monate der Ehe verliefen geschlechtlich ganz normal, die masochistischen Anfälle blieben gänzlich aus, ich hatte beinahe das Verständniss für den Masochismus verloren. Da kam das erste Kindbett und hiermit die nothwendig gewordene Abstinenz. Pünktlich stellten sich sodann mit eintretender Libido die masochistischen Umwandlungen wieder ein, welche mit unabweisbarer Nothwendigkeit einen ausserehelichen Coitus mit masochistischen Vorstellungen herbeiführten — trotz meiner aufrichtigen grossen Liebe zu meiner Frau.

Bemerkenswerth ist hierbei, dass der später wieder beginnende Coitus maritalis sich nicht als ausreichend erwies, um die masochistischen Vorstellungen zu bannen, wie das bei einem masochistischen Coitus regelmässig der Fall ist.

Was das Wesen des Masochismus anbelangt, so bin ich der Ansicht, dass bei demselben die Vorstellungen, also die geistige Seite, Haupt- und Selbstzweck sind.

Wäre die Verwirklichung masochistischer Ideen (also die passive Flagellation u. dgl.) das ersehnte Ziel, so steht hiermit die Thatsache im Widerspruche, dass ein grosser Theil der Masochisten zur Verwirklichung entweder gar nicht schreitet, oder, wenn er dies dennoch versucht, eine grosse Ernüchterung empfindet, jedenfalls die ersehnte Befriedigung nicht erzielt.

Schliesslich möchte ich nicht unterlassen, aus meiner Erfahrung zu bestätigen, dass die Zahl der Masochisten, besonders in grossen Städten, in der That eine ziemlich grosse zu sein scheint. Die einzige Quelle für derartige

Forschungen sind — da Mittheilungen inter viros nicht stattzufinden pflegen — die Aussagen der Prostituirten, und da diese in den wesentlichen Punkten übereinstimmen, wird man immerhin gewisse Thatsachen für erwiesen annehmen können.

Dahin gehört zunächst die Thatsache, dass jede erfahrene Prostituirte irgend ein zur Flagellation geeignetes Instrument (gewöhnlich eine Ruthe) im Besitze zu haben pflegt, wobei allerdings in Betracht zu ziehen ist, dass es Männer gibt, die sich lediglich zur Erhöhung ihrer Geschlechtslust geisseln lassen, also — im Gegensatze zu den Masochisten — die Flagellation als Mittel betrachten.

Dagegen stimmen die Prostituirten fast sämmtlich darin überein, dass es eine Anzahl von Männern gibt, welche gern „Sklaven" spielen, d. h. sich gerne so nennen hören, sich schimpfen und treten, auch schlagen lassen. Wie gesagt, die Zahl der Masochisten ist grösser, als man es sich bisher hat träumen lassen.

Die Lektüre Ihres Capitels über diesen Gegenstand machte, wie Sie sich denken können, einen ungeheuren Eindruck auf mich. Ich möchte an eine Heilung, sozusagen an eine Heilung durch Logik, glauben, nach dem Motto: „tout comprendre c'est tout guérir."

Freilich ist das Wort Heilung mit Einschränkung zu verstehen, und zwar muss man auseinanderhalten: allgemeine Gefühle und concrete Vorstellungen. Die ersteren sind niemals zu beseitigen. Sie kommen wie der Blitz und sind da, man weiss nicht von wannen und wieso.

Aber die Ausübung des Masochismus durch Schwelgen in concreten zusammenhängenden Vorstellungen lässt sich vermeiden oder doch eindämmen.

Jetzt liegt die Sache anders. Ich sage mir: Was, du begeisterst dich an Dingen, die nicht nur das ästhetische Gefühl Anderer, sondern auch dein eigenes reprobirt? Du findest etwas schön und begehrenswerth, was andererseits, nach deinem eigenen Urtheil, hässlich, gemein, lächerlich und unmöglich zugleich ist? Du sehnst eine Situation herbei, in die du in Wirklichkeit niemals gelangen möchtest? Diese Gegenvorstellung wirkt sofort hemmend und ernüchternd, und bricht den Phantasien die Spitze ab. Thatsächlich habe ich auch seit der Lektüre Ihres Buches (etwa Anfang dieses Jahres) nicht ein einziges Mal mehr geschwelgt, obwohl die masochistischen Anwandlungen selbst sich in den regelmässigen Intervallen einstellten.

Im Uebrigen muss ich gestehen, dass der Masochismus trotz seines stark pathologischen Charakters nicht nur nicht im Stande ist, mir den Genuss des Lebensglückes zu vereiteln, sondern überhaupt auch nicht im Geringsten in mein äusseres Leben eingreift. In nicht masochistischem Zustande bin ich, was Fühlen und Handeln anlangt, ein äusserst normaler Mensch. Während der masochistischen Anwandlungen ist zwar im Gefühlsleben eine grosse Revolution ausgebrochen, meine äussere Lebensweise erleidet jedoch keine Aenderung. Ich habe den Beruf, welcher es mit sich bringt, dass ich mich viel in der Oeffentlichkeit bewege. Ich übe denselben auch im masochistischen Zustande ebenso aus wie sonst.

Der Verfasser der vorstehenden Aufzeichnungen übersandte mir ferner noch die folgenden Bemerkungen:

I. Masochismus ist meiner Erfahrung gemäss unter allen Umständen angeboren, und keineswegs vom Individuum gezüchtet. Ich weiss es positiv, dass ich niemals auf das Gesäss geschlagen worden bin, und dass meine masochistischen Vorstellungen von frühester Jugend an sich zeigten, und dass ich, solange ich überhaupt zu denken vermag, derartige Gedanken hegte. Wäre die Entstehung derselben die Folge eines bestimmten

Ereignisses, insbesondere eines Schlages gewesen, so würde ich ganz bestimmt die Erinnerung hieran nicht verloren haben. Charakteristisch ist, dass die Vorstellungen bereits vorhanden waren, ehe noch Libido überhaupt vorhanden war. Damals waren die Vorstellungen auch gänzlich geschlechtslos. Ich besinne mich, dass es mich als Knabe stark anregte (um nicht zu sagen aufregte), als ein älterer Knabe mich duzte, während ich zu ihm „Sie" sagte. Ich drängte mich zu einer Unterhaltung mit demselben, wobei ich dafür sorgte, dass diese gegenseitige Anrede möglichst häufig erfolgte. Später, als ich geschlechtlicher wurde, hatten derartige Sachen nur dann Reiz, wenn sie in Beziehung zu einer Frau, und zwar zu einer (relativ) älteren standen.

II. Ich bin körperlich und seelisch durchaus männlich veranlagt. Ueberstarker Bartwuchs und starke Behaarung am ganzen Körper. In meinen nicht masochistischen Beziehungen zum weiblichen Geschlecht ist für mich die dominirende Stellung des Mannes eine unerlässliche Bedingung, und jeden Versuch, dieselbe zu beinträchtigen, würde ich mit Energie zurückweisen. Ich bin energisch, wenn auch nicht allzu muthig, doch wird der fehlende Muth dann ergänzt, wenn es sich um Verletzung des Stolzes handelt. Gegen Naturereignisse (Gewitter, Meeressturm u. s. w.) bin ich völlig unempfindlich [1]).

Auch meine masochistischen Neigungen haben nichts, was weiblich oder weibisch zu nennen wäre (?). Allerdings ist hierbei die Neigung vorherrschend, vom Weibe gesucht und begehrt zu werden, doch ist das allgemeine Verhältniss zur „Herrin", wie es herbeigesehnt wird, nicht das, in welchem das Weib zum Manne steht, sondern das Verhältniss des Sklaven zum Herrn, das des Hausthieres zu seinem Besitzer. Zieht man ganz rücksichtslos die Consequenzen aus dem Masochismus, so kann man nicht anders sagen, als dass das Ideal desselben die Stellung eines Hundes oder Pferdes ist. Beide sind Eigenthum eines Anderen, werden von demselben nach Gutdünken missbandelt, ohne dass dieser irgend Jemand Rechenschaft zu geben hätte.

Gerade diese unumschränkte Herrschaft über Leben und Tod, wie sie nur beim Sklaven und beim Hausthiere zu finden ist, ist das Um und Auf aller masochistischen Vorstellungen.

III. Die Grundlage aller masochistischen Vorstellungen ist die Libido, und je nachdem bei dieser Ebbe und Fluth eintritt, ist dasselbe auch bei jenen der Fall. Anderseits erhöhen die Vorstellungen, sobald sie vorhanden sind, die Libido ganz erheblich. Ich bin von Natur durchaus nicht übermässig geschlechtsbedürftig. Erscheinen jedoch die masochistischen Vorstellungen, so drängt es mich zum Coitus um jeden Preis (meist zieht es mich dann zu möglichst niedrigen Weibern), und wird diesem Drängen nicht bald Statt gegeben, so steigert sich in kurzer Zeit die Libido bis fast zur Satyriasis. Man könnte hier fast von einem Circulus vitiosus sprechen.

Die Libido tritt ein, entweder durch Zeitablauf oder besondere Aufregung (auch nicht masochistischer Art, z. B. Küssen). Trotz dieses Ursprungs verwandelt sich diese Libido kraft der durch sie selbst erzeugten masochistischen Vorstellungen sehr bald in eine masochistische, also unreine Libido.

Dass übrigens die Begierde durch äussere zufällige Eindrücke, insbesondere durch den Aufenthalt in den Strassen einer Grossstadt, erheblich gesteigert wird, unterliegt keinem Zweifel. Der Anblick schöner und imponirender Frauengestalten, in natura wie in effigie, wird aufregend. Für den unter dem Zeichen des Masochismus Stehenden ist — wenigstens für die Dauer des Anfalles — das ganze äussere Erscheinungsleben masochistisch angehaucht. Die Ohrfeige,

---

[1]) Diese Differenz des Muthes gegenüber Naturereignissen einerseits, Willensconflikten andererseits ist jedenfalls auffallend (vgl. Beob. 41 p. 95), wenn auch hier die einzige erwähnte Andeutung von Effeminatio.

die die Meisterin dem Lehrling applicirt, der Peitschenhieb des Fiakers — alles das hinterlässt dem Masochisten tiefe Eindrücke, während es ihn im nicht masochistischen Zustande gleichgültig lässt oder gar anekelt.

IV. Schon bei der Lektüre von Sacher-Masoch fiel es mir auf, dass bei dem Masochisten ab und zu sadistische Gefühle gelegentlich mit unterlaufen. Auch an mir habe ich hin und wieder sporadische Empfindungen von Sadismus entdeckt. Ich muss aber bemerken, dass die sadistischen Gefühle nicht derart markant sind wie die masochistischen, und dass dieselben, abgesehen davon, dass sie nur selten und gewissermassen accessorisch auftreten, niemals aus dem Rahmen des abstracten Gefühlslebens heraustreten und vor Allem nicht die Gestalt concreter und zusammenhängender Vorstellungen annehmen. Die Wirkung auf die Libido ist jedoch bei beiden die gleiche.

War dieser Fall merkwürdig durch die vollständige Entwicklung des psychischen Thatbestandes, der den Masochismus ausmacht, so ist es der folgende durch die besondere Extravaganz der aus der Perversion hervorgehenden Handlungen. Auch dieser Fall ist besonders geeignet, das Moment der Unterwerfung unter und der Demüthigung durch das Weib, zugleich mit der eigenthümlichen geschlechtlichen Betonung der daraus sich ergebenden Situationen klar zu machen.

Beobachtung 48. Herr Z., Beamter, 50 Jahre, gross, muskulös, gesund, stammt angeblich von gesunden Eltern, jedoch war der Vater bei der Zeugung 30 Jahre älter als die Mutter. Eine Schwester, 2 Jahre älter als Z., leidet an Verfolgungswahn. Z. bietet in seinem Aeusseren nichts Auffälliges. Skelett durchaus männlich, starker Bart, jedoch Rumpf gänzlich unbehaart. Er bezeichnet sich als prononcirten Gemüthsmenschen, der Niemand etwas abschlagen kann, gleichwohl jähzornig, aufbrausend, dabei augenblicklich bereuend.

Z. hat angeblich nie onanirt. Von Jugend auf nächtliche Pollutionen, bei denen nie der sexuelle Akt, immer aber das Frauenzimmer eine Rolle spielte. Es träumte ihm z. B., eine ihm sympathische Frauensperson lehne sich kräftig an ihn an, oder er lag schlummernd im Grase und sie stieg scherzweise auf seinen Rücken. Vor Coitus mit einem Weibe hatte Z. von jeher Abscheu. Dieser Akt kam ihm thierisch vor. Trotzdem drängte es ihn zum Weibe. Nur in Gesellschaft von hübschen Frauen und Mädchen fühlte er sich wohl und an seinem Platze. Er war sehr galant, ohne je zudringlich zu sein.

Eine üppige Frau mit schönen Formen, namentlich hübschem Fuss, konnte ihn, wenn sie sass, in höchste Erregung versetzen. Es drängte ihn, sich ihr als Stuhl anzubieten, um „so viel Herrlichkeit tragen zu dürfen". Ein Tritt, eine Ohrfeige von ihr wäre ihm Seligkeit gewesen. Vor dem Gedanken, mit ihr zu coitiren, hatte er Horror. Er fühlte das Bedürfniss, dem Weibe zu dienen. Es kam ihm vor, dass Damen gerne reiten. Er schwelgte in dem Gedanken, wie herrlich es sein müsste, sich unter der Last eines schönen Weibes abzuquälen, um ihm Vergnügen zu bereiten. Er malte sich die Situation nach jeder Richtung aus, dachte sich den schönen Fuss mit Sporen, die herrlichen Waden, die weichen vollen Schenkel. Jede schön gewachsene Dame, jeder hübsche Damenfuss regte seine Phantasie immer mächtig an, aber niemals verrieth er seine absonderlichen, ihm selbst abnorm erscheinenden Empfindungen und wusste sich zu beherrschen. Er fühlte aber auch kein Bedürfniss, dagegen anzukämpfen — im Gegentheil, es hätte ihm leid gethan, seine ihm so lieb gewordenen Gefühle preisgeben zu müssen.

32 Jahre alt, machte Z. zufällig die Bekanntschaft einer ihm sympathischen, vom Manne geschiedenen und in Nothlage befindlichen 27 Jahre alten Frau. Er nahm sich um sie an, arbeitete für sie, ohne irgendwelche eigennützige Absicht, monatelang. Eines Abends verlangte sie ungestüm von ihm geschlechtliche Befriedigung, that ihm beinahe Gewalt an. Der Coitus hatte Folgen. Z. nahm die Frau zu sich, lebte mit ihr, coitirte mässig, empfand den Coitus mehr als eine Last denn als einen Genuss, wurde erectionsschwach, konnte die Frau nicht mehr recht befriedigen, bis sie endlich erklärte, sie wolle keinen Verkehr mehr mit ihm, da er sie nur reize, aber nicht befriedige. Obwohl er die Frau unendlich liebte, konnte er doch seinen eigenartigen Phantasien nicht entsagen. Er lebte nun mit der Frau nur mehr in freundschaftlichem Verkehr und beklagte es tief, dass er ihr in seiner Weise nicht dienen konnte.

Furcht, wie sie bezügliche Propositionen aufnehmen möchte und Schamgefühl hielten ihn davon ab, sich ihr zu entdecken. Er fand Ersatz dafür in seinen Träumen. So träumte ihm z. B., er sei ein edles feuriges Pferd und werde von einer schönen Dame geritten. Er fühlte ihr Gewicht, den Zügel, dem er gehorchen musste, den Schenkeldruck in der Flanke, er hörte ihre wohlklingende fröhliche Stimme. Die Anstrengung trieb ihm den Schweiss aus, das Empfinden des Sporns that das Uebrige und bewirkte jeweils das Eintreten einer Pollution unter grossem Wollustgefühl.

Unter dem Einfluss solcher Träume überwand Z. vor 7 Jahren seine Scheu, um derlei auch in der Wirklichkeit erleben zu können.

Es gelang ihm, „passende" Gelegenheiten aufzutreiben. Er berichtet darüber Folgendes: „Ich wusste es immer so anzustellen, dass bei irgend einer Gelegenheit sie sich von selbst auf meinen Rücken setzte. Nun trachtete ich ihr diese Situation so angenehm als möglich zu machen, und erreichte es leicht, dass sie bei nächster Gelegenheit aus eigenem Antrieb sagte: „Komm, lass mich ein bischen reiten!" Gross gewachsen und beide Hände auf einen Stuhl gestützt, brachte ich meinen Rücken in horizontale Lage, auf den sie sich dann rittlings, nach Männerart reitend, setzte. Ich machte dann so viel als möglich alle Bewegungen eines Pferdes und liebte es, wenn auch sie mich nur als Pferd behandelte, ganz ohne Rücksicht. Sie konnte mich schlagen, stechen, schelten, liebkosen, ganz nach Laune. Personen von 60—80 Kilo konnte ich so ½—¾ Stunden ununterbrochen auf dem Rücken haben. Nach dieser Zeit bat ich gewöhnlich um eine Ruhepause. Während dieser Zeit war der Verkehr zwischen mir und der Herrin ein ganz harmloser und von dem Vorhergegangenen nicht die Rede. Nach einer Viertelstunde war ich jeweils wieder vollkommen erholt und stellte mich der Herrin bereitwillig wieder zur Verfügung. Ich machte dies, wenn es Zeit und Umstände erlaubten, 3—4mal hinter einander. Es kam vor, dass ich Vor- und Nachmittags mich hingab. Ich fühlte nachträglich keine Ermüdung oder sonst ein unbehagliches Gefühl, nur hatte ich an solchen Tagen sehr wenig Esslust. Wenn es anging, war es mir am liebsten, wenn ich den Oberkörper entblössen konnte, um die Reitgerte empfindlicher zu fühlen. Die Herrin musste decent sein. Am liebsten war sie mir mit schönen Schuhen, Strümpfen, kurzer, bis zu den Knieen reichender geschlossener Hose, Oberkörper vollkommen bekleidet, mit Hut und Handschuhen."

Herr Z. berichtet weiter, dass er seit 7 Jahren Coitus nicht mehr vollzogen hat, sich jedoch für potent hält. Das Damenreiten entschädige ihn vollkommen für jenen „thierischen Akt", auch dann, wenn es nicht gerade zur Ejaculation kam.

Seit 8 Monaten hat sich Z. gelobt, von seinem masochistischen Sport abzulassen, und dieses Gelübde auch gehalten. Gleichwohl meint er, wenn ein auch nur halbwegs hübsches Weib ihn ohne Umschweife anreden würde „komm, ich will dich reiten", er nicht die Kraft hätte, dieser Versuchung zu widerstehen. Z. bittet um Aufklärung, ob seine Abnormität heilbar sei, ob er verabscheuungswürdig sei als lasterhafter Mensch, oder ein Kranker, der Mitleid verdiene [1]).

Schon in der bisherigen Casuistik, hat neben anderen Dingen, das Treten mit Füssen eine Rolle als Ausdrucksmittel masochistischer Situationen der Demüthigung und Schmerzzufügung gespielt. Die ausschliessliche und weitestgehende Verwerthung dieses Mittels zu perverser Erregung und Befriedigung, welches, weil es einen Uebergang zu einer anderen Perversion vermittelt, Anlass zur Aufstellung einer besonderen Gruppe — s. unten unter b) pag. 108 — gab, zeigt der folgende klassische Fall von Masochismus, welchen Hammond op. cit. p. 28, nach einer Beobachtung von Dr. Cox[2]) in Colorado, berichtet.

Beobachtung 49. X., Muster eines Ehemannes, streng sittlich, Vater mehrerer Kinder, hat Zeiten resp. Anfälle, in welchen er ins Bordell geht, sich 2—3 der grössten Mädchen auswählt und mit ihnen sich einschliesst. Corporis superiorem partem nudavit humi iacens manus supra ventrem ponens oculos claudit et puellas trans pectus suum nudatum et collum et os vadere iubet et poscit, ut transgredientes summa vi calcibus carnem premerent. Gelegentlich verlangt er eine noch schwerere Dirne oder einige andere Kunstgriffe, die jene Procedur noch grausamer gestalten. Nach 2—3 Stunden hat er genug, honorirt die Mädchen mit Wein und Geld, reibt sich seine blauen Flecke, kleidet sich an, zahlt seine Rechnung und geht in sein Geschäft, um nach einer Woche etwa dieses sonderbare Vergnügen sich neuerdings zu verschaffen. Gelegentlich kommt es vor, dass er eines dieser Mädchen sich auf seine Brust stellen lässt, während die anderen sie im Kreise herumdrehen müssen, bis seine Haut unter dem Drehen der Schuhabsätze blutrünstig geworden ist. Häufig muss eines der Mädchen so auf ihn sich stellen, dass ein Schuh quer über den Augen steht und der Absatz auf den einen Augapfel drückt, während der andere Schuh quer über seinem Halse ruht. In dieser Stellung hält er den Druck der circa 150 Pfund schweren Person etwa 4—5 Minuten lang aus. Verf. spricht von Dutzenden analoger Fälle, die ihm bekannt geworden seien. Hammond vermuthet mit Grund, dass dieser Mann im Verkehr mit dem Weibe impotent geworden, in dieser eigenartigen Procedur ein Aequivalent für Coitus sucht und findet, und während er blutig getreten wird, angenehme, von Ejaculationen begleitete Sexualgefühle hat.

Die bisher angeführten Fälle von Masochismus und die zahlreichen analogen, welche die Berichterstatter erwähnen, bilden das Gegenstück zur oben geschilderten Gruppe c) des Sadismus. Wie dort perverse Männer an der Misshandlung von Weibern sich erregen und befriedigen, so suchen sie hier den gleichen Effect durch das passive Empfangen solcher Missbandlungen [3]).

---

[1]) Einen ähnlichen Fall s. dieses Buch 8. Aufl. Beob. 51.
[2]) Transactions of the Colorado State medical society quoted in the „Alienist and Neurologist" 1883 April, p. 345.
[3]) Instructive Beispiele s. Seydel, Vierteljahrsschr. f. ger. Med. 1893. Heft 2. p. 275 u. 276.

Aber auch die Gruppe a) der Sadisten, die der Lustmörder, ist merkwürdiger Weise nicht ganz ohne Gegenstück im Masochismus.

In seiner äussersten Consequenz muss ja der Masochismus zu der Begierde führen, von einer Person des anderen Geschlechts getödtet zu werden, so wie der Sadismus im aktiven Lustmord gipfelt. Solcher Consequenz stellt sich aber der Trieb der Lebenserhaltung entgegen, so dass es hier nicht zum Aeussersten in wirklicher Ausführung kommt.

Wo aber das ganze Gebäude der masochistischen Vorstellungen nur in petto errichtet wird, da kann es in den Phantasien solcher Individuen selbst zu dieser äussersten Consequenz kommen, wie der folgende Fall zeigt.

Beobachtung 50. Ein Mann in mittleren Jahren, verheirathet und Familienvater, der stets eine normale Vita sexualis geführt hat, aber aus sehr „nervöser" Familie zu stammen angibt, macht folgende Mittheilung: In seiner frühen Jugend sei er beim Anblick einer Frauensperson, welche ein Thier mit einem Messer schlachtete, sexuell mächtig erregt worden. Von da ab habe er viele Jahre lang in der wollüstig betonten Vorstellung geschwelgt, von Weibern mit Messern gestochen und geschnitten, ja selbst getödtet zu werden. Später, nach Beginn des normalen Geschlechtsverkehrs, haben diese Vorstellungen den perversen Reiz für ihn gänzlich verloren.

Mit diesem Falle sind die oben p. 85 angeführten Mittheilungen zu vergleichen, wonach Männer einen sexuellen Genuss darin finden, von Weibern mit Messern leicht gestochen, dabei aber mit dem Tode bedroht zu werden.

Derartige Phantasien geben vielleicht den Schlüssel zum Verständniss des folgenden seltsamen Falles, welchen ich einer Mittheilung des Herrn Dr. Körber in Rankau i. Schl. verdanke.

Beobachtung 51. „Eine Dame erzählte mir Folgendes: Als junges unwissendes Mädchen wurde sie mit einem etwa 30jährigen Manne verheirathet. In der ersten Nacht ihres Ehelebens zwang er ihr ein Waschnäpfchen mit Seife in die Hände und wünschte dringend, ohne jedwede Liebesbezeugung, von ihr um Kinn und Hals (wie zum Barbieren) eingeschäumt zu werden. Die völlig unerfahrene junge Frau that es und war nicht wenig erstaunt, in den ersten Wochen ihres Ehelebens dessen Geheimnisse in absolut keiner anderen Form kennen zu lernen; der Mann erklärte ihr beständig, dass es ihm höchster Genuss sei, von ihr im Gesicht eingeschäumt zu werden. Nachdem sie später Freundinnen zu Rathe gezogen, brachte sie ihren Mann zur Ausübung des Coitus und hat, wie sie bestimmt versichert, von ihm im Laufe der Jahre drei Kinder bekommen. Der Mann ist ein fleissiger und solider, aber kurz angebundener, mürrischer Mensch, seines Zeichens Kaufmann."

Es ist immerhin denkbar, dass der hier erwähnte Mann den Akt des Rasirens (resp. Einseifens als Vorbereitung dazu) als eine rudimentäre, symbolische Verwirklichung von Verletzungs- oder Tödtungsvorstellungen und Messer-Phantasien, wie sie der obige ältere Herr in seiner

Jugend hatte, auffasste und auf diese Weise dadurch sexuell erregt und befriedigt wurde. Das vollkommene sadistische Gegenstück zu diesem so aufgefassten Falle liefert dann die oben p. 73 mitgetheilte Beob. 32, welche einen Fall von symbolischem Sadismus betrifft.

Ueberhaupt gibt es eine ganze Gruppe von Masochisten, welche sich mit symbolischen Andeutungen der ihrer Perversion entsprechenden Situationen begnügt, eine Gruppe, welche der Gruppe e) der „symbolischen" Sadisten entspricht, so wie die früher angeführten Fälle von Masochismus den Gruppen c) und a) des Sadismus entsprachen. So wie sich die perversen Gelüste des Masochisten einerseits (freilich nur in der Phantasie) bis zum „passiven Lustmord" steigern, so können sie andererseits sich mit blossen symbolischen Andeutungen der erwünschten Situation begnügen, die sonst durch Misshandlungen ausgedrückt wird (was freilich, objectiv genommen, noch immer weiter geht, als jenes Phantasma des Ermordetwerdens, nach der entscheidenden subjectiven Sachlage aber weniger weit).

Es mögen hier neben dem obigen Fall der Beob. 51 noch einige derartige Fälle angeführt werden, in denen die von Masochisten gewünschten und bestellten Vorgänge rein symbolischen Charakter haben und gewissermassen zur Markirung der ersehnten Situation dienen.

Beobachtung 52. (Pascal, Igiene dell' amore). Alle drei Monate erschien bei einer Prostituirten ein etwa 45 Jahre alter Mann und bezahlte ihr 10 Frcs. für folgenden Vorgang. Die Puella musste ihn entkleiden, ihm Hände und Füsse zusammenbinden, ihm die Augen verbinden und überdies die Fenster verdunkeln. Dann liess sie den Gast auf einen Sopha niedersitzen und musste ihn in seinem hülflosen Zustand allein lassen. Nach einer halben Stunde musste die Person wiederkommen und die Bande lösen. Darauf zahlte der Mann und ging ganz befriedigt von dannen, um nach etwa drei Monaten seinen Besuch zu erneuern.

Dieser Mann scheint sich die Situation, hülflos in der Gewalt eines Weibes zu sein, mittelst seiner Phantasie im Dunkeln weiter ausgemalt zu haben. Noch sonderbarer ist der folgende Fall, in dem wieder eine complicirte Comödie im Sinne masochistischer Gelüste aufgeführt wird.

Beobachtung 53. (Dr. Pascal, ibid.) Ein Herr in Paris begab sich an bestimmten Abenden in eine Wohnung, deren Besitzerin zur Befriedigung seiner seltsamen Neigung willführig war. Er erschien in Gala im Salon der Dame, welche in Balltoilette sein und ihn mit strenger Miene empfangen musste. Er redete sie als Marquise an, sie musste ihn mit den Worten „lieber Graf" begrüssen. Darauf sprach er von dem Glück, sie allein zu treffen, von seiner Liebe zu ihr und einer Schäferstunde. Nun musste die Dame die Beleidigte spielen. Der Pseudograf ereiferte sich immer mehr und verlangte, der Pseudomarquise einen Kuss auf die Schulter drücken zu dürfen. — Grosse Entrüstungsscene, die Klingel wird gezogen, ein eigens dazu gemietheter Diener erscheint und wirft den Grafen hinaus, welcher sehr befriedigt abzieht und die Personen der Comödie reichlich belohnt.

Von diesem „symbolischen Masochismus" ist der ideelle zu unterscheiden, bei welchem die psychische Perversion ganz auf dem Gebiete der Vorstellung und Phantasie bleibt und keine Verwirklichung derselben versucht wird. Ein solcher Fall von „ideellem Masochismus" ist vor allem der der oben p. 92 aufgenommenen Beob. 47, dann der der Beob. 50. Solche ideelle Fälle sind ferner die beiden folgenden. Der erste betrifft ein geistig und körperlich belastetes, mit Degenerationszeichen behaftetes Individuum, bei dem frühzeitig psychische und physische Impotenz eingetreten ist.

Beobachtung 54. Herr Z., 22 Jahre, ledig, wurde mir von seinem Vormund zugeführt behufs ärztlichen Rathes, da er höchst nervös und offenbar sexuell nicht normal sei. Mutter und Muttersmutter waren geisteskrank gewesen. Der Vater zeugte ihn zu einer Zeit, wo er sehr nervenleidend war.
Pat. soll ein sehr lebhaftes und talentirtes Kind gewesen sein. Schon mit 7 Jahren bemerkte man bei ihm Masturbation. Er wurde vom 9. Jahre ab zerstreut, vergesslich, kam mit seinen Studien nicht recht vorwärts, bedurfte beständiger Nachhülfe und Protection, absolvirte mühsam das Realgymnasium und fiel während seines Freiwilligenjahrs durch Indolenz, Vergesslichkeit und verschiedene dumme Streiche auf.
Anlass zur Consultation bot ein Vorfall auf der Strasse, indem Z. sich an eine junge Dame angedrängt hatte und in höchst zudringlicher Weise und in grosser Aufregung dieselbe zu einer Conversation mit ihm hatte bestimmen wollen.
Pat. motivirte diesen Auftritt damit, dass er durch ein Gespräch mit einem anständigen Mädchen sich habe aufregen wollen, um dann zum Coitus mit einer Prostituirten potent zu sein!
Z.'s Vater bezeichnet ihn als einen von Hause aus gutartigen, moralischen, aber schlaffen, faden, mit sich zerfallenen, über seine schlechten Erfolge in der bisherigen Lebensführung oft desperaten, gleichwohl indolenten Menschen, der sich für nichts ausser für Musik interessire, zu welcher er grosse Begabung besitze.
Das Aeussere des Pat. — sein plagiocephaler Schädel, seine grossen abstehenden Ohren, die mangelhafte Innervation des r. Mundfacialis, der neuropathische Ausdruck der Augen deuten auf eine degenerative neuropathologische Persönlichkeit.
Z. ist gross von Statur, von kräftigem Körperbau, eine durchaus männliche Erscheinung. Becken männlich, Hoden gut entwickelt, Penis auffallend gross, Mons veneris reichlich behaart, der rechte Hode hängt tiefer herab als der linke, der Cremasterreflex ist beiderseits schwach. Intellectuell ist Pat. unter dem Durchschnittsmittel. Er fühlt selbst seine Insufficienz, klagt über Indolenz und bittet, man möge ihn willensstark machen. Linkisches, verlegenes Benehmen, scheuer Blick, schlaffe Haltung deuten auf Masturbation. Pat. gesteht zu, dass er vom 7. Jahr ab bis vor 1½ Jahren ihr ergeben war, jahrelang 8—12mal täglich onanirte. Bis vor einigen Jahren, wo er neurasthenisch wurde (Kopfdruck, geistige Unfähigkeit, Spinalirritation u. s. w.), will er dabei immer grosses Wollustgefühl empfunden haben. Seither habe sich dieses verloren und der Reiz zur Masturbation sei von ihm gewichen. Er sei immer schüchterner, schlaffer, energieloser geworden, furchtsam, habe an nichts Interesse, besorge seine Geschäfte nur aus Pflicht, fühle sich sehr abgespannt. An Coitus habe er nie gedacht, er begreife auch von seinem Standpunkt aus als Onanist nicht, wie Andere am Coitus Vergnügen finden können.

Forschungen nach conträrer Sexualempfindung ergaben ein negatives Resultat.

Er will sich nie zu Personen des eigenen Geschlechts hingezogen gefühlt haben. Eher glaubte er noch hie und da eine übrigens schwache Inclination zu Frauenzimmern gehabt zu haben. Zur Onanie will er ganz von selbst gekommen sein. Im 13. Jahre bemerkte er zum erstenmal anlässlich masturbatorischer Manipulationen Ejaculation von Sperma.

Erst nach langem Zureden liess sich Z. herbei, seine Vita sexualis ganz zu entschleiern. Wie seine folgenden Mittheilungen erweisen, dürfte er als ein Fall von ideellem Masochismus mit rudimentärem Sadismus zu klassificiren sein. Pat. erinnert sich bestimmt, dass schon mit 6 Jahren und ohne allen Anlass bei ihm „Gewaltvorstellungen" auftauchten. Er musste sich vorstellen, das Stubenmädchen zwänge ihm die Beine auseinander, zeige einem Andern seine, des Pat. Genitalien, versuche ihn in heisses oder kaltes Wasser zu werfen, um ihm Schmerz zu bereiten. Diese „Gewaltvorstellungen" wurden mit wollüstigem Gefühl betont und der Anlass zu masturbatorischen Manipulationen. Pat. rief sie später auch willkürlich hervor, um sich zur Masturbation anzuregen. Auch in seinen Träumen spielten sie nunmehr eine Rolle. Zu Pollutionen führten sie aber nie, offenbar weil Pat. unter Tags masslos masturbirte.

Mit der Zeit gesellten sich zu diesen masochistischen Gewaltvorstellungen solche im Sinne des Sadismus. Anfangs waren es Bilder von Knaben, die einander gewaltsam masturbirten, die Genitalien abschnitten. Oft versetzte er sich dabei in die Rolle eines solchen Knaben, bald in passiver, bald in activer.

Später beschäftigten ihn Bilder von Mädchen und Frauen, die vor einander exhibitionirten: es schwebten ihm Situationen vor, wie z. B., dass das Stuben- einem anderen Mädchen die femora auseinander zerre, dasselbe an den pubes reisse, ferner solche, in welchen Knaben grausam gegen Mädchen vorgingen, sie stachen, in die Genitalien zwickten.

Auch derlei Bilder wirkten jeweils sexuell erregend, jedoch empfand er nie Dränge, im Sinne solcher activ vorzugeben oder passiv solche an sich verwerthen zu lassen. Es genügte ihm, sie zur Automasturbation zu benutzen. Seit 1½ Jahren sind mit abnehmender sexueller Phantasie und Libido diese Bilder und Dränge selten geworden, aber ihr Inhalt ist derselbe geblieben. Masochistische Gewaltvorstellungen überwiegen die sadistischen. Wenn er neuerlich einer Dame ansichtig wird, kommt ihm die Vorstellung, sie habe dieselben sexuellen Gedanken wie er. Daraus erklärt er zum Theil seine Verlegenheit im socialen Verkehr. Da Pat. gehört hatte, er werde seine ihm nachgerade lästigen sexuellen Vorstellungen los werden, wenn er sich an eine natürliche Geschlechtsbefriedigung gewöhne, machte er im Lauf der letzten 1½ Jahre zweimal den Versuch, zu coitiren, obwohl er dagegen nur Widerwillen empfand und sich keinen Erfolg versprach. Der Versuch endete auch beidemale mit einem vollständigen Fiasco. Das zweite Mal empfand er beim bezüglichen Versuch solche Aversion, dass er das Mädchen von sich stiess und die Flucht ergriff.

Der zweite Fall ist die folgende mir von einem Collegen zur Verfügung gestellte Beobachtung. Wenn auch aphoristisch, erscheint auch sie geeignet, das entscheidende Moment des Masochismus, das Bewusstsein des Unterworfenseins zu illustriren.

Beobachtung 65. Z., 27 Jahre, Künstler, kräftig gebaut, von angenehmem Aeussern, angeblich nicht belastet, in der Jugend gesund, ist seit seinem 23. Jahre nervös und zu hypochondrischer Verstimmung geneigt. In sexueller Beziehung geneigt zu Renommage, ist er gleichwohl nicht sehr leistungsfähig. Trotz Entgegenkommens Seitens des weiblichen Geschlechts beschränken sich des Pat. Beziehungen zu demselben auf unschuldige Zärtlichkeiten. Hierbei ist sein Hang bemerkenswerth, Frauen zu begehren, die sich ihm gegenüber spröde benehmen. Seit seinem 25. Jahre machte er die Beobachtung, dass er durch Frauenzimmer, mögen sie auch noch so hässlich sein, jeweils sexuell erregt wird, sobald er in ihrem Wesen einen herrischen Zug entdeckt. Ein zorniges Wort aus dem Munde einer solchen Frauensperson genügt, um die heftigsten Erectionen bei ihm hervorzurufen. So sass er z. B. eines Tages in einem Café und hörte, wie die (hässliche) Cassierin den Kellner mit energischer Stimme auszankte. Er kam durch diesen Auftritt in die höchste sexuelle Erregung, die in kurzer Zeit zur Ejaculation führte. Z. verlangt von Frauen, mit denen er sexuell verkehren soll, dass sie ihn zurückstossen, ihn auf allerhand Weise quälen etc. Er meint, es könne ihn nur ein Weib reizen, das den Heldinnen in den Romanen von Sacher-Masoch gleiche.

Solche Fälle, in welchen sich die ganze Perversion der Vita sexualis nur auf dem Gebiete der Phantasie, des inneren Vorstellungs- und Trieblebens abspielt und nur ganz zufällig einmal zur Cognition Anderer kommt, scheinen nicht selten zu sein. Ihre praktische Bedeutung, wie die des Masochismus überhaupt (welchem ja das hohe forensische Interesse des Sadismus nicht zukömmt), liegt lediglich in der psychischen Impotenz, welcher solche Individuen durch ihre Perversion in der Regel verfallen und in dem mächtigen Drange zur solitären Befriedigung unter adäquaten Phantasievorstellungen, mit allen seinen Folgen.

Dass Masochismus eine ungemein häufig auftretende Perversion sei, geht wohl zur Genüge aus der relativ grossen Zahl der bisher wissenschaftlich beobachteten Fälle hervor, so wie aus den verschiedenen oben mitgetheilten unter einander übereinstimmenden Berichten.

Auch die Werke, die sich mit der Darstellung der Prostitution in grossen Städten beschäftigen, enthalten über diesen Gegenstand zahlreiche Berichte[1]).

Interessant und erwähnenswerth ist es gewiss, dass auch einer der berühmtesten Männer aller Zeiten von dieser Perversion ergriffen war und derselben in seiner Selbstbiographie (wenn auch in etwas missver-

---

[1]) Léo Taxil op. cit. p. 228 schildert masochistische Scenen in den Pariser Bordellen. Der von dieser Perversion ergriffene Mann wird auch dort „l'esclave" genannt.

Coffignon (La corruption à Paris) hat in seinem Buch ein Capitel „Les passionels", das Beiträge zu diesem Thema bietet. Der schlagendste Beweis für die Häufigkeit des Masochismus ist aber wohl die Thatsache, dass er ziemlich unverblümt in Zeitungsannoncen zu Tage tritt. So findet sich z. B. im Hannoverschen Tageblatt vom 4. December 1895 folgendes Inserat:

„Sacher-Masoch. 109404. Damen, welche sich für die Werke desselben interessiren und begeistern und die Frauengestalten seiner Romane verkörpern, werden um Angabe der Adresse unter R. 537 durch die Expedition der Zeitung erbeten. Strengste Discretion!"

In der gleichen Nummer findet sich ein ähnliches Inserat!

ständlicher Weise) gedacht hat. Aus den „Confessions" von Jean Jacques Rousseau geht hervor, dass auch er mit Masochismus behaftet war.

Rousseau, bezüglich dessen Lebens- und Krankheitsgeschichte auf Möbius (J. J. Rousseau's Krankheitsgeschichte, Leipzig 1890) und Chatelain (La folie de J. J. Rousseau, Neuchâtel 1891) verwiesen sein mag, erzählt in seinen Confessions (I. Theil, 1. Buch), wie sehr ihm Frl. Lambercier, 30 Jahre alt, imponirte, als er, 8 Jahre alt, bei ihrem Bruder in Pension und Lehre war. Ihre Besorgniss, wenn er eine Frage nicht gleich zu beantworten wusste, die Drohung der Dame, ihm Ruthenstreiche zu geben, wenn er nicht brav lerne, machten auf ihn den tiefsten Eindruck. Nachdem er eines Tages Schläge von der Hand des Frl. L. bekommen hatte, empfand er, neben Schmerz und Scham, ein wollüstig sinnliches Gefühl, das ihn mächtig erregte, neue Züchtigungen davon zu tragen. Nur aus Furcht, die Dame damit zu betrüben, unterliess es Rousseau, weitere Gelegenheiten, sich diesen wollüstigen Schmerz zu verschaffen, zu provociren. Eines Tages zog er sich aber unbeabsichtigt eine neue Züchtigung von der Hand der L. zu. Sie war die letzte, denn Frl. L. musste von dem eigenartigen Effect dieser Züchtigung etwas bemerkt haben, und liess von nun an den 8jährigen Knaben auch nicht mehr in ihrem Zimmer schlafen. Seither fühlte R. das Bedürfniss, sich von Damen, die ihm gefielen, à la Lambercier züchtigen zu lassen, obwohl er versichert, bis zum Jünglingsalter von Beziehungen der beiden Geschlechter zu einander nichts gewusst zu haben. Bekanntlich wurde R. erst mit 30 Jahren durch Madame de Warrens in die eigentlichen Mysterien der Liebe eingeweiht und seiner Unschuld verlustig. Bis dahin hatte er nur Gefühle und Dränge zu Weibern im Sinne passiver Flagellation und sonstiger masochistischer Vorstellungen gehabt.

Rousseau schildert in extenso, wie sehr er bei seinem grossen sexuellen Bedürfniss unter seiner eigenartigen, zweifellos durch die züchtigenden Ruthenstreiche geweckten Sinnlichkeit litt, schmachtend in der Begierde und ausser Stand, ihr Verlangen zu offenbaren. Es wäre aber irrig, zu glauben, dass es Rousseau bloss um seine Flagellation zu thun gewesen wäre. Diese erweckte nur einen dem Masochismus zuzuzählenden Vorstellungskreis. Darin liegt jedenfalls der psychologische Kern der interessanten Selbstbeobachtung. Das Wesentliche bei R. war das Unterwerfungsgefühl unter das Weib. Dies geht klar aus seinen „Confessions" hervor, in welchen er ausdrücklich hervorhebt:

„Être aux genoux d'une maîtresse impérieuse, obéir à ses ordres, avoir des pardons à lui demander, étaient pour moi de très douces jouissances."

Diese Stelle beweist doch, dass das Bewusstsein der Unterwerfung, Demüthigung vor dem Weibe die Hauptsache war.

Freilich war Rousseau selbst in einem Irrthum befangen, indem er annahm, dass dieser Drang, sich vor dem Weibe zu demüthigen, allein durch Ideenassociation aus der Vorstellung der Flagellation entstanden sei:

„N'osant jamais déclarer mon goût, je l'amusais du moins par des rapports qui m'en conservaient l'idée."

Erst im Zusammenhang mit den jetzt constatirten so zahlreichen Fällen von Masochismus, unter denen so viele sind, welche mit Flagellation durchaus nichts zu thun haben, so dass der primäre und rein psychische Charakter des Erniedrigungstriebes klar wird, kann die volle Einsicht in Rousseau's Fall gewonnen und der Irrthum aufgedeckt werden, in den er bei der Selbstzergliederung seines Zustandes nothwendig gerathen musste.

Mit Recht macht auch Binet (Revue anthropologique XXIV. p. 256), welcher den Fall Rousseau eingehend analysirt, auf diese masochistische Bedeutung desselben aufmerksam, indem er sagt: „Ce qu'aime Rousseau dans les femmes, ce n'est pas seulement le sourcil froncé, la main levée, le regard sévère, l'attitude impérieuse, c'est aussi l'état émotionnel, dont ces faits sont la traduction extérieure; il aime la femme fière, dédaigneuse, l'écrasant à ses pieds du poids de sa royale colère."

Die Erklärung dieses psychologischen räthselhaften Factums sucht und findet Binet in seiner Annahme, dass es sich hier um Fetischismus handle, nur mit dem Unterschied, dass das Object des Fetischismus, also Gegenstand der individuellen Anziehung (Fetisch), nicht eine körperliche Sache, wie z. B. eine Hand, ein Fuss, sondern eine geistige Eigenschaft sein kann. Er nennt diese Schwärmerei „amour spiritualiste" im Gegensatz zu „amour plastique", wie sie der gewöhnliche Fetischismus aufweist.

Diese Bemerkungen sind geistreich, aber sie geben nur ein Wort zur Bezeichnung einer Thatsache, keine Erklärung für dieselbe. Ob überhaupt eine Erklärung möglich sei, wird uns später beschäftigen.

Auch bei dem französischen Schriftsteller C. P. Baudelaire, welcher in Geisteskrankheit endigte, finden sich Elemente von Masochismus (und Sadismus).

Baudelaire entstammt einer Familie von Irren und Ueberspannten. Er war von Jugend auf psychisch abnorm. Entschieden krankhaft war seine Vita sexualis. Er hatte Liebesverhältnisse mit hässlichen widerwärtigen Personen, Negerinnen, Zwerginnen, Riesinnen. Gegen eine sehr schöne Frau äusserte er den Wunsch, sie an den Händen aufgehängt zu sehen, und ihr die Füsse küssen zu dürfen. Diese Schwärmerei für den nackten Fuss erscheint auch in einem seiner fieberglühenden Gedichte als Aequivalent für den Geschlechtsgenuss. Er erklärte die Weiber für Thiere, die man einsperren, schlagen und gut füttern muss. Diese masochistische und sadistische Neigungen verrathende Persönlichkeit ging in paralytischen Blödsinn zu Grunde. (Lombroso, Der geniale Mensch, übers. v. Fränkel, S. 83.)

In der wissenschaftlichen Literatur haben die Thatsachen, welche den Masochismus ausmachen, bis auf die jüngste Zeit keine Beachtung gefunden. Zu erwähnen wäre nur, dass Tarnowsky („Die krankhaften Erscheinungen des Geschlechtssinns", Berlin 1886) die Erfahrung mittheilt, dass glücklich verheirathete, geistreiche Männer ihm vorgekommen sind, die von Zeit zu Zeit einen unwiderstehlichen Drang fühlten, sich selbst der gröbsten cynischen Behandlung zu unterwerfen — Schimpfworte, Schläge von Kynäden, aktiven Päderasten oder Prostituirten zu empfangen. Bemerkenswerth ist auch Tarnowsky's Erfahrung, dass bei gewissen, der passiven Flagellation Ergebenen Schläge allein und zuweilen selbst blutige, nicht den gewünschten Erfolg (Potenz oder wenigstens Ejaculation beim Flagelliren) haben. „Man muss den Betreffenden dann mit Gewalt entkleiden oder ihm die Hände binden, ihn an eine Bank befestigen u. s. w., wobei er sich anstellt, als ob er sich widersetzt, schimpft und scheinbar einigen Widerstand leistet. Nur unter solchen Bedingungen bewirken die Ruthenschläge eine Erregung, die zum Samenerguss führt."

O. Zimmermann's Schrift „Die Wonne des Leids", Leipzig 1885, enthält manchen Beitrag aus der Cultur- und Literaturgeschichte zum vorliegenden Thema[1]).

In jüngster Zeit fand der Gegenstand mehrfache Beachtung.

A. Moll führt in seinem Werke „Die conträre Sexualempfindung", Berlin 1891, p. 133 ff. und p. 151 ff., eine Anzahl von Fällen des vollkommenen Masochismus bei conträr Sexualen an, darunter an letzterer Stelle einen Fall, in dem ein solcher masochistischer Conträrsexualer einem eigens dazu bestellten Manne eine ausführliche Instruction in 20 Paragraphen übersendet, nach welcher der Bestellte den Besteller als Sklaven zu behandeln und zu misshandeln habe.

Im Juni 1891 theilte mir Herr Dimitri von Stefanowsky, d. Zt. Staatsanwaltssubstitut zu Jaroslaw in Russland, mit, dass er schon vor etwa drei Jahren der von mir als „Masochismus" beschriebenen Erscheinung von Perversion der Vita sexualis, welche er mit dem Namen „Passivismus" bezeichnet, sein Interesse zugewendet, vor 1½ Jahren dem Professor v. Kowalewsky in Charkow eine bezügliche Arbeit für das russische Archiv für Psychiatrie eingereicht und im November 1888 in der Moskauer juridischen Societät einen Vortrag über dieses Thema vom juridisch-psychologischen Standpunkte aus gehalten habe (abgedruckt im „Juridischen Boten", dem Organ der genannten Societät, und zwar 1890, Nr. 6 bis 8 [2]).

v. Schrenck-Notzing widmet in seinem Werke: „Die Sugges-

---

[1]) Es muss jedoch das Gebiet des Masochismus von dem in jener Schrift behandelten Hauptthema, dass die Liebe ein Moment des Leids enthält, scharf abgegrenzt werden. Von jeher ist ungetheilte Liebessehnsucht als „freudvoll und leidvoll" geschildert worden, und Dichter haben von „wonniger Qual" oder „schmerzlicher Wollust" gesprochen. Dies darf nicht, wie Z. thut, mit Erscheinungen des Masochismus confundirt werden, so wenig es hierhergehört, wenn die sich nicht hingebende Geliebte „grausam" genannt wird. Immerhin ist es merkwürdig, dass Hamerling (Amor und Psyche, 4. Gesang) zum Ausdruck dieses Gefühls völlig masochistische Bilder, Geisselung etc. verwendet.

[2]) Vgl. die neueste Arbeit dieses Autors über „Passivismus" in Archives d'Anthropologie criminelle 1892 VII, p. 294.

tions-Therapie bei krankhaften Erscheinungen des Geschlechtssinnes" etc., Stuttgart 1892, auch dem Masochismus wie dem Sadismus einige Abschnitte und führt mehrere eigene Beobachtungen an [1]).

b) **Larvirter Masochismus. Fuss- und Schuhfetischisten.**

An die Gruppe der Masochisten schliesst sich die der in ungemein zahlreichen Exemplaren auftretenden Fuss- und Schuhfetischisten an. Diese Gruppe bildet den Uebergang zu den Erscheinungen einer anderen selbständigen Perversion, eben des Fetischismus; sie steht aber dem Masochismus näher als jenem, weshalb sie hier eingereiht ist.

Unter Fetischisten (s. unten sub. 3.) verstehe ich Individuen, deren sexuelles Interesse sich ausschliesslich auf einen bestimmten Körpertheil des Weibes, oder auch auf bestimmte Stücke der weiblichen Kleidung concentrirt.

Eine der häufigsten Formen dieses Fetischismus ist es, dass der Fuss oder der Schuh des Weibes der Fetisch ist, welcher ausschliesslicher Gegenstand sexueller Empfindungen und Triebe wird.

Es ist nun höchst wahrscheinlich und ergibt sich aus der richtigen Aneinanderreihung der beobachteten Fälle, dass die meisten, vielleicht alle Fälle von Schuhfetischismus auf der Basis mehr oder minder bewusster masochistischer Selbstdemüthigungstriebe beruhen.

Schon im Falle Hammond's (Beob. 49) besteht die Befriedigung eines Masochisten im Sichtretenlassen. Auch Beob. 41 u. 47 lässt sich treten. Beob. 48. Equus eroticus, schwärmt für den Fuss des Weibes, und so fort. In den meisten Fällen von Masochismus spielt das Treten

---

[1]) In der neueren Roman- und Novellenliteratur ist die psycho-sexuale Perversion, welche den Gegenstand dieses Capitels bildet, von Sacher-Masoch behandelt worden, dessen bereits mehrfach erwähnte Schriften geradezu typische Bilder des perversen Seelenlebens derartiger Männer entwerfen.

Auf Sacher-Masoch's Schriften berufen sich viele von dieser Perversion Ergriffenen, wie aus den obigen Beobachtungen ersichtlich, ausdrücklich als auf typische Darstellungen ihres eigenen psychischen Zustandes.

Zola hat in seiner „Nana" eine masochistische Scene. Aehnliches in „Eugène Rougon". Die neueste „decadente" Literatur in Frankreich und Deutschland beschäftigt sich mehrfach auch mit dem Thema des Sadismus und Masochismus. Der neuere russische Roman soll nach v. Stefanowski's Angabe den Gegenstand häufig behandeln; aber schon nach des alten Reiseschriftstellers Johann Georg Forster (1754—94) Mittheilungen sollen diese Dinge selbst im russischen Volkslied eine Rolle spielen. Stefanowski findet den Typus des Passivisten auch in einer englischen Tragödie von Otway „Venice preserved" und verweist hinsichtlich seines Vorkommens auf dem Boden der conträren Sexualempfindung, auf Dr. Luiz „Les fellatores. Moerus de la décadence". Paris 1888 (Union des bibliophiles).

mit Füssen als ein naheliegendes Ausdrucksmittel des Unterwerfungsverhältnisses eine Rolle [1]).

Unter den constatirten zahlreichen Fällen von Schuhfetischismus wird der folgende, von Dr. A. Moll in Berlin mitgetheilte, der viel Uebereinstimmung mit dem Falle Hammond's zeigt, aber ausführlicher dargestellt und sorgfältig beobachtet ist, besonders geeignet erscheinen, den Zusammenhang zwischen Masochismus und Schuhfetischismus darzuthun.

Beobachtung 56. O. L., 31 Jahre, Buchhalter, stammt aus belasteter Familie.

Patient ist ein grosser, starker, blühend aussehender Mann. Er ist im Allgemeinen von ruhigem Temperament, kann aber unter Umständen sehr heftig werden; er gibt selbst an, dass er streitsüchtig und rechthaberisch sei. L. ist von gutmüthigem Charakter und freigebig; bei geringem Anlass ist er zum Weinen geneigt. Auf der Schule galt er als ein begabter Schüler, mit leichter Auffassungsgabe. Patient leidet an zeitweisen Congestionen nach dem Kopf, ist sonst aber ganz gesund; abgesehen davon, dass er sich in Folge seiner zu beschreibenden sexuellen Perversion sehr gedrückt und oft schwermüthig fühlt.

Ueber erbliche Belastung ist wenig zu ermitteln.

Ueber die Entwicklung seines sexuellen Lebens ergibt sich aus den von dem Patienten gemachten Angaben Folgendes:

Schon in frühester Jugend, und zwar 8 oder 9 Jahre alt, hatte L. den Wunsch, als Hund seinem Lehrer die Stiefel zu lecken. L. hält es für möglich, dass dieser Gedanke in ihm dadurch rege wurde, dass er einmal den Vorgang gesehen, wie ein Hund dies in Wirklichkeit that; doch kann L. dies nicht mit Bestimmtheit angeben.

Jedenfalls scheint dem Patienten soviel sicher, dass die ersten bezüglichen Ideen ihm im Wachen, nicht im Traumzustande gekommen sind.

Von seinem 10.—14. Lebensjahr versuchte L. stets seinen Mitschülern und auch kleinen Mädchen die Stiefel zu berühren. Er wühlte sich aber hierzu nur solche Mitschüler, die reiche und vornehme Eltern hatten. Einer von jenen, Sohn eines reichen Gutsbesitzers, hatte Reitstiefel; diese nahm L. in der Abwesenheit des Knaben in die Hände, schlug sich damit und drückte sie sich fest ins Gesicht. Ebenso machte es L. mit den eleganten Stiefeln eines Dragoneroffiziers.

Nach Eintritt der Pubertät übertrug sich das Verlangen ausschliesslich auf das Schuhwerk des weiblichen Geschlechts. So war des Patienten Trachten beim Schlittschuhlaufen stets darauf gerichtet, Damen und Mädchen die Schlittschuhe an- und abzuschnallen, er wählte aber stets nur solche weibliche Personen, die reich und vornehm waren und recht elegante Stiefel hatten. Auf der Strasse und überall sah L. stets nach eleganten Stiefeln; die Vorliebe für diese ging so weit, dass er Sand oder Schmutz, der die eingedrückten Spuren jener trug, in sein Portemonnaie, ja sogar öfter in den Mund steckte. Schon als 14jähriger Knabe ging L. ins Lupanar und besuchte öfter ein Café chantant, lediglich um sich am Anblick eleganter Stiefel (weniger Schuhe) aufzuregen. In die Schulbücher, an die Wände von Closets malte L. Stiefel. Im Theater sah er nur nach den Schuhen von Damen. Stundenlang lief L. auf der Strasse und auf Dampfschiffen Damen nach, die elegante Stiefel trugen; mit Entzücken

---

[1]) Auch die Begierde, sich mit Füssen treten zu lassen, findet sich bei religiösen Schwärmern wieder; vgl. Turgenjew, „Sonderbare Geschichten".

dachte er hierbei daran, wie er wohl dazu gelangen könnte, die Stiefel zu berühren. Diese eigenthümliche Vorliebe für Stiefel ist bis heute bestehen geblieben. Der Gedanke, sich von Damen mit ihren Stiefeln treten zu lassen oder dieselben küssen zu dürfen, bereitet L. die grösste Wollust. Vor Schuhläden blieb und bleibt er stehen, nur um die Stiefel zu betrachten. Namentlich reizt ihn die Eleganz des Stiefels.

Am liebsten hat Patient hoch geknöpfte oder geschnürte Stiefel mit hohen Absätzen; aber auch weniger elegante Stiefel, eventuell mit niedrigen Absätzen, regen den Patienten auf, wenn deren Trägerin eine recht reiche, vornehme und namentlich stolze Dame ist.

Mit 20 Jahren versuchte L. den Coitus, war aber nicht dazu im Stande, „trotz der grössten Anstrengung", wie Patient meint. Gedanken an Schuhe hatte Patient während des Beischlafversuches nicht; hingegen hatte er es versucht, sich vorher an Schuhen sexuell aufzuregen; er behauptet, dass die zu grosse Aufregung das Misslingen des Coitus verschuldete. Er hat bis jetzt, wo er 31 Jahre alt ist, den Coitus 4—5 Mal, jedesmal vergebens, versucht; bei dem einen Versuche hatte der durch seine Krankheit schon tief bedauernswerthe Patient noch das Unglück, sich eine Lues zuzuziehen. Auf die Frage, wie sich denn Patient den höchsten Wollustakt denke, erklärte er: „Meine grösste Wollust ist es, mich nackt auf den Fussboden zu legen und mich dann von Mädchen mit eleganten Stiefeln treten zu lassen; natürlich ist dies nur im Lupanar möglich." Es sind übrigens nach Angabe des Patienten in manchen Lupanars diese sexuellen Perversionen von Männern wohl bekannt, ein Beweis, dass diese keine so grosse Seltenheit sind; die puellae nennen derartige Männer häufig „Stiefelfreier". Uebrigens hat Patient nur selten den Wollustakt, so wie er für ihn am schönsten und angenehmsten ist, wirklich zur Ausführung gebracht. Gedanken, die ihn zum Beischlaf trieben, hat Patient gar nicht, wenigstens nicht in dem Sinne, dass dabei etwa immissio penis in vaginam stattfinde; darin kann Patient keinerlei Genuss finden. Ja er hat allmählig eine Furcht vor dem Coitus erworben, die sich aus den mehrfach misslungenen Versuchen genügend erklären lässt, da der Patient selbst angibt, dass das Nichtvollendenkönnen des Coitus ihn ausserordentlich genire. Eigentliche Onanie hat Patient nie getrieben. Abgesehen von wenigen Fällen, wo Patient durch Onanie an Stiefeln oder auf ähnliche Weise seinen Geschlechtstrieb befriedigte, kennt er eine solche Befriedigung nicht, da es bei der Aufregung durch Stiefel fast stets bei Erectionen bleibt und höchstens zeitweise langsame kleine Ergüsse einer Flüssigkeit stattfinden, die Patient für Sperma hält.

Ein blosser Schuh, den L. sieht, und der von keiner Person getragen wird, regt ihn entschieden auch auf; aber bei weitem nicht so sehr, wie der von einem Weibe getragene Schuh. Ganz neue, noch nicht getragene Schuhe regen den Patienten viel weniger auf als getragene, die aber noch nicht abgetreten sein dürfen und noch möglichst neu aussehen müssen; diese reizen den Patienten am meisten.

Es reizt den Patienten, wie erwähnt, auch der Damenstiefel, wenn er nicht getragen wird. L. denkt sich dann die betreffende Dame dazu: er drückt den Stiefel an seine Lippen und an seinen Penis. L. würde „vor Entzücken vergehen", wenn eine anständige stolze Dame ihn mit ihren Schuhen treten würde.

Abgesehen von den oben genannten Eigenschaften der Weiber (Stolz, Reichthum, Vornehmheit), die mit der Eleganz der Stiefel einen besonderen Reiz gewähren, sind dem Patienten auch die körperlichen Vorzüge des weiblichen Geschlechts keineswegs gleichgültig.

Er schwärmt für schöne Damen, auch ohne an Stiefel zu denken, aber es ist dies keine auf geschlechtliche Befriedigung gerichtete Liebe. Selbst in Verbindung mit den Stiefeln spielen die körperlichen Reize eine Rolle; eine hässliche und alte Frau könnte den Patienten selbst mit den elegantesten Stiefeln nicht reizen; auch die sonstige Kleidung und andere Verhältnisse spielen eine wesentliche Rolle, wie sich schon aus dem Umstande ergibt, das elegante Stiefel von stolzen vornehmen Damen ganz besonders erregend auf den Patienten wirken. Ein ungebildetes Dienstmädchen in seinem Arbeitsanzuge würde den Patienten selbst mit den elegantesten Stiefeln nicht erregen.

Schuhe und Stiefel von Männern üben jetzt auf den Patienten keinerlei Reiz mehr aus; auch sonst fühlte sich Patient niemals sexuell auch nur im geringsten zu Männern hingezogen.

Hingegen treten sonst Erectionen bei dem Patienten sehr leicht auf. Wenn ein Kind auf seinen Schoss sitzt, wenn er einen Hund oder ein Pferd längere Zeit berührt, wenn er auf der Eisenbahn fährt oder reitet, so treten Erectionen auf, und zwar, wie Patient vermuthet, in den letzten Fällen durch die Erschütterung.

Jeden Morgen hat er Erectionen, und er ist im Stande, innerhalb der kurzen Zeit dadurch Erection zu erzielen, dass er an die ihm angenehme Behandlung mit den Stiefeln denkt. Früher traten des Nachts öfter Pollutionen auf, etwa alle 3—4 Wochen, während sie jetzt seltener, etwa alle 3 Monate einmal eintreten.

Bei seinen erotischen Träumen wird Patient fast stets von denselben Gedanken sexuell erregt, die dies im Wachen thun. Seit einiger Zeit glaubt Patient, Samenerguss bei den Erectionen zu fühlen; doch schliesst er dies nur daraus, dass er an der Spitze des Penis etwas Nasses fühle.

Lektüre, die in die sexuelle Sphäre des Patienten fällt, regt ihn ausserordentlich auf, so z. B. wird er von der Lektüre des „Venus im Pelz" von Sacher-Masoch so erregt, „nt Sperma stillaret".

Uebrigens bildet für L. diese Art des Spermaergusses bei dieser Lektüre eine entschiedene Befriedigung seines Geschlechtstriebes.

Die von mir an den Patienten gerichtete Frage, ob denn Schläge, die er von einem Weibe empfinge, ihn auch aufregen würden, glaubt er bejahend beantworten zu müssen. Zwar hat Patient nie direct einen derartigen Versuch gemacht, aber scherzhaft ausgeführte Schläge waren ihm jedenfalls stets eine grosse Annehmlichkeit.

Besonders aber würde es dem Patienten einen grossen Reiz gewähren, wenn er von dem Weibe, selbst ohne Stiefel, mit den blossen Füssen gestossen würde. Aber er glaubt nicht, dass die Schläge als solche die Aufregung bewirken würden, sondern der Gedanke, von dem Weibe misshandelt zu werden, was ebenso wie durch Schläge auch durch grobe Scheltworte geschehen könnte; übrigens würden Schläge und Scheltworte nur dann erregend wirken, wenn sie von einer stolzen und vornehmen Dame herkommen.

Ueberhaupt ist es im Allgemeinen das Gefühl der Demuth und hündischen Ergebung, das dem Patienten Wollust bereitet.

„Würde mir," so erzählt Patient, „eine Dame befehlen, auf sie zu warten, wenn auch in strenger Kälte, so würde ich trotzdem Wollust empfinden."

Patient antwortet auf die Frage, ob denn auch beim Stiefel ihn das Gefühl der Demüthigung überkäme: „Ich glaube, dass diese allgemeine Leidenschaft der eigenen Demüthigung sich speciell auf den Stiefel der Damen concentrirt hat, da es ja symbolisch ist, dass Jemand „nicht werth ist", einem anderen die Schubriemen zu lösen', und überhaupt ein Untergebener kniet."

Die Strümpfe des Weibes üben auf den Patienten auch eine erregende Wirkung aus, aber nur in geringem Grade und vielleicht nur durch Erwecken der Vorstellung der Stiefel. Die Leidenschaft der Damenschuhe hatte bei dem Patienten immer mehr zugenommen, nur in den letzten Jahren glaubt er eine Abnahme zu bemerken; er geht nur sehr selten zu einem öffentlichen Mädchen, ist aber auch dann im Stande, sich mehr zurückzuhalten. Dennoch beherrscht ihn diese Leidenschaft noch vollständig, jeder andere Genuss wird dem Patienten dadurch vereitelt; ein hübscher Damenstiefel würde des Patienten Blick von der schönsten Landschaft abziehen können. Er geht jetzt oft des Nachts in Hotels durch die Corridore und sucht elegante Damenstiefel aus, die er dann küsst und gegen sein Gesicht, Hals, hauptsächlich aber gegen seinen Penis drückt.

Der bemittelte Patient ist vor einiger Zeit eigens nach Italien gereist, nur mit dem Wunsche, unerkannt bei einer reichen vornehmen Dame Bedienter zu werden; der Plan misslang jedoch.

Eine Behandlung des Patienten, der nur zur Consultation erschien, hat bisher nicht stattgefunden.

Die oben mitgetheilte Krankengeschichte reicht bis in die allerletzte Zeit, in der Patient mir über sein Befinden briefliche Mittheilungen gemacht hat.

Eines ausführlichen Commentars bedarf die obige Krankengeschichte nicht. Sie scheint mir eines der besten Krankheitsbilder, das geeignet ist, die von v. Krafft-Ebing angenommene Verwandtschaft zwischen Stiefel-Fetischismus und Masochismus zu illustriren [1]).

Der Hauptreiz für den Patienten ist, wie er — ohne dass derartige Antworten in ihn hineinexaminirt wurden — immer wieder betont, die eigene Unterwürfigkeit dem Weibe gegenüber, das möglichst hoch über ihm stehen soll durch Stolz und vornehme Stellung. (Moll, Untersuchungen über Libido sexualis, Bd. 1, 2. Theil, Beob. 36, p. 320.)

Solche Fälle, in denen innerhalb eines ausgebildeten masochistischen Vorstellungskreises der Fuss und der Schuh oder der Stiefel des Weibes, als Werkzeug der Demüthigung aufgefasst, Gegenstand eines besonderen sexuellen Interesses geworden sind, finden sich zahlreich. Sie bilden in vielfachen, leicht zu verfolgenden Abstufungen den nachweisbaren Uebergang zu anderen Fällen, in welchen die masochistischen Neigungen immer mehr in den Hintergrund treten und nach und nach unter die Schwelle des Bewusstseins tauchen, während das Interesse für den Frauenschuh, scheinbar als ein ganz unerklärliches, allein im Bewusstsein stehen bleibt. Letztere sind die zahlreichen Fälle von Schuhfetischismus.

Diese sehr häufigen Fälle der Schuhverehrer, die, wie alle Fetischisten, auch forensisches Interesse bieten (Schuhdiebstähle), bilden ein Grenzgebiet zwischen Masochismus und Fetischismus. Man kann sie wohl zum grössten Theil als larvirten Masochismus (mit unbewusst gebliebener

---

[1]) Dr. Moll wendet op. cit. p. 136 gegen die Auffassung des Fuss- und Schuh-Fetischismus überhaupt als eine Erscheinung des (mitunter latenten) Masochismus ein, dass es räthselhaft bleibe, warum der Fetischist so oft Stiefel mit hohen Absätzen, dann Stiefel oder Schuhe gerade von einer besonderen Beschaffenheit, z. B. zum Knöpfen, oder Lackschuhe, vorzieht. Gegen diesen Einwand ist zu bemerken, dass erstens die hohen Absätze den Schuh eben als weiblichen charakterisiren, und dass zweitens der Fetischist an seinen Fetisch, unbeschadet des sexuellen Charakters seiner Neigung, auch allerlei Ansprüche ästhetischer Natur zu stellen pflegt. Vgl. unten Beob. 88, ferner die interessante Theorie, welche Restif de la Bretonne, selbst Fussfetischist, aufgestellt hat, bei Moll, Untersuchungen über Libido sexualis p. 498 u. 499, Fussnote.

Motivation) auffassen, wobei der Fuss oder Schuh des Weibes als Fetisch des Masochisten zu selbständiger Bedeutung gelangt ist.

Hier mögen zunächst noch einige Fälle angeführt werden, in denen zwar schon der Frauenschuh in den Mittelpunkt des Interesses rückt, aber auch deutliche masochistische Gelüste eine grosse Rolle spielen. (Vergl. auch oben Beob. 41, p. 81.)

Beobachtung 57. Herr X., 25 Jahre alt, von gesunden Eltern, früher nie erheblich krank, stellte mir folgende Selbstbiographie zur Verfügung: „Ich begann mit 10 Jahren zu onaniren, ohne indessen dabei jemals einen wollüstigen Gedanken zu haben. Indessen übte doch schon damals — das weiss ich genau — der Anblick und die Berührung eleganter Mädchenstiefel einen eigenen Zauber auf mich aus; mein höchster Wunsch war, auch solche Stiefel tragen zu dürfen, ein Wunsch, der bei gelegentlichen Maskeraden wohl auch in Erfüllung ging. Dann war es noch ein ganz anderer Gedanke, der mich peinigte: es war nämlich mein Ideal, mich in gedemüthigter Situation zu sehen, ich wäre gern Sklave gewesen, wollte gezüchtigt sein, kurz, ganz der Behandlung theilhaftig werden, die man in den vielen Sklavengeschichten beschrieben findet. Ob durch die Lektüre dieser Bücher dieser Wunsch in mir entstanden ist, oder spontan, weiss ich nicht anzugeben.

„Mit 13 Jahren trat die Pubertät ein; mit den eintretenden Ejaculationen stieg das Wollustgefühl und ich onanirte häufiger, oft 2 oder 3mal am Tage. Während der Zeit vom 12.—16. Jahre hatte ich während des onanistischen Aktes immer die Vorstellung, ich würde gezwungen, Mädchenstiefel zu tragen. Der Anblick eines eleganten Stiefels am Fusse eines nur einigermassen hübschen Mädchens berauschte mich, namentlich zog ich gern mit Begier den Ledergeruch in meine Nase. Um Leder auch während des Onanirens zu riechen, kaufte ich mir Ledermanschetten, die ich beroch, während ich onanirte. Meine Schwärmerei für lederne Damenstiefel ist noch heute dieselbe, nur vermengt sie sich seit dem 17. Lebensjahre mit dem Wunsche, Diener sein zu können, vornehmen Damen die Stiefel wichsen zu dürfen, sie ihnen an- und ausziehen zu müssen u. dgl.

„Meine nächtlichen Träume bestehen stets in Schuhscenen: entweder ich stehe vor dem Schaufenster eines Schuhladens, eventuell betrachte ich die eleganten Damenschuhe, namentlich die Knöpfschuhe, aut ad pedes feminae jaceo et olfacio et lambo calceolos eius. Seit etwa einem Jahr habe ich die Onanie aufgegeben und gehe ad puellas; der Coitus kommt zu Stande durch festes Denken an Damenknöpfstiefel, eventuell nehme ich den Schuh der puella mit ins Bett. Beschwerden habe ich durch meine frühere Onanie nie gehabt. Ich lerne leicht, habe ein gutes Gedächtniss, habe, so lange ich lebe, noch keine Kopfschmerzen gehabt. — So weit über mich.

„Nur noch ein paar Worte über meinen Bruder: Ich bin fest davon überzeugt, dass auch er Schuhfetischist ist; unter vielen anderen Thatsachen, die mir das beweisen, sei nur die eine hervorgehoben, dass es ein grosses Vergnügen für ihn ist, sich von einer (bildschönen) Cousine treten zu lassen. Im Uebrigen mache ich mich anheischig, von jedem Manne, der vor einem Schuhladen stehen bleibt und sich die ausgelegten Schuhe ansieht, auszusagen, ob er ‚Fussfreier' ist oder nicht. Diese Anomalie ist ungemein häufig; wenn ich in Bekanntenkreisen die Unterhaltung darauf leite, was am Weibe reize, hört man ungemein häufig aussprechen, dass es viel mehr das bekleidete, als das nackte Weib sei; wohl aber hütet sich ein jeder, seinen speciellen Fetisch zu nennen. — Auch einen Onkel von mir halte ich für einen Schuhfetischisten."

Beobachtung 58. Z., 28 Jahre, Beamter, stammt von neuropathischer Mutter. Die Gesundheits- und Familienverhältnisse des früh gestorbenen Vaters sind nicht aufzuklären. Z. war von Kindheit auf nervös, impressionabel, gelangte ohne Verführung früh zur Masturbation, wurde von der Pubertät ab neurasthenisch, unterliess eine Zeit lang Onanie, bekam massenhaft Pollutionen, erholte sich etwas in einer Kaltwasserheilanstalt, fühlte lebhafte Libido dem Weibe gegenüber, gelangte aber, theils aus Misstrauen in seine Potenz, theils aus Furcht vor Ansteckung, bisher nicht zum Coitus, wovon er sehr peinlich berührt ist, zumal da er, faute de mieux, wieder in sein geheimes Laster verfällt.

Z. zeigt sich bei eingehender Besprechung seiner Vita sexualis als Fetischist und zugleich Masochist und bietet interessante Beziehungen zwischen diesen beiden Anomalien der Vita sexualis.

Er versichert, dass er seit seinem 9. Lebensjahre ein Faible für den Frauenschuh habe.

Er führt diesen Fetischismus darauf zurück, dass er damals einer Dame ansichtig wurde, als sie zu Pferd stieg und ein Diener ihr den Steigbügel hielt. Dieser Anblick habe ihn mächtig erregt, sich beständig in seiner Phantasie reproducirt und sei immer mehr mit wollüstigen Gefühlen betont worden. Seine Pollutionsgefühle drehten sich später um mit Schuhen bekleidete Weiber. Er schwärmt für Schnürstiefel mit hohen Absätzen. Dazu gesellte sich früh die wollüstig betonte Vorstellung, sich von einem Weibe mit dem Absatz treten zu lassen und in knieender Stellung des Weibes Schuh zu küssen. Am Weibe interessirt ihn nur der Schuh. Geruchsvorstellungen sind dabei nicht im Spiel. Der Schuh als solcher genügt ihm nicht, er muss angelegt sein. Wird er einer Dame mit solcher Chaussure ansichtig, so wird er so erregt, dass er masturbiren muss. Er glaubt nur einem Weibe gegenüber potent zu sein, das dergestalt chaussirt ist.

Faute de mieux hat er sich einen solchen Schuh gezeichnet und schwelgt im Anblick dieser Zeichnung, während er masturbirt.

Auch der folgende Fall ist hinsichtlich der Beziehungen des Schuhfetischismus zum Masochismus recht instruktiv, zugleich aber durch die dem Patienten selbst gelungene Sanirung seiner Vita sexualis von Interesse.

Beobachtung 59. Herr M., 33 Jahre, aus vornehmer Familie, deren mütterliche Seite seit Generationen psychische Degenerationserscheinungen bis zu moral insanity-Fällen aufweist, von neuropathischer, charakterologisch abnormer Mutter, kräftig, gut gebaut, aber neuropathisch belastet, gerieth schon als kleiner Knabe ohne Verführung an Onanie, bekam, etwa 12 Jahre alt, sonderbare Träume von Gepeinigt-, Gepeitscht-, mit Füssen Getretenwerden durch Männer und Frauen, wobei in dieser Traumsituation Männer immer mehr von Frauen verdrängt wurden. Mit etwa 14 Jahren begann ein Faible für Damenschuhe. Sie erregten ihn sinnlich, er musste sie küssen, an sich drücken, wobei er Erection und Orgasmus bekam, den er mittelst Masturbation ausglich. Solche Akte begleiteten aber auch masochistische Phantasien von Getreten- und Gepeinigtwerden.

Er erkannte, dass seine Vita sexualis abnorm sei und machte schon mit 17 Jahren den Versuch, sie durch Coitus zu saniren.

Er war gänzlich impotent, desgleichen bei einem neuen Versuch mit 18 Jahren, trieb nach wie vor Masturbation, unter Fetischschwärmereien für Damenschuhe und masochistischen Vorstellungskreisen.

Mit 19 Jahren hörte er zufällig von einem Herrn erzählen, der sich, um potent zu sein, von einer Puella flagelliren lasse.

M. erkannte darin die Realisirung von dem, was er sich schon längst wünschte, beeilte sich, dem Beispiel dieses Herrn zu folgen, fühlte sich aber gründlich enttäuscht, von der ganzen Situation angewidert und ausser Stande, auch nur eine Erection zu erzielen.

Er liess derartige Versuche bleiben, suchte und fand Befriedigung in der bisher gewohnten Weise. Mit 27 Jahren führte ihm der Zufall ein sehr sympathisches und galantes Mädchen in den Weg. Als er intim mit demselben geworden war, beklagte er sein Schicksal, impotent zu sein. Das Mädchen lachte ihn aus, mit der Erklärung, in solchem Alter und bei solcher Constitution sei man nicht impotent.

Das gab ihm sein Selbstvertrauen wieder, aber erst nach 14 Tagen intimsten Verkehrs und unter Zuhülfenahme seines Schuhfetischs und masochistischer Phantasien wurde er potent. Einige Monate dauerte dieses Verhältniss. Seine Potenz besserte sich immer mehr, die geheimen Hülfen seiner Potenz wurden immer mehr entbehrlich, und die bezüglichen Vorstellungen wurden fast latent.

Nun folgten 3 Jahre, in welchen wegen psychischer Impotenz bei anderen Mädchen M. wieder der Masturbation und seinem früheren Fetischismus anheimfiel.

Mit 30 Jahren neues sympathisches Verhältniss, aber da M. sich ohne Zuhülfenahme masochistischer Situationen ganz unfähig zum Coitus fühlte, wurde das betreffende Mädchen instruirt, ihn als seinen Sklaven zu behandeln. Sie spielte ihre Rolle gut — er musste die Füsse küssen, wurde mit Ruthen gepeitscht, mit Füssen getreten, aber umsonst.

M. fühlte immer nur Schmerz und das Gefühl tiefster Beschämung, so dass er bald von solchen Handgreiflichkeiten abstand. Er war aber doch leidlich potent, indem, wenn er coitiren wollte, ideelle masochistische Situationen, ihm sich aufdrängend, zu Hülfe kamen.

Dieses wenig befriedigende Verhältniss wurde bald gelöst. Inzwischen hatte M. meine Psychopathia sexualis in die Hände bekommen und den wahren Sachverhalt bezüglich seiner Anomalie erfahren. Er schrieb an die frühere Bekanntschaft, mit der er reüssirt hatte, gewann die betreffende Persönlichkeit neuerdings für sich und erklärte ihr, die unsinnigen Sklavenscenen von früher dürften nicht mehr aufgeführt werden und selbst, wenn er es verlange, dürfe sie auf seine masochistischen Ideen nicht mehr eingehen.

Um sich von seinem Schuhfetischismus zu befreien, verfiel er auf die originelle Idee, sich einen eleganten Damenschuh nach seinem Geschmack zu kaufen und in folgender Weise sich selbst geeignete Suggestionen zu geben:

Er küsste täglich wiederholt diese Schuhe und stellte sich dazu die Frage: „Warum soll ich eigentlich Erectionen haben, wenn ich einen Schuh küsse, der doch nichts Anderes ist, als ein Stück verarbeitetes Leder?" Diese immer wieder angestrengte Entkleidung des Objekts von seinem Fetischzauber half endlich. Die Erectionen schwanden und der Schuh wurde schliesslich einfach Schuh. Neben dieser Autosuggestion ging ein intimer Verkehr mit der sympathischen Person vor sich, der anfangs masochistischer Phantasien zur Erzielung der Potenz nicht entbehren konnte. Allmählig verlor sich auch der Masochismus.

In diesem befriedigenden Zustand kam M. stolz auf seinen selbst erzielten Erfolg zu mir, um mir für die aus meinem Buche geschöpfte Aufklärung, die ihm den richtigen Weg zur Sanirung seiner Vita sexualis gezeigt habe, zu danken. Es blieb mir nur übrig, Herrn M. zu seinem Erfolg Glück zu wünschen.

Einige Monate später berichtete er mir, dass er sich ganz hergestellt fühle, ohne alle Schwierigkeit sexuell verkehre und dass nur noch selten, flüchtig und ohne alle Gefühlsbetonung, in seinem Bewusstsein frühere masochistische Vorstellungen auftauchen.

Beobachtung 60, mitgetheilt von Mantegazza in seinen „Anthropologischen Studien" 1886, p. 110. X., Amerikaner, aus guter Familie, physisch und moralisch gut constituirt, war von der Zeit der erwachenden Pubertät an sexuell nur erregbar durch den Schuh des Weibes. Dessen Körper, oder auch speciell der nackte oder mit dem Strumpf bekleidete Fuss machten ihm keinen Eindruck, aber der mit dem Schuh bekleidete Fuss oder auch der Schuh allein machten ihm Erection, selbst Ejaculation. Es genügte ihm der blosse Anblick, falls ihm elegante Stiefel zur Disposition standen, d. h. solche aus schwarzem Leder, auf der Seite zum Knöpfen und mit möglichst hohen Absätzen. Sein genitaler Trieb wird mächtig erregt, indem er solche Stiefel berührt, küsst, anzieht. Sein Genuss wird erhöht, indem er die Sohlen **durchdringende Nägel** einschlägt, so dass die Spitzen der Nägel beim Gehen in sein Fleisch eindringen. Er empfindet davon furchtbare Schmerzen, aber zugleich wahre Wollust. Sein höchster Genuss ist es, vor schönen, elegant bekleideten **Damenfüssen niederzuknieen, sich von ihnen treten zu lassen.** Ist die Trägerin der Schuhe eine hässliche Frau, so wirken sie nicht und erkaltet seine Phantasie. Hat Patient bloss Schuhe zur Disposition, so schafft seine Phantasie eine schöne Frau hinzu und die Ejaculation erfolgt. Seine nächtlichen Träume drehen sich um die Stiefeletten schöner Frauen. Anblick von Damenschuhen in Schaufenstern kommt demselben unmoralisch vor, während das Sprechen über die Natur des Weibes ihm harmlos und geschmacklos erscheint. Verschiedene Male versuchte X. Coitus, aber erfolglos. Es kam nie zu einer Ejaculation.

Auch in dem folgenden Falle ist das masochistische Element noch deutlich genug — daneben aber auch gleichzeitig das sadistische (vgl. oben p. 76 Thierquäler).

Beobachtung 61. Junger kräftiger Mann, 26 Jahre alt. Am schönen Geschlecht reizt ihn sinnlich absolut nichts, als elegante Stiefel am Fuss einer feschen Dame, besonders wenn sie von schwarzem Leder und mit hohen Absätzen versehen sind. Es genügt ihm der Stiefel ohne Besitzerin. Es gewährt ihm höchste Wollust, ihn zu sehen, zu betasten, zu küssen. Der nackte oder bloss bestrumpfte Damenfuss lässt ihn ganz kalt. Seit der Kindkeit habe er ein Faible für elegante Damenstiefel.

X. ist potent; beim sexuellen Akt muss die Person elegant gekleidet sein und vor Allem schöne Stiefel anhaben. Auf der Höhe wollüstiger Erregung gesellen sich grausame Gedanken zur Bewunderung der Stiefel. Er muss mit Wonne der Todesqualen des Thieres gedenken, von dem das Leder zu den Stiefeln stammt. Zeitweise zwingt es ihn, Hühner und andere lebende Thiere zur Phryne mitzunehmen, damit diese zu seiner grössten Wollust mit ihren eleganten Stiefeln auf den Thieren herumtrete. Er nennt dies „zu den Füssen der Venus opfern". Andere Male muss das Weib **auf ihm mit den gestiefelten Füssen herumtreten, je ärger, um so lieber.**

Bis vor einem Jahre begnügte er sich, da er am Weibe nicht den geringsten Reiz fand, mit Liebkosen von Damenstiefeln seines Geschmacks, wobei es zur Ejaculation und vollen Befriedigung kam. (Lombroso, Arch. di psichiatria IX, fascic. III.)

Der folgende Fall erinnert theils an Beob. 60 durch das Interesse für die Nägel der Schuhe (als mögliche Schmerzerreger), theils an Beob. 61 durch die leise mitanklingenden sadistischen Elemente.

Beobachtung 62. X., 34 Jahre alt, verheirathet, von neuropathischen Eltern, als Kind schwer an Convulsionen leidend, geistig auffallend früh (konnte schon mit 3 Jahren lesen!), aber einseitig entwickelt, nervös von

Kindesbeinen an, bekam mit 7 Jahren den Drang, sich mit den Schuhen, bezw. den Schuhnägeln von Weibern zu beschäftigen. Ihr Anblick, noch mehr das Betasten der Schuhnägel und ihr Zählen machte ihm unbeschreiblichen Genuss.

Nachts musste er sich vergegenwärtigen, wie seine Cousinen sich Schuhe anmessen lassen, wie er einer derselben Hufeisen anschmiedete oder die Füsse abschnitt.

Mit der Zeit überwältigten ihn die Schuhscenen auch bei Tage, und ohne sein Zuthun führten sie zu Erection und Ejaculation. Oefters nahm er Schuhe von weiblichen Hausgenossen, und wenn er sie nur mit dem Penis berührte, hatte er Ejaculation. Eine Zeitlang vermochte er als Student diese Ideen und Gelüste zu beherrschen. Dann kam eine Zeit, wo er dem Geräusch weiblicher Fusstritte auf dem Strassenpflaster lauschen musste, was ihm, gleichwie der Anblick des Nägeleinschlagens in Damenschuhe, oder der Anblick solcher in Verkaufsauslagen, jeweils ein wollüstiges Erbeben machte. Er heirathete und war in den ersten Monaten der Ehe frei von diesen Impulsen. Allmählig wurde er hysteropathisch und neurasthenisch.

In diesem Stadium bekam er hysterische Anfälle, sobald der Schuster ihm von Nägeln an Damenschuhen oder von Frauenschuhbeschlagen sprach. Noch grösser war die Reaktion, wenn er einer hübschen Dame mit stark beschlagenen Schuhen ansichtig wurde. Um Ejaculation zu bekommen, brauchte er nur Damensohlen aus Carton auszuschneiden und mit Nägeln zu belegen, oder aber er kaufte Damenschuhe, liess sie im Laden beschlagen, machte sie daheim auf dem Boden scharren und berührte endlich damit die Spitze seines Penis. Aber auch spontan kamen wollüstige Schuhsituationen, in welchen er sich durch Masturbation befriedigte.

X. ist sonst intelligent, tüchtig im Beruf, aber gegen seine perversen Gelüste kämpft er vergebens an. Er bietet Phimose; Penis kurz, an der Wand bauchig, nicht vollkommen erectionsfähig. Eines Tages liess sich Patient über den Anblick einer genagelten Damensohle vor dem Laden eines Schusters zur Masturbation hinreissen und wurde dadurch criminell (Blanche, Archiv. de Neurologie, 1882, Nr. 22).

Hier ist auch auf den weiter unten darzustellenden Fall (Beob. 115) eines conträr Sexualen hinzuweisen, dessen sexuelles Interesse hauptsächlich von den Stiefeln männlicher Diener in Anspruch genommen wird. Er möchte sich von ihnen treten lassen etc.

Ein masochistisches Element liegt noch in dem folgenden Falle:

Beobachtung 63. (Dr. Pascal, Igiene dell' amore.) X., Kaufmann, bekam von Zeit zu Zeit, besonders bei schlechter Witterung, folgendes Gelüste: Er redete eine beliebige Prostituirte an und ersuchte sie, mit ihm zu einem Schuster zu gehen, wo er ihr das schönste Paar Lackstiefeletten kaufte, unter der Bedingung, dass sie dieselben sofort anziehe. Nachdem dies geschehen, musste die Betreffende auf der Strasse möglichst in den Koth und in Pfützen treten, um die Stiefel recht zu beschmutzen. War dies geschehen, so führte X. die Person in ein Hotel und, kaum mit ihr in einem Zimmer, stürzte er auf ihre Füsse los und empfand ein ausserordentliches Vergnügen, dabei an diesen seine Lippen zu wetzen. Nachdem die Stiefel auf diese Weise gereinigt waren, gab er ein Geldgeschenk und ging seiner Wege.

Aus diesen Fällen ergibt sich deutlich, dass der Schuh ein Fetisch des Masochisten[1]) ist und zwar offenbar wegen der Beziehung des be-

---

[1]) Vgl. die jeden diesbezüglichen Zweifel ausschliessende Beob. 1 des Verf. im

kleideten weiblichen Fusses zur Vorstellung des Getretenwerdens und anderen Akten der Demüthigung.

Wenn also in anderen Fällen von Schuhfetischismus der Frauenschuh allein als Erreger sexueller Begierden erscheint, so lässt sich wohl annehmen, dass in solchen Fällen masochistische Motive latent geblieben sind. Die Idee des Getretenwerdens etc. bleibt in der Tiefe des Unbewussten, und die Vorstellung des Schuhes allein, des Mittels zu solchen Dingen, taucht im Bewusstsein auf. Fälle, welche sonst ganz unerklärlich bleiben würden, finden so eine genügende Aufklärung. Es handelt sich hier um larvirten Masochismus, und dieser dürfte stets als unbewusstes Motiv anzunehmen sein, wenn nicht ausnahmsweise die Entstehung des Fetischismus aus einer Association von Vorstellungen bei Gelegenheit eines bestimmten Erlebnisses nachweisbar ist, wie im Falle der Beobachtungen 93 u. 94.

Derartige Fälle von Trieb zu Frauenschuhen, ohne bewusstes Motiv und ohne nachweisbare Entstehung, sind aber geradezu zahllos[1]). Als Beispiele mögen hier drei Fälle angeführt werden.

Beobachtung 64. Cleriker, 50 Jahre alt. Derselbe erscheint zeitweise in Prostitutionshäusern unter dem Vorwand, ein Zimmer im Hause zu miethen, lässt sich in ein Gespräch mit einer Puella ein, wirft lüsterne Blicke nach ihren Schuhen, zieht ihr einen aus, osculatur et mordet caligam libidine captus; ad genitalia denique caligam premit, eiaculat semen semineque eiaculato axillas pectusque terit, kommt aus seiner wollüstigen Ekstase zu sich, bittet die Besitzerin des Schuhs um die Gnade, ihn einige Tage behalten zu dürfen, und bringt ihn dann, höflich dankend, nach der bedungenen Zeit zurück. (Cantarano, „La Psichiatria", V, p. 205.)

Beobachtung 65. Stud. Z., 23 Jahre alt, stammt aus belasteter Familie. Schwester war gemüthskrank, Bruder litt an Hysteria virilis. Patient seit Kindesbeinen sonderbar, hat häufig hypochondrische Verstimmungen. Taed. vitae, fühlt sich zurückgesetzt. Bei einer Consultation wegen „Gemüthsleiden" finde ich einen höchst verschrobenen, belasteten Menschen mit neurasthenischen und hypochondrischen Symptomen. Der Verdacht auf Masturbation bestätigt sich. Patient giebt interessante Enthüllungen bezüglich seiner Vita sexualis. Im Alter von 10 Jahren fühlte er sich mächtig vom Fuss eines Kameraden angezogen. Mit 12 Jahren habe er für Damenfüsse zu schwärmen begonnen. Es war ihm ein wonniges Gefühl, in ihrem Anblick zu schwelgen. Mit 14 Jahren begann er zu masturbiren, indem er sich dabei einen hübschen Damenfuss dachte. Von nun an begeisterte er sich für die Füsse seiner 3 Jahre älteren Schwester. Auch die Füsse anderer Damen, sofern sie ihm sympathisch waren, wirkten sexuell erregend. Am Weibe interessirte ihn nur der Fuss. Der Gedanke an sexuellen Verkehr mit einem Weibe erweckte ihm

---

Centralblatt f. d. Krankheiten der Harn- und Sexualorgane VI, 7, einen mit Schuhfetischismus behafteten Masochisten betreffend.

[1]) Mit dem Fussfetischismus hängt es offenbar zusammen, dass einzelne derartige Individuen den Coitus, der sie nicht befriedigt oder den zu leisten sie nicht im Stande sind, durch Tritus membri inter pedes mulieris ersetzen.

Ekel. Noch niemals hatte er Coitus versucht. Vom 12. Jahre ab empfand er nie mehr ein Interesse für den Fuss männlicher Individuen. Die Art der Bekleidung des weiblichen Fusses ist ihm gleichgültig, entscheidend ist, dass die Persönlichkeit ihm sympathisch erscheint. Der Gedanke, die Füsse Prostituirter zu geniessen, sei ihm ekelhaft. Seit Jahren ist er verliebt in die Füsse seiner Schwester. Wenn er nur der Schuhe dieser gewahr werde, errege dieser Anblick mächtig die Sinnlichkeit. Ein Kuss, eine Umarmung der Schwester habe nicht diese Wirkung. Sein Höchstes sei, den Fuss eines sympathischen Weibes zu umfassen, zu küssen. Dann komme es sofort, unter lebhaftem Wollustgefühl, zur Ejaculation. Oft trieb es ihn, mit einem Schuh der Schwester seine Genitalien zu berühren, jedoch vermochte er bisher diesen Drang zu beherrschen, zumal da er seit 2 Jahren (in Folge vorgeschrittener reizbarer genitaler Schwäche) schon beim blossen Anblick des Fusses ejaculirte. Von den Angehörigen erfährt man, dass Patient eine „lächerliche Bewunderung" für die Füsse seiner Schwester habe, so dass diese ihm aus dem Wege gehe und sich bemühe, ihre Füsse vor dem Patienten zu verbergen. Patient empfindet seinen perversen sexuellen Drang als krankhaft und ist peinlich davon berührt, dass seine schmutzigen Phantasien gerade den Fuss der Schwester zum Gegenstand haben. Er weiche der Gelegenheit aus, wie er nur könne, suche sich durch Masturbation zu helfen, wobei ihm, gleichwie bei Traumpollutionen, Damenfüsse in der Phantasie vorschweben. Werde aber der Drang zu mächtig, so könne er nicht widerstehen, des Anblicks des Fusses der Schwester theilhaftig zu werden. Gleich nach der Ejaculation empfinde er lebhaften Aerger, wieder schwach gewesen zu sein. Seine Neigung zum Fuss der Schwester habe ihn unzählige schlaflose Nächte gekostet. Er wundere sich oft, dass er seine Schwester noch gern haben könne. Obwohl es ihm recht sei, dass diese ihre Füsse vor ihm verberge, sei er oft sehr irritirt darüber, dass er dadurch um seine Pollution komme. Patient betont, dass er sonst sittlich sei, was auch seine Angehörigen bestätigen.

**Beobachtung 66.** S. in New-York ist des Strassenraubes angeklagt. In der Ascendenz zahlreiche Fälle von Irresein, auch Vaters Bruder und Vaters Schwester sind geistig abnorm. Mit 7 Jahren zweimal heftige Hirnerschütterung. Mit 13 Jahren Sturz von einem Balkon. Im 14. Jahre bekam S. heftige Anfälle von Kopfweh. Zugleich mit diesen Anfällen oder unmittelbar darauf sonderbarer Antrieb, die Schuhe weiblicher Familienglieder, meist nur einen zu entwenden und in irgend einem Winkel zu verbergen. Zur Rede gestellt, läugnet er jeweils oder behauptet, sich der Sache nicht zu erinnern. Das Gelüste nach Schuhen war unbesiegbar, kehrte alle 3—4 Monate wieder. Einmal machte er einen Versuch, einen Schuh vom Fusse eines Dienstmädchens zu entwenden, ein andermal hatte er seiner Schwester einen Schuh aus dem Schlafzimmer entwendet. Im Frühjahr wurden zwei Damen auf offener Strasse die Schuhe von den Füssen gerissen. Im August verliess S. in der Frühe sein Haus, um an sein Geschäft als Buchdrucker zu gehen. Einen Augenblick darauf entriss er einem Mädchen auf der Strasse einen Schuh, entfloh, lief in seine Officin, wurde dort wegen Strassenraubs verhaftet. Er behauptet, von seiner That nicht viel zu wissen, es sei wie ein Blitz beim Anblick des Schuhs in ihn gefahren, dass er dessen bedürfe, wozu, wisse er nicht. Er habe in einem Zustand von Unbesinnlichkeit gehandelt. Der Schuh befand sich, wie richtig angegeben, in seinem Rocke. In der Haft war er geistig so erregt, dass man Ausbruch von Irrsinn befürchtete. Entlassen, stahl er seiner Frau, während sie schlief, wieder Schuhe. Sein moralischer Charakter, seine Lebensweise waren untadelhaft. Er war ein intelligenter Arbeiter, nur schnell folgende unregelmässige Beschäftigung machte ihn confus und unfähig zur Arbeit. Freisprechung. (Nichols, Americ. J. J. 1859; Beck, Medical jurisprud. 1860 vol. I. p. 732.)

Dr. Pascal hat op. cit. noch einige ganz ähnliche Beobachtungen, und viele andere sind mir durch Collegen und Patienten zugekommen.

c) **Ekelhafte, Selbstdemüthigung involvirende und offenbar zum Zweck der Befriedigung masochistischer Gelüste unternommene Handlungen — larvirter Masochismus, Koprolagnie.**

Während in den bisher geschilderten Aeusserungsweisen des Masochismus das ästhetische Gefühl im Allgemeinen gewahrt und die angestrebte wollüstig betonte Situation ganz symbolisch oder ideell bleiben kann, kommen Fälle vor, in welchen das Streben nach sexueller Befriedigung durch Selbstdemüthigung vor dem Weib eine das ästhetische und sittliche Gefühl des normalen Menschen auf das Aeusserste verletzende Ausdrucksweise findet.

Bedingungen dafür sind damit gegeben, dass auf der Grundlage psychischer Degeneration normaliter mit dem tiefsten Ekel betonte Geruchs- und Geschmacksvorstellungen die lebhaftesten Lustgefühle hervorrufen, wobei die Vita sexualis mächtig erregt wird und der Perverse zu Orgasmus und selbst Ejaculation gelangt.

Die Analogie mit den Excessen religiöser Schwärmerei ist selbst hier noch vorhanden. Die religiöse Schwärmerin Antoinette Bouvignon de la Porte mischte ihre Speisen mit Koth, um sich zu kasteien. (Zimmermann op. cit. p. 124.) Die beatificirte Marie Alacoque leckte, um sich zu „mortificiren", mit der Zunge die Dejectionen von Kranken auf und saugte an deren mit Geschwüren bedeckten Zehen! Interessant ist auch die Analogie mit dem Sadismus, bei welchem, ebenfalls durch (perverse) Betonung von sonst eklen Geschmacks- und Geruchsvorstellungen mit Lustgefühlen, Erscheinungen im Sinne des Vampyrismus und der Anthropophagie (vgl. p. 59 Fall Bichel, Menesclou, f. Beob. 18. 19. 20. 22) möglich sind. Man könnte diesen Trieb zum Ekelhaften im Rahmen des Masochismus Koprolagnie nennen. Seine Beziehungen zum Masochismus, als Unterform desselben, sind schon in Beob. 43, p. 88 angedeutet. Sie werden durch die folgende Beobachtung vollkommen klar gestellt.

Für manche Fälle hat es den Anschein, als ob die masochistische Empfindungsweise dem perversen Individuum unbewusst bleibt und nur der Trieb zu ekelhaften Dingen ins Bewusstsein tritt (larvirter Masochismus). Ein zutreffendes Beispiel von masochistischer Koprolagnie (in Combination mit contr. Sexualempfindung) ist Beob. 114 der 8. Auflage. Der Gegenstand derselben schwelgt nicht bloss im Gedanken, Sklave des geliebten Mannes zu sein, und verweist in dieser Hinsicht auf Sacher-Masoch's „Venus in Pelz", sed etiam sibi fingit amatum poscere ut crepidas sudore diffluentes olfaciat ejusque stercore vescatur. Deinde narrat, quia non habeat, quae confingat et exoptet, eorum loco suas crepidas sudore infectas olfacere suoque stercore vesci, inter quae facta pene erecto se voluptate perturbari semenque ejaculari.

Beobachtung 67. Masochismus. Koprolagnie. Z., 52 Jahre, aus höherer Gesellschaftsclasse, von phthisischem Vater, aus angeblich unbelasteter Familie, von jeher aber nervös, einziges Kind, versichert, schon im 7. Lebensjahre eigenthümliche Aufregung empfunden zu haben, wenn er zufällig Zuschauer war, wie die Dienstmädchen im Hause sich der Schuhe und Strümpfe entledigten, um die Stuben zu reinigen. Einmal bat er eines der Mädchen, ihm vor dem Waschen Fusssohlen und namentlich Zehen zu zeigen. Als er zur Schule ging und Bücher zu lesen begann, drängte es ihn förmlich zu Lektüre, in welcher raffinirte Grausamkeiten, Folterungen beschrieben waren, ganz besonders, wenn solche auf Befehl von Weibern ausgeführt wurden. Er verschlang förmlich Romane über Sklaverei, Leibeigenschaft etc. und wurde bei solcher Lektüre sexuell dermassen so erregt, dass er zu masturbiren begann. Namentlich aber reizte ihn die Vorstellung, Sklave einer jungen hübschen Dame aus seiner Umgebung zu sein, nach längerem Spaziergang mit ihr, ihr pedes lambere[1]) zu dürfen, praecipue plantas et spatia inter digitos. Er stellte sich dabei die betreffende junge Dame als recht grausam vor, malte sich aus, wie dieselbe an ihm zudictirten Folterungen, Peitschungen sich ergötze. Bei solchen Phantasieschwelgereien masturbirte er. Mit 15 Jahren kam er dazu, sich von einem Pudel, wenn er solchen Phantasien nachhing, die Füsse lecken zu lassen. Eines Tages beobachtete er, wie sich ein hübsches Dienstmädchen im Hause bei der Lektüre von diesem Pudel die Zehen auslecken liess. Dieser Anblick machte Z. Erection und Ejaculation. Er überredete nun das Mädchen, sich öfters von dem Pudel in seiner Gegenwart die Füsse lecken zu lassen. Schliesslich übernahm er die Stelle des Pudels, wobei er jedesmal ejaculirte. Vom 15.—18. Jahr in einer Pension, hatte er zu solchen Praktiken keine Gelegenheit. Er beschränkte sich darauf, alle paar Wochen mit der Lektüre von Grausamkeiten, von Weibern begangen, sich aufzuregen, wobei er sich vorstellte, er müsse einem solchen grausamen Weibe digitos pedum sugere, womit er, unter grösster Wollust, Ejaculation erzielte. Weibliche Genitalien hatten für ihn nie das geringste Interesse, ebenso wenig fühlte er sich zu den Männern geschlechtlich hingezogen. Erwachsen suchte er Puellas auf und coitirte mit ihnen, nachdem er vorher Succio pedum an ihnen vorgenommen hatte. Auch inter actum that er dies und veranlasste die Puella, ihm zu erzählen, mit welchen Martern sie ihn zu Tode quälen lassen würde, falls er die Zehen nicht ganz rein ausleckte. Z. versichert, dass er unendlich oft seinen Zweck erreichte und dass diese Succio den Betreffenden ganz angenehm gewesen sei. Füsse von gebildeten Damen, von engen Schuhen gedrückt und verkrümmt, dabei mehrere Tage nicht gewaschen, hatten für ihn ganz besonderen Reiz, jedoch goutirte er nur „geringe natürliche Ablagerung, wie solche bei reinlichen gebildeten Damen sich zeigt", ferner Abfärbung von Strümpfen, während Schweissfüsse ihn nur in der Phantasie erregten, in Wirklichkeit ihn aber anwiderten. Auch die „grausamen Foltern" existirten für ihn nur in der Phantasie, als erregendes Mittel; in Wirklichkeit perhorrescirte er sie und versuchte nie, sie zu verwirklichen. Gleichwohl spielten sie eine hervorragende Rolle in seiner Phantasie und unterliess er es

---

[1]) Dieses ekle Gelüste findet sich auch in Beob. 68 der 8. Auflage dieses Werkes. Es scheint überhaupt nicht selten bei Koprolagnisten und fetischistisch bedingt.

nie, ihm sympathische Weiber, mit denen er in masochistischer Relation war, zu instruiren, wie sie ihre (bestellten und inspirirten) Drohbriefe zu schreiben hatten. Aus einer Collection solcher Briefe, die mir Z. zur Verfügung stellte, sei einer dieser Briefe, da er das ganze Denken und Fühlen dieses Masochisten klar legt, hier mitgetheilt: „Lambitor sudoris pedum meorum!" „Ich versetze mich mit Wollust in die Zeit, wo Sie mir die Zehen auslecken werden, besonders nach längerem Spaziergang ... eine Abbildung meines Fusses erhalten Sie nächstens. Es wird mich wie Nectar berauschen, wenn Sie meinen Sudor pedum lecken. Und wenn Sie nicht wollen, so werde ich Sie zwingen, Sie peitschen als meinen niedrigsten Sklaven. Du selbst sollst schauen wie alius favoritus sudorem pedum mihi lambit, während Du wie ein Hund unter den Peitschenhieben der Leibeigenen winselst. Vogelfrei werde ich Dich erklären; eine grausame Freude soll es mir bereiten, Dich leiden zu sehen, in den schrecklichsten Martern Deine Seele aushauchend, im Todeskampfe mir die Füsse leckend ... Sie fordern mich zur Grausamkeit heraus — nun gut, wie einen Wurm will ich Sie zertreten ... Sie verlangen einen Strumpf von mir. Ich werde ihn länger tragen, als ich es sonst zu thun pflege. Ich verlange aber, dass Sie ihn küssen, belecken, sowie dass Sie den Fusstheil desselben ins Wasser legen und dann das Wasser austrinken. Thun Sie nicht Alles, was ich in meiner Wollust verlange, so werde ich Sie mit der Reitpeitsche züchtigen. Ich verlange unbedingten Gehorsam. Folgen Sie nicht, so lasse ich Sie mit Knuten peitschen, über eine Tenne gehen, deren Boden mit lauter Eisenspitzen beschlagen ist, oder ich lasse Ihnen die Bastonade geben und Sie dann den Löwen im Käfig vorwerfen und sehe mit Wonne zu, wie Ihr Fleisch diesen Bestien mundet."

Trotz dieser lächerlichen und bestellten Tiraden hält Z. diesen Brief als Mittel zum Zweck der Befriedigung perverser Sexualität in hohen Ehren. Nach seiner Versicherung erscheint ihm seine sexuelle Scheusslichkeit, die er für eine angeborene Anomalie hält, nicht widernatürlich, obwohl er zugeben muss, dass sie Normalmenschen Ekel einflösst. Er ist im Uebrigen ein honnetter und feinfühliger Mensch, aber seine zudem geringen ästhetischen Bedenken werden weitaus überwogen durch die Wollust, welche ihm die Befriedigung seiner perversen Gelüste gewährt.

Durch Z. wurde mir der Einblick in die Correspondenz desselben mit dem belletristischen Vertreter des Masochismus, Sacher-Masoch, gewährt.

Einer dieser Briefe, datirt aus dem Jahr 1888, hat als Devise die Abbildung eines üppigen Weibes, mit herrischer Miene, das von einem Pelz nur halbverhüllt ist und eine Reitpeitsche in der Hand hält, wie zum Schlag ausholend. Sacher-Masoch behauptet, dass die „Passion, den Sklaven zu spielen", sehr verbreitet sei, insbesondere bei den Deutschen und den Russen. In dem Briefe wird die Geschichte eines vornehmen Russen berichtet, der es liebte, sich von mehreren schönen Frauen binden und peitschen zu lassen. Eines Tages fand er in einer jungen schönen Französin sein (sadistisches) Ideal so verkörpert vor, dass er die Person in seine Heimat mitnahm.

Nach Sacher-Masoch schenkte eine dänische Dame keinem Manne ihre Gunst, bevor er sich nicht eine Zeitlang als ihr Sklave behandeln liess. Amantes coagere solebat, ut ei pedes et podicem lambeant. Sie liess ihre Liebhaber solange mit Ketten schliessen und peitschen, bis sie ihr gehorchten lambendo pedes. Einmal wurde der „Sklave" an die Pfosten ihres Himmelbettes gefesselt und musste Zeuge sein, wie sie einem Anderen die höchste Gunst erwies. Nachdem dieser sie verlassen hatte, wurde der gefesselte „Sklave" von ihren Dienerinnen solange gepeitscht, bis er dazu bereit war, lambere podicem dominae.

Wären diese Mittheilungen Wahrheit, was man aber von einem Dichter des Masochismus nicht ohne Weiteres annehmen darf, so würden sie bemerkenswerthe Belege für Sadismus feminarum sein. Unter allen Umständen sind sie psychologisch interessante Beispiele für die Eigenart masochistischer Denk- und Gefühlsweise. (Eigene Beobachtung, Centralblatt für die Krankheiten der Harn- und Sexualorgane VI. 7.)

**Beobachtung 68.** Herr Z., 24 Jahre, Beamter aus Russland, stammt von neuropathischer Mutter und psychopathischem Vater. Z. ist ein intelligenter, feinfühliger, normal gebauter Mensch von gefälligem Aeusseren und feinen Manieren; schwere Krankheiten hat er nicht überstanden. Er behauptet, von Keindesbeinen auf nervös zu sein, gleich seiner Mutter, hat neuropathisches Auge und empfindet in der letzten Zeit cerebral-asthenische Beschwerden. Er klagt bitter über eine Perversion seiner Vita sexualis, die ihn oft ganz verzweifelt mache, ihm jegliche Selbstachtung raube und geeignet sei, ihn noch zum Selbstmord zu bringen.

Der Alp, welcher auf ihm laste, sei ein unnatürliches Gelüste nach Mictio mulieris in os suum, das ihn ziemlich regelmässig alle 4 Wochen heimsuche. Gefragt nach der Entstehung dieser Perversion, theilt er folgende interessante, weil genetisch wichtige Thatsachen mit. Als er 6 Jahre alt war, traf es sich zufällig, dass er in einer gemischten Knaben-Mädchenschule einem neben ihm sitzenden kleinen Mädchen cum manu sub podicem fuhr. Er empfand daran ein grosses Wohlbehagen, wiederholte gelegentlich diese Handlung mit dem gleichen Erfolg. Die Erinnerung an solche angenehme Situationen spielte von nun an eine gewisse Rolle in seiner Phantasie.

Puerum decem annorum serva educatrix libidine mota ad corpus suum appressit et digitum ejus in vaginam introduxit. Quum postea fortuitu digito nasum tetigit, odore ejus valde delectatus fuit.

Im Anschluss an das mit ihm von dem Weibe begangene Unzuchts- delict entwickelte sich bei ihm nun die mit einer Art Wollust betonte Vorstellung, gefesselt inter femora mulieris cumbere, coactus ut dormiat sub ejus podice et ut bibat ejus urinam.

Vom 13. Jahr an treten diese Phantasien ganz zurück. Mit 15 Jahren erster Coitus, mit 16 Jahren zweiter, ganz normal und ohne solche Vorstellungen.

Deficiente pecunia et magna libidine perturbatus masturbatione eam satiabat.

Mit 17 Jahren kamen die perversen Vorstellungskreise wieder. Sie wurden immer mächtiger und von nun an vergebens bekämpft.

Mit dem 19. Jahr erlag er ihrem Antrieb. Quum mulier quaedam in os ei minxit, maxima voluptate affectus est. Er coitirte dann mit dem feilen Weibe. Seither kam über ihn regelmässig alle 4 Wochen der Drang, diese Situation zu wiederholen.

Hatte er seinem perversen Drang genügt, so schämte er sich vor sich selber und empfand grossen Ekel. Zu Ejaculation kam es in der Folge dabei nur ausnahmsweise, jedoch hatte er mächtige Erection und Orgasmus und befriedigte sich dann, wenn es nicht zur Ejaculation gekommen war, durch den Coitus.

In der Zwischenzeit seiner übermässig und impulsiv sich geltend machen- den Antriebe fühlte er sich vollkommen frei von derartigen perversen Gedanken, aber auch von ideellem Masochismus. Ebenso wenig ergaben sich fetischistische Beziehungen. Die Libido ist intervallär eine geringe und wird in normaler Weise, ohne Hinzutreten der perversen Vorstellungskreise, befriedigt. Es geschah ihm wiederholt, dass er, wenn der Drang zur Wiederholung des perversen Aktes ihn heimsuchte, vom Lande viele Stunden weit nach der Hauptstadt reisen musste, um jenem zu fröhnen.

Wiederholt versuchte der feinfühlige, sein krankhaftes Gelüste selbst verabscheuende Kranke seinem Drange zu widerstehen, aber vergeblich, da qualvolle Unruhe, Angst, Zittern, Schlaflosigkeit dann unerträglich wurden und er um jeden Preis seiner psychischen Spannung durch die erlösende Befriedigung seines Dranges ledig werden musste. Dies erreichte er jeweils sofort mit der Folgegebung, aber dann kamen wieder die Selbstvorwürfe und die Selbstverachtung, bis zu bedenklichem Taedium vitae. Durch diese seelischen Kämpfe ist der Unglückliche neuerlich recht neurasthenisch geworden und klagt über Gedächtnissschwäche, Zerstreutheit, geistige Unfähigkeit, Kopfdruck. Seine letzte Hoffnung ist, dass es ärztlicher Kunst gelinge, ihn von seinem schrecklichen Gelüste zu befreien und ihn vor sich selbst sittlich zu rehabilitiren.

Epikrise: Mit 6 Jahren wollüstige Betonung eines bei dem Alter des Individuums an und für sich indifferenten Aktes.

Mit 10 Jahren wollüstig betonte, jedenfalls perverse Geruchswahrnehmung.

Entwicklung von bisher latenten masochistischen Vorstellungen, mit specieller Directive durch mit 6 und 10 Jahren erhaltene perverse Eindrücke. Intermission durch normalen Coitus.

Durch Abstinenz und Masturbation, vielleicht auch Pubertätseinflüsse wiedererwachte sexuelle Perversion.

Diese in der Folge als impulsive, periodisch wiederkehrende, wollüstig betonte (bei genügend erregbarem Ejaculationscentrum), dem Coitus äquivalente Koprolagnie.

Intervallär normale Vita sexualis.

Hierher gehören weitere Fälle Cantarano's l. c. (mictio, in einem anderen Falle gar defaecatio puellae ad linguam viri ante actum). Geniessen von nach Fäces riechendem Confect, um potent zu sein; ferner folgender, gleichfalls von einem Arzte mir mitgetheilter Fall:

Ein im höchsten Grade decrepider russischer Fürst liess sich von seiner Maitresse, die sich über ihn, ihm den Rücken wendend, setzen musste, auf die Brust defäciren, und regte nur auf diese Weise die Reste seiner Libido an.

Ein Anderer soutenirt eine Maitresse in aussergewöhnlich glänzender Weise mit der ihr auferlegten Verpflichtung, ausschliesslich Marzipan zu essen. Ut libidinosus fiat et eiaculare possit excrementa feminae ore excipit. — Ein brasilianischer Arzt berichtete mir über mehrere zu seiner Kenntniss gekommene Fälle von Defaecatio feminae in os viri.

Derartige Fälle kommen überall vor und durchaus nicht selten. Alle möglichen Secrete, Speichel, Nasenschleim, selbst Ohrenschmalz werden in diesem Sinne benützt, mit Begierde verschlungen, oscula ad nates und selbst ad anum gegeben. (Dr. Moll op. cit. p. 135 berichtet Gleiches von Conträrsexualen.) Das perverse Gelüste, den Cunnilingus activ auszuüben, welches weit verbreitet ist, dürfte auch häufig in solchen Antrieben seine Wurzel haben.

Einen solchen Fall von Masochismus, zugleich mit Schuh- bezw. Fussfetischismus und Koprolagnie (Schwärmen für den Sudor pedum aut axillarum feminae, für den Foetor cunni et ani bis zu Cunnilingus et Anilingus!) bei Indifferenz für Coitus, habe ich im Centralblatt für die Krankheiten der Harn- und Sexualorgane VI. 7. p. 355 mitgetheilt.

Hierher gehört offenbar auch der scheussliche Fall von Cantarano, „La Psichiatria" Jahrg. V. p. 207, in welchem dem Coitus Morsus et succio an den möglichst lange nicht gewaschenen Zehen der Puella vorausgehen, ferner der von mir in der 8. Aufl. dieses Buches berichtete analoge (Beob. 68).

Stefanowski (Archives de l'Anthropologie criminelle 1892, Bd. VII) kennt einen alten russischen Kaufmann, qui valde delectatus fuit bibendo ea quae puellae lupanarii jusso suo in vas spuerunt.

Neri, Archiv. delle psicopatie sessuali p. 108: 27 Jahre alter Arbeiter, schwer belastet, mit Tic im Gesicht, Phobien (besonders Agoraphobie) und Alkoholismus behaftet. Summa ei fit voluptas, si meretrices in os eius faeces et urinas deponunt. Vinum supra corpus scortorum effusum defluens ore ad meretricis cunnum adposito excipit. Valde delectatur, si sanguinem menstrualem ex vagina effluentem sugere potest. Fetischist in Damenhandschuhen und Stiefeletten, osculatur calceos sororis, cuius pedes sudore madent. Libido eius tum demum maxime satiatur, si a puellis insultatur, immo vero verberatur, ut sanguis exeat. Dum verberatur, genibus nixus veniam et clementiam puellae expetit, deinde masturbare incipit.

Beobachtung 69. W., 45 Jahre, belastet, war schon mit 8 Jahren der Masturbation ergeben. A decimo sexto anno libidines suas bibendo recentem feminarum urinam satiavit. Tanta erat voluptas urinam bibentis ut nec aliquid olfaceret nec saperet, haec faciens. Nach dem Trinken empfand er jedesmal Ekel, Uebelbefinden und fasste die besten Vorsätze, derlei künftig bleiben zu lassen. — Ein einziges Mal hatte er gleichen Genuss beim Trinken des Urins von einem 9jährigen Knaben, mit dem er einmal Fellatio getrieben hatte. Patient leidet an epileptischer Geistesstörung. (Pelanda, Archivio di Psichiatria X, fasc. 3—4.)

Hierher gehören noch ältere Fälle, welche schon Tardieu (Étude médico-légale sur les attentats aux moeurs p. 206) an senilen Persönlichkeiten beobachtet hat. Er schildert als „Renifleurs", „qui in secretos locos nimirum theatrorum posticos convenientes quo complures feminae ad micturiendum festinant, per nares urinali odore excitati, illico se invicem polluunt."

Einzig in dieser Hinsicht sind die „Stercoraires", von denen Taxil (La prostitution contemporaine) berichtet.

Geradezu monströse hierhergehörige weitere Thatsachen theilte Eulenburg in Zülzer's Klin. Handbuch der Harn- und Sexualorgane IV, p. 47 mit.

### d) Masochismus des Weibes.

Beim Weibe ist die willige Unterordnung unter das andere Geschlecht eine physiologische Erscheinung. In Folge seiner passiven Rolle bei der Fortpflanzung und der von jeher bestehenden socialen Zustände sind für das Weib mit der Vorstellung geschlechtlicher Beziehungen überhaupt die Vorstellungen der Unterwerfung regelmässig verbunden. Sie bilden sozusagen die Obertöne, welche die Klangfarbe weiblicher Gefühle bestimmen.

Der Kenner der Culturgeschichte weiss, in welchem Verhältnisse der absoluten Unterwerfung das Weib von jeher bis zu relativ hohen Culturzuständen gehalten wurde[1]), und ein aufmerksamer Beobachter des Lebens kann heute noch leicht erkennen, wie die Gewöhnung unzähliger Generationen, im Verein mit der passiven Rolle, welche die Natur dem Weibe zugewiesen hat, diesem Geschlechte eine instinktive Neigung zur freiwilligen Unterordnung unter den Mann angebildet hat; er wird be-

---

[1]) Die Rechtsbücher des frühesten Mittelalters geben dem Manne das Tödtungs-, die des späten noch das Züchtigungsrecht über sein Weib. Von letzterem wurde auch in höheren Ständen ausgiebig Gebrauch gemacht (vgl. Schultze, Das höfische Leben zur Zeit des Minnesangs, Bd. I. p. 163 f.). Daneben steht unvermittelt der paradoxe Frauendienst des Mittelalters (s. unten p. 134).

merken, dass von den Frauen ein stärkeres Betonen der üblichen Galanterie höchst abgeschmackt gefunden, ein Abweichen davon nach der Seite eines herrischen Benehmens zwar mit lautem Tadel, aber oft mit heimlichem Behagen aufgenommen wird [1]). Unter dem Firniss unserer Salonsitten ist überall der Instinkt der Frauendienstbarkeit erkennbar.

So liegt es nahe, den Masochismus überhaupt als eine pathologische Wucherung specifisch weiblicher psychischer Elemente anzusehen, als krankhafte Steigerung einzelner Züge des weiblichen psychischen Geschlechtscharakters, und seine primäre Entstehung bei diesem Geschlechte zu suchen (s. unten Anm. zu p. 135).

Als feststehend kann aber wohl angenommen werden, dass eine Neigung zur Unterordnung unter den Mann (die ja als erworbene zweckmässige Einrichtung, als Anpassungserscheinung an sociale Thatsachen gelten kann) beim Weibe bis zu einem gewissen Grade als normale Erscheinung sich vorfindet.

Dass es unter solchen Umständen nicht öfter zur „Poesie" symbolischer Unterwerfungsakte kommt, hat seinen Grund theilweise darin, dass der Mann nicht die Eitelkeit des Schwachen besitzt, der die Sachlage zur Ostentation seiner Macht benützen würde (wie die Damen des Mittelalters gegenüber den minnedienenden Rittern), sondern lieber reelle Vortheile herausschlägt. Der Barbar lässt die Frau für sich ackern, der Culturphilister speculirt auf ihre Mitgift. Beides trägt sie willig.

Fälle pathologischer Steigerung dieses Instincts der Unterordnung im Sinne eines Masochismus des Weibes dürften oft genug vorkommen, werden aber in ihren Entäusserungen durch die Sitte reprimirt. Uebrigens thun viele junge Frauen nichts lieber, als vor ihren Männern oder Geliebten auf den Knieen zu liegen. Bei allen slavischen Völkern sollen sich die Weiber der niederen Stände unglücklich fühlen, wenn sie von ihren Männern nicht geprügelt werden.

Ein ungarischer Gewährsmann theilt mir mit, dass die Bäuerinnen des Somogyer Comitates sich nicht eher von ihrem Manne geliebt glauben, bevor sie nicht die erste Ohrfeige als Liebeszeichen erhalten haben.

Beobachtungen von Masochismus des Weibes beizubringen, dürfte dem ärztlichen Beobachter schwer fallen [2]). Innere und äussere Wider-

---

[1]) Vgl. den Ausspruch der Lady Milford in Schiller's „Kabale und Liebe": „Wir Frauenzimmer können nur zwischen Herrschen und Dienen wählen, aber die höchste Wonne der Gewalt ist doch nur ein elender Behelf, wenn uns die grössere Wonne versagt wird, Sklavinnen eines Mannes zu sein, den wir lieben!" (II. Akt, 1. Scene.)

[2]) Seydel, Vierteljahrsschr. f. ger. Med. 1893, H. 2, führt als Beispiel von Masochismus Dieffenbach's Kranke an, die sich wiederholt den Arm absichtlich luxirte, um bei der damals noch ohne Narkose ausgeführten Reduktion wollüstige Empfindungen zu haben.

stände, Schamgefühl und Sittsamkeit stellen naturgemäss beim Weibe dem Durchbruch perverser sexueller Triebe nach aussen fast unüberwindliche Hindernisse entgegen.

So kommt es, dass bis jetzt nur folgende 2 Fälle von Masochismus des Weibes wissenschaftlich constatirt sind.

Beobachtung 70. Fräulein X., 21 Jahre alt, stammt von einer Mutter, die Morphinistin war und vor einigen Jahren an einem Nervenleiden starb. Der Bruder dieser Frau ist gleichfalls Morphinist. Ein Bruder des Mädchens ist Neurastheniker, ein anderer Masochist (wünscht von vornehmen stolzen Damen mit einem Rohrstocke Schläge zu bekommen). Fräulein X. war nie schwer krank, leidet nur an gelegentlichen Kopfschmerzen. Sie hält sich für körperlich gesund, zeitweise jedoch für toll, dann nämlich, wenn ihr die im Folgenden zu schildernden Phantasien auftauchen.

Seit ihrer frühesten Jugend stellt sie sich vor, sie werde gestraft, gezüchtigt. Sie schwelgt förmlich in solchen Ideen. Es ist dann ihr sehnlichster Wunsch, mit einem Rohrstocke derb gezüchtigt zu werden.

Dieses Verlangen ist, wie sie meint, dadurch entstanden, dass ein Freund ihres Vaters sie, als sie 5 Jahre alt war, einmal scherzweise über seine Kniee legte und schlug. Seither sehnte sie Gelegenheiten herbei, gezüchtigt zu werden, zu ihrem Bedauern erfüllte sich aber der Wunsch nie. In ihren Phantasien stellt sie sich hülflos vor, gebunden. Die Worte „Rohrstock", „züchtigen" versetzen sie in mächtige Erregung. Erst seit etwa einem Jahre bringt sie ihre Ideen mit dem männlichen Geschlecht in Verbindung. Früher stellte sie sich eine strenge Lehrerin oder auch bloss eine Hand vor, die sie strafte.

Jetzt wünscht sie die Sklavin eines geliebten Mannes zu sein; sie will, wenn von ihm gezüchtigt, seinen Fuss küssen.

Dass diese Empfindungen sexueller Natur sind, weiss die Dame nicht.

Einige Stellen aus Briefen derselben sind im Sinne einer masochistischen Auffassung des Falles charakteristisch:

„Früher dachte ich ernstlich daran, wenn diese Vorstellungen mich nicht verlassen sollten, in ein Irrenhaus zu gehen. Zu diesem Gedanken kam ich, als ich die Geschichte von dem Direktor einer Nervenanstalt las, der eine Dame, nachdem er sie an den Haaren aus dem Bett gezogen, mit Stock und Reitpeitsche gezüchtigt hatte. Ich hoffte in solchen Anstalten ebenso behandelt zu werden, habe also doch unbewusst mir meine Phantasien mit Männern vorgestellt. Am liebsten malte ich mir aber aus, dass mich rohe ungebildete Wärterinnen unbarmherzig züchtigten."

„Ich liege in Gedanken vor ihm und er setzt mir einen Fuss auf den Nacken, während ich den anderen küsse. Ich schwelge in dieser Idee, bei der er mich nicht schlägt, aber das wechselt so oft und ich male mir ganz andere Scenen aus, bei denen er mich schlägt. Augenblicklich fasse ich die Schläge auch als Beweis der Liebe auf — er ist erst sehr gut und zärtlich zu mir und dann schlägt er mich — im Uebermass der Liebe. Ich bilde mir ein, es wäre ihm die grösste Lust, mich zu schlagen — aus lauter Liebe. Sehr oft habe ich schon geträumt, ich sei sein Sklave — merkwürdig! nie seine Sklavin. So z. B. habe ich mir ausgemalt, er sei Robinson und ich der Wilde, der ihm dient. Ich sehe mir oft das Bild an, auf welchem Robinson dem Wilden den Fuss auf den Nacken setzt. Jetzt finde ich eine Erklärung der oben erwähnten Vorstellung: Ich stelle mir das Weib im Allgemeinen als niedrig vor, niedriger stehend als der Mann; nun bin ich aber sonst sehr stolz und lasse mich um keinen Preis beherrschen, daher kommt es, dass ich auch als Mann denke (der von Natur stolz und hochstehend ist), dadurch wird die

Erniedrigung vor dem geliebten Mann um so grösser. Ich stellte mir auch vor, dass ich seine Sklavin sei; das genügt mir aber nicht, das kann am Ende jedes Weib — seinem Manne als Sklavin dienen!"

Beobachtung 71. Fräulein v. X., 35 Jahre alt, aus schwer belasteter Familie, befindet sich seit einigen Jahren im Initialstadium einer Paranoia persecutoria. Dieselbe ist hervorgegangen aus einer Neurasthenia cerebrospinalis, deren Ausgangspunkt in sexueller Ueberreizung zu finden ist. Patientin war seit ihrem 24. Jahre der Onanie ergeben. Durch nicht erfüllte Heirathserwartung und heftige sinnliche Erregung ist sie zur Masturbation und psychischen Onanie gelangt. Neigung zu Personen des eigenen Geschlechtes kam niemals vor. Patientin gibt an: "Mit 6—8 Jahren trat bei mir das Gelüste auf, gegeisselt zu werden. Da ich niemals Schläge bekommen hatte, auch nie dabei war, wie Jemand gegeisselt wurde, kann ich mir nicht erklären, wie ich zu diesem sonderbaren Verlangen kam. Ich kann mir nur denken, dass es mir angeboren ist. Ich hatte ein wahres Wonnegefühl bei diesen Geisselvorstellungen und malte mir in meiner Phantasie aus, wie schön es wäre, wenn eine Freundin mich geisselte. Nie kam mir die Phantasie, mich von einem Manne geisseln zu lassen. Ich schwelgte in der Idee und versuchte es nie, zur wirklichen Ausführung meiner Phantasien zu gelangen. Vom 10. Jahre ab verloren sich diese. — Erst als ich mit 34 Jahren Rousseau's "Confessions" las, wurde mir klar, was meine Geisselgelüste zu bedeuten hätten und dass es sich bei mir um dieselben krankhaften Vorstellungen handelte, wie bei Rousseau. Nie habe ich seit meinem 10. Jahre mehr derartige Anwandlungen gehabt."

Epikrise. Dieser Fall ist durch seinen originären Charakter und durch die Berufung auf Rousseau als Fall von Masochismus sicher anzusprechen. Dass es eine Freundin ist, welche in der Phantasie als geisselnd vorgestellt wird, ist einfach daraus zu erklären, dass die masochistischen Gelüste hier bei einem Kinde ins Bewusstsein treten, bevor die psychische Vita sexualis ausgebildet ist und der Trieb zum Manne auftritt. Conträre Sexualempfindung ist hier ausdrücklich ausgeschlossen.

## Versuch einer Erklärung des Masochismus.

Die Thatsachen des Masochismus gehören jedenfalls zu den interessantesten im Gebiet der Psychopathologie. Ein Versuch ihrer Erklärung hat zunächst zu ermitteln, was an dem Phänomen das Wesentliche und was dabei das Unwesentliche ist.

Das Entscheidende beim Masochismus ist jedenfalls die Begierde nach schrankenloser Unterwerfung unter den Willen der Person des anderen Geschlechts (beim Sadismus umgekehrt die schrankenlose Beherrschung dieser Person), und zwar unter Weckung und Begleitung von mit Lust betonten sexuellen Gefühlen, bis zur Entstehung von Orgasmus. Nebensächlich ist nach allem Vorausgehenden die specielle Art und Weise, wie dieses Abhängigkeits- oder Beherrschungsverhältniss bethätigt wird

(s. oben), ob durch blosse symbolische Akte, oder ob zugleich der Drang besteht, von einer Person des anderen Geschlechts Schmerzen zu erdulden.

Während der Sadismus als eine pathologische Steigerung des männlichen Geschlechtscharakters in seinem psychischen Beiwerk angesehen werden kann, stellt der Masochismus eher eine krankhafte Ausartung specifisch weiblicher psychischer Eigenthümlichkeit dar.

Es gibt aber unzweifelhaft auch einen häufigen Masochismus des Mannes, und dieser ist es, welcher meistens in die äussere Erscheinung tritt und die Casuistik fast ausschliesslich füllt. Die Gründe hierfür sind oben p. 127 erwähnt.

Für den Masochismus lassen sich in der Welt der normalen Vorgänge zwei Wurzeln nachweisen.

Erstens ist im Zustande der wollüstigen Erregung jede Einwirkung, welche von der Person, von der der sexuelle Reiz ausgeht, auf den Erregten ausgeübt wird, willkommen, unabhängig von der Art dieser Einwirkung. Es liegt noch ganz im Bereiche des Physiologischen, dass sanfte Püffe und leichte Schläge als Liebkosungen aufgefasst werden [1]),

„like the lovers pinch wich hurts and is desired"
(Shakespeare, Antonius und Kleopatra V, 2.)

Es liegt von hier aus nicht allzu ferne, dass der Wunsch, eine recht starke Einwirkung von Seite des Consors zu erfahren, in Fällen pathologischer Steigerung der Liebesinbrunst zu einem Gelüste nach Schlägen u. dgl. führt, da der Schmerz das immer bereite Mittel einer starken körperlichen Einwirkung ist. So wie im Sadismus der sexuelle Affect zu einer Exaltation führt, in welcher die überschäumende psychomotorische Erregung in Nebenbahnen überströmt, so entsteht hier im Masochismus eine Ekstase, in der die steigende Fluth einer einzigen Empfindung jeden von der geliebten Person kommenden Einfluss begierig verschlingt und mit Wollust überschwemmt.

Die zweite und wohl die mächtigere Wurzel des Masochismus ist in einer weit verbreiteten Erscheinung zu suchen, welche zwar schon in das Gebiet des ungewöhnlichen, abnormen, aber durchaus noch nicht in das des perversen Seelenlebens fällt.

Ich meine hier die allverbreitete Thatsache, dass in unzähligen, in den verschiedensten Variationen auftretenden Fällen ein Individuum in eine ganz ungewöhnliche, höchst auffällige Abhängigkeit von einem anderen Individuum des entgegengesetzten Geschlechts geräth, bis zum

---

[1]) Hierzu findet sich ein Analogon in der niederen Thierwelt. Die Lungenschnecken (Pulmonata Cuv.) besitzen in ihrem sogenannten „Liebespfeil" — ein spitzes Kalkstäbchen, das in einer besonderen Tasche des Leibes liegt, aber bei der Begattung hervorgestülpt wird — ein sexuelles Reizorgan, das eigentlich seiner Beschaffenheit nach ein Schmerzerreger ist.

Verlust jedes selbständigen Willens, eine Abhängigkeit, welche den beherrschten Theil zu Handlungen und Duldungen zwingt, die schwere Opfer am eigenen Interesse bedeuten und oft genug gegen Sitte und Gesetz verstossen.

Diese Abhängigkeit ist aber von den Erscheinungen des normalen Lebens nur durch die Intensität des Geschlechtstriebes, der hier im Spiele ist, und das geringe Mass der Willenskraft, die ihm das Gleichgewicht halten soll, verschieden, also nur intensiv verschieden, nicht qualitativ, wie es die Erscheinungen des Masochismus sind.

Ich habe diese Thatsache der abnormen, aber noch nicht perversen Abhängigkeit eines Menschen von einem anderen des entgegengesetzten Geschlechts, welche Thatsache, namentlich vom forensischen Standpunkte aus betrachtet, hohes Interesse bietet, mit dem Namen „geschlechtliche Hörigkeit" bezeichnet [1]), weil die daraus hervorgehenden Verhältnisse durchaus den Charakter der Unfreiheit tragen. Der Wille des herrschenden Theils gebietet über den des unterworfenen Theils, wie der des Herrn über den des Hörigen [2]).

Diese „geschlechtliche Hörigkeit" ist, wie gesagt, eine allerdings auch psychisch abnorme Erscheinung. Sie beginnt eben da, wo die äussere Norm, das von Gesetz und Sitte vorgezeichnete Mass der Abhängigkeit eines Theils vom anderen oder beider von einander, in Folge individueller Besonderheit in der Intensität an sich normaler Motive verlassen wird. Die geschlechtliche Hörigkeit ist aber keine perverse Erscheinung; die hier wirkenden Triebfedern sind dieselben, die auch die gänzlich innerhalb der Norm verlaufende psychische Vita sexualis — wenn auch mit minderer Heftigkeit — in Bewegung setzen.

Furcht, den Genossen zu verlieren, der Wunsch, ihn immer zufrieden, liebenswürdig und zum geschlechtlichen Verkehr geneigt zu erhalten, sind hier die Motive des unterworfenen Theiles. Ein ungewöhnlicher Grad

---

[1]) Vgl. des Verfassers Abhandlung „Über geschlechtliche Hörigkeit und Masochismus" in den psychiatrischen Jahrbüchern Bd. X, p. 169 ff., wo dieser Gegenstand ausführlich und namentlich vom forensischen Gesichtspunkte aus behandelt wurde.

[2]) Die Ausdrücke Sklave und Sklaverei, obwohl sie oft auch in solchen Situationen bildlich gebraucht werden, wurden hier vermieden, weil dies Lieblingsausdrücke des Masochismus sind, von welchem die „Hörigkeit" durchaus unterschieden werden muss.

Der Ausdruck „Hörigkeit" darf auch nicht verwechselt werden mit J. St. Mill's „Hörigkeit der Frau". Was Mill mit diesem Ausdrucke bezeichnet, sind Gesetze und Sitten, sociale und historische Erscheinungen. Hier aber sprechen wir von jedesmal individuell besonders motivirten Thatsachen, die mit jeweils geltenden Sitten und Gesetzen geradezu im Widerspruch stehen. Auch hier ist von beiden Geschlechtern die Rede.

von Verliebtheit, der — namentlich beim Weibe — durchaus nicht immer einen ungewöhnlichen Grad von Sinnlichkeit bedeutet, und Charakterschwäche andererseits, sind die einfachen Elemente des ungewöhnlichen Vorganges [1]).

Das Motiv des anderen Theiles ist Egoismus, der freien Spielraum findet.

Die Erscheinungen der Geschlechtshörigkeit sind in ihren Formen mannigfaltig und die Zahl der Fälle ist eine ungemein grosse [2]). In geschlechtliche Hörigkeit gerathene Männer finden wir im Leben bei jedem Schritt. Hierher gehören bei den Ehemännern die sogenannten Pantoffelhelden, namentlich die alternden Männer, die junge Frauen heirathen und das Missverhältniss der Jahre und der körperlichen Eigenschaften durch unbedingte Nachgiebigkeit gegen alle Launen der Gattin auszugleichen trachten; hierher sind zu zählen auch ausserhalb der Ehe die überreifen Männer, die ihre letzten Chancen in der Liebe durch ungemessene Opfer zu verbessern trachten; hierher aber auch Männer jeden Alters, die, von heisser Leidenschaft für ein Weib ergriffen, bei ihm auf Kälte und Berechnung stossen und auf harte Bedingungen capituliren müssen; verliebte Naturen, die von notorischen Dirnen sich zur Eheschliessung bewegen lassen; Männer, die, um Abenteurerinnen nachzulaufen, Alles im Stich lassen und ihre Zukunft aufs Spiel setzen, Gatten und Väter, die Weib und Kind verlassen und das Einkommen der Familie einer Hetäre zu Füssen legen.

So zahlreich aber auch die Beispiele männlicher Hörigkeit sind, so muss doch jeder halbwegs unbefangene Beobachter des Lebens zugeben, dass sie an Zahl und Gewicht der Fälle gegen die weiblicher Hörigkeit weit zurückbleiben. Dies ist leicht erklärlich. Für den Mann ist die Liebe fast stets nur Episode, er hat daneben viele und wichtige Interessen; für das Weib hingegen ist sie der Hauptinhalt des Lebens, bis zur Geburt von Kindern fast immer das erste, nach dieser noch oft das erste, immer mindestens das zweite Interesse. Was aber noch viel wichtiger ist: der

---

[1]) Das Wichtigste dabei ist vielleicht, dass sich durch die Gewöhnung an den Gehorsam eine Art Mechanismus der ihres Motives unbewussten, mit automatischer Sicherheit functionirenden Folgsamkeit ausbilden kann, der mit Gegenmotiven gar nicht zu kämpfen hat, weil er unter der Schwelle des Bewusstseins liegt und von dem herrschenden Theil wie ein todtes Instrument gehandhabt werden kann.

[2]) In allen Literaturen spielt naturgemäss die Geschlechtshörigkeit eine Rolle. Ungewöhnliche, aber nicht perverse Erscheinungen des Seelenlebens sind ja für den Dichter ein dankbares und erlaubtes Gebiet. Die berühmteste Schilderung männlicher Hörigkeit ist wohl des Abbé Prévost „Manon Lescault". Eine vorzügliche Schilderung weiblicher Hörigkeit bietet George Sand's „Leone Leoni". Hierher gehört vor Allem Kleist's „Käthchen von Heilbronn", von ihm selbst als Gegenstück zur (sadistischen) „Penthesilea" bezeichnet, hierher Halm's „Griseldis" und viele ähnliche Dichtungen.

Mann, den der Trieb beherrscht, löscht ihn leicht in den Umarmungen, zu denen er unzählige Gelegenheiten findet. Das Weib aber ist in den höheren Ständen, wenn überhaupt mit einem Mann versehen, an diesen Einen gefesselt, und selbst in den unteren Classen der Gesellschaft sind noch immer bedeutende Hindernisse der Polyandrie vorhanden.

Deshalb bedeutet für ein Weib der Mann, den sie hat, das ganze Geschlecht. Seine Wichtigkeit für sie wächst dadurch ins Ungeheure. Dazu kommt endlich noch, dass das normale Verhältniss, wie es Gesetz und Sitte zwischen Mann und Weib geschaffen haben, weit davon entfernt ist, ein paritätisches zu sein und an und für sich schon überwiegende Abhängigkeit der Frau genug enthält. Um so tiefer hinab in die Hörigkeit werden sie die Concessionen drücken, welche sie dem Geliebten macht, um seine ihr fast unersetzliche Liebe zu erhalten, und um so höher steigen die unersetzlichen Ansprüche der Männer, die entschlossen sind, ihren Vortheil auszubeuten und eine Industrie aus der Ausbeutung der grenzenlosen weiblichen Opferfähigkeit machen.

Dahin gehört der Mitgiftjäger, der sich mit hohen Summen dafür bezahlen lässt, die leicht geschaffenen Illusionen einer Jungfrau über ihn zu zerstören, der planmässig vorgehende Verführer und Comprimittirer der Frauen, der auf Lösegelder und Schweiggelder speculirt, der goldverschnürte Krieger und der Musiker mit der Löwenmähne, die rasch ein gestammeltes „Dich oder der Tod!" hervorzulocken wissen, das eine Anweisung auf bezahlte Schulden und gute Versorgung ist, dahin gehört aber auch der Soldat in der Küche, dessen Liebe die Köchin mit Liebe plus Sättigungsmitteln aufwiegt, der Geselle, der die Ersparnisse der Meisterin, die er geheirathet hat, vertrinkt, und der Zuhälter, der die Prostituirte, von der er lebt, mit Schlägen zwingt, täglich eine bestimmte Summe für ihn zu verdienen. Das sind nur einige der unzähligen Formen der Hörigkeit, in welche das Weib durch sein hohes Liebesbedürfniss und die Schwierigkeiten seiner Lage so leicht gezwungen wird.

Das Gebiet der „geschlechtlichen Hörigkeit" musste hier eine kurze Darstellung finden, da in ihm offenbar der Mutterboden zu sehen ist, aus dem die Hauptwurzel des Masochismus entspriesst.

Die Verwandtschaft beider Erscheinungen des psychischen Geschlechtslebens springt sofort in die Augen. Sowohl Hörigkeit als Masochismus bestehen ja wesentlich in einer unbedingten Unterwerfung des von der Abnormität Ergriffenen unter eine Person des anderen Geschlechts und in seiner Beherrschung durch dieselbe [1]).

---

[1]) Es können Fälle vorkommen, in welchen die geschlechtliche Hörigkeit sich in denselben Akten ausspricht, die dem Masochismus geläufig sind. Wenn rohe Männer ihre Weiber prügeln und diese aus Liebe dulden, ohne jedoch nach Schlägen

Die beiden Erscheinungen sind aber auch wieder klar gegen einander abzugrenzen, und zwar sind sie nicht graduell, sondern qualitativ verschieden. Geschlechtliche Hörigkeit ist keine Perversion, sie ist nichts Krankhaftes; die Elemente, aus denen sie entsteht, Liebe und Willensschwäche, sind nicht pervers, nur ihr gegenseitiges Stärkeverhältniss erzeugt das abnorme Resultat, das den eigenen Interessen, oft Sitten und Gesetzen, so sehr widerspricht. Das Motiv, aus welchem der unterworfene Theil hier handelt und die Tyrannei erduldet, ist der normale Trieb zum Weibe (resp. Manne), dessen Befriedigung der Preis seiner Hörigkeit ist. Die Akte des unterworfenen Theiles, in denen die geschlechtliche Hörigkeit zum Ausdruck kommt, geschehen auf Befehl des herrschenden Theiles, um seiner Habsucht etc. zu dienen. Sie haben für den unterworfenen Theil gar keinen selbstständigen Zweck; sie sind für ihn nur Mittel, den eigentlichen Endzweck, den Besitz des herrschenden Theiles, zu erlangen oder zu bewahren. Endlich ist Hörigkeit eine Folge der Liebe zu einem bestimmten Individuum; sie tritt erst ein, wenn diese Liebe erwacht ist.

Ganz anders verhält sich dies Alles beim Masochismus, welcher entschieden krankhaft, eine Perversion ist. Das Motiv für die Handlungen und Duldungen des unterworfenen Theiles ist hier der Reiz, den die Tyrannei als solche für ihn hat. Er mag daneben den herrschenden Theil auch zum Coitus begehren; jedenfalls ist sein Trieb auch auf die Akte, die zum Ausdruck der Tyrannei dienen, als auf directe Objecte der Befriedigung gerichtet. Diese Akte, in denen der Masochismus zum Ausdruck kommt, sind für den unterworfenen Theil nicht Mittel zum Zweck, wie bei der Hörigkeit, sondern selbst Endzweck. Endlich tritt beim Masochismus die Sehnsucht nach Unterwerfung a priori auf, vor jeder Neigung zu einem bestimmten Gegenstand der Liebe.

Der Zusammenhang zwischen Hörigkeit und Masochismus, der bei der Uebereinstimmung beider Erscheinungen im äusseren Effect der Abhängigkeit, bei allem Unterschied der Motivirung, wohl anzunehmen ist der Uebergang der Abnormität in die Perversion, dürfte sich zunächst auf folgendem Wege vollziehen.

Wer sich durch lange Zeit im Zustande der geschlechtlichen Hörigkeit befindet, wird disponirt sein, leichtere Grade des Masochismus zu acquiriren. Die Liebe, welche gern Tyrannei um des Geliebten willen erträgt, wird dann direct Liebe zur Tyrannei. Wenn die Vorstellung des Tyrannisirtwerdens lange mit der lustbetonten Vorstellung des geliebten Wesens eng associirt war, so geht endlich die Lustbetonung auf die Tyrannei selbst über, und es ist Per-

---

Sehnsucht zu haben, so liegt eine Trugform der Hörigkeit vor, die Masochismus vortäuschen kann.

version eingetreten. Das ist der Weg, auf dem Masochismus gezüchtet werden kann [1]).

Ein leichter Grad von Masochismus kann also wohl aus der Hörigkeit entstehen, erworben werden. Der echte, vollkommene, tiefwurzelnde Masochismus mit seiner glühenden Sehnsucht nach Unterwerfung von frühester Jugend an, wie die von dieser Perversion Ergriffenen ihn schildern, ist aber angeboren.

Die Erklärung für die Entstehung der — immerhin seltenen — Perversion des ausgebildeten Masochismus dürfte sich am richtigsten in der Annahme finden lassen, dass dieselbe aus der viel häufiger auftretenden Abnormität der „geschlechtlichen Hörigkeit" hervorgeht, indem hie und da diese Abnormität durch Vererbung auf ein psychopathi-

---

[1]) Es ist sehr interessant und beruht auf der im äusseren Effecte wesentlich übereinstimmenden Natur von Hörigkeit und Masochismus, dass zur Illustrirung der ersteren ganz allgemein im Scherz und bildlich Ausdrücke gebraucht werden, wie „Sklaverei, Kettentragen, gefesselt sein, die Geissel über Jemand schwingen, an den Triumphwagen spannen, zu Füssen liegen, Pantoffelheld sein" etc., lauter Dinge, die für den Masochisten in buchstäblicher Ausführung den Gegenstand seiner perversen Begierde bilden.

Solche Bilder werden bekanntlich im täglichen Leben oft gebraucht und sind geradezu trivial geworden. Sie stammen aus der dichterischen Sprache. Die Dichtung hat zu allen Zeiten, innerhalb des Gesammtbildes heftiger Liebesleidenschaft das Moment der Abhängigkeit vom Gegenstande, der sich versagen kann oder muss, erkannt, und die Thatsachen der „Hörigkeit" boten sich ihr stets zur Beobachtung dar. Indem der Dichter Ausdrücke, wie die oben angeführten, wählt, um die Abhängigkeit des Verliebten mittelst sinnenfälliger Bilder anschaulich zu machen, geht er genau denselben Weg wie der Masochist, der, um sich selbst seine Abhängigkeit (die ihm aber Selbstzweck ist) sinnenfällig vorzustellen, solche Situationen verwirklicht.

Schon die Dichtung des Alterthums gebraucht für die Geliebte den Ausdruck „domina" und verwendet gerne das Bild des in Fesselnschlagens (z. B. Horaz Od. IV. 11). Von da bis in unsere Zeiten (vgl. Grillparzer Ottokar IV. Akt: „Herrschen ist gar süss, so süss fast als gehorchen") ist die galante Dichtung aller Jahrhunderte von dergleichen Phrasen und Bildern erfüllt. Interessant ist auch die Geschichte des Wortes „Maitresse".

Die Dichtung wirkt aber auf das Leben zurück. Auf diesem Wege mag der höfische Frauendienst des Mittelalters entstanden sein, der mit seiner Verehrung der Frauen als „Herrinnen" in der Gesellschaft und in den einzelnen Liebesverhältniss, seiner Uebertragung des Lehns- und Vasallenverhältnisses auf die Beziehung zwischen dem Ritter und seiner Dame, seiner Unterwerfung unter alle weibliche Launen, seinen Liebesproben und Gelübden, seiner Verpflichtung zum Gehorsam gegen alle Gebote der Damen, als eine systematische Ausgestaltung verliebter „Hörigkeit" erscheint. Einzelne extreme Erscheinungen, wie z. B. die Leiden des Ulrich von Lichtenstein oder des Pierre Vidal im Dienste ihrer Damen, oder das Treiben der Bruderschaft der „Galois" in Frankreich, welche ein Martyrium der Liebe suchten und sich allerlei Qualen unterzogen, tragen aber schon deutlich masochistischen Charakter und zeigen auch hier den naturgemässen Uebergang einer Erscheinung in die andere.

sches Individuum in der Weise übergeht, dass sie dabei zur Perversion wird. Dass eine leichte Verschiebung der hier in Betracht kommenden psychischen Elemente diesen Uebergang bewerkstelligen kann, wurde oben erörtert. Was aber für mögliche Fälle des erworbenen Masochismus die associirende Gewohnheit thun kann, das thut für die sicher constatirten Fälle des originären Masochismus das variirende Spiel der Vererbung. Es tritt dabei kein neues Element zur Hörigkeit hinzu, sondern es entfällt eines, das Raisonnement, das Liebe und Abhängigkeit verbindet und damit eben Hörigkeit von Masochismus, Abnormität von Perversion unterscheidet. Es ist ganz natürlich, dass sich nur das Triebartige vererbt.

Dieser Uebergang der Abnormität in Perversion bei der erblichen Uebertragung wird insbesondere dann leicht eintreten können, wenn die psychopathische Veranlagung des Nachkommen den anderen Faktor des Masochismus liefert, das, was oben seine erste Wurzel genannt wurde, die Neigung geschlechtlich hyperästhetischer Naturen, alle Einwirkungen, die vom geliebten Gegenstande ausgehen, der geschlechtlichen Einwirkung zu assimiliren.

Aus diesen beiden Elementen — aus der „geschlechtlichen Hörigkeit" einerseits, aus jener oben erörterten Disposition zur geschlechtlichen Ekstase, welche selbst Misshandlungen mit Lustbetonung appercipirt, andererseits — aus diesen beiden Elementen, deren Wurzeln sich bis in das Gebiet physiologischer Thatsachen zurückverfolgen lassen, entsteht auf einem geeigneten psychopathischen Boden der Masochismus, indem die sexuelle Hyperästhesie allerlei zuerst physiologisches, dann nur abnormes Beiwerk der Vita sexualis zur krankhaften Höhe der Perversion steigert [1]).

---

[1]) Erwägt man, dass, wie oben dargethan, „geschlechtliche Hörigkeit" eine Erscheinung ist, die beim weiblichen Geschlechte viel häufiger und in stärkeren Graden zu beobachten ist als beim männlichen, so drängt sich der Gedanke auf, dass der Masochismus (wenn auch nicht immer, so doch in der Regel) ein Erbstück der „Hörigkeit" weiblicher Vorfahren sei. Er tritt so in eine — wenn auch sehr entfernte — Beziehung zur conträren Sexualempfindung, als Uebergang einer eigentlich dem Weibe zukommenden Perversion auf den Mann. Diese Auffassung des Masochismus als eine rudimentäre conträre Sexualempfindung, als eine theilweise Effeminatio, welche hier nur die secundären Geschlechtscharaktere der psychischen Vita sexualis ergriffen hat (eine Auffassung, die noch in der 6. Auflage dieser Schrift unbedingteren Ausdruck gefunden hat), findet eine Stütze in den Aussagen der Patienten der obigen Beobachtung 42 und 48, welche weitere Züge von Effeminatio an sich tragen, auch beide ein relativ älteres Weib, von dem sie aufgesucht und erobert würden, als ihr Ideal bezeichnen.

Es muss jedoch hervorgehoben werden, dass „Hörigkeit" auch innerhalb der männlichen Vita sexualis eine nicht geringe Rolle spielt und Masochismus mithin auch ohne einen solchen Ueberhang weiblicher Elemente auf den Mann erklärt

Jedenfalls stellt auch der Masochismus als angeborene sexuelle Perversion ein functionelles Degenerationszeichen im Rahmen der (fast ausschliesslich erblichen) Belastung dar, und auch für meine Fälle von Masochismus und Sadismus bestätigt sich diese klinische Erfahrung.

Dass die eigenartige, psychisch anomale Richtung der Vita sexualis, als welche der Masochismus erscheint, eine originäre Abnormität darstellt und nicht so zu sagen gezüchtet bei einem Disponirten aus passiver Flagellation sich entwickelt, auf dem Wege der Ideenassociation, wie Rousseau und Binet annehmen, ist wohl leicht zu erweisen.

Es ergibt sich das aus den zahlreichen, ja die Majorität bildenden Fällen, in welchen die Flagellation beim Masochisten niemals aufgetaucht ist, in welchem der perverse Trieb sich ausschliesslich auf rein symbolische, die Unterwerfung ausdrückende Handlungen ohne eigentliche Schmerzzufügung richtet.

Dies lehrt die ganze hier mitgetheilte Casuistik von Beobachtung 49 an.

Es ergibt sich aber das gleiche Resultat, nämlich dass die passive Flagellation nicht der Kern sein kann, an den sich alles Uebrige angesetzt hat, auch aus der näheren Betrachtung solcher Fälle, in denen diese eine Rolle spielt, wie oben Beobachtung 41 und 47.

Besonders lehrreich in dieser Beziehung ist die obige Beobachtung 48, denn hier kann nicht an eine sexuell stimulirende Wirkung einer in der Jugend erlittenen Strafe gedacht werden. Ueberhaupt ist in diesem Falle die Anknüpfung an eine frühe Erfahrung nicht möglich, da die hier den Gegenstand des sexuellen Hauptinteresses bildende Situation mit einem Kinde gar nicht ausführbar ist.

Endlich ergibt sich überzeugend die Entstehung des Masochismus aus rein psychischen Elementen aus der Confrontirung desselben mit dem Sadismus (s. unten).

Dass passive Flagellation so häufig beim Masochismus vorkommt, erklärt sich einfach daraus, dass sie das stärkste Ausdrucksmittel für das Verhältniss der Unterwerfung ist.

Ich wiederhole es als entscheidend für die Differenzirung von einfacher passiver Flagellation und Flagellation auf Grund masochistischen Verlangens, dass im ersteren Fall die Handlung Mittel zum Zweck des dadurch möglich werdenden Coitus oder wenigstens einer Ejaculation, im letzteren Fall Mittel zum Zweck der seelischen Befriedigung im Sinne masochistischer Gelüste ist.

---

werden kann. Auch hier ist zu bedenken, dass sowohl Masochismus als Sadismus, sein Gegenstück, bei conträrer Sexualempfindung in regelloser Combination vorkommen.

Wie wir oben gesehen haben, unterwerfen sich Masochisten aber auch allen möglichen anderen Misshandlungen und Qualen, bei denen von reflectorischer Erregung von Wollust nicht die Rede sein kann. Da solche Fälle zahlreich sind, so muss untersucht werden, in welchem Verhältniss bei derartigen Akten (und bei der gleichwerthigen Flagellation der Masochisten) Schmerz und Lust zu einander stehen. Auf Grund der Aussage eines Masochisten ergibt sich folgendes:

Das Verhältniss ist nicht derart, dass einfach, was sonst physischen Schmerz verursacht, hier als physische Lust empfunden wird, sondern der in der masochistischen Ekstase Befindliche fühlt keinen Schmerz, sei es, weil er vermöge seines Affectzustandes (gleich dem Soldaten im Kampfgewühl) die physische Einwirkung auf seine Hautnerven überhaupt nicht appercipirt, oder weil (wie bei dem religiösen Märtyrer und Ekstatiker) der Ueberfüllung des Bewusstseins mit Lustgefühlen gegenüber die Vorstellung der Misshandlung nur wie ein blosses Zeichen, ohne ihre Schmerzqualität, in ihm stehen bleibt.

Es findet im zweiten Falle gewissermassen eine Uebercompensation des physischen Schmerzes durch die psychische Lust statt und nur die Differenz bleibt als restliche psychische Lust im Bewusstsein. Diese erfährt überdies einen Zuwachs, indem, sei es durch reflectorisch spinalen Einfluss, sei es durch eigenartige Betonung der sensiblen Eindrücke im Sensorium, eine Art Hallucination körperlicher Wollust entsteht, mit ganz vager Localisation der hinaus projicirten Empfindung.

Analoges scheint in den Selbstpeinigungen religiöser Schwärmer (Fakire, heulende Derwische, religiöse Flagellanten) vorhanden zu sein, nur mit anderem Inhalt der das Lustgefühl erzeugenden Vorstellungen. Auch hier wird die Vorstellung der Marter ohne ihre Schmerzqualität appercipirt, indem das Bewusstsein von der mit Lust betonten Vorstellung erfüllt ist, durch die Marter Gott zu dienen, Sünden zu tilgen, den Himmel zu verdienen u. s. w.

## Masochismus und Sadismus.

Das vollkommene Gegenstück des Masochismus ist der Sadismus. Während jener Schmerzen leiden und sich der Gewalt unterworfen fühlen will, geht dieser darauf aus, Schmerz zuzufügen und Gewalt auszuüben.

Der Parallelismus ist ein vollständiger. Alle Akte und Situationen, die vom Sadisten in der activen Rolle ausgeführt werden, bilden für den Masochisten in der passiven Rolle den Gegenstand der Sehnsucht. Bei beiden Perversionen schreiten diese Akte von rein symbolischen Vorgängen zu schweren Misshandlungen fort. Selbst der Lustmord, in welchem der Sadismus gipfelt, findet, wie sich aus der obigen Beobachtung 50 ergibt — allerdings nur als Phantasma — sein passives Gegenstück. Beide Perversionen können unter günstigen Umständen neben einer normalen Vita sexualis einhergehen; bei beiden kommen die Akte, in welchen sie sich entladen, entweder als präparatorische, vor dem Coitus, oder vicariirend an dessen Stelle vor [1]).

Die Analogie betrifft aber nicht bloss die äussere Erscheinung; sie erstreckt sich auch auf das innere Wesen beider Perversionen. Beide sind als originäre Psychopathien seelisch abnormer, insbesondere mit psychischer Hyperaesthesia sexualis, aber nebenher in der Regel auch noch mit anderen Abnormitäten behafteter Individuen zu betrachten; für jede dieser beiden Perversionen lassen sich je zwei constitutive Elemente nachweisen, welche in psychischen Thatsachen innerhalb der physiologischen Breite ihre Wurzel haben.

Für den Masochismus liegen diese Elemente, wie oben dargethan, darin, dass 1. im sexuellen Affect jede vom Consors ausgehende Einwirkung, an sich, unabhängig von der Art dieser Einwirkung, mit Lust betont wird, was bei bestehender Hyperaesthesia sexualis so weit gehen kann, jede Schmerzempfindung zu übercompensiren; 2. dass die, aus an sich nicht perversen seelischen Elementen hervorgehende, „geschlechtliche Hörigkeit" unter pathologischen Bedingungen zu einem perversen lustbetonten Unterwerfungsbedürfniss unter das andere Geschlecht werden kann, was — wenn auch die Vererbung von weiblicher Seite her durchaus nicht nothwendig angenommen werden muss — sich als eine pathologische Entartung eigentlich dem Weibe zukommender Charaktere, des dem Weibe physiologischen Unterordnungsinstinkts darstellt.

Dementsprechend finden sich für die Erklärung des Sadismus ebenfalls zwei constitutive Elemente, deren Ursprung sich bis ins Gebiet des Physiologischen zurückverfolgen lässt: 1. dass im sexuellen Affect, gewissermassen als psychische Mitbewegung, ein Drang entstehen kann, auf den Gegenstand der Begierde auf jede mögliche, möglichst starke Weise einzuwirken, was bei sexuell hyperästhetischen Individuen zu einem Drang

---

[1]) Beide haben natürlich mit ethischen und ästhetischen Gegenmotiven in Foro interno zu kämpfen. Nach der Ueberwindung dieser geräth aber der Sadismus bei seinem Hinaustritt in die Aussenwelt sofort mit dem Strafgesetz in Conflict. Mit dem Masochismus ist dies nicht der Fall, was eine grössere Häufigkeit masochistischer Akte zur Folge hat. Dagegen treten der Verwirklichung der letzteren der Selbsterhaltungstrieb und die Scheu vor Schmerzen entgegen. Die practische Bedeutung des Masochismus liegt nur in seinen Beziehungen zur psychischen Impotenz, während die des Sadismus ausserdem und hauptsächlich auf forensischem Gebiete liegt.

der Schmerzzufügung werden kann; 2. dass die active Rolle des Mannes, seine Aufgabe, das Weib zu erobern, unter pathologischen Bedingungen zu einem Verlangen nach schrankenloser Unterwerfung werden kann.

So stellen sich Masochismus und Sadismus als vollkommene Gegensätze dar. Dem entspricht auch, dass den von diesen Perversionen ergriffenen Individuen als ihr Ideal die entgegengesetzte Perversion beim anderen Geschlechte erscheint, wie z. B. aus Beobachtung 41 und 47 und auch aus Rousseau's Confessions hervorgeht.

Die Gegenüberstellung des Masochismus und Sadismus kann aber auch dazu dienen, die Möglichkeit der Annahme vollständig zu beseitigen, als ob der Erstere ursprünglich aus der reflectorischen Wirkung der passiven Flagellation entsprungen sei und alles Weitere das Product hieran anknüpfender Ideenassociationen wäre, wie Binet bei der Erklärung von Rousseau's Fall meint und wie Rousseau selbst glaubte (vgl. oben p. 105). Bei der activen Misshandlung nämlich, welche für den Sadisten den Gegenstand des sexuellen Gelüstes bildet, findet ja gar keine Reizung der eigenen sensiblen Nerven durch den Misshandlungsakt statt, so dass hier an dem rein psychischen Charakter des Ursprungs dieser Perversion nicht gezweifelt werden kann. Sadismus und Masochismus sind einander aber so verwandt, entsprechen einander in allen Stücken so sehr, dass der Analogieschluss vom Einen auf den Anderen auch in diesem Falle gestattet sein muss und schon allein genügen würde, den rein psychischen Charakter des Masochismus zu erweisen.

Nach der oben ausgeführten Gegenüberstellung aller Elemente und Erscheinungen des Masochismus und Sadismus, und als Resumé aller beobachteten Fälle, erscheinen Lust am Schmerzzufügen und Lust am zugefügten Schmerz nur wie zwei verschiedene Seiten desselben seelischen Vorgangs, dessen Primäres und Wesentliches das Bewusstsein activer, bezw. passiver Unterwerfung ist, wobei der Verbindung von Grausamkeit und Wollust nur eine secundäre psychologische Bedeutung innewohnt. Grausame Handlungen dienen zum Ausdruck dieser Unterwerfung, einmal, weil sie das stärkste Mittel zum Ausdrucke dieses Verhältnisses sind, dann, weil sie überhaupt die stärkste Einwirkung darstellen, die ein Mensch neben und ausser dem Coitus auf einen anderen ausüben kann.

Sadismus und Masochismus sind Resultate von Associationen, in dem Sinne, in dem alle complicirteren Erscheinungen des Seelenlebens Associationen sind. Das psychische Leben besteht ja, nach Production der einfachsten Elemente des Bewusstseins, nur aus Associationen und Dissociationen dieser Elemente.

Es ist aber das Hauptergebniss der hier ausgeführten Analysen, dass Sadismus und Masochismus nicht etwa Resultate zufälliger Associationen sind, durch den Eintritt eines occasionellen Moments, einer zeitlichen Coincidenz erworben, sondern Resultate von Associationen, die durch eine auch unter normalen Umständen vorhandene Nachbarschaft präformirt sind, unter bestimmten Bedingungen aber — sexuelle Hyperästhesie — leicht wirklich geknüpft werden. Ein abnorm gesteigerter Geschlechtstrieb wächst nicht bloss in die Höhe, sondern auch in die Breite. Auf Nachbargebiete übergreifend vermischt er seinen Inhalt mit dem ihrigen und vollzieht so die pathologische Association, welche das Wesen dieser beiden Perversionen ist[1]).

Natürlich muss dies nicht immer so sein und es gibt Fälle von Hyperästhesie ohne Perversion. Fälle von reiner Hyperaesthesia sexualis — wenigstens solche von auffallender Intensität — scheinen aber seltener als die Fälle von Perversion.

Interessant, aber der Erklärung einige Schwierigkeiten bietend, sind die Fälle, in denen Sadismus und Masochismus in einem Individuum gleichzeitig auftreten. Solche Fälle sind z. B. Beob. 49 der 7. Auflage, ferner Beob. 47 und 54 der gegenwärtigen, besonders aber Beob. 29 der

---

[1]) v. Schrenck-Notzing, welcher bei der Erklärung aller Perversionen das occasionelle Moment in den Vordergrund stellt und der Annahme durch äussere Umstände erworbener Perversionen, vor der originärer Veranlagung den Vorzug gibt, weist den Erscheinungen des Sadismus und Masochismus (nach seiner Terminologie „active und passive Algolagnie") diesbezüglich eine Mittelstellung ein. Diese Erscheinungen seien allerdings in einem Theil der Fälle nur durch congenitale Anlage zu erklären; in einem anderen Theil der Fälle müsse Erwerbung durch eine zufällige Coincidenz offenbar die Hauptrolle spielen (op. cit. p. 170).

Der Beweis für letztere Behauptung wird casuistisch geführt. Es werden zwei Beobachtungen der Psychopathia sexualis (Beob. 29 und 37 der 7. Aufl.) wiedergegeben, und daran gezeigt, dass hier auch das zufällige Zusammentreffen des Anblicks eines blutenden Mädchens oder eines geprügelten Mitschülers mit einer starken Regung des Geschlechtstriebs zur Erklärung der von nun an bestehenden pathologischen Association genügen könne.

Dem gegenüber ist aber doch als entscheidend in Betracht zu ziehen, dass frühe und starke Regungen des Geschlechtstriebs bei jedem hyperästhetischen Individuum mit vielen, bei der Gesammtheit derselben mit unzähligen heterogenen Dingen zeitlich zusammengefallen sind, während sich die pathologischen Associationen immer nur an wenige bestimmte (sadistische und masochistische) Dinge knüpfen. Unzählige Schüler haben während der Grammatik- und Mathematikstunden, im Klassenzimmer und an geheimen Orten, sich sexuellen Erregungen und Befriedigungen hingegeben, ohne dass daraus perverse Associationen entstanden wären.

Hieraus folgt mit Evidenz, dass der Anblick von Prügelscenen und dergleichen eine vorhandene pathologische Association zwar aus ihrer Latenz wecken, nicht aber eine solche entstehen lassen kann, ganz abgesehen davon, dass es unter den unzähligen sich darbietenden Dingen nicht indifferente, sondern geradezu normaliter Unlust erregende sind, zu denen der erwachte Geschlechtstrieb in Beziehung tritt.

Das hier Ausgeführte gilt auch gegenüber der Meinung Binet's, der gleichfalls die hierher gehörigen Erscheinungen sämmtlich aus zufälligen Associationen erklären will. Vgl. unten p. 145.

9. Auflage dieses Werkes, aus welch' letzterer hervorgeht, dass es gerade die Vorstellung der Unterwerfung ist, welche sowohl activ als passiv den Kern des perversen Gelüstes bildet. Dergleichen ist in mehr oder minder deutlichen Spuren auch sonst noch mehrfach zu beobachten. Allerdings ist die eine der beiden Perversionen immer bei weitem vorwiegend.

Wegen dieses entschiedenen Ueberwiegens der einen Perversion und ihres späteren Auftretens in solchen Fällen, ist wohl anzunehmen, dass nur die eine, vorwiegende Perversion originär, die andere im Laufe der Zeit erworben ist. Die Vorstellungen der Unterwerfung und Misshandlung, im activen oder im passiven Sinne mit intensiver Wollust betont, haben sich bei einem solchen Individuum tief eingelebt. Gelegentlich versucht sich die Phantasie auch einmal in demselben Vorstellungskreis, aber mit invertirter Rolle. Es kann selbst zu Verwirklichungen dieser Inversion kommen. Derartige Versuche in Phantasien und Handlungen werden aber meistens, als der ursprünglichen Richtung inadäquat, bald wieder aufgegeben.

Masochismus und Sadismus treten auch mit conträrer Sexualempfindung und zwar mit allen Formen und Stufen dieser Perversion combinirt auf. Der conträr Sexuale kann sowohl Sadist als Masochist sein. Vergleiche oben Beob. 46 der gegenwärtigen und 49 (der 7. Auflage) und zahlreiche Fälle der unten folgenden Casuistik der conträren Sexualempfindung.

Wo immer sich auf dem Boden einer neuropathischen Individualität eine sexuelle Perversion entwickelt hat, kann die hierbei stets anzunehmende sexuelle Hyperästhesie auch die Erscheinungen des Masochismus und Sadismus hervortreiben, bald einzeln, bald beide vereinigt, die eine aus der anderen hervorgehend. Masochismus und Sadismus erscheinen so als **Grundformen psychosexualer Perversion**, die auf dem ganzen Gebiete der Verirrungen des Geschlechtstriebes an den verschiedensten Stellen zu Tage treten können[1]).

---

[1]) Jeder Versuch einer Erklärung der Thatsachen, sei es des Sadismus, sei es des Masochismus, wird wegen des hier dargethanen engen Zusammenhangs beider Erscheinungen auch geeignet sein müssen, jeweils die andere Perversion zu erklären. Dieser Forderung würde ein Versuch des Amerikaners J. G. Kiernan, eine Erklärung des Sadismus zu liefern (vid.: „Psychological aspects of the sexual appetite" im „Alienist and Neurologist", St. Louis, April 1891), genügen, und er möge aus diesem Grunde hier kurz erwähnt werden.

Kiernan, der für seine Ansicht in der anglo-amerikanischen Literatur mehrere Vormänner hat, geht von der Ansicht mehrerer Naturforscher (Dallinger, Drystale Rolph, Cienkowsky) aus, welche die sogenannte Conjugation, einen Geschlechtsakt gewisser niederer Thiere, als Kannibalismus, als Verschlingen des Partners auffassten. Er schliesst unmittelbar hieran die bekannten Thatsachen an, dass Krebse sich bei Gelegenheit der geschlechtlichen Vereinigung Glieder vom Leibe reissen, Spinnen den Männchen dabei den Kopf abbeissen und andere sadistische Akte brünstiger Thiere

### 3) Verbindung der Vorstellung von einzelnen Körpertheilen oder Kleidungsstücken des Weibes mit Wollust. — Fetischismus.

Schon in den Betrachtungen über die Psychologie des normalen Sexuallebens, welche dieses Werk einleiten (s. oben p. 16), wurde dargethan, dass noch innerhalb der Breite des Physiologischen die ausgesprochene Vorliebe, das besondere concentrirte Interesse für einen bestimmten Körpertheil am Leibe der Personen des entgegengesetzten Geschlechts, insbesondere für eine bestimmte Form dieses Körpertheils, eine grosse psychosexuale Bedeutung gewinnen kann. Ja es kann geradezu diese besondere Anziehungskraft bestimmter Formen und Eigenschaften auf viele, ja die meisten Menschen, als das eigentliche Princip der Individualisirung in der Liebe angesehen werden.

Diese Vorliebe für einzelne bestimmte physische Charaktere an Personen des entgegengesetzten Geschlechts — neben welcher sich auch ebenso eine ausgesprochene Bevorzugung bestimmter psychischer Charaktere constatiren lässt — habe ich in Anlehnung an Binet (du Fétichisme dans l'amour, Revue philosophique 1887) und Lombroso (Einleitung der italienischen Ausgabe der 2. Aufl. dieses Buches) „Fetischismus" genannt, weil thatsächlich das Schwärmen für und das Anbeten von einzelnen Körpertheilen (oder selbst Kleidungsstücken) auf Grund sexueller Dränge vielfach an die Verehrung von Reliquien, geweihten Gegenständen u. s. w. in religiösen Culten erinnert. Dieser physiologische Fetischismus wurde bereits oben p. 16 ff. ausführlich erörtert.

Es gibt jedoch auf psychosexualem Gebiet, neben diesem physiologischen, noch einen unzweifelhaft **pathologischen erotischen Fetischismus**, über welchen bereits eine reichhaltige Casuistik vorliegt, und dessen Erscheinungen ein hohes klinisch-psychiatrisches, unter

---

gegen den Consors. Von hier geht er zum Lustmord und anderen wollüstig-grausamen Akten bei Menschen über und nimmt an, Hunger und Geschlechtstrieb seien in ihrer Wurzel identisch, der geschlechtliche Kannibalismus der niederen Thierwelt wirke in der höheren und beim Menschen nach, und Sadismus sei ein atavistischer Rückschlag.

Diese Erklärung des Sadismus würde freilich auch den Masochismus erklären; denn wenn die Wurzel des geschlechtlichen Verkehrs in kannibalistischen Vorgängen zu suchen ist, so führt hier sowohl der Sieg des einen Theils als auch die Niederlage des andern zum Ziele der Natur, und auch ein Trieb, das Opfer und der Unterliegende zu sein, wäre erklärt.

Es muss aber hier eingewendet werden, dass die Basis des Raisonnements ungenügend ist. Der höchst complicirte Vorgang der Conjugation niederer Organismen, in welchen die Wissenschaft erst in den letzten Jahren näher eingedrungen ist, kann eben durchaus nicht einfach als eine Verschlingung eines Individuums durch ein anderes angesehen werden (vgl. Weismann, Die Bedeutung der sexuellen Fortpflanzung für die Selectionstheorie. Jena, 1886, p. 51).

Umständen auch forensisches Interesse bieten. Dieser pathologische Fetischismus bezieht sich nicht allein auf bestimmte Körpertheile, sondern selbst auf leblose Gegenstände, welche jedoch fast immer Theile der weiblichen Kleidung sind und damit in naher Beziehung zum Körper des Weibes stehen.

Dieser pathologische Fetischismus schliesst sich in allmähligen Uebergängen an den physiologischen an, so dass es (wenigstens für den Körpertheil-Fetischismus) beinahe unmöglich ist, eine scharfe Grenze zu ziehen, wo die Perversion beginnt. Dazu kommt noch, dass das gesammte Gebiet des Körpertheil-Fetischismus eigentlich nicht ausserhalb des Kreises der Dinge fällt, die normaliter als Reize für den Geschlechtstrieb wirken, sondern innerhalb desselben. Das Abnorme liegt hier nur darin, dass ein Theileindruck vom Gesammtbilde der Person des anderen Geschlechts alles sexuelle Interesse auf sich concentrirt, so dass daneben alle anderen Eindrücke verblassen und mehr oder minder gleichgültig werden. Deshalb ist der Körpertheil-Fetischist nicht als ein Monstrum per excessum zu betrachten, wie z. B. der Sadist oder Masochist, sondern eher als ein Monstrum per defectum. Nicht was auf ihn als Reiz wirkt, ist abnorm, sondern eher das, was nicht als Reiz wirkt, die Einschränkung des Gebietes sexuellen Interesses, die für ihn eingetreten ist. Freilich pflegt dieses eingeengte sexuelle Interesse auf dem engeren Gebiet mit um so grösserer, mit ganz abnormer Intensität aufzutreten.

Es würde sich wohl empfehlen, als Grenze des pathologischen Fetischismus den Umstand anzunehmen, ob das Vorhandensein des Fetisch conditio sine qua non für die Möglichkeit den Coitus zu vollziehen ist, oder nicht. Aber die nähere Betrachtung der Thatsachen ergibt, dass diese Grenze eben nur scheinbar eine scharfe ist. Es gibt so zahlreiche Fälle, in denen der Coitus, trotz Abwesenheit des Fetisch, zwar noch möglich ist, aber eben ein unvollkommener, erzwungener (oft mit Hülfe von Phantasiebildern, die sich auf den Fetisch beziehen), besonders ein unbefriedigender und erschöpfender ist, dass auch hier sich Alles bei näherer Betrachtung der entscheidenden subjectiven, psychischen Sachlage in Uebergänge auflöst, die einerseits zur blossen, noch physiologischen Vorliebe, andererseits zur psychischen Impotenz in Abwesenheit des Fetisch führen.

So ist es vielleicht besser, das Kriterium für das Pathologische auf dem Gebiete des Körpertheil-Fetischismus auf ganz subjectivem, psychischem Boden zu suchen. Die Concentration des sexuellen Interesses auf einen bestimmten Körpertheil, welcher — das ist hier hervorzuheben — nie eine directe Beziehung zum Sexus hat (wie Mammae, äussere Genitalien) — führt die Körpertheil-Fetischisten oft dahin, dass sie als eigentliches Ziel ihrer geschlechtlichen Befriedigung nicht den Coitus betrachten, sondern irgend eine Manipulation an dem betreffenden, als Fetisch wirksamen Körpertheil. Dieser verirrte Trieb kann nun wohl beim Körpertheil-Fetischisten als das Kriterium des Krankhaften angesehen werden, gleichgültig, ob dabei noch wirklicher Coitus möglich ist oder nicht.

Der Gegenstands- oder Kleidungs-Fetischismus aber kann wohl in allen Fällen als eine pathologische Erscheinung angesehen werden, da sein Object ausserhalb des Kreises normaler Reize für den Geschlechtstrieb fällt.

Auch hier besteht zwar in den Erscheinungen eine gewisse äussere Uebereinstimmung mit Vorgängen der psychisch normalen Vita sexualis; der innere Zusammenhang und Sinn des pathologischen Fetischismus ist aber ein ganz anderer. Auch auf dem Gebiete der schwärmerischen Liebe eines psychisch nicht abnormen Menschen können das Taschentuch, der Schuh, Handschuh, Brief, die Blume, „die sie ihm gab", die Haarlocke u. s. w. Gegenstand abgöttischer Verehrung sein, aber nur, weil sie ein Erinnerungszeichen an die abwesende oder gestorbene geliebte Person darstellen, deren Gesammtpersönlichkeit damit reproducirt wird. Der pathologische Fetischist hat keine derartigen Beziehungen. Für ihn ist der Fetisch der ganze Vorstellungsinhalt. Wo er desselben gewahr wird, tritt die sexuelle Erregung ein und macht der Fetisch seine Wirkung geltend [1]).

Pathologischer Fetischismus scheint nach aller bisheriger Erfahrung nur auf dem Boden der (meist hereditären) psychopathischen Veranlagung oder bestehender psychischer Erkrankung vorzukommen.

So kommt es, dass er nicht selten mit den anderen (originären) Perversionen des Geschlechtssinns, welche demselben Boden entstammen, combinirt erscheint. Bei conträr Sexualen, bei Sadisten und Masochisten kommt Fetischismus in den verschiedensten Gestaltungen nicht selten vor. Ja, gewisse Formen des Körpertheil-Fetischismus (Hand- und Fuss-Fetischismus) haben sogar mit den zwei zuletzt genannten Perversionen wahrscheinlich mehr oder minder dunkle Zusammenhänge (s. unten).

Beruht nun aber auch der pathologische Fetischismus auf einer angeborenen, allgemeinen psychopathischen Disposition, so ist doch diese Perversion selbst nicht (wie die bisher behandelten) in ihrem Wesen originärer Natur; sie ist nicht fertig angeboren, wie wir wohl vom Sadismus und Masochismus annehmen können.

---

[1]) Ganz anders ist der Fall in Zola's Therese Raquin, wo der betreffende Mann die Stiefel der Geliebten mehrmals küsst, gegenüber jenen Schuh- und Stiefelfetischisten, die beim Anblick eines jeden Stiefels an beliebiger Dame, oder auch ohne solche, in wollüstige Ekstase gerathen bis zur Ejaculation.

Während in den bisher dargestellten Gebieten der sexuellen Perversionen dem Forscher durchaus Fälle originären Charakters entgegentraten, begegnet man hier durchaus erworbenen Fällen. Abgesehen davon, dass beim Fetischismus die veranlassende Gelegenheit der Erwerbung oft nachweisbar ist, fehlen hier die physiologischen Thatsachen, die auf dem Gebiete des Sadismus und des Masochismus durch eine allgemeine sexuelle Hyperästhesie auf die Höhe einer Perversion gehoben werden und damit die Annahme originären Ursprungs rechtfertigen. Es bedarf im Gebiet des Fetischismus für jeden einzelnen Fall noch eines Geschehnisses, das den Stoff der Perversion liefert.

Es gehört allerdings — wie oben gesagt — zum physiologischen Geschlechtsleben, für dies und jenes an der Frau und um sie zu schwärmen; aber gerade die Concentration des gesammten sexuellen Interesses auf einen solchen Theileindruck ist hier das Wesentliche und diese Concentration muss für jedes damit behaftete Individuum einen individuellen Erklärungsgrund haben.

Man kann sich daher der Ansicht Binet's anschliessen, dass im Leben eines jeden Fetischisten ein Ereigniss anzunehmen ist, welches die Betonung gerade dieses einzigen Eindrucks mit Wollustgefühlen determinirt hat. Dieses Ereigniss wird in die früheste Jugend zurückzuversetzen sein und in der Regel mit dem ersten Erwachen der Vita sexualis zusammenfallen. Dieses erste Erwachen ist mit irgend einem sexuellen Theileindruck zusammengefallen (denn es sind immer Dinge, die zum Weibe in irgend einer Beziehung stehen) und stempelt diesen für die Dauer des ganzen Lebens zum Hauptgegenstand des sexuellen Interesses. Die Gelegenheit, bei welcher die Association entstanden ist, wird in der Regel vergessen. Nur das Resultat der Association bleibt bewusst. Originär ist hier nur der allgemein zur Psychopathie disponirte Charakter, die sexuelle Hyperästhesie solcher Individuen [1]).

---

[1]) Wenn dagegen Binet op. cit. behauptet, jede sexuelle Perversion, ohne Ausnahme, beruhe auf einem solchen „Accident agissant sur un sujet prédisposé" (wobei unter dieser Prädisposition nur Hyperästhesie im Allgemeinen verstanden wird), so ist eine solche Annahme für die anderen sexuellen Perversionen, ausserhalb des Fetischismus, wie schon oben p. 143 dargelegt worden ist, weder erforderlich noch genügend. Es ist nicht abzusehen, wie auf ein selbst sehr erregbares Individuum der Anblick der Züchtigung eines Anderen gerade sexuell erregend wirken soll, wenn nicht die physiologische Nachbarschaft von Wollust und Grausamkeit im übernormal erregbaren Individuum zum originären Sadismus geworden ist. Aber auch die Associationen, auf denen der erotische Fetischismus beruht, sind nicht ganz zufällige. Wie die sadistischen und masochistischen Associationen durch die Nachbarschaft der diesbezüglichen Elemente in der Psyche des Subjects präformirt sind, so ist die Möglichkeit fetischistischer Association durch die Beschaffen-

Wie die bisher behandelten Perversionen, so kann auch der erotische (pathologische) Fetischismus sich äusserlich in den seltsamsten unnatürlichen und selbst verbrecherischen Akten manifestiren: Befriedigung am Leibe des Weibes loco indebito, Diebstahl und Raub von Gegenständen, die als Fetisch wirken, Polluirung solcher etc. Es hängt auch hier von der Intensität des perversen Triebes und der relativen Stärke der ethischen Gegenmotive ab, ob und wie weit es zu dergleichen Akten kommt.

Diese perversen Akte der Fetischisten können, ebenso wie die anderer geschlechtlich perverser Individuen, entweder die gesammte äussere Vita sexualis allein ausmachen, oder neben dem normalen geschlechtlichen Akt einhergehen, je nachdem die physische und psychische Potenz, die Erregbarkeit für normale Reize noch mehr oder minder erhalten ist. Im letzteren Falle dient nicht selten der Anblick oder die Berührung des Fetisch als nothwendiger präparatorischer Akt.

Die grosse praktische Wichtigkeit, welche den Thatsachen des pathologischen Fetischismus zukommt, liegt nach dem Gesagten in zwei Momenten.

Erstens ist der pathologische Fetischismus nicht selten eine Ursache psychischer Impotenz[1]). Da der Gegenstand, auf welchem das sexuelle Interesse des Fetischisten sich concentrirt, an und für sich in keiner unmittelbaren Beziehung zum normalen Geschlechtsakt steht, so geschieht es oft, dass der Fetischist durch seine Perversion die Erregbarkeit für normale Reize einbüsst, oder wenigstens den Coitus nur mittelst Concentration der Phantasie auf seinen Fetisch leisten kann. Auch liegt in dieser Perversion und in der Schwierigkeit ihrer adäquaten Befriedigung, gerade so wie bei den anderen Perversionen des Geschlechtssinns, namentlich für jugendliche Individuen, und gerade für solche, welche in Folge ethischer und ästhetischer Gegenmotive vor der Verwirklichung ihrer perversen Gelüste zurückschrecken, die beständige Verlockung zur

---

heit der Objecte vorbereitet und dadurch leichter erklärlich. Es sind ja fast immer Theileindrücke der weiblichen Gesammterscheinung (inclusive Kleidung), um die es sich hier handelt. Ganz zufällig entstandene fetischistische Associationen sind nur in wenigen im Weiteren speciell angeführten Fällen constatirt.

[1]) Es kann als eine Art (psychischen) Fetischismus im weiteren Sinne betrachtet werden, dass, was häufig geschieht, junge Ehemänner, die viel mit Prostituirten verkehrt haben, sich der Keuschheit ihrer jungen Ehefrauen gegenüber impotent sehen. Einer meiner Clienten war niemals potent seiner jungen, schönen, züchtigen Frau gegenüber, weil er an die lascive Weise der Prostituirten gewöhnt war. Versuchte er ab und zu einen Coitus bei Puellis, so war er vollkommen potent. Einen ganz ähnlichen interessanten Fall berichtet Hammond op. cit. p. 48 u. 49. Freilich spielen in derartigen Fällen meistens schlechtes Gewissen und hypochondrische Angst vor Impotenz eine grosse Rolle.

psychischen und physischen Onanie, welche wieder deletär auf Constitution und Potenz zurückwirkt.

Zweitens ist der Fetischismus von grosser **forensischer Bedeutung**. So wie der Sadismus zu Mord und Körperverletzung ausarten kann, so kann der Fetischismus zum Diebstahl und selbst zum Raub der betreffenden Gegenstände führen.

Der erotische Fetischismus hat zum Gegenstande entweder einen bestimmten **Körpertheil** des entgegengesetzten Geschlechts, oder ein bestimmtes **Kleidungsstück** desselben oder einen Stoff der Bekleidung. (Es sind bis jetzt nur Fälle von pathologischem Fetischismus des Mannes bekannt, deshalb ist hier nur von weiblichen Körpertheilen und weiblichen Kleidungsstücken die Rede.)

Danach zerfallen die Fetischisten in drei Gruppen.

a) **Der Fetisch ist ein Theil des weiblichen Körpers.**

Wie es innerhalb des physiologischen Fetischismus besonders das Auge, die Hand, der Fuss und das Haar des Weibes sind, welche besonders häufig zum Fetisch werden, so sind es auch hier, auf pathologischem Gebiete, meistens dieselben Körpertheile, welche alleiniger Gegenstand des sexuellen Interesses geworden sind. Die ausschliessliche Concentration des Interesses auf diese Theile, neben denen alles Andere am Weibe verblassen und der sonstige sexuelle Werth des Weibes auf Null sinken kann, so dass statt des Coitus seltsame Manipulationen am Fetisch-Gegenstande zum Ziele der Begierde werden — das ist es, was eben diese Fälle zu pathologischen macht.

Beobachtung 72. (Binet op. cit.) X., 34 Jahre alt, Gymnasiallehrer, hat in der Kindheit an Convulsionen gelitten. Mit 10 Jahren begann er zu onaniren, unter wollüstigen Empfindungen, die sich an sehr sonderbare Vorstellungen knüpften. Er schwärmte eigentlich für die Augen des Weibes; da er aber durchaus sich auf irgend eine Art den Coitus vorstellen wollte und in sexualibus gänzlich unwissend war, so kam er auf die Idee, um sich so wenig wie möglich von den Augen zu entfernen, den Sitz der weiblichen Geschlechtsorgane in die Nasenlöcher zu verlegen. Um diese Vorstellung dreht sich von jetzt ab seine sehr lebhafte sexuelle Begierde. Er entwirft Zeichnungen, welche correcte griechische Profile von Frauenköpfen darstellen, aber mit so weiten Nasenlöchern, dass die Immissio penis möglich wird.

Eines Tages sieht er im Omnibus ein Mädchen, in welchem er sein Ideal zu erkennen glaubt. Er verfolgt es in dessen Wohnung, hält augenblicklich um dessen Hand an. Hinausgewiesen, dringt er immer wieder ein, bis er verhaftet wird.

X. hat niemals geschlechtlichen Umgang gehabt.

Sehr zahlreich sind die **Handfetischisten**. Noch nicht eigentlich pathologisch ist der folgende Fall. Er möge als ein Uebergangsfall hier Platz finden.

**Beobachtung 73.** B., aus neuropathischer Familie, sehr sinnlich, geistig intakt, geräth beim Anblick einer jungen schönen Damenhand jeweils in Entzücken und verspürt sexuelle Erregung bis zur Erection. Küssen und Drücken der Hand ist ihm Seligkeit. Solange sie mit dem Handschuh bedeckt ist, fühlt er sich unglücklich. Unter dem Vorwand, wahrzusagen, sucht er in den Besitz solcher Hände zu gelangen. Der Fuss ist ihm gleichgültig. Sind die schönen Hände mit Ringen geziert, so erhöht dies seine Lust. Nur die lebende, nicht die nachgebildete Hand macht ihm diese wollüstige Erregung. Nur wenn er durch häufigen Coitus sexuell erschöpft ist, verliert die Hand ihren sexuellen Reiz. Anfangs störte ihn das Erinnerungsbild von weiblichen Händen selbst in der Arbeit. (Binet op. cit.)

Binet berichtet, dass solche Fälle von Schwärmerei für die Hand des Weibes zahlreich sind.

Erinnern wir uns an dieser Stelle, dass nach Beob. 23 ein Mann sich aus sadistischen Regungen, nach Beob. 44 aus masochistischen für die Hand des Weibes begeistern kann. Solche Fälle sind also mehrdeutig.

Damit soll aber durchaus nicht gesagt sein, dass sämmtliche oder nur die meisten Fälle von Handfetischismus eine sadistische oder masochistische Erklärung zulassen oder ihrer bedürfen.

Der folgende, ausführlich beobachtete, interessante Fall lehrt, dass, trotzdem anfänglich ein sadistisches oder masochistisches Element mit im Spiele zu sein scheint — zur Zeit der Reife des Individuums und der Ausbildung der Perversion, diese von dergleichen Elementen nichts enthält. Diese könnten allerdings im Laufe der Zeit wieder weggefallen sein; aber die Annahme der Entstehung des Fetischismus aus einer zufälligen Association genügt hier vollkommen.

**Beobachtung 74.** Fall von Handfetischismus, mitgetheilt von Albert Moll. P. L., 28 Jahr, Kaufmann in Westfalen.

Abgesehen davon, dass der Vater des Patienten ein auffallend missgestimmter und etwas heftiger Mann ist, lässt sich in der Familie nichts erblich Belastendes nachweisen.

Patient war in der Schule nicht sehr fleissig; er war niemals im Stande, seine Aufmerksamkeit längere Zeit auf einen Gegenstand zu concentriren; hingegen hatte er von Kindheit an grosse Neigung zur Musik. Sein Temperament war von jeher etwas nervös.

Er kam im August 1890 zu mir und klagte über Kopf- und Unterleibsschmerzen, die einen durchaus neurasthenischen Eindruck machten. Patient gibt ferner an, dass er sehr energielos sei.

Ueber sein sexuelles Leben macht Patient erst auf genaue dahin zielende Fragen folgende Angaben. Die ersten Anflüge geschlechtlicher Erregungen stellten sich bei ihm, soweit ihm in Erinnerung ist, bereits im 7. Lebensjahre ein. Si pueri eiusdem fere aetatis mingentis membrum adspexit, valde libidinibus excitatus est. L. behauptet mit Sicherheit, dass diese Aufregung mit deutlichen Erectionen verbunden war. Verführt durch einen anderen Knaben, wurde L. im Alter von 7 oder 8 Jahren zur Onanie veranlasst. „Als sehr leicht erregbare Natur," sagt L., „gab ich mich sehr häufig der Onanie bis zum 18. Lebensjahre hin, ohne dass mir über die schädlichen Folgen oder überhaupt über die Bedeutung des Vorganges eine klare Vorstellung gekommen wäre." Besonders liebte er es, cum nonnullis commilitonibus mutuam masturbationem tractare, keineswegs aber war es ihm gleichgültig, wer der andere Knabe war, vielmehr konnten ihm nur wenige Altersgenossen nach dieser Richtung hin genügen. Auf die Frage, was ihn besonders veranlasste, diesen oder jenen Knaben vorzuziehen, antwortete L., dass ihn bei seinen Schulkameraden besonders eine weisse, schön geformte Hand verlockte, mit ihnen gegenseitige Masturbation zu treiben. L. erinnert sich ferner daran, dass er häufig beim Beginn der Turnstunde sich ganz allein auf einem entfernt stehenden Barren mit Turnen beschäftigte; er that dies in der Absicht, ut quam maxime excitaretur idque tantopere assecutus est, ut membrum manu non tacto, sine ejaculatione — puerili aetate erat, — voluptatem clare senserit. Interessant ist noch ein Vorgang, dessen sich der Patient aus seiner früheren Lebenszeit erinnert. Der eine Lieblingskamerad N., mit dem L. mutuelle Masturbation trieb, machte ihm eines Tages folgenden Vorschlag: ut L. membrum N .. i apprehendere conaretur, er, N., wolle sich möglichst sträuben und den L. daran zu verhindern suchen. L. ging auf den Vorschlag ein. Es war somit die Onanie direct mit einem Kampfe der beiden Betheiligten verbunden, wobei N. stets besiegt wurde¹).

Der Kampf endete nämlich regelmässig damit, ut N. tandem coactus sit membrum masturbari. L. versichert mir, dass diese Art der Masturbation ihm sowohl, wie dem N., ein ganz besonders grosses Vergnügen bereitet hätte. In dieser Weise setzte nun L. bis zum 18. Lebensjahre sehr oft die Onanie fort. Von einem Freunde belehrt, bemühte er sich nun, mit allem Aufwand von Energie gegen seine üble Angewohnheit anzukämpfen. Es gelang ihm dies auch nach und nach immer mehr, bis er endlich, nach Ausführung des ersten Coitus, gänzlich von der Onanie abstand. Dies geschah aber erst im Alter von 21¹/₂ Jahren. Unbegreiflich erscheint es jetzt dem Patienten, und es erfüllt ihn angeblich mit Ekel, dass er jemals daran Gefallen finden konnte, mit Knaben Onanie zu treiben. Keine Macht könnte ihn heute dazu bringen, eines anderen Mannes Glied zu berühren, dessen Anblick ihm schon unangenehm ist. Es hat sich jede Neigung zu Männern verloren und Patient fühlt sich durchaus zum Weibe hingezogen.

Es sei aber erwähnt, dass, trotzdem L. entschiedene Neigung zum Weibe hat, doch eine abnorme Erscheinung bei ihm besteht.

Was ihn nämlich bei dem weiblichen Geschlechte wesentlich aufregt, ist der Anblick einer schönen Hand; bei weitem mehr reizt es den L., wenn er eine weibliche schöne Hand berührt, quam si eandam feminam plane nudatam adspiceret.

Wie weit die Vorliebe des L. für die schöne Hand eines weiblichen Wesens geht, erhellt aus folgendem Vorgang.

L. kannte eine schöne junge Dame, der alle Reize zur Verfügung standen; aber ihre Hand war ziemlich gross und hatte keine schöne Form, war vielleicht auch manchmal nicht so rein, wie L. beanspruchte. Es war dem L. infolgedessen nicht nur unmöglich, ein tieferes Interesse für die Dame zu fassen, sondern er war nicht einmal im Stande, die Dame zu berühren. L. meint, dass es im Allgemeinen nichts Ekelhafteres für ihn gebe, als unsaubere Fingernägel; diese allein machten es ihm unmöglich, eine sonst noch so schöne Dame zu berühren. Uebrigens hat L. häufig den Coitus in früheren Jahren dadurch ersetzt, ut puellam usque ad eiaculationem effectam membrum suum manu tractare iusserit.

Auf die Frage, was ihn an der Hand des Weibes besonders anziehe, insbesondere, ob er in ihr das Symbol der Macht sehe, und ob es ihm Genuss bereite, von dem Weibe eine directe Demüthigung zu erfahren, antwortete Patient, dass nur die schöne Form der Hand ihn reize, dass von einem Weibe gedemüthigt zu sein, ihm keinerlei Befriedigung gewähre und dass

---

¹) Also eine Art von rudimentärem Sadismus bei L. und Masochismus bei N.!

ihm noch niemals ein Gedanke daran gekommen sei, in der Hand das Symbol oder das Werkzeug der Macht des Weibes zu finden. Die Vorliebe für die Hand des Weibes ist auch heute noch so gross, ut majore voluptate afficiatur si manus feminae membrum tractat quam coitu in vaginam. Dennoch möchte Patient diesen lieber ausführen, weil er ihm als die natürliche, das erstere aber als eine krankhafte Neigung erscheint. Die Berührung seines Körpers durch eine schöne weibliche Hand verursacht dem Patienten sofort Erection; er meint, dass Küssen und andere Berührungen bei weitem nicht so starken Einfluss ausüben.

Patient hat nur in den letzten Jahren öfter den Coitus ausgeführt, aber es fiel ihm jedesmal der Entschluss dazu ausserordentlich schwer.

Auch fand er in dem Coitus nicht die volle Befriedigung, die er suchte. Wenn sich aber L. in der Nähe eines weiblichen Wesens befindet, das er gern besitzen möchte, so erhöht sich in blossem Ansehen der Betreffenden zuweilen die sexuelle Aufregung des L. bis zu dem Grade, dass Ejaculation erfolgt. L. versichert ausdrücklich, dass er hierbei absichtlich sein Glied nicht berühre oder drücke; die unter solchen Umständen erfolgende Spermaentleerung gewährt dem L. einen bei weitem grösseren Genuss, als der wirklich vollzogene Beischlaf[1]).

Die Träume des Patienten L., auf den ich zurückkomme, betreffen niemals den Beischlaf. Wenn er des Nachts Pollutionen hat, so kommen sie fast stets in Verbindung mit ganz anderen Gedanken vor, als dies bei normalen Männern der Fall ist. Die betreffenden Träume des Patienten sind Recapitulationen aus seiner Schulzeit. In dieser hatte nämlich Patient, abgesehen von der oben erwähnten mutuellen Onanie, auch dann Samenerguss, wenn ihn eine grosse Aengstlichkeit überfiel.

Wenn z. B. der Lehrer ein Extemporale dictirte und L. beim Uebersetzen nicht zu folgen vermochte, so trat öfter Ejaculation ein[2]). Die jetzigen in der Nacht zeitweise auftretenden Pollutionen sind stets nur von Träumen begleitet, die den gleichen oder verwandten Inhalt haben, wie die eben erwähnten Vorgänge auf der Schule.

Patient hält sich in Folge seines unnatürlichen Fühlens und Empfindens für unfähig, ein Weib dauernd zu lieben.

Eine Behandlung der sexuellen Perversion des Patienten konnte bisher nicht stattfinden.

Dieser Fall von Handfetischismus beruht sicher nicht auf Masochismus oder Sadismus, sondern erklärt sich einfach aus früh getriebener mutueller Onanie. Ebensowenig liegt hier conträre Sexualempfindung vor. Bevor der Sexualtrieb sich eines Objektes klar bewusst wurde, ward hier die Hand des Mitschülers benutzt. Sobald der Trieb zum anderen Geschlechte

---

[1]) Also hochgradige sexuelle Hyperästhesie. Vgl. oben Anm. zu p. 46.

[2]) Auch dies ist sexuelle Hyperästhesie. Jede beliebige starke Erregung versetzt die sexuelle Sphäre in Aufruhr (Binet's „dynamogénie générale"). Dr. Moll theilt diesbezüglich noch folgenden Fall mit:

„Ein ähnlicher Vorgang wird mir von einem 27jährigen Herrn E. mitgetheilt. Derselbe, ein Kaufmann, hatte oft in der Schule und auch ausserhalb derselben dann Samenerguss mit Wollustgefühl, wenn ein starkes Angstgefühl sich seiner bemächtigte. Ausserdem aber übte fast jeder sowohl körperliche wie seelische Schmerz einen ähnlichen Einfluss aus. Der Patient E. hat angeblich normalen Geschlechtstrieb, leidet aber an nervöser Impotenz.

deutlich wird, erscheint das Interesse für die Hand auf die des Weibes übertragen.

Es mögen so bei Handfetischisten, die nach Binet ja so zahlreich sind, noch andere Associationen zum gleichen Resultat führen.

An die Handfetischisten würden sich naturgemäss die **Fussfetischisten** anreihen. Während aber an die Stelle des Handfetischismus nur selten der zur folgenden Gruppe des Gegenstandsfetischismus gehörige Handschuhfetischismus tritt, finden wir statt der seltenen Schwärmerei für den nackten Fuss den weitverbreiteten, in unzähligen Fällen vorkommenden Schuh- und Stiefelfetischismus. Der Grund hierfür ist leicht einzusehen. Die Hand des Weibes wird vom Knaben meist entblösst gesehen, der Fuss bekleidet[1]). So knüpfen sich die frühen Associationen, welche bei Fetischisten die Richtung der Vita sexualis determiniren, naturgemäss an die nackte Hand, aber an den bekleideten Fuss. Diese Annahme ist jedenfalls richtig bezüglich der in der Stadt Aufwachsenden und erklärt ohne Weiteres die Seltenheit des Fussfetischismus[1]), hinsichtlich dessen ich nur über folgende Fälle verfüge.

Beobachtung 75. Fussfetischismus. Erworbene conträre Sexualempfindung. Herr X., Beamter, 29 Jahre, stammt von neuropathischer Mutter und diabetischem Vater.

Er ist geistig gut veranlagt, von nervösem Temperament, hat keine Nervenkrankheiten durchgemacht, bietet keine Degenerationszeichen. Patient erinnert sich bestimmt, dass er schon mit 6 Jahren, wenn er blossfüssiger Frauenzimmer ansichtig wurde, dadurch sexuell erregt wurde und den Drang in sich verspürte, ihnen nachzulaufen oder bei der Arbeit zuzusehen.

Mit 14 Jahren schlich er einmal Nachts in das Zimmer der schlafenden Schwester, fasste und küsste ihren Fuss. Schon mit 8 Jahren gelangte er ganz spontan zur Masturbation, wobei nackte Weiberfüsse seiner Phantasie vorschwebten.

Mit 16 Jahren nahm er öfter Schuhe und Strümpfe von weiblichen Dienstboten in sein Bett, regte sich, mit ihnen manipulirend, dabei sinnlich auf und masturbirte.

Mit 18 Jahren begann der libidinöse X. sexuellen Verkehr mit Personen des anderen Geschlechtes. Er war vollkommen potent, vom Coitus befriedigt und sein Fetisch spielte bei diesem sexuellen Verkehr keine Rolle. Für männliche Personen empfand er nicht die geringste geschlechtliche Neigung, auch interessirten ihn Männerfüsse in keiner Weise.

Vom 24. Jahre ab vollzog sich eine Aenderung in seinem sexuellen Fühlen und in seinem Befinden.

Patient wurde neurasthenisch und begann sexuelle Neigung zum Manne zu empfinden. Das vermittelnde Moment für die Entstehung der Neurose und der conträren Sexualempfindung war offenbar excessive Masturbation, zu der er sich theils aus durch Coitus nicht immer befriedigbarer Libido nimia, theils durch den zufälligen oder auch aufgesuchten Anblick von Weiberfüssen veranlasst fühlte.

---

[1]) Abgesehen von dessen Auftreten bei larvirtem Masochismus in Gestalt von Koprolagnie, wobei aber nicht der reingewaschene Fuss, sondern dessen Gegentheil wesentlich den fetischistischen Reiz zu bringen scheint. Vgl. Beob. 67.

Mit zunehmender Neurasthenie (zunächst sexualis) stellte sich ein rapider Rückgang seiner Libido, Potenz und Befriedigung gegenüber weiblichen Individuen ein. Gleichzeitig entwickelte sich Neigung zum eigenen Geschlecht und auch sein Fetischismus übertrug sich auf dieses.

Er übte vom 25. Jahre ab Coitus cum muliere nur mehr selten und ohne rechte Befriedigung, auch interessirte ihn der Fuss des Weibes fast gar nicht mehr. Immer mächtiger wurde sein Drang, mit Männern sexuell zu verkehren. In eine Grossstadt mit 26 Jahren versetzt, fand er die erwünschte Gelegenheit und ergab sich nun mit wahrer Leidenschaft mannmännlicher Liebe. Viros masturbare, penem eorum in os recipere et pedes sociorum osculari solebat.

Er ejaculirte bei solchen Praktiken mit grösstem Genuss. Allmählig genügte schon der Anblick eines sympathischen, besonders eines barfüssigen Mannes dazu.

Auch seine nächtlichen Pollutionen hatten nur mehr mannmännlichen Verkehr zum Gegenstand, und zwar in fetischistischem Sinne (Füsse).

Für Schuhwerk interessirte er sich nicht. Nur der unbekleidete Fuss hatte für ihn Reiz. Er fühlte oft den Drang, Männern auf der Strasse nachzugehen, in der Hoffnung, Gelegenheit zu finden, ihnen den Schuh ausziehen zu können. Ein Surrogat für ihn war es, selbst barfuss zu gehen. Zeitweise befiel ihn ein förmlicher Zwang, unter Wollustschauder auf die Strasse barfuss hinabzugehen. Versuchte er Widerstand zu leisten, so befielen ihn Angst, Herzklopfen, Zittern. Wiederholt sah er sich gezwungen, jeder Gefahr und unliebsamer Consequenz nicht achtend, stundenlang Nachts, selbst bei Regenwetter, seinem Drang zu fröhnen.

Er hielt dabei seine Schuhe in der Hand, war sexuell höchst erregt und fand Befriedigung durch spontane oder auch provocirte Ejaculation. Er beneidete Taglöhner und andere Leute, die barfüssig gehen konnten, ohne aufzufallen.

Seine glücklichste Zeit war der Aufenthalt in einer Wasserheilanstalt à la Kneipp, wo sowohl er, als die anderen Herren curgemäss barfüssig gehen durften.

Durch eine ärgerliche Chantageaffaire, die sich X. in seinem mannmännlichen Verkehr auf den Hals geladen hatte, wurde er ernüchtert, sah sich nach Rettung aus seiner schiefen sexualen Existenz um, entdeckte sich einem Arzte, der ihn an mich wies.

Patient that sein Möglichstes, um sich der Masturbation und des Verkehres mit Männern zu enthalten, liess in einer Wasserheilanstalt seine Neurasthenie behandeln, gewann einiges Interesse für das Genus femininum wieder, wobei sein Fussfetischismus eine Brücke bot, coitirte einmal mit einigem Genuss mit einer barfüssigen Dorfschönen, die er seinen Wünschen gefügig fand, später noch einigemale mit Puellis ohne Befriedigung, wandte sich wieder Personen des eigenen Geschlechtes zu, wurde gänzlich rückfällig, unwiderstehlich angezogen durch barfüssige Landstreicher, Feldarbeiter, die er beschenkte, damit er nur ihre Füsse küssen durfte. Ein Versuch, durch Suggestivbehandlung den Unglücklichen auf natürliche Bahnen zu lenken, scheiterte an der Unmöglichkeit, über ein leichtes und therapeutisch werthloses Engourdissement hinaus zu gelangen.

Epikrise: Originärer Fussfetischismus. Erworbene conträre Sexualempfindung, mit Uebertragung des fetischistischen Vorstellungskreises in die Homosexualität.

Beobachtung 76. Fussfetischismus bei dauernder Heterosexualität. Herr Y., 50 Jahre, ledig, den höheren Ständen angehörig, consultirte den Arzt wegen „nervöser" Beschwerden. Er ist belastet, von Kindesbeinen an nervös, sehr empfindlich gegen Kälte und Wärme, seit Jahren von Zwangsvorstellungen geplagt, die den Charakter eines corrigirten und vorübergehenden Verfolgungswahnes haben. Wenn er z. B. an einer Wirthstafel sitzt, kommt es ihm vor, als wären Aller Augen auf ihn gerichtet und alle Anwesenden flüsterten und spotteten über ihn.

Sobald er aufgestanden ist, ist dieses Gefühl vorbei und glaubt er nicht mehr an seine vermeintlichen Wahrnehmungen.

Er fühlt sich nirgends auf die Dauer wohl und zieht deshalb von einem Orte zum anderen. Gelegentlich passirte es ihm, dass er in einem Gasthof Zimmer bestellt hatte und nicht hinkonnte, weil bezügliche Zwangsvorstellungen ihn daran hinderten.

Die Libido dieses Mannes war nie gross. Er empfand nie anders als heterosexual. Seine einzige Befriedigung war angeblich normaler (seltener) Coitus.

Y. gestand dem Arzt, dass er in seinem Sexualleben von Jugend auf sehr eigenthümlich sei. Weder durch Frauen, noch durch Männer werde er geschlechtlich gereizt, sondern ausschliesslich durch das Sehen von nackten Füssen weiblicher Individuen, gleichgültig ob es Kinder oder Erwachsene sind. Alle übrigen Körpertheile von Frauen lassen ihn vollständig kalt.

Hat er Gelegenheit, die nackten Füsse von Personen, die sich „im Lande" herumtreiben, zu sehen, so kann er stundenlang stehen um sie zu betrachten, und empfindet dabei den „fürchterlichen" Trieb, terere genitalia propria ad pedes illarum. Bis jetzt ist es ihm gelungen, sich nicht zur Befriedigung dieses Dranges hinreissen zu lassen.

Was ihn am meisten ärgert, ist der Schmutz, mit welchem gewöhnlich die nackten Füsse der sich Tummelnden bedeckt sind. Er möchte sie gerne recht schön rein haben. Wie er zu diesem Fetischismus gelangt sei, wusste er nicht anzugeben. (Aus einer Mittheilung von Professor Forel.)

Epikrise: Fall von Körpertheilfetischismus. Masochistische Beziehungen nicht nachweisbar. Wahrscheinlichkeit der Entstehung dieses Falles von Fetischismus durch zufälliges Zusammentreffen einer sexuellen Erregung mit dem Anblick von nackten Füssen in der ersten Jugend.

Einen sehr prägnanten Fall von Fussfetischismus, meiner Beob. 75 sehr ähnlich, insofern der Betreffende bei festgehaltenem Fetisch homosexual wurde, hat Moll kürzlich in seinen Untersuchungen über Libido sexualis p. 288 mitgetheilt, auf den hier verwiesen sein möge. Der Schuhfetischismus fände seinen Platz gleichfalls in der folgenden Gruppe der Kleidungsfetischisten; er ist aber seines in der Mehrzahl der Fälle nachweisbar masochistischen Charakters wegen grösstentheils bereits oben (p. 108 u. ff.) dargestellt worden.

Neben Auge, Hand und Fuss spielen auch oft Mund und Ohr die Rolle des Fetisch. Solche Fälle erwähnt u. A. Moll op. cit. (Vgl. auch Belot's Roman: La bouche de Madame X., der nach B.'s Angabe auf einer directen Beobachtung beruht.)

Aus meiner eigenen Beobachtung stammt der folgende merkwürdige Fall.

Beobachtung 77. Ein sehr belasteter Herr consultirte mich wegen ihn fast zur Verzweiflung treibender Impotenz.

Sein Fetisch waren, so lange er Junggeselle war, Weiber von üppigen Formen. Er heiratete eine Dame von entsprechender Complexion, war mit ihr ganz potent und glücklich. Nach einigen Monaten erkrankte die Dame schwer und magerte stark ab. Als er eines Tages wieder seiner ehelichen Pflicht nachkommen wollte, war er gänzlich impotent und blieb es. Versuchte er dagegen Coïtus mit üppigen Weibern, so war er völlig potent.

Selbst Körperfehler können zum Fetisch werden.

Beobachtung 78. X., 25 Jahre, stammt aus schwer belasteter Familie. Er ist neurasthenisch, klagt über mangelndes Selbstvertrauen und häufige Verstimmung mit Anwandlungen zu Suicidium, deren sich zu erwehren er oft Mühe habe. Bei geringster Widerwärtigkeit sei er ganz fassungslos und verzweifelt. Patient ist Ingenieur in einer Fabrik in Russisch-Polen, von kräftigem Körperbau, ohne Degenerationszeichen. Er klagt über eine seltsame „Manie", die ihn oft daran zweifeln lasse, ob er denn ein geistig gesunder Mensch sei. Seit dem 17. Jahr werde er ausschliesslich sexuell erregt durch den Anblick von weiblichen Gebrechen, ganz speciell von Weibern, die hinken und krumme Füsse haben. Der ursprünglichen associativen Verknüpfung seiner Libido mit derartigen weiblichen Schönheitsfehlern ist sich Patient in keiner Weise bewusst.

Seit der Pubertät sei er im Bann dieses ihm selbst peinlichen Fetischismus. Das normale Weib habe für ihn nicht den geringsten Reiz, nur das krumme, hinkende, mit Gebrechen an den Füssen behaftete. Habe ein Weib ein solches Gebrechen, so übe es auf ihn einen mächtigen sinnlichen Reiz, gleichgültig ob dieses Weib schön oder hässlich sei.

In Pollutionsträumen schweben ihm ausschliesslich solche hinkende Frauengestalten vor. Ab und zu könne er dem Antrieb nicht widerstehen, ein solches hinkendes Weib nachzuahmen. In dieser Situation bekomme er heftigen Orgasmus und eine von lebhaftem Wollustgefühl begleitete Ejaculation. Patient versichert sehr libidinös zu sein und unter der Nichtbefriedigung seiner Triebe sehr zu leiden. Gleichwohl habe er erst mit 22 Jahren und seither nur etwa 5mal coïtirt. Er habe dabei, trotz Potenz, nicht die geringste Befriedigung empfunden. Wenn er das Glück hätte, einmal mit einem hinkenden Frauenzimmer zu coïtiren, würde dies gewiss anders sein. Jedenfalls könnte er sich nur entschliessen, eine Hinkende zu heirathen.

Seit dem 20. Jahr bietet Patient auch Kleidungsfetischismus. Es genügt ihm oft, weibliche Strümpfe, Schuhe, Hosen anzuziehen. Er kaufe sich ab und zu derlei Kleidungsstücke, ziehe sie heimlich an, werde davon wollüstig erregt und bekomme Ejaculation. Von Weibern bereits getragene Kleidungsstücke haben für ihn nicht den geringsten Reiz. Am liebsten würde er anlässlich sinnlicher Erregungen Weiberkleider anziehen, aber er hat dies aus Furcht vor Entdeckung noch nicht zu thun gewagt.

Seine Vita sexualis beschränkt sich auf die erwähnten Praktiken. Patient versichert bestimmt und glaubhaft, dass er nie der Masturbation ergeben war. In neuerer Zeit ist er, unter Zunahme seiner neurasthenischen Beschwerden, sehr von Pollutionen geplagt.

Beobachtung 79. Analoger Fall. Herr V., 30 Jahre, Beamter, stammt von sehr neuropathischen Eltern. Vom 7. Jahr ab war durch Jahre hindurch seine Gespielin ein gleichalteriges hinkendes Mädchen.

Vom 12. Jahr ab gelangte der jedenfalls nervöse und hypersexual veranlagte Knabe ohne Verführung zur Masturbation. Um dieselbe Zeit erfolgte die Pubertätsentwicklung und es ist wohl zweifellos, dass die ersten sexuellen Regungen des V. dem anderen Geschlecht gegenüber mit dem Anblick des hinkenden Mädchens zusammenfielen.

Von nun ab erregten seine Sinnlichkeit nur hinkende Frauenzimmer. Sein Fetisch wurde eine hübsche Dame, die (gleich wie die Jugendgespielin) mit dem linken Fusse hinkt.

Der ausschliesslich heterosexuale und dabei abnorm sexuell bedürftige V. versuchte früh mit dem anderen Geschlecht in Relation zu treten, war aber absolut impotent nicht hinkenden Weibern gegenüber. Am grössten war seine Potenz und Befriedigung, wenn die Puella mit dem linken Fuss hinkte, doch verkehrte er auch erfolgreich mit rechts Hinkenden. Da er nur ausnahmsweise seinem Fetischismus gemäss coitiren konnte, half er sich mit Masturbation, die ihm aber als elendes Surrogat und ekelhaft erschien. Ueber seine sexuelle Situation war er oft sehr unglücklich und dem Suicidium nahe, von dem ihn nur die Rücksicht auf seine Eltern abhielt.

Sein moralisches Leiden gipfelte darin, dass er sich als Ziel seiner Wünsche die Ehe mit einer sympathischen hinkenden Dame dachte, aber er fühlte, dass er in einer solchen Gattin nur das Hinken, nicht die Seele lieben könnte, was er als eine Profanation der Ehe, als eine unerträgliche, unwürdige Existenz empfand. Oft hatte er schon deswegen an Resignation und Castratio gedacht.

Die Untersuchung des V., als er sich um Hülfe an mich wandte, ergab ein völlig negatives Resultat hinsichtlich Degenerationszeichen, Nervenkrankheit u. s. w.

Ich klärte Patient darüber auf, dass es ärztlicher Kunst schwer, wenn nicht unmöglich sein werde, einen durch so festgefügte Associationen begründeten Fetischismus zu zerstören und sprach die Hoffnung aus, dass er, indem er ein hinkendes Mädchen durch Ehe glücklich mache, selbst glücklich werden möge.

Ein Beispiel ist ferner: Descartes, welcher (Traité des Passions CXXXVI) selbst Betrachtungen über das Entstehen seltsamer Neigungen aus Ideenassociationen anstellte. Er fand stets Geschmack an schielenden Frauen, weil der Gegenstand seiner ersten Liebe diesen Fehler hatte (Binet op. cit.).

Lydston (A Lecture on sexual perversion, Chicago 1890) berichtet den Fall eines Mannes, der ein Liebesverhältniss mit einem Weibe unterhielt, dem ein Unterschenkel amputirt worden war. Nach der Trennung von dieser Person suchte er begierig nach anderen Weibern mit dem gleichen Defect. — Ein negativer Fetisch!

Eine ganz eigenthümliche Varietät von Körpertheilfetischismus stellt der folgende, stark mit sadistischen Elementen complicirte Fall dar, in welchem die feine weisse jungfräuliche Haut Fetisch ist und der Sadismus zu dem Coitus äquivalenten wollüstig grausamen Akten, bis zur Anthropophagie (vgl. p. 59—63) treibt, für die der schwer degenerative und wohl epileptische Kranke durch Automutilation und Autophagie sich ein Surrogat schafft.

Beobachtung 80. L., Taglöhner, wurde verhaftet, weil er in einer öffentlichen Anlage sich ein grosses Stück Haut vom linken Vorderarm mit einer Scheere abschnitt.

Er gesteht, dass er seit langer Zeit den Drang habe, ein Stück von der feinen weissen Haut eines jungen Mädchens zu essen, dass er zu diesem Zweck mit dazu bereit gehaltener Scheere ein solches Opfer verfolgt habe, aber bei der Aussichtslosigkeit dieses Vorhabens, davon abgestanden sei und als Ersatz sich selbst geschnitten habe!

L. stammt von epileptischem Vater. Eine Schwester ist geistesschwach.

L. hat bis zum 17. Jahr an Enuresis nocturna gelitten, war allgemein gefürchtet wegen seines rohen, reizbaren Wesens, aus der Schule wegen seiner Undisciplinirbarkeit und Bösartigkeit weggeschickt worden.

Sehr früh ergab er sich der Onanie. Er las mit Vorliebe fromme Bücher, bot Züge von Aberglauben, Hang zum Mystischen und auffällige Devotion in seinem Charakter.

Im 13. Jahr regte sich beim Anblick junger hübscher Mädchen mit weisser feiner Haut der wollüstig betonte Drang, einem solchen Mädchen ein Stück Haut herauszubeissen und dasselbe zu verzehren. Dieser Drang beherrschte sein ganzes Dichten und Trachten. Sonst reizte ihn am Weibe nichts. Er trug nie Verlangen, irgendwie mit einem solchen sexuell zu verkehren und machte nie einen bezüglichen Versuch.

Da er leichter mit Scheeren zum Ziel zu gelangen hoffte, als mit den Zähnen, hatte er seit Jahren immer Scheeren bei sich. Wiederholt war er nahe daran, sein abnormes Gelüste zu befriedigen. Seit einem Jahr, kaum mehr fähig, dessen Nichtbefriedigung zu ertragen, war er auf ein Surrogat verfallen, indem er jeweils nach fruchtloser Verfolgung eines Mädchens sich selbst an Armen, Schenkeln oder Bauch ein Stück Haut abschnitt und verzehrte. Unter Zuhülfenahme der Phantasievorstellung, es sei Haut von jenem verfolgten Mädchen, gelangte er während des Verzehrens des Stückes der eigenen Haut zu Orgasmus und Ejaculation.

Am Körper des L. finden sich zahlreiche, zum Theil ausgedehnte und tiefgehende Wunden oder Narben in der Haut.

Während seiner Selbstverstümmelungen und lange Zeit darnach hatte er heftige Schmerzen, aber sie wurden übercompensirt durch die Wollust, welche er beim Geniessen der Hautstücke empfand, namentlich wenn es recht blutete und ihm die Illusion, es sei Cutis virginis, einigermassen gelang. Schon der Anblick von Messer und Scheere genügt ihm, um seinen perversen Drang hervorzurufen. Er bekommt dann einen eigenthümlichen Zustand von Angst mit Schweissausbruch, Schwindel, Herzklopfen, Gier nach Cutis feminae, muss ihm sympathischen Frauenzimmern, die Scheere in der Hand, nachgehen, verliert aber nicht das Bewusstsein und einen Rest von Selbstcontrole, indem er auf der Höhe der Krise von sich selbst nimmt, was ihm am Körper eines Mädchens versagt bleibt. Während dieser ganzen Krise besteht Erection und Orgasmus; im Moment, wo er seine Haut zwischen den Zähnen kaut, tritt die Ejaculation ein. Darnach fühlt er grosse Befriedigung und Erleichterung. Seine Genitalien sind normal.

L. ist sich des Pathologischen seines Zustands vollkommen bewusst. Selbstverständlich kam dieser gemeingefährliche Degenerirte in eine Irrenanstalt. Dort machte er einen Selbstmordversuch. (Magnan, Psychiatrische Vorlesungen, deutsch v. Möbius Heft IV. V. p. 49.)

Eine interessante Categorie stellen die Haarfetischisten dar. Der Uebergang vom Bewunderer des Frauenhaares in noch physiologischer Breite zum pathologischen Fetischismus ist hier ein fliessender. Als Anfangsglied der pathologischen Reihe erscheinen Fälle, wo nur das Haar des Weibes sinnlichen Eindruck macht und zu Cohabitation anregt, des Weiteren solche, wo Potenz nur einem Weibe gegenüber besteht, das im Besitz des individuellen Fetischzaubers sich befindet. Möglicherweise sind bei diesem Haarfetischismus verschiedene Sinne (Auge, Geruch, Gehör wegen des knisternden Geräusches, jedenfalls auch Tastsinn, ganz analog wie bei Sammt- und Seidefetischisten s. u.) betheiligt, indem sie wollüstig betonte Erregungen empfangen.

Den Schluss der Reihe würden solche Degenerirte bilden, denen das Haar des Weibes, selbst losgelöst von dessen Körper, also sozusagen nicht mehr Theil eines lebenden Körpers, sondern blosser Stoff, selbst Waare, zur Erregung der Libido und zur Befriedigung via physischer oder psychischer Onanie, eventuell unter Berührung der Genitalia mit dem Fetisch, genügt.

Ein interessantes Beispiel von einem wohl zur zweiten Categorie gehörenden Haarfetischisten hat Dr. Gemy unter dem Titel „Histoire des peruques aphrodisiaques" in „La médecine internationale" 1894, September mitgetheilt.

Eine Dame erzählte Dr. Gemy, dass in der Brautnacht und der folgenden Nacht ihr Gatte sich damit begnügt hatte, sie zu küssen, in ihrem nicht reichlichen Haar zu wühlen und sich dann schlafen zu legen. In der dritten Nacht brachte Herr X. eine überaus reich mit langen Haaren geschmückte Perrücke zum Vorschein und bat seine Frau, dieselbe aufzusetzen. Kaum war dies geschehen, so holte der Mann reichlich die versäumte eheliche Pflicht nach. Am folgenden Morgen begann X. wieder zärtlich zu werden, indem er zunächst die Perrücke liebkoste. Kaum hatte Frau X. die ihr lästig gewordene Perrücke abgelegt, so hatte sie jeden Reiz für ihren Mann verloren. Frau X. erkannte nun, dass hier eine Marotte vorliege, fügte sich den Wünschen des von ihr geliebten Gatten, dessen Libido und wohl auch Potenz von der Perrücke abhängig war. Auffallenderweise war eine solche immer nur 15—20 Tage wirksam. Dieselbe musste üppig an Haar sein, die Farbe war gleichgültig.

Das Facit dieser Ehe nach 5 Jahren waren 2 Kinder und eine Perrückensammlung von 72 Stück.

In den Fällen wo das Frauenhaar als blosser Stoff die Eigenschaften eines Fetisch besitzt, geschieht es nicht selten, dass solche Degenerirte sich unrechtmässig in den Besitz von Frauenhaar setzen. Sie repräsentiren die forensisch nicht unwichtige Gruppe der Zopfabschneider[1]).

Beobachtung 81. Ein Zopfabschneider. P., 40 Jahre, Kunstschlosser, ledig, stammt von einem Vater, der temporär irrsinnig war, und von einer sehr nervösen Mutter. Er entwickelte sich gut, war intelligent, aber früh mit Tics und Zwangsvorstellungen behaftet gewesen. Er hatte nie masturbirt, liebte platonisch, trug sich öfters mit Heirathsplänen, coitirte nur selten mit Freudenmädchen, fühlte sich aber vom Verkehr mit solchen nie befriedigt, eher angewidert. Vor etwa 3 Jahren trafen ihn schwere Schicksalsschläge (finanzieller Ruin) und machte er überdies eine fieberhafte Krankheit mit Delir durch. Diese Umstände schädigten schwer das Centralnervensystem des erblich Belasteten. Am Abend des 28. August 1889 wurde P. auf dem Trocadero in Paris in flagranti verhaftet, als er im Gedränge einem jungen Mädchen den Zopf abgeschnitten hatte. Man verhaftete ihn mit dem Zopf

---

[1]) Moll op. cit. p. 131: „Ein Mann X. wird, sobald er ein weibliches Wesen mit einem Zopf erblickt, sofort hochgradig sexuell erregt; offenes, noch so schönes Haar vermag diese Wirkung nicht zu erzielen."

Es ist übrigens natürlich nicht gerechtfertigt, alle Zopfabschneider für Fetischisten zu halten, da in seltenen Fällen derlei auch aus Gewinnsucht geschieht, resp. der geraubte Zopf Waare, nicht Fetisch ist.

in der Hand, eine Scheere in der Tasche. Er entschuldigte sich mit momentaner Sinnesverwirrung, unseliger unbezwinglicher Leidenschaft, gab zu, dass er schon 10mal Zöpfe abgeschnitten habe, die er daheim in wonnigem Entzücken verwahre.

Bei der Haussuchung fand man 65 Zöpfe und Haarflechten, sortirt in Paketen vor. Schon am 15. December 1886 war P. unter ähnlichen Umständen einmal verhaftet gewesen, aber wegen Mangel an Beweisen freigelassen worden.

P. gibt an, dass er seit 3 Jahren, wenn Abends allein im Zimmer, sich unwohl, ängstlich, erregt und schwindlig fühlte und dann vom Drang heimgesucht wurde, Frauenhaar zu betasten. Als er gelegentlich den Zopf eines jungen Mädchens wirklich in der Hand halten konnte, libidine valde excitatus est neque amplius puella tacta, erectio et eiaculatio evenit. Heimgekehrt, schämte er sich des Vorfalls, aber der Wunsch, Zöpfe zu besitzen, ungemein wollüstig betont, wurde immer mächtiger in ihm. Er wunderte sich sehr darüber, da er doch früher beim intimsten Verkehr mit Weibern nie etwas derart empfunden hatte. Eines Abends konnte er dem Drang nicht widerstehen, einem Mädchen den Zopf abzuschneiden. Daheim, mit dem Zopf in der Hand, wiederholte sich der wollüstige Vorgang. Es zwang ihn, mit dem Zopf über seinen Körper zu fahren, seine Genitalien darein zu wickeln. Endlich ganz erschöpft, schämte er sich, getraute sich während einiger Tage gar nicht auszugehen. Nach Monaten der Ruhe trieb es ihn wieder, Frauenhaar, gleichgültig wem gehörig, unter die Hände zu bekommen. Gelangte er zum Ziel, so fühlte er sich wie besessen von einer übernatürlichen Gewalt, ausser Stand, seine Beute loszulassen. Konnte er den Gegenstand seiner Begierde nicht erreichen, so wurde er tief verstimmt, eilte heim, wühlte dann in seiner Collection von Zöpfen, kämmte, betastete sie, gerieth dabei in mächtigen Orgasmus und befriedigte sich durch Masturbation. Zöpfe in den Auslegekästen der Friseure liessen ihn ganz kalt. Es mussten vom Kopf einer Frauensperson herabhängende Zöpfe sein.

Auf der Höhe seiner Zopfattentate will er jeweils in solcher Erregung gewesen sein, dass er nur unvollkommen Apperception und demgemäss Erinnerung hatte von dem, was um ihn her vorging. Sobald er mit der Scheere den Zopf berührte, kam es zur Erection und im Moment des Abschneidens zur Ejaculation.

Seit seinen Schicksalsschlägen vor etwa 3 Jahren will er gedächtnissschwach, geistig rasch erschöpft, von Schlaflosigkeit und nächtlichem Aufschrecken heimgesucht sein. P. bereut tief seine Streiche.

Man fand bei ihm nicht bloss Zöpfe vor, sondern auch eine Menge von Haarnadeln, Bänder und andere weibliche Toilettegegenstände, die er sich hatte schenken lassen. Er hatte von jeher eine wahre Manie gehabt, derlei zu sammeln, nicht minder Zeitungen, Holzstückchen und anderen ganz werthlosen Kram, von dem er nie hatte lassen wollen. Auch hatte er eine sonderbare, ihm ganz unerklärliche Scheu, eine gewisse Strasse zu passiren; machte er einmal den Versuch dazu, so wurde ihm ganz unwohl.

Das Gutachten erwies den Hereditarier, den zwangsmässigen, impulsiven, entschieden unfreien Charakter der inkriminirten Akte, welche die Bedeutung einer Zwangshandlung, hervorgerufen durch eine mit abnormen sexuellen Gefühlen übermächtig betonte Zwangsvorstellung, haben. Freispruch. Irrenhaus. (Voisin, Socquet, Motet, Annales d'hygiène, 1890, April.)

Im Anschluss an diesen Fall verdient auch der folgende, ähnliche alle Beachtung, da er gut beobachtet, geradezu klassisch zu nennen ist und den Fetisch, sowie die ursprüngliche associative Weckung der bezüglichen Vorstellung in ein helles Licht stellt.

Beobachtung 82. Ein Zopfabschneider. E., 25 Jahre. Mutterschwester epileptisch, Bruder litt an Convulsionen. E. will als Kind gesund gewesen sein und ziemlich gut gelernt haben. Mit 15 Jahren empfand er zum ersten Mal beim Anblick einer sich kämmenden Dorfschönen ein wollüstiges Gefühl mit Erection. Bis dahin hatten Personen des anderen Geschlechts keinen Eindruck auf ihn gemacht. 2 Monate später, in Paris, erregte ihn jedesmal mächtig der Anblick der über den Nacken herabflatternden Haare junger Mädchen. Eines Tages konnte er sich nicht enthalten, bei solcher Gelegenheit den Zopf eines jungen Mädchens zwischen den Fingern zu drehen. Er wurde deshalb verhaftet und zu 3 Monaten verurtheilt.

Darauf diente er 5 Jahre als Soldat. Zöpfe waren ihm während dieser Zeit nicht gefährlich, aber auch wenig zugänglich, jedoch träumte ihm zuweilen von Frauenköpfen mit Zopf oder aufgelöstem Haar. Gelegentlich Coitus mit Frauenzimmern, jedoch ohne dass deren Haar als Fetisch wirkte.

Wieder in Paris, träumt er in obiger Weise neuerlich und wird von Frauenhaar wieder sehr erregt.

Niemals träumt er von der ganzen Gestalt eines Weibes, nur von Köpfen mit Zöpfen.

Seine sexuelle Erregung durch solchen Fetisch war in letzter Zeit so mächtig geworden, dass er sich mit Masturbation half.

Die Idee, Frauenhaar zu betasten oder noch besser, Zöpfe zu besitzen, um während der Betastung masturbiren zu können, wurde immer mächtiger.

Wenn er Frauenhaar unter den Fingern hatte, kam es neuerlich zur Ejaculation. Eines Tages war es ihm gelungen, bereits 3 Zöpfe von kleinen Mädchen auf der Strasse, etwa 25 cm lang abzuschneiden und in seinen Besitz zu bringen, als er beim Versuch an einem vierten verhaftet wurde. Tiefe Reue und Scham. Keine Verurtheilung. Seit geraumer Zeit in der Irrenanstalt, ist er so weit gekommen, dass ihn die Zöpfe der Weiber nicht mehr aufregen. Freigelassen, gedenkt er in seine Heimath zu gehen, wo die Weiber ihr Haar aufgebunden zu tragen pflegen. (Magnan, Archives de l'anthropologie criminelle, 5. Bd., Nr. 28.)

Ein dritter Fall ist der folgende, der ebenfalls geeignet ist, das Psychopathische solcher Erscheinungen zu illustriren, und an welchem namentlich der merkwürdig vermittelte Ausgang in Heilung beachtenswerth ist.

Beobachtung 83. Zopffetischismus. Herr X., Mitte der Dreissiger, aus höherer Gesellschaftsklasse, ledig, aus angeblich nicht belasteter Familie, jedoch von Kindsbeinen auf nervös, unstet, eigenartig, will seit etwa dem 8. Jahr mächtig durch Frauenhaar angezogen gefühlt haben. Ganz besonders war dies Seitens junger Mädchen der Fall. Als er 9 Jahre alt war, trieb ein 13 Jahre altes Mädchen mit ihm Unzucht. Er hatte kein Verständniss dafür und blieb dabei ganz unerregt. Auch die 12jährige Schwester dieses Mädchens machte sich mit ihm zu schaffen, küsste ihn ab, presste ihn an sich. Er liess sich das ruhig gefallen, weil das Haar dieses Mädchens ihm so gut gefiel. Etwa 18 Jahre alt, begann er wollüstige Empfindungen beim Anblick von ihm zusagendem Frauenhaar zu verspüren. Allmählig kamen jene auch spontan, und sofort gesellten sich Erinnerungsbilder von Mädchenhaar hinzu. Im 11. Jahr wurde er von Mitschülern zur Masturbation verführt. Die associative Knüpfung sexueller Gefühle und einer fetischistischen Vorstellung war damals schon festgeschlossen und trat jeweils hervor, wenn Patient mit seinen Kameraden Unzucht trieb. Mit den Jahren wurde der Fetisch immer mächtiger. Selbst falsche Zöpfe begannen ihn zu erregen, jedoch waren ihm lebende immer lieber. Wenn er solche berühren oder gar küssen konnte, war er ganz selig. Er verfasste Aufsätze und machte Gedichte über die Schönheit des Frauenhaars, zeichnete Zöpfe und masturbirte dazu. Vom 14. Jahr ab wurde er von seinem Fetisch so mächtig erregt, dass er heftige Erectionen bekam. Entgegen seinem früheren Geschmack als Knabe, reizten ihn nur mehr Zöpfe, ganz besonders üppige, schwarze, dicht geflochtene. Er empfand lebhaften Drang, solche Zöpfe zu küssen, resp. an ihnen zu saugen. Das Betasten solchen Haares machte ihm wenig Befriedigung, viel mehr der Anblick, namentlich aber das Küssen und Saugen.

War ihm dies unmöglich, so war er unglücklich bis zu Taedium vitae. Er versuchte sich dann schadlos zu halten, indem er sich phantastisch „Haarabenteuer" ausmalte und dazu masturbirte.

Nicht selten, auf der Strasse und im Gedränge, konnte er sich nicht zurückhalten, Damen einen Kuss auf den Kopf zu drücken. Er eilte dann heim, um zu masturbiren. Zuweilen konnte er jenem Impuls Widerstand leisten, aber er musste unter lebhaften Angstgefühlen schleunigst die Flucht ergreifen, um aus dem Bannkreis seines Fetisch zu gelangen. Nur einmal im Gedränge trieb es ihn, einem Mädchen den Zopf abzuschneiden. Er hatte dabei heftige Angst, reussirte nicht mit seinem Taschenmesser und entging mit Mühe durch die Flucht der Gefahr, erwischt zu werden.

Erwachsen, versuchte er durch Coitus mit Puellis sich zu befriedigen. Er gelangte zu mächtiger Erection durch Küssen der Zöpfe, brachte es aber zu keiner Ejaculation. Deshalb war er vom Coitus unbefriedigt. Gleichwohl war seine liebste Vorstellung: Coitus mit Haarküssen. Dieses allein genügte ihm nicht, da er dadurch noch nicht zur Ejaculation gelangte. Faute de mieux stahl er einmal einer Dame ihr ausgekämmtes Haar, steckte es in den Mund und masturbirte dazu, indem er sich die Eigenthümerin vorstellte. Im Dunkeln hatte er kein Interesse am Weib, weil er dessen Zöpfe nicht sah. Auch aufgelöstes Kopfhaar hatte für ihn keinen Reiz, ebensowenig Schamhaare. Seine erotischen Träume drehten sich nur um Zöpfe. In der letzten Zeit war Patient sexuell so erregt worden, dass er in eine Art Satyriasis gerieth. Er wurde unfähig zum Beruf, fühlte sich so unglücklich, dass er sich in Alkohol zu betäuben suchte. Er consumirte sehr grosse Mengen, bekam ein Alkoholdelir, einen Anfall von Alkoholepilepsie, wurde spitalsbedürftig. Nach Beseitigung der Intoxication schwand ziemlich rasch die sexuelle Erregung unter geeigneter Behandlung, und als Patient entlassen wurde, war er von seiner nur noch in Träumen ab und zu sich geltend machenden Fetischvorstellung befreit.

Der körperliche Befund ergab normale Genitalien, wie überhaupt keine Degenerationszeichen.

Derartige Fälle von Zopffetischismus, der zu Attentaten auf Frauenzöpfe führt, scheinen von Zeit zu Zeit allerorten vorzukommen. Im November 1890 wurden nach amerikanischen Zeitungsberichten ganze Städte in den Vereinigten Staaten durch einen solchen Zopfabschneider beunruhigt.

b) **Der Fetisch ist ein Stück der weiblichen Kleidung.**

Wie gross die Bedeutung ist, die weiblicher Schmuck, Putz und Kleidung auch für die normale Vita sexualis des Mannes haben, ist allgemein bekannt. Cultur und Mode haben hier dem Weibe gewissermassen künstliche Geschlechtscharaktere angeschaffen, deren Wegfall, wenn das Weib unbekleidet in Betracht kommt, trotz der normalen sinnlichen

Wirkung dieses Anblicks, als Verlust, als befremdend wirken kann¹).
Es darf hierbei auch nicht übersehen werden, dass die Kleidung des
Weibes häufig die Tendenz zeigt, bestimmte Geschlechtseigenthümlichkeiten, secundäre Geschlechtscharaktere (Busen, Taille, Hüften) hervorzuheben und zu outriren.

Bei den meisten Individuen erwacht der Geschlechtstrieb lange vor der Möglichkeit und Gelegenheit intimen Verkehrs, und die frühen Begierden der Jugend beschäftigen sich mit dem gewohnten Bilde der bekleideten weiblichen Gestalt. So kommt es, dass nicht selten im Beginn der Vita sexualis die Vorstellung des geschlechtlich Reizenden und weiblicher Kleidung sich associiren. Diese Association kann namentlich dann eine unlösbare werden — das bekleidete Weib dem nackten dauernd vorgezogen werden —, wenn die betreffenden Individuen, unter der Herrschaft anderer Perversionen stehend, überhaupt nicht zu einer normalen Vita sexualis und zur Befriedigung durch natürliche Reize gelangen.

Bei psychopathischen, sexuell hyperästhetischen Individuen kommt es in Folge dessen wirklich vor, dass das bekleidete Weib bleibend dem nackten Körper vorgezogen wird. Erinnern wir uns, dass in Beob. 46 das Weib die letzte Hülle nicht fallen lassen darf, dass Beob. 48 equus eroticus, das bekleidete Weib vorzieht. Auch weiter unten findet sich eine gleiche Aeusserung eines conträr Sexualen.

Dr. Moll (op. cit. 2. Aufl.) erwähnt einen Patienten, der den Coitus mit puella nuda nicht ausführen konnte; das Weib musste wenigstens mit einem Hemd bekleidet sein; p. 166 führt derselbe Autor einen conträr Sexualen an, der demselben Kleidungsfetischismus unterworfen ist.

Der Grund dieser Erscheinung ist offenbar in der Gedankenonanie solcher Individuen zu suchen. Sie haben beim Anblick unzähliger bekleideter Gestalten Begierden empfunden, bevor sie sich der Nacktheit gegenüber sahen²).

Eine zweite, ausgesprochenere Form des Kleidungsfetischismus besteht darin, dass nicht überhaupt das bekleidete Weib vorgezogen wird, sondern dass eine bestimmte Art der Kleidung zum Fetisch wird (Costümfetischismus). Es ist begreiflich, dass ein starker und namentlich ein früher sexueller Eindruck, der mit der Vorstellung einer bestimmten Kleidung des betreffenden Weibes verbunden war, bei hyper-

---

¹) Vgl. Goethe's Bemerkungen zu seinem Abenteuer in Genf (Briefe aus der Schweiz, 1. Abtheil., Schluss).

²) Etwas dem Objecte nach Aehnliches, der psychischen Vermittlung nach aber ganz Anderes, ist die Thatsache, dass der halbverhüllte Körper oft reizender wirkt, als der ganz nackte. Dies beruht auf Contrastwirkungen und Erwartungsaffecten, welche eine allgemeine Erscheinung sind und nichts Pathologisches enthalten.

ästhetischen Individuen ein höchst intensives Interesse an diese Kleidung knüpfen kann.

Hammond (op. cit. p. 40) berichtet folgenden aus Roubaud „Traité de l'impuissance", Paris 1876, citirten Fall:

Beobachtung 84. X., Sohn eines Generals, wurde auf dem Lande aufgezogen. Im Alter von 14 Jahren wurde er von einer jungen Dame in die Freuden der Liebe eingeweiht. Diese Dame war eine Blondine, die ihr Haar in gewundenen Locken trug und, um nicht entdeckt zu werden, mit ihrem jungen Liebhaber nur in ihrer gewöhnlichen Kleidung, mit Gamaschen, Corset und ihrem Seidenkleide, geschlechtlich verkehrte.

Als er nach Beendigung seiner Studien zur Garnison gesandt wurde und hier nun seine Freiheit geniessen wollte, fand er, dass sein Sexualtrieb nur unter ganz bestimmten Bedingungen angeregt wurde. So konnte eine Brünette ihn nicht im mindesten reizen, und ein Weib im Nachtcostüm war im Stande, jede Liebesbegeisterung in ihm ganz zu ersticken. Eine Frau, die seine Begierden wecken sollte, musste eine Blondine sein, mit Gamaschen gehen, ein Corset und ein seidenes Kleid tragen, kurz, ganz so gekleidet sein, wie die Dame, die zuerst in ihm den Geschlechtstrieb erregt hatte. Er war immer den Bemühungen, ihn zu verheirathen, ausgewichen, da er wusste, dass er seine Gattenpflichten gegen ein Weib im Schlafcostüme nicht werde ausüben können.

Hammond berichtet noch p. 42 einen Fall, wo der Coitus maritalis nur durch bestimmtes Costüm erzielt werden konnte, und Dr. Moll op. cit. erwähnt mehrere derartige Fälle bei Hetero- und Homosexualen. Als veranlassende Ursache ist eine frühe Association oft nachzuweisen und stets anzunehmen. Nur so wird es erklärlich, dass auf solche Individuen ein bestimmtes Costüm unwiderstehlich wirkt, gleichgültig, welche Person immer den Fetisch trägt. So wird es begreiflich, dass, wie Coffignon (op. cit.) erzählt, Männer in Bordellen darauf bestehen, dass die Weiber, mit denen sie zu thun haben, ein bestimmtes Costüm als Ballettänzerin, Nonne etc. anlegen, und dass diese Häuser zu solchen Zwecken mit einer ganzen Maskengarderobe versehen sind.

Binet (op. cit.) erzählt den Fall eines Richters, der ausschliesslich in die Italienerinnen, die als Malermodelle nach Paris kommen, und in ihr bestimmtes Costüm verliebt war. Die veranlassende Ursache war hier nachweisbar ein Eindruck beim Erwachen des Geschlechtstriebs.

Von solchen Fällen ist es nur ein Schritt zum Aufgehen der ganzen Vita sexualis im Fetisch, dessen Besitz und Handhabung genügen kann, um Orgasmus, und bei reizbarer Schwäche des Ejaculationscentrums, Ejaculation zu provociren.

Beobachtung 85. Costümfetischismus. P., 33 Jahre, Geschäftsmann, Sohn einer Mutter, die an Melancholie gelitten und durch Selbstmord geendigt hatte, mit mehrfachen anatomischen Degenerationszeichen behaftet, galt in seiner Strasse für ein Original und hatte den Spitznamen „l'amoureux des nourrices et des bonnes d'enfants."

Da er solchen durch sein aufdringliches Benehmen an öffentlichen Orten lästig fiel und mit einer solchen Person, welche seinen Fetisch an sich trug, einmal in Streit gerieth, wurde er verhaftet.

Von jeher will er entzückt vom Anblick von Säugeammen und Bonnen gewesen sein, aber ihn interessirte nie das betreffende Weib, sondern nur das Costüm und zwar nicht Theile desselben, sondern nur das Ganze. In Gesellschaft solcher Personen zu sein, war seine höchste Wonne. Heimgekehrt, brauchte er nur die genossenen Eindrücke wachzurufen, um zum Orgasmus venereus zu gelangen. Nie war es ihm eingefallen, sich den Coitus mit einer solchen Person zu verschaffen.

Eine analoge Beobachtung von Costümfetischismus verdankt man Motet. Es handelte sich um einen jungen Mann aus guter Familie, der ausschliesslich sexuell erregt wurde durch den Anblick einer Frau in Brauttoilette. Wer diese Toilette trug, war ihm ganz gleichgültig. Er verbrachte, um seine fetischistischen Gelüste zu befriedigen, einen guten Theil seiner Zeit im Bois de Boulogne, vor der Thüre von Restaurants, in welchen der Hochzeitsschmaus abgehalten zu werden pflegt (Garnier, Les Fétichistes p. 59).

Eine dritte Form des Kleidungsfetischismus, die einen weit höheren Grad des Pathologischen darstellt, ist die folgende, bei weitem am häufigsten zur Beobachtung kommende. Sie besteht darin, dass es gar nicht mehr das Weib selbst ist, welches, wenn auch bekleidet oder auf eine bestimmte Art gekleidet, in erster Linie sexuell reizend wirkt, sondern dass das sexuelle Interesse so sehr sich auf ein bestimmtes Stück der weiblichen Kleidung concentrirt, dass die lustbetonte Vorstellung dieses Kleidungsstückes sich gänzlich von der Gesammtvorstellung des Weibes loslöst und so selbstständigen Werth gewinnt. Dies ist das eigentliche Gebiet des Kleidungsfetischismus, wo eine unbelebte Sache, ein isolirtes Stück der Kleidung für sich allein zur Erregung und Befriedigung des Geschlechtstriebes benützt und verwendet wird. Diese dritte Form des Kleidungsfetischismus ist auch die forensisch wichtigste.

In einer grossen Zahl von Fällen handelt es sich hier um Stücke weiblicher Leibwäsche, die ja durch ihren intimen Charakter besonders geeignet sind, solche Associationen zu knüpfen.

Beobachtung 86. K., 45 Jahre alt, Schuhmacher, angeblich erblich nicht belastet, von eigenthümlichem Wesen, geistig wenig begabt, von männlichem Habitus, ohne Degenerationszeichen, sonst tadellos in seinem Benehmen, wurde ertappt, als er am 5. Juli 1876 Abends aus einem Versteck gestohlene Frauenwäsche abholte. Es fanden sich bei ihm etwa 300 Toilettegegenstände von Frauen vor, darunter, neben Frauenhemden und Beinkleidern, auch Nachthauben, Strumpfbänder, sogar eine weibliche Puppe. Als er verhaftet wurde, hatte er gerade ein Frauenhemd auf dem Leibe. Schon seit 13 Jahren hatte er seinem Drang, Frauenwäsche zu stehlen, gefröhnt, war, das erste Mal deshalb bestraft, vorsichtig geworden und hatte in der Folge mit Raffinement und Glück gestohlen. Wenn dieser Drang über ihn kam, sei ihm ängstlich, der Kopf ganz schwer geworden. Er habe dann nicht widerstehen können, koste es, was es wolle. Es sei ihm ganz gleich gewesen, wem er die Sachen wegnehme.

Die gestohlenen Sachen habe er Nachts im Bett angezogen, dabei sich schöne Weiber vorgestellt und wollüstige Gefühle und Samenabgang verspürt. Dies war offenbar das Motiv seiner Diebstähle, jedenfalls hatte er nie eines der gestohlenen Gegenstände sich entäussert, vielmehr dieselben da und dort versteckt.

Er gab an, dass er in früheren Zeiten mit Weibern normal geschlechtlich verkehrt habe. Onanie, Päderastie und andere sexuelle Akte stellte er in Abrede. Mit 25 Jahren will er verlobt gewesen sein, jedoch sei diese Verlobung ohne seine Schuld zurückgegangen. Das Krankhafte seines Zustandes und das Unrechte seiner Handlungen vermochte er nicht einzusehen (Passow. Vierteljahrsschrift f. ger. Medic. N. F. XXVIII. p. 61. Krauss, Psychologie des Verbrechens 1884, p. 190).

Beobachtung 87. J., ein junger Fleischer, wurde eines Tages arretirt. Unter seinem Paletot trug er ein Mieder, ein Leibchen, ein Oberleibchen, eine Jacke, einen Halskragen, ein Tricot- und ein Weiberhemd, überdies hatte er feine Strümpfe und Strumpfbänder an.

Seit dem 11. Jahr plagte ihn der Drang, ein Hemd seiner älteren Schwester anzuziehen. So oft er dies unbemerkt thun konnte, verschaffte er sich diesen Genuss und seit der Pubertät kam es, wenn er ein solches Hemd anlegte, zur Ejaculation. Selbständig geworden, kaufte er sich Weiberhemden und andere obengenannte Toilettegegenstände. Man fand bei ihm eine förmliche Damengarderobe. Das Anziehen solcher Kleidungsstücke war das Um und Auf seines sexuellen Fühlens und Strebens. Er hatte sich geradezu finanziell ruinirt durch seinen Fetischismus. Im Spital flehte er den Arzt an, er möge ihm gestatten, Weiberkleidung zu tragen. Conträre Sexualempfindung besteht bei J. nicht (Garnier, Les Fétichistes p. 62).

Beobachtung 88. Z., 36 Jahr, Gelehrter, hat sich bisher nur für die Hülle des Weibes, niemals aber für das Weib selbst interessirt und bisher niemals mit einem solchen sexuell verkehrt. Neben der Eleganz, dem Chic einer weiblichen Toilette im Allgemeinen, bilden seinen Fetisch im Besonderen Unterkleider und Batisthemden mit Spitzen garnirt, Atlascorsets, feingestickte seidene Unterröcke, seidene Strümpfe. Es war ihm eine Wollust, in Confectionsläden derlei weibliche Kleidungsstücke zu besehen oder gar zu betasten. Sein Ideal war irgend eine Dame im Badecostüm, mit seidenen Strümpfen, Corset, darüber ein Morgenkleid mit Schleppe.

Er studirte die Costüme der Coureuses des rues, fand sie aber geschmacklos, geradezu widerlich. Mehr Genuss hatte er beim Mustern der Auslagefenster, aber die Auslagen wurden zu selten erneuert. Er fand theilweise Befriedigung im Halten und Studiren von Modejournalen, im Ankauf einzelner besonders schöner Fetischstücke. Sein höchstes Glück wäre ihm, wenn ihm die Toilettenkünste des Boudoirs oder des Confectionsprobirladens zugänglich wären oder wenn er Femme de chambre einer eleganten Weltdame sein und ihr die Toiletten richten könnte. Züge von Masochismus oder gar homosexueller Empfindung finden sich an diesem wunderlichen Fetischisten nicht. Derselbe ist eine durchaus männliche Erscheinung (Garnier, La folie à Paris 1890).

Einen Fall von leidenschaftlichem Interesse für einzelne Stücke der weiblichen Kleidung berichtet Hammond op. cit. p. 43. Auch hier besteht des Patienten Genuss darin, selbst ein Corset am Leibe zu tragen, ebenso andere weibliche Kleidungsstücke (ohne Spuren von conträrer Sexualempfindung). Der Schmerz bei forcirtem Schnüren, an sich selbst und an Frauen hervorgerufen, ist ihm eine Freude: sadistisch-masochistisches Element.

Ein hierher gehöriger Fall dürfte auch der von Diez (Der Selbstmord 1838, p. 24) mitgetheilte sein, wo ein junger Mensch dem Drang nicht widerstehen konnte, Frauenwäsche zu zerreissen. Er hatte während dieses Zerreissens regelmässig Ejaculation.

Eine Verbindung von Fetischismus mit Zerstörungsdrang gegen den

Fetisch (gewissermassen Sadismus am unbelebten Object) scheint mehrfach vorzukommen. Vgl. unten Beob. 99.

Ein Kleidungsstück, welches zwar nicht eigentlich intimen Charakter hat, aber durch Stoff und Farbe an Leibwäsche erinnern kann, auch wohl durch die Stelle, an welcher es getragen wird, sexuelle Beziehungen erhält, ist die Schürze. (Vgl. auch die metonymische Verwendung des Wortes „Schürze" neben „Unterrock" im Sprachgebrauch: „Jeder Schürze nachlaufen" etc.) Dies bietet eine Handhabe zum Verständniss des folgenden Falles:

Beobachtung 89. C., 37 Jahre alt, aus schwer belasteter Familie, von plagiocephalem Schädel, geistig schwach begabt, bemerkte mit 15 Jahren eine zum Trocknen aufgehängte Schürze. Er band sie sich um und onanirte hinter einer Hecke. Seither konnte er keine Schürze sehen, ohne den Akt damit zu wiederholen. Sah er Jemand, gleichgültig ob Frau oder Mann, mit einer Schürze angethan, daherkommen, so musste er nachlaufen. Um ihn von seinen endlosen Schürzendiebstählen zu befreien, that man ihn im 16. Jahre zur Marine. Dort gab es keine Schürzen und vorläufig Ruhe. Mit 19 Jahren heimgekehrt, musste er wieder Schürzen stehlen, kam dadurch in fatale Verwicklungen, wurde mehrmals eingesperrt, versuchte durch mehrjährigen Aufenthalt in einem Trappistenkloster von seinem Gelüste frei zu werden. Ausgetreten, ging es ihm wie früher.

Anlässlich eines neuen Diebstahls wurde er gerichtsärztlich untersucht und der Irrenanstalt übergeben. Nie stahl er etwas Anderes als Schürzen. Es war ihm ein Genuss, in dem Erinnerungsbild der ersten gestohlenen Schürze zu schwelgen. Seine Träume drehten sich um Schürzen. In der Folge benutzte er ihre Erinnerungsbilder, um gelegentlich Coitus zu Stande zu bringen, oder auch zu masturbiren (Charcot-Magnan, Arch. de Neurolog. 1882, Nr. 12).

In einem dieser Reihe von Beobachtungen analogen, von Lombroso (Amori anomali precoci nei pazzi. Arch. di psich. 1883, p. 17) mitgetheilten Falle bekam ein erblich schwer belasteter Knabe schon im 4. Jahre Erection und heftige sexuelle Erregung beim Anblick weisser Gegenstände, namentlich von Wäsche. Berührung, Zerknittern von solcher machte ihm Wollust. Mit dem 10. Jahre begann er Angesichts weisser gestärkter Wäsche zu masturbiren. Er scheint mit moralischem Irresein behaftet gewesen zu sein und wurde wegen Mordes hingerichtet.

Mit eigenthümlichen Umständen combinirt ist der folgende Fall von Unterrockfetischismus:

Beobachtung 90. Herr Z., 35 Jahre alt, Beamter, stammt als einziges Kind von einer nervösen Mutter und gesundem Vater ab. Er war von Kindesbeinen an „nervös", erschien bei der Consultation auffällig durch neuropathisches Auge, zarten, schmächtigen Körper, feine Züge, sehr dünne Stimme, spärlichen Bartwuchs. Bis auf Erscheinungen leichter Neurasthenie ist an Patient nichts Krankhaftes nachzuweisen. Genitalien normal, desgleichen die sexuellen Functionen. Patient will nur 4—5mal, und zwar als kleiner Junge, masturbirt haben.

Schon mit 13 Jahren wurde Patient durch den Anblick von nassen Weiberkleidern mächtig sexuell erregt, während solche Kleider in trockenem Zustande ihn gar nicht erregten. Sein grösster Genuss war es, wenn es regnete, nach durchnässten Frauenzimmern auszuschauen. Traf er auf ein solches und hatte das betreffende Weib zudem ein sympathisches Gesicht, so hatte er intensive Wollustgefühle, mächtige Erection und fühlte sich zum Coitus getrieben.

Gelüste, sich nasse Weiberröcke zu verschaffen oder ein Frauenzimmer mit Wasser zu bespritzen, will er nie gehabt haben. Ueber die ursprüngliche Entstehung seiner Pica vermochte Patient keinen Aufschluss zu geben.

Es ist möglich, dass der Geschlechtstrieb in diesem Falle beim Anblick eines Weibes zum ersten Mal aufgetaucht ist, welches bei Regenwetter die nassen Röcke aufhob und Reize sehen liess. Der seines Objektes noch nicht bewusste dunkle Trieb wurde dann auf die nassen Röcke projicirt, wie in anderen Fällen.

Häufig und deshalb forensisch wichtig sind die Liebhaber weiblicher Taschentücher. — Zur Häufigkeit des Taschentuchfetischismus mag beitragen, dass das Taschentuch dasjenige Wäschestück des Weibes ist, welches am häufigsten auch im nicht intimen Verkehr in den Anblick und, sammt der ihm anhaftenden Körpertemperatur und specifischem Geruche, durch Zufall in die Hände einer anderen Person gerathen kann. Hierauf mag die Häufigkeit früher Association von wollüstigen Empfindungen mit der Vorstellung eines Taschentuches, die auch hier wohl immer anzunehmen ist, beruhen.

Beobachtung 91. Ein bisher unbescholtener, 32 Jahre alter lediger Bäckergehilfe wurde ertappt, als er einer Dame ein Taschentuch stahl. Er gestand mit aufrichtiger Reue, dass er bereits 80—90 derartige Sacktücher entwendet hatte. Er hatte es nur auf solche abgesehen und zwar ausschliesslich bei jüngeren und ihm zusagenden Frauenzimmern.

Inculpat bietet in seiner äusseren Erscheinung nichts Auffälliges. Er kleidet sich sehr gewählt, zeigt ein eigenthümliches, theils ängstlich depressives, theils unmännlich devotes Wesen und Benehmen, das sich oft bis zu einem larmoyanten Ton und Thränen steigert. Auch eine unverkennbare Unbehilflichkeit, Schwäche in der Auffassung, Trägheit in der Orientirung und Reflexion gibt er zu erkennen. Eine seiner Schwestern ist epileptisch. Er lebt in guten Verhältnissen, war nie schwer krank, entwickelte sich gut. In der Mittheilung seiner Lebensgeschichte zeigt er Gedächtnissschwäche, Unklarheit; auch das Rechnen fällt ihm schwer, obwohl er früher gut gelernt hatte und auffasste. Sein ängstliches, unsicheres Wesen machte den Verdacht der Onanie rege. Inculpat gestand, dass er seit dem 19. Jahr diesem Laster in excessiver Weise ergeben war.

Seit einigen Jahren hatte er in Folge seines Lasters an Abgeschlagenheit, Mattigkeit, Zittern der Beine, Rückenschmerzen, Unlust zur Arbeit gelitten. Oefters kam auch eine traurig-ängstliche Verstimmung über ihn, in welcher er die Leute mied. Von den Folgen geschlechtlichen Verkehrs mit Frauenzimmern hatte er übertriebene, abenteuerliche Vorstellungen und konnte sich nicht zu solchem entschliessen. In letzter Zeit hatte er jedoch an Verehelichung gedacht.

Mit tiefer Reue und in schwachsinniger Weise gestand nun X., dass er vor $1/_4$ Jahr im Menschengedränge beim Anblick eines jungen hübschen Mädchens sich heftig geschlechtlich erregt fühlte, sich an dasselbe drängen musste und den Drang empfand, durch Wegnahme des Taschentuchs sich für eine ausgiebigere Befriedigung seiner geschlechtlichen Regung zu entschädigen.

In der Folge wurde er, sobald er ein ihm zusagendes Frauenzimmer gewahr wurde, unter heftiger geschlechtlicher Erregung, Herzklopfen, Erection und Impetus coeundi vom Drang erfasst, sich an die betreffende Person zu drängen und ihr — faute de mieux — das Taschentuch zu entwenden. Obwohl ihn keinen Moment das Bewusstsein der Strafbarkeit seiner Handlung verliess, konnte er seinem Drange nicht Widerstand leisten. Dabei fühlte er Angst, die theils durch den zwangsmässigen geschlechtlichen Trieb, theils durch die Furcht vor Entdeckung bedingt war.

Das Gutachten macht mit Recht den angeborenen Schwachsinn, den zerrüttenden Einfluss der Onanie geltend und führt das abnorme Gelüste auf einen perversen Geschlechtstrieb zurück, wobei ein interessanter und physiologisch auch gekannter Connex zwischen Geruchs- und Geschlechtssinn bestehe. Die Unwiderstehlichkeit des krankhaften Triebs wurde anerkannt. X. wurde nicht bestraft (Zippe, Wiener med. Wochenschrift 1879, Nr. 23).

Der Güte des Herrn Landesgerichtsarztes Prof. Dr. Fritsch in Wien verdanke ich weitere Mittheilungen über diesen Taschentuchfetischisten, welcher im August 1890 neuerdings verhaftet wurde, als er gerade einer Dame das Taschentuch aus dem Rocke ziehen wollte.

Bei einer Hausdurchsuchung fand man 446 Stück Damentaschentücher vor. Ueberdies will er 2 Bündel solcher Corpora delicti verbrannt haben. Ferner ergab sich im Laufe der Untersuchung, dass X. schon 1883 wegen Diebstahls von 27 Sacktüchern mit 14 Tagen Arrest und wegen des gleichen Delicts 1886 mit 3 Wochen Arrest bestraft war.

Ueber seine verwandtschaftlichen Beziehungen erfährt man nur, dass sein Vater viel an Congestionen litt und dass eine Tochter seines Bruders schwachsinnig und constitutionell neuropathisch ist.

X. hatte 1879 geheirathet und ein selbständiges Geschäft angefangen. 1881 gerieth er in Concurs. Bald darauf begehrte seine Frau, die sich mit ihm nicht vertragen konnte und der er angeblich seine eheliche Pflicht nicht leistete (von X. bestritten), die Ehescheidung. Er lebte in der Folge als Bäckergehilfe im Geschäfte seines Bruders.

Seinen unglücklichen Drang nach Taschentüchern von Damen beklagt er tief, aber wenn er in die bezügliche Situation komme, vermöge er sich leider nicht zu beherrschen. Er verspüre dabei ein Wonnegefühl und es sei ihm, wie wenn Jemand ihn dazu dränge. Zuweilen vermöge er sich zurückzuhalten, aber wenn die Dame ihm sympathisch sei, erliege er dem ersten Antrieb. Er sei dabei ganz nass von Schweiss, theils aus Angst vor Entdeckung, theils in Folge des Triebes zur Ausführung der That. Schon seit den Pubertätsjahren will er sinnliche Erregungen beim Anblick von Weibern gehörigen Taschentüchern empfunden haben. Der näheren Umstände, unter welchen diese fetischistische Association sich knüpfte, vermag er sich nicht zu erinnern. Die sinnliche Erregung beim Anblick von Damen mit aus der Tasche hervorstehendem Taschentuch habe sich immer mehr gesteigert. Wiederholt sei es dabei zu Erectionen gekommen, nie aber zu Ejaculation.

Vom 21. Jahr ab will er einige Male Anwandlungen zu normaler Geschlechtsbefriedigung gehabt und ohne bestehende Taschentuchvorstellungen anstandslos coitirt haben. Mit überhandnehmendem Fetischismus sei die Aneignung von Taschentüchern für ihn eine viel grössere Befriedigung geworden als der Coitus. Die Aneignung eines Taschentuchs einer sympathischen Dame sei ihm so viel werth gewesen, als ob er mit der betreffenden Dame sexuell verkehrt hätte. Er fühlte dabei wahren Orgasmus.

Konnte er nicht in den Besitz eines begehrten Taschentuches gelangen, so fühlte er quälende Aufregung, Zittern, Schweiss am ganzen Körper.

Taschentücher von ihm besonders sympathischen Frauen bewahrte er separat auf, weidete sich an ihrem Anblick und fühlte dabei grosses Wohlbehagen. Auch der Geruch derselben machte ihm eine wonnige Empfindung, jedoch behauptet er, es sei wesentlich der eigenthümliche Wäschegeruch, nicht der etwaigen Parfums gewesen, der ihn sinnlich erregte. Masturbirt will er nur höchst selten haben.

Ausser zeitweiligem Kopfschmerz und Schwindel klagt X. über keine körperlichen Beschwerden. Er bedauert tief sein Unglück, seinen krankhaften Trieb, den bösen Dämon, der ihn zu solchen strafbaren Handlungen antreibe. Er habe nur einen Wunsch, dass ihm Jemand helfen könnte. Objectiv finden sich leicht neurasthenische Erscheinungen, Anomalien der Blutvertheilung, ungleiche Pupillen.

Nachweis, dass X. unter krankhaftem, unwiderstehlichem Zwang seine Delicte begangen hat. Freisprechung.

Solche Fälle von Taschentuchfetischismus, der ein abnormes Individuum bis zu Diebstählen fortreisst, sind sehr zahlreich. Sie kommen auch bei conträr Sexualen vor, wie der folgende Fall beweist, den ich Herrn Dr. Moll's hier mehrfach citirtem Werke p. 162 entnehme [1]).

Beobachtung 92. Fall von Taschentuchfetischismus bei conträrer Sexualempfindung.

K., 38 Jahre alt, Handwerker, ein kräftig gebauter Mann, klagt über zahlreiche Beschwerden, Schwäche in den Beinen, Rückenschmerzen, Kopfschmerz, Mangel an Arbeitslust u. s. w. Die Klagen machen den ausgesprochenen Eindruck von Neurasthenie, mit Neigung zur Hypochondrie. Erst mehrere Monate, nachdem Patient in Moll's Behandlung gewesen, gibt er an, dass er auch sexuell abnorm sei.

K. hat niemals irgendwelchen Trieb zum Weibe gehabt; schöne Männer hingegen übten von jeher einen ganz besonderen Reiz auf ihn aus. Patient hat von Jugend auf bis zur Zeit, wo er zu Moll kam, viel onanirt. Mutuelle Onanie oder Päderastie hat K. niemals getrieben. Er glaubt auch nicht, dass er hierin eine Befriedigung gefunden hätte, da trotz seiner Vorliebe für Männer ein weisses Wäschestück von ihnen den Hauptreiz auf K. ausübte, wobei aber die Schönheit des Besitzers eine Rolle spielte; besonders sind es Taschentücher von schönen Männern, durch die K. sexuell erregt wird. Seine höchste Wollust besteht darin, dass er in die Taschentücher von Männern masturbirt. Er nahm aus diesem Grunde öfter seinen Freunden Taschentücher. Um sich vor Entdeckung der Entwendung zu schützen, liess Patient stets eines seiner eigenen Taschentücher bei seinen Freunden zurück, als Ersatz des jeweilig gestohlenen. K. wollte auf diese Weise dem Verdacht des Diebstahls entgehen und den Schein einer Verwechslung erregen. Auch andere Wäsche von Männern erregte den K. sexuell, aber nicht in dem Grade wie Taschentücher.

Den Coitus mit Weibern hat K. öfter ausgeführt, wobei er Erection mit Ejaculation hatte, aber ohne Wollustgefühl. Auch bestand keinerlei Reiz für den Patienten, den Beischlaf auszuüben. Die Erection und Ejaculation

---

[1]) Pag. 161 op. cit. sagt Dr. Moll über diesen Trieb bei Heterosexualen: „Die Leidenschaft für Taschentücher kann soweit gehen, dass ein Mann vollständig im Banne des Taschentuchs steht. Eine weibliche Person sagte mir: ‚Ich kenne einen Herrn; wenn ich ihn in der Ferne sehe, so brauche ich nur mein Taschentuch hervorzuziehen, so dass es aus der Tasche etwas herausguckt, und ich bin sicher, jener Herr folgt mir wie ein Hund seinem Herrn. Ich kann hingehen, wohin ich will, jener Herr wird mir immer nachfolgen; der Herr kann in einer Droschke fahren, er kann bei der Erledigung eines sehr wichtigen Geschäftes sein; wenn er mein Taschentuch erblickt, lässt er jenes im Stich, um mir, resp. dem Taschentuch zu folgen.'"

traten auch nur dann auf, wenn Patient während des Aktes an das Taschentuch eines Mannes dachte; noch leichter war dieser dem Patienten dann möglich, wenn er das Taschentuch eines Freundes mitnahm und es während des Beischlafs in der Hand hielt.

Entsprechend seiner sexuellen Perversion verlaufen auch die nächtlichen Pollutionen unter wollüstigen Vorstellungen, in denen Männerwäsche eine Hauptrolle spielt [1]).

Noch weit häufiger als die Wäschefetischisten, sind die fetischistischen Schwärmer für den Schuh des Weibes. Diese Fälle sind geradezu zahllos und es ist eine grosse Zahl derselben auch schon zur wissenschaftlichen Beobachtung gelangt, während über den ähnlichen Handschuhfetischismus mir nur einige Mittheilungen aus dritter Hand vorliegen, abgesehen von der unten folgenden Beob. 101, in welcher der Handschuhfetischismus jedoch secundär aus Stofffetischismus sich entwickelt hat. Ueber den Grund der relativen Seltenheit des Handschuhfetischismus s. oben S. 151.

Beim Schuhfetischismus fehlt aber durchaus die nahe Beziehung des Gegenstandes zum Leibe des Weibes, welche den Wäschefetischismus begreiflich macht. Aus diesem Grunde, und weil eine ganze Anzahl gut beobachteter Fälle vorliegt, in welchem die fetischistische Schwärmerei für den Schuh oder Stiefel des Weibes, bewusster und unbezweifelbarer Weise, aus einem masochistischen Vorstellungskreise hervorwächst, ist wohl die Präsumption gerechtfertigt, dass eine, wenn auch verborgene Wurzel masochistischer Natur für diesen Schuhfetischismus stets anzunehmen ist, wenn eine andere Art seiner Entstehung im speciellen Falle nicht nachweisbar ist.

Aus diesem Grunde wurde die grössere Zahl der vorliegenden Beobachtungen über Schuh- resp. Fussfetischismus oben in dem Abschnitt „Masochismus" aufgenommen. Dort wurde auch wohl der regelmässig masochistische Charakter dieser Form des erotischen Fetischismus zur Genüge durch Aufzeigung der Uebergänge dargethan.

Diese Präsumption masochistischen Charakters wird nur dort für den Schuhfetischismus entkräftet und aufgehoben, wo eine nachweis-

---

[1]) Einen weiteren Fall von zeitweise, d. h. anfallsweise unter heftigen Angstgefühlen mit Schweissausbruch auftretendem Taschentuchfetischismus hat Moll im Centralbl. f. d. Krankheiten der Harn- u. Sexualorgane, V, 8 mitgetheilt. Es dürfte sich um eine larvirte Epilepsie handeln. (Trauma capitis mit 10 Jahren, Schwachsinn, wiederholte Ohnmachtsanfälle, später solche von Angst mit Schweissausbruch, partielle Amnesie für die Fetischzustände u. s. w.) In seinen Anfällen von krankhaftem Trieb zum Wegnehmen von weiblichen Taschentüchern, die seit einem Typhus mit dem 30. Jahre eingetreten waren, wischte sich der Kranke mit dem geraubten Tuch das Gesicht, worauf Erection und wiederholt auch Ejaculation eintrat. Ein consultirter Arzt hatte ihm gerathen, keine leinene Hemden mehr zu tragen, da er durch sie zu der eigenthümlichen Erregung käme!

bare anderweitige zufällige Veranlassung für eine Association zwischen sexuellen Regungen und der Vorstellung des Frauenschuhes vorliegt, deren Zustandekommen a priori ja ziemlich unwahrscheinlich wäre.

Ein solcher nachweisbarer Zusammenhang liegt aber bei den beiden folgenden Beobachtungen vor:

Beobachtung 93. Schuhfetischismus. Herr v. P., aus altadeligem Geschlecht, 32 Jahr, verheirathet, consultirte mich 1890 wegen „Unnatürlichkeit" seiner Vita sexualis. Er versichert, aus ganz gesunder Familie zu stammen, sei übrigens schon von Kindesbeinen auf nervös, als 11jähriger Junge an Chorea minor leidend gewesen. Seit 10 Jahren leide er viel an Schlaflosigkeit und verschiedenen neurasthenischen Beschwerden. Vom 15. Jahr ab will er erst den Unterschied der Geschlechter erkannt und sexuelle Regungen gefühlt haben. 17 Jahre alt, habe ihn eine französische Gouvernante verführt, jedoch Coitus nicht gestattet, so dass nur gegenseitige mächtige Erregung der Sinnlichkeit (mutuelle Masturbation) möglich war. Mitten in dieser Situation fiel sein Blick auf die hocheleganten Stiefeletten dieser Person. Sie machten mächtigen Eindruck. Sein Verkehr mit dieser lüderlichen Person dauerte 4 Monate. Während dieser Attouchements wurden ihre Stiefeletten zum Fetisch für den Unglücklichen. Er begann sich für Damenschuhe überhaupt zu interessiren und lungerte förmlich herum, um hübsch chaussirter Damen ansichtig zu werden. Der Schuhfetisch gewann in seinem Bewusstsein enorme Macht. Sicuti calceolus mulieris gallicae penem tetigit, statim summa cum voluptate sperma eiaculavit. Nach der Entfernung der Verführerin ging er zu Puellis, durch die er die gleiche Manipulation vornehmen liess. Gewöhnlich genügte diese zur Befriedigung. Nur selten und subsidiär griff er zum Coitus. Immer mehr schwand ihm die Neigung dazu. Seine Vita sexualis bestand in Traumpollutionen, bei welchen ausschliesslich Frauenschuhe eine Rolle spielten, und in Befriedigung durch calceolos feminarum, appositos ad mentulam, aber es musste dies von der Puella geschehen. Sinnlich erregte ihn im Verkehr mit dem andern Geschlecht nur der Schuh und zwar der elegante, von französischer Façon, mit Absatz, glänzend schwarz, wie das Original.

Accessorische Bedingungen sind im Laufe der Zeit geworden: Schuh einer Prostituirten, dieselbe recht elegant, chic, mit gesteiften Unterröcken und womöglich schwarzen Strümpfen.

Sonst interessirt ihn am Weibe gar nichts. **Der nackte Fuss ist ihm ganz gleichgültig.** Auch seelisch hat das Weib nicht den mindesten Reiz für ihn. **Masochistische Gelüste im Sinne des Getretenwerdens hat er nie gehabt.** Im Lauf der Jahre hat sein Fetischismus solche Macht gewonnen, dass, wenn er auf der Strasse einer Dame mit gewissem Aeussern und gewissen Schuhen ansichtig wird, er so heftig erregt wird, dass er masturbiren muss. Ein geringer Druck auf den Penis genügt dem hochgradig neurasthenisch Gewordenen zur Ejaculation. Auch Schuhe in den Verkaufsauslagen, sogar neuerlich blosse Schuhwaarenannoncen genügten, um ihn heftig zu erregen. Von sehr reger Libido, half er sich mit Masturbation, wenn ihm Schuhsituationen nicht zu Gebot standen. Patient erkannte früh das Peinliche und Gefährliche seiner Situation und, wenn er sich auch bis auf neurasthenische Beschwerden physisch wohl fühlte, so war er doch moralisch sehr gedrückt. Er suchte Hülfe bei den verschiedensten Aerzten. Kaltwasserheilanstalten und Hypnoseversuche waren erfolglos. Die renommirtesten Aerzte riethen ihm zur Heirath und versicherten ihm, sobald er einmal ein Mädchen ernstlich liebe, werde er von seinem Fetischbann befreit sein. Patient hatte kein Vertrauen in seine Zukunft, befolgte aber den Rath der Aerzte. Er wurde grausam in seinen durch die Autorität der Aerzte erweckten Hoffnungen betrogen, obwohl er eine durch geistige und körperliche Eigenschaften ausgezeichnete Dame zum Altar führte. Die Brautnacht war schrecklich, er fühlte sich wie ein Verbrecher und liess seine Frau unberührt. Am folgenden Tag sah er eine Prostituirte mit dem gewissen Chic. Er war schwach genug mit ihr in seiner Weise zu verkehren. Nun kaufte er ein Paar elegante Damenstiefeletten, versteckte sie im Ehebett und indem er sie während der ehelichen Umarmung betastete, konnte er nach einigen Tagen seiner ehelichen Pflicht genügen. Er ejaculirte tardiv, da er sich zum Coitus zwingen musste, und schon nach wenig Wochen versagte der Kunstgriff, indem seine Phantasie erlahmte. P. fühlte sich namenlos elend und hätte am liebsten seinem Leben ein Ende gemacht. Seine Frau, sinnlich bedürftig und durch den bisherigen Verkehr sehr erregt, konnte er nicht mehr befriedigen und sah sie physisch und moralisch schwer leiden. Sein Geheimniss konnte und wollte er ihr nicht entdecken. Er empfand Ekel vor dem ehelichen Umgang, fürchtete sich vor seiner Frau, vor den Abenden, dem Alleinsein mit ihr. Er brachte es zu keiner Erection mehr.

Er versuchte es wieder mit Prostituirten, befriedigte sich, indem er ihre Schuhe betastete, dann musste die Puella calceolo mentulam tangere; er ejaculirte, oder, wenn dies nicht geschah, versuchte er Coitus mit dem feilen Weibe, jedoch ohne Erfolg, da dann sofort Ejaculation eintrat. Patient kommt ganz verzweifelt zur Consultation. Er beklagt es tief, entgegen seiner inneren Ueberzeugung, dem unseligen Rath der Aerzte gefolgt zu sein, eine brave Frau unglücklich gemacht, physisch und moralisch geschädigt zu haben. Ob er es vor Gott verantworten könne, eine solche Ehe fortzusetzen? Selbst wenn er sich seiner Frau entdecke, sie Alles für ihn thun würde, sei ihm nicht geholfen, denn es müsste eben der bewusste Demimondeparfum dabei sein.

Die Erscheinung dieses Unglücklichen bietet ausser seinem Seelenschmerz nichts Auffälliges. Genitalien ganz normal. Prostata etwas vergrössert. Er klagt, dass er so unter der Herrschaft seiner Stiefelvorstellungen sei, dass er schon erröthe, wenn nur von Stiefeln die Rede sei. Seine ganze Phantasie drehe sich um solche. Wenn er auf seinem Landgut sei, müsse er oft plötzlich nach der 10 Meilen entfernten Stadt reisen, um seinen Fetischismus an Schauläden oder auch an Puellis zu befriedigen.

Zu einer Behandlung konnte sich der Bedauernswerthe nicht entschliessen, da sein Vertrauen zum ärztlichen Stand tief erschüttert war. Ein Versuch, ob Hypnose und damit eine Beseitigung der fetischistischen Association möglich sei, scheiterte an der seelischen Aufregung des Unglücklichen, den ausschliesslich der Gedanke beherrschte, seine Frau unglücklich gemacht zu haben.

**Beobachtung 94.** X., 24 Jahre, aus belasteter Familie (Mutterbruder und Grossvater irrsinnig, Schwester epileptisch, andere Schwester an Migräne leidend. Eltern von erregbarem Temperament), hatte in der Dentitionszeit einige Krampfanfälle gehabt, wurde, 7 Jahre alt, von einem Dienstmädchen zur Onanie verleitet. Zum ersten Mal empfand X. ein Vergnügen an diesen Manipulationen, cum illa puella fortuito pede calceolo tecto penem tetigit. Damit war bei dem belasteten Jungen ein bezügliche Association gegeben, vermöge welcher fortan der blosse Anblick eines Frauenschuhs, ja schliesslich die blosse Phantasievorstellung genügte, um sexuelle Erregung und Erection hervorzurufen. Er onanirte nun, Frauenschuhe ansehend oder solche sich vorstellend. In der Schule erregten ihn mächtig die Schuhe der Lehrerin, überhaupt solche, die theilweise durch lange Frauenkleider verhüllt waren. Eines Tages konnte er sich nicht enthalten, die Lehrerin bei den Schuhen zu fassen, was ihm eine grosse geschlechtliche Erregung verursachte. Trotz Schlägen konnte er nicht umhin, wiederholt diese Handlung auszuführen. Endlich erkannte man, dass hier ein krankhaftes Motiv im Spiel sein müsse und that ihn zu einem Lehrer. Er schwelgte nun in der Erinnerungsvorstellung an die Schuhscene mit der Lehrerin, hatte dabei Erection, Orgasmus und, vom 14. Jahr ab, Ejaculation. Daneben masturbirte er, während er an einen Frauenschuh dachte. Eines Tages kam ihm der Gedanke, seinen Genuss zu erhöhen, indem er einen solchen Schuh zu masturbatorischen Zwecken benützte. Er nahm nun häufig heimlich Schuhe und benützte sie zu solchem Zweck.

Sonst konnte ihn am Weibe nichts sexuell erregen; der Gedanke an Coitus erfüllte ihn mit Abscheu. Auch Männer interessirten ihn in keiner Weise.

Mit 18 Jahren eröffnete er einen Kramladen und handelte u. A. auch mit Frauenschuhen. Es erregte ihn geschlechtlich, wenn er Käuferinnen Schuhe anpassen oder mit den von ihnen benutzten Schuhen manipuliren konnte. Eines Tages erlitt er dabei einen epileptischen Anfall und bald darauf einen zweiten, als er in gewohnter Weise onanirte. Jetzt erst erkannte er die Gesundheitsschädlichkeit seiner sexuellen Praktiken. Er bekämpfte seine Onanie, verkaufte keine Schuhe mehr und bemühte sich, die krankhafte Association zwischen Frauenschuhen und Geschlechtsfunction los zu werden. Nun traten aber massenhaft Pollutionen unter erotischen Träumen, Frauenschuhe betreffend, auf, und die epileptischen Anfälle dauerten fort. Obwohl ohne geringste sexuelle Empfindung für das weibliche Geschlecht, entschloss er sich zur Heirath, die ihm als einziges Heilmittel erschien.

Er heirathete eine junge hübsche Dame. Trotz lebhafter Erection, wenn er an die Schuhe seiner Frau dachte, war er aber bei Cohabitationsversuchen gänzlich impotent, indem das Unlustgefühl gegen Coitus, überhaupt gegen intimen Verkehr, den Einfluss der sexuell erregenden Schuhvorstellung weit überwog. Wegen seiner Impotenz wandte sich Patient an Dr. Hammond, der seine Epilepsie mit Brom behandelte und ihm rieth, einen über dem Ehebett aufgehängten Schuh beim Coitus fest zu fixiren und sich seine Frau als Schuh zu denken. Patient wurde frei von epileptischen Anfällen und potent, so dass er etwa alle 8 Tage coitiren konnte. Auch nahm seine sinnliche Erregung durch Frauenschuhe immer mehr ab (Hammond, Sexuelle Impotenz, deutsch von Salinger, 1889, S. 23).

Diese beiden Fälle von Schuhfetischismus[1]), welche nachweislich auf subjectiv zufälligen Associationen beruhen, wie die Fälle des Fetischismus überhaupt, haben, in Beziehung auf ihre objective Veranlassung, nichts besonders Auffälliges, da es sich im ersten Fall um einen Theileindruck der Gesammterscheinung des Weibes, im zweiten Fall um einen Theileindruck einer erregenden Manipulation handelt.

Es sind aber auch Fälle beobachtet worden — bis jetzt sind es allerdings nur zwei — in welchen die entscheidende Association absolut durch keinen Zusammenhang der Beschaffenheit des Objects mit normaliter erregenden Dingen herbeigeführt wurde.

Beobachtung 95. L., 37 Jahre alt, Commis, aus sehr belasteter Familie, bekam mit 5 Jahren die erste Erection, als er seinen Schlafkameraden,

---

[1]) Weitere Fälle von Schuhfetischismus ohne deutliche Beziehungen zum Masochismus s. Alzheimer, „ein geborener Verbrecher" Archiv f. Psychiatrie u. Nervenkrankheiten, Bd. 28, p. 350. Derselbe Fall wurde von Kurella „Fetischismus oder Simulation", ebenda Bd. 28, p. 964 unter sehr windigen und leicht widerlegbaren Gründen für Simulation erklärt. Siehe ferner Moll, Untersuchungen über Libido sexualis Fall 32.

einen älteren Verwandten, eine Nachtmütze aufsetzen sah. Die gleiche Wirkung trat ein, als er später einmal die alte Hausmagd eine Nachthaube aufsetzen sah. Später genügte zur Erection die blosse Vorstellung eines alten hässlichen, mit einer Nachthaube bedeckten Frauenkopfes. Der blosse Anblick einer Haube oder der einer nackten Frauengestalt oder eines nackten Mannes liessen ihn kalt, aber die Berührung einer Nachtmütze rief Erection, zuweilen selbst Ejaculation hervor. L. war nicht Masturbant, auch bis zum 32. Jahr, wo er ein schönes und geliebtes Mädchen heirathete, sexuell nie thätig gewesen.

In der Hochzeitsnacht blieb er unerregbar, bis er in seiner Noth das Erinnerungsbild des alten hässlichen Weiberkopfes mit der Nachtmütze zu Hilfe nahm. Sofort gelang der Coitus.

In der Folge musste er jeweils zu diesem Mittel greifen. Seit der Kindheit hatte er zeitweise Anfälle von tiefer Gemüthsverstimmung mit Anwandlungen zu Selbstmord, ab und zu auch nächtliche schreckhafte Hallucinationen. Beim Hinausschauen zum Fenster bekam er Schwindel und Angstzustände. Er war ein linkischer, sonderbarer, verlegener, geistig schlecht veranlagter Mensch (Charcot und Magnan, Arch. de Neurol. 1882, Nr. 12).

In diesem ganz merkwürdigen Falle scheint die zeitliche Coincidenz der ersten geschlechtlichen Regung mit einem ganz heterogenen Eindruck allein das Gelüst determinirt zu haben.

Einen mindestens ebenso seltsamen Fall von zufällig associativem Fetischismus erwähnt Hammond op. cit. p. 50. Bei einem im Uebrigen ganz gesunden und psychisch normalen, verheiratheten Manne von 30 Jahren soll die Potenz in Folge der Uebersiedlung in ein anderes Haus plötzlich verschwunden, und nach Wiederherstellung der gewohnten Schlafzimmereinrichtung zurückgekehrt sein.

c) Der Fetisch ist ein bestimmter Stoff.

Es gibt eine dritte Hauptgruppe von Fetischisten, deren Fetisch weder ein Theil des weiblichen Körpers noch ein Theil der weiblichen Kleidung als solcher ist, sondern ein bestimmter Stoff, der nicht einmal als Stoff weiblicher Bekleidung immer zur Geltung kommt, sondern auch als blosser Stoff an sich sexuelle Empfindungen wecken oder steigern kann. Solche Stoffe sind: Pelzwerk, Sammt und Seide.

Diese Fälle unterscheiden sich von den vorhergehenden Erscheinungen des erotischen Kleidungsfetischismus dadurch, dass diese Stoffe nicht, wie Frauenwäsche, in naher Beziehung zum weiblichen Körper stehen und nicht, wie Schuhe und Handschuhe, Beziehungen zu bestimmten Theilen desselben und deren anderweitiger symbolischer Bedeutung haben. Auch kann dieser Fetischismus nicht, wie die vereinzelt stehenden Fälle der Nachtmütze und der Schlafzimmereinrichtung, aus einer ganz zufälligen Association abgeleitet werden, da diese Fälle eine ganze Gruppe mit gleichartigem Object bilden. Man muss wohl annehmen, dass gewisse Tastempfindungen (eine Art Kitzel, der in einer entfernten Verwandtschaft zu wollüstigen Empfindungen steht?) bei hyperästhetischen Individuen hier veranlassend für die Entstehung des Fetischismus sind.

Hier möge zunächst die folgende Selbstbeobachtung eines mit diesem seltsamen Fetischismus behafteten Mannes Platz finden:

Beobachtung 96. N. N., 37 Jahre alt, aus neuropathischer Familie stammend, selbst von neuropathischer Constitution, gibt an:

Von frühester Jugend ist mir eine tiefgewurzelte Schwärmerei für Pelzwerk und Sammt eigen in dem Sinne, dass diese Stoffe bei mir geschlechtliche Erregung bewirken, ihr Anblick und ihre Berührung mir ein wollüstiges Vergnügen bereiten. An irgend ein Ereigniss, welches diese seltsame Neigung veranlasst hätte (etwa gleichzeitiges Eintreten der ersten sexuellen Regung mit dem Eindrucke dieser Stoffe, resp. erste Erregung durch ein so gekleidetes Weib), überhaupt an den ersten Anfang dieser Schwärmerei, vermag ich mich nicht zu erinnern. Ich will damit die Möglichkeit eines solchen Ereignisses, einer zufälligen Verbindung im ersten Eindruck und darauf beruhender Association, nicht absolut ausschliessen, halte es aber für sehr unwahrscheinlich, dass dergleichen stattgefunden hat, weil ich glaube, dass ein solches Vorkommniss sich mir tief eingeprägt hätte.

Ich weiss nur, dass ich schon als kleines Kind lebhaft darnach trachtete, Pelzwerk zu sehen und zu streicheln, und dabei eine dunkle wollüstige Empfindung hatte. Mit dem ersten Auftreten bestimmter sexueller Vorstellungen, d. h. der Richtung geschlechtlicher Gedanken auf das Weib, war auch schon die besondere Vorliebe für das Weib, das gerade mit diesen Stoffen gekleidet ist, vorhanden.

So ist es seither bis in mein reifes Mannesalter geblieben. Ein Weib, welches einen Pelz oder Sammt, oder gar beides trägt, erregt mich viel rascher und viel mächtiger, als eines ohne dieses Beiwerk. Die genannten Stoffe sind zwar nicht conditio sine qua non der Erregung, die Begierde tritt auch ohne sie auf die gewöhnlichen Reize ein; aber der Anblick und namentlich die Berührung dieser Fetischstoffe bildet für mich ein mächtiges Unterstützungsmittel anderer normaler Reize und eine Erhöhung des erotischen Genusses. Oft bringt mich der blosse Anblick eines nur leidlich hübschen Frauenzimmers, welches aber in diese Stoffe gekleidet ist, in lebhafte Erregung und reisst mich völlig hin. Schon der Anblick meiner Fetischstoffe gewährt mir Genuss, viel grösseren die Berührung. (Der penetrante Geruch des Pelzwerks ist mir dabei gleichgültig, eher unangenehm, nur wegen der Association mit angenehmen Gesichts- und Tastempfindungen leidlich.) Ich sehne mich mächtig darnach, diese Stoffe am Körper eines Weibes zu betasten, zu streicheln, zu küssen, mein Gesicht darein zu vergraben. Der höchste Genuss ist mir inter actum meinen Fetisch auf der Schulter eines Weibes zu sehen und zu fühlen.

Sowohl Pelzwerk allein als Sammt allein übt die geschilderte Wirkung auf mich aus, Ersteres viel stärker als Letzterer. Am stärksten wirkt die Combination beider Stoffe. Auch weibliche Kleidungsstücke aus Sammt und Pelzwerk, allein ohne die Trägerin gesehen und befühlt, wirken sexuell erregend auf mich ein, ja ebenso — wenn auch in geringerem Grade — Pelzwerk zu Decken verarbeitet, die nicht zur weiblichen Kleidung gehören, auch Sammt und Plüsch an Möbeln und Draperien. Die blossen Abbildungen von Pelz- und Sammttoiletten sind für mich Gegenstand erotischen Interesses, ja das blosse Wort „Pelz" hat für mich magische Eigenschaft und ruft sofort erotische Vorstellungen hervor.

Der Pelz ist für mich so sehr ein Gegenstand sexuellen Interesses, dass ein Mann, der einen wirksamen (s. unten) Pelz trägt, mir einen höchst unangenehmen, ärgerlichen und skandalösen Eindruck macht, etwa wie ihn auf jeden normalen Menschen ein Mann in Costüm und Haltung einer Ballettänzerin machen würde. Aehnlich zuwider, weil einander widerstreitende Empfindungen erweckend, ist mir der Anblick einer alten oder hässlichen Frau in einem schönen Pelz.

Dieses erotische Wohlgefallen an Pelzwerk und Sammt ist etwas von bloss ästhetischem Gefallen ganz und gar Verschiedenes. Ich habe einen sehr lebhaften Sinn für schöne weibliche Kleidung, dabei auch noch eine besondere Vorliebe für Spitzen, diese ist aber rein ästhetischer Natur. Eine Frau in Spitzentoilette (oder sonst in geschmückter, eleganter Kleidung) ist s c h ö n e r, aber nur eine in meine Fetischstoffe gekleidete ist r e i z e n d e r als eine andere unter sonst gleichen Umständen.

Pelzwerk übt aber auf mich die geschilderte Wirkung nur dann aus, wenn es recht dichte, feine, glatte, ziemlich lange, in die Höhe stehende, sogenannte Grannenhaare hat. Von diesen hängt, wie ich deutlich bemerkt habe, die Wirkung ab. Ganz gleichgültig sind für mich nicht nur die allgemein für ordinär geltenden, grobhaarigen, zottigen Pelzsorten, sondern ebenso unter den für schön und edel geltenden diejenigen, bei welchen das Grannenhaar ganz entfernt wird (Seehund, Biber), oder von Natur kurz ist (Hermelin), oder überlang und liegend (Affe, Bär). Die specifische Wirkung haben nur die stehenden Grannenhaare bei Zobel, Marder, Skunks u. dgl. Nun besteht aber auch Sammt aus dichten, feinen, in die Höhe stehenden Haaren (Fasern), worauf die gleiche Wirkung beruhen dürfte. Die Wirkung scheint eben von einem ganz bestimmten Eindruck dichter feiner Haarspitzen auf die Endorgane der sensiblen Nerven abzuhängen.

Wieso aber dieser eigenthümliche Eindruck auf die Tastnerven zum Geschlechtsleben in Beziehung tritt, ist mir ganz räthselhaft. Thatsache ist, dass dies bei vielen Menschen der Fall ist. Ich bemerke noch ausdrücklich, dass mir schönes Haar des Weibes wohl gefällt, aber keine grössere Rolle für mich spielt als jeder andere Reiz, und dass mir bei dem Berühren von Pelzwerk kein Gedanke an Frauenhaar kommt. (Die Tastempfindung hat auch an sich nicht die mindeste Aehnlichkeit.) Ueberhaupt tritt gar keine weitere Vorstellung dabei auf. Pelz an und für sich weckt eben bei mir die Sinnlichkeit; wieso, ist mir ganz unerklärlich.

Die bloss ästhetische Wirkung, die Schönheit edlen Pelzwerks, für die wohl Jeder mehr oder minder empfänglich ist, die seit Raphael's Fornarina und Ruben's Helene Fourment von unzähligen Malern als Folie und Rahmen weiblicher Reize verwendet worden ist, und die in der Mode, in der Kunst und Wissenschaft weiblicher Bekleidung eine so grosse Rolle spielt — diese ästhetische Wirkung erklärt hier gar nichts, wie oben schon bemerkt. Die gleiche ästhetische Wirkung, wie auf normale Menschen schönes Pelzwerk, üben auf mich, wie auf Jeden, Blumen, Bänder, Edelsteine und jeder andere Schmuck aus. Solche Dinge heben, geschickt verwendet, die weibliche Schönheit, und können so unter Umständen etwa indirect einen sinnlichen Effect hervorrufen. Niemals haben sie auf mich einen directen mächtigen sinnlichen Effect, wie die genannten Fetischstoffe.

Obwohl nun bei mir, und wohl bei allen „Fetischisten", die sinnliche und die ästhetische Wirkung durchaus scharf zu trennen sind, so hindert das nicht, dass ich auch an meinen Fetisch eine ganze Reihe von ästhetischen Anforderungen in Bezug auf Form, Schnitt, Farbe etc. stelle. Ich könnte mich hier über diese Anforderungen meines Geschmacks noch sehr weitläufig verbreiten, unterlasse dies aber, als nicht mehr zum eigentlichen Thema gehörig. Ich wollte nur darauf aufmerksam machen, wie der Fetischismus eroticus sich noch mit rein ästhetischen Geschmacksregungen complicirt.

Ebenso wenig, wie durch den ästhetischen Eindruck, lässt sich die specifische erotische Wirkung meiner Fetischstoffe etwa durch die Association mit der Vorstellung des Körpers einer Trägerin erklären. Denn erstens wirken diese Stoffe auf mich, wie gesagt, auch ganz vom Körper isolirt, als blosse

Stoffe, und zweitens wirken viel intimere Kleidungsstücke (Mieder, Hemd), die ohne Zweifel Associationen hervorrufen, weit schwächer. Die Fetischstoffe haben also selbständigen sinnlichen Werth für mich. Wieso, das ist mir selbst räthselhaft.

Dieselbe erotische Fetischwirkung, wie Pelzwerk und Sammt, haben für mich Federn auf Frauenhüten, an Fächern etc. (ähnliche Berührungsempfindung des leicht Spielenden, eigenthümlich Kitzelnden). Endlich kommt die Fetischwirkung in sehr abgeschwächtem Grade auch noch anderen glatten Stoffen. Atlas, Seide zu, während rauhe Stoffe, rauhes Tuch, Flanell geradezu abstossend wirken.

Zum Schlusse will ich noch erwähnen, dass ich irgendwo eine Abhandlung von Carl Vogt über mikrokephale Menschen gelesen habe, wonach eines dieser Wesen sich beim Anblick des Pelzes auf diesen stürzte und ihn unter lebhaften Zeichen der Freude streichelte. Es liegt mir fern, deshalb im weit verbreiteten Pelzfetischismus ernstlich einen atavistischen Rückschlag in den Geschmack der bepelzten Urahnen des Menschengeschlechts sehen zu wollen. Jener Cretin übte nur mit der ihm zukommenden Ungenirtheit einen ihm angenehmen Tastakt aus, der nicht nothwendig sexuell-sinnlicher Natur sein musste; wie auch viele ganz normale Menschen gern eine Katze oder dergleichen, selbst Sammt und Pelzwerk streicheln, ohne aber dadurch gerade sexuell erregt zu werden.

In der Literatur finden sich einige hierher gehörige Fälle:

Beobachtung 97. Knabe von 12 Jahren fühlte mächtige geschlechtliche Erregung, als er zufällig sich mit einem Fuchspelz zudeckte. Von nun an Masturbation, unter Benützung von Pelzwerk oder Mitnehmen eines zottigen Hündchens ins Bett, wobei Ejaculation erfolgte, zuweilen gefolgt von einem hysterischen Anfall. Seine nächtlichen Pollutionen waren dadurch bedingt, dass er träumte, er liege nackt auf weichem Pelze und sei von diesem ganz eingehüllt. Durch die Reize von Männern oder Frauen war er ganz unerregbar.

Er wurde neurasthenisch, litt an Beobachtungswahn, meinte, Jedermann bemerke seine sexuelle Anomalie, hatte deshalb Taedium vitae und wurde schliesslich irrsinnig.

Er war schwer belastet, hatte unregelmässig gebildete Genitalien und sonstige anatomische Degenerationszeichen (Tarnowsky op. cit. p. 22).

Beobachtung 98. C. ist ein besonderer Liebhaber des Sammts. C. wird durch schöne Weiber in normaler Weise angezogen, ganz besonders aber erregt es ihn, wenn er die Person, mit der er sexuell verkehrt, in Sammtkleidung antrifft. Hier ist nun besonders auffallend, dass nicht sowohl das Sehen, als das Berühren des Sammts die Erregung verursacht. C. sagte mir, dass das Herüberstreichen über die Sammtjacke einer weiblichen Person ihn so sehr sexuell errege, wie es auf andere Weise kaum erfolgen könne (Dr. Moll op. cit. p. 127).

Von ärztlicher Seite wurde mir der folgende Fall mitgetheilt:

In einem Lupanar war ein Mann unter dem Namen „Sammt" bekannt. Dieser bekleidete eine sympathische Puella mit einem schwarzen Sammtkleide und erregte und befriedigte seine sexuellen Triebe lediglich durch Bestreichen seines Gesichts mit einem Zipfel des Sammtkleides, während er sonst mit der Person nicht in Berührung kam.

Ein anderer Gewährsmann versichert mir, dass namentlich bei Masochristen die Schwärmerei für Pelz, Sammt und Federn häufig vorkommt (vgl. oben Beob. 41. 42)¹).

Ein ganz eigenthümlicher Fall von Stofffetischismus ist der folgende. Er ist verbunden mit dem Trieb, den Fetisch zu beschädigen, der in diesem Falle entweder ein Element von Sadismus gegen das Weib als Trägerin des Stoffes darstellt, oder den auch sonst bei Fetischisten mehrfach vorkommenden unpersönlichen Gegenstands-Sadismus (vgl. oben p. 164). Dieser Beschädigungstrieb hat den vorliegenden zu einem merkwürdigen Criminalfall gemacht.

Beobachtung 99. Im Juli 1891 stand der 25jährige Schlossergeselle Alfred Bachmann in Berlin vor der zweiten Ferienstrafkammer des Landgerichts I. Im April d. J. gingen der Polizei mehrfach Anzeigen zu, wonach eine böswillige Hand die Kleider von Damen mit einem haarscharfen Instrument zerschnitten hatte. Am Abende des 25. April gelang es, den Unhold in der Person des Angeklagten zu ertappen. Ein Criminalbeamter bemerkte, wie der Angeklagte sich in auffälliger Weise an eine Dame herandrängte, die in Begleitung eines Herrn durch die Passage ging. Der Beamte ersuchte die Dame, ihr Kleid zu besichtigen, während er den Verdächtigen festhielt. Es stellte sich heraus, dass das Kleid einen ziemlich langen Schnitt erhalten hatte. Der Angeklagte wurde zur Wache geführt, woselbst man ihn untersuchte. Ausser einem scharfen Messer, welches er geständlich zum Aufschlitzen der Kleider gebrauchte, fand man noch zwei seidene Schleifen bei ihm, wie die Damen sie an ihren Kleidern anzubringen pflegen; der Angeklagte gab auch zu, dass er diese im Gedränge von den Kleidern abgetrennt habe. Schliesslich förderte die Leibesuntersuchung noch ein seidenes Damen-Halstuch zu Tage. Dies wollte der Angeklagte gefunden haben. Da seine Behauptung in diesem Falle nicht widerlegt werden konnte, so wurde er hiefür nur der Fundunterschlagung angeklagt, während seine sonstige Handlungsweise sich in zwei Fällen, in denen Strafantrag seitens der Beschädigten gestellt worden ist, als Sachbeschädigung und in zwei Fällen als Diebstahl kennzeichnete. Der Angeklagte, ein schon mehrfach vorbestrafter Mensch, mit blassem, ausdruckslosem Gesicht, gab vor dem Richter eine sonderbare Erklärung über sein räthselhaftes Thun ab. Die Köchin eines Majors habe ihn einmal die Treppe hinuntergeworfen, als er bei ihr bettelte, und seit dieser Zeit habe er einen grimmigen Hass auf das ganze weibliche Geschlecht geworfen. Man zweifelte an seiner Zurechnungsfähigkeit und liess ihn deshalb durch einen Kreisphysikus untersuchen. Der Sachverständige gutachtete im Termine, dass keinerlei Grund vorliege, den allerdings wenig intelligenten Angeklagten für geisteskrank zu halten. Der Letztere vertheidigte sich in eigenthümlicher Weise. Ein unbezähmbarer Trieb zwinge ihn, sich den Damen zu nähern, die seidene Kleider tragen. Das Berühren eines seidenen Stoffes sei für ihn ein Wonnegefühl, und dies gehe sogar so weit, dass er im Untersuchungsgefängnisse erregt worden sei, wenn ihm beim Wollezupfen zufällig ein seidener Faden unter die Finger kam. Der Staatsanwalt Müller II. hielt den Angeklagten einfach für einen gemeingefährlichen, bösartigen Menschen, der für längere Zeit unschädlich gemacht werden müsse. Er beantragte

---

¹) Auch in den Romanen von Sacher-Masoch spielt der Pelz eine hervorragende Rolle, wie er ja auch einzelnen derselben zum Titel diente. Gesucht und unbefriedigend erscheint die dort gegebene Erklärung, der Pelz (Hermelin) sei das Symbol der Herrschaft und deshalb der Fetisch der dort geschilderten Männer.

gegen ihn 1 Jahr Gefängniss. Der Gerichtshof verurtheilte den Angeklagten zu 6 Monaten Gefängniss und 1jährigem Ehrverlust.

Ein klassischer Fall von Stoff-(Seide-)Fetischismus ist folgender von Dr. P. Garnier mitgetheilter.

Beobachtung 100. Am 22. September 1881 wurde V. auf einer Strasse von Paris verhaftet, indem er sich an Damen in seidenen Kleidern in einer Weise zu schaffen machte, dass man ihn für einen Taschendieb halten musste. Er war anfangs ganz vernichtet und kam erst allmählig und unter Umschweifen zum Geständniss seiner „Manie". Er ist Commis in einer Buchhandlung. 29 Jahre alt, stammt von einem Vater, der Trinker ist und einer religiös überspannten, charakterologisch abnormen Mutter. Diese wollte aus ihm einen Geistlichen machen. Seit seiner frühesten Jugend hat er einen nach seiner Meinung angeborenen instinctiven Drang, Seide zu befühlen. Als er mit 12 Jahren als Chorknabe eine Seidenschärpe tragen durfte, konnte er sie nicht genug betasten. Das Gefühl, das er dabei empfand, vermöge er nicht zu beschreiben. Etwas später lernte er ein 10jähriges Mädchen kennen, dem er kindlich zugethan war. Wenn aber dieses Kind am Sonntag im seidenen Festgewand daher kam, hatte er ein ganz anderes Gefühl. Er musste es brünstig umarmen und dabei dessen Kleid berühren. Später war es seine Wonne, im Laden einer Putzmacherin die herrlichen Seidenroben zu beschauen und zu befühlen. Bekam er Abfälle von Seidenstoff geschenkt, so beeilte er sich, sie auf den blossen Leib zu legen, worauf dann sofort Erection, Orgasmus und oft sogar Ejaculation eintrat. Beunruhigt durch diese Gelüste, an seinem Beruf als künftiger Geistlicher zweifelnd, erzwang er seinen Austritt aus dem Seminar. Er war damals schwer neurasthenisch in Folge von Masturbation. Sein Seidenfetischismus beherrschte ihn nach wie vor. Nur wenn ein Weib ein seidenes Kleid trug, gewann es Reiz für ihn.

Schon in den Träumen seiner Kindheit haben angeblich Damen mit Seidenkleidern eine dominirende Rolle gespielt und später waren diese Träume von Pollutionen begleitet. Bei seiner Schüchternheit gelangte er erst spät zur Cohabitation. Dieselbe war nur möglich mit einem Weib in seidener Robe. Er zog es vor, im Volksgedränge Damen im Seidenkleid zu berühren, wobei er, unter mächtigem Orgasmus und grossem Wollustgefühl, zur Ejaculation gelangte. Sein grösstes Glück war es, Abends einen seidenen Unterrock beim Zubettgehen anzulegen. Das befriedigte ihn mehr als das schönste Weib.

Das gerichtsärztliche Gutachten wies nach, dass V. ein schwer belasteter Mensch ist, der unter krankhaftem Zwang einem krankhaften Gelüste Folge gab. Freisprechung.

(Dr. Garnier, Annales d'hygiène publique. 3e série. XXIX. 5.)

Ein ganz eigenartiger Fall von Stofffetischismus, der die associative Entstehung von Fetischvorstellungen in schönster Weise aufzeigt, zugleich aber den gewaltigen Einfluss, welchen, allerdings auf Grund einer seelisch körperlichen, besonderen krankhaften Veranlagung, eine solche Association dauernd ausüben kann, ist die folgende Beobachtung von Lederhandschuhfetischismus.

Beobachtung 101. Herr Z., 33 Jahre, Fabrikant, aus Amerika, seit 8 Jahren in glücklicher, mit Kindern gesegneter Ehe lebend, consultirte mich wegen eines sonderbaren Handschuhfetischismus, der ihn quäle, wegen dessen er sich verachten müsse und der ihn noch zur Verzweiflung und zum Wahnsinn bringen könnte.

Z. ist ein angeblich aus ganz gesunder Familie stammender, aber von Kindesbeinen auf neuropathischer, leicht erregbarer Mann. Es bezeichnet sich selbst als eine sehr sinnliche Natur, während seine Frau eher eine Natura frigida sei.

Mit etwa 9 Jahren gelangte Z. durch Kameraden, welche ihn verführten, zur Masturbation. Er fand daran grosses Gefallen und ergab sich ihr leidenschaftlich.

Eines Tages, während er wollüstig erregt war, fand er ein kleines Säckchen von Sämischleder. Er zog dasselbe über sein Membrum und hatte dabei eine überaus angenehme Empfindung. Er benutzte es nun zu onanistischen Manipulationen, legte es auch ums Scrotum und trug es Tag und Nacht bei sich.

Von da an erwachte in ihm ein grosses Interesse für Leder überhaupt, ganz besonders aber für Glacéhandschuhe.

Von der Pubertät ab waren es nur mehr lederne Damenhandschuhe, aber diese machten geradezu einen fascinirenden Eindruck auf ihn, führten zu Erection und wenn er in der Lage war, seinen Penis damit zu berühren, erfolgte gar Ejaculation.

Herrenhandschuhe hatten nicht den geringsten Reiz für ihn, jedoch am eigenen Körper trug er sie gern.

Am Weib interessirte ihn in der Folge nur mehr der Handschuh. Er wurde sein Fetisch und zwar Glacé, möglichst lang, mit vielen Knöpfen, besonders aber wenn schmutzig, fettigglänzend, mit schweissigen Flecken an den Fingerspitzen. Derart adjustirte Frauen, selbst wenn hässlich und alt, entbehrten für ihn nicht eines gewissen Reizes. Damen mit Stoff- oder seidenen Handschuhen liessen ihn ganz kalt. Seit der Pubertät war er gewohnt, Damen zuerst auf die Hände zu schauen. Im Uebrigen waren sie ihm ziemlich gleichgültig.

Durfte er einer Dame mit Glacéhandschuhen die Hand drücken, so gelangte er unter dem Gefühl des „warmen sanften" Leders zu Erection und Orgasmus.

Konnte er in den Besitz eines solchen Damenhandschuhes kommen, so ging er damit auf den Abort, hüllte damit seine Genitalien ein, zog ihn dann wieder aus und masturbirte sich.

Später, im Lupanar, nahm er dahin lange Handschuhe mit, bat die Puella, dieselben anzuziehen und wurde dabei so erregt, dass oft jetzt schon die Ejaculation erfolgte.

Z. wurde ein Sammler von weiblichen Glacéhandschuhen. Da und dort versteckt hatte er immer Hunderte von Paaren solcher. In Mussestunden zählte und bewunderte er sie „wie ein Geizhals seine Goldstücke", legte sie über seine Genitalien, begrub sein Gesicht in Haufen von Handschuhen, zog dann einen über die Hand und masturbirte sich, wobei er mehr Genuss verspürte als beim Coitus.

Er machte sich Penisfutterale, Suspensorien, am liebsten aus schwarzem weichem Leder und trug sie tagelang. Ferner befestigte er an einem Bruchband Damenhandschuhe so, dass sie schürzenartig seine Genitalien bedeckten.

Nachdem er eine Ehe eingegangen war, wurde sein Handschuhfetischismus eher noch ärger. Gewöhnlich war er nur potent, wenn er beim maritalen Akt ein paar Handschuhe seiner Frau neben ihrem Kopf liegen hatte, so dass er sie küssen konnte.

Ganz glücklich machte ihn seine Frau, wenn sie sich bestimmen liess, zum Coitus Handschuhe anzuziehen und präliminar damit seine Genitalien zu berühren.

Z. fühlte sich gleichwohl recht unglücklich über seinen Fetischismus und machte häufige aber immer vergebliche Anstrengungen, sich aus dem „Bann des Handschuhs" zu befreien.

Traf er auf das Wort oder Bild des Handschuhs in Romanen, Modejournalen, Zeitungen u. s. w., so machte es jeweils einen geradezu fascinirenden Eindruck auf ihn. Im Theater war sein Blick auf die Hände der Schauspielerinnen gefesselt. Von den Schaufenstern der Handschuhläden war er kaum wegzubringen.

Oft fühlte er sich getrieben, lange Handschuhe mit Wolle u. dgl. auszustaffiren, dass sie bekleideten Armen glichen. Dann machte er tritus membri inter brachia talia artificialia, bis er seinen Zweck erreicht hatte.

Zu seinen Gewohnheiten gehört es, weibliche Glacéhandschuhe mit sich herumzutragen, Nachts mit solchen die Genitalien einzuwickeln, bis er den Penis wie einen grossen ledernen Priap zwischen den Beinen fühlt.

In grossen Städten kauft er in Handschuhwäschereien nicht abgeholte d. h. herrenlos gewordene Damenhandschuhe, am liebsten recht schmutzige und abgetragene. Zweimal, gesteht der sonst höchst correcte Z., habe er dem Verlangen nicht widerstehen können, solche zu stehlen. Im Menschengewühl kann er nicht widerstehen, Damen die Hände zu streifen; in seinem Bureau benutzt er jede Gelegenheit, um Damen die Hand zu geben, damit er eine Sekunde das „warme sanfte" Leder fühlen kann. Seine Frau bittet er, doch wo immer möglich, Handschuhe von Glacé- oder Gemsleder zu tragen. Auch versieht er sie reichlich mit solcher Waare.

In seinem Bureau hat Z. immer Damenhandschuhe liegen. Es vergeht keine Stunde, dass er sie nicht berühren und streicheln muss. Wenn besonders sinnlich erregt, steckt er einen solchen Handschuh in den Mund und kaut daran.

Andere Objecte der weiblichen Toilette, gleichwie andere Theile des weiblichen Körpers als die Hand, haben nicht den geringsten Reiz für ihn. Z. ist oft sehr deprimirt über seine Anomalie. Er schäme sich gegenüber den unschuldigen Augen seiner Kinder und bitte Gott, dass sie niemals werden mögen wie ihr Vater.

Gegenstand des Fetischismus kann aber endlich auch ein in ganz zufälliger Beziehung zum Körper eines Weibes stehendes Object werden. Der folgende von Moll mitgetheilte Fall von „Rosenfetischismus" ist ein zutreffendes Beispiel für diese Möglichkeit. Er zeigt überdies in schönster Weise, wie durch blosse zufällige associative Verknüpfung einer Wahrnehmung mit einem zur Zeit ihres Stattfindens bestehenden sexuellen Erregungsvorgang, allerdings auf besonderer seelischer Grundlage, das Object der Wahrnehmung zum Fetisch werden kann und dass diese Association eines Tages wieder zu schwinden im Stande ist.

Dagegen ist die Verwerthung der Associationstheorie für die Erklärung der organisch-psychisch fundirten originären Erscheinungen conträrer Sexualität, sowie für die Thatsachen des Masochismus und des Sadismus ganz unannehmbar.

Beobachtung 102. B., 80 Jahre, angeblich unbelastet, eine feinfühlige empfindsame Persönlichkeit, von jeher Blumenfreund bis zum Küssen von Blumen, aber ohne jegliche sexuelle Beziehung oder Erregung dabei, eher Natura frigida, früher nie der Onanie ergeben, auch in der Folge nur ganz episodisch, lernte mit 21 Jahren eine junge Dame kennen, die an ihrem Taquet einige grosse Rosen befestigt hatte. Seither spielte die Rose in seinen sexuellen Gefühlen eine grosse Rolle. Wo er konnte, kaufte er Rosen, küsste sie, wobei es sogar zu Erectionen kam, nahm sie auch wohl ins Bett, ohne sie jedoch mit seinen Genitalien in Contact zu bringen. Seine Pollutionen waren von nun an von Rosenträumen begleitet. Indem er vom Duft einer Rose träumte und eine solche ihm in märchenhafter Pracht erschien, trat dann die Ejaculation ein.

B. verlobte sich insgeheim mit der Rosendame, aber die immer nur platonisch gebliebenen Beziehungen erkalteten. Nach Auflösung der Verlobung war der Rosenfetischismus plötzlich und dauernd geschwunden, selbst als der eine Zeitlang an Melancholie erkrankt Gewesene sich neuerdings verlobte. (A. Moll, Centralbl. f. d. Krankheiten der Harn- und Sexualorgane V. 3.)

### d) Thierfetischismus.

Im Anschluss an den Stofffetischismus möge noch gewisser Fälle gedacht werden, in welchen Thiere auf Menschen aphrodisisch wirken. Man könnte hier von Zoophilia erotica sprechen.

Diese Perversion scheint ihre Wurzel in einem Fetischismus zu haben, dessen Object das Thierfell ist.

Als Vermittlerin für diesen Fetischismus dürfte eine besondere Idiosynkrasie der Tastnerven anzunehmen sein, vermöge welcher sie durch Betastung von Pelz, also Thierfell (analog dem Haar-, Zopf-, Sammt- und Seidefetischismus), eigenartige und wollüstig betonte Erregungen vermitteln. So erklärt sich vielleicht bei manchen sexuell Perversen die Vorliebe für Hunde und Katzen (s. p. 174. 175 besonders Beobachtung 97). Der folgende von mir beobachtete Fall spricht zu Gunsten obiger Annahme.

Beobachtung 103. Zoophilia erotica, Fetischismus. Herr N. N., 21 Jahre, stammt aus neuropathisch belasteter Familie und ist selbst constitutioneller Neuropathiker. Schon als Kind hatte er den Zwang, die oder jene gleichgültige Handlung auszuführen, aus Angst, dass ihn sonst ein Unheil treffe. Er lernte leicht, war nie schwer krank, hatte schon als Knabe eine Vorliebe für Hausthiere, besonders Hunde und Katzen, da, wenn er sie liebkoste, er ein wollüstig aufregendes Gefühl empfand. Jahrelang gab er sich in ganz unschuldiger Weise diesem ihn angenehm erregenden Spiel mit solchen Thieren hin. Als er in die Pubertätsjahre kam, erkannte er, dass das eine unsittliche Sache sei und zwang sich, davon abzulassen. Es gelang ihm, aber nun kamen solche Situationen im Traume, bald auch von Pollutionen begleitet. Dies brachte den sexuell erregbaren Knaben auf Onanie. Er will anfangs manuell sich befriedigt haben, wobei regelmässig Gedanken an Liebkosen und Streicheln von Thieren sich einstellten. Nach einiger Zeit gelangte er zu psychischer Onanie, indem er sich solche Situationen vorstellte und damit Orgasmus und Ejaculation erzielte. Darüber wurde er neurasthenisch.

Niemals will ihm ein sodomitischer Gedanke gekommen sein, das Sexus bestiarum sei ihm in der Phantasie und in der Wirklichkeit ganz gleich gewesen, er habe eigentlich nie daran gedacht.

Homosexual habe er auch nie empfunden, wohl aber heterosexual, jedoch habe er aus mangelhafter Libido (ex masturbatione et neurasthenia!) und aus

Furcht vor Ansteckung bis dato nie coitirt. Von Weibern fühle er sich nur zu solchen von schlanker Figur und noblem Gang hingezogen.

Patient bietet die gewöhnlichen Erscheinungen cerebrospinaler Neurasthenie. Er ist von zartem Bau und anämisch. Er legt grossen Werth auf Vergewisserung, ob er potent sei und auf eventuelle Herstellung seiner Potenz, wodurch sein darniederliegendes Selbstgefühl sehr gehoben würde.

Rathschläge im Sinne des Meidens von psychischer Onanie, der Beseitigung der Neurasthenie, der Kräftigung der sexuellen Centren, der Befriedigung der Vita sexualis auf normalem Wege, sobald als dies aussichtsvoll und möglich.

Epikrise. Keine Bestialität, sondern Fetischismus. Mit dem Liebkosen von Hausthieren mag, bei abnorm früh erwachter Vita sexualis, eine erstmalige sexuelle Erregung, vermuthlich angeregt durch Tastempfindungen. zusammengetroffen sein, zwischen beiden Facten eine Association sich geknüpft haben, die durch Wiederholung gefestigt wurde. (Zeitschr. f. Psychiatrie, Bd. 50.)

## II. Tief herabgesetzte bis gänzlich mangelnde Geschlechtsempfindung gegenüber dem andern Geschlecht, bei stellvertretendem Geschlechtsgefühl und Geschlechtstrieb zum eigenen (homosexuale s. conträre Empfindung).

Zu den festesten Bestandtheilen des Ichbewusstseins, nach Erreichung der geschlechtlichen Vollentwicklung, gehört das Bewusstsein, eine bestimmte geschlechtliche Persönlichkeit zu repräsentiren und das Bedürfniss derselben, während der Zeit physiologischer Vorgänge (Samen-Eibereitung) in dem Generationsapparat, im Sinne dieser besonderen geschlechtlichen Persönlichkeit sexuelle Akte zu vollbringen, die, bewusst oder unbewusst, auf eine Erhaltung der Gattung abzielen.

Bis auf dunkle Ahnungen und Dränge bleiben Geschlechtsgefühl und sexuelle Triebe latent bis zur Zeit der Entwicklung der Generationsorgane. Das Kind ist generis neutrius, und wenn auch in diesem Zeitraum der noch nicht zum klaren Bewusstsein gelangten, bloss virtuell vorhandenen, noch nicht durch mächtige organische Gefühle getragenen latenten Sexualität abnorm früh, spontan oder durch äusseren Einfluss Erregungen der Genitalorgane eintreten und in Masturbation Befriedigung finden mögen, so fehlt doch bei all Dem noch gänzlich die seelische Beziehung zu Personen des anderen Geschlechts, und haben bezügliche sexuelle Akte mehr oder weniger die Bedeutung spinalreflectorischer.

Die Thatsache der Unschuld oder der sexuellen Neutralität ist um so bemerkenswerther, als doch früh schon, in der Erziehung, Beschäftigung. Kleidung u. s. w., das Kind eine Differenzirung von Kindern des anderen Geschlechtes erfährt. Diese Eindrücke bleiben aber vorläufig seelisch unbeachtet, weil sie offenbar sexuell unbetont bleiben, da das Centralorgan (Hirnrinde) für sexuelle Gefühle und Vorstellungen noch nicht aufnahmsfähig, weil unentwickelt ist.

Mit der beginnenden anatomischen und functionellen Entwicklung der Zeugungsorgane und der damit Hand in Hand gehenden Differenzirung der dem betreffenden Geschlecht zukommenden Körperformen, entwickeln sich beim Knaben, beziehungsweise Mädchen, die Grundlagen eines ihrem Geschlecht entsprechenden seelischen Empfindens, wozu nun allerdings Erziehung, überhaupt äussere Einflüsse, bei dem aufmerksam gewordenen Individuum mächtig beitragen.

Ist die sexuelle Entwicklung eine normale, ungestörte, so gestaltet sich ein bestimmter, dem Geschlecht entsprechender Charakter. Es entstehen bestimmte Neigungen, Reactionen im Verkehr mit Personen des anderen Geschlechts, und es ist psychologisch bemerkenswerth, wie verhältnissmässig rasch sich der bestimmte, dem betreffenden Geschlecht zukommende seelische Typus herausentwickelt.

Während z. B. Schamhaftigkeit in der Kinderzeit wesentlich nur eine unverstandene und unverständliche Forderung der Erziehung und Nachahmung war und bei der Unschuld und Naivetät des Kindes nur unvollkommen zum Ausdruck gelangte, erscheint jene dem Jüngling und der Jungfrau nunmehr als ein zwingendes Gebot der Selbstachtung, die, wenn ihr nur irgendwie nahegetreten wird, eine mächtige vasomotorische Reaction (Schamröthe) und psychische Affecte hervorruft.

Ist die ursprüngliche Veranlagung eine günstige, normale, und bleiben die psychosexuale Entwicklung schädigende Factoren ausser Spiel, so entwickelt sich eine so festgefügte, und dem Geschlecht, welches das Individuum repräsentirt, so vollkommen entsprechende und harmonische psychosexuale Persönlichkeit, dass nicht einmal der spätere Verlust der Zeugungsorgane (etwa durch Castration), oder später der Klimax oder das Senium, sie wesentlich verändern können.

Damit soll allerdings nicht behauptet werden, dass der castrirte Mann oder das castrirte Weib, der Jüngling und der Greis, die Jungfrau und die Matrone, der impotente und der potente Mann seelisch nicht wesentlich von einander differirten.

Eine interessante und für das Folgende belangreiche Frage geht dahin, ob die peripheren Einflüsse der Keimdrüsen (Hoden und Ovarien) oder centrale cerebrale Bedingungen für die psychosexuale Entwicklung entscheidend sind. Für die wichtige Bedeutung der Keimdrüsen in dieser Hinsicht spricht die Thatsache, dass angeborener Mangel oder Entfernung derselben vor der Pubertät Körperentwicklung und auch psychosexuale Entwicklung mächtig beeinflussen, so dass die letztere verkümmert und eine mehr weniger dem Typus des entgegengesetzten Geschlechtes sich nähernde Richtung nimmt (Eunuchen, gew. Viragines u. s. w.).

Dass die körperlichen Vorgänge in den Genitalorganen aber nur mitwirkende, nicht die ausschliesslichen Factoren in dem Werdeprocess einer psychosexualen Persönlichkeit sind, geht daraus hervor, dass trotz anatomischer und physiologischer Normalität derselben, gleichwohl eine dem Geschlecht, welches der Betreffende repräsentirt, gegensätzliche Sexualempfindung sich entwickeln kann.

Hier kann die Ursache nur in einer Anomalie centraler Bedingungen, in einer abnormen psychosexualen Veranlagung gegeben sein. Diese Veranlagung ist hinsichtlich ihrer anatomischen und functionellen Begründung vorläufig eine noch dunkle. Da in fast allen bezüglichen Fällen der Träger der perversen Sexualempfindung eine neuropathische Belastung nach mehrfacher Hinsicht aufweist und da diese mit erblich degenerativen Bedingungen sich in Beziehung setzen lässt, darf jene Anomalie der psychosexualen Empfindungsweise als functionelles Degenerationszeichen klinisch angesprochen werden. Diese perverse Sexualität tritt mit sich entwickelndem Geschlechtsleben spontan, ohne äussere Anlässe zu Tage, als individuelle Erscheinungsform einer abnormen Artung der Vita sexualis und imponirt dann als eine angeborene Erscheinung, oder sie entwickelt sich erst im Verlauf einer Anfangs normale Bahnen eingeschlagen habenden Sexualität, auf Grund ganz bestimmter schädlicher Einflüsse und erscheint damit als eine gewordene erworbene. Worauf diese räthselhafte Erscheinung der erworbenen homosexualen Empfindung beruhen mag, entzieht sich zur Zeit noch ganz der Erklärung und gehört der Hypothese an. Es ist wahrscheinlich, auf Grund genauer Untersuchung der sogen. erworbenen Fälle, dass die auch hier vorhandene Veranlagung in einer latenten Homo- oder mindestens Bisexualität besteht, die zu ihrem Manifestwerden der Einwirkung von veranlassenden gelegentlichen Ursachen bedurfte, um aus ihrem Schlummer geweckt zu werden (s. u.).

Innerhalb der sogen. conträren Sexualempfindung zeigen sich Gradstufen der Erscheinung, ziemlich parallel gehend dem Grad der Belastung des Individuums, insofern in milderen Fällen bloss psychischer Hermaphroditismus, in schwereren allerdings nur homosexuelle Empfindungsweise und Triebrichtung, aber auf die Vita sexualis beschränkt, in noch schwereren überdies die ganze seelische Persönlichkeit und selbst die körperliche Empfindungsweise im Sinne der sexuellen Perversion umgewandelt, in ganz schweren sogar der körperliche Habitus entsprechend umgestaltet erscheint.

Auf diesen klinischen Thatsachen fusst demgemäss auch die folgende Eintheilung der verschiedenen Erscheinungsweisen dieser psychosexualen Anomalie.

## A. Die homosexuale Empfindung als erworbene Erscheinung bei beiden Geschlechtern.

Das Entscheidende ist hier der Nachweis der perversen Empfindung gegenüber dem eigenen Geschlecht, nicht die Constatirung geschlechtlicher Akte an demselben. Diese zwei Phänomene dürfen nicht mit einander verwechselt, Perversität darf nicht für Perversion gehalten werden.

Sehr oft kommen perverse sexuelle Akte zur Beobachtung, ohne dass ihnen Perversion zu Grunde läge. Dies gilt ganz besonders für sexuelle Handlungen unter Personen desselben Geschlechts, namentlich hinsichtlich Päderastie. Hier ist nicht nothwendig Paraesthesia sexualis im Spiel, sondern oft Hyperästhesie, bei physisch oder psychisch unmöglicher naturgemässer Geschlechtsbefriedigung.

So finden wir homosexuellen Verkehr bei impotent gewordenen Masturbanten oder Wollüstlingen oder, faute de mieux, bei sinnlichen Weibern und Männern in Gefängnissen, Schiffen, Casernen, Bagno's, Pensionaten u. s. w.

Zum normalen Geschlechtsverkehr wird sofort zurückgekehrt, wenn die Hindernisse für denselben entfallen. Ganz besonders häufig ist die Ursache solcher temporärer Verirrung: die Masturbation und ihre Folgen bei jugendlichen Individuen.

Nichts ist geeignet, die Quelle edler, idealer Gefühlsregungen, die aus einer normal sich entwickelnden geschlechtlichen Empfindung ganz von selbst sich erheben, so zu trüben, ja nach Umständen ganz versiegen zu machen, als in frühem Alter getriebene Onanie. Sie streift von der sich entfalten sollenden Knospe Duft und Schönheit und hinterlässt nur den grobsinnlichen thierischen Trieb nach geschlechtlicher Befriedigung. Gelangt ein dergestalt verdorbenes Individuum in das zeugungsfähige Alter, so fehlt ihm der ästhetische, ideale, reine und unbefangene Zug, der zum anderen Geschlechte hindrängt. Damit ist die Gluth der sinnlichen Empfindung erlöscht und die Neigung zum anderen Geschlechte eine bedeutend abgeschwächte. Dieser Defect beeinflusst die Moral, die Ethik, den Charakter, die Phantasie, die Stimmung, das Gefühls- und Triebleben des jugendlichen Masturbanten, sowohl des männlichen als des weiblichen, in ungünstiger Weise und lässt nach Umständen das Verlangen nach dem anderen Geschlecht auf den Nullpunkt sinken, so dass Masturbation jeglicher naturgemässen Befriedigung vorgezogen wird.

Zuweilen leidet auch die Entwicklung höherer sexualer Gefühle gegenüber dem anderen Geschlechte dadurch Noth, dass hypochondrische Angst vor Ansteckung beim Geschlechtsgenuss oder eine wirklich erfolgte Infection, oder auch eine verfehlte Erziehung, welche tendenziös auf solche Gefahren hinwies und sie übertrieb, oder (besonders beim Mädchen) berechtigte Angst vor den Folgen des Coitus (Schwängerung), oder auch Ekel vor dem Mann, auf Grund physischer und moralischer Gebrechen desselben, die Befriedigung des mit krankhafter Stärke sich geltend machenden Triebs in perverse Bahnen lenkten. Aber die zu frühe und perverse Geschlechtsbefriedigung schädigt nicht bloss den Geist, sondern auch den Körper, insofern sie Neurosen des Sexualapparates herbeiführt (reizbare Schwäche des Erections- und des Ejaculationscentrums, mangelhaftes Wollustgefühl beim Beischlaf u. s. w.), während sie die Phantasie in fortwährender Erregung erhält und die Libido anregt.

Wohl bei jedem Masturbanten kommt ein Zeitpunkt, wo er, erschreckt durch Belehrung über die Folgen des Lasters oder diese an sich gewahrend (Neurasthenie), oder durch Beispiel, Verführung zum anderen Geschlecht gedrängt, dem Laster entfliehen und seine Vita sexualis saniren möchte.

Die moralischen und physischen Bedingungen sind hier die denkbar ungünstigsten. Die reine Gluth der Empfindung ist dahin, das Feuer sexueller Brunst fehlt, nicht minder das Selbstvertrauen, denn jeder Masturbant ist mehr weniger feige, muthlos. Rafft sich der jugendliche Sünder zu einem Versuch zu coitiren auf, so wird er entweder enttäuscht, weil mit mangelhaftem Wollustgefühl der Genuss fehlt, oder es fehlt ihm die physische Kraft zur Vollbringung des Akts. Dieses Fiasko hat die Bedeutung einer Katastrophe und führt zu absoluter psychischer Impotenz. Böses Gewissen, die Erinnerung an erlebte Blamagen hindern den Erfolg bei weiteren Versuchen. Die fortbestehende Libido sexualis verlangt aber nach Befriedigung und die moralische und physische Perversion drängt immer mehr vom Weibe ab.

Aus verschiedenen Gründen (neurasthenische Beschwerden, hypochondrische Furcht vor den Folgen u. s. w.) wird das Individuum aber auch von Masturbation abgedrängt. Vorübergehend kann es hier zu Bestialität kommen. Nahe liegt dann der Verkehr mit dem eigenen Geschlecht — durch gelegentliche Verführung, durch Freundschaftsgefühle, die sich auf dem Boden pathologischer Sexualität leicht mit sexuellen verbinden.

Passive und mutuelle Onanie sind dann der bisherigen Gepflogenheit adäquate Akte. Findet sich ein Verführer, leider so häufig, so entsteht der gezüchtete Päderast, d. h. ein Mensch, der quasi Akte der Onanie mit Personen des eigenen Geschlechts vollzieht, sich dabei in activer, seinem wirklichen Geschlecht entsprechender Rolle fühlt und gefällt, und seelisch nicht bloss Personen des anderen, sondern auch denen des eigenen Geschlechts gegenüber sich auf dem Indifferenzpunkt befindet.

Bis zu dieser Stufe erstreckt sich die sexuelle Verkommenheit des normal veranlagten, unbelasteten, geistig gesunden Individuums. Es ist kein Fall nachzuweisen, in welchem bei unbelasteten Individuen die Perversität zur Perversion, zur Umkehr der Geschlechtsempfindung geworden wäre [1]).

Anders liegt die Sache beim belasteten, wahrscheinlich bisexual veranlagt gebliebenen, d. h. nicht zu ausschliesslich heterosexualer Empfindung ausgebildeten Individuum. Die bisher latent gebliebene perverse Sexualität entwickelt sich unter dem Einfluss der durch Masturbation, Abstinenz oder sonstwie entstandenen Neurasthenie.

Es kommt allmählig im Contact mit Personen des eigenen Geschlechts zu sexueller Erregbarkeit durch solche. Bezügliche Vorstellungen werden mit Lustgefühlen betont und erwecken entsprechende Dränge. Diese entschieden degenerative Reaktionsweise ist der Anfang eines körperlich seelischen Umwandlungsprocesses, der in dem Folgenden seine Darstellung

---

[1]) Garnier („Anomalies sexuelles", Paris, p. 508—509) berichtet 2 Fälle (Beob. 222 u. 223), welche dieser Annahme scheinbar entgegenstehen, besonders der erstere, wo Kränkung über die Untreue der Geliebten den Betreffenden dazu gelangen liess, den Verführungen von Männern zu unterliegen. Aus der Beobachtung ergibt sich aber klar, dass dieses Individuum niemals Gefallen an homosexualen Akten hatte. In Beobachtung 223 handelt es sich um einen Effeminirten ab origine, mindestens einen psychischen Hermaphroditen.

Die Meinung Derjenigen, welche für Entstehung homosexualer Empfindungen und Triebe ausschliesslich fehlerhafte Erziehung und andere psychologische Momente verantwortlich machen, ist eine ganz irrige.

Man kann einen Unbelasteten noch so weibisch erziehen, und ein Weib noch so männlich, sie werden dadurch nicht homosexual werden. Die Naturanlage ist entscheidend, nicht die Erziehung und anderes Zufällige, wie z. B. Verführung. Von conträrer Sexualempfindung kann nur die Rede sein, wenn die Person des eigenen Geschlechts einen psychosexualen Reiz auf die andere ausübt, also Libido, Orgasmus vermittelt, namentlich aber seelisch anziehend wirkt. Ganz anders die Fälle, wo faute de mieux bei grosser Sinnlichkeit und mangelhaftem ästhetischem Sinn eine Person des eigenen Geschlechts zu einem onanistischen Akt (nicht zu einem Coitus in seelischem Sinne) an ihrem Körper benutzt wird.

Sehr klar und überzeugend weist Moll in seiner verdienstvollen Monographie auf das Schwergewicht der originären Veranlagung gegenüber der Bedeutung von Gelegenheitsursachen hin (vgl. op. cit. p. 212—231). Er weiss „von vielen Fällen, wo der frühere sexuelle Verkehr mit Männern eine Perversion nicht herbeiführen konnte." Moll sagt ferner bezeichnend: „Ich kenne eine derartige Epidemie (von mutueller Onanie) aus einer Berliner Schule, woselbst ein jetziger Schauspieler die mutuelle Onanie in schamloser Weise eingeführt hat. Obwohl ich jetzt die Namen von sehr vielen Berliner Urningen weiss, so konnte ich doch unter den damaligen Schülern des betreffenden Gymnasiums von keinem auch nur mit einiger Wahrscheinlichkeit ermitteln, dass er Urning geworden sei, hingegen weiss ich von vielen dieser Schüler ziemlich genau, dass sie jetzt geschlechtlich normal empfinden und verkehren."

finden mag und zu dem Interessantesten gehört, was sich psychopathologisch beobachten lässt. Diese Metamorphose lässt verschiedene Stadien oder Stufen erkennen.

I. Stufe: Einfache Verkehrung der Geschlechtsempfindung.

Diese Stufe ist erreicht mit dem Zeitpunkt, wo die Person des eigenen Geschlechts aphrodisisch wirkt und der Betreffende geschlechtlich für sie empfindet. Charakter und Empfindungsweise bleiben aber vorerst dem Geschlecht, welches der jene Verkehrung der Geschlechtsempfindung Bietende besitzt, noch entsprechend. Er fühlt sich in activer Rolle, empfindet seinen Drang zum eigenen Geschlecht als eine Verirrung und sucht eventuell Hülfe.

Mit episodisch gebesserter Neurose kann sogar Anfangs normale sexuelle Empfindung wieder auftreten und sich behaupten. Die folgende Beobachtung erscheint recht geeignet, diese Etappe auf dem Weg der psychosexualen Entartung zu exemplificiren.

Beobachtung 104. Erworbene conträre Sexualempfindung. Ich bin Beamter und stamme aus einer, soviel mir bekannt, unbelasteten Familie; mein Vater starb an einer acuten Krankheit, die Mutter lebt, ist ziemlich „nervös". Eine Schwester ist seit einigen Jahren sehr intensiv religiös geworden.

Ich selbst bin gross, mache einen durchaus männlichen Eindruck in Sprache, Gang und Haltung. Von Krankheiten habe ich nur Masern durchgemacht, habe aber von meinem 13. Jahre ab an sogenannten nervösen Kopfschmerzen gelitten.

Mein sexuelles Leben begann im 13. Lebensjahre, wo ich einen etwas älteren Jungen kennen lernte, quocum alter alterius genitalia tangendo delectabar. In meinem 14. Lebensjahre hatte ich die erste Ejaculation. Von zwei älteren Mitschülern zur Onanie verführt, fröhnte ich derselben theils mit Anderen, theils allein, im letzteren Fall jedoch stets mit dem Gedanken an Personen weiblichen Geschlechts. Meine Libido sexualis war sehr gross, wie sie es auch heute noch ist. Später versuchte ich mit einem hübschen, kräftigen Dienstmädchen mit sehr starken Mammae anzubinden; id solum assecutus sum, ut me praesente superiorem corporis sui partem enudaret mihique concederet os mammasque osculari, dum ipsa penem meum valde erectum in manum suam recepit eumque trivit.

Quamquam violentissime coitum rogavi hoc solum concessit, ut genitalia eius tangerem.

Auf die Universität gekommen, suchte ich ein Lupanar auf, reussirte auch ohne Anstrengung.

Da aber trat ein Ereigniss ein, welches in mir einen Umschwung hervorbrachte. Ich begleitete eines Abends einen Freund nach Hause und griff ihm, etwas angeheitert wie ich war, ad genitalia. Er wehrte sich nur wenig; ich ging dann mit auf sein Zimmer, wir onanisirten uns und trieben fortan diese mutuelle Masturbation ziemlich häufig; es kam sogar zur immissio penis in os mit folgender Ejaculation. Sonderbar ist es nur, dass ich in diesen Betreffenden nicht im Geringsten verliebt war, dagegen leidenschaftlich in einen anderen meiner Freunde, in dessen Nähe ich aber niemals die geringste sexuelle Erregung spürte, den ich überhaupt nie mit sexuellen Vorgängen in meinen Gedanken zusammenbrachte. Meine Besuche im Lupanar, wo ich ein gern gesehener Gast war, wurden seltener, ich fand bei meinem Freunde Ersatz und sehnte mich nicht nach geschlechtlichem Verkehr mit Weibern.

Päderastie trieben wir niemals, das Wort wurde zwischen uns überhaupt nicht genannt. Seit Beginn dieses Verhältnisses mit meinem Freunde onanirte ich wieder mehr; naturgemäss traten die Gedanken an weibliche Personen mehr und mehr in den Hintergrund, ich dachte an junge, hübsche, kräftige Männer, mit möglichst grossen Gliedern. Burschen von 16—25 Jahren ohne Bart waren mir die liebsten, aber sie mussten hübsch und sauber sein. Besonders erregten mich jugendliche Arbeiter mit Hosen aus sogenanntem Manchesterstoff oder aus englischem Leder, vornehmlich Maurer.

Gleichgestellte Personen reizen mich so gut wie gar nicht, dagegen empfinde ich beim Anblick eines solchen strammen Jungen aus dem Volke eine deutliche sexuelle Erregung. Das Berühren solcher Beinkleider, das Oeffnen derselben, das Ergreifen des Penis, sowie das Küssen des Burschen erscheint mir von höchstem Reiz. Meine Empfänglichkeit für weibliche Reize ist etwas abgestumpft, doch bin ich im geschlechtlichen Verkehr mit einem Weibe, besonders wenn es stark entwickelte Mammae hat, stets potent, ohne dass ich Phantasiebilder zu Hülfe nehme. Ich habe nie den Versuch gemacht, einen jungen Arbeiter oder dergleichen für meine unschönen Gelüste zu missbrauchen und werde es auch nicht thun, aber die Lust dazu verspüre ich sehr oft. Zuweilen halte ich das Bild eines solchen Burschen fest und onanire dann zu Hause.

Sinn für weibliche Beschäftigung fehlt mir völlig. In Damengesellschaft verkehre ich mässig gern, Tanzen ist mir zuwider. Ich interessire mich lebhaft für schöne Künste. Dass ich stellenweise conträr sexual empfinde, ist, glaube ich, zum Theil eine Folge grosser Bequemlichkeit, welche mich verhindert, irgend ein Verhältniss mit einem Mädchen anzuknüpfen, da mir das zu viel Umstände macht; immer das Lupanar aufzusuchen, ist mir aus ästhetischen Gründen zuwider; so verfalle ich denn auf das leidige Onaniren, von dem zu lassen mir sehr schwer fällt.

Ich habe mir selbst hundertmal vorgehalten, dass ich, um vollständig normal sexuell empfinden zu können, vor allem die schier unbezwingliche Leidenschaft für die unselige Onanie, diese meinem ästhetischen Gefühl so widerwärtige Verirrung, unterdrücken müsse; ich habe mir so und so oft vorgenommen, mit aller Kraft des Willens gegen diese Leidenschaft anzukämpfen; es ist mir bis heute nicht gelungen. Anstatt, wenn sich der sexuelle Trieb besonders heftig in mir regte, Befriedigung auf natürlichem Wege zu suchen, zog ich es vor, zu onaniren, weil ich fühlte, dass ich davon mehr Genuss haben würde.

Und dabei hat mich die Erfahrung gelehrt, dass ich bei Mädchen stets potent bin und zwar ohne Mühe und ohne Zuhülfenahme von Bildern männlicher Genitalien, mit Ausnahme eines einzigen Falles, in dem ich es aber deshalb nicht zu einer Ejaculation brachte, weil das betreffende weibliche Wesen — es war in einem Lupanar — jeglicher Reize entbehrte. Ich kann mich des Gedankens und schweren Selbstvorwurfs nicht entschlagen, dass die bis zu einem gewissen Grade bei mir doch nun einmal vorhandene conträre Sexualempfindung eine Folge des excessiven Onanirens ist, und das wirkt vornehmlich so deprimirend auf mich, weil ich mir sagen muss, dass ich kaum in mir die Kraft fühle, diesem Laster aus eigenem Willen ganz zu entsagen.

In Folge des in meinem Schreiben erwähnten geschlechtlichen Verhältnisses zu einem Studiengenossen und langjährigen Schulfreunde, welches aber erst während unserer Universitätszeit entstand, nachdem wir 7 Jahre lediglich freundschaftlich verkehrt hatten, ist in mir der Trieb zu unnatürlicher Befriedigung der Libido bedeutend stärker geworden.

Ich bitte, mir noch die Erzählung einer Episode zu gestatten, die mir Monate lang viel zu schaffen gemacht.

Ich lernte im Sommer 1882 einen 6 Jahre jüngeren Kommilitonen kennen, welcher zugleich mit mehreren anderen an mich und meine Bekannten empfohlen war. Sehr bald fühlte ich ein tieferes Interesse für den bildschönen, ungemein proportionirt, schlank und gesund aussehenden Menschen. welches sich nach mehrwöchentlichem Verkehr zu intensivstem Freundschaftsgefühl, weiterhin zur leidenschaftlichen Liebe und quälenden Eifersuchtsempfindung entwickelte. Ich merkte sehr bald, dass bei mir sinnliche Regungen stark mitsprachen, und so fest ich mir auch vornahm, mich diesem, von allem Anderen abgesehen, von mir wegen seines vortrefflichen Charakters so hoch geachteten Menschen gegenüber im Zaum zu halten, unterlag ich doch in einer Nacht, als wir nach vorausgegangenem reichlichem Biergenuss in meiner Wohnung bei einer Flasche Wein sassen und auf gute, wahre und dauernde Freundschaft tranken, der unwiderstehlichen Begierde, ihn an mich zu pressen u. s. w.

Als ich ihn am nächsten Tage wiedersah, schämte ich mich so, dass ich ihm nicht in die Augen blicken konnte. Ich empfand die bitterste Reue über mein Vergehen und machte mir die heftigsten Vorwürfe, dass ich diese Freundschaft, die rein und edel sein und bleiben sollte, so beschmutzt hatte. Um jenem zu beweisen, dass ich mich nur momentan hatte hinreissen lassen, drängte ich ihn, am Schlusse des Semesters mit mir eine Reise zu machen; nach einigem Widerstreben, dessen Gründe mir nur zu klar waren, willigte er ein; wir schliefen mehrere Nächte im gleichen Zimmer, ohne dass ich den geringsten Versuch gemacht hätte, jene Handlung zu wiederholen. Ich wollte mit ihm über den Vorgang jener Nacht sprechen, ich brachte es nicht fertig; als wir im folgenden Semester getrennt waren, konnte ich es auch nicht über mich gewinnen, ihm in der betreffenden Sache zu schreiben, und als ich ihn dann im März in X. besuchte, ging es mir wieder so. Und doch fühlte ich das dringendste Bedürfniss, diesen dunkeln Punkt durch eine offene Aussprache zu klären. Im October dieses Jahres war ich wieder in X. und diesmal fand ich den Muth zur rückhaltlosen Aussprache. Ich bat ihn um Verzeihung, die er mir gern gewährte; ja, ich fragte ihn sogar, weshalb er mir damals nicht entschiedenen Widerstand geleistet, worauf er antwortete, zum Theil hätte er mir aus Gefälligkeit meinen Willen gelassen, zum Theil, weil er ziemlich angezecht gewesen und somit in einer gewissen Apathie befangen gewesen sei. Ich setzte ihm meinen Zustand ausgehend auseinander und sprach ihm die feste Hoffnung aus, dass es mir aus eigener Kraft gelingen würde, meiner unnatürlichen Triebe völlig und dauernd Herr zu werden. Seit dieser Aussprache ist das Verhältniss zwischen jenem Freunde und mir das denkbar erfreulichste und beglückendste, die freundschaftlichen Gefühle sind auf beiden Seiten innige, wahre und hoffentlich dauernde.

Wenn ich nicht eine Besserung meines abnormen Zustandes erkennen sollte, würde ich mich wohl entschliessen, mich vollständig Ihrer Behandlung zu unterstellen, um so mehr, als ich mich nach genauem Studium Ihres Werkes nicht zu der Kategorie der sogenannten Urninge zählen kann, vielmehr die feste Ueberzeugung oder jedenfalls Hoffnung habe, dass festester Wille, unterstützt und geleitet durch sachkundige Behandlung, mich zum normal empfindenden Menschen machen können.

Beobachtung 105. Ilma S.[1], 29 Jahre, ledig, Kaufmannstochter, stammt aus schwer belasteter Familie. Vater war Potator und endete durch Selbstmord, gleichwie Bruder und Schwester der Patientin. Schwester leidet

---

[1] Vgl. d. Verf. „Experimentelle Studie auf dem Gebiet des Hypnotismus. 3. Aufl. 1893."

an Hysteria convulsiva. Mutters Vater erschoss sich in irrsinnigem Zustand. Mutter war kränklich und stark apoplectisch gelähmt. Patientin war nie schwer krank, begabt, schwärmerisch, phantasievoll, träumerisch. Menses mit 18 Jahren ohne Beschwerden, in der Folge höchst unregelmässig. Mit 14 Jahren Chlorose und Schreckkatalepsie. Später Hysteria gravis und Anfall von hysterischem Wahnsinn. Mit 18 Jahren Verhältniss mit einem jungen Mann, das kein platonisches blieb. Die Liebe dieses Mannes wurde brünstig erwidert. Aus Andeutungen der Patientin geht hervor, dass sie sehr sinnlich war und sich nach Entfernung von dem Geliebten der Masturbation ergab. Patientin führte in der Folge einen romanhaften Lebenswandel. Um ihr Fortkommen zu finden, zog sie Männerkleider an, wurde Hauslehrer, gab die Stelle auf, weil die Frau vom Hause, ihr Geschlecht nicht kennend, sich in sie verliebte und ihr nachstellte. Sie wurde nun Bahnbeamter. In Gesellschaft der Collegen musste sie, um ihr wahres Geschlecht zu verbergen, mit ihnen Bordelle besuchen, die anstössigsten Gespräche anhören. Dies wurde ihr so widerlich, dass sie ihre Stelle aufgab, eines Tages wieder Weiberkleider anzog und in weiblicher Stellung ihren Erwerb suchte. Wegen Diebstählen kam sie in Haft, wegen schwer hystero-epileptischer Insulte ins Spital. Dort entdeckte man Neigung und Trieb zum eigenen Geschlecht. Patientin fiel allenthalben lästig durch brünstige Liebe zu Pflegerinnen und Mitkranken.

Man hielt ihre sexuelle Perversion für eine angeborene. Patientin gab in dieser Hinsicht interessante berichtigende Aufschlüsse:

„Man beurtheilt mich unrichtig, wenn man glaubt, dass ich mich dem weiblichen Geschlecht gegenüber als Mann fühle. Ich verhalte mich vielmehr in meinem ganzen Denken und Fühlen als Weib. Habe ich doch meinen Cousin so geliebt, wie nur ein Weib einen Mann lieben kann.

„Die Aenderung meiner Gefühle entstand dadurch, dass ich in Pest, als Mann verkleidet, Gelegenheit hatte, meinen Cousin zu beobachten. Ich sah, dass ich mich in ihm arg getäuscht hatte. Das bereitete mir furchtbare Seelenqualen. Ich wusste, dass ich nie mehr im Stande sein werde, einen Mann zu lieben, dass ich zu jenen gehöre, die nur einmal lieben. Dazu kam, dass ich in der Gesellschaft meiner Collegen von der Bahn die anstössigsten Gespräche anhören, die verrufensten Häuser besuchen musste. Durch die so gewonnenen Einblicke in das Treiben der Männerwelt bekam ich einen unüberwindlichen Widerwillen gegen die Männer. Da ich aber von Natur sehr leidenschaftlich bin und das Bedürfniss habe, mich einer geliebten Person anzuschliessen und mich derselben ganz hinzugeben, fühlte ich mich immer mehr zu mir sympathischen Frauen und Mädchen, besonders durch Intelligenz hervorragenden, mächtig hingezogen."

Die offenbar erworbene conträre Sexualempfindung dieser Patientin äusserte sich oft in stürmischer, entschieden sinnlicher Weise und gewann weiteren Boden für Masturbation, da die permanente Aufsicht in Spitälern sexuelle Befriedigung am eigenen Geschlecht nicht möglich machte. Charakter und Beschäftigungsweise blieben weiblich. Zu Erscheinungen von Viraginität kam es nicht. Nach dem Verfasser kürzlich gewordenen Mittheilungen ist diese Kranke durch 2jährige Behandlung in der Irrenanstalt von ihrer Neurose und sexualen Perversion befreit und genesen entlassen worden.

Beobachtung 106. Herr X., 35 Jahre, ledig, Beamter, stammt von gemüthskranker Mutter. Bruder Hypochonder.

Patient war gesund, kräftig, von lebhaftem, sinnlichem Temperamente, hatte abnorm früh und mächtig sich regenden Sexualtrieb, masturbirte schon als kleiner Knabe, coitirte zum ersten Mal schon mit 14 Jahren, angeblich mit Genuss und voller Potenz. 15 Jahre alt, versuchte ihn ein Mann zu verführen, manustuprirte ihn. X. empfand Abscheu, befreite sich aus dieser „ekelhaften" Situation. Er excedirte herangewachsen in unbändiger Libido mit

Coitus, wurde 1880 neurasthenisch, litt an Erectionsschwäche und Ejaculatio praecox, wurde damit immer weniger potent und empfand auch keinen Genuss mehr beim sexuellen Akt. Zu jener Zeit der sexuellen Decadence hatte er noch eine Zeitlang eine ihm früher fremde und ihm noch jetzt ganz unbegreifliche Neigung zum sexuellen Verkehr cum puellis non pubibus XII ad XIII annorum. Seine Libido steigerte sich mit abnehmender Potenz.

Allmäblig bekam er Neigung zu Knaben von 13—14 Jahren. Es trieb ihn, an solche sich anzudrängen.

Quodsi ei occasio data est, ut tangere posset pueros, qui ei placuere, penis vehementer se erexit tum maxime quum crura puerorum tangere potuisset. Abhinc feminas non cupivit. Nonnunquam feminas ad coitum coëgit sed erectio debilis. eiaculatio praematura erat sine ulla voluptate.

Es interessirten ihn nur noch junge Bursche. Er träumte von ihnen, bekam dabei Pollutionen. Von 1882 ab hatte er ab und zu Gelegenheit, concumbere cum juvenibus. Er war dann sexuell mächtig erregt, half sich mit Masturbation.

Nur ausnahmsweise wagte er es, socios concumbentes tangere et masturbationem mutuam adsequi. Päderastie verabscheute er. Meist war er genöthigt, seinem sexuellen Bedürfniss durch solitäre Masturbation zu genügen. Er stellte sich dabei das Erinnerungsbild sympathischer Knaben vor. Nach sexuellem Verkehr mit solchen fühlte er sich jeweils gekräftigt, erfrischt, aber moralisch gedrückt in dem Bewusstsein, eine perverse, unsittliche, strafbare Handlung begangen zu haben. Er empfand es höchst peinlich, dass sein abscheulicher Trieb mächtiger sei als sein Wille.

X. vermuthet, dass seine Liebe zum eigenen Geschlecht durch masslose Excesse im natürlichen Geschlechtsgenuss entstanden sei, beklagt tief seine Lage, fragt anlässlich einer Consultation im December 1888, ob es kein Mittel gebe, um ihn zu normaler Sexualität zurückzubringen, da er ja eigentlich keinen Horror feminae habe und gerne heirathen würde.

Ausser Erscheinungen sexueller und spinaler Neurasthenie mässigen Grades bietet der intelligente, von Degenerationszeichen freie Patient keine Krankheitssymptome.

## II. Stufe: Eviratio und Defeminatio.

Tritt bei derart entwickelter conträrer Sexualempfindung keine Rückbildung ein, so kann es zu tiefer greifenden und dauernden Umänderungen der psychischen Persönlichkeit kommen. Der hier sich vollziehende Process lässt sich kurz als Eviratio (Defeminatio — beim Weibe) bezeichnen. Der Kranke erfährt eine tiefgehende Wandlung seines Charakters, speciell seiner Gefühle und Neigungen im Sinne einer weiblich fühlenden Persönlichkeit. Von nun an fühlt er sich auch als Weib bei sexuellen Akten, hat nur mehr Sinn für passive Geschlechtsbethätigung und geräth nach Umständen auf die Stufe der Courtisane. In diesem Zustand tieferer und dauernder psychosexualer Veränderung gleicht der Betreffende vollkommen dem (angeborenen) Urning höheren Grades. Die Möglichkeit einer Wiederherstellung der alten geistigen und sexualen Persönlichkeit erscheint hier ausgeschlossen.

Die folgende Beobachtung ist ein klassisches Beispiel derartiger dauernder erworbener conträrer Sexualempfindung.

Beobachtung 107. Sch., 30 Jahre alt, Arzt, theilte mir eines Tages seine Lebens- und Krankheitsgeschichte mit, Aufklärung und Rath erbittend für gewisse Anomalien seiner Vita sexualis.

Die folgende Darstellung folgt vielfach verbotenus der umfangreichen Autobiographie, sie nur gelegentlich kürzend.

Von gesunden Eltern erzeugt, war ich als Kind schwächlich, gedieh aber unter guter Pflege gut und kam in der Schule gut fort.

Im 11. Jahre wurde ich von einem Spielkameraden zur Masturbation verleitet und ergab mich ihr mit Leidenschaft. Bis zum 15. Jahr fiel mir das Lernen leicht. Mit sich häufenden Pollutionen wurde ich weniger leistungsfähig, kam in der Schule nicht mehr so gut fort, war unsicher, beklommen und verlegen, wenn ich vom Lehrer aufgerufen wurde. Erschrocken über das Sinken meiner Fähigkeiten und erkennend, dass daran die grossen Spermaverluste Schuld waren, unterliess ich nun das Onaniren, aber gleichwohl häuften sich die Pollutionen, so dass ich oft 2—3mal in einer Nacht ejaculirte.

Ich consultirte nun verzweifelt Aerzte um Aerzte. Keiner konnte mir helfen.

Da ich durch die Spermaverluste immer schwächer und matter wurde, auch der Trieb nach Geschlechtsbefriedigung immer mächtiger sich regte, ging ich ins Lupanar. Aber dort konnte ich mich nicht befriedigen, denn wenn mich auch Adspectus feminae nudae ergötzte, so trat doch nicht Orgasmus noch Erection ein, und selbst durch Manustupration seitens der Puella war die Erection nicht zu erzielen.

Kaum hatte ich das Lupanar verlassen, so quälte mich wieder der Trieb und hatte ich heftige Erectionen. Da schämte ich mich vor den Mädchen und besuchte nicht mehr solche Orte. So vergingen ein paar Jahre. Mein Sexualleben bestand aus Pollutionen. Meine Neigung zum anderen Geschlecht erkaltete immer mehr. Mit 19 Jahren kam ich auf die Universität. Das Schauspielhaus zog mich mehr an. Ich wollte Künstler werden. Die Eltern gaben es nicht zu. In der Hauptstadt musste ich mit Collegen hie und da wieder zu Mädchen gehen. Ich fürchtete derartige Situationen, da ich wusste, dass mir Coitus nicht gelingen werde, meine Impotenz den Freunden verrathen werden könnte, und so mied ich thunlich die Gefahr, in Spott und Schande zu gerathen.

Eines Abends sass neben mir im Opernhause ein älterer Herr. Er machte mir die Cour. Ich lachte herzlich über den närrischen alten Mann und ging auf seine Spässe ein. Exinopinato genitalia mea prehendit, quo facto statim penis meus se erexit. Erschrocken stellte ich ihn zur Rede, was er wolle. Er erklärte mir, er sei in mich verliebt. Da ich in der Klinik von Zwittern gehört hatte, glaubte ich einen solchen vor mir zu haben, curiosus factus genitalia eius videre volui. Der Alte willigte erfreut ein, ging mit mir in den Abort. Sicuti penem maximum eius erectum adspexi, perterritus effugi.

Jener passte mich ab, machte mir sonderbare Anträge, die ich nicht verstand und abwies. Er liess mir keine Ruhe. Ich erfuhr die Geheimnisse des mannmännlichen Liebens, fühlte, wie meine Sinnlichkeit dadurch erregt wurde, widerstand aber so schmachvoller Leidenschaft (wie ich damals dachte) und blieb die drei nächsten Jahre davon frei. Wiederholt versuchte ich während dieser Zeit wieder fruchtlos den Coitus mit Mädchen. Ebenso erfolglos waren meine Bemühungen, durch ärztliche Kunst mich von meiner Impotenz zu befreien.

Als wieder einmal die Libido sexualis mich plagte, erinnerte ich mich der Aeusserung des alten Herrn, dass auf der E.-Promenade mannliebende Männer zusammenkommen.

Nach hartem Kampf und mit klopfendem Herzen ging ich hin, machte die Bekanntschaft eines blonden Herrn und liess mich verführen. Der erste

Schritt war gethan. Diese Art der geschlechtlichen Liebe war mir adäquat. Am liebsten war ich immer in den Armen eines kräftigen Mannes.

Die Befriedigung bestand in mutueller Manustupration. Gelegentlich Osculum ad penem alterius. Ich war nun 23 Jahre alt. Das Zusammensitzen mit den Commilitonen auf den Krankenbetten in der Klinik während der Vorträge regte mich mächtig auf, so dass ich kaum dem Vortrage folgen konnte. Im gleichen Jahre knüpfte ich mit einem 34jährigen Kaufmann ein förmliches Liebesbündniss. Wir lebten wie Mann und Frau. X. wollte den Mann spielen, wurde immer verliebter. Ich war ihm zu Willen, jedoch musste er mich ab und zu auch Mann sein lassen. Mit der Zeit bekam ich ihn satt, wurde ihm untreu, er wurde eifersüchtig. Es kam zu furchtbaren Scenen, zu temporärer Versöhnung, schliesslich definitivem Bruch. (Der Kaufmann wurde später irrsinnig und endete durch Selbstmord.)

Ich machte viele Bekanntschaften, liebte die ordinärsten Leute. Solche, die vollbärtig, gross und im mittleren Alter waren, die aktive Rolle gut zu spielen begabt waren, bevorzugte ich.

Ich bekam eine Proctitis. Der Professor meinte: von dem vielen Sitzen wegen der Vorbereitungen aufs Examen. Ich bekam eine Fistel, musste operirt werden, aber das kurirte mich nicht von meinem Drang, mich passiv benutzen zu lassen. Ich wurde Arzt, kam in eine Provinzialstadt, musste da leben wie eine Nonne.

Ich bekam Neigung, mich in Damengesellschaft zu bewegen, und wurde dort gerne gesehen, weil man fand, dass ich nicht so einseitig sei, wie die meisten Männer und mich für Toilette und dergleichen Damengespräch interessirte. Jedoch fühlte ich mich sehr unglücklich und einsam.

Glücklicherweise lernte ich in dieser Stadt einen gleich mir empfindenden Mann, eine „Schwester" kennen. Auf einige Zeit war ich durch ihn versorgt. Als er fort musste, kam eine Verzweiflungsperiode mit Trübsinn, bis zu Selbstmordgedanken.

Da ich es in dem Städtchen nicht aushalten konnte, wurde ich Militärarzt in der Grossstadt. Da lebte ich wieder auf, machte oft zwei bis drei Bekanntschaften an einem Tage. Ich hatte nie die Knaben oder junge Leute geliebt, nur wahre Männergestalten. So entging ich den Krallen der Preller. Der Gedanke, einmal der Polizei in die Hände zu fallen, war mir schrecklich; gleichwohl konnte er mich nicht an der Befriedigung meiner Triebe verhindern.

Nach einigen Monaten verliebte ich mich in einen 40jährigen Beamten. Ein Jahr lang blieb ich ihm treu. Wir lebten wie ein Liebespaar. Ich war die Frau und wurde vom Geliebten förmlich verhätschelt. Eines Tages wurde ich in eine kleine Stadt versetzt. Wir waren trostlos. Per totam noctem postremam nos vicissim osculati et amplexati sumus.

In T. war ich namenlos unglücklich, trotz einiger „Schwestern", die ich fand. Ich konnte den Geliebten nicht vergessen. Um dem grobsinnlichen Trieb, der nach Befriedigung drängte, zu genügen, wählte ich mir Soldaten. Um Geld machten die Leute Alles, aber sie blieben kalt und ich hatte keinen Genuss mit ihnen. Es gelang mir, nach der Hauptstadt zurückversetzt zu werden. Neues Liebesverhältniss, aber viel Eifersucht, da der Geliebte gerne in Schwesterngesellschaft ging, eitel und kokett war. Es kam zum Bruch.

Ich war grenzenlos unglücklich und froh, durch Versetzung aus der Hauptstadt fortzukommen. Ich sitze nun in C. einsam, trostlos. Zwei Infanteristen wurden abgerichtet, aber mit dem früheren unbefriedigenden Erfolg. Wann werde ich neuerdings wahre Liebe finden?! Ich bin über mittelgross, gut entwickelt, sehe etwas verlebt aus, weshalb ich da, wo ich Eroberungen machen will, mit Toilettekünsten nachhelfe. Haltung, Gesten, Stimme sind männlich. Körperlich fühle ich mich jugendlich wie ein Bursche von 20 Jahren. Ich liebe das Theater, überhaupt die Kunst. Meine Aufmerksamkeit auf der

Bühne gilt den Schauspielerinnen, an welchen ich jede Bewegung und jeden Faltenwurf bemerke und kritisire.

In Herrengesellschaft bin ich schüchtern, befangen, in der von meinesgleichen bin ich ausgelassen, witzig, kann schmeicheln wie eine Katze, wenn mir der Mann sympathisch ist. Bin ich ohne Liebe, so gerathe ich in tiefe Melancholie, die aber den Tröstungen des ersten hübschen Mannes sofort weicht. Im Uebrigen bin ich leichtsinnig, nichts weniger als ehrgeizig. Meine Charge imponirt mir nicht. Männliche Beschäftigung ist mir unsympathisch. Am liebsten lese ich Romane, gehe ins Theater u. s. w. Ich bin weich, empfindsam, leicht gerührt, leicht verletzlich, nervös. Ein plötzliches Geräusch macht mich am ganzen Körper erbeben und ich muss mich dann zusammennehmen, dass ich nicht aufschreie.

Epikrise: Der vorstehende Fall ist jedenfalls ein solcher von erworbener conträrer Sexualempfindung, denn geschlechtliche Empfindung und Trieb waren ursprünglich dem weiblichen Geschlecht zugewendet. Durch Masturbation wird Sch. neurasthenisch.

Als Theilerscheinung neurasthenischer Neurose entsteht verminderte Anspruchsfähigkeit des Erectionscentrums und damit relative Impotenz. Dadurch erkaltet die sexuelle Empfindung zum anderen Geschlechte bei fortbestehender Libido sexualis. Die erworbene conträre Sexualempfindung muss eine krankhafte sein, denn schon die erstmalige Berührung durch eine Person des eigenen Geschlechts bildet einen adäquaten Reiz für das Erectionscentrum. Die Perversion sexuellen Fühlens wird eine ausgeprägte. Anfangs fühlt sich Sch. noch in der Rolle des Mannes beim geschlechtlichen Akte, immer mehr im Verlauf verwandelt sich aber Fühlen und Drang zur Befriedigung in der Weise, wie sie beim (geborenen) Urning die Regel ist.

Diese Eviratio lässt die passive Rolle und weiterhin (passive) Päderastie begehrenswerth erscheinen. Jene erstreckt sich weiterhin auf den Charakter. Dieser wird weiblich, insofern Sch. nun mit Vorliebe in Gesellschaft wirklicher Feminae sich bewegt, immer mehr Sinn für weibliche Beschäftigung bekommt und sogar zur Schminke und Toilettekünsten Zuflucht nimmt, um sinkende Reize aufzufrischen und „Eroberungen" zu machen.

Die vorausgehenden Thatsachen der erworbenen conträren Sexualempfindung und der Eviratio finden eine interessante Bestätigung in folgenden ethnologischen Erfahrungen.

Schon bei Herodot findet sich die Beschreibung einer sonderbaren Krankheit, von welcher häufig die Skythen befallen wurden. Die Krankheit bestand darin, dass Männer weibisch von Charakter wurden, weibliche Kleidung anlegten, weibliche Arbeit verrichteten und auch in ihrem Aeusseren weibliches Gepräge bekamen.

Für diesen Skythenwahnsinn[1]) gab Herodot als Erklärung die Mythe, es habe die Göttin Venus, erzürnt über die Plünderung ihres Tempels zu Ascalon durch die Skythen, die Tempelschänder und ihre männliche Nachkommenschaft zu Weibern gemacht.

---

[1]) Vgl. Sprengel, Apologie des Hippokrates, Leipzig 1792, p. 611. — Friedreich, Literärgeschichte der psych. Krankheiten 1830, p. 31. — Lallemand, Des pertes séminales, Paris 1836, I. p. 581. — Nysten, Dictionn. de médecine 11. édit., Paris 1858, Art. éviration und Maladie des Scythes. — Marandon. De la maladie des Scythes, Annal. médico-psychol. 1877, Mars, p. 161. — Hammond, American Journal of Neurology and Psychiatry 1882, August.

Hippokrates glaubt nicht an übernatürliche Krankheiten, erkennt, dass Impotenz hier eine vermittelnde Rolle spiele, erklärte dieselbe aber unrichtig aus der Gewohnheit der Skythen, sich, anlässlich der durch ihr vieles Herumreiten entstandenen Krankheiten, in der Ohrengegend zur Ader zu lassen. Er glaubte, diese Venen seien höchst wichtig für die Erhaltung der Geschlechtskraft und ihre Durchschneidung führe Impotenz herbei. Indem die Skythen ihre Impotenz nun für göttliche Strafe und unheilbar hielten, zogen sie Weiberkleider an und lebten fortan wie Weiber unter Weibern.

Bemerkenswerth ist, dass nach Klaproth (Reise in den Kaukasus, Berlin 1812, V, p. 285) und Chotomski (a. a. O.) noch in unserem Jahrhundert Impotenz eine häufige Folge des Reitens auf ungesattelten Pferden bei den Tartaren ist. Dasselbe wird beobachtet bei den Apaches und Navajos des westlichen Continents, die fast niemals zu Fuss gehen, excessiv reiten und durch kleine Genitalien, geringe Libido und Potenz auffällig sind. Dass excessives Reiten schädlich für die Generationsorgane sein kann, wussten schon Sprengel, Lallemand, Nysten.

Höchst interessante analoge Erfahrungen berichtet Hammond von den Puebloindianern in Neu-Mexico.

Diese Nachkommen der Azteken züchten sich sogen. Mujerados, deren jeder Pueblostamm einen zu den religiösen Ceremonien (recte Orgien im Frühjahr), bei welchen Päderastie eine hervorragende Rolle spielt, bedarf. Man wählt, um einen Mujerado zu züchten, einen möglichst kräftigen Mann, masturbirt ihn excessiv und lässt ihn beständig herumreiten. Es entsteht allmählig eine so reizbare Schwäche der Genitalorgane, dass beim Reiten massenhaft Samenerguss entsteht. Dieser Reizungszustand geht in paralytische Impotenz über. Nun atrophiren Hoden und Penis, die Barthaare fallen aus, die Stimme verliert an Tiefe und Umfang, Körperkraft und Energie nehmen ab. Neigungen und Charakter werden weiblich. Der M. verliert seine Stellung in der Gesellschaft als Mann, er nimmt weibliche Manieren und Sitten an, gesellt sich den Weibern zu. Gleichwohl wird er aus religiösen Gründen in Ehren gehalten. Es ist wahrscheinlich, dass er auch ausser der Zeit der Feste vornehmen Pueblos zur Päderastie dient.

Hammond konnte zwei Mujerados untersuchen. Der eine war es vor 7 Jahren geworden und gerade 35 Jahre alt. Bis vor 7 Jahren war er ganz männlich und potent gewesen. Allmählig hat er Schwund der Hoden und des Penis bemerkt. Gleichzeitig verlor er Libido und Erectionsvermögen. Er unterschied sich in Kleidung und Haltung nicht von den Weibern, unter welchen ihn Hammond traf.

Die Schamhaare fehlten, der Penis war geschrumpft, das Scrotum schlaff, hängend, die Hoden waren auf ein Minimum geschrumpft und auf Druck kaum mehr empfindlich.

Der M. hatte grosse Mammae, wie eine Gravida, und versicherte, er habe schon mehrere Kinder, deren Mütter gestorben waren, gesäugt.

Ein zweiter M., 36 Jahre, seit 10 Jahren gezüchtet, bot dieselbe Erscheinung, jedoch nur geringe Mammaentwicklung. Gleich dem vorigen war seine Stimme hoch, dünn; der Körper fettreich.


III. Uebergangsstufe zur Metamorphosis sexualis paranoica.

Eine weitere Entwicklungsstufe stellen Fälle dar, wo auch das körperliche Empfinden im Sinne einer Transmutatio sexus sich umgestaltet.

Die folgende Beobachtung ist in dieser Hinsicht ein Unicum.

**Beobachtung 108. Autobiographie.** 1844 in Ungarn geboren, war ich lange Jahre das einzige Kind meiner Eltern, da die meisten anderen Geschwister an Lebensschwäche starben; erst spät kam noch ein Bruder nach, welcher das Leben behielt.

Ich stamme aus einer Familie, in welcher Nerven- und psychische Leiden vielfach vorgekommen sind. Als kleines Kind soll ich sehr hübsch gewesen sein, mit blonden Locken und durchsichtiger Haut; sehr folgsam, stille, bescheiden, so dass man mich in jede Damengesellschaft mitnahm, ohne dass ich genirt hätte.

Bei sehr reger Phantasie, meiner Feindin das ganze Leben hindurch, entwickelten sich meine Talente schnell. Mit 4 Jahren konnte ich lesen und schreiben, mein Gedächtniss reicht bis ins 3. Jahr zurück; ich spielte mit Allem, was mir unter die Hände fiel, mit Bleisoldaten oder Steinen oder Bändern aus einem Kinderladen; nur einen Apparat zum Holzmachen, den man mir schenkte, mochte ich nicht. Am liebsten war ich zu Hause bei meiner Mutter, die mein Alles war. Freunde hatte ich zwei bis drei, mit denen ich gutmüthig verkehrte, aber gerade so gerne mit ihren Schwestern, welche mich auch stets wie ein Mädchen behandelten, was mich Anfangs nicht genirte.

Ich muss auf dem Wege gewesen sein, ganz wie ein Mädchen zu werden, ich weiss wenigstens noch gut, wie es stets hiess: „das schickt sich für einen Buben nicht." Darauf bemühte ich mich, den Buben zu spielen, machte Alles meinen Kameraden nach und suchte sie an Wildheit zu übertreffen, was auch gelang: es war mir kein Baum und kein Gebäude zu hoch, um es nicht zu besteigen. An den Soldaten hatte ich grosse Freude, den Mädchen wich ich mehr aus, da ich mit ihren Sachen doch nicht spielen sollte, und es mich auch stets wurmte, dass sie mich so ganz wie ihresgleichen behandelten.

In Gesellschaft Erwachsener war ich aber stets gleich bescheiden und gleich gerne gesehen. Phantastische Träume von wilden Thieren, die mich einmal aus dem Bette trieben, ohne dass ich erwacht wäre, peinigten mich häufig. Ich wurde stets zwar einfach, aber höchst zierlich gekleidet und bekam dadurch eine Neigung zu schönen Kleidern; eigenthümlich scheint es mir, dass ich schon von der Schulzeit an Hinneigung zu Frauenhandschuhen hatte, die ich heimlich anzog, so oft ich konnte; so ereiferte ich mich, als meine Mutter einmal ein Paar solcher verschenkt hatte, ganz energisch dagegen und theilte meiner Mutter auf Befragen mit: ich hätte sie lieber selber gerne gehabt; ich wurde tüchtig ausgelacht und hütete mich von da an sehr, meine Vorliebe für weibliche Sachen zu zeigen. Und doch war meine Freude daran so gross. Besonders hatte ich an Maskenkleidern meine Freude, d. h. nur an weiblichen; sah ich solche, so beneidete ich die Besitzerin; am liebsten sah ich zwei als weisse Damen allerdings wunderschön verkleidete junge Herren mit sehr schönen Mädchenmasken vor den Gesichtern, und doch hätte ich mich um keinen Preis vor Anderen als Mädchen gezeigt, so sehr fürchtete ich mich vor dem Spotte. In der Schule zeigte ich den grössten Fleiss, war stets vorne an; meine Eltern lehrten mich von Kindheit an, dass zuerst die Pflicht komme, und gaben mir auch stets hievon das Beispiel; auch war mir der Besuch der Schule ein Vergnügen, denn die Lehrer waren mild und die älteren Schüler plagten die jüngeren nicht. Nun verliessen wir meine erste Heimath, da der Vater gezwungen war, seinem Beruf zu Liebe sich auf ein Jahr von der Familie zu trennen; wir zogen nach Deutschland. Hier herrschte ein strenger bis roher Ton, theils unter den Lehrern, theils unter den Schülern, und ich wurde wieder wegen meiner Mädchenhaftigkeit verspottet.

Meine Mitschüler gingen so weit, dass sie einem Mädchen, welches genau meine Züge hatte, meinen Namen gaben und mir den ihrigen, so dass ich das Mädchen, mit dem ich mich, als sie verheirathet war, später befreundete, hasste. Meine Mutter fuhr fort, mich zierlich zu kleiden, und dies war mir zuwider, da es mir stets Spott eintrug, so dass ich froh war, als ich endlich ganz richtige Hosen und ganz richtige Männerröcke bekam. Doch kam mit diesen eine neue Plage; sie genirten mich an den Genitalien, besonders wenn das Tuch etwas rauh war, und die Berührung des Schneiders beim Anmessen war mir durch ihren Kitzel, der mich zusammenschaudern machte, ganz unerträglich, besonders an den Genitalien; nun sollte ich turnen, und da konnte ich einfach Alles nicht machen oder nur schlecht, was Mädchen nicht auch leicht machen können; beim Baden plagte mich das Schamgefühl des Entblössens, ich that es aber sehr gerne; ich hatte bis zum 12. Jahre eine grosse Schwäche im Kreuze. Schwimmen lernte ich spät, nachher aber gut, so dass ich grosse Touren machte. Mit 13 Jahren hatte ich Pubes, war etwa 6 Fuss gross, aber im Gesicht ein Weibsbild, dies bis zu 18 Jahren, wo der Bart stark kam und ich vor der Weiberähnlichkeit Ruhe hatte. Eine mit 12 Jahren erworbene, erst mit 20 Jahren geheilte Inguinalhernie genirte mich sehr, besonders beim Turnen; es kam hiezu vom 12. Jahre an bei langem Sitzen und besonders bei Nachtarbeit, die häufig lang war, ein Jucken, Brennen, Zittern vom dem Penis an bis über das Kreuz hinaus, welches Sitzen und Stehen erschwerte und sich durch Erkältung steigerte; ich ahnte aber im Entferntesten nicht, dass dies mit den Genitalien Zusammenhang haben könnte. Da keiner meiner Freunde daran litt, so kam es mir ganz fremd vor und brauchte ich die äusserste Geduld, es zu ertragen, um so mehr, als überhaupt der Unterleib mich oft genirte.

In sexualibus war ich noch ganz unwissend, hatte aber jetzt, so mit 12—13 Jahren, das sichere Gefühl, lieber ein Frauenzimmer sein zu wollen. Ihre Gestalt gefiel mir besser, ihr ruhiges Auftreten, ihr Anstand, aber besonders ihre Kleider gefielen mir sehr, ich hütete mich aber wohl, es merken zu lassen, doch weiss ich gewiss, dass ich das Castrationsmesser nicht gescheut hätte, um meinen Zweck zu erreichen. Hätte ich sagen sollen, warum ich lieber in Frauenkleidern stäke, so hätte ich bloss sagen können: es zieht mich eben mit Gewalt hinein; vielleicht kam ich mir auch wegen meiner selten weichen Haut eher wie ein Mädchen vor; diese war nämlich, besonders im Gesicht und an den Händen, sehr empfindlich. Bei den Mädchen war ich gerne gesehen; obgleich ich lieber stets unter ihnen gewesen wäre, so verhöhnte ich sie, wo ich konnte, denn ich musste übertreiben, um nicht selbst weibisch zu erscheinen, und beneidete sie im Herzen doch beständig; besonders war mein Neid gross, wenn eine Freundin lange Kleider bekam, in Handschuhen und Schleier ging. Als ich mit 15 Jahren eine Reise machte, schlug mir eine junge Dame, bei der ich wohnte, vor, mich als Dame zu maskiren und mit ihr auszugehen; ich ging aber, da sie nicht allein war, nicht darauf ein, so gerne ich es gethan hätte. So wenig Umstände machte man mit mir; gerne sah ich auf jener Reise, dass die Knaben in einer Stadt Blousen mit kurzen Aermeln und nackten Armen trugen. Eine ganz geputzte Dame erschien mir wie eine Göttin, berührte mich ihre Glacéhand, so war ich glücklich und neidisch, und wäre eben zu gerne an ihrer Stelle in den schönen Sachen und der zierlichen Gestalt gesteckt. Nichtsdestoweniger studirte ich sehr fleissig, machte Realschule und Gymnasium in 9 Jahren durch, legte eine gute Maturitätsprüfung ab. Ich erinnere mich, mit 15 Jahren das erste Mal zu einem Freunde den Wunsch geäussert zu haben, ein Mädchen zu sein; auf seine Frage nach dem Grunde, konnte ich keine Antwort geben. Im 17. Jahre war ich in lockere Gesellschaft gekommen, ich trank viel Bier, rauchte und suchte mit Kellnerinnen zu scherzen; diese verkehrten gerne mit mir, aber man behandelte mich stets, als ob ich auch Röcke trüge. Die Tanzstunde konnte ich nicht besuchen, es trieb mich hinaus; hätte ich als Maske hingehen können, dann wäre es anders gewesen. Meine Freunde liebte ich zärtlich, nur einen hasste ich, der mich zur Onanie verleitet hatte. Pfui über jenen Tag, der mir für mein Lebenlang geschadet hat; ich trieb sie ziemlich stark, kam mir aber dabei wie ein doppelter Mensch vor; ich kann das Gefühl nicht beschreiben; ich glaube, es war männlich, aber mit weiblichem gemischt. An ein Mädchen konnte ich nicht ankommen, ich fürchtete dieselben, und doch waren sie mir nicht fremd; sie imponirten mir aber doch mehr als meinesgleichen, ich beneidete sie, ich hätte auf alle Freuden verzichtet, wenn ich hätte nach der Klasse zu Hause als Mädchen sein dürfen und wenn ich vollends so hätte ausgehen dürfen; eine Crinoline, ein knapper Handschuh war eben mein Ideal.

Ich empfand bei jedem Damenanzuge, den ich sah, wie ich mich darin fühlen würde, nämlich als Dame; eine Sehnsucht nach Männern hatte ich nicht.

Ich erinnere mich zwar, mit ziemlicher Zärtlichkeit an einem bildschönen Freunde mit Mädchengesicht und dunklen Locken gehangen zu haben, glaube aber nur den Wunsch gehabt zu haben, dass wir beide Mädchen sein möchten.

Auf der Hochschule gelangte ich endlich einmal zum Coitus; hoc modo sensi, me libentius sub puella concubuisse et penem meum cum cunno mutatum maluisse. Das Mädchen musste auch zu seinem Erstaunen mich wie ein Mädchen behandeln, auf was sie gerne einging und mich aber auch behandelte, als wäre ich nun sie (sie war noch ziemlich unerfahren und verspottete mich deshalb nicht).

Als Student war ich zur Zeit wild, fühlte aber stets, dass ich diese Wildheit nur mehr als Maske vornahm; ich trank, schlug mich, konnte aber wieder nicht Tanzunterricht nehmen, weil ich mich zu verrathen fürchtete. Meine Freundschaften waren innig, aber ohne Nebengedanken; am meisten freute es mich, wenn ein Freund sich als Dame maskirte oder wenn ich die Toiletten der Damen auf einem Balle mustern konnte; ich hatte alles Verständniss dafür und fing auch allmählig an zu fühlen wie ein Frauenzimmer.

Wegen unglücklicher Verhältnisse machte ich zwei Selbstmordversuche; ohne Grund schlief ich einmal 14 Tage nicht, hatte viel Hallucinationen (Gesicht und Gehör zugleich), verkehrte mit Verstorbenen und Lebenden zugleich, was mir bis heute geblieben ist.

Auch eine Freundin hatte ich, die meine Liebhaberei kannte, meine Handschuhe anzog, aber mich eben auch nur als Mädchen gelten liess. So verstand ich die Weiber besser, als ein anderer Mann, und wie sie das heraus hatten, so wurde ich eben wieder more feminarum behandelt, als hätte man eine Freundin getroffen. Ich konnte es im Ganzen auch nicht ausstehen, wenn gezotet wurde, und that es eigentlich auch nur Bramarbasirens halber, wenn es geschah. Den anfänglichen Ekel gegen Gestank und Blut legte ich bald ab bis zum Gegentheile, einzelne Gegenstände jedoch konnte ich nie sehen ohne Ekel. Nur das Eine fehlte mir stets, dass ich über mich stets im Unklaren war: ich wusste, dass ich weibliche Neigungen habe, glaubte aber doch ein Mann zu sein, doch zweifle ich, ob ich ausser den Coitusversuchen, die mir nie Vergnügen machten (was ich der Onanie zuschrieb), je einmal ein Weib bewunderte, ohne den Wunsch, dasselbe zu sein, oder mich zu fragen, ob ich es sein möchte oder in seinem Putze auftreten möchte. In der Geburtshilfe, welche zu lernen mir sehr schwer wurde (ich schämte mich für die aufliegenden Mädchen und hatte Mitleid mit ihnen), habe ich bis zum heutigen Tag ein Gefühl des Schreckens zu überwinden; ja es kam mir schon vor, dass ich die Traktionen mitzufühlen vermeinte. An mehreren Stellen mit Erfolg als Arzt verwendet, machte ich einen Feldzug mit als freiwilliger Arzt. Das Reiten, welches mir schon als Student peinlich war, weil die Genitalien dabei mehr weibliche Gefühle vermittelten, fiel mir schwer (nach Frauenart wäre es leichter gegangen).

Immer noch glaubte ich, ein Mann mit undeutlichen Gefühlen zu sein, und immer, wenn ich mit Damen zusammenkam, wurde ich bald eben wieder als uniformirte Dame behandelt (wäre, als ich das erste Mal die Uniform trug, viel lieber in ein Damenkostüm mit Schleier geschlüpft; es war mir ein störendes Gefühl, wenn man auf den stattlichen Uniformirten schaute). In der

Privatpraxis hatte ich in allen drei Hauptbranchen Glück, dann machte ich nochmals einen Feldzug mit; in diesem kam mir meine Natur zu gute, da ich glaube, dass seit dem ersten Esel auf der Welt kein Grauthier so viel Geduld an den Tag zu legen hatte, als ich. Dekorationen blieben nicht aus, doch liessen sie mich kalt.

So schlug ich mich durch das Leben, so gut es ging, nie zufrieden mit mir, voller Weltschmerz, zwischen Sentimentalität oder Wildheit, die zwar meist affektirt war, schwankend.

Ganz eigenthümlich ging es mir als Heirathskandidat. Am liebsten hätte ich gar nicht geheirathet, aber Familienverhältnisse und Praxis zwangen mich dazu. Ich heirathete eine energische, liebenswürdige Dame aus einer Familie, wo Weiberherrschaft blühte. Ich war in sie verliebt, so gut es unser einer sein kann, d. h. was er liebt, liebt er mit ganzem Herzen und geht in ihm auf, wenn er auch nicht so stürmisch erscheint, wie ein ganzer und ächter Mann; er liebt seine Braut mit aller weiblichen Tiefe, fast wie einen Bräutigam, nur gestand ich mir diese Seite nicht ein, weil ich immer noch glaubte, nur ein verstimmter Mann zu sein, der durch die Ehe wohl ganz zu sich selber kommen und sich finden werde. Aber schon in der Hochzeitsnacht fühlte ich, dass ich nur als männlich gestaltetes Weib fungirte; sub femina locum meum esse mihi visum est. Wir lebten im Ganzen zufrieden und glücklich, blieben ein paar Jahre kinderlos. Nach einer schweren Schwangerschaft, während welcher ich in Feindesland zu Tode lag, kam auf eine schwere Geburt der erste Knabe, dem eine melancholische Natur bis heute noch anhängt, der heute noch schwermüthig ist; dann ein zweiter, welcher ganz ruhig ist, ein dritter voller Streiche, ein vierter, ein fünfter; allein sämmtliche haben schon Anlage zur Neurasthenie. Da ich mich nie an meinem Platze fühlte, so ging ich viel in lustige Gesellschaft, arbeitete aber immer, was des Menschen Kraft vermochte, studirte, operirte, experimentirte mit vielen Arzneimitteln und Kurmethoden, auch stets an mir selber. In der Ehe überliess ich meiner Frau das Regiment im Hause, da sie das Haushalten sehr gut versteht. Meine Pflichten als Ehemann verrichtete ich so gut, als es ging, aber ohne Befriedigung für mich; vom ersten Coitus bis heute ist mir die männliche Stellung dabei zuwider und zu schwer gewesen. Ich hätte viel lieber die andere Rolle gehabt. Musste ich meine Frau entbinden, so brach es mir beinahe das Herz, da ich ihre Schmerzen zu würdigen wusste. So lebten wir lange zusammen, bis schwere Gichterkrankung mich in verschiedene Bäder trieb und mich neurasthenisch machte. Zugleich wurde ich so anämisch, dass ich alle paar Monate eine Zeitlang Eisen nehmen musste, andernfalls war ich wie chlorotisch oder hysterisch, oder beides zusammen. Stenocardie plagte mich oft, dann kamen halbseitige Krämpfe in Kinn, Nase, Hals, Kehlkopf, Hemikranie, Zwerchfell- und Brustmuskelkrampf; etwa 3 Jahre lang dauerndes Gefühl, als wenn die Prostata vergrössert wäre, ein Expulsionsgefühl, wie wenn ich etwas gebären sollte, Schmerzen in der Hüfte, perennirendes Kreuzweh u. dergl.; doch wehrte ich mich mit der Wuth der Verzweiflung gegen diese mir weibisch oder weiblich imponirenden Beschwerden, bis vor 3 Jahren ein ganz heftiger Anfall von Arthritis mich vollständig brach.

Noch ehe dieser furchtbare Gichtanfall eintrat, habe ich in der Verzweiflung, um die Gicht zu tilgen, heisse Bäder, der Körperwärme so nahe als möglich, genommen. Da geschah es einmal, dass ich mich plötzlich verändert und dem Tode fühlte; ich sprang mit der letzten Kraft aus der Therme heraus, hatte mich aber ganz als Weib mit Libido gefühlt. Ferner zur Zeit, als das Extr. cannabis ind. aufkam und sogar gepriesen wurde, nahm ich aus Angst vor meinem drohenden Gichtanfalle (und von Gleichgültigkeit gegen das Leben gepeinigt) etwa die 3—4fach gebräuchliche Dosis von Extr. cannabis ind. und machte eine Haschischvergiftung auf Leben und Sterben durch. Lachkrampf, Gefühl von unerhörter Körperkraft und Schnelligkeit, eigenartiges Gefühl in Gehirn und Augen, Milliarden von Funken, vom Gehirne aus die Haut durchzuckend, stellten sich ein, doch konnte ich mich noch zum Sprechen zwingen; allein auf einmal sah ich mich von den Zehen bis zur Brust als Weib, fühlte, wie früher in der Therme, dass die Genitalien eingestülpt wurden, das Becken sich erweiterte, die Brüste herausschossen, eine unsägliche Wollust sich meiner bemächtigte. Da schloss ich die Augen, so dass ich wenigstens das Gesicht nicht verändert sah. Mein Arzt hatte dabei das Aussehen, als hätte er eine Riesenkartoffel statt des Kopfes, meine Frau hatte den Vollmond auf dem Rumpfe. Und dennoch war ich stark genug, als beide das Zimmer auf kurze Zeit verliessen, in mein Notizbuch meinen kurzen letzten Willen einzutragen.

Aber wer beschreibt meinen Schrecken, als ich am anderen Morgen, mich vollständig zum Weibe verwandelt fühlend, erwachte und beim Gehen und Stehen eine Vulva und Mammae fühlte.

Als ich endlich aus dem Bette mich erhob, fühlte ich, dass mit mir eine ganze Umwälzung vorgegangen sei. Schon während der Krankheit sagte ein Besuch: „für einen Mann ist er so geduldig", und machte mir einen blühenden Blumenstock zum Geschenk, was mich befremdete, aber doch freute. Von nun an war ich geduldig, wollte nichts mehr im Sturme thun, wurde zäh wie eine Katze, dabei aber mild, versöhnlich, nicht mehr nachträglich, kurz wie ein Weib dem Gemüthe nach. Während der letzten Krankheit hatte ich viele Gesichts- und Gehörshallucinationen, sprach mit den Todten etc., sah und hörte Spiritus familiares, fühlte mich als eine doppelte Person, doch merkte ich auf dem Krankenlager selber noch nicht, dass der Mann in mir erloschen war. Meine Gemüthsveränderung war ein Glück, da mich ein Schlag traf, der mich bei meiner früheren Stimmung auf den Tod getroffen hätte, den ich aber jetzt mit Ergebung hinnahm, so dass ich mich selbst nicht mehr erkannte. Da ich die Erscheinungen der Neurasthenie noch oft mit Gicht verwechselte, so gebrauchte ich noch viele Bäder, bis ein Hautjucken mit der Empfindung der Krätze durch eine Therme so zunahm statt abzunehmen, dass ich alle äusserliche Therapie aufgab (ich wurde immer anämischer durch die Bäder) und mich abhärtete, so gut es ging. Aber das weibliche Zwangsgefühl blieb und wurde so stark, dass ich nur die Maske des Mannes trage, sonst aber mich in jeder Beziehung als vollkommenes Weib nach allen Theilen fühle und von der alten Zeit zur Zeit die Erinnerung verloren habe.

Was die Gicht noch etwa übrig gelassen hatte, ruinirte die Influenza vollends.

Status praesens: Ich bin gross, Haarboden gelichtet, Bart wird grau, meine Haltung fängt an gebückt zu werden; habe seit der Influenza etwa ein Viertel der rohen Kraft verloren. Gesicht sieht in Folge eines Klappenfehlers etwas geröthet aus; Vollbart; chronische Conjunctivitis; mehr muskulös als fett; linker Fuss scheint varicose Venen zu bekommen, schläft öfters ein, ist noch nicht sichtbar verdickt, aber scheint es zu werden. Die Mammillargegend hebt sich trotz Kleinheit deutlich ab. Der Bauch hat die Form eines weiblichen Bauches, Füsse nach Frauenart gestellt, Waden etc. wie diese; mit den Armen ist es gerade so und mit den Händen. Kann Frauenstrümpfe und Handschuhe $7^{1}/_{4}$—$7^{1}/_{2}$ tragen; ebenso trage ich ohne Beschwerde ein Corset. Gewicht wechselt zwischen 168—164 Pfund. Urin ohne Eiweiss, ohne Zucker, enthält über die Norm Harnsäure; enthält er aber nicht viel Harnsäure, so ist er hell, fast wasserhell nach jeder Aufregung irgend einer Art. Stuhl meist regelmässig, ist er es aber nicht, so kommen alle weiblichen Beschwerden der Obstipation. Schlaf schlecht, oft viele Wochen lang nur 2—3 Stunden dauernd. Appetit ziemlich gut, doch im Ganzen erträgt der Magen nicht mehr, als der einer starken Frau und reagirt gegen scharfe Speisen sofort durch Hautausschlag und Brennen in der Harnröhre.

Haut ist weiss, im Ganzen fühlt sie sich sehr glatt an; unerträgliches Jucken in derselben seit 2 Jahren, hat in den letzten Wochen abgenommen, zeigt sich nur noch mehr in der Kniekehle und am Scrotum.

Neigung zu Schweiss: Ausdünstung früher so gut wie nicht vorhanden, macht jetzt alle hässlichen Nuancen der weiblichen Ausdünstung, besonders am Unterleibe durch, so dass ich mich noch reinlicher halten muss als eine Frau. (Parfümire das Taschentuch, benütze parfümirte Seifen und Eau de Cologne.)

Allgemeingefühl: Ich fühle mich als Frauenzimmer in Mannesgestalt; wenn ich auch manchmal noch die Form des Mannes fühle, so fühlt das betreffende Glied dennoch weiblich, so z. B. der Penis als Clitoris; die Urethra als Urethra und Scheideneingang, ich fühle sie stets etwas nass, auch wenn sie noch so trocken ist; das Scrotum als Labia majora; kurz, ich fühle eben stets eine Vulva, und was das zu bedeuten hat, weiss nur, wer selber so fühlt oder gefühlt hat. Aber die ganze Haut am ganzen Körper fühlt weiblich, nimmt alle Eindrücke, seien es solche des Tastens, der Wärme oder feindselige, als Weib auf und habe ich die Empfindungen eines solchen; mit blossen Händen kann ich nicht gehen, da Hitze und Kälte mich gleich sehr peinigen; wenn die Zeit, wo es uns Herren gestattet ist, den Sonnenschirm zu tragen, vorüber ist, so habe ich grosse Pein in meiner Gesichtshaut zu leiden, bis wieder der Sonnenschirm gebraucht werden darf. Erwache ich Morgens, so dämmert es in mir einige Augenblicke, es ist, als ob ich mich selber suche, dann erwacht das Zwangsgefühl, Weib zu sein; ich fühle das Gefühl der Vulva (resp. dass eine solche da ist), und begrüsse den Tag mit einem stillen oder lauten Seufzer, denn ich habe schon wieder Angst vor dem jetzt kommenden Theaterspielen den ganzen Tag. Es ist keine Kleinigkeit, sich als Weib fühlen und als Mann handeln zu müssen. Alles musste ich wie neu lernen; die Messer. die Apparate, Alles fühlte ich seit 3 Jahren ganz anders an, und bei dem geänderten Muskelgefühl musste ich Alles neu erlernen. Es ist auch gelungen, nur die Führung der Säge und des Knochenmeissels macht mir noch zu schaffen; es ist beinahe, als ob die rohe Kraft nicht ganz ausreichte. Dagegen habe ich mehr Gefühl bei der Arbeit mit dem scharfen Löffel in den Weichtheilen; widerwärtig ist es, dass ich bei Untersuchung von Damen oft ihre Gefühle mitfühle, was dieselben nicht befremdet. Am allerwiderwärtigsten fühle ich eine Kindsbewegung mit; eine Zeitlang, mehrere Monate, quälte mich das Gedankenlesen bei beiden Geschlechtern, gegen welches ich jetzt noch anzukämpfen habe; bei Weibern ertrage ich es noch eher, bei Männern ist es mir zuwider. Vor 3 Jahren habe ich noch nicht bewusst die Welt mit Weiberaugen angesehen; es kam diese Aenderung im Rapport des Opticus zum Gehirn unter heftigem Kopfweh fast plötzlich. Ich war bei einer geschlechtlich verkehrt fühlenden Dame, da sah ich sie plötzlich so verändert, als ich mich jetzt fühle, nämlich sie als Mann und fühlte mich Weib ihr gegenüber, dass ich mit schlecht verbohlenem Aerger sie verliess; dieselbe war damals sich noch nicht klar geworden über ihren Zustand.

Seitdem machen alle Sinne ihre Wahrnehmung in weiblicher Form und ebenso ihren Rapport. Dem Cerebralsystem schloss sich fast unmittelbar das vegetative an, so dass alle Beschwerden sich in weiblicher Weise äusserten; die Empfindlichkeit aller Nerven, besonders die des Acusticus, Olfactorius oder Trigeminus steigerten sich zu Nervosität; klappt nur ein Fenster, so fahre ich zusammen, d. h. innerlich, dem Mann darf ja nicht: ist eine Speise nicht absolut frisch, so habe ich Cadavergeruch in der Nase. Dem Trigeminus hätte ich nie zugetraut, dass so launenhaft die Schmerzen von einem Ast auf den andern überspringen, von einem Zahne ins Auge.

Doch ertrage ich seit meiner Aenderung Zahnweh und Migräne leichter, habe auch weniger Angstgefühl bei Stenocardie. Eine eigenthümliche Beob-

Achtung scheint es mir, dass ich mich als ein ängstliches schwächeres Wesen fühle, bei drohenden Gefahren aber viel mehr Kaltblütigkeit und Ruhe besitze, ebenso bei schweren Operationen. Der Magen rächt den leisesten (gegen die Diät einer Frau) begangenen Fehler unnachsichtlich in Weiberart, sei es durch Ructus oder sonstige Beschwerden, besonders einen Alkoholmissbrauch; der Kater des sich Weib fühlenden Mannes ist viel infamer, als der colossalste akademische Katzenjammer; es kommt mir beinahe vor, als ob man als Weib fühlend, ganz unter der Herrschaft des vegetativen Systems stehe.

So klein meine Brustwarzen sind, so wollen sie Platz und fühle ich sie als Mammae, wie zwar auch schon in Pubertätsjahren die Warzen schwollen und schmerzten; deshalb genirt mich jedes weisse Hemd, die Weste, der Rock. Vom Becken habe ich das Gefühl, als ob es ein weibliches sei, dito von After und Nates; störend war mir im Beginn das Weiblichkeitsgefühl des Bauches, welcher in keine Hosen will und stets das Gefühl der Weiblichkeit hervorbringt oder besitzt. Auch habe ich das Zwangsgefühl einer Taille. Es ist mir, wie wenn ich, einer eigenen Haut beraubt, in eine Weiberhaut gesteckt wäre, die sich Alles genau anpasst, aber Alles fühlt, wie wenn sie ein Weib umgäbe, und dessen Gefühle durch den ganzen eingeschlossenen Manneskörper strömen liesse und die männlichen exmittirt hätte. Die Hoden sind, wenn auch nicht atrophisch oder degenerirt, doch keine Hoden mehr und machen mir oft Schmerzen, mit dem Eindrucke, als ob sie in den Bauch hineingebörten und festsitzen sollten; die Beweglichkeit derselben peinigt mich oft.

Alle 4 Wochen, zur Vollmondszeit, habe ich 5 Tage lang alle Molimina wie eine Frau, körperlich und geistig, nur dass ich nicht blute, während ich das Gefühl von Abgang von Flüssigkeit, ein Gefühl von Geschwollensein der Genitalien und des Unterleibes (innen) habe; eine sehr angenehme Zeit, besonders wenn nachher und später ein paar Tage in der Zwischenzeit das physiologische Gefühl der Begattungsbedürftigkeit kommt mit seiner ganzen, das Weib durchdringenden Kraft; der ganze Körper ist dann von diesem Gefühle voll, wie ein eingetauchtes Zuckerstück voll Wasser gesogen ist oder so voll als wie nasser Schwamm; du heisst es: zuerst liebebedürftiges Weib, dann erst Mensch, und zwar ist das Bedürfniss, wie mir scheint, mehr ein Sehnen nach Empfängniss als nach Coitus. Der immense Naturtrieb oder die weibliche Geilheit lässt aber das Schamgefühl zurücktreten, so dass indirect der Coitus gewünscht wird. Männlich habe ich den Coitus höchstens dreimal im Leben gefühlt, wenn es überhaupt so war, gleichgültig in allen sonstigen Fällen; in den letzten 3 Jahren aber fühle ich ihn deutlich passiv als Frauenzimmer, sogar manchmal mit weiblichem Ejaculationsgefühl; stets fühle ich mich begattet und ermüdet wie ein Weib, oft auch unwohl darauf, wie es einem Manne niemals zu Muthe ist. Einige Male verursachte der Coitus mir einen so grossen Genuss, dass ich denselben mit nichts vergleichen kann; es ist einfach das wonnigste, gewaltigste Gefühl auf Erden, um welches Alles geopfert werden kann; in diesem Augenblicke ist das Weib bloss Vulva, welche die ganze Person verschlungen hat.

Das Gefühl, Weib zu sein, habe ich seit 3 Jahren keinen Augenblick verloren, es ist mir dieses jetzt durch die Gewöhnung nicht mehr so peinlich, obgleich ich mich seitdem minderwerthig fühle, denn sich Weib zu fühlen ohne Genussverlangen, ist auch für einen Mann zum Aushalten; aber wenn Bedürfnisse kommen! Dann hört die Gemüthlichkeit auf; das Brennen, die Wärme, das Turgorgefühl der Genitalien (bei nicht erigirtem Penis, die Genitalien fallen wie aus der Rolle). Ein bei starkem Drange auftretendes Gefühl von Ansaugen in der Vagina und Vulva ist geradezu schrecklich, eine Höllenpein der Wollust, aber kaum auszuhalten. Bin ich dann in der Lage, einen Coitus auszuführen, so ist es besser, aber er bewirkt wegen mangelnder Empfängniss keine vollständige Befriedigung, das Gefühl der Sterilität stellt sich ein mit seinem ganzen beschämenden Drucke, nebst dem Gefühle der passiven Begattung, des verletzten Schamgefühles; man kommt sich fast wie eine Lustdirne vor. Der Verstand hilft nichts dagegen, das Zwangsgefühl der Weiblichkeit beherrscht und bezwingt Alles. Wie schwer man in solchen Zeiten beruflich arbeitet, ist leicht zu ermessen; doch dazu kann man sich zwingen. Freilich ist es beinahe nicht möglich, zu sitzen, zu gehen, zu liegen, wenigstens kann man von diesen drei Zuständen keinen lange aushalten, dazu die stete Berührung der Hosen etc., ist unausstehlich.

Die Ehe macht dann, ausser dem Moment des Coitus, wo der Mann sich begattet fühlen muss, noch den Eindruck des Zusammenlebens zweier Weiber, von denen eines sich nur als Mann maskirt betrachtet. Bleiben diese periodischen Molimina einmal aus, so kommen die Gefühle der Gravidität oder der sexuellen Uebersättigung, die der Mann sonst nicht kennt, die aber den ganzen Menschen geradeso in Beschlag nehmen wie das Weiblichkeitsgefühl, nur dass sie specifisch widerwärtig sind, so dass man gerne die regelmässigen Molimina wieder sich gefallen lässt. Wenn erotische Träume oder Vorstellungen kommen, so sieht man sich in der Form, welche man als Weib hätte, und sieht erigirte Glieder, die sich präsentiren; es wäre, da auch der After weiblich fühlt, gar nicht schwer, zum Kinäden zu werden, nur das positive religiöse Verbot hindert daran, alle anderen Rücksichten würden hinfällig werden.

Da solche Zustände wohl Jedem widerwärtig sein werden, so ist eine Sehnsucht vorhanden, geschlechtslos zu sein oder sich machen zu dürfen. Wenn ich ledig wäre, so hätte ich längst Hoden und Scrotum sammt Penis den Abschied gegeben.

Was hilft das höchste weibliche Genussgefühl, wenn man doch nicht concipirt? Was nützen die Regungen weiblicher Liebe, wenn man zur Befriedigung wieder eine Frau hat? wenn auch die Begattung sie uns als Mann empfinden lässt. Wie entsetzlich beschämend ist die weibliche Ausdünstung! Wie erniedrigt den Mann das Gefühl der Freude an Kleidern und Schmuck! Er möchte selbst in der umgewandelten Form, selbst wenn er des männlichen Geschlechtsgefühles sich nicht mehr erinnern kann, eben doch nicht sich als Weib fühlen müssen; er weiss noch ganz gut, dass er früher nicht stets geschlechtlich fühlte, dass er auch ein blosser Mensch war, unbeeinflusst vom Geschlecht! Jetzt auf einmal soll er stets seine bisherige Individualität nur als Maske empfinden, stets sich als Weib fühlen, eine Abwechslung nur haben, wenn er alle 4 Wochen seine periodischen Beschwerden und zwischen hinein seine weibliche nicht zu befriedigende Geilheitsrei hat? Wenn er erwachen darf, ohne sofort sich als Weib fühlen zu müssen? Zuletzt sehnt er sich nach einem Augenblick, wo er seine Maske lüften könnte, der Augenblick kommt nicht! Erleichterung des Elendes kann er nur finden, wenn er ein Stück Weiblichkeit, Schmuck, ein Unterkleid etc. anziehen kann, denn als Weib darf er ja doch nicht gehen; alle seine Berufspflichten mit dem Gefühle einer als Herr kostümirten Schauspielerin erfüllen zu müssen und kein Ende abzusehen, ist keine Kleinigkeit. Die Religion allein schützt vor grobem Lapsus, hindert aber das Peinliche nicht, wenn die Versuchung an das weiblich fühlende Individuum so herantritt, wie an ein wirkliches Weib und so gefühlt und durchgemacht werden muss! Wenn ein angesehener Mann, der im Publikum ein seltenes Vertrauen geniesst und eine Autorität besitzt, sich mit seiner wenn auch imaginären Vulva herumschlagen muss; wenn man von schwerem Tagewerk herkommt und ist genöthigt, die Toilette der nächstbesten Dame zu mustern, mit Weiberaugen zu kritisiren, aus ihrem Gesichte ihre Gedanken abzulesen, wenn ein Modejournal (das hatte ich schon als Kind) das gleiche Interesse einflösst, wie ein wissenschaftliches Werk? Wenn man seinen Zustand vor seiner Gattin, deren Gedanken man, sobald man sich Weib fühlt, abliest vom Gesichte, verbergen muss, während ihr doch klar wird, dass man sich an Leib und Seele geändert hat? Die Qualen, welche die zu überwindende weibliche Weichlichkeit verursacht! Es gelingt zwar manchmal, wenn man in Urlaub allein ist, einige Zeit mehr als Frau zu leben, z. B. weibliche Kleider etc., besonders bei der Nacht zu tragen, die Handschuhe fast stets anzubehalten, einen Schleier oder eine Maske im Zimmer vorzunehmen, dass man dann vor der übermässigen Libido Ruhe hat, aber die einmal eingedrungene Weiblichkeit verlangt gebieterisch, dass sie anerkannt werde; sie begnügt sich oft mit einer bescheidenen Concession, des Umnehmens eines Armreifes hinter der Manchette z. B., aber eine Concession in irgend einer Art verlangt sie gebieterisch. Das einzige Glück ist nur das, dass man sich ohne Scham weiblich costümirt sehen kann, ja dass man, wenn das Gesicht verschleiert oder maskirt ist, sich lieber so sieht und sich natürlich vorkommt; man hat dann, wie jede andere Modegans, den Geschmack der laufenden Mode, so sehr wird und ist man umgewandelt! Bis man sich an den Gedanken gewöhnt hat, selbständig nur als Weib zu fühlen und die frühere Denkweise gewissermassen nur aus der Erinnerung zum Vergleiche herzuholen, und dann als Mann sich zu äussern, dazu gehört lange Zeit und unsägliche Ueberwindung.

Trotzdem wird es noch vorkommen, dass man sich auf einer weiblichen Gefühlsäusserung ertappt, sei es in sexualibus, dass man sagt: man fühlt so und so, was aber ein Nichtweib nicht wissen kann, oder dass man zufällig verräth, dass Einem die weibliche Kleidung gang und gäbe ist. Vor Frauen allein macht dies nichts aus, da sich eine Frau in erster Linie geschmeichelt fühlt, wenn man von ihren Sachen etwas versteht, nur darf es nicht vor der eigenen Frau passiren! Wie erschrak ich einmal, als meine Frau einer Freundin sagte, dass ich für Damenartikel einen sehr feinen Geschmack besitze! Wie war eine hochmüthige Modedame überrascht, als ich ihr, die im Begriffe war, ihr Töchterchen ganz falsch zu erziehen, alle weiblichen Gefühle schriftlich und mündlich darlegte (ich log ihr zwar vor, ich hätte mein Wissen aus Briefen geschöpft); aber ebenso gross ist ihr Zutrauen jetzt, und das Kind, auf dem Wege verrückt zu werden, ist vernünftig geblieben und ist fröhlich. Es hatte nämlich alle Regungen der Weiblichkeit als Sünden gebeichtet, jetzt weiss es, was es als Mädchen ertragen und durch Willen und Religion beherrschen muss, und fühlt sich als Mensch. Die beiden Damen würden herzlich lachen, wenn sie wüssten, dass ich nur aus eigener trauriger Erfahrung geschöpft habe. Beifügen muss ich noch, dass ich seither ein viel feineres Temperaturgefühl habe, dazu aber noch ein mir vorher unbekanntes Gefühl für die Elasticität der Haut, für Spannung der Gedärme bei Patienten, dass aber bei Operationen und Sektionen feindliche Flüssigkeiten meine (unverletzte) Haut leichter durchdringen. Jede Sektion macht mir Schmerzen, jede Untersuchung einer Dirne oder einer Frau mit Fluor, Krebsgeruch u. dgl. berührt mich geradezu peinlich. Ueberhaupt stehe ich jetzt stark unter dem Einflusse von Antipathie und Sympathie, vom Farbensinne an bis zur Beurtheilung einer ganzen Person. Frauen sehen einander die sexuelle derzeitige Stimmung gewöhnlich an, desshalb trägt eine Dame den Schleier, wenn sie ihn auch nicht stets vornimmt, und parfümirt sich gewöhnlich, wenn es auch nur Taschentuch oder Handschuhe sind, denn ihre Geruchsempfindung ihrem Geschlechte gegenüber ist enorm; überhaupt wirken Gerüche auf einen weiblichen Organismus ganz unglaublich ein; so z. B. beruhigt mich Veilchen und Rose, andere Gerüche ekeln mich an, mit Ilang könnte ich es vor geschlechtlicher Erregtheit nicht aushalten. Berührung einer Frau erscheint mir homogen, Coitus mit meiner Frau erscheint mir dadurch möglich, dass sie etwas männlicher ist, eine feste Haut besitzt und doch ist es mehr ein Amor lesbicus.

Zudem fühle ich mich stets passiv. Wenn ich oft Nachts vor Aufregung nicht schlafen kann, geht es endlich, si femora mea distensa habeo, sicut mulier cum viro concumbens, oder auf eine Seite mich lege, nur darf dann kein Arm oder kein Bettstück die Mamma berühren, sonst ist es mit dem Schlafe wieder aus: auch der Bauch will nicht gedrückt sein. In Frauenhemd und Bettjacke schlafe ich am besten, und dann noch mit Handschuhen, denn es friert mich leicht an den Händen; in weiblichen Unterhosen und Unterröcken behagt es mir auch, weil sie die Genitalien nicht berühren. Am liebsten waren mir Frauenkleider zur Crinolinenzeit. Frauenkleider geniren den weiblich fühlenden Menschen nicht, da er sie, wie jedes Weib, als zu seiner Person gehörend, fühlt, nicht als fremde Gegenstände.

Mein liebster Verkehr ist eine an Neurasthenie leidende Dame (siehe Beob. 109), welche seit dem letzten Wochenbette männlich fühlt, sich aber, seit ich ihr diese Gefühle gedeutet habe, so gut als möglich darein schickt, coitu abstinet, was ich als Mann eben nicht thun darf; diese hilft mir durch ihr Beispiel meinen Zustand tragen. Sie hat die Frauengefühle noch klarer in Erinnerung und hat mir schon manchen guten Rath gegeben. Wäre sie ein Mann und ich ein junges Mädchen, diese würde ich zu erwerben suchen, von dieser würde ich mir des Weibes Schicksal gefallen lassen. Aber ihre jetzige Photographie ist ganz anders als die früheren; sie ist ein höchst elegant costümirter Herr trotz Busen etc. und Frisur; sie spricht aber auch kurz und bündig, und hat an Allem, was mir Spass macht, keine Freude mehr: sie hat eine Art von Weltschmerz, trägt aber ihr Schicksal mit Ergebung und Würde, findet ihren Trost nur in Religion und Pflichterfüllung, geht zur Zeit der Menses fast zu Grunde; sie liebt Frauengesellschaft und Frauengespräche nicht mehr, ebenso keine Süssigkeiten.

Ein Jugendfreund fühlt seit erster Zeit des Lebens nur als Mädchen, hat aber Zuneigung zum männlichen Geschlechte: seine Schwester hatte es umgekehrt, und als der Uterus doch sein Recht verlangte und sie sich als liebendes Weib sah, trotz ihrer Männlichkeit, machte sie es kurz und entleibte sich durch Ertränken.

Was ich als Hauptveränderungen an mir seit der vollständigen Effeminatio beobachtet, ist:
1. das stete Gefühl, Weib zu sein vom Scheitel bis zur Zehe,
2. das stete Gefühl, weibliche Genitalien zu besitzen,
3. die Periodicität der vierwöchentlichen Molimina,
4. regelmässig eintretende weibliche Begehrlichkeit, aber ohne Lust zu einem bestimmten Mann,
5. beim Coitus weibliches passives Gefühl,
6. nachher das Gefühl der futuirten Partei,
7. bei Bildern von Coitus das weibliche Gefühl,
8. beim Anblick von Frauenzimmern das Gefühl der Zusammengehörigkeit und das weibliche Interesse daran,
9. beim Anblick von Herren das weibliche Interesse daran,
10. beim Anblick von Kindern dasselbe,
11. das veränderte Gemüth, die viel grössere Geduld,
12. die endlich gelungene Ergebung in mein Schicksal, was ich zwar nur der positiven Religion verdanke, sonst hätte ich mich längst entleibt.

Denn Mann zu sein und fühlen zu müssen: chaque femme est futuée ou elle désire d'être, ist kaum erträglich.

Vorstehende für die Wissenschaft höchst werthvolle Autobiographie war von folgendem nicht minder interessanten Briefe begleitet:

E. W. habe ich zunächst um Verzeihung zu bitten wegen der Belästigung durch meine Zuschrift; — ich hatte allen Halt verloren und betrachtete mich nur mehr als ein Scheusal, vor dem mir selber ekelte; da gewann ich durch

Ihre Schriften wieder Muth und beschloss, der Sache auf den Grund zu gehen und einen Rückblick auf mein Leben zu werfen, falle das Resultat aus, wie es immer wolle. Nun kam es mir aber als Pflicht der Dankbarkeit vor, E. W. das Resultat meiner Erinnerung und Beobachtung mitzutheilen, da ich einen ganz analogen Fall nicht bei Ihnen verzeichnet fand; endlich dachte ich auch, es interessire Sie vielleicht, aus einer ärztlichen Feder zu erfahren, wie solch ein missrathenes menschliches oder männliches Individuum unter dem Druck des Zwangsgefühles, Weib zu sein, denkt und fühlt.

Es stimmt nicht Alles, aber zu mehr Reflexion habe ich die Kraft nicht mehr, und mag mich nicht mehr hineinvertiefen; Manches ist wiederholt, aber doch bitte ich zu bedenken, dass jede Maske aus der Rolle fallen kann, besonders wenn die Verkleidung nicht freiwillig getragen wird, sondern aufoktroyirt wird.

Ich hoffe nach der Lektüre Ihrer Schriften, dass ich, wenn ich meine Standespflichten als Arzt, Bürger, Vater und Ehemann erfülle, mich doch zu den Menschen rechnen darf, welche nicht bloss Verachtung verdienen.

Endlich wollte ich E. W. das Resultat meiner Erinnerung und meines Nachdenkens vorlegen, um zu beweisen, dass man auch mit weiblichem Fühlen und Denken Arzt sein kann; ich halte es für ein grosses Unrecht, dem Weibe die Medicin zu verschliessen; ein Weib kommt manchem Uebel durch das Gefühl auf die Spur, wo der Mann trotz der Diagnostik im Finstern tappt, jedenfalls bei Frauen- und Kinderkrankheiten. Wenn ich es machen könnte, so müsste jeder Arzt ein Vierteljahr lang die Weiblichkeit durchmachen, er hätte dann mehr Verständniss und mehr Achtung für die Seite der Menschheit, von welcher er abstammt, und wüsste dann die Seelengrösse der Frauen zu schätzen, andererseits auch die Härte ihres Schicksals.

Epikrise. Patient schwer belastet, ist originär psychosexual abnorm, indem er charakterologisch und beim sexuellen Akt weiblich empfindet. Dieses abnorme Fühlen bleibt eine rein seelische Anomalie bis vor 3 Jahren, wo, auf Grund schwerer Neurasthenie, dieselbe eine übermächtige Stütze durch zwangsmässig sich dem Bewusstsein aufdrängende körperliche Gefühle im Sinne der Transmutatio sexus bekommt. Patient fühlt sich zu seinem Schrecken nun auch körperlich als Weib, empfindet unter dem Zwang seiner weiblichen „Zwangsgefühle" eine gänzliche Umwandlung seines bisherigen männlichen Fühlens, Vorstellens und Strebens, ja sogar seiner ganzen Vita sexualis im Sinne der Eviratio. Gleichwohl ist sein Ich im Stande, die Herrschaft gegenüber diesen seelisch-körperlichen krankhaften Vorgängen zu behaupten und den Verfall in Paranoia hintanzuhalten — ein denkwürdiges Beispiel von Zwangsempfindungen und Zwangsvorstellungen auf der Basis neurotischer Belastung und von hohem Werth für die Gewinnung eines Verständnisses der Wege, auf welchen sich die psychosexuale Transformation vollziehen mag. 1893, nach 3 Jahren, sandte mir der unglückliche College einen neuen Status praesens seiner Denk- und Gefühlsweise. Derselbe entspricht wesentlich dem früheren. Patient fühlt sich körperlich und seelisch vollkommen als Weib, aber seine Intelligenz ist intakt geblieben und schützt ihn vor dem Verfall in Paranoia (s. u.).

Ein Seitenstück zu diesem klinisch und psychologisch merkwürdigen Fall bei einem Manne stellt die folgende, eine Dame betreffende Beobachtung dar.

Beobachtung 109. Frau X., Tochter eines hohen Beamten, stammt von einer Mutter, die an einem Nervenleiden gestorben ist. Der Vater war unbelastet, starb hochbetagt an Pneumonie. Ein Theil der Geschwister ist psychopathisch minderwerthig, ein Bruder charakterologisch abnorm und schwer neurasthenisch.

Als Mädchen hatte Frau X. entschieden Inclinationen für Knabensport. Solange sie noch kurze Kleider trug, schweifte sie in Feld und Wald umher und erkletterte schwindelfrei die gefährlichsten Felsparthien. Für Kleider und Putz hatte sie keinen Sinn. Nur einmal, als sie ein Kleid von mehr männlichem Zuschnitt bekam, empfand sie grosse Freude und war sehr vergnügt, als sie als Schülerin bei einer theatralischen Aufführung in Knabenkleidern einen Jungen darstellen durfte.

Im Uebrigen verrieth aber nichts eine homosexuelle Veranlagung. Sie weiss sich bis zur Eheschliessung (21 Jahre) keines Falles zu erinnern, dass sie je zu einer Person des eigenen Geschlechtes sich hingezogen gefühlt hätte. Ebenso gleichgültig waren ihr männliche Individuen. Herangewachsen, hatte sie viele Anbeter, was ihr schmeichelte, jedoch will sie nie an den Unterschied des Geschlechts gedacht und diesen nur hinsichtlich der Kleidung beachtet haben.

Auf dem einzigen Balle, den sie mitmachte, interessirte sie nur die geistreiche Unterhaltung und die gute Gesellschaft, nicht der Tanz und die Tänzer.

Die Menses waren ohne Beschwerde mit 18 Jahren eingetreten. Frau X. empfand die Menstruation jeweils als etwas ihr nicht Zugehöriges und Lästiges. Die Verlobung mit dem braven, reichen, aber für Frauennatur nicht das geringste Verständniss besitzenden Manne war für sie eine ganz gleichgültige Sache. Sie empfand weder Sym- noch Antipathie gegenüber der Ehe. Der eheliche Umgang war ihr anfangs schmerzlich, später einfach lästig. Sie gelangte dabei nie zu einem Wollustgefühl, gebar aber im Lauf der Jahre 6 Kinder. Als der Mann wegen des wachsenden Kindersegens Coitus interruptus pflog, fühlte sie sich in ihrem religiösen und moralischen Gefühl verletzt.

Frau X. wurde immer mehr neurasthenisch, missgestimmt, fühlte sich unglücklich.

Sie litt an Descensus uteri, Erosionen an der Portio vaginalis, wurde anämisch; gynäkologische Behandlung und verschiedene Badekuren brachten keine erhebliche Besserung.

36 Jahre alt, erlitt sie eines Tags einen apoplektischen Insult und lag in der Folge fast 2 Jahre lang krank unter schweren neurasthenischen Beschwerden (Agrypnie, Kopfdruck, Herzklopfen, psychische Depression, Gefühl gebrochener körperlicher und geistiger Kraft, bis zu Gefühlen drohenden Irrsinns u. s. w.).

Im Verlauf dieser Krankheit stellte sich eine sonderbare Aenderung ihres seelischen und körperlichen Fühlens ein.

Der Weibertratsch der sie besuchenden Damen über Liebe, Toiletten, Schmuck, Mode, Haus- und Dienstbotenangelegenheiten wurde ihr ekelhaft. Es berührte sie peinlich, selbst Weib zu sein. Sie konnte sich nicht mehr entschliessen, in den Spiegel zu schauen. Frisiren und Toilette wurden ihr ein Gräuel. Zum Befremden ihrer Umgebung änderten sich ihre bisher weichen und entschieden weiblichen Züge im Sinne eines männlichen Ausdrucks, so dass sie Jedem den Eindruck eines in Damenkleidern steckenden Mannes machte. Sie klagte dem vertrauten Arzt, die Periode sei ihr fremd geworden, gehe sie nichts an; sie war bei ihrer Wiederkehr jeweils verstimmt, empfand den Geruch des Menstrualbluts als ekelhaft, konnte sich aber nicht entschliessen, zu Parfüms, die ihr ebenfalls zuwider geworden waren, zu greifen.

Aber auch sonst fühlte sie eine sonderbare Wandlung ihres ganzen Wesens. Sie empfand Anwandlungen von Kraftgefühl und sich getrieben, turnerische Leistungen auszuführen, fühlte sich episodisch jung wie mit 20 Jahren. Sie erstaunte, wann ihr neurasthenisches Gehirn das Denken überhaupt zuliess, über den Flug und die Neuartigkeit ihrer Gedanken, über ihre schnelle und präcise Art der Schluss- und Urtheilsbildung, die schnelle und kurze Art des Ausdrucks, die neue und für eine Dame nicht immer passende Wahl der Worte. Sogar Neigung zum Fluchen stellte sich bei der früher so frommen und strenge auf sich haltenden Frau ein.

Sie machte sich bittere Vorwürfe, jammerte, sie sei nicht mehr weiblich, stosse in der Gesellschaft in ihrem Denken, Fühlen und Handeln an.

Nun fühlte sie auch eine Veränderung ihres Körpers. Zu ihrem Erstaunen und Entsetzen fühlte sie die Brüste schwinden, ihr Becken kam ihr enger vor, die Knochen wurden massiger, die Haut fühlte sich rauher und fester an.

Sie konnte sich nicht mehr entschliessen, die weibliche Bettjacke sowie ein Häubchen zu tragen, auch Armreife, Ohrringe, Fächer wurden bei Seite gelegt. Der Kammerjungfer sowie der Näherin fiel auf, dass von Frau X. ein ganz anderer Geruch ausging; die Stimme wurde tiefer, rauh, männlich.

Als Patientin endlich das Bett verliess, hatte sie den Gang der Frauen fast ganz verloren, musste sich zu entsprechenden Gesten und Bewegungen in Damencostüm förmlich zwingen, konnte es nicht mehr ertragen, einen Schleier vor das Gesicht zu nehmen. Ihre frühere Lebenszeit als Weib kam ihr als etwas Fremdes, ihr nicht Zugehöriges vor, sie fand sich nicht mehr oder nur mühsam in die Rolle des Weibes hinein. Ihre Züge wurden nun immer männlicher. Ganz fremdartige Gefühle im Unterleib stellten sich ein. Sie klagte dem Arzt, dass sie ihre Genitalien nicht mehr innerlich fühle. Sie empfinde ihren Leib geschlossen, die Gegend der Schamtheile vergrössert, sie habe oft deutlich das Gefühl, Penis und Scrotum zu besitzen. Auch zeigte sie deutlich männliche Libido. Sie war über all diese Wahrnehmungen tief verstimmt, entsetzt und ihre Verstimmung nahm so zu, dass man Wahnsinn befürchtete. Es gelang den Bemühungen und Aufklärungen des Hausarztes, Patientin allmählig zu beruhigen und sie über die Klippe hinüberzubringen. Patientin gewann in der neuen, fremdartigen, krankhaften, körperlich-seelischen Form allmählig ihr Gleichgewicht wieder. Sie bemühte sich, ihren Pflichten als Hausfrau und Mutter nachzukommen. Interessant war die wahrhaft männliche Festigkeit des Willens, welche sie dabei entfaltete, aber ihr früher weiches Gemüth war verschwunden. Sie gerirte sich nunmehr als Mann im Hause, was Veranlassung zu ehelichen Dissidien bot. Ueberhaupt erschien Frau X. ihrem Mann als ein unlösbares Räthsel.

Dem Arzte klagte sie über ab und zu sie heimsuchende „thierisch männliche" Begierden und war zu solchen Zeiten auch tief verstimmt. Der eheliche Verkehr mit dem Manne erschien ihr grauenhaft und unmöglich.

Episodisch empfand Patientin noch weibliche Regungen, aber immer seltener und matter. Sie fühlte dann wieder weibliche Genitalien, ihre Brüste als die eigenen, aber die Episoden waren ihr peinlich und sie hatte das Gefühl, dass sie eine solche „zweite Umstimmung" nicht mehr aushalten könnte, ohne wahnsinnig zu werden.

Sie hat sich in die ihr durch einen Krankheitsprocess aufgedrungene Mutatio sexus hineingefunden und trägt ihr Schicksal in Ergebung, wobei ihre grosse Religiosität ihr mächtige Hülfe gewährt.

Im höchsten Grad peinlich ist ihr aber, dass sie beständig, einer Schauspielerin gleich, eine fremde Rolle, die des Weibes, vor der Aussenwelt spielen muss. (Status praesens Sept. 1892.)

IV. Stufe: Metamorphosis sexualis paranoica.

Eine letzte mögliche Stufe in dem Krankheitsprocess stellt der Wahn der Geschlechtsverwandlung dar. Er wird erreicht auf der Grundlage einer zur Neurasthenia universalis gewordenen sexuellen Neurasthenie im Sinne einer seelischen Erkrankung, der Paranoia.

Die folgenden Beobachtungen weisen die interessante Entwicklung des neurotisch-psychologischen Vorgangs bis zu seiner Höhe nach.

Beobachtung 110. K., 36 Jahre, ledig, Knecht, aufgenommen in der Klinik am 26. Februar 1889, ist ein typischer Fall von aus Neurasthenia sexualis entstandener Paranoia persecutoria mit Geruchshallucinationen, Sensationen u. s. w.

Er stammt aus belasteter Familie. Mehrere Geschwister waren psychopathisch. Patient hat hydrocephalen Schädel, in der Gegend der rechten Fontanelle eingesattelt, neuropathisches Auge. Von jeher sexuell sehr bedürftig, ergab er sich mit 19 Jahren der Masturbation, coitirte mit 23 Jahren, zeugte drei uneheliche Kinder, unterliess weiteren sexuellen Verkehr aus Angst vor weiterer Zeugung und Unerschwinglichkeit der Alimentationsgelder, empfand die Abstinenz höchst peinlich, entsagte auch der Masturbation, bekam massenhaft Pollutionen, wurde vor 1½ Jahren sexuell neurasthenisch, hatte auch Pollutiones diurnae, wurde davon ganz matt und elend, im weiteren Verlauf allgemein neurasthenisch und erkrankte an Paranoia.

Seit 1 Jahr bekam er parästhetische Sensationen, als ob an Stelle der Genitalien ein grosser Knäuel liege, dann fühlte er, wie Scrotum und Penis fehlten und seine Genitalien sich weiblich umwandelten.

Er fühlte das Wachsen von Brüsten, einen Haarzopf, das Anliegen weiblicher Kleidung am Körper. Er kam sich als Weib vor. Die Leute auf der Strasse machten entsprechende Aeusserungen: „Seht doch das Mensch an, die alte Duttel." Im Halbtraum hatte er das Gefühl, als ob an ihm als einem Weib ein Mann den Coitus vollziehe. Es kam ihm dabei die „Natur" unter lebhaftem Wollustgefühl. Während des Aufenthalts in der Klinik trat eine Intermission der Paranoia ein und zugleich eine bedeutende Besserung der Neurasthenie. Damit schwanden vorläufig die Gefühle und Ideen im Sinne einer sich entwickelten Metamorphosis sexualis.

Ein weiter vorgeschrittener Fall von Eviratio auf dem Wege zur Transformatio sexus paranoica ist der folgende:

Beobachtung 111. Franz St., 33 Jahre alt, Volksschullehrer, ledig, wahrscheinlich aus belasteter Familie, von jeher neuropathisch, emotiv, schreckhaft, alkoholintolerant, begann mit 18 Jahren zu masturbiren, bekam mit 30 Jahren Erscheinungen von Neurasthenia sexualis (Pollutionen mit folgender Mattigkeit, die mit der Zeit auch bei Tage auftraten, Schmerzen im Gebiet des Plexus sacralis u. s. w.). Dazu gesellte sich allmählig Spinalirritation, Kopfdruck, Cerebrasthenie. Seit Anfang 1885 hatte Patient sich des Coitus enthalten, bei welchem er kein Wollustgefühl mehr verspürte. Er masturbirte häufig.

1888 begann Beachtungswahn. Er bemerkte, dass man ihm auswich, bemerkte, dass er eine schädliche Ausdünstung habe, stinke (Geruchshallucinationen) und erklärte sich damit das geänderte Benehmen der Leute, nicht minder ihr Niesen, Husten u. s. w.

Er empfand Gerüche nach Leichen, faulem Harn. Als Ursache seines üblen Geruchs erkannte er Pollutionen nach innen. Er erkannte sie an einem Gefühl, wie wenn von der Symphyse gegen die Brust Flüssigkeit ströme.

Patient verliess bald wieder die Klinik.

1889 kam er neuerlich zur Aufnahme im vorgeschrittenen Stadium einer Paranoia masturbatoria persecutoria (physikalischer Verfolgungswahn).

Anfangs Mai 1889 wird Patient dadurch auffällig, dass er grob reagirt, wenn man ihn als „Herr" anredet. Er protestirt dagegen, weil er ein Weib sei. Stimmen sagen ihm dies. Er bemerkt, dass ihm Brüste wachsen. Vor einer Woche betasteten ihn die Anderen wollüstig. Er hörte sagen, er sei eine Hure. In letzter Zeit Begattungsträume. Es träumte ihm, es werde an ihm als einem Weib der Coitus vollzogen. Er spürt die Immissio penis und hat beim traumhaften Akt Ejaculationsgefühl.

Schädel steil, langer schmaler Gesichtsschädel, prominente Tubera parietalia. Genitalien normal entwickelt.

Der folgende Fall, in der Anstalt Illenau beobachtet, ist ein passendes Beispiel dauernder wahnhafter Verkehrung des geschlechtlichen Bewusstseins.

Beobachtung 112. Metamorphosis sexualis paranoica. N., 23 Jahre, ledig, Pianist, wurde Ende October 1865 in der Heilanstalt Illenau aufgenommen. Aus erblich angeblich nicht belasteter, aber tuberkulöser Familie (Vater und Bruder erlagen der Phthisis pulmonum). Patient war als Kind schwächlich, gering begabt, jedoch einseitig für Musik talentirt. Er war von jeher ein abnormer Charakter, still, verschlossen, ungesellig, von barschem Wesen.

Vom 15. Jahr an Masturbation. Nach einigen Jahren schon stellten sich neurasthenische Beschwerden (Herzklopfen, Mattigkeit, zeitweise Kopfdruck u. s. w.) ein, zugleich auch hypochondrische Anwandlungen. Patient arbeitete in dem letzten Jahr sehr angestrengt. Seit einem halben Jahre hatte sich seine Neurasthenie gesteigert. Er klagte nun über Herzklopfen, Kopfdruck, Schlaflosigkeit, wurde sehr reizbar, erschien sexuell sehr erregt, behauptete, er müsse ehemöglich heirathen, aus Gesundheitsrücksichten. Er verliebte sich in eine Künstlerin, erkrankte aber fast gleichzeitig (Sept. 1865) an Paranoia persecutoria (feindliche Wahrnehmungen, Schmähreden auf der Strasse, Gift im Essen, man spannt ihm ein Seil auf einer Brücke, damit er nicht über diese zur Geliebten gehe). Wegen zunehmender Aufregung und Conflikten mit der feindlich aufgefassten Umgebung in die Irrenanstalt aufgenommen, bot er anfänglich noch das Bild einer typischen Paranoia persecutoria, neben den Erscheinungen einer sexuellen, später allgemeinen Neurasthenie, jedoch baute sich der Verfolgungswahn nicht auf dieser neurotischen Grundlage auf. Nur gelegentlich hörte Patient die Umgebung sagen: „Jetzt wird ihm der Same, jetzt wird ihm die Blase abgeschnitten."

Im Lauf der Jahre 1866—68 trat der Verfolgungswahn immer mehr in den Hintergrund und wurde grossentheils ersetzt durch erotische Ideen. Die somatisch-psychische Grundlage war eine andauernde und mächtige Erregung der Sexualsphäre. Patient verliebte sich in jede Dame, deren er ansichtig wurde, hörte auffordernde Stimmen, sich ihr zu nähern, verlangte gebieterisch die Ehebewilligung und behauptete, wenn man ihm keine Frau verschaffe, bekomme er die Auszehrung. Unter fortgesetzter Masturbation treten schon 1869 Signale im Sinne künftiger Eviratio auf. „Wird, wenn er eine Frau bekommt, sie nur platonisch lieben." Patient wird immer verschrobener, lebt in einem erotischen Ideenkreis, sieht allenthalben in der Anstalt Prostitution treiben, hört ab und zu Stimmen, die ihm selbst unzüchtiges Benehmen gegen Damen imputiren. Er vermeidet desshalb Damengesellschaft und lässt sich nur dann herbei, in solcher zu musiciren, wenn ihm zwei Zeugen beigegeben werden.

Im Lauf des Jahres 1872 nimmt der neurasthenische Zustand einen bedeutenden Aufschwung. Nun tritt auch die Paranoia persecutoria wieder mehr in den Vordergrund und gewinnt klinische Färbung durch den neurotischen Grundzustand. Es treten Geruchshallucinationen auf, Patient wird magnetisch beeinflusst. „Magnetismusambosarbeitswellen" wirken auf ihn ein (falsche Interpretation spinalasthenischer Beschwerden). Unter fortdauernder mächtiger sexueller Erregung und masturbatorischen Excessen macht der Process der Eviratio immer weitere Fortschritte. Nur noch episodisch ist er Mann und schmachtet nach einem Weibe, beklagt sich bitter, dass die schamlose Prostitution der Männer hier im Hause es unmöglich mache, dass ein Frauenzimmer zu ihm gelange. Er sei sterbenskrank durch magnetisch vergiftete Luft und unbefriedigte Liebe, ohne Liebe könne er nicht leben; er sei vergiftet durch Geilgift, das auf den Geschlechtstrieb wirke. Die Dame, welche er liebe, sei hier in der niedrigsten Unzucht. Die Prostituirten hier im Hause haben Glückseligkeitsketten, d. h. Ketten, in welchen man, ohne sich zu rühren, in Wollust liege. Er sei erbötig, sich jetzt auch mit einer Prostituirten zu begnügen. Er besitze eine wunderbare Augengedankenausstrahlung, die 20 Millionen werth sei. Seine Compositionen sind 500000 Francs werth. Neben diesen Andeutungen von Grössenwahn solche von persecutorischem — die Nahrung ist durch venerische Excremente vergiftet, er schmeckt und riecht das Gift, hört infame Beschuldigungen und verlangt eine Ohrenschlussmaschine.

Immer häufiger werden aber vom August 1872 ab Signale im Sinne der Eviratio. Er benimmt sich ziemlich affektirt, erklärt, dass er nicht mehr unter trinkenden und rauchenden Männern leben könne. Er denke und empfinde ganz weiblich. Man solle ihn von nun ab als Weib behandeln und in einer Frauenabtheilung unterbringen. Er verlangt Confituren, feine Mehlspeisen. Gelegentlich Tenesmus und Cystospasmus verlangt er in einer Entbindungsanstalt untergebracht und wie eine Schwerkranke, Schwangere behandelt zu werden. Der krankhafte Magnetismus männlicher Pflege wirke ungünstig auf ihn.

Vorübergehend fühlt er sich noch als Mann, plaidirt aber in für sein krankhaft geändertes sexuales Empfinden bezeichnender Weise nur für Befriedigung durch Masturbation, für Ehe ohne Coitus. Die Ehe sei ein Wollustinstitut. Das Mädchen, welches er zur Frau nehmen möchte, müsste Onanistin sein.

Vom December 1872 ab ändert sich sein Persönlichkeitsbewusstsein endgültig in ein weibliches.

Er sei von jeher ein Weib, aber vom 1.—5. Lebensjahre habe ihn ein französischer Quäkerkünstler mit männlichen Genitalien versehen und ihm durch Einreiben und Zurichten des Thorax das spätere Hervorkommen der Brüste verhindert.

Er verlangt nun energisch Unterbringung in der Frauenabtheilung, Schutz vor ihn prostituiren wollenden Männern und Damenkleidung. Eventuell wäre er auch erbötig, in einem Spielwaarengeschäft sich mit Stepp- und Ausschneidarbeit, oder in einem Putzgeschäft mit weiblicher Arbeit zu beschäftigen. Vom Zeitpunkt der Transformatio sexus an beginnt für Patient eine neue Zeitrechnung. Seine eigene frühere Persönlichkeit fasst er in der Erinnerung als seinen Vetter auf.

Er spricht von sich vorläufig in der dritten Person, erklärt sich für die Gräfin V., die liebste Freundin der Kaiserin Eugenie, verlangt Parfums, Corsetten u. s. w. Hält die anderen Männer der Abtheilung für Frauenzimmer, versucht, sich einen Zopf zu flechten, verlangt ein orientalisches Enthaarungsmittel, damit man nicht mehr an seiner Damennatur zweifle. Er gefällt sich in Lobreden auf die Onanie, denn „sie war seit ihrem 15. Jahr Onanistin und hat nie eine andere geschlechtliche Befriedigung gesucht". Gelegentlich werden noch neurasthenische Beschwerden, Geruchshallucinationen und persecutorische Delirien beobachtet. Alle Erlebnisse bis zum December 1872 gehören der Persönlichkeit des Vetters an.

Patient ist von dem Wahn, Gräfin V. zu sein, nicht mehr abzubringen. Sie beruft sich darauf, dass sie von der Hebamme untersucht und als Dame befunden worden sei. Die Gräfin wird nicht heirathen, weil sie die Männerwelt verachtet. Da Patient keine Damenkleider und Stöckelschuhe bekommt, bringt er den grössten Theil des Tages im Bett zu, gerirt sich als vornehme, leidende Dame, thut zimpferlich, verschämt und verlangt Bonbons u. dgl. Das Haar wird so gut wie möglich in Zöpfe geflochten, der Bart ausgezupft. Aus Semmeln werden Brüste geschaffen.

1874 tritt Caries im linken Kniegelenk auf, zu der sich bald Phthisis pulmonum gesellt. Tod am 2. December 1874. Schädel normal. Stirnhirn atrophisch, Gehirn anämisch. Mikroskopisch (Dr. Schüle): In der oberen Schichte des Frontalhirns Ganglienzellen leicht geschrumpft; in der Adventitia der Gefässe zahlreiche Fettkörnchen; Glia unverändert, vereinzelte Pigmentpartikeln und Colloidkörner. Die unteren Schichten der Gehirnrinde normal. Genitalien sehr gross, Hoden klein, schlaff, auf dem Durchschnitt makroskopisch nicht verändert.

Der im Vorstehenden in seinen Bedingungen und Entwicklungsphasen aufgezeigte Wahn der Geschlechtsverwandlung ist eine auffallend seltene Erscheinung in der Pathologie des menschlichen Geistes. Ausser den vorausgehenden Fällen eigener Beobachtung habe ich einen solchen Fall als episodische Erscheinung bei einer conträrsexualen Dame (Beob. 118 der 7. Auflage m. Psychopathia sexualis) und als dauernde bei einem mit originärer Paranoia behafteten Mädchen beobachtet, ferner bei einer ebenfalls originär paranoischen Dame.

In der Literatur sind mir ausser einem aphoristisch in seinem Lehrbuch berichteten Fall von Arndt[1]), einem von Serieux (Recherches cliniques, p. 33) ziemlich oberflächlich mitgetheilten und den beiden bekannten von Esquirol[2]) keine Beobachtungen von Wahn der Geschlechtsverwandlung erinnerlich.

Auf S. 195 habe ich der interessanten Beziehungen Erwähnung gethan, welche sich zwischen diesen Thatsachen der wahnhaften Geschlechtsverwandlung und dem sogen. Skythenwahnsinn finden.

Marandon (Annales médico-psychologiques 1877, p. 161) hat, gleichwie Andere, irrthümlich angenommen, dass es sich bei diesen Skythen des Alterthums um wirklichen Wahn und nicht um blosse Eviratio gehandelt habe. Nach dem Gesetz des empirischen Aktualismus muss der heutzutage so seltene Wahn auch im Alterthum höchst selten gewesen sein. Da er nur auf Grundlage einer Paranoia denkbar ist, kann überhaupt von einem endemischen Vorkommen niemals die Rede gewesen sein, sondern nur von einer abergläubischen Deutung einer Eviratio (im Sinne des Zornes der Göttin), wie dies auch aus Andeutungen bei Hippokrates hervorgeht.

Anthropologisch bemerkenswerth bleibt die aus dem sogen. Skythen-

---

[1]) Im Auszug mitgetheilt als Beob. 103 der 9. Auflage.
[2]) Vgl. ebenda Beob. 104, 105.

wahnsinn und aus neuerlichen Erfahrungen bei den Puebloindianern hervorgehende Thatsache, dass mit dem Schwund der Hoden auch solcher der Genitalien überhaupt und Annäherungen an den Typus des Weibes körperlich und seelisch beobachtet wurden. Es ist dies um so auffälliger, als solche Rückwirkung beim Manne, der in erwachsenem Alter seine Zeugungsorgane verliert, ebenso ungewöhnlich ist, als beim erwachsenen Weibe m. m. nach dem künstlichen Klimax oder nach dem natürlichen.

## B. Die homosexuale Empfindung als angeborene krankhafte Erscheinung[1].

Das Wesentliche bei dieser sonderbaren Erscheinungsweise des Geschlechtslebens ist die sexuelle Frigidität bis zum Horror gegenüber dem

---

[1] **Literatur** (ausser der im Folgenden erwähnten): Tardieu, Des Attentats aux moeurs, 7. édit. 1878, p. 210. — Hofmann, Lehrb. d. ger. Med., 6. Aufl., p. 170, 887. — Gley, Revue philosophique 1884, Nr. 1. — Magnan, Annal. méd.-psychol. 1885, p. 458. — Shaw und Ferris, Journal of nervous and mental disease 1883, April, Nr. 2. — Bernhardi, Der Uranismus. Berlin (Volksbuchhandlung) 1882. — Chevalier, De l'inversion de l'instinct sexuel. Paris 1885. — Ritti, Gaz. hebdom. de médecine et de chirurg. 1878, 4. Jänner. — Tamassia, Rivista sperim. 1878, p. 97—117. — Coutagne, Lyon médical 1880, Nr. 35, 36. — Blumer, Americ. journ. of insanity 1882, Juli. — v. Krafft, Zeitschr. f. Psychiatrie Nr. 38. — Blumenstok, Art. „Conträre Sexualempfindung", Realencyclop. d. ges. Heilkunde, 2. Aufl., VI. — Brouardel, Gaz. des hôpitaux 1887. — Kriese, Inauguraldissert., Würzburg 1889. — Hofmann, Art. „Päderastie", Realencyclop. d. ges. Heilkunde, 2. Aufl., XV. — Lombroso, Archiv. di Psichiatr. 1881. — Charcot et Magnan, Archiv. de Neurologie 1882, Nr. 7, 12. — Tarnowsky, Die krankhaften Erscheinungen des Geschlechtssinnes. Berlin 1886. — Moll, Die conträre Sexualempfindung. 2. Aufl. Berlin 1893 (zahlreiche Literaturangaben). — Chevalier, Archives de l'anthropologie criminelle, Bd. 5, Nr. 27; Bd. 6, Nr. 31. — Reuss, Aberrations du sens génésique, Annales d'hygiène publique 1886. — Saury, Étude clinique sur la folie héréditaire 1886. — Magnan, Séance de l'académie de médecine du 13 janvier 1885; Derselbe, Annales médico-psychol. 1886. (Anomalies du sens génital. Discussion sur la folie héréditaire.) — Sérieux, Recherches cliniques sur les anomalies de l'instinct sexuel. Paris 1886. — Brouardel, Gaz. des hôpitaux 1886 und 1887. — Tilier, L'instinct sexuel chez l'homme et chez les animaux 1889. — Carlier, Les deux prostitutions 1887. — Lacassagne, Art. Pédérastie im Dict. encyclopédique. — Vibert, Art. Pédérastie im Dict. de médec. et de chirurgie. — Chevalier, L'inversion sexuelle. Lyon-Paris 1893. — Ladame, Revue de l'hypnotisme 1889, Sept. — Peyer, Münch. med. Wochenschrift 1890, Nr. 23. — Lewin, Neurolog. Centralbl. 1891, Nr. 18. — v. Schrenck-Notzing, Die Suggestionstherapie etc. Stuttgart. — Eulenburg, op. cit. p. 66, „Homosexuelle Paresosie". — Raffalovich, Die Entwicklung der Homosexualität. Berlin (Kornfeld) 1895; Derselbe, Uranisme et Unisexualité. Paris 1896. — v. Schrenck-Notzing, Klin. Zeit- und Streitfragen, IX, 1 (Wien-Hölder 1895). — Laupts, Perversion et perversité sexuelles. Paris 1896. — Ellis, „Das conträre Geschlechtsgefühl". Leipzig 1896. — Legrain, Des anomalies de l'instinct sexuel etc. Paris 1896.

anderen Geschlecht, während Neigung und Trieb zum eigenen Geschlecht besteht. Gleichwohl sind die Genitalien normal entwickelt, die Geschlechtsdrüsen functioniren ganz entsprechend und der geschlechtliche Typus ist ein vollkommen differenzirter.

Das Empfinden, Denken, Streben, überhaupt der Charakter entspricht, bei voller Ausbildung der Anomalie, der eigenartigen Geschlechtsempfindung, nicht aber dem Geschlecht, welches das Individuum anatomisch und physiologisch repräsentirt. Auch in Tracht und Beschäftigung gibt sich diese abnorme Empfindungsweise dann zu erkennen, bis zum Drang, der sexuellen Rolle, in welcher sich das Individuum fühlt, entsprechend sich zu kleiden.

Klinisch und anthropologisch bietet diese abnorme Erscheinung verschiedene Entwicklungsstufen, bezw. Erscheinungsformen.

1. Bei vorwaltender homosexualer Geschlechtsempfindung bestehen Spuren heterosexualer (psychosexuale Hermaphrodisie).
2. Es besteht bloss Neigung zum eigenen Geschlecht (Homosexualität).
3. Auch das ganze psychische Sein ist der abnormen Geschlechtsempfindung entsprechend geartet (Effeminatio und Viraginität).
4. Die Körperform nähert sich derjenigen, welcher die abnorme Geschlechtsempfindung entspricht. Nie aber finden sich wirkliche Uebergänge zum Hermaphroditen, im Gegentheil vollkommen differenzirte Zeugungsorgane, so dass also, gleichwie bei allen krankhaften Perversionen des Sexuallebens, die Ursache im Gehirn gesucht werden muss (Androgynie und Gynandrie).

Die ersten genaueren [1]) Mittheilungen über diese räthselhaften Naturerscheinungen rühren von Casper her (Ueber Nothzucht und Päderastie, Casper's Vierteljahrsschr. 1852, I), der dieselbe zwar mit der Päderastie zusammenwirft, aber schon die treffende Bemerkung macht, dass diese Anomalie in den meisten Fällen angeboren und gleichsam als eine geistige Zwitterbildung anzusehen sei. Es bestehe hier ein wahrer Ekel vor geschlechtlicher Berührung von Weibern, während sich die Phantasie an schönen jungen

---

[1]) Durch Herrn Dr. A. Moll in Berlin wurde ich aufmerksam gemacht, dass sich Andeutungen von conträrer Sexualempfindung, Männer betreffend, schon in Moritz's Magazin für Erfahrungsseelenkunde Bd. VIII, Berlin 1791 finden. Thatsächlich werden dort 2 Biographien von Männern mitgetheilt, welche eine geradezu schwärmerische Liebe zu Personen des eigenen Geschlechts boten. In dem 2. besonders bemerkenswerthen Fall erklärt der Pat. sich selbst die Ursache seiner „Verirrung" damit, dass er als Kind nur von erwachsenen Personen, als Knabe von 10—12 Jahren von seinen Mitschülern geliebkost wurde. „Dies und der entbehrte Umgang mit Personen vom anderen Geschlechte machte, dass sich bei mir die natürliche Zuneigung zum weiblichen Geschlechte von ihm ganz ablenkte auf das männliche. Ich bin noch jetzt gegen Frauenzimmer ziemlich gleichgültig."

Ob der Fall ein solcher von angeborener (psychosexualer Hermaphrodisie?) oder erworbener conträrer Sexualempfindung war, lässt sich nicht entscheiden.

Männern, Statuen, Abbildungen solcher ergötze. Schon Casper ist es nicht entgangen, dass in solchen Fällen Immissio penis in anum (Päderastie) nicht die Regel ist, sondern dass auch durch anderweitige geschlechtliche Akte (mutuelle Onanie) sexuelle Befriedigung erstrebt und erzielt wird.

In seinen „klinischen Novellen" (1863, p. 33) gibt Casper das interessante Selbstbekenntniss eines diese Perversion des Geschlechtstriebes aufweisenden Menschen, und steht nicht an zu erklären, dass, abgesehen von verderbter Phantasie, Entsittlichung durch Uebersättigung im normalen Geschlechtsgenuss, es zahlreiche Fälle gebe, wo die „Päderastie" aus einem wunderbaren, dunklen, unerklärlichen, angeborenen Drang entspringt. Mitte der 60er Jahre trat ein gewisser Assessor Ulrichs, selbst mit diesem perversen Trieb behaftet, auf und behauptete unter dem Schriftstellernamen „Numa Numantius" in zahlreichen Schriften[1]), das geschlechtliche Seelenleben sei nicht an das körperliche Geschlecht gebunden, es gäbe männliche Individuen, die sich als Weib dem Manne gegenüber fühlen („anima muliebris in corpore virili inclusa"). Er nannte diese Leute „Urninge" und verlangte nichts Geringeres als die staatliche und sociale Anerkennung dieser urnischen Geschlechtsliebe als einer angeborenen und damit berechtigten, sowie die Gestattung der Ehe unter Urningen. Ulrichs blieb nur den Beweis dafür schuldig, dass diese allerdings angeborene paradoxe Geschlechtsempfindung eine physiologische und nicht vielmehr eine pathologische Erscheinung sei.

Ein erstes anthropologisch-klinisches Streiflicht auf diese Thatsachen warf Griesinger (Archiv f. Psychiatrie I, p. 651), indem er in einem selbst beobachteten Falle auf die starke erbliche Belastung des betreffenden Individuums hinwies.

Westphal (Archiv f. Psychiatrie II, p. 73) verdanken wir die erste Abhandlung über die in Rede stehende Erscheinung, die er als „angeborene Verkehrung der Geschlechtsempfindung mit dem Bewusstsein der Krankhaftigkeit dieser Erscheinung" definirte und mit dem seither allgemein recipirten Namen der „conträren Sexualempfindung" bezeichnete. Er eröffnete zugleich eine Casuistik, die seither auf circa 200 Fälle, ungerechnet die in dieser Monographie berichteten, angewachsen ist.

Westphal lässt es unentschieden, ob die „conträre Sexualempfindung" Symptom eines neuro- oder eines psychopathischen Zustandes sei, oder als isolirte Erscheinung vorkommen könne. Er hält fest an dem Angeborensein des Zustandes.

Auf Grund der bis 1877 veröffentlichten Fälle habe ich diese eigenartige Geschlechtsempfindung als ein functionelles Degenerationszeichen und als Theilerscheinung eines neuro(psycho)pathischen, meist hereditär bedingten Zustands bezeichnet, eine Annahme, welche durch die fernere Casuistik durchaus Bestätigung gefunden hat. Als Zeichen dieser neuro-(psycho)pathischen Belastung lassen sich anführen:

1. Das Geschlechtsleben derartig organisirter Individuen macht sich in der Regel abnorm früh und in der Folge abnorm stark geltend. Nicht selten bietet es noch anderweitige perverse Erscheinungen, ausser der an und für sich durch die eigenartige Geschlechtsempfindung bedingten abnormen sexuellen Richtung.

---

[1]) „Vindex, Inclusa, Vindicta, Formatrix, Ara spei, Gladius furens (Leipzig. H. Matthes 1864 u. 1865) Ulrichs, kritische Pfeile", 1879, in Commission bei H. Crönlein, Stuttgart, Augustenstrasse 5.

2. Die geistige Liebe dieser Menschen ist vielfach eine schwärmerisch exaltirte, wie auch ihr Geschlechtstrieb sich mit besonderer, selbst zwingender Stärke in ihrem Bewusstsein geltend macht.

3. Neben dem functionellen Degenerationszeichen der conträren Sexualempfindung finden sich oft anderweitige functionelle, vielfach auch anatomische Entartungszeichen.

4. Es bestehen Neurosen (Hysterie, Neurasthenie, epileptoide Zustände u. s. w.). Fast immer ist temporär oder dauernd Neurasthenie nachweisbar. Diese ist in der Regel eine constitutionelle, in angeborenen Bedingungen wurzelnde. Geweckt und unterhalten wird sie durch Masturbation oder durch erzwungene Abstinenz.

Bei männlichen Individuen kommt es auf Grund dieser Schädlichkeiten oder schon angeborener Disposition zur Neurasthenia sexualis, die sich wesentlich in reizbarer Schwäche des Ejaculationscentrums kundgibt. Damit erklärt sich, dass bei den meisten Individuen schon die blosse Umarmung, das Küssen oder selbst nur der Anblick der geliebten Person den Akt der Ejaculation hervorruft. Häufig ist dieser von einem abnorm starken Wollustgefühl begleitet, bis zu Gefühlen „magnetischer" Durchströmung des Körpers.

5. In der Mehrzahl der Fälle finden sich psychische Anomalien (glänzende Begabung für schöne Künste, besonders Musik, Dichtkunst u. s. w., bei intellectuell schlechter Begabung oder originärer Verschrobenheit) bis zu ausgesprochenen psychischen Degenerationszuständen (Schwachsinn, moralisches Irresein).

Bei zahlreichen Urningen kommt es temporär oder dauernd zu Irresein mit dem Charakter des degenerativen (pathologische Affectzustände, periodisches Irresein, Paranoia u. s. w.).

6. Fast in allen Fällen, die einer Erhebung der körperlich geistigen Zustände der Ascendenz mit Blutsverwandtschaft zugänglich waren, fanden sich Neurosen, Psychosen, Degenerationszeichen u. s. w. in den betreffenden Familien vor [1]).

Wie tief die angeborene conträre Sexualempfindung wurzelt, geht auch aus der Thatsache hervor, dass der wollüstige Traum des männlichen Urnings männliche, der des weibliebenden Weibes weibliche Individuen, bezw. Situationen mit solchen zum Inhalt hat.

Die Beobachtung von Westphal, dass das Bewusstsein des an-

---

[1]) Dass conträre Sexualempfindung als Theilerscheinung neurotischer Degeneration auch bei den Nachkommen neurotisch unbelasteter Eltern vorkommen kann, lehrt eine Beobachtung von Tarnowski (op. cit. p. 34), in welcher Lues der Erzeuger im Spiel war, sowie ein bezüglicher Fall von Scholz (Vierteljahrsschrift f. ger. Med.), in welchem die perverse Geschlechtsrichtung mit einer traumatisch bedingten physischen Entwicklungshemmung in ursächlichem Zusammenhang stand.

geborenen Defectes von geschlechtlichen Empfindungen gegenüber dem anderen Geschlecht und des Dranges zum eigenen Geschlecht peinlich empfunden werde, trifft nur für eine Anzahl von Fällen zu. Vielen fehlt sogar das Bewusstsein der Krankhaftigkeit des Zustands. Die meisten Urninge fühlen sich glücklich in ihrer perversen Geschlechtsempfindung und Triebrichtung und unglücklich nur insoferne, als gesellschaftliche und strafrechtliche Schranken ihnen in der Befriedigung des Triebs zum eigenen Geschlecht im Wege stehen.

Das Studium der conträren Sexualempfindung weist bestimmt auf Anomalien der cerebralen Organisation der damit Behafteten hin. Schon der Umstand, dass ausnahmslos hier die Geschlechtsdrüsen anatomisch und functionell ganz normal befunden werden, spricht für diese Annahme.

Diese räthselhafte Naturerscheinung hat vielfach zu Erklärungsversuchen geführt.

Bei den Laien ist sie Laster, bei den Juristen Verbrechen. Von den mit ihr Behafteten selbst wird sie zwar als ein Anomalie anerkannt, aber auf Grund einer Laune der Natur und ebenso berechtigt wie die normale (heterosexuale) Liebe. Von Plato bis auf Ulrichs wird in conträr sexualen Kreisen an diesem Standpunkt festgehalten. Er stützt sich auf Plato's Gastmahl, Cap. 8 und 9, wo es heisst: „Es gibt keine Aphrodite ohne Eros. Es sind aber der Göttinnen zwei. Die ältere Aphrodite ist ohne Mutter entstanden, des Uranos Tochter und desshalb nennen wir sie Urania. Die jüngere Aphrodite ist des Zeus und der Diana Tochter, sie wird Pandemos genannt. Der Eros der ersteren muss also Uranos, der der anderen Pandemos heissen. Mit der Liebe des Eros Pandemos lieben die gewöhnlichen Menschen; der Eros Uranos hat aber kein weibliches Theil erwählt, sondern nur männliches, das ist die Liebe zu Knaben. Wer von dieser Liebe begeistert ist, wendet sich dem männlichen Geschlecht zu." Aus manchen anderen Stellen in den Classikern gewinnt man sogar den Eindruck, dass die uranische Liebe höher gestellt war, als ihre Schwester. Neuere Erklärungsversuche der homosexuellen Empfindung sind sowohl von Philosophen als auch Psychologen und Naturforschern ausgegangen.

Eine der sonderbarsten Erklärungen rührt von Schopenhauer her („Die Welt als Wille und Vorstellung"), der allen Ernstes meinte, die Natur habe verhüten wollen, dass alte (d. h. über 50 Jahre alte) Herren Kinder zeugen, da diese erfahrungsgemäss nichts taugten. Um dies zu erreichen, habe die weise Natur den Geschlechtstrieb bei älteren Männern auf das eigene Geschlecht hingelenkt! Der grosse Philosoph und Denker aus der Studirstube wusste offenbar nichts davon, dass conträre Sexualempfindung in der Regel ab origine besteht und dass im Senium allerdings vorkommende Päderastie an und für sich nur geschlechtliche Perversität, noch nicht aber Perversion erweist.

Vom psychologischen Standpunkt aus versuchte Binet die sonderbare Erscheinung zu erklären, indem er, in Anlehnung an Condillac, gleich wie bei anderen bizarren psychischen Phänomenen, sie mit dem Gesetz der Ideenassociation, d. h. der Association von Vorstellungen mit Gefühlen in statu nascendi zu begründen vermeinte. Der geistreiche Psycholog nimmt an, der bis dahin geschlechtlich undifferenzirte Trieb werde dadurch determinirt, dass ein erstmaliger lebhafter sexueller Erregungsvorgang mit dem Anblick oder auch Contakt einer Person des eigenen Geschlechts zusammentreffe. Dadurch werde eine mächtige Association geschaffen, die sich durch Wiederholung festige, während der ursprüngliche associative Vorgang vergessen, bezw. latent werden könne. Diese Ansicht, welche gegenwärtig vielfach von Schrenck-Notzing u. A. zur Erklärung der angeblich meist erworbenen conträren Sexualempfindung herangezogen wird, hält einer eingehenden Kritik gegenüber nicht Stich. Psychologische Kräfte sind zur Erklärung einer solchen schwer degenerativen Erscheinung (s. u.) nicht ausreichend.

Chevalier (Inversion sexuelle, Paris 1893) wendet auch mit Recht gegen Binet ein, dass durch einen solchen psychologischen Erklärungsversuch weder die Präcocität solcher homosexueller Triebe, d. h. lange vor jeglicher associativer Knüpfung von Sexualgefühlen mit Vorstellungen, noch die Aversion gegen das andere Geschlecht, noch das oft so frühe Auftreten von secundären psychischen Geschlechtscharakteren seine Erklärung finde. Bemerkenswerth ist aber immerhin Binet's feine Bemerkung, dass derlei Haften von associativen Knüpfungen nur bei prädisponirten (belasteten) Individuen möglich sei.

Auch die von Seiten der Aerzte und Naturforscher ursprünglich versuchten Erklärungen entsprechen und befriedigen nicht. Gley (Revue philosophique 1884, Januar) behauptete, die conträr Sexualen hätten ein weibliches Gehirn (!) bei männlichen Geschlechtsdrüsen und das zugleich krankhafte Gehirnleben bestimme das Geschlechtsleben, während normaler Weise die Geschlechtsdrüsen die sexuellen Funktionen des Gehirns bestimmten. Auch Magnan (Annales méd. psychol. 1885, p. 458) spricht vom Gehirn eines Weibes im Körper eines Mannes und umgekehrt; Ulrichs („Memnon" 1868) kommt der Sache etwas näher, indem er „Anima muliebris virili corpori innata" behauptet und sich damit eine angeborene Effeminatio zu erklären versucht. Nach Mantegazza (op. cit. 1886, p. 106) bestehen bei solchen conträr Sexualen anatomische Anomalien, insofern durch einen Fehler der Natur die für die Genitalien bestimmten Nerven sich im Mastdarm verbreiten, so dass nur in diesem der wollüstige Reiz ausgelöst werde, der sonst durch Reizung der Genitalien erfolgt. Solche Errores loci und Saltus macht aber niemals die Natur, so wie als sie ein weibliches Gehirn dem männlichen Körper oktroirt. Der sonst scharfsinnige Autor dieser Hypothese übersieht ganz, dass der Anus bezw. Päderastie von conträr Sexualen in der Regel perhorrescirt wird. Mantegazza beruft sich, um seine Hypothese zu stützen, auf die Mittheilungen eines bekannten, hervorragenden Schriftstellers, der ihm versicherte, er sei mit sich immer noch nicht im Reinen, ob er einen grösseren Genuss bei dem Coitus oder der Defäcation empfinde. Die Richtigkeit dieser Erfahrung zugegeben, so würde sie doch nur beweisen, dass der Betreffende sexuell abnorm und sein Wollustgefühl beim Coitus auf ein Minimum reducirt war. Ueberdiess liesse sich daran denken, dass abnormer Weise seine Rektalschleimhaut erogen wäre.

Bernhardi (Der Uranismus, Berlin 1882) fand (zufällig) bei fünf Effeminirten („Pathici") keine Spermatozoen, bei vier nicht einmal Spermakrystalle und glaubte die „Lösung des mehrtausendjährigen Räthsels" dadurch gegeben, dass er annahm, der „Pathicus" (Effeminirte) sei eine „Missgeburt weiblichen Geschlechts, die mit dem Manne nichts gemein habe, als die in manchen Fällen nicht einmal völlig entwickelten männlichen Genitalien". Auf einen Sektionsbefund, der eventuell Hermaphroditismus nachgewiesen hätte, vermochte sich dieser Autor nicht zu stützen.

Gleichwohl erklärte er auch die aktiv vorgehende Tribade (Viragines und Gynandrier) für „eine Missgeburt männlichen Geschlechts, der gegenüber die passive Tribade ein so vollkommenes Weib ist, wie der aktive Pädicator ein vollkommener Mann".

Einen Versuch, Thatsachen der Heredität zur Erklärung der Anomalie zu verwerthen, machte Verfasser, indem er auf Grund der Erfahrung, dass sexuelle Perversionserscheinungen nicht selten schon bei den Eltern vorkommen, die Vermuthung aussprach, dass die verschiedenen Stufen angeborener conträrer Sexualempfindung verschiedene Grade erblich angezeugter, von der Ascendenz erworbener oder sonstwie entwickelter sexueller Anomalie seien, wobei auch das Gesetz der progressiven Vererbung in Betracht komme.

Die bisherigen naturphilosophischen, psychologischen und andere wesentlich speculativen Erklärungsversuche können nicht befriedigen.

Neuere Forschungen, von embryologischem (onto- und phylogenetischem) sowie anthropologischem Standpunkt aus unternommen, erscheinen dagegen aussichtsvoll.

Sie gehen aus von Frank Lydston (Philadelphia med. and surgical recorder 1888, Sept.) und Kiernan (Medical Standard 1888 November) und von der Thatsache, dass die niedersten Thiere noch heutzutage bisexuale Organisation bieten, sowie von der Annahme, dass die Monosexualität sich überhaupt erst aus der Bisexualität entwickelt habe. Kiernan nimmt nun an, indem er die conträre Sexualempfindung dem Begriffe des Hermaphroditismus unterzuordnen versucht, dass bei belasteten Individuen Rückschläge in frühe hermaphroditische Formen des Thierreichs wenigstens funktionell eintreten können. Er sagt wörtlich: „the original bisexuality of the ancestors of the race, shown in the rudimentary female organs of the male, could not fail to occasion functional, if not organic reversions, when mental or physical manifestations were interfered with by disease or congenital defect. It seems certain, that a feminily functionating brain can occupy a male body and vice versa."

Auch Chevalier (op. cit. p. 408) geht von der ursprünglichen Bisexualität im Thierreich und von der im menschlichen Fötus ursprünglich vorhandenen bisexualen Veranlagung aus.

Die Differenzirung der Geschlechter mit markanten körperlichen und psychischen Geschlechtscharakteren ist ihm ein Resultat unendlicher Evolutionsvorgänge. Die seelisch-körperliche geschlechtliche Differenzirung geht der Höhe evolutiver Vorgänge parallel. Auch das Einzelwesen hat diese Evolutionsstufen durchzumachen — es ist ursprünglich bisexual, aber im Kampf der männlichen und weiblichen Streitkräfte wird die eine besiegt und es entwickelt sich, dem Typus der heutigen Evolution entsprechend, ein monosexuales Individuum. Aber Spuren der unterdrückten Sexualität erhalten sich. Unter gewissen Umständen können diese „caractères sexuels latents" Darwin's Bedeutung gewinnen, d. h. Erscheinungen conträrer Sexualität hervorrufen. Chevalier fasst diese aber mit Recht nicht als Rückschlag (Atavismus) im Sinne Lombroso's u. A., sondern mit Lacassagne als Störung in der Evolution zur heutigen Höhe auf.

Versucht man auf dieser Anschauung weiter zu bauen, so ergeben sich entwicklungsgeschichtlich und anthropologisch folgende Bausteine resp. Thatsachen:

1. Der Sexualapparat besteht aus a) den Geschlechtsdrüsen und den Befruchtungsorganen; b) spinalen Centren, welche theils hemmend, theils erregend auf a) einwirken; c) cerebralen Gebieten, in welchen sich die psychischen Vorgänge des Geschlechtslebens abspielen.

Da die ursprüngliche Veranlagung von a) eine bisexuale ist, muss dies auch für b) und c) vorausgesetzt werden.

2. Die Tendenz der Natur auf heutiger Entwicklungsstufe ist die Hervorbringung von monosexualen Individuen und ein empirisches Gesetz lautet dahin, dass normaliter das der Geschlechtsdrüse entsprechende cerebrale Centrum sich entwickelt. (Gesetz der sexuell homologen Entwicklung).

3. Diese Vernichtung conträrer Sexualität ist aber heutzutage noch keine vollständige. Wie der Processus vermiformis am Darmrohr auf frühere Organisationsstufen hinweist, so finden sich auch am Sexualapparat, ganz abgesehen von hermaphroditischen Vorbildungen (als Ausdruck theilweiser Entwicklungsexcesse oder Bildungshemmungen der Geschlechtsgänge und äusseren Geni-

talien), bei Mann und Weib Residuen, welche auf die ursprüngliche onto- und phylogenetische Bisexualität hinweisen.

Es sind dies beim Manne der Utriculus masculinus (Reste der Müller'schen Gänge), ferner die Brustwarzen, beim Weibe der Paroophoron (Ueberbleibsel des Urnierentheils der Wolff'schen Körper) und das Epoophoron (Reste der Wolff'schen Gänge und Analogon der Epididymis des Mannes). Ueberdies haben beim menschlichen Weibe Beigel, Klebs, Fürst u. A. Andeutungen der bei weiblichen Wiederkäuern regelmässig in der Seitenwand des Uterus vorhandenen Reste der Wolff'schen Körper in Gestalt der sogen. Gartner'schen Canäle vorgefunden. Diese Thatsachen stützen die Annahme auch einer cerebral bisexualen Veranlagung des Geschlechtsapparats.

4. Aber auch eine Fülle von klinischen und anthropologischen Thatsachen sind dieser Annahme günstig.

Ich erinnere nur an das nicht seltene Vorkommen von Individuen mit gemischten oder im Sinne des conträren Geschlechts dominirenden körperlichen und psychischen Geschlechtscharakteren (Weibmänner und Mannweiber), an das Auftreten weiblicher, seelischer und körperlicher Charaktere nach Entfernung der Hoden (Eunuchen) und männlicher bei Weibern nach Beseitigung der Ovarien im jugendlichen Alter, an Erscheinungen der Viraginität bei Klimax praecox, ja selbst Entwicklung eines zweiten Geschlechts.

Ein solches merkwürdiges Beispiel von Entstehung einer zweiten (conträren) Vita sexualis, nach durch Klimax praecox untergegangener Weiblichkeit, verdanke ich Mittheilungen von Prof. Kaltenbach.

Derselbe fragte am 17. Februar 1892 nach meiner Meinung über „eine 30jährige Frau, seit 2 Jahren verheirathet, die früher unregelmässige, menstruale Blutungen gehabt hatte. Seit März 1891 Menopause.

Seit Juni 1891 plötzlich eine Reihe von Erscheinungen, die einer männlichen Pubertätsentwicklung entsprechen und zwar vollständiger Bart, Kopfhaare dunkler, Augenbrauen, Pubes mächtig sich entwickelnd. Brust und Bauch behaart, ähnlich wie beim Manne.

Vermehrte Thätigkeit der Schweiss- und Talgdrüsen. Auf Brust, Rücken, Gesicht, mächtige Milium- und Acneentwicklung, nachdem früher der Teint geradezu klassisch schön weiss und glatt gewesen war. Veränderung der Stimme — früher schöner Sopran, jetzt „Lieutenantsstimme". Der ganze Ausdruck des Gesichts geändert. Veränderung des gesammten Habitus: Brust breit, Taille verschwunden, Bauch mit mächtigem Fettpolster, durchaus viril, Hals kurz, gedrungen. Untere Parthie des Gesichtes breit, Brüste viril, flach geworden. Veränderung der Psyche: früher sanft, fügsam, jetzt energisch, schwer zu behandeln, theilweise aggressiv. Vom Beginn der Ehe an keine adäquate Sexualempfindung, jedoch von conträrer nichts zu ermitteln.

Auch in den Sexualorganen eine Reihe höchst interessanter Veränderungen. Die junge Frau ist also in Bezug auf eine Menge von Erscheinungen zum Manne geworden."

Meine Deutung des Falles lautete:

„Klimax praecox, mit Untergang der bisherigen weiblichen Sexualität. Physische und psychische Entwicklung der bisher latent gewesenen männlichen Sexualität. Interessantes Beispiel für die Thatsache bisexualer Veranlagung und der Möglichkeit des Fortbestehens der anderen Sexualität in latentem Zustand, unter bisher allerdings unbekannten Bedingungen." Leider konnte ich über die weiteren Metamorphosen dieses Falles und Bestehen wahrscheinlicher erblicher Belastung nichts mehr erfahren.

Hier reihen sich Beob. 108 und 109 dieses Buches an, in welchen im Verlauf einer schweren Neurasthenie als Gelegenheitsursache, auf Grund einer schweren Belastung, eine Transmutatio sexus eintritt, jedoch kam es in diesen Fällen nur zur Entwicklung psychischer Geschlechtscharaktere im Sinne des neuen Sexus, während die körperlichen nur angedeutet waren.

5. Diese Erscheinungen conträrer Sexualität finden sich offenbar nur bei organisch belasteten Individuen¹). Bei normal Organisirten bleibt das Gesetz der monosexualen und der den Geschlechtsdrüsen homologen Entwicklung gewahrt. Dass das cerebrale Centrum unter anderen, von den peripheren Geschlechtsorganen einschliesslich der Geschlechtsdrüse unabhängigen Bedingungen sich entwickelt, zeigen die Fälle des Hermaphroditismus, in welchen, soweit es sich um Pseudohermaphroditismus handelt, das obige Gesetz im Sinne monosexualer, der Geschlechtsdrüse homologer Entwicklung gewahrt bleibt, während beim Hermaphroditismus verus sowohl physisch als psychisch allerdings eine gegenseitige Beeinflussung beider Centren und damit eine Neutralisirung des Liebeslebens bis zur Asexualität und eine Tendenz zur Geltendmachung und Vermischung beider Geschlechtscharaktere seelisch und körperlich obwaltet.

Dass Hermaphrodisie und conträre Sexualempfindung aber an und für sich mit einander nichts zu thun haben, ergibt sich daraus, dass der Hermaphrodit (praktisch kommt ja nur der Pseudohermaphroditismus in Betracht) dem obigen Evolutionsgesetze folgt und nicht conträre Sexualität bietet, während umgekehrt bei conträrer Sexualempfindung bisher nie Hermaphrodisie anatomisch beobachtet wurde. Es erklärt sich dies ohne Weiteres aus der Verschiedenheit der Entstehungsbedingungen, die für die erstere in centralen (cerebralen), für die letztere in ausschliesslich den peripheren Antheil des Geschlechtsapparats treffenden Schädigungen gesucht werden müssen.

Die angeführten Thatsachen erscheinen ausreichend zu einem entwicklungsgeschichtlichen und anthropologischen Versuch der Erklärung der conträren Sexualempfindung.

Dieselbe ist Verletzung des empirischen Gesetzes der den Geschlechtsdrüsen homologen Entwicklung des cerebralen Centrums (Homosexualität), eventuell auch desjenigen der monosexualen Artung des Individuums (psychische „Hermaphrodisie"). Im ersten Falle ist es von der bisexualen Veranlagung das dem durch die Geschlechtsdrüse repräsentirten Geschlecht gegensätzliche Centrum, welches in paradoxer Weise den Sieg über das zur Herrschaft prädestinirte davonträgt, jedoch bleibt wenigstens das Gesetz monosexualer Entwicklung gewahrt²).

Im zweiten Falle bleibt der Sieg keinem der beiden Centren, jedoch eine Andeutung monosexualer Entwicklungstendenz bleibt immerhin insofern, als eines dominirt und zwar regelmässig das conträre. Es ist dies um so sonderbarer, als demselben keine entsprechenden Geschlechtsdrüsen, überhaupt kein peripherer Sexualapparat zur Stütze dienen, ein weiterer Beweis dafür, dass das cerebrale Centrum autonom, in seiner Entwicklung von den Geschlechtsdrüsen unabhängig ist.

---

¹) Dass aber auf tieferen Stufen der Thierreihe nicht nur Hermaphrodisie, sondern auch (physiologisch?) Geschlechtswechsel an einem und demselben Individuum vorkommen kann, lehren Erfahrungen der Zoologen (Klaus, Zoologie 1891, p. 490), wonach die zu den Krebsthieren gezählten Cymothoideen im ersten Theil ihres Lebens als Männchen, im zweiten, unter Aenderung zahlreicher, auch secundärer Geschlechtscharaktere, als Weibchen fungiren.

²) Unter einem monosexualen psychischen Geschlechtsapparat in einem monosexualen Körper, der dem entgegengesetzten Geschlechte angehört, hat man sich natürlich nicht etwa „eine weibliche Seele im männlichen Gehirn" oder vice versa vorzustellen, was allem monistischen und allem wissenschaftlichen Denken überhaupt widerspricht; ebensowenig ein weibliches Gehirn im männlichen Körper, was allen anatomischen Thatsachen widerspricht, sondern nur weibliches psycho-sexuales Centrum im männlichen Gehirn, oder vice versa.

Angenommen muss im ersteren Falle werden, dass das zum Streit und zur Geltendmachung seiner Rechte berufene Centrum zu schwach veranlagt ist, was sich auch vielfach in schwacher Libido und schwächlich ausgeprägten physischen und psychischen Geschlechtscharakteren zu erkennen giebt.

Im zweiten Fall sind beide Centren zu schwach, um den Sieg und die Alleinherrschaft zu erringen.

Diese Verletzung von Naturgesetzen ist anthropologisch und klinisch als eine degenerative Erscheinung anzusprechen. Thatsächlich liess sich in allen Fällen von conträrer Sexualempfindung bisher eine Belastung und zwar in der Regel eine hereditäre nachweisen.

Worauf dieser Faktor der Belastung und seine Wirksamkeit beruht, ist eine Frage, welche die heutige Wissenschaft nicht wohl beantworten kann [1]).

An Analogien beim belasteten Individuum fehlt es nicht, denn als Ausdruck von offenbar schon im Zeugungskeim gelegenen, die physische und psychische Evolution störenden Einflüssen wird hier eine Fülle von anderweitigen Erscheinungen mangelhafter oder perverser Artung (anatomische sowie funktionelle somatische und psychische Entartungszeichen) angetroffen.

Die conträre Sexualempfindung ist aber nur die stärkste Ausprägung einer ganzen Reihe von Erscheinungen partieller Entwicklung seelischer und körperlicher conträrer Geschlechtscharaktere (s. o.) und man kann geradezu sagen: je undeutlicher sich die psychischen und physischen Geschlechtscharaktere bei einem Individuum darstellen, um so tiefer steht dasselbe unter der durch ungezählte Jahrtausende hindurch erfolgten Züchtung zur heutigen Stufe vollkommener homologer Monosexualität.

Das cerebrale Centrum vermittelt die psychischen und indirekt wohl auch die physischen Geschlechtscharaktere. Auch an den verschiedenen Gradstufen angeborener conträrer Sexualität lässt sich nachweisen, dass sie verschiedenen Intensitätsgraden der Belastung entsprechen.

Dasselbe gilt für die erst im Laufe des Lebens zu Tage getretene („gezüchtete") conträre Sexualempfindung. Niemals wird der unbelastete Mensch durch Onanie, Verführung durch Personen desselben Geschlechts, conträr sexual. Hören diese äusseren Einflüsse auf, so kehrt er zur normalen Geschlechtsbefriedigung zurück. Anders der Belastete, dessen psychosexuales Centrum schwach veranlagt, d. h. mit ungenügenden Streitkräften ausgestattet ist und den Kampf noch nicht siegreich ausgekämpft hat. Alle möglichen psychischen und physischen Schädlichkeiten, ganz besonders aber Neurasthenie, sind dann im Stande, seine schwache labile, die Geschlechtsdrüsen bisher allerdings homologe Sexualität zu schädigen; ihn zunächst psychisch bisexuell, dann conträr monosexual zu machen und eventuell (durch Entstehung physischer und psychischer Geschlechtscharaktere im Sinne des ausschliesslich zur Herrschaft gelangten con-

---

[1]) In einer geistreichen Brochüre „Ueber Gamophagie", Stuttgart 1892, giebt der Verfasser Josef Müller eine Anregung zur Weiterforschung auf diesem Gebiete, indem er die Meinung vertritt, es existire eine besondere, durch Nothwendigwendigkeit erworbene und normaliter unverändert sich vererbende Einrichtung, bestehend in einer Bindung der Organe und Organqualitäten an einander. Diese Bindung würde es begreiflich machen, dass im Kampfe der Entwicklung der Mono- und der Bisexualität diejenigen Organe und Organqualitäten ein gemeinsames Schicksal des Sieges oder Unterganges haben, die im Hinblick auf die Functionsfähigkeit des Ganzen zu einander gehören. Dieses Versagen des die Organe während des Ringens um den Sieg verknüpfenden Bandes bei Wesen, die organischer Belastung unterworfen sind, könnte nur als eine Ausfallerscheinung, Ausfall einer allerdings hypothetischen Einrichtung gedeutet werden.

trären Centrums und Zurücktreten ursprünglicher) bis zur Eviratio (Defeminatio) gelangen zu lassen. Wie Neurasthenie den Anstoss zur Entwicklung conträrer Sexualität abgeben kann, wurde von p. 182 ab zu zeigen versucht.

### Die angeborene conträre Sexualempfindung beim Manne [1]).

Die geschlechtlichen Handlungen, mittelst welcher die männlichen Urninge Befriedigung suchen und finden, sind mannigfach. Es gibt fein-

---

[1]) Fälle: 1) Casper, Klin. Novellen p. 36 (Lehrb. d. gerichtl. Med., 7. Aufl., p. 176). — 2) Westphal, Archiv f. Psychiatr. II, p. 73. — 3) Schmincke, ebenda III, p. 225. — 4) Scholz, Vierteljahrsschr. f. gerichtl. Mediz. XIX. — 5) Gock, Archiv f. Psychiatrie V, p. 564. — 6) Servaes, ebenda VI, p. 484. — 7) Westphal, ebenda VI, p. 620. — 8—10) Stark, Zeitschrift für Psychiatrie, Bd. 31. — 11) Liman (Casper's Lehrbuch d. gerichtl. Medizin, 6. Aufl., p. 509), p. 291. — 12) Legrand du Saulle, Ann. méd. psychol. 1876, Mai. — 13) Sterz, Jahrbücher f. Psychiatrie III, Heft 3. — 14) Krueg, Zeitschr. Brain 1884, Oct. — 15) Charcot et Magnan, Archives de neurolog. 1882, Nr. 9. — 16—18) Kirn, Zeitschr. f. Psychiatr., Bd. 39. p. 216. — 19) Rabow, Erlenmeyer's Centralbl. 1883, Nr. 8. — 20) Blumer, Americ. journ. of insanity 1882, Juli. — 21) Savage, Journal of mental science 1884. Oct. — 22) Scholz, Vierteljahrsschr. f. ger. Med., N. F., Bd. 43, Heft 7. — 23) Magnan, Ann. méd. psychol. 1885, p. 461. — 24) Chevalier, De l'inversion de l'instinct sexuel, Paris 1885, p. 129. — 25) Morselli, La Riforma medica, 4. Jahrg., März. — 26) Leonpacher, Friedreich's Blätter 1888, Heft 4. — 27) Holländer, Allg. Wiener med. Ztg. 1882. — 28) Kriese, Erlenmeyer's Centralblatt 1888, Nr. 19. — 29—32) v. Krafft, Psychopathia sexualis, 3. Aufl., Beob. 32. 36. 42. 43. — 33) Golenko, Russ. Archiv f. Psychiatrie Bd. IX, Heft 3 (von Rothe mitgetheilt in Zeitschr. f. Psychiatrie). — 34) v. Krafft, Internat. Centralblatt f. d. Physiol. und Pathologie der Harn- u. Sexualorgane, Bd. I, Heft 1. — 35) Cantarano, La Psichiatria 1887, V. Jahrg., p. 195. — 36) Sérieux, Recherches cliniques sur les anomalies de l'instinct sexuel, Paris 1888, obs. 13. — 37—42) Kiernan, The medic. Standard 1888, 7 Fälle. — 43—46) Rabow, Zeitschr. f. klin. Medicin, Bd. XVII, Suppl. — 47—51) v. Krafft, „Neue Forschungen", Beob. 1. 3. 4. 5. 8. — 52—61) Derselbe, Psychopathia sexualis, 5. Aufl., Beob. 53. 61. 64. 66. 73. 75. 78. 84. 85. 87. — 62—65) Derselbe, „Neue Forschungen", 2. Aufl., Beob. 3. 4. 5. 6. — 66—67) Hammond, Sexuelle Impotenz, deutsch v. Salinger, p. 30, 36. — 78—71) Garnier, Anomalies sexuelles 1889, Beob. 227. 228. 229. 230. — 72) v. Krafft, Friedreich's Blätter 1891, Heft 6. — 73—87) Derselbe, Psychopathia sexualis, 6. Aufl., Beob. 78. 81. 82. 84. 85. 86. 87. 89. 93. 94. 96. 97. 98. 101. 102. — 88) Fränkel, Medic. Zeitg. d. Vereins f. Heilkunde in Preussen, Bd. 22, p. 102 („homo mollis"). — 89—91) Bernheim, Hypnotisme, Paris 1891, obs. 38 u. ff. — 92) Wetterstrand, Der Hypnotismus, 1891. — 93) Müller, Hydrotherapie 1890, p. 309. — 94—96) v. Schrenck-Notzing, Suggestionstherapie 1892, Fall 63. 67. 68. — 97) Ladame, Revue de l'hypnotisme 1889, 1. Sept. — 98) v. Krafft, Internat. Centralblatt f. d. Krankheiten der Harn- und Geschlechtsorgane, Bd. I, Heft 1. — 99, 100) Wachholz, Friedreich's Blätter für gerichtliche Medicin 1892, Heft 6. — 101—110) Moll, „Contr. Sexualempfindung", 2. Aufl., Fall 1—10. — 111—123) v. Krafft, Psychopath. sexualis, 8. Aufl., Beob. 109. 110. 114. 119. 121. 122. 125. 136. 137. 138. 140. 141. 143. — 124—143) Derselbe, Jahrbücher f. Psychiatrie, XII, 1894. —

fühlige und willensstarke Individuen, die ihre Triebe zu beherrschen im Stande sind, freilich mit der Gefahr, durch diese erzwungene Abstinenz nervensiech (neurasthenisch) und gemüthskrank zu werden.

Bei Anderen wird aus denselben verschiedenen Gründen, welche auch den Nichturning den Coitus vermeiden lassen können, zur Onanie faute de mieux geschritten.

Bei Urningen mit originär reizbarem oder durch Onanie zerrüttetem Nervensystem (reizbare Schwäche des Ejaculationscentrums) genügen einfache Umarmungen, Liebkosungen mit oder ohne Betastung der Genitalien zur Ejaculation, und damit zur Befriedigung. Bei weniger reizbaren Individuen besteht der Geschlechtsakt in Manustupration durch die geliebte Person oder in mutueller Onanie oder in Nachahmung des Coitus inter femora. Bei sittlich perversen und quoad erectionem potenten Urningen wird der sexuelle Drang zuweilen auch durch Päderastie befriedigt, einer Handlung, die aber sittlich nicht defecten Individuen vielfach geradeso widerstrebt, wie weibliebenden Männern. Bemerkenswerth ist die Versicherung der Urninge, dass der ihnen adäquate Geschlechtsakt mit Personen des eigenen Geschlechts grosse Befriedigung und Gefühle des Gekräftigtseins verschaffe, während Selbstbefriedigung durch solitäre Onanie oder gar erzwungener Coitus mit einem Weibe sie sehr angreife, elend mache und ihre neurasthenischen Beschwerden sehr vermehre.

Ueber die Häufigkeit [1]) des Vorkommens der Anomalie ist es schwer, Klarheit zu bekommen, da die mit derselben Behafteten nur äusserst selten aus ihrer Reserve treten und in criminellen Fällen der Urning aus Perversion des Geschlechtstriebs gewöhnlich mit dem Päderasten aus blosser Unsittlichkeit zusammengeworfen wird. Nach den Erfahrungen

---

144) Legrain, Arch. de Neurologie 1886, Januar. — 145) Dessoir, Zeitschr. f. Psychiatrie, Bd. 50, Heft 5, p. 959. — 146—151) v. Krafft, Psychopathia sexualis, 9. Aufl., Beob. 109. 110. 128. 129. 131. 133. — 152—181) Derselbe, Der conträr Sexuale vor dem Strafrichter, 2. Aufl., Wien 1895, Beob. 21—50. — 182) Laupts, Archives d'Anthropol. criminelle 1894 u. 1895, p. 320. — 183) Snoo, Psychiatr. Bladen XII, XIII. — 184) Meyhöfer, Zeitschr. f. Med.-Beamte V. 16. — 185) Talbot, Journ. of ment. science 1896, April. — 186—218) Moll, Untersuchungen über Libido sexualis, Fall 5. 6. 9. 15—27. 30. 38. 48. 49. 53—55. 63. 64. 67. 69. 71. 72. 74. 75. 77. 78. — 219—251) Havelock Ellis, Bulletin of the psycholog. Section 1895, Dec., vol. 3, Nr. IV. — 252) Spaink, Psychiatr. Bladen 1893. 3.

[1]) Dass conträre Sexualempfindung nicht selten sein dürfte, beweist u. A. der Umstand, dass sie in Romanen häufig Gegenstand ist.

Auch die neuropathische Grundlage dieser sexuellen Perversion entgeht nicht den Romanschriftstellern. In der deutschen Literatur findet sich dieses Thema in „Fridolin's heimliche Ehe" von Wilbrandt, in „Brick and Brack oder Licht im Schatten" von Emerich Graf Stadion, f. bei Balduin Groller „Prinz Klotz".

Der älteste urnische Roman dürfte übrigens der von Petronius in Rom zur Kaiserzeit unter dem Titel „Satyricon" veröffentlichte sein.

Casper's, Tardieu's, sowie auch nach den meinigen dürfte diese Anomalie viel häufiger sein, als es die dürftige Casuistik vermuthen lässt.

Ulrichs („Kritische Pfeile" 1880, p. 2) behauptet, dass durchschnittlich ein erwachsener mit conträrer Sexualempfindung Behafteter auf 200 heterosexuale erwachsene Männer, respektive auf 800 Seelen der Bevölkerung komme, und dass der Procentsatz unter den Magyaren und Südslaven noch grösser sei, Behauptungen, die dahingestellt bleiben mögen. Ein Individuum aus meiner Casuistik kennt in seinem Heimathorte (13000 Einwohner) 14 Urninge persönlich. Er versicherte, in einer Stadt von 60000 Einwohnern deren wenigstens 80 zu kennen. Es ist zu vermuthen, dass dieser sonst glaubwürdige Mann zwischen angeborener und erworbener Männerliebe keinen Unterschied macht.

1) Psychische Hermaphrodisie[1]).

Diese Stufe der conträren Sexualempfindung ist dadurch charakterisirt, dass neben ausgesprochener sexueller Empfindung und Neigung zum eigenen Geschlecht solche zum anderen vorgefunden wird; aber diese ist eine viel schwächere und nur episodisch vorhanden, während die homosexuale Empfindung als die primäre und zeitlich wie intensiv vorwiegende in der Vita sexualis zu Tage tritt.

Die heterosexuale Empfindung kann nur in Rudimenten vorhanden sein, eventuell sich bloss im unbewussten (Traum-)Leben geltend machen oder aber (episodisch wenigstens) mächtig zu Tage treten.

Die sexuellen Empfindungen gegenüber dem anderen Geschlecht können durch Willenskraft, Selbstzucht, moralische, eventuell hypnotische Behandlung, Besserung der Constitution, Beseitigung von Neurosen (Neurasthenie), vor Allem aber durch Abstinenz von Masturbation gekräftigt werden.

Immer aber besteht die Gefahr, homosexualen, weil mächtiger veranlagten Empfindungen ganz anheimzufallen und zu dauernder, ausschliesslicher conträrer Sexualempfindung zu gelangen.

Dies ist besonders zu fürchten durch den Einfluss der Masturbation (gleichwie bei der erworbenen conträren Sexualempfindung) und durch sie hervorgerufene Neurasthenie und Verschlimmerungen dieser, ferner durch üble Erfahrungen beim sexuellen Verkehr mit Personen des anderen Geschlechts (mangelndes Wollustgefühl beim Coitus, Missglücken desselben durch Erectionsschwäche und Ejaculatio praecox, Infection).

---

[1]) Vgl. des Verf. Arbeit „Ueber psychosexuales Zwitterthum" im internationalen Centralblatt für die Physiologie und Pathologie der Harn- und Sexualorgane Bd. I. Heft 2.

Andererseits vermag ästhetisches und ethisches Gefallen an Personen des anderen Geschlechts der Entwicklung der heterosexualen Gefühle Vorschub zu leisten.

So geschieht es, dass die betreffende Persönlichkeit, je nach dem Vorwalten förderlicher oder ungünstiger Einflüsse, bald hetero-, bald homosexual empfindet.

Es ist mir wahrscheinlich, dass derartige hermaphroditische Existenzen auf belasteter Grundlage nicht selten sind [1]). Da sie social wenig oder nicht auffällig sind und da derlei Geheimnisse des ehelichen Lebens nur ausnahmsweise zur Cognition des Arztes kommen, erklärt es sich wohl ohne Weiteres, dass diese interessante und praktisch wichtige Uebergangsgruppe zu den ausschliesslich conträr Sexualen bisher der wissenschaftlichen Forschung entgangen ist.

Manche Fälle von Frigiditas mögen auf dieser Anomalie beruhen. An und für sich ist der sexuelle Verkehr mit dem anderen Geschlecht möglich. Jedenfalls besteht auf dieser Stufe kein Horror sexus alterius. Der ärztlichen und speciell der moralischen Therapie bietet sich hier ein dankbares Feld (s. u.).

Schwierig kann die differentielle Diagnose von der erworbenen conträren Sexualempfindung sein, denn solange bei dieser die Reste früherer normaler geschlechtlicher Empfindung nicht ganz verloren gegangen sind, wird der Status praesens Gleiches ergeben (s. u.).

Auf Stufe 1 besteht die Befriedigung homosexualer Dränge in passiver und mutueller Onanie, Coitus inter femora.

Beobachtung 113. Herr Z., 36 Jahre, Privatmann, consultirte mich wegen einer Anomalie seines sexuellen Fühlens, die ihm die beabsichtigte Eingehung einer Ehe bedenklich erscheinen lasse. Patient stammt von neuropathischem Vater, der an nächtlichem Aufschrecken leide. Dessen Vater war ebenfalls neuropathisch, Vaters Bruder Idiot. Die Mutter des Patienten und ihre Familie waren gesund und geistig normal.

Von drei Schwestern und einem Bruder des Patienten leidet der letztere an moral insanity. Zwei Schwestern sind gesund und leben in glücklicher Ehe.

Patient war schwächlich als Kind, nervös, litt an nächtlichem Aufschrecken, gleich seinem Vater, war aber von schweren Krankheiten nie heimgesucht bis auf Coxitis, seit welcher Patient etwas hinkt. Sehr früh erwachten sexuale Dränge. Mit 8 Jahren, ohne alle Verführung, begann er zu masturbiren. Vom 14. Jahre ab ejaculirte er Sperma. Geistig war er gut veranlagt, interessirte sich auch für Kunst und Literatur. Er war von jeher muskelschwach und hatte nie Neigung zu Knabenspielen und auch später nicht zu männlicher Beschäftigung. Er hatte ein gewisses Interesse für weibliche Toiletten, Putz und weibliche Beschäftigung. Schon von der Pubertät an be-

---

[1]) Diese Annahme findet eine Stütze durch eine mir von Herrn Dr. Moll in Berlin gütig vermittelte Angabe eines unverheiratheten Urnings. Derselbe wusste über eine Reihe von Fällen aus seiner Bekanntschaft zu berichten, in welchen verheirathete Männer gleichzeitig ein Verhältniss mit einem Manne unterhielten.

merkte Patient eine ihm unerklärliche Neigung für männliche Personen. Besonders sympathisch waren ihm junge Burschen aus den untersten Volksklassen. Ganz besonders zogen ihn Cavalleristen an. Impetu libidinoso saepe affectus est ad tales homines aversos se premere. Quodsi in turba populi, si occasio fuerit bene successit, voluptate erat perfusus; ab vigesimo secundo anno interdum talibus occasionibus semen eiaculavit. Ab hoc tempore idem factum est si quis, qui ipsi placuit, manum ad femora posuerat. Ab hinc metuit ne viris manum adferret. Maxime periculosos sibi homines plebeios fuscis et adstrictis bracis indutos esse putat. Summum gaudium ei esset si viros tales amplecti et ad se trahere sibi concessum esset; sed patriae mores hoc fieri vetant. Paederastia ei displacet: magnam voluptatem genitalium virorum adspectus ei affert. Virorum occurrentium genitalia adspici semper coactus est. Im Theater, Circus u. s. w. interessiren ihn nur männliche Darsteller. Eine Neigung zu Damen will Patient nie bemerkt haben. Er geht ihnen nicht aus dem Wege, tanzt sogar gelegentlich mit ihnen, aber er verspürt dabei nie die geringste sinnliche Regung.

Schon mit 28 Jahren wurde Patient neurasthenisch, wohl auf Grund seiner masturbatorischen Excesse.

Nun kamen gehäufte Schlafpollutionen, die ihn sehr schwächten. Nur sehr selten träumte er anlässlich dieser Pollutionen von Männern, nie von Weibern. Nur einmal löste sie ein lascives Traumbild (dass er päderastire) aus. Sonst träumte er dabei von Sterbescenen, Angefallenwerden von Hunden u. dgl. Patient litt nach wie vor unter grösster Libido sexualis. Oft kamen ihm wollüstige Gedanken, im Schlachthaus sich am Verenden der Thiere zu weiden, oder auch sich von Burschen prügeln zu lassen, jedoch widerstand er solchen Gelüsten, ebenso dem Drang, in militärische Uniform sich zu kleiden.

Um die Masturbation los zu werden und seine Libido nimia zu befriedigen, entschloss er sich, das Lupanar aufzusuchen. Den ersten Versuch, mit dem Weibe sexuell sich zu befriedigen, machte er, nach reichlichem Weingenuss, mit 21 Jahren. Die Schönheit des weiblichen Körpers, überhaupt jede weibliche Nudität war ihm ziemlich gleichgültig. Er war aber im Stande, den Coitus mit Genuss auszuführen und besuchte von nun an das Bordell regelmässig aus „Gesundheitsrücksichten".

Von nun an gewährte es ihm auch grossen Genuss, sich von Männern ihre sexuellen Beziehungen mit Personen des anderen Geschlechts erzählen zu lassen.

Auch im Lupanar kommen ihm häufig Flagellationsideen, jedoch bedarf er nicht der Festhaltung solcher Bilder, um potent zu sein. Er betrachtet den sexuellen Verkehr im Lupanar nur als Auskunftsmittel gegen den Drang zur Masturbation und zu Männern, als eine Art Sicherheitsventil, damit er sich nicht einmal einem sympathischen Manne gegenüber compromittire.

Patient möchte nun heirathen, aber er fürchtet, dass er keine Liebe und dann auch keine Potenz einer anständigen Dame gegenüber haben werde. Daher seine Bedenken und sein Bedürfniss nach ärztlichem Rath.

Patient ist eine sehr intelligente Persönlichkeit, eine durchaus männliche Erscheinung. Auch in Kleidung und Haltung bietet er nichts Auffälliges. Gang, Stimme sind durchaus männlich, gleichwie Skelet, besonders Becken. Die Genitalien sind ganz normal entwickelt. Sie sind, gleichwie das Gesicht, reichlich behaart. Niemand von den Angehörigen und Bekannten des Patienten ahnt etwas von seinen sexuellen Anomalien. Bei seinen conträr sexualen Phantasien will er sich nie in der Rolle des Weibes dem Manne gegenüber gefühlt haben. Seit einigen Jahren ist Patient von neurasthenischen Beschwerden fast ganz frei geworden.

Die Frage, ob er sich für angeboren conträr sexual halte, vermag er nicht zu beantworten. Es scheint, dass eine ab origine sehr schwach veranlagte Inclination zum Weib, bei grosser zum Mann, durch sehr früh eingetretene Masturbation zu Gunsten conträrer Sexualempfindung noch mehr abgeschwächt wurde, ohne aber ganz auf Null zu sinken. Mit dem Aufhören der Masturbation besserte sich dann einigermassen wieder die Empfindung für das Weibliche, jedoch nur in einer grobsinnlichen Weise.

Da Patient erklärte, aus Familien- und geschäftlichen Rücksichten heirathen zu müssen, konnte diese heikle Frage ärztlich nicht umgangen werden.

Da Patient sich glücklicherweise darauf beschränkte, die Frage auf seine Potenz als Ehemann zu richten, musste ihm geantwortet werden, dass er an und für sich ja potent sei und es voraussichtlich auch im ehelichen Verkehr mit einer Frau seiner Wahl, wenn sie wenigstens geistig ihm sympathisch sei, sein werde.

Ueberdies könne er ja, indem er mit seiner Phantasie geeignet nachhelfe, jederzeit auch seine Potenz verbessern.

Die Hauptsache sei Kräftigung der nur verkümmerten, nicht aber gänzlich fehlenden sexuellen Neigungen zum anderen Geschlecht. Dies könne geschehen durch Fernhaltung und Zurückdrängung aller homosexualen Gefühle und Impulse, eventuell mit Zuhülfenahme inhibitorischer künstlicher Einflüsse durch hypnotische Suggestion (Absuggerirung homosexualer Gefühle), des Weiteren durch Anregung und Anstrengung normal sexuale Gefühle und Dränge zu gewinnen, durch vollkommene Abstinenz von neuerlicher Masturbation und durch Tilgung der Reste neurasthenischer Verfassung des Nervensystems vermittelst Hydrotherapie und eventuell allgemeiner Faradisation.

Nachfolgende, auch noch in anderer Hinsicht bemerkenswerthe Autobiographie verdanke ich einem 30 Jahre alten Collegen.

Beobachtung 114. Psychische Hermaphrodisie. Abortive conträre Sexualempfindung.

„Nach meiner Ascendenz bin ich ziemlich schwer belastet. Der Grossvater väterlicherseits war flotter Lebemann und Speculant, mein Vater ein charaktervoller Mann, der aber seit mehr als 30 Jahren an Folie circulaire leidet, ohne hiedurch in seinem Berufe ernstlich gehindert zu sein. Meine Mutter leidet wie ihr Vater an stenocardischen Anfällen. Muttersvater und Muttersbruder sollen geschlechtlich hyperästhetisch gewesen sein. Meine einzige um 9 Jahre ältere Schwester war zweimal eclamptischen Anfällen unterworfen, war in den Pubertätsjahren religiös exaltirt, wahrscheinlich auch sexuell hyperästhetisch. Sie hatte durch Jahre mit schwerer hysterischer Neurose zu kämpfen (ist aber jetzt völlig gesund).

Als spätgeborener einziger Sohn war ich der Augapfel meiner Mutter und nur ihrer unermüdlichen Sorge danke ich es, dass ich als Jüngling vollkommen genas, nachdem ich als Kind und als Knabe alle möglichen Kinderkrankheiten durchgemacht hatte (Hydrocephalus, Morbilli, Croup, Variola, mit 18 Jahren durch 1 Jahr chronischen Darmcatarrh). Meine Mutter, streng religiös, erzog mich, mich nicht zu verzärteln, in diesem Sinne und prägte mir als oberstes Sittenprincip ein unbeugsames Pflichtgefühl ein, welches durch einen Lehrer, den ich jetzt noch Freund nenne, bis zur Schroffheit ausgebildet wurde. Da ich in Folge meiner Kränklichkeit den grösseren Theil meiner Kindheit im Bette verbrachte, war ich auf ruhige Beschäftigung, besonders Lektüre angewiesen und wurde so ein zwar nicht blasirter, aber frühreifer Knabe. Schon mit 8—9 Jahren interessirten mich in den Büchern am meisten die Stellen, wo von Verletzungen und Operationen die Rede war, die schöne Mädchen oder Frauen erleiden mussten. So versetzte mich eine Erzählung, wo geschildert wird, wie sich ein Mädchen einen Dorn in den Fuss tritt und ihr derselbe von einem Knaben entfernt wird, in hochgradige Aufregung, ja ich hatte jedesmal eine Erection, so oft ich nur das bezügliche, durchaus nicht lascive Bild ansah. So oft es nur möglich war, sah ich zu, wenn Hühner abgestochen wurden, ja wenn ich den Anblick versäumt hatte, besah ich wenigstens mit wollüstigem Grausen die Blutspuren und streichelte die noch warmen Thierkörper. Ich muss betonen, dass ich seit jeher ein grosser Thierfreund bin und dass mich das Schlachten grösserer Thiere, ja selbst die Vivisectionen von Fröschen, mit Ekel und Mitleid erfüllten.

Noch heute hat für mich das Abstechen von Hühnern grossen geschlechtlichen Reiz, und zwar speciell das Halten derselben, wobei ich Herzklopfen und Präcordialdruck verspüre. Interessant ist, dass mein Papa eine Leidenschaft dafür hat, Mädchen und jungen Frauen die Hände zusammenzubinden.

Wie ich glaube, ist auch eine andere meiner sexuellen Abnormitäten auf diese grausame Ader in mir zurückzuführen. Wie ich später näher schildern werde, bildete ein Lieblingsspiel von mir ein improvisirtes Puppentheater, wobei ich den Stoff den Mitwirkenden angab. Fast immer gab es da ein junges Mädchen, welches auf strengen Befehl des Papas, den ich darstellte, sich einer schmerzlichen Operation am Fusse unterwerfen musste. Je mehr nun die Mädchen-Puppe jammerte, desto höher stieg meine Befriedigung. Weshalb ich gerade den Fuss als constantes Operationsfeld ausersah, geht aus folgendem hervor: Als kleiner Junge kam ich zufällig dazu, als meine ältere Schwester die Strümpfe wechselte. Als sie rasch die Füsse versteckte, wurde ich aufmerksam, und gar bald bildete der Anblick ihrer blossen Füsse bis zu den Knöcheln herauf das Ideal meiner Sehnsucht. Selbstverständlich diente dieses nur dazu, meine Schwester erst recht vorsichtig zu machen, und so entwickelte sich ein ewiger Kampf, der meinerseits mit allen Waffen der List und Schmeichelei bis zu Zornexplosionen bis zu meinem 17. Jahre geführt wurde. Sonst war mir meine Schwester höchst gleichgültig, ihr Fuss ist mir sogar zuwider. Faute de mieux nahm ich auch mit den Füssen von Dienstmädchen vorlieb; männliche Füsse liessen mich kalt. Mein sehnsüchtigster Wunsch wäre gewesen, an einem schönen weiblichen Fusse die Nägel oder, sit venia verbo, die Hühneraugen schneiden zu dürfen. Meine wollüstigen Träume drehten sich um diese Dinge, ja ich wandte mich dem Studium der Medicin eigentlich in der Erwartung zu, Gelegenheit zur Stillung meiner Begierden zu finden oder sie zu heilen. Gottlob, dass Letzteres gelang. Nachdem ich die erste Zergliederung einer weiblichen unteren Extremität vorgenommen, wich der unselige Bann von mir; ich sage unselig, da ich mich stets dieser Triebe vor mir selbst aufs tiefste schämte. Weitere Details glaubte ich mir ersparen zu dürfen, da diese sonderbare Schwärmerei, welche mich sogar zu Gedichten begeisterte, auch andererseits schon mehrfach geschildert wurde.

Nun zur letzten Seite meiner sexuellen Irrthümer.

Ich war etwa 13 Jahre alt und begann gerade zu mutiren, als ein Schulkamerad, der vorübergehend bei uns zu Gast war, mich Abends einmal dadurch neckte, dass er mit seinem nackten Fusse unter der Decke hervor nach mir stiess. Ich erhaschte seinen Fuss und gerieth sofort in hochgradige Erregung, welche von einer Pollution gefolgt war, die erste, die ich hatte. Der Knabe war auffällig mädchenhaft gebaut und auch geistig derart angelegt. Auch ein anderer Kamerad, mit sehr kleinen und zarten Händen und Füssen, den ich einmal im Bade sah, regte mich ungemein auf. Ich dachte es wohl mitunter als ein hohes Glück, mit einem von den Beiden im Bett zusammenliegen zu können, ein engerer sexueller Verkehr jedoch, der über eine Umarmung hinausgegangen wäre, kam mir gar nicht in den Sinn. Uebrigens wies ich auch solche Gedanken stets mit Abscheu von mir. Einige Jahre später, von meinem 16.—18. Jahre, lernte ich noch zwei Knaben kennen, welche mein sexuelles Gefühl erweckten. Wenn ich mich mit ihnen herumbalgte, hatte ich sofort Erectionen. Beide waren sehr energische, frische, aber zartgebaute Bürschchen von kindlichem Habitus. Mit dem Eintritt der Pubertät verlor jeder von Beiden mein ganzes Interesse, obzwar ich Beiden eine warme freundschaftliche Theilnahme bewahrte. Zu unzüchtigen Handlungen mit ihnen hätte ich mich nie hinreissen lassen. —

Als ich die Universität bezogen hatte, vergass ich völlig auf diese Verirrungen meiner Libido sexualis, hielt mich aber bis zu meinem 24. Jahre aus Princip von jedem sexuellen Verkehr zurück, trotz des Hohnes meiner Collegen. Als sich dann die Pollutionen allzusehr häuften, und ich fürchten musste, eventuell ex abstinentia eine Cerebralasthenie zu acquiriren, warf ich mich dem normalen Geschlechtsleben in die Arme, und zwar, obschon ich es ziemlich nachdrücklich geniesse, zu meinem grössten Wohle.

Dass ich gegenüber Puellis publicis nahezu impotent bin, dass der nackte Körper eines Weibes mich eher ekelt als erregt, hängt wohl mit den Specialfächern zusammen, in welchen ich jahrelang thätig war. Der Akt befriedigt mich stets am meisten, wenn ich dabei die Vorstellung der Vis festhalten kann; da aber andererseits die Vorstellung mir unerträglich ist, dass das Mädchen neben mir noch von einem Andern befriedigt werde, habe ich es seit Jahren als unumgänglich nötbig für mein seelisches Gleichgewicht befunden, une femme soutenue mir trotz drückender pecuniärer Opfer zu vergönnen, und zwar nur eine virgo. Sonst macht mich die albernste Eifersucht vollkommen arbeitsunfähig. Ich muss noch erwähnen, dass ich mit 13 Jahren das erste Mal platonisch verliebt war und seitdem öfter in holder Minne geschmachtet habe. Was meinen Fall vor allen anderen auszeichnen dürfte, ist, dass ich nicht ein einziges Mal in meinem Leben onanirt habe.

Vor einigen Wochen erschreckte mich ein Schlaf, in welchem ich von pueris nudis geträumt hatte und aus dem ich mit Erection erwachte.

Zum Schlusse wage ich mich an die immerhin missliche Aufgabe, meinen Status praesens zu skizziren. Mittelgross, gracil gebaut. Schädel dolichocephal mit Delle an der Hinterhauptschuppe, 59 cm Circumferenz, Stirnhöcker stark vorspringend, etwas neuropathischer Blick, Pupillen mittelweit, Gebiss sehr defekt. Muskulatur kräftig, straff. Starker Haarwuchs, blond. Links Variocele; ein zu kurzes Frenulum, welches mich beim Coitus hinderte, zerschnitt ich selbst vor 3 Jahren. Seitdem Ejaculation retardirt, Wollustgefühl bedeutend vermindert.

Cholerisches Temperament, Auffassung rasch, gute Combinationsgabe, energisch, für einen Hereditarier sehr ausdauernd, lerne leicht Sprachen, habe gutes Gehör, sonst kein Talent für die schönen Künste. Pflichteifrig, aber stets von Taedium vitae erfüllt; am Tentamen suic. nur durch meine Religion und die Rücksicht auf meine angebetete Mutter verhindert. Sonst typischer Selbstmordkandidat. Ehrgeizig, eifersüchtig, paralysophobisch, Linkshänder. Von socialistischen Ideen angekränkelt. Abenteuersüchtig, muthig — habe mich entschlossen, nie zu heirathen."

Beobachtung 115. Psychische Hermaphrodisie. Heterosexuale Empfindung durch Masturbation früh verkümmert, episodisch aber mächtig. Homosexuale Empfindung ab origine pervers (sinnliche Erregung durch Männerstiefel).

Herr X., 28 Jahre, kommt im September 1887 in verzweifelter Stimmung zu mir, um mich wegen einer Perversion seiner Vita sexualis zu consultiren, die ihm das Leben fast unerträglich erscheinen lasse und ihn wiederholt schon dem Selbstmord nahegebracht habe.

Patient stammt aus einer Familie, in der Neurosen und Psychosen häufig vorkommen. In der väterlichen Familie hatten seit drei Generationen Geschwisterkindehen stattgefunden. Der Vater soll ein gesunder Mann sein und in guter Ehe gelebt haben. Auffallend ist jedoch dem Sohn die Vorliebe des Vaters für schöne Bediente. Die mütterliche Familie wird als eine Familie von Sonderlingen geschildert. Der Grossvater und Urgrossvater der Mutter starben melancholisch, ihre Schwester war verrückt. Eine Tochter des Bruders des Grossvaters war hysterisch und nymphomanisch. Von den zwölf Geschwistern der Mutter heiratheten nur drei. Von diesen war ein Bruder conträr sexual und durch excessive Masturbation immer nervenkrank. Die Mutter des Patienten soll bigott, geistig beschränkt, nervös, reizbar, zu Melancholie neigend gewesen sein. Dieselbe starb, als Patient 14 Jahre alt war.

Patient hat zwei Geschwister — einen neuropathischen, häufig melancholisch verstimmten Bruder, der, obwohl erwachsen, noch niemals Spuren von sexuellen Regungen gezeigt hat, ferner eine Schwester, eine anerkannte Schönheit, förmlich angebetet von der Männerwelt.

Diese Dame ist verheirathet, aber kinderlos, angeblich durch Impotenz ihres Mannes. Sie war von jeher kalt gegenüber den ihr von Männern dargebrachten Huldigungen, ist aber entzückt von weiblicher Schönheit und geradezu verliebt in einzelne ihrer Freundinnen.

Patient theilt bezüglich seiner eigenen Persönlichkeit mit, dass er schon mit 4 Jahren von jungen schönen Reitknechten mit schön geputzten Stiefeln geträumt habe. Auch herangewachsen will er niemals von einem Weibe geträumt haben. Seine nächtlichen Pollutionen waren jeweils durch „Stiefelträume" hervorgerufen.

Schon vom 4. Jahre an empfand er eine sonderbare Neigung zu Männern oder richtiger zu Lakaien, die schön geputzte Stiefel trugen. Anfangs waren sie ihm bloss sympathisch, mit sich entwickelndem Geschlechtsleben machte ihm deren Anblick mächtige Erectionen und wollüstige Erregung. Nur an Dienern reizte ihn der glänzend geputzte Stiefel. Derselbe Gegenstand an gesellschaftlich gleichstehenden Personen liess ihn kalt.

Ein sexueller Drang im Sinne mannmännlicher Liebe verband sich nicht mit diesen Situationen. Schon der blosse Gedanke an eine solche Möglichkeit war ihm ekelhaft. Wohl aber kamen jeweils wollüstig betonte Vorstellungen, Diener seiner Diener sein, ihnen als solcher die Stiefel ausziehen zu dürfen, am liebsten sich dabei aber von ihnen treten zu lassen oder auch ihnen die Stiefel wichsen zu dürfen. Gegen derartige Gedanken empörte sich der Stolz des Aristokraten. Ueberhaupt waren ihm diese Stiefelideen ekelhaft und peinlich.

Das sexuelle Fühlen entwickelte sich früh und mächtig. Vorläufig fand es seinen Ausdruck im Schwelgen in wollüstigen Stiefelgedanken, und von der Pubertät an, in von Pollutionen begleiteten analogen Träumen.

Im Uebrigen ging die geistige und körperliche Entwicklung ungestört vor sich. Patient war begabt, lernte leicht, absolvirte seine Studien, wurde Officier, vermöge seiner distinguirten, durchaus männlichen Erscheinung und seiner hohen Stellung eine beliebte Persönlichkeit in der Gesellschaft.

Er selbst bezeichnet sich als einen gutmüthigen, ruhigen, willenskräftigen, aber oberflächlichen Menschen. Er versichert, passionirter Jäger und Reiter zu sein und niemals Sinn für weibliche Beschäftigung gehabt zu haben. In Damengesellschaft sei er immer befangen gewesen; im Ballsaal habe er sich gelangweilt. Niemals habe er ein Interesse für eine Dame aus höheren Ständen gehabt. Von Weibern hätten ihn überhaupt nur die drallen Bauernmädchen, wie sie den Malern in Rom Modell sitzen, interessirt. Eine eigentliche sinnliche Regung habe er jedoch auch derlei Vertreterinnen des weiblichen Geschlechts gegenüber nie empfunden. Im Theater und im Circus habe er nur Interesse für die männlichen Darsteller empfunden. Auch diesen gegenüber habe er keine sinnlichen Empfindungen gehabt. Am Mann reizen ihn überhaupt nur die Stiefel, und zwar nur, wenn der Träger der dienenden Klasse angehöre und ein schöner Mensch sei. Gleichgestellte Männer mit noch so schönen Stiefeln seien ihm ganz gleichgültig.

Patient ist sich bezüglich seiner geschlechtlichen Neigungen noch jetzt unklar, ob er mehr Sympathie für das andere oder für das eigene Geschlecht empfinde.

Seiner Meinung nach habe er ursprünglich eher Sinn für das Weib gehabt, aber diese Sympathie war jedenfalls eine überaus schwache. Bestimmt versichert er, dass ihm Adspectus viri nudi unsympathisch und der von männlichen Genitalien geradezu widerlich war. Dem Weib gegenüber war dies gerade nicht der Fall, aber er blieb unerregt selbst dem schönsten Corpus femininum gegenüber. Als junger Officier war er genöthigt, ab und zu seine Kameraden in Bordelle zu begleiten. Er liess sich nicht ungern dazu bereden, da er damit seine lästigen Stiefelphantasien los zu werden hoffte. Er war impotent, bis er seine Stiefelphantasien zu Hülfe nahm. Nun verlief der Akt der Cohabitation ganz normal, jedoch ohne Wollustgefühl. Einen Trieb zum Verkehr mit dem Weib verspürte Patient nicht, es bedurfte jeweils einer äusseren Veranlassung, resp. Verführung. Sich selbst überlassen, bestand seine Vita sexualis in Stiefelschwelgereien und bezüglichen Träumen mit Pollutionen. Da sich damit immer mehr der Drang verband, seinen Dienern die Stiefel zu küssen, sie ihnen auszuziehen u. s. w., beschloss Patient Alles aufzubieten, um diesen eklen, ihn in seinem Selbstgefühl tiefverletzenden Drang los zu werden. Er befand sich damals, 20 Jahre alt, gerade in Paris; da erinnerte er sich eines wunderschönen Bauernmädchens in der fernen Heimath. Er hoffte mit Hülfe desselben sich von seiner perversen Sexualrichtung befreien zu können, reiste sofort heim und bewarb sich um die Gunst dieses Mädchens. Er versicherte, dass er damals tüchtig verliebt in jene Person wurde, dass schon den Anblick, die Berührung ihres Kleides ihn wollüstig erschauern machte, und als sie ihm einmal einen Kuss gewährte, er eine mächtige Erection bekam. Erst nach 1½ Jahren gelangte Patient mit dieser Person an das Ziel seiner Wünsche.

Er war sehr potent, ejaculirte aber tardiv (10—20') und hatte nie ein Wollustgefühl beim Akt.

Nach etwa 1½jährigem sexuellem Umgang mit diesem Mädchen erkaltete seine Liebe zu ihm, da er es nicht so „fein und rein fand", als er es wünschte. Von nun an musste er wieder seine inzwischen latent gewordenen Stiefelphantasien zu Hülfe nehmen, um im Verkehr mit diesem Mädchen potent zu bleiben. In dem Masse, als seine Potenz nachliess, kamen jene ganz spontan. In der Folge coitirte Patient auch mit anderen Weibern. Hie und da, nämlich wenn ihm das Weib sympathisch war, ging es ohne sich eindrängende Stiefelphantasien ab.

Einmal passirte es Patient sogar, dass er sich ein Stuprum zu Schulden kommen liess. Merkwürdigerweise hatte er dieses einzige Mal beim (erzwungenen) Akt ein Wollustgefühl. Gleich nach der That empfand er Ekel. Als er eine Stunde post Stuprum mit demselben Weib und mit dessen Zustimmung coitirte, hatte er kein Wollustgefühl mehr.

Mit abnehmender, d. h. nur durch Stiefelphantasien aufrecht erhaltener Potenz sank die Libido zum anderen Geschlecht. Es ist bezeichnend für des Patienten geringe Libido und schwache Veranlagung gegenüber dem Weibe, dass, während er noch in sexuellen Relationen zu jenem Bauernmädchen stand, er zur Masturbation gelangte. Er lernte sie durch Rousseau's „Confessions", welches Buch ihm zufällig in die Hand fiel, kennen. Mit bezüglichen Drängen verbanden sich sofort die Stiefelphantasien. Er bekam dann heftige Erectionen, masturbirte, hatte bei der Ejaculation ein lebhaftes Wollustgefühl, das ihm beim Coitus versagt blieb, und fühlte sich von Masturbation anfangs geistig frischer, angeregter.

Mit der Zeit stellten sich aber die Erscheinungen sexueller, dann allgemeiner Neurasthenie mit Spinalirritation ein. Er entsagte nun vorläufig der Masturbation und suchte die frühere Geliebte auf. Sie war ihm aber nunmehr ganz gleichgültig, und da er schliesslich selbst mit Zuhülfenahme von Stiefelscenen nicht mehr reüssirte, zog er sich vom Weibe zurück und verfiel wieder auf Masturbation, durch die er sich von dem Drang, Dienern Stiefel zu küssen, zu wichsen u. s. w., geschützt fühlte. Gleichwohl blieb ihm seine sexuelle Position peinlich. Er versuchte gelegentlich wieder Coitus und reüssirte auch, sobald er sich gewichste Stiefel dachte. Nach längerer Enthaltung von Masturbation gelang ihm auch zuweilen Coitus ohne jede künstliche Hülfe.

Patient bezeichnet sich als sexuell sehr bedürftig. Wenn er lange nicht ejaculirt habe, so werde er congestiv, psychisch mächtig erregt, von den widerlichen Stiefelbildern geplagt, so dass er dann gezwungen sei, zu coitiren oder noch lieber zu masturbiren.

Seit Jahresfrist hat sich seine moralische Situation in peinlicher Weise dadurch complicirt, dass er als der Letzte eines reichen und vornehmen Geschlechts und über dringenden Wunsch seines Vaters endlich heirathen soll. Die ihm bestimmte Braut ist von seltener Schönheit, geistig ihm äusserst sympathisch. Aber als Weib ist sie ihm gleichgültig wie jedes Weib. Sie befriedige ihn ästhetisch wie ein beliebiges „Kunstwerk". Sie stehe ihm wie ein Ideal vor Augen. Platonisch sie zu verehren, wäre ihm ein erstrebenswerthes Glück, sie aber als Weib zu besitzen ein peinlicher Gedanke. Er wisse bestimmt voraus, dass er ihr gegenüber nur unter Zuhülfenahme von Stiefelphantasien potent sein könne. Zu solchen Mitteln zu greifen, widerstrebe aber seiner Hochachtung für die Dame, seinem sittlichen und ästhetischen Gefühl für dieselbe. Beschmutze er sie mit einem Stiefelgedanken, so werde sie in seinen Augen auch ihren ästhetischen Werth verlieren, und dann werde er ganz impotent und sie ihm zuwider werden. Patient hält seine Lage für eine verzweifelte und gesteht, dass er in letzter Zeit dem Selbstmord wiederholt nahe war.

Er ist ein hochintelligenter Mann von durchaus männlichem Habitus, starker Bartentwicklung, tiefer Stimme, normalen Genitalien. Das Auge hat einen neuropathischen Ausdruck. Keine Degenerationszeichen. Erscheinungen von spinaler Neurasthenie. Es gelang, den Patienten zu beruhigen und ihm Vertrauen in die Zukunft einzuflössen.

Die ärztlichen Rathschläge bestanden in Mitteln zur Bekämpfung der Neurasthenie, Verbot weiterer Masturbation und weiterer Hingabe an Stiefelphantasien, Aussicht, dass mit Beseitigung der Neurasthenie Cohabitation ohne Stiefelideen möglich und Patient mit der Zeit moralisch und physisch zur Ehe fähig werde.

Ende Oktober 1888 schrieb mir Patient, dass er der Masturbation und den Stiefelphantasien kräftig seitdem widerstanden habe. Inzwischen habe er nur einmal einen Stiefeltraum und fast gar keine Pollutionen mehr gehabt. Er sei frei von homosexualen Anwandlungen, aber, trotz oft bedeutender sexueller Erregung, ohne jegliche Libido dem Weib gegenüber. In dieser fatalen Situation sei er nun durch Verhältnisse gezwungen, in 3 Monaten zu heirathen.

## 2) Homosexuale oder Urninge.

Gegenüber der vorausgehenden Gruppe der psychosexualen Hermaphroditen besteht hier ab origine ausschliesslich sexuale Empfindung und Neigung zu Personen desselben Geschlechts, aber im Gegensatz zu der folgenden Gruppe beschränkt sich die Anomalie nur auf die Vita sexualis und wirkt nicht tiefer und belastend ein auf Charakter und gesammte geistige Persönlichkeit.

Die Vita sexualis ist bei diesen Homosexualen (Urninge) mutatis mutandis ganz die gleiche wie bei der normalen heterosexualen Liebe, aber da sie der natürlichen Empfindung gegensätzlich ist, wird sie zur Karrikatur, um so mehr, als diese Individuen in der Regel mit Hyperaesthesia sexualis zugleich behaftet sind, und damit ihre Liebe zum eigenen Geschlecht eine schwärmerische, brünstige ist.

Der Urning liebt, vergöttert den männlichen Geliebten gerade so wie der weibliebende Mann die Geliebte. Er ist der grössten Opfer für ihn fähig, empfindet die Qualen unglücklicher, oft nicht erwiderter Liebe der Untreue des Geliebten, der Eifersucht u. s. w.

Die Aufmerksamkeit des mannliebenden Mannes fesseln nur der Tänzer, der Schauspieler, der Athlet, die männliche Statue u. s. w. Der Anblick weiblicher Reize ist ihm gleichgültig, wenn nicht zuwider; ein nacktes Weib ist ihm ekelhaft, während die Besichtigung männlicher Genitalien, Hüften u. s. w. ihn vor Wonne erheben macht.

Die körperliche Berührung eines sympathischen Mannes ruft einen Wonneschauer hervor, und da derlei Individuen angeboren oder durch Onanie oder auch durch erzwungene Abstinenz von geschlechtlichem Verkehr vielfach sexuell neurasthenisch sind, kommt es dabei leicht zur Ejaculation, die im noch so intimen Verkehr mit dem Weib gar nicht oder nur durch mechanischen Reiz erzwingbar ist. Der sexuelle Akt mit dem Manne, gleichviel welcher, gewährt Genuss und hinterlässt Wohlbefinden. Vermag sich der Urning zum Coitus zu zwingen, wobei aber Ekel in der Regel als Hemmungsvorstellung wirkt und den Akt unmöglich macht, so ist ihm dabei etwa zu Muthe wie einem Menschen, der ekelhafte Speise oder Trank zu kosten genöthigt ist. Gleichwohl lehrt die Erfahrung, dass nicht selten conträr Sexuale auf dieser 2. Stufe sich verheirathen, sei es aus ethischen oder socialen Rücksichten.

Relativ potent sind derartige Unglückliche, insofern sie bei der ehelichen Umarmung ihre Phantasie anstrengen und sich statt der Ehefrau eine geliebte männliche Person vorstellen.

Der Coitus ist für sie aber ein schweres Opfer, kein Genuss, und macht sie auf Tage hinaus nervenschwach und leidend. Vermögen derartige Urninge nicht durch willenskräftige Anstrengung ihrer Phantasie, etwa unter Benutzung von excitirenden spirituösen Getränken, von Erectionen, hervorgerufen durch gefüllte Blase u. s. w., die hemmenden Gefühle und Vorstellungen zu compensiren, so sind sie gänzlich impotent, während die blosse Berührung des Mannes die mächtigste Erection und selbst Ejaculation bewirken kann.

Mit einem Weibe zu tanzen, ist dem Urning unangenehm, Tanz mit einem Manne, besonders einem solchen von sympathischen Formen, erscheint ihm als die höchste Lust.

Der männliche Urning, sofern er eine höhere Bildung besitzt, hat keine Abneigung gegen den geschlechtslosen Umgang mit Weibern, sofern sie durch Geist und Kunstsinn die Conversation mit ihnen angenehm erscheinen lassen. Nur das Weib in seiner geschlechtlichen Rolle perhorrescirt er.

Auf dieser Stufe der sexuellen Entartung bleibt Charakter und Beschäftigung dem Geschlecht entsprechend, welches das betreffende Individuum repräsentirt. Die sexuelle Perversion bleibt eine isolirte, aber tief in die sociale Existenz einschneidende Anomalie im geistigen Dasein der Persönlichkeit. Dem entsprechend fühlt sich dieselbe bei gleichviel welchem sexuellen Akt in der Rolle, welche bei heterosexualer Gefühlsweise ihr zukäme.

Uebergänge zur folgenden dritten Gruppe kommen jedoch insofern vor, als auch zuweilen die der homosexualen Empfindungsweise entsprechende geschlechtliche Rolle gedacht, gewünscht oder wenigstens geträumt wird, ferner dass Beschäftigungsneigungen und Geschmacksrichtungen fragmentar sich zeigen, die dem Geschlecht, welches repräsentirt wird, nicht entsprechen. In manchen Fällen gewinnt man den Eindruck, dass derartige Erscheinungen Artefacte, durch Erziehungseinflüsse hervorgerufen, sind, in anderen, dass sie erworbene tiefere Degenerationen innerhalb der betreffenden Stufe durch perverse Geschlechtsbethätigung (Masturbation), analog den progressiven Entartungserscheinungen, wie sie bei der erworbenen conträren Sexualempfindung beobachtet werden, darstellen.

Was nun die Art der sexuellen Befriedigung betrifft, so ist hervorzuheben, dass bei vielen männlichen Urningen, da sie an reizbarer sexueller Schwäche leiden, schon die blosse Umarmung genügt, um Ejaculation zu bewirken. Bei sexuell Hyperästhetischen und mit Parästhesie ästhetischer Gefühle Behafteten gewährt es oft erhöhten Genuss, mit schmutzigen ordinären Subjekten aus der Hefe des Volkes zu verkehren.

Auf gleicher Grundlage kommen päderastische (natürlich) active Gelüste und andere Verirrungen vor, jedoch kommt es nur selten und offenbar nur bei moralisch defekten und durch Libido nimia besonders lüsternen Persönlichkeiten zu päderastischen Akten.

Die sinnliche Neigung erwachsener Urninge scheint, im Gegensatz zu alten und verkommenen Wüstlingen, welche Knaben bevorzugen (und mit Vorliebe Päderastie treiben), unreifen männlichen Individuen sich nicht zuzuwenden. Nur aus Mangel an Besserem und bei heftiger Brunst, sowie auf Grund einer besonderen Perversion (Paedophilia erotica), dürfte der Urning Knaben gefährlich werden.

Beobachtung 116. Herr A., 30 Jahr, Künstler, stammt von schwer belasteter psychopathischer Mutter. Sein Bruder ist conträr sexual.

A. ist von Kindesbeinen auf neuropathisch, seit der Pubertät neurasthenisch. Schon mit 6 Jahren, als er neben einem bestimmten Schulkameraden durfte, empfand er eine wahre Seligkeit.

Von der Pubertät ab masturbirte er, wobei er sich ihm sympathische Altersgenossen dachte. Auch anlässlich Pollutionen schwebten ihm nur homosexuelle Traumbilder vor.

In einer decidirten geschlechtlichen Stelle fühlte er sich dem Manne gegenüber nicht. Zuerst mit 20 Jahren, später mit 25 Jahren, war er „colossal" verliebt in erwachsene Männer. Das Weib hatte für ihn nie einen Reiz. Er versuchte wiederholt Coitus cum puellis, war potent, empfand daran aber nicht den geringsten seelisch körperlichen Genuss und zog sich bald vom intimen Umgang mit dem weiblichen Geschlecht zurück. Nur gewisse Männer, durchaus männlich, von feiner Bildung und Umgangsform üben auf ihn einen Zauber. Dieser ist unwiderstehlich. A. behauptet, nicht besonders sinnlich zu sein, es interessire ihn mehr die Seele als der Körper.

Seine sexuelle Befriedigung ist Kuss, Umarmung, da er dabei gleich unter Wollustschauer ejaculirt. Damit erspare er sich Masturbatio mutua und andere unzüchtige Handlungen, die er abscheulich finde. Faute de mieux habe er zuweilen Masturbatio solitaria getrieben.

Durchaus männliche Erscheinung, ohne alle Degenerationszeichen.

A. erkennt seine sexuelle Situation als eine abnorme an, fühlt sich aber dabei ganz glücklich.

Beobachtung 117. Herr U., 24 Jahre, Techniker, stammt von irrsinnigem Vater, in dessen Blutsverwandtschaft 3 Fälle von Irrsinn vorgekommen sind.

Mit 7 Jahren begann U. während einer fieberhaften Krankheit und noch ganz ohne Ahnung sexueller Dinge sich für die Posteriora seiner männlichen Umgebung zu interessiren.

Diese Inclination schwand mit 12 Jahren, als er in die Geheimnisse der Vita sexualis eingeweiht wurde. Sein Sexualtrieb regte sich früh und mächtig. Pollutionen waren nur von homosexualen Traumbildern begleitet. Das Weib widerte ihn an. Seit Jahren werde er, sobald es dunkelt, vom Drang heimgesucht, mit Männern zu verkehren.

Er laufe solchen auf der Strasse nach, stundenlang, bis zur Erschöpfung. Er glühe vor Verlangen mit einem Manne zu schlafen, ihn an den Genitalien zu berühren. Bis jetzt habe er sich zu beherrschen vermocht. Nur in grosser Noth helfe er sich mit Automasturbation. Seine Situation ist ihm sehr peinlich, zumal da er seinem Drang zu unterliegen fürchtet.

U. macht den Eindruck eines eigenartigen und geistig nicht äquilibrirten Menschen. Die Ohren sind degenerativ, der Stirnschädel ist auffallend schmal. Zeichen von Neurasthenie bestehen nicht.

Genitalien normal. Die äussere Erscheinung ist durchaus viril.

Beobachtung 118. D., 24 Jahre, Studirender, stammt von einem Vater, der durch Emotivität, unmotivirten Stimmungswechsel, Reizbarkeit, Launenhaftigkeit, Excentricitäten der Anschauungs- und Handlungsweise, Willensschwäche, Zerstreutheit, neuropathischen Blick vielfach auffiel, in den letzten Jahren seines Lebens Alkoholexcesse beging, mit 40 Jahren an Phthisis starb und wohl als psychopathische Minderwerthigkeit zu bezeichnen war.

D.'s Mutter ist gesund, aber eine Tante derselben war psychopathisch und endete durch Selbstmord. Ein Vetter derselben war Alkoholist und hypersexual.

D. ist eine schlanke, durchaus virile, dem Alter entsprechende bebartete Persönlichkeit. Der Schädel ist asymmetrisch, das Skelet männlich. Die Genitalien sind gut und normal ausgebildet.

D. war schwächlich von Kindesbeinen auf, nervös, emotiv, erregbar, unbeständig, begabt, aber flatterhaft. Früh erwachte sein Sexualleben. Es war ausschliesslich dem eigenen Geschlechte zugewandt und wurde vorläufig durch

Automasturbation befriedigt. Vom 16. Jahre ab wurde Patient schwer cerebrasthenisch, musste mehrfach sein Studium unterbrechen und in Wasserheilanstalten Hülfe gegen sein Nervenleiden suchen.

Herangewachsen interessirte ihn sexuell viel mehr der Urning als der normal veranlagte Mann und mehr der Jüngling als der Erwachsene. Daneben bestand Fetischismus der Stimme, insofern, besonders für die Erweckung höherer psychosexualer Gefühle, hohe Stimmlage bei sympathischen jungen Männern entscheidend war, eine tiefe Stimme geradezu abstossend wirkte. Auch eine Andeutung von Kleidungsfetischismus besteht bei ihm, insofern Alles, was das Virile scharf markirt, wie z. B. Uniform, unsympathisch erscheint, während weisser Salonanzug anziehend wirkt.

D. hält sich für eine mehr weibliche Natur. Er macht in dieser Hinsicht geltend, dass er für männlichen Sport auch nicht das geringste Interesse habe, aber er bietet weder charakterologisch noch anthropologisch irgendwelche feminile Züge und erscheint auch dem geübten Auge nicht als Urning.

Seine homosexuelle Bethätigung bestand in Masturbatio mutua und gelegentlicher receptio membri alterius in os. Auch dabei nicht, ebenso wenig anlässlich Traumpollutionen hat er sich in feminiler Rolle gefühlt. Für das Genus femininum hat er nicht das geringste Interesse und sich ihm niemals genähert.

Seit 3 Jahren war D. durch seine neurasthenischen Beschwerden Morphinist geworden. Auf meinen Rath ging er in eine Wasserheilanstalt, wo er auch hypnotisirt wurde. Er gelangte nur in tiefes Engourdissement, war aber recht suggestibel. Die Neurasthenie schwand, die Masturbation wurde erfolgreich bekämpft, Patient fing an erotisch von Frauen zu träumen. Er versuchte sexuellen Umgang mit solchen, war aber impotent und brachte es nun zu passiver Masturbation durch Frauenhand, wobei er eine leidliche Befriedigung empfand.

Einige Monate nach Beendigung der mehrmonatlichen Cur dauerte der gebesserte Status rerum an, dann wurde Patient wieder Masturbant, neurasthenisch, Morphinist und verkehrte nur mehr ausschliesslich homosexual in der oben erwähnten Weise.

Beobachtung 119. Herr G., 23 Jahre, kommt um Rath wegen schwerer constitutioneller, seit einigen Monaten exacerbirter, mit Schlaflosigkeit einhergehender Neurasthenie.

Er entstammt einer mir persönlich bekannten Familie, in welcher Neurosen und psychische Entartungszustände bei fast allen Gliedern derselben anzutreffen sind.

Im Verlauf der Consultation stellt sich heraus, dass G. Urning ist. Er behauptet, schon mit 7 Jahren, als er mit anderen Knaben badete, Erectionen gehabt zu haben.

Wiederholt war er verliebt in Mitschüler. Von der Pubertät ab Masturbation, nur homosexuelle Pollutionsträume. Vom 18. Jahre ab wiederholt Versuche cum muliere zu coitiren, sämmtlich erfolglos wegen Impotenz ex horrore feminae.

Seit 2 Jahren hat er derlei Annäherungen aufgegeben und ausschliesslich homosexuell verkehrt. Seine Neigung wendet sich 20—30 Jährigen zu. Er fühlt sich dabei in männlicher Rolle. Seine Passionen und Alluren sind männlich. Er versichert, dass der homosexuale Verkehr ihn seelisch und leiblich erfrische. Derselbe besteht in Coitus inter femora. Einmal habe er aktiv Päderastie versucht, sei aber aus ethischen Gründen davon abgestanden. Seit einigen Monaten habe er ein dauerndes Verhältniss mit einem gleich ihm empfindenden Manne.

Vorher sei er oft impotent gewesen im homosexualen Verkehr. Es genügte dazu die Wahrnehmung, dass der Andere nicht propre war oder die

Vorstellung, dass er bezahlt werde, in anderen Fällen Befangenheit einer sehr hoch gestellten Persönlichkeit gegenüber.

G. erkennt seine sexuelle Triebrichtung als abnorm an, aber er findet seine Befriedigung innerhalb derselben und hat kein Bedürfniss nach einer Aenderung.

Anatomisch und anthropologisch erscheint G. durchaus als Mann, mit normalen Genitalien.

Beobachtung 120. Herr Z., 50 Jahre, verheirathet, Beamter i. P., stammt von einem psychopathischen Vater, dessen Schwester in einer Irrenanstalt bis zu ihrem Tode internirt war.

Z., der ebenfalls eine Schwester geisteskrank in der Irrenanstalt hat, litt bis zum 8. Lebensjahre an Convulsionen, seit der Pubertät an Cephalaea, galt in der Schule als ein höchst excentrischer, unbändiger Junge.

Mit 16 Jahren, im Jesuitenconvikt, überfiel ihn Nachts ein Mitschüler, klärte ihn über die Sexualfunctionen auf und vermochte ihn, Coitus inter femora zu gestatten.

Z. fand Gefallen an solcher Situation, schwelgte in Träumen und im wachen Zustand in der Erinnerung an das erlebte nächtliche Abenteuer, wobei er sich immer als den passiven, durch Gewaltanwendung bezwungenen Theil dachte.

Der Verkehr mit jenem Verführer gestaltete sich „wie eine Frau einen Mann nur lieben kann" und bestand in Form mutueller Masturbation durch 1 Jahr fort. Diese Zeit erklärt Z. für die glücklichste in seinem Leben. Der Tod trennte 1864 dieses Verhältniss, indem der Andere an einem acuten Hirnleiden zu Grund ging. Z. trauerte um den Verlorenen wie nur ein Weib den geliebten Mann betrauern kann.

Im Herbst 1864 suchte sich ihm ein anderer Schulcollege zu nähern, aber derselbe war ihm unsympathisch und er wies ihn zurück.

Auf der Universität gefiel sich Z. in weiblichen Allüren, trug Zeugschuhe, in der Mitte gescheiteltes Haar, hatte diverse Liebschaften mit jungen Männern, war glücklich, als er bei einer Theatervorstellung in einer Frauenrolle auftreten konnte. Er hatte damals ein Faible für Pomade, Parfums, Schmuckgegenstände.

Das weibliche Geschlecht hatte für ihn nicht die geringste Anziehungskraft. Als er einmal ins Lupanar mit musste, kam ihm das betreffende Weib wie ein Stück Holz vor und er konnte den Coitus nicht ausführen.

Diese Erfahrung machte ihn besorgt wegen der Zukunft. Bald aber gelangte er wieder zur Ueberzeugung, dass seine homosexualen Empfindungen und Handlungen nichts Unnatürliches sein könnten.

1872 Heirath aus Achtung und Interesse. Es gelang ihm, die eheliche Pflicht zu leisten, indem er sich an Stelle der Frau einen schönen jungen Mann dachte. Der Verkehr war ein seltener, seelisch ganz unbefriedigender. Z., entschädigte sich durch mannmännlichen Verkehr, der ausschliesslich in mutueller Masturbation bestand.

Seit 7 Jahren hat Z. nicht mehr mit seiner Frau sexuell verkehrt. Seiner Ehe entstammen zwei bereits erwachsene Söhne, die vollkommen gesund und sexuell normal sein sollen.

Z. erzählt, dass er unter seinen homosexualen Trieben viel litt und vergebens seinen Willen einsetzte, um seiner Frau die Treue zu bewahren. Es genügte der Anblick eines jungen Mannes in enganschliessenden Beinkleidern, um ihn mächtig zu erregen. Anlässlich solcher Vorkommnisse, besonders aber, wenn er etwas Wein getrunken hatte, den er nie vertragen konnte, bekam er unter Congestionen zum Kopf, Hallucinationen sexuellen Inhalts — er sah junge Männer, nackt, ganz plastisch, die mit erigirtem Glied „brutal" sich ihm näherten, seine Genitalien ergriffen, ihn masturbirten, mit ihm Coitus inter femora treiben wollten. Er duldete es in Gedanken, hatte dabei Orgasmus, aber nur ausnahmsweise Ejaculation. Solche Zustände hatte er auch zuweilen vor dem Einschlafen.

1895 wurde Z. wegen unzüchtiger Akte, die er mit einem 17 Jahre alten Arbeiter begangen, zu 6 Monaten Kerker verurtheilt.

Die Beobachtung auf der Klinik ergab eine neurotisch schwer belastete, psychisch nicht äquilibrirte Persönlichkeit. Cranium asymmetrisch, ausgesprochenes Bild einer Neurasthenia cerebralis. Genitalien normal.

Beobachtung 121. An einem Sommerabend in der Dämmerung wurde X. Y., Dr. med. in einer Stadt Norddeutschlands, von einem Flurwächter betreten, wie er auf einem Feldwege mit einem Landstreicher Unzucht trieb, indem er denselben masturbirte und darauf mentulam ejus in os suum immisit. X. entzog sich gerichtlicher Verfolgung durch die Flucht. Die Staatsanwaltschaft stand von der Klage ab, da kein öffentliches Aergerniss entstanden war und Immissio membri in anum nicht stattgefunden hatte. Im Besitze des X. wurde eine weit verzweigte urnische Correspondenz gefunden, durch welche ein seit Jahren bestandener reger und durch alle Schichten der Bevölkerung sich erstreckender urnischer Verkehr erwiesen wurde.

X. stammt aus belasteter Familie. Vatersvater endete irrsinnig durch Selbstmord. Der Vater war ein schwächlicher, eigenartiger Mann. Ein Bruder des Patienten onanirte schon mit 2 Jahren. Ein Vetter war conträr sexual, beging dieselben Unsittlichkeiten wie X. schon als Jüngling, wurde geistig schwach und starb an einer Rückenmarkskrankheit. Ein Grossonkel väterlich war Hermaphrodit. Die Schwester der Mutter war irrsinnig. Mutter gilt als gesund. Der Bruder des X. ist nervös, jähzornig.

X. selbst war ebenfalls als Kind sehr nervös. Das Miauen einer Katze versetzte ihn in höchste Furcht und wenn man nur eine Katzenstimme nachahmte, weinte er bitterlich und klammerte sich ängstlich an die Umgebung an.

Anlässlich geringfügiger Krankheiten fieberte er heftig. Er war ein stilles, träumerisches Kind, von reger Phantasie, aber geringer geistiger Begabung. Knabenspiele kultivirte er nicht. Mit Vorliebe trieb er weibliche Beschäftigung. Ein besonderes Vergnügen machte es ihm, die Hausmagd oder auch den Bruder zu frisiren.

Mit 13 Jahren kam X. in ein Institut. Dort trieb er mutuelle Onanie, verführte Kameraden, machte sich durch cynisches Benehmen unmöglich, so dass er nach Hause genommen werden musste. Schon damals fielen den Eltern Liebesbriefe conträr sexualen und höchst lasciven Inhalts in die Hände. Vom 17. Jahre an studirte er unter der strengen Zucht eines Gymnasialprofessors. Er machte leidliche Fortschritte im Lernen. Begabt war er nur für Musik. Nach absolvirten Studien kam Patient, 19 Jahre alt, auf die Universität. Dort fiel er auf durch sein cynisches Wesen, sein Herumziehen mit jungen Leuten, von denen man bezüglich mannmännlicher Liebe allerlei munkelte. Er fing an sich zu putzen, liebte auffallende Cravatten, trug Hemden mit tiefem Halsausschnitt, zwängte seine Füsse in enge Stiefel und frisirte sich auffallend. Dieser Hang verlor sich, als er die Hochschule absolvirt hatte und heimgekehrt war.

Im 24. Jahre war er eine Zeit lang schwer neurasthenisch. Von da bis zum 29. Jahr schien er ernst, zeigte sich im Berufe tüchtig, mied aber die Gesellschaft des schönen Geschlechts und trieb sich beständig mit Herren zweifelhaften Rufes herum.

Zu einer persönlichen Exploration liess sich Patient nicht herbei. Er entschuldigte dies schriftlich damit, dass er eine solche für aussichtslos halte, da der Trieb zum eigenen Geschlecht seit früher Kindheit bei ihm bestehe und angeboren sei. Er habe von jeher Horror feminae gehabt, niemals es über sich gebracht, die Reize eines Weibes zu kosten. Dem Manne gegenüber fühle er sich in männlicher Rolle. Er erkennt seinen Trieb zum eigenen Geschlecht als abnorm an, entschuldigt seine sexuellen Ausschreitungen mit seiner krankhaften Naturanlage.

X. lebt seit seiner Flucht aus Deutschland im Süden Italiens, und wie ich aus einem Briefe desselben entnehme, huldigt er nach wie vor der urnischen Liebe. X. ist ein ernster, stattlicher Mann von durchaus männlichen Zügen, stark bebartet, mit normal entwickelten Genitalien. Dr. X. stellte mir vor Kurzem seine Autobiographie zur Verfügung, aus welcher Folgendes mitgetheilt zu werden verdient. Als ich mit 7 Jahren in eine Privatschule eintrat, fühlte ich mich im höchsten Grade unbehaglich und fand bei meinen Mitschülern sehr wenig Entgegenkommen. Nur zu einem derselben, der ein sehr hübsches Kind war, fühlte ich mich hingezogen und liebte ich ihn fast stürmisch. Bei den kindlichen Spielen wusste ich es immer so einzurichten, dass ich in Mädchenkleidern erscheinen konnte, und das grösste Vergnügen war für mich, unseren Dienstmädchen recht complicirte Coiffüren zu machen. Oft bedauerte ich, kein Mädchen zu sein.

Mein Geschlechtstrieb erwachte, als ich 13 Jahre alt war, und richtete sich vom Moment seines Entstehens an auf jugendliche, kräftige Männer. Anfangs war ich mir eigentlich gar nicht darüber klar, dass dies eine Abnormität sei; das Bewusstsein derselben kam aber, als ich sah und hörte, wie meine Altersgenossen in geschlechtlicher Beziehung beschaffen waren. Ich fing mit 13 Jahren an zu onaniren. Mit 17 Jahren verliess ich das Elternhaus und besuchte das Gymnasium einer grösseren Hauptstadt, wo ich als Pensionär zu einem verheiratheten Gymnasiallehrer gebracht wurde, mit dessen Sohn ich in der Folge geschlechtlichen Umgang hatte. Es war dies das erste Mal, dass ich geschlechtliche Befriedigung empfand. Ich lernte in der Folge dort einen jungen Künstler kennen, der sehr bald merkte, dass ich abnorm geartet war, und der mir gestand, dass bei ihm dasselbe der Fall sei. Ich erfuhr durch denselben, dass diese Abnormität sehr häufig vorkomme, und diese Mittheilung machte meine, mich oft tief betrübende Meinung, ich sei allein abnorm, hinfällig. Dieser junge Mann hatte einen ausgedehnten Kreis gleichartiger Bekannter, in welchen er mich einführte. Dort wurde ich der Gegenstand allgemeiner Aufmerksamkeit, da ich körperlich, wie allseitig behauptet wurde, sehr vielversprechend war. Ich wurde bald von einem älteren Herrn abgöttisch geliebt, fand indessen denselben nicht nach meinem Geschmack und erhörte ihn nur auf kurze Zeit, um dann einem jüngeren, sehr schönen Officier, der mir zu Füssen lag, Gehör zu schenken. Dieser war eigentlich meine erste Liebe.

Nachdem ich mit 19 Jahren das Maturitätsexamen absolvirt hatte, lernte ich, vom Zwang der Schule befreit, eine grosse Anzahl von mir gleich- oder ähnlichgearteten Leuten kennen, darunter Karl Ulrichs (Numa Numantius).

Als ich später zum Studium der Medicin überging und mit vielen normalgearteten jungen Leuten verkehrte, war ich öfters in der Lage, der Aufforderung, zu öffentlichen Dirnen zu gehen, Folge leisten zu müssen. Nachdem ich bei verschiedenen zum Theil sehr schönen Frauenzimmern mich gründlich blamirt hatte, verbreitete sich unter meinen Bekannten die Ansicht, ich sei impotent, und ich gab diesem Gerede durch Erzählung von angeblichen ehemaligen übertriebenen Leistungen bei Frauenzimmern Nahrung. Ich hatte damals eine Menge auswärtiger Beziehungen, die in ihren Kreisen dermassen meine Körperbeschaffenheit priesen, dass ich weithin für eine hervorragende Schönheit galt. Dies hatte zur Folge, dass alle Augenblicke Jemand zugereist kam und mir eine solche Menge von Liebesbriefen zugingen, dass ich dadurch öfters in Verlegenheit gerieth. Den Höhepunkt erreichte diese Situation, als ich später, als einjähriger Arzt, im Lazareth wohnte. Dort ging es aus und ein wie bei einer gefeierten Persönlichkeit, und die Eifersuchtsscenen, die sich um meinetwillen dort abspielten, hätten fast zur Entdeckung der ganzen

Geschichte geführt. Kurz nachher erkrankte ich an einer Schultergelenksentzündung, von der ich erst nach 3 Monaten genas. Im Verlaufe derselben hatte ich mehrmals täglich subcutane Morphiuminjectionen erhalten, die mir plötzlich entzogen wurden und welche ich im Geheimen nach meiner Genesung fortsetzte. Zum Zwecke specieller Studien hielt ich mich vor meinem Eintritt in die selbstständige Praxis einige Monate in Wien auf, wo ich durch einige Empfehlungen in verschiedenen Kreisen von mir Gleichgearteten Zutritt hatte. Ich machte dort die Beobachtung, dass die in Frage stehende Abnormität in ihren sehr verschiedenen Arten in den unteren Volksschichten ebenso verbreitet ist, wie in den höheren, sowie dass Diejenigen, welche gewerbsmässig, gegen Bezahlung zugänglich sind, auch in den höheren Klassen nicht selten getroffen werden.

Als ich als Arzt auf dem Lande mich ansässig machte, hoffte ich, vermittelst des Cocains das Morphium los werden zu können, und verfiel so dem Cocainismus, der sich bei mir erst nach drei Recidiven dauernd beseitigen liess (vor 1³/₄ Jahren). In meiner Stellung war es mir unmöglich, geschlechtliche Befriedigung zu finden, und ich nahm deshalb mit Vergnügen wahr, dass der Cocaingebrauch das Erlöschen der Begierden zur Folge hatte. Als ich das erste Mal unter der energischen Pflege meiner Tante vom Cocainismus befreit war, verreiste ich auf einige Wochen, um mich zu erholen. Die perversen Begierden waren wieder in ihrer ganzen Stärke erwacht, und als ich eines Abends mit einem Manne im Freien vor der Stadt mich amüsirt hatte, wurde mir Tags darauf vom Staatsanwalt eröffnet, dass ich beobachtet und zur Anzeige gebracht worden sei, dass aber die mir zur Last gelegte Handlung nicht strafbar sei, gemäss eines Beschlusses des obersten Gerichtshofes im Deutschen Reiche. Ich solle indess mich in Acht nehmen, da bereits die Mittheilung von dem Vorfall in weiteste Kreise gedrungen sei. Ich sah mich genöthigt, Deutschland nach diesem Ereigniss zu verlassen und eine neue Heimath dort zu suchen, wo weder das Gesetz noch die öffentliche Meinung Dem entgegen stehen, was, wie wohl alle abnormen Triebe, von der Willenskraft nicht unterdrückt werden kann. Da ich keinen Augenblick darüber im Unklaren war, dass meine Neigungen zu den socialen Anschauungen im Gegensatze stehen, so versuchte ich wiederholt, derselben Herr zu werden, indessen steigerte ich dieselben nur hierdurch, und die gleiche Beobachtung wurde mir von Bekannten mitgetheilt. Da ich mich ausschliesslich zu kräftigen, jugendlichen und vollständig männlichen Individuen hingezogen fühlte, solche aber nur in den seltensten Fällen meinen Wünschen geneigt sich zeigten, so war ich oft darauf angewiesen, mir dieselben zu erkaufen. Da meine Wünsche sich auf Personen der niederen Klasse beschränken, so fand ich stets solche, die für Geld zu haben waren. Ich hoffe, dass die nun folgenden Eröffnungen Ihren Unwillen nicht wachrufen, ich wollte dieselben ursprünglich unterlassen, allein der Vollständigkeit dieser Mittheilungen halber muss ich sie beifügen, dass sie dazu dienen dürften, die Casuistik zu bereichern. Ich habe das Bedürfniss, den sexuellen Akt folgendermassen zu vollziehen:

Pene iuvenis in os recepto, ita ut commovendo ore meo effecerim, is quem cupio, semen eiaculaverit, sperma in perinacum exspuo, femora comprimi jubeo et penem meum adversus et intra femora compressa immitto. Dum haec fiunt, necesse est, ut iuvenis me, quantum potest, amplectatur. Quae prius me fecisse narravi, eandem mihi afferunt voluptatem, acsi ipse ejaculo. Ejaculationem pene in anum immittendo vel manu terendo assequi, mihi nequaquam amoenum est.

Sed inveni, qui penem meum receperint atque ea facientes quae supra exposui, effecerint, ut libidines meae plane sint saturatae.

Bezüglich meiner Person muss ich noch Folgendes erwähnen: Ich bin 186 cm hoch, von vollständig männlichem Habitus, und, abgesehen von einer abnormen Reizbarkeit der Haut, gesund. Ich habe sehr dichtes blondes Kopfhaar, ebensolchen Bartwuchs. Meine Geschlechtstheile sind von mittlerer Stärke und normal gebaut. Ich bin im Stande, ohne Ermüdung zu spüren, 4—6mal innerhalb 24 Stunden den geschilderten geschlechtlichen Akt zu vollziehen. Meine Lebensweise ist sehr regelmässig. Alkohol und Tabak geniesse ich sehr mässig. Ich spiele ziemlich gut Klavier und einige kleine Kompositionen von mir haben viel Beifall gefunden. Vor Kurzem habe ich einen Roman beendigt, der, als Erstlingswerk, günstig in meinen Kreisen beurtheilt wird. Derselbe hat mehrere Probleme aus dem Leben der Conträrsexualen zum Gegenstand.

Bei der grossen Anzahl der mir persönlich bekannten Leidensgenossen war ich natürlich oft in der Lage, Betrachtungen über die verschiedenen Arten von Abnormitäten anzustellen, vielleicht ist Ihnen mit den nachfolgenden Mittheilungen gedient.

Das Abnormste, was ich kennen lernte, war die Gepflogenheit eines Herrn aus der Umgebung von Berlin. Is iuvenes sordidos pedes habentes aliis praefert, pedes eorum quasi furibundus lambit. Diesem ganz ähnlich verhält sich ein Herr in Leipzig, qui linguam in anum coeno iniquatum, quod ei gratissimum est, immittere narratur. In Paris existirt ein Herr, welcher einen meiner Freunde nöthigte ut in os ei mingat. Verschiedene sollen, wie mir bestimmt versichert wird, durch den Anblick von Reiterstiefeln, von militärischen Uniformstücken in solche Ekstase gerathen, dass bei ihnen spontane Samenergüsse erfolgen.

Bis zu welchem Grade Manche sich als Weib fühlen, was bei mir nicht der Fall ist, davon geben besonders in Wien zwei Persönlichkeiten ein Beispiel. Dieselben führen weibliche Namen; die eine ist ein Friseur, der sich die „französische Laura" nennt, die andere ist ein ehemaliger Metzger, der die „Selcher-Fanny" heisst. Beide versäumen im Fasching keine Gelegenheit, um als weibliche, stets sehr outrirte Masken sich zu zeigen. In Hamburg existirt eine Persönlichkeit, von welcher manche Leute glauben, dass sie ein Weib sei, weil sie in ihrer Wohnung stets weiblich gekleidet geht, nur hie und da das Haus, und zwar in ebensolcher Kleidung, verlässt. Dieser Herr wollte sich sogar bei einer Taufe als Pathin ausgeben und erregte hierdurch einen riesigen Skandal.

Weibliche Untugenden, Klatschsucht, Unzuverlässigkeit, Charakterschwäche sind bei derartigen Individuen Regel.

Es sind mir mehrere Fälle von perverser Geschlechtsrichtung bekannt, bei welchen Epilepsie und Psychosen vorhanden sind; auffallend oft bestehen Hernien. In der Praxis wendeten sich, da ich von Freunden empfohlen wurde, mehrere Personen mit Erkrankungen des Anus an mich. Ich sah zwei syphilitische und einen localen Schanker, mehrere Fissuren und behandle gegenwärtig einen Herrn mit spitzen Condylomen am Anus, welche eine fast faustgrosse, blumenkohlförmige Geschwulst bilden. Einen Fall von primärer Affection des weichen Gaumens sah ich in Wien bei einem jungen Mann, der als Frauenzimmer verkleidet Maskenbälle besuchte und dort junge Männer abseits lockte. Er gab dann vor, die Periode zu haben, und brachte es so zu Wege, dass die Anderen ihn per os benutzten. Er soll auf diese Weise einmal 14 Leute geködert haben an ein und demselben Abend. Da ich in keiner der mir zu Gesicht gekommenen, auf conträren Sexualismus bezüglichen Veröffentlichungen über den Verkehr der Päderasten unter einander etwas fand, so möchte ich Ihnen zum Schluss noch Einiges mittheilen.

Sobald Conträrsexualisten mit einander bekannt werden, findet ein ausführlicher Austausch über die bisherigen Erlebnisse, Liebschaften und Eroberungen statt, soweit eine solche Unterhaltung durch die gesellschaftlichen Unterschiede beider nicht ausgeschlossen ist. Nur in ganz wenigen Fällen unterblieb diese Unterhaltung mit neuen Bekannten. Unter einander bezeichnen sich die Conträrsexualisten als „Tanten", in Wien als „Schwestern", und zwei sehr männlich aussehende Wiener öffentliche Dirnen, die ich zufällig kennen lernte und die zu einander in conträrsexualer Beziehung standen, erzählten mir, dass für die entsprechende Erscheinung bei Weibern der Name „Onkel" gebräuchlich ist. Ich bin, seit ich mir meines abnormen Triebes bewusst bin, mit weit über tausend Gleichgearteten in Berührung getreten. Fast jede grössere Stadt besitzt irgend einen Versammlungsort, sowie einen sogen. Strich. In kleineren Städten finden sich verhältnissmässig wenige „Tanten", doch fand ich in einem Städtchen von 2300 Einwohnern 8, in einem von 7000 Einwohnern 18, von denen ich es ganz sicher wusste, ganz abgesehen von denen, die ich im Verdacht hatte. In meiner Vaterstadt von etwa 30000 Einwohnern sind mir etwa 120 „Tanten" persönlich bekannt. Die meisten, ich speziell in höchstem Grade, besitzen die Fähigkeit, sofort einen Anderen zu beurtheilen, ob er gleichartig ist oder nicht, wie es in der „Tantensprache" heisst, „vernünftig oder unvernünftig". Meine Bekannten erstaunten oft darüber, wie gross die Sicherheit meines Blickes hierfür ist. Scheinbar ganz männlich organisirte Individuen erkannte ich auf den ersten Blick als „Tanten". Andererseits besitze ich die Fähigkeit, dermassen männlich mich zu benehmen, dass in Kreisen, in welchen ich durch Bekannte empfohlen war, schon Zweifel an meiner „Echtheit" laut wurden. Wenn ich in der Laune dazu bin, kann ich mich vollständig wie ein Frauenzimmer benehmen.

Da die meisten „Tanten", auch ich, ihre Abnormität keineswegs als Unglück empfinden, sondern bedauern würden, wenn dieser Zustand sich ändern würde, da ferner der angeborene Zustand nach meiner und aller Anderen Ueberzeugung nicht beeinflussbar ist, so geht unser ganzes Hoffen darauf hin, dass es zu einer Abänderung der bezüglichen Strafgesetzparagraphen kommen möge, in dem Sinne, dass nur Nothzucht oder Erregung öffentlichen Aergernisses, wenn diese gleichzeitig zu constatiren sind, als straffällig erachtet werden sollen.

### 3) Effeminatio.

Zu dieser Stufe finden sich mehrfache Uebergänge aus der vorigen, charakterisirt durch das Mass, in welchem die psychische Persönlichkeit, speciell ihre gesammte Gefühlsweise und ihre Neigungen, von der abnormen geschlechtlichen Empfindungsweise beeinflusst sind. Ausgebildete männliche Fälle der 3. Gruppe fühlen sich weiblich dem Manne gegenüber. Diese Abnormität in der Gefühlsweise und in der charakterologischen Entwicklung zeigt sich vielfach schon in den Kinderjahren. Der Knabe liebt es, in Gesellschaft kleiner Mädchen zu verweilen, mit Puppen zu spielen, der Mama in der Besorgung der Hausgeschäfte zu helfen; er schwärmt für Kochen, Nähen, Sticken, entwickelt Geschmack in der Auswahl von weiblichen Toiletten, so dass er sogar darin der Rathgeber seiner Schwestern werden kann. Herangewachsen verschmäht er Rauchen, Trinken, männlichen Sport, findet dagegen Gefallen an Putz, Schmuck, Kunst, Belletristik u. s. w., bis zur Schöngeisterei. Insofern das Weib derartige Richtungen vertritt, zieht er es vor, in Damengesellschaft zu verkehren.

Kann er bei einer Maskerade in weiblicher Rolle erscheinen, so ist dies seine höchste Lust. Dem Geliebten sucht er zu gefallen, indem er so zu sagen instinktiv das zu bieten anstrebt, was dem weibliebenden Manne am anderen Geschlecht gefällt — Züchtigkeit, Anmuth, Sinn für Aesthetik, Poesie u. s. w. Vielfach zeigen sich auch Bestrebungen, in Gang, Haltung, Zuschnitt der Kleider sich der weiblichen Erscheinung zu nähern.

Was die sexuellen Gefühle und Triebe dieser auch im ganzen psychischen Wesen mitbetroffenen Urninge betrifft, so fühlen sie sich ausnahmslos in weiblicher Rolle dem Mann gegenüber. Sie fühlen sich demgemäss abgestossen von gleichgearteten Personen des eigenen Geschlechts, da diese ja ihre Concurrenten sind, dagegen hingezogen zu einfach Homosexualen oder sexuell Normalen ihres eigenen Geschlechts. Dieselbe Eifersucht, welche im normalen sexuellen Leben vorkommt, findet sich auch hier, wenn ihrer Liebe Concurrenz droht, ja, da sie sexuell meist hyperästhetisch sind, ist diese Eifersucht oft eine grenzenlose.

Bei vollkommen entwickelter conträrer Sexualität erscheint heterosexuale Liebe als eine ganz unverständliche Sache, ein sexueller Verkehr mit einer Person des anderen Geschlechts undenkbar, unmöglich. Ein bezüglicher Versuch scheitert an der eine Erection unmöglich machenden Hemmungsvorstellung des Ekels, selbst Grausens. Nur zwei Uebergangsfälle zur 3. Kategorie aus meiner Casuistik vermochten unter Zuhülfenahme ihrer Phantasie, indem sie sich das betreffende Weib als Mann dachten, zeitweise zu cohabitiren, aber der für sie inadäquate Akt war ihnen ein grosses Opfer und ohne jeglichen Genuss.

Im homosexualen Verkehr fühlt sich der Effeminirte beim Akt immer als Weib. Die Praktiken desselben sind bei reizbarer Schwäche des Ejaculationscentrums einfach Succubus oder Coitus passiv inter femora, andernfalls passive Masturbation oder ejaculatio viri dilecti in ore. Manche sehnen sich nach passiver Päderastie. Gelegentlich kommt Wunsch nach aktiver vor. In einem bezüglichen Versuche stand der Betreffende davon ab, weil ihn Ekel bei dem ihn an Coitus erinnernden Akt erfasste.

Nie bestand Inclination zu unreifen Personen (Knabenliebe!). In nicht seltenen Fällen blieb es bei platonischen Neigungen.

Beobachtung 122. Autobiographie. Nachstehend erhalten Sie die Schilderung des Charakters, sowie des seelischen und geschlechtlichen Empfindens eines Urnings, d. h. eines Individuums, welches trotz seines männlichen Körperbaues durchaus weiblich fühlt, dessen Sinne die Weiber nicht im Mindesten erregen und dessen sexuelles Sehnen sich stets auf Männer richtet.

Von der Ueberzeugung durchdrungen, dass das Räthsel unseres Daseins nur durch vorurtheilslos denkende Männer der Wissenschaft gelöst oder mindestens beleuchtet werden kann, schildere ich meinen Lebenslauf einzig und allein in der Absicht, hierdurch vielleicht etwas zur Erhellung dieses grausamen Irrthums der Natur beizutragen und so möglicher Weise meinen Schicksalsgenossen späterer Generation von Nutzen sein zu können; denn Urninge wird es geben, so lange Menschen geboren werden, gleichwie es eine unfehlbare Thatsache ist, dass solche in jedem Zeitalter existirten. Doch mit dem

Vorschreiten der wissenschaftlichen Bildung unserer Epoche wird man in mir und meinesgleichen nicht Hassenswerthe, sondern Bedauernswürdige erblicken, die nie die Verachtung, sondern weit eher das höchste Mitleid ihrer glücklichen Nebenmenschen verdienen. Ich werde mich in meinen Mittheilungen der möglichsten Kürze, sowie der strengsten Objectivität befleissigen und bemerke bezüglich meines drastischen, oft sogar cynischen Styls, dass ich vor allem **wahr** sein will, daher starken Ausdrücken nicht aus dem Wege gehe, weil diese den von mir erörterten Gegenstand am treffendsten charakterisiren.

Ich bin 34½ Jahre alt, Kaufmann mit mässigem Einkommen, etwas über Mittelgrösse, mager, habe keine starken Muskeln, ein vollbärtiges, ganz gewöhnliches Dutzendgesicht und unterscheide mich auf den ersten Anblick in nichts von wirklichen Männern. Dagegen ist der Gang weibisch, namentlich bei raschem Gehen tänzelnd, die Bewegungen eckig und ungefällig, jeglicher männlichen Anmuth entbehrend. Das Sprachorgan ist weder weibisch noch schrill, eher von barytonaler Klangfarbe.

Dies mein äusserer Habitus.

Ich rauche und trinke nicht, kann weder pfeifen, reiten, turnen, fechten noch schiessen, interessire mich gar nicht für Pferde oder Hunde und habe nie ein Gewehr oder einen Säbel in der Hand gehabt. Im inneren Empfinden und geschlechtlichen Verlangen bin ich vollständig Weib. Ohne jede tiefere Bildung — ich absolvirte bloss fünf Gymnasialklassen — bin ich gleichwohl intelligent, lese gern gut geschriebene, gediegene Bücher, verfüge über gesundes Urtheil, lasse mich aber stets von der momentanen Stimmung fortreissen und bin von Jedem, der meine Schwächen kennt und sie auszunützen versteht, leicht zu behandeln oder zu capacitiren. Stets Entschlüsse fassend, finde ich nie die Energie, diese auszuführen, bin nach Weiberart launenhaft und nervös, oftmals ohne jeden Grund gereizt, zuweilen boshaft und Personen gegenüber, die mir nicht zu Gesichte stehen, oder denen ich etwas nachtrage, arrogant, ungerecht, oft sogar in unverschämter Weise verletzend.

In meinem ganzen Thun und Lassen bin ich oberflächlich, oft leichtfertig, kenne kein tieferes sittliches Gefühl, hege wenig Zärtlichkeit für Eltern und Geschwister, bin nicht egoistisch, bei Gelegenheit aufopferungsfähig, kann Thränen nie widerstehen und bin durch liebenswürdiges Entgegenkommen oder inniges herzliches Bitten — nach Weiberart — für Alles zu gewinnen.

Schon in meinen früheren Lebensjahren zog ich mich von den Kriegsspielen, Turnübungen oder Raufereien meiner männlichen Altersgenossen zurück, trieb mich stets mit kleinen Mädchen herum, mit denen ich viel besser als mit Knaben sympathisirte, war schüchtern, verlegen und oft erröthend. Bereits mit 12—13 Jahren verursachte mir die straffsitzende Uniform eines hübschen Soldaten die sonderbarsten Beklemmungen; und während in den nächsten Jahren meine Schulgenossen stets von Mädchen plauderten, wohl auch schon kleine Liebeleien begannen, war ich im Stande, einem kraftvoll gebauten Manne mit gut entwickelten, üppigen Posteriora stundenlang nachzugehen und mich an diesem Anblick zu berauschen.

Ohne über diese — von den Empfindungen meiner Kameraden so sehr verschiedenen — Eindrücke viel nachzudenken, begann ich zu onaniren, dabei stets an heldenhaft gebaute, fesche Gestalten denkend, bis ich in meinem 17. Jahre von einem Schicksalsgenossen über meinen wahren Zustand aufgeklärt wurde. Seit damals habe ich wohl 8—10mal mit Mädchen zu thun gehabt, musste jedoch, um die Erection hervorzurufen, stets an ein mir bekanntes schönes männliches Individuum denken, und bin der festen Ueberzeugung, dass ich heute, selbst mit Zuhilfenahme meiner Phantasie, nicht im Stande wäre, ein Mädchen zu gebrauchen. Kurz nach meiner Entdeckung verkehrte ich am liebsten mit bejahrten, kräftigen Urningen, da ich zu jener Zeit weder Verstand noch Gelegenheit hatte, mit wirklichen Männern umzugehen. Seither hat sich jedoch mein Geschmack vollständig geändert, und nur Männer, wirkliche Männer, im Alter von 25—35 Jahren, mit elastischen, kräftigen Formen sind es, die meine Sinne aufs Höchste erregen und deren Reize mich ganz so entzücken, als wäre ich ein wirkliches Weib. Die Verhältnisse liegen hier derart, dass ich mir im Laufe der Jahre etwa ein Dutzend Männerbekanntschaften acquiriren konnte, die gegen ein Honorar von 1—2 Gulden per Besuch meinen Zwecken dienen. — Bin ich mit so einem schmucken Jungen im versperrten Zimmer allein, gewährt es mir vor Allem das grösste Vergnügen, membrum ejus vel maxime si magnum atque crassum est, manibus capere et apprehendere et premere, turgentes nates femoraque tangere atque totum corpus manibus contrectare et, si conceditur, os faciem atque totum corpus, immovero nates, ardentibus osculis obtegere. Quodsi membrum magnum purumque est, dominusque ejus mihi placet, ardente libidine mentulam ejus in os meum receptam complures horas sugere possum, neque autem delector, si semen in os meum ejaculatur, cum maxima eorum qui „urninge" nominantur pars hac re non modo delectatur, sed etiam semen nonnunquam devorat.

Die intensivste Wollust jedoch empfinde ich, wenn ich auf einen derart dressirten wirklichen Mann treffe, qui membrum meum in os recipit et erectionem in ore suo concedit.

So unwahrscheinlich es klingt, so finde ich dennoch immer einige fesche Kerle, die sich für ein Douceur hierzu brauchen lassen. Diese lernen die Geschichte gewöhnlich beim Militär kennen, da die Urninge wissen, dass man dort für Geld am willfährigsten ist, und wenn der Bursche einmal dressirt ist, wird er manchmal durch Umstände veranlasst, die Sache trotz seiner Leidenschaft fürs weibliche Geschlecht auch weiter mitzumachen.

Urninge lassen mich mit einzelnen Ausnahmen kalt, weil mich alles Weibische in höchstem Grade abstösst. Dennoch gibt es unter ihnen einige, die mich ganz so entzücken können wie ein wirklicher Mann und mit denen ich aus dem Grunde noch lieber verkehre, weil sie zuweilen meine glühenden Liebkosungen ebenso leidenschaftlich erwidern. Im tête-à-tête mit einem derartigen Individuum lege ich meinen erregten Sinnen keine Fesseln an, gestatte meinen thierischen Instinkten freies Austoben: osculor, premo, amplector eum, linguam meam in os ejus immitto; ore cupiditate tremente ejus labrum superius sugo, faciem meam ad ejus nates adpono et odore voluptari e natibus emanente voluptate obstupescor. Wirkliche Männer in stramm sitzender Uniform machen den grössten Eindruck auf mich, und habe ich Gelegenheit, einen solchen Prachtkerl zu umarmen und zu küssen, zieht dies bei mir die sofortige Ejaculation nach sich, was ich namentlich meinem häufigen Onaniren zuschreibe. Denn dies that ich hauptsächlich in früheren Jahren sehr oft, fast jedesmal, wenn ich einen mir gefallenden festen Kerl sah, dessen Bild mir dann während des Onanirens vor Augen schwebte. Dabei ist mein Geschmack keineswegs difficil, etwa wie derjenige eines Dienstmädchens, das sich in einem strammen Dragonerwachtmeister ihr Ideal erträumt. Schönes Gesicht ist wohl eine angenehme Beigabe, zum Entflammen meiner sinnlichen Gefühle jedoch keineswegs unerlässlich, die Hauptsache aber bleibt: vir inferiore corporis parte robusta et bene formosa, turgidis femoribus durisque natibus, während der Oberkörper schlank sein kann. Ein starker Bauch disgustirt mich, sinnlicher Mund mit frischen Zähnen regt mich aufs Prickelndste an, und hat ein solches Individuum ausserdem ein membrum pulchrum magnum et aequaliter formatum, so sind alle meine — auch weitestgehenden — Ansprüche vollauf befriedigt.

Bei mir gefallenden, mich leidenschaftlich erregenden Männern erfolgte die Ejaculation in früheren Jahren 5—8mal während einer Nacht, auch jetzt noch 4—6mal, da ich ungewöhnlich sinnlich veranlagt bin, und mich beispielsweise schon das Säbelklirren eines flotten Husaren erregen kann. Dabei besitze ich eine sehr lebhafte Phantasie, denke fast in allen unbeschäftigten Stunden an schöne Männer mit starken Gliedern und würde mit Entzücken zuschauen, wenn ein von Kraft strotzender fester Kerl magna mentula praeditus me praesente puellam futuat; mihi persuasum est, fore ut hoc adspectu sensus mei vehementissima perturbatione afficiantur et dum futuit corpus adolescentis pulchri tangam et, si liceat, ascendam in eum dum cum puella concumbit atque idem cum eo faciam et membrum meum in eius anum immittam. An der Ausführung dieser cynischen Pläne — von denen meine Gedanken sehr oft erfüllt sind — hindern mich derzeit nur meine beschränkten finanziellen Mittel, sonst hätte ich diese längst verwirklicht.

Militär übt den grössten Zauber auf mich aus, doch habe ich ausserdem ein besonderes Faible für Fleischhauer, Fiaker, Fuhrwerkleute, Circusreiter und Schiffscapitäne, doch müssen diese alle elastisch und kraftvoll gebaut sein. Urninge sind mir für intimen Freundschaftsverkehr verhasst, wie ich gegen den grössten Theil derselben eine mir unerklärliche, ganz ungerechtfertigte Aversion hege. Auch habe ich mit einer einzigen Ausnahme nie zu einem Urning in ganz innigem Freundschaftsverhältniss gestanden. Dagegen knüpfen mich die herzlichsten langjährigen Beziehungen an einige gleichartige Männer, in deren Gesellschaft ich mich sehr wohl fühle, mit denen ich aber geschlechtlich nie verkehrte und die von meinem Zustand keine Ahnung haben.

Gespräche über Politik, Volkswirthschaft, wie überhaupt jede Erörterung eines ernsten Themas sind mir verhasst, dagegen schwatze ich mit ziemlichem Verständniss und besonderer Vorliebe übers Theater. In Opern sehe ich mich selbst auf der Bühne, fühle mich vom Beifall des mich fetirenden Publikums umbraust und würde mit Vorliebe passive Heldinnen darstellen oder dramatische Frauenrollen singen.

Der interessanteste Gesprächsstoff für mich und meine Schicksalsgenossen sind aber stets unsere — Männer; dieses Thema ist für uns unerschöpflich; die geheimsten Reize derselben werden aufs Minutiöseste geschildert, mentulae aestimantur, quanta sint magnitudine, quanta crassitudine; de forma earum atque rigiditate cognoscimus, alter ab altero cognoscit cuius semen celerius, cuius tardius ejaculetur. Ich erwähne noch, dass von meinen vier Brüdern der eine sich zu urningischen Zwecken brauchen liess, ohne selbst ein Urning zu sein, und sind alle vier leidenschaftliche Frauenfreunde, die fortwährend geschlechtliche Excesse verüben. Die Genitalien der Männer unserer Familie sind ausnahmslos stark entwickelt.

Zum Schlusse wiederhole ich die Worte, mit denen ich diese Zeilen begann. Ich konnte meine Ausdrücke nicht wählen, weil es mir darum zu thun war, in Vorliegendem das Material zur Studie einer urningischen Existenz zu liefern, wobei es in erster Linie auf absolute Wahrheit ankommt. Diesem Umstande bitte ich die zahlreichen Cynismen zu gute zu halten.

Im October 1890 stellte sich mir der Schreiber vorstehender Zeilen vor. Sein Aeusseres entsprach im Wesentlichen seiner Schilderung. Genitalien gross, reich behaart. Eltern seien nervengesund gewesen, ein Bruder habe sich erschossen wegen Nervenleidens, drei andere seien hochgradig nervös. Patient besucht mich in verzweifelter Stimmung. Er ertrage ein solches Leben nicht mehr, denn er sei angewiesen auf den Verkehr mit käuflichen Männern, vermöge bei seiner extremen sinnlichen Veranlagung nicht Abstinenz zu üben und könne auch nicht begreifen, wie er weibliebend und zu edleren Freuden des Lebens fähig gemacht werden könnte. Habe er doch schon mit 13 Jahren mannmännlich empfunden.

Er fühle sich durchaus als Weib und sehne sich nach Eroberungen bei Männern, die nicht Urninge sind. Wenn er mit einem Urning zusammen sei, so sei es geradeso, wie wenn zwei Frauenzimmer zusammen wären. Er möchte lieber geschlechtslos sein, als so weiter zu existiren. Ob denn nicht Castration für ihn erlösend wäre?

Ein Versuch der Hypnose erzielt bei dem höchst erregten Patienten nur ganz leichtes Engourdissement.

**Beobachtung 123.** B., Kellner, 42 Jahre, ledig, wurde mir von seinem Hausarzt, in den er verliebt war, als an conträrer Sexualempfindung leidend zugeschickt. B. gab bereitwillig, in decenter Weise, Auskunft über Vita anteacta und speciell sexualis, froh, endlich einmal eine autoritative Auskunft über seine sexuellen Zustände zu bekommen, die ihm von jeher krankhaft erschienen seien.

B. weiss von seinen Grosseltern nichts zu berichten. Der Vater sei ein jähzorniger, aufgeregter Mann gewesen, Potator, von jeher sexuell sehr bedürftig. Nachdem er 24 Kinder mit derselben Frau erzeugt, habe er sich von ihr scheiden lassen, und noch 3mal seine Wirthschafterin geschwängert. Die Mutter sei gesund gewesen.

Von den 24 Geschwistern seien nur noch 6 am Leben, mehrere nervenkrank, aber nicht sexuell abnorm, bis auf eine Schwester, die von jeher mannsüchtig sei.

B. will von Kindesbeinen an kränklich gewesen sein. Schon mit 8 Jahren sei sein Geschlechtsleben erwacht. Er habe masturbirt und sei auf die Idee verfallen, penem aliorum puerorum in os arrigere, was ihm grossen Genuss gewährt habe. Mit 12 Jahren fing er an, sich in Männer zu verlieben, am meisten in solche in den 30er Jahren mit Schnurrbart. Schon damals sei sein sexuelles Bedürfniss sehr entwickelt gewesen und habe er Erectionen und Pollutionen gehabt. Von da an habe er wohl täglich masturbirt und sich dabei einen geliebten Mann gedacht. Sein Höchstes sei aber gewesen penem viri in os arrigere. Dabei habe er unter grösster Wollust Ejaculation bekommen. Nur etwa 12mal sei ihm dieser Genuss bisher zu Theil geworden. Ekel vor dem Penis Anderer habe er bei ihm sympathischen Männern nie empfunden, im Gegentheil. Offerten zur Päderastie, die ihm sowohl aktiv als passiv höchst ekelhaft sei, habe er nie acceptirt. Beim perversen Geschlechtsakt habe er sich immer in der Rolle des Weibes gedacht. Seine Verliebtheit in ihm sympathische Männer sei grenzenlos gewesen. Alles hätte er für seine Geliebten thun mögen. Er habe vor Aufregung und Wollust gezittert, wenn er ihrer nur ansichtig wurde.

Mit 19 Jahren liess er sich von Kameraden öfters verführen, ins Lupanar mitzugehen. Er habe nie Spass am Coitus gehabt und nur im Moment der Ejaculation eine Befriedigung verspürt. Um Erection beim Weib zu bekommen, habe er sich immer einen geliebten Mann beim Akt vorstellen müssen. Am liebsten wäre es ihm gewesen, wenn das Weib immissio penis in os gestattet hätte, was ihm aber immer versagt blieb. Faute de mieux habe er Coitus geübt, sei sogar zweimal Vater geworden. Das letzte Kind, ein Mädchen von 8 Jahren, fange bereits an, Masturbation und mutuelle Onanie zu treiben, was ihn als Vater sehr betrübe. Ob es denn dagegen keine Abhülfe gebe?

Patient versichert, dass er sich Männern gegenüber immer in einer weiblichen Rolle (auch bei sexuellem Verkehr) gefühlt habe. Er habe sich immer gedacht, seine sexuelle Perversion sei dadurch entstanden, dass sein Vater, als er ihn zeugte, ein Mädchen zeugen wollte. Seine Geschwister haben ihn auch immer wegen seiner weiblichen Manieren verspottet. Zimmerauskehren, Abwaschen sei ihm immer eine angenehme Beschäftigung gewesen. Man habe auch seine Leistungen in dieser Richtung vielfach bewundert und gefunden, dass er geschickter sei als manches Mädchen. Wenn er je konnte, verkleidete er sich als Mädchen. Im Fasching erschien er auf Bällen in weiblicher Maske. Das Kokettiren bei solcher Gelegenheit sei ihm trefflich gelungen, weil er eine weibliche Natur habe.

Zum Trinken, Rauchen, männlicher Beschäftigung und Vergnügung habe er nie recht Lust gehabt, dagegen Nähen mit Leidenschaft betrieben und als Junge wegen beständigem Spielen mit Puppen oft Schelte bekommen. Sein Interesse im Circus oder Theater nahmen nur Männer in Anspruch. Er konnte oft dem Drang nicht widerstehen, in Pissoirs herumzulungern, um männlicher Genitalien ansichtig zu werden.

An weiblichen Reizen habe er nie Gefallen gefunden. Coitus sei ihm nur gelungen, wenn er sich einen geliebten Mann dachte. Nächtliche Pollutionen wurden immer durch lascive, Männer betreffende Traumsituationen ausgelöst.

Trotz vielfacher sexueller Excesse hat B. nie an Neurasthenia sexualis gelitten und sind überhaupt keine Symptome von Neurasthenie an ihm nachweisbar.

Explorat ist zart, hat spärlichen Backen- und Schnurrbart, der ihm erst im 28. Jahr gewachsen sei. Sein Aeusseres, ausgenommen leicht wiegender Gang, bietet nichts, was auf eine weibliche Natur hindeuten würde. Er versichert, dass man seinen weibischen Gang schon oft bespöttelt habe. Sein Benehmen ist ein höchst decentes. Die Genitalien sind gross, gut entwickelt, ganz normal, dicht behaart, das Becken ist männlich. Der Schädel ist rhachitisch, leicht hydrocephal, mit ausgebauchten Parietalbeinen. Der Gesichtsschädel ist auffallend klein. Explorat behauptet, dass er leicht reizbar, zu Zorn geneigt sei.

Beobachtung 124. Taylor hatte eine gewisse Elise Edwards, 24 Jahre alt, zu exploriren. Es stellte sich heraus, dass sie männlichen Geschlechts war. E. hatte seit dem 14. Jahr Weiberkleider getragen, war auch als Schauspielerin aufgetreten, trug das Haar lang und nach Weibersitte in der Mitte getheilt. Die Gesichtsbildung hatte etwas Weibliches, im Uebrigen war der Körper ganz männlich. Der Bart war sorgfältig ausgezupft. Die männlichen, kräftig und gut entwickelten Genitalien waren am Bauch durch eine kunstvolle Bandage nach aufwärts fixirt.

Der Befund am Anus deutete auf passive Päderastie. (Taylor. Med. jurisprudence 1873. II. p. 286, 473.)

Beobachtung 125. Eine eigenthümliche Erscheinung im Sinne der conträren Sexualempfindung bot ein Beamter in mittleren Jahren, seit mehreren Jahren glücklicher Familienvater und mit einer braven Frau verheirathet.

Durch die Indiscretion einer Prostituirten kam eines Tages folgende Skandalgeschichte an die Oeffentlichkeit. X. erschien etwa alle 8 Tage im Lupanar, costümirte sich dort als Weib, wobei eine Weiberperücke nicht fehlen durfte. Nach beendigter Toilette legte er sich auf ein Bett und liess sich von der Prostituirten masturbiren. Er zog es aber bei Weitem vor, wenn er eine männliche Person (Hausknecht des Lupanar) gewinnen konnte. Der Vater dieses Mannes war hereditär belastet, mehrmals irrsinnig gewesen, mit Hyper- und Paraesthesia sexualis belastet.

### 4) Androgyne.

In fliessenden Uebergängen zur vorigen Gruppe ergeben sich conträr Sexuale, bei denen nicht nur der Charakter und das ganze Fühlen der abnormen Geschlechtsempfindung congruent sind, sondern sogar in Skeletbildung, Gesichtstypus, Stimme u. s. w., überhaupt in anthropologischer, nicht bloss in psychischer und psychosexualer Hinsicht das Individuum sich dem Geschlecht nähert, welchem dasselbe sich der Person des eigenen Geschlechts gegenüber zugehörig fühlt. Offenbar stellt diese selbst anthropologische Ausprägung der cerebralen Anomalie eine besonders hohe

Stufe der Entartung dar; dass aber diese Abweichung auf ganz anderen Bedingungen basirt als die teratologischen Erscheinungen der Hermaphrodisie in anatomischem Sinne, ergibt sich klar daraus, dass niemals bis jetzt im Gebiet der conträren Sexualempfindung Uebergänge zur hermaphroditischen Verbildung der Genitalien gefunden wurden. Die Genitalien dieser Leute erwiesen sich immer geschlechtlich vollkommen differenzirt, wenn auch nicht selten mit anatomischen Degenerationszeichen (Epi-Hypospadie u. s. w.) behaftet, im Sinne von Entwicklungshemmungen geschlechtlich übrigens wohl differenzirter Organe.

Bezüglich dieser interessanten Gruppe von Weibern in Männerkleidung mit männlichem Genitale mangelt es noch an ausreichender Casuistik. Jeder erfahrene Beobachter seiner Mitmenschen erinnert sich wohl an männliche Existenzen, deren weibisches Wesen und weiblicher Typus (breite Hüften, runde Formen durch reichliche Fettentwicklung, fehlende oder höchst spärliche Bartentwicklung, mehr weibliche Gesichtszüge, feiner Teint, Fistelstimme u. s. w.) höchst auffallend war.

Es scheint auch, dass bei Individuen der 4. Gruppe, sowie bei einzelnen der 3. im Uebergang zur 4. geschlechtliches Schamgefühl nur der Person des eigenen, nicht aber der des entgegengesetzten Geschlechts gegenüber vorhanden ist.

**Beobachtung 126. Androgynie.** Herr v. H., 30 Jahre alt, ledigen Standes, stammt von einer neuropathischen Mutter. Nerven- und Geisteskrankheiten sollen in der Familie des Kranken nicht vorgekommen und der einzige Bruder desselben geistig und körperlich vollkommen normal sein. Patient soll sich körperlich spät entwickelt haben und deshalb mehrfach in Seebädern und klimatischen Curorten gewesen sein. Er war von Kindesbeinen an von neuropathischer Constitution und nach dem Zeugniss seiner Verwandten nicht wie andere Knaben. Früh fiel seine Abneigung gegen männliche Beschäftigung und seine Vorliebe für weibliche Spielereien auf. So verabscheute er alle Knabenspiele und gymnastischen Uebungen, während das Spiel mit Puppen und weibliche Arbeiten für ihn besonderen Reiz hatten. Patient entwickelte sich in der Folge körperlich gut, blieb frei von schweren Erkrankungen, aber geistig blieb sein Wesen abnorm, einer ernsteren Lebensauffassung unzugänglich und von entschieden weiblicher Gefühls- und Gedankenrichtung.

Im 17. Lebensjahr zeigten sich Pollutionen, die gehäuft, schliesslich auch bei Tage auftraten, den Kranken schwächten und mannigfache nervöse Störungen hervorbrachten. Es entwickelten sich Erscheinungen von Neurasthenia spinalis, die bis auf die letzten Jahre fortdauerten, mit dem Seltenerwerden der Pollutionen aber sich verminderten. Onanie wird in Abrede gestellt, ist aber sehr wahrscheinlich. Eine schlaffe, weichliche, träumerische Gedankenrichtung machte sich seit der Pubertätszeit immer mehr bemerklich. Vergebens waren die Bemühungen, den Kranken zu einem eigentlichen Lebensberuf zu bringen. Seine intellectuellen Functionen, wenn auch formal ganz ungestört, erhoben sich nicht zur Höhe wirksamer Leitmotive eines selbstständigen Charakters und höherer Lebensanschauungen. Er blieb unselbstständig, ein grosses Kind, und nichts bezeichnete deutlicher seine originär abnorme Artung, als eine thatsächliche Unfähigkeit, mit Geld umzugehen und sein eigenes Geständniss, dass er für eine geordnete, vernünftige Geldgebahrung kein Verständniss habe, und sobald er Geld besitze, dasselbe für Antiquitäten, Toilettegegenstände u. dgl. Allotria verausgabe.

Ebenso wenig fähig wie zu einer vernünftigen Geldwirthschaft erschien Patient zur Erringung einer socialen Existenz, ja nur zur Einsicht in deren Bedeutung und Werth.

Er lernte nichts Ordentliches, verbrachte seine Zeit mit Toilette und künstlerischen Tändeleien, namentlich mit Malen, wozu er eine gewisse Befähigung zeigte, aber auch hierin leistete er nichts, da es ihm an Ausdauer fehlte. Zu einer ernsten Gedankenarbeit war er nicht zu bringen, er hatte nur Sinn für Aeusserlichkeiten, war immer zerstreut, von ernsten Dingen gleich gelangweilt. Verkehrte Streiche, sinnlose Reisen, Geldverschwenden, Schuldenmachen kehren in seinem ferneren Leben immer wieder, und selbst für diese positiven Fehler seiner Lebensführung fehlte ihm das Verständniss. Er war eigenwillig, untraitabel und that nirgends gut, sobald man nur den Versuch machte, ihn auf eigene Füsse zu stellen und ihn selbst seine Interessen wahrnehmen zu lassen.

Mit diesen Erscheinungen einer orginär abnormen und defectiven psychischen Artung gingen bemerkenswerthe Zeichen einer perversen geschlechtlichen Empfindung einher, die auch in dem somatischen Habitus des Patienten angedeutet sich vorfinden. Patient fühlt sich geschlechtlich als Weib dem Manne gegenüber und empfindet Zuneigung zu Personen des eigenen Geschlechts, bei Gleichgültigkeit, wenn nicht geradezu Abneigung gegen Personen des weiblichen. Er will zwar im 22. Jahr mit Weibern geschlechtlich verkehrt und in normaler Weise den Beischlaf ausgeübt haben, aber theils wegen Steigerung der neurasthenischen Beschwerden jeweils nach dem Coitus, theils aus Angst vor Ansteckung, wesentlich aber aus mangelnder Befriedigung will er sich bald vom weiblichen Geschlechte abgewandt haben. Ueber seine abnorme sexuelle Lage ist er sich nicht ganz klar; einer Hinneigung zum männlichen Geschlechte ist er sich bewusst, gesteht aber verschämt nur zu, dass er gewissen männlichen Personen gegenüber ein beseligendes Gefühl der Freundschaft empfinde, ohne dass sich ein sinnliches Gefühl beigeselle. Das weibliche Geschlecht perhorrescirt er gerade nicht, er könnte sich sogar entschliessen, ein Weib, das ihn durch gesinnungsverwandte künstlerische Neigungen anzöge, zu heirathen — wenn ihm nur die ehelichen Pflichten, die ihm unangenehm wären und deren Leistung ihn matt und schwach machen, erlassen blieben. Dass Patient schon mit Männern geschlechtlich verkehrt habe, stellt er in Abrede, aber sein Erröthen und seine Verlegenheit dabei, noch mehr ein Vorfall in N., wo Patient vor einiger Zeit im Gasthaus geschlechtlichen Umgang mit jungen Leuten versucht und einen Skandal provocirt hat, strafen ihn Lügen.

Auch die äussere Erscheinung, Habitus, Körperbau, Gesten, Manieren, Toilette sind auffällig und erinnern entschieden an weibliche Formen und Verhältnisse. Patient ist zwar über mittlerer Grösse, aber Thorax und Becken sind von entschieden weiblicher Bildung. Der Körper ist fettreich, die Haut wohlgepflegt, zart, weich. Dieser Eindruck eines Weibes in männlicher Kleidung wird gesteigert durch den spärlichen Haarwuchs im Gesicht, der zudem bis auf ein Schnurrbärtchen rasirt ist, den tänzelnden Gang, das schüchterne, gezierte Wesen, die weiblichen Züge, den schwimmenden neuropathischen Ausdruck der Augen, die Spuren von Puder und Schminke, den stutzermässigen Zuschnitt der Kleidung mit busenartig hervortretendem Oberkleid, die gefranste, damenartige Halsschleife und das von der Stirn abgescheitelte, glatt zu den Schläfen abgebürstete Haar.

Die körperliche Untersuchung lässt den zweifellos weiblichen Bau des Körpers erkennen. Die äusseren Genitalien sind zwar gut entwickelt, jedoch ist der linke Hoden im Leistencanal zurückgeblieben, die Behaarung des Mons Veneris ist schwach und dieser ungewöhnlich fettreich und prominent. Die Stimme ist hoch, ohne männlichen Timbre.

Auch die Beschäftigung und Denkweise des v. H. ist eine entschieden weibliche. Er hat sein Boudoir, seinen wohlassortirten Toilettetisch, an dem er stundenlang mit allen möglichen Verschönerungskünsten die Zeit vertändelt; er perhorrescirt Jagd, Waffenübungen u. dgl. männliche Beschäftigung, bezeichnet sich selbst als einen Schöngeist, spricht mit Vorliebe von seinen Malereien und dichterischen Versuchen, interessirt sich für weibliche Arbeiten, die er, wie z. B. Sticken, auch ausübt, und bezeichnet es als sein höchstes Glück, sein Leben in einem künstlerisch gebildeten und ästhetisch feinfühligen Kreis von Herren und Damen mit Conversation, Musik, Aesthetik u. dgl. zubringen zu können. Seine Conversation dreht sich vorwiegend um weibliche Angelegenheiten — um Moden, weibliche Handarbeiten, Kochkunst, Haushaltungsangelegenheiten.

Patient ist wohlgenährt, jedoch etwas anämisch. Er ist von neuropathischer Constitution und bietet Symptome von Neurasthenie, die durch eine verfehlte Lebensweise, zu langen Aufenthalt im Bett, im Zimmer, Verweichlichung unterhalten werden.

Er klagt über zeitweisen Kopfschmerz und Kopfdruck, über habituelle Obstipation, schreckt leicht zusammen, klagt über zeitweise Mattigkeit, Müdigkeit, ziehende Schmerzen in den Extremitäten in der Richtung der Lumboabdominalnerven, fühlt sich nach Pollutionen und regelmässig nach dem Essen müde, abgespannt, ist empfindlich bei Druck auf die Proc. spinosi der Brustwirbel, wie auch bei Durchtastung der zugänglichen Nervenstämme. Er fühlt eigenthümliche Sym- und Antipathien gegenüber gewissen Personen, geräth bei der Begegnung antipathischer Leute in Zustände eigenthümlicher Angst und Verwirrung. Seine Pollutionen, obwohl jetzt nur noch selten vorkommend, sind pathologisch, insoferne sie sich auch bei Tage und ohne alle wollüstige Erregung einstellen.

Gutachten.

1. Herr v. H. ist nach allem Beobachteten und Berichteten eine geistig abnorme, defektive Persönlichkeit, und zwar ab origine. Eine Theilerscheinung dieser abnormen geistig-körperlichen Artung stellt seine conträre Sexualempfindung dar.

2. Dieser Zustand, als ein originärer, ist keiner Heilung zugänglich. Es besteht eine defektive Organisation in den höchsten geistigen Centren, die ihn zu selbstständiger Lebensführung und der Erreichung einer Lebensberufsstellung unfähig macht. Seine perverse Geschlechtsempfindung hindert ihn, normal geschlechtlich zu funktioniren, mit allen socialen Consequenzen einer solchen Anomalie und mit der Gefahr einer Befriedigung perverser, aus seiner abnormen Organisation sich ergebender Gelüste, mit daraus wieder zu befürchtenden socialen und gerichtlichen Conflikten. Diese Besorgniss kann aber nicht gross sein, da der (perverse) Geschlechtstrieb des Kranken gering ist.

3. Herr v. H. ist nicht unzurechnungsfähig in legalem Sinne des Wortes und weder geeignet zur Aufnahme in eine Irrenanstalt, noch einer solchen bedürftig.

Er vermag — obwohl ein grosses Kind und unfähig zu einer Selbstführung — gleichwohl unter Aufsicht und Leitung geistig normaler Menschen in der Gesellschaft zu existiren. Er vermag auch bis zu einem gewissen Grad die Gesetze und Normen der bürgerlichen Gesellschaft zu respektiren und zur Richtschnur seines Handelns zu machen, aber es muss bezüglich möglicher geschlechtlicher Verirrungen und Conflikte mit dem Strafgesetz hervorgehoben werden, dass seine Geschlechtsempfindung eine in organischen krankhaften Bedingungen wurzelnde abnorme ist, und dieser Umstand muss ihm eventuell zu Gute kommen.

Bei seiner notorischen Unselbstständigkeit kann derselbe aus der väterlichen oder vormundschaftlichen Gewalt nicht entlassen werden, weil er sich sonst finanziell ruiniren würde.

4. Herr v. H. ist auch körperlich leidend. Er bietet Zeichen leichter Anämie und von Neurasthenia spinalis.

Eine vernünftige Regelung seiner Lebensweise, eine tonisirende ärztliche, womöglich hydrotherapeutische Behandlung erscheint nothwendig. Der Verdacht einer ursächlichen Begründung jenes Leidens in früher getriebener Masturbation muss aufrecht erhalten werden und die Möglichkeit des Vorhandenseins einer ätiologisch und therapeutisch wichtigen Spermatorrhöe liegt nahe. (Eigene Beobachtung. Zeitschr. f. Psychiatrie.)

## Die angeborene conträre Sexualempfindung beim Weibe [1]).

Ueber das Vorkommen [2]) homosexualer Empfindungen beim Weibe stehen der gegenwärtigen Wissenschaft viel spärlichere Beobachtungen zu Gebot als hinsichtlich dieser Anomalie beim Manne. Daraus den Schluss ziehen zu wollen, dass conträre Sexualempfindung beim Weibe seltener sei, wäre ungerechtfertigt, denn wenn sie wirklich eine functionelle Degenerationserscheinung ist, werden sich belastende degenerative Einflüsse beim Weib ebenso geltend machen wie beim Manne.

Die Ursachen der scheinbaren Seltenheit der conträren Sexualempfindung beim Weibe sind wohl darin zu finden, dass 1. Confidencen über sexuelle Abnormitäten beim Weib schwerer zu erlangen sind; 2. dass die Anomalie, falls sie zu „beischlafähnlichen" Handlungen inter feminas führt, in Deutschland nicht criminell verfolgt wird und schon dadurch vielfach latent bleibt; 3. dass das Weib die conträre Sexualempfindung nicht so genirt wie den Mann, weil sie jenes nicht beischlafsunfähig macht; 4. weil das Weib an und für sich und jedenfalls auch das conträrsexuale nicht so sinnlich und aggressiv in der Erreichung des Geschlechtsbedürfnisses ist, wie der Mann, so dass der conträr-sexuale Verkehr unter Weibern nicht so auffällig ist und vom Laien als blosse Freundschaft gedeutet wird. Gibt es doch sogar Fälle (psychische Hermaphrodisie, selbst Homosexualität), wo der Ehemann nicht die Ursache der Frigiditas uxoris erkennt!

[1]) Literatur: Havelock Ellis. Alienist and Neurologist 1895, April. — (Moll, Conträre Sexualempfindung. 2. Aufl., p. 322.

[2]) Casuistik: 1) Westphal, Arch. f. Psych. II. p. 73. — 2) Gock, Op. cit. Nr. 1. — 3) Wise, The Alienist and Neurologist 1883, Januar. — 4) Cantarano, Zeitschr. La Psichiatria 1883, p. 201. — 5) Sérieux, Op. cit. obs. 14. — 6) Kiernan, Op. cit. — 7) Müller, Friedreich's Blätter f. ger. Med. 1891, Heft 4. — 8—13) Moll, Conträre Sexualempfindung, 2. Aufl., Beob. 18. 19. 20. 21. 22. 23. — 4) Meyhöfer, Zeitschr. f. Medicinalbeamte, V. 16. — 15—16) Zuccarelli, Inversione congenita in due donne, Napoli 1888. — 17—27) Moll, Untersuchungen über Libido sexualis, Fall 10—12. 40—44. 47. 56. 57. — 28—29) Havelock Ellis, Op. cit. — 30) Penta und Urso, Archiv. delle psicopatie sexuali, p. 33. — 31) Penta, ebenda p. 94.

Aus Stellen in der heiligen Schrift [1]), aus der Geschichte Griechenlands („Sapphische Liebe"), aus der Sittengeschichte des alten Roms und des Mittelalters [2]) ist leicht der historische Nachweis zu liefern, dass Congressus intersexualis feminarum zu allen Zeiten bestanden hat, gleichwie er noch heute in Harems, Weiberstrafanstalten, Bordellen, Pensionaten (s. u. Amor lesbicus) vorkommt.

Dass ein grosser Theil dieser Vorkommnisse übrigens auf Perversität, nicht Perversion beruht, muss immerhin zugegeben werden [3]).

In klinischer Hinsicht kann ich mich kurz fassen, da die Anomalie beim Weib ganz dieselben Erscheinungen mutatis mutandis bietet, wie beim Manne, und überdies dieselben Gradstufen aufweist. Die psychisch hermaphroditischen und auch viele homosexuale Weiber verrathen ihre Anomalie weder durch äusserliche Zeichen noch durch seelische (männliche) Geschlechtscharaktere. Bemerkenswerth ist, dass Dr. Flatau (Moll op. cit. p. 334) übrigens bei Untersuchung des Larynx von 23 homosexualen Weibern bei einigen den Kehlkopf von entschieden männlicher Form vorfand.

Im Uebergang zur folgenden Gradstufe der Viraginität (analog der Effeminatio beim Manne) findet sich Vorliebe, in Männerkleidern zu gehen. Im Traum oder auch im ideellen oder wirklichen homosexualen Geschlechtsakt fühlt sich die betreffende Person in indifferenter geschlechtlicher Rolle.

Bei ausgebildeter Viraginität fühlt sich das Weib dem anderen gegenüber ausschliesslich in der Rolle des Mannes.

Auf dieser Stufe besteht auch nur dem eigenen Geschlecht, nicht aber dem männlichen gegenüber Schamhaftigkeit.

Die Anomalie auf dieser Stufe pflegt sich schon früh durch männliche Geschlechtscharaktere kundzugeben.

---

[1]) Paulus, Römerbrief.
[2]) Ploss, Op. cit.
[3]) Bemerkenswerth ist, dass auch in der Belletristik die lesbische Liebe vielfach behandelt ist, so in Diderot, „La Religieuse"; Balzac, „La fille aux yeux d'or"; Th. Gautier, „Mademoiselle de Maupin"; Feydeau, „La Comtesse de Chalis"; Flaubert, „Salammbô"; Belot, „Mademoiselle Giraud, ma femme" etc.
Die Heldinnen dieser (lesbischen) Romane erscheinen der geliebten Person des eigenen Geschlechts gegenüber in Charakter und Rolle des Mannes, und ihre Liebe ist eine sehr brünstige.
Der älteste Fall von conträrer Sexualempfindung, der bis dato in Deutschland nachzuweisen ist, ist ein solcher von Viraginität aus dem Anfang des 18. Jahrhunderts. Er betrifft ein Weib, das mit einem anderen verheirathet war und mittelst ledernen Priaps der Consors beiwohnte. Der auch in culturhistorischer und in juridischer Hinsicht sehr interessante, aus den Akten geschöpfte Fall ist von Dr. Müller (Alexandersbad) in Friedreich's Blättern f. ger. Medicin 1891, Heft 4, mitgetheilt.

Der Lieblingsaufenthalt des weiblichen Urnings ist der Tummelplatz der Knaben. In deren Spielen sucht er mit ihnen zu rivalisiren. Von Puppen will das Urningmädchen nichts wissen, seine Passion ist das Steckenpferd, das Soldaten- und Räuberspiel. Zu weiblichen Arbeiten zeigt es nicht bloss Unlust, sondern vielfach geradezu Ungeschick. Die Toilette wird vernachlässigt, in einem derben, burschikosen Wesen Gefallen gefunden. Statt zu Künsten, zeigt sich Sinn und Neigung für Wissenschaften. Gelegentlich wird ein Anlauf genommen, im Rauchen und Trinken sich zu versuchen, und beides kann zur Leidenschaft werden.

Parfüm und Näschereien werden verabscheut. Schmerzliche Reflexionen ruft das Bewusstsein hervor, als Weib geboren zu sein und der Universität mit ihrem flotten Leben und dem Militärstand entsagen zu müssen.

In amazonenhaften Neigungen zu männlichem Sport gibt sich die männliche Seele im weiblichen Busen kund, nicht minder in Bethätigung von Muth und männlicher Gesinnung. Gross ist der Drang, auch Haar und Zuschnitt der Kleidung männlich zu tragen, unter günstigen Umständen sogar in der Kleidung des Mannes aufzutreten und als solcher zu imponiren. Nicht selten sind die Fälle, wo Weiber in Männerkleidern aufgegriffen wurden. Beispiele jahrelangen erfolgreichen Herumtreibens als Mann (Jäger, Soldat u. s. w.) sind der Fall von Müller in Friedreich's Blättern, der von Wise (op. cit.) u. A.

Die Ideale dieser Viragines sind durch Geist und Thatkraft hervorragende weibliche Persönlichkeiten der Geschichte und der Gegenwart.

Die schwerste Stufe degenerativer Homosexualität stellt die Gynandrie dar. Es handelt sich hier um Weiber, die vom Weib nur die Genitalorgane haben, im Fühlen, Denken, Handeln und in der äusseren Erscheinung aber durchaus männlich erscheinen.

Solchen Mannweibern, die durch Knochenbau, Becken, Gang, Haltung, derbe, entschieden männliche Züge, rauhe, tiefe Stimme u. s. w. an dem ewig Weiblichen irre werden lassen, begegnet man nicht so selten im öffentlichen Leben.

Ueber Lebensweise und Art der sexuellen Befriedigung dieser conträrsexualen Weiber hat Moll (op. cit. p. 331) manches Interessante berichtet.

Mutatis mutandis ist die Situation dieselbe wie beim mannliebenden Manne. Diese Existenzen suchen, finden, erkennen, lieben sich gegenseitig, leben nicht selten als „Vater" und „Mutter" in „schwuler" Ehe zusammen. Auf conträre Sexualität muss sich immer der Verdacht richten, wenn (so häufig) in der Zeitung von einer Dame eine „Freundin" gesucht wird.

Zahlreiche weibliche psychische Hermaphroditen und selbst Homosexuale schliessen, theils aus Unkenntniss ihrer Anomalie, theils um versorgt zu werden, Ehebündnisse mit Männern. Manche dieser Ehen fristen ihr Dasein fort, indem der Mann seelisch sympathisch ist und die Leistung der ehelichen Pflicht der unglücklichen Frau möglich wird.

Immer sucht sie sich dieser aber, sobald sie ein oder zwei Kinder geboren hat, unter irgend einem Vorwand zu entziehen. Noch häufiger leidet die Ehe wegen „unüberwindlicher Abneigung" Schiffbruch. Fortsetzung des homosexuellen Verkehrs in der Ehe kommt vor, gleich wie beim conträr-sexualen Manne.

Auf der Stufe der Viraginität ist Ehe unmöglich, da schon der Gedanke an Coitus cum viro Ekel und Grausen erweckt.

Die intersexuelle Befriedigung bei Weibern beschränkt sich vielfach auf blosses Küssen und Umarmen, wobei sinnlich nicht stark Veranlagte es sich genügen lassen, sexuell Neurasthenische eventuell Befriedigung durch Ejaculationsgefühl finden.

Automasturbation, faute de mieux, scheint in allen Gradstufen der Anomalie, gleich wie beim Manne, vorzukommen.

Bei starker Sinnlichkeit kommt es zu Cunnilingus oder zu mutueller Masturbation.

Auf 3. und 4. Stufe scheint das Bedürfniss, in activer Rolle der geliebten Person des eigenen Geschlechts gegenüber aufzutreten, zur Benutzung von Priapen hinzudrängen.

Beobachtung 127. Psychische Hermaphrodisie. Frau X., 26 Jahre, leidet an Neurasthenie. Sie ist erblich belastet, leidet episodisch an Zwangsvorstellungen. Sie ist seit 7 Jahren verheirathet, hat zwei gesunde Kinder, einen Knaben und ein Mädchen von 6 resp. 4 Jahren. Es gelingt, das Vertrauen der Patientin zu erlangen. Sie gesteht, dass sie von jeher mehr zu Personen des eigenen Geschlechtes neige, ihren Mann zwar achte und gern habe, jedoch vom ehelichen Verkehr mit ihm angewidert sei. Sie habe es dahin gebracht, dass er seit der Geburt des jüngsten Kindes ihr ehelich nicht mehr beiwohne. Schon im Pensionat habe sie sich in einer Weise für andere junge Damen interessirt, die sie nur als Liebe bezeichnen könne. Episodisch habe sie sich aber auch zu einzelnen Herren hingezogen gefühlt und in der letzten Zeit sei ihrer Tugend ein Courmacher geradezu gefährlich geworden. Sie lebe oft in Angst, dass sie sich mit ihm vergessen könnte und vermeide deshalb, mit ihm allein zu sein. Das seien aber nur flüchtige Episoden gegenüber ihrer leidenschaftlichen Neigung zu Personen des eigenen Geschlechts. Küsse, Umarmung solcher, intimer Verkehr mit ihnen, sei ihre wahre Sehnsucht. Die Nichtbefriedigung dieser Dränge martere sie und habe grossen Antheil an ihrer Nervosität. In einer bestimmten sexuellen Rolle fühlt sich Patientin nicht gegenüber Personen des eigenen Geschlechts, auch wüsste sie mit solchen nichts anzufangen, als sie zu küssen, zu umarmen, mit ihnen zu kosen. Patientin hält sich selbst für eine sinnliche Natur. Es ist wahrscheinlich, dass sie masturbirt.

Ihre sexuelle Perversion erscheint ihr „unnatürlich, krankhaft".

Nichts im Benehmen und Aeussern dieser Dame deutet auf eine solche Anomalie.

Beobachtung 128. Psychische Hermaphrodisie. Frau M., 44 Jahre, bezeichnet sich als ein Beispiel dafür, dass in einem Menschen, sei es Mann oder Weib, sowohl conträre als normale Richtungen des Sexuallebens vereinigt sein können.

Der Vater dieser Frau war sehr musikalisch, überhaupt künstlerisch hoch talentirt, leichtlebig, ein grosser Verehrer des anderen Geschlechts, von seltener Schönheit. Er starb nach mehreren apoplectischen Anfällen dement im Irrenhaus. Vaters Bruder war neuropsychopathisch, als Kind mondsüchtig, zeitlebens mit Hyperaesthesia sexualis behaftet. So wollte er, obwohl verheirathet und Vater von verheiratheten Söhnen, Frau M., seine Nichte, in die er wahnsinnig verliebt war, als sie 18 Jahre alt war, entführen. Vaters Vater war höchst excentrisch, ein bedeutender Künstler, der ursprünglich Theologie studirte, aber aus glühendem Drang für die dramatische Muse Mime und Sänger wurde. Er war excessiv in Baccho et Venere, verschwenderisch, prachtliebend, starb mit 49 Jahren an Apoplexia cerebri. Mutters Vater und Mutter starben an Lungentuberculose.

Frau M. hatte elf Geschwister, von denen nur noch sechs leben. Zwei Brüder, körperlich der Mutter nachgeartet, starben mit 16 und 20 Jahren an Tuberculose. Ein Bruder leidet an Kehlkopfphthise. Sämmtliche vier lebende Schwestern, wie auch Frau M., sind körperlich dem Vater nachgeartet und die älteste ist unverheirathet, sehr nervös und menschenscheu. Zwei jüngere Schwestern sind verheirathet, gesund und haben gesunde Kinder. Eine weitere ist Virgo und nervenleidend.

Frau M. hat vier Kinder, von denen mehrere zart, neuropathisch sind.

Ueber ihre Kindheit weiss Patientin nichts von Belang zu berichten. Sie lernte leicht, war dichterisch und ästhetisch begabt, galt als ein bisschen überspannt, das Romanlesen und Sentimentale liebend, von neuropathischer Constitution, äusserst empfindlich gegen Temperaturschwankungen, bekam jeweils beim geringsten Luftzug lästige Cutis anserina. Bemerkenswerth ist noch, dass Patientin eines Tags, 10 Jahre alt, da sie meinte, die Mutter liebe sie nicht, Zündhölzer im Kaffee einweichte und diesen trank, um recht krank zu werden und damit die Liebe der Mutter auf sich zu lenken.

Die Entwicklung ging schon mit 11 Jahren ohne Beschwerden vor sich. Menses in der Folge regelmässig. Schon vor der Zeit der Pubertätsentwicklung regte sich das Sexualleben, dessen Regungen nach der eigenen Ansicht der Patientin in der ganzen folgenden Lebenszeit übermächtige gewesen sind. Die ersten Gefühle und Dränge waren entschieden homosexual. Patientin bekam eine leidenschaftliche, aber durchaus platonische Neigung zu einer jungen Dame, dichtete auf sie Ghaselen und Sonette und war glücksselig, wenn sie die „entzückenden Reize der Angebeteten" einmal im Bade bewundern oder beim Ankleiden Nacken, Schultern und Brust mit den Augen verschlingen konnte. Der heftige Drang zum Berühren dieser körperlichen Reize wurde stets überwunden. Als junges Mädchen sei sie förmlich verliebt in Raphael's und Guido Reni's Madonnen gewesen. Auch musste sie schönen Mädchen und Frauen in jeder Witterung stundenlang nachgehen, ihren Anstand bewundernd, die Gelegenheit erspähend, gefüllig zu sein, ihnen Sträusschen anzubieten u. s. w. Patientin versicherte, dass sie bis zum Alter von 19 Jahren absolut keine Ahnung vom Unterschied der Geschlechter hatte, da sie durch eine altjungferliche, höchst prüde Tante eine faktisch klösterliche Erziehung gehabt hatte. Infolge dieser grenzenlosen Unwissenheit wurde Patientin das Opfer eines Mannes, der sie leidenschaftlich liebte, sie durch List zum Coitus brachte. Sie wurde die Gattin dieses Mannes, gebar ein Kind, lebte mit ihm ein „excentrisches" sexuelles Leben und fühlte sich vom ehelichen Umgang vollständig befriedigt. Nach wenigen Jahren wurde sie Wittwe. Seitdem waren wieder Frauen der Gegenstand der Neigung, in erster Linie, wie Patientin meint, aus Furcht vor den Folgen des sexuellen Umgangs mit einem Manne.

Mit 27 Jahren zweite Ehe mit einem kränklichen Manne, ohne Neigung. Patientin gebar 3mal, erfüllte ihre Mutterpflichten, kam körperlich herunter, empfand in den letzten Jahren dieser Ehe immer grössere Unlust zum Beischlaf, zum Theil im Bewusstsein der Krankheit des Gatten, obwohl ein heftiger Drang nach sexueller Befriedigung stets vorhanden war.

Drei Jahre nach dem Tode des zweiten Mannes machte Patientin die Entdeckung, dass ihre 9jährige Tochter aus erster Ehe der Masturbation ergeben war und dahinsiechte. Patientin las im Conversationslexikon über dieses Laster nach, konnte dem Drang nicht widerstehen, es auch zu versuchen, und wurde Onanistin. Ueber diese Periode ihres Lebens kann sie sich nicht entschliessen, ausführlich zu berichten. Sie versichert, dass sie sexuell schrecklich erregt wurde, eines Tags ihre beiden Mädchen aus dem Hause geben musste, um sie vor „Schrecklichem" zu bewahren, während sie ihre beiden Knaben daheim behalten konnte!

Patientin wurde neurasthenisch ex masturbatione (Spinalirritation, Kopfdruck, Mattigkeit, geistige Hemmung u. s. w.), zeitweise sogar dysthymisch mit quälendem Taed. vitae.

Ihr sexuelles Fühlen war bald dem Weib, bald dem Manne zugewandt. Sie wusste sich zu beherrschen, litt sehr unter ihrer Abstinenz, zumal da sie, ihrer neurasthenischen Beschwerden wegen, nur in grösster Noth mit Masturbation sich zu helfen versuchte. Gegenwärtig leidet die 44jährige, noch regelmässig menstruirende Frau heftig unter der Leidenschaft für einen jungen Mann, dessen Nähe sie aus beruflichen Rücksichten nicht vermeiden kann.

Patientin ist eine in ihrer äusserlichen Erscheinung nicht auffallende Persönlichkeit, gracil gebaut, von schwacher Musculatur. Becken durchaus weiblich, jedoch Arme und Beine auffallend gross und entschieden von männlichem Bau. Da ihr kein weiblicher Schuh passt, sie aber doch nicht auffallen will, zwängt sie ihre Füsse in Frauenschuhe, so dass diese künstlich verunstaltet sind. Genitalien von ganz normaler Entwicklung. Ausser einem Descensus uteri, mit Hypertrophie der Vaginalportion, keine Veränderungen. Bei eingehenderer Exploration erklärt sich Patientin für wesentlich doch homosexual, Empfindung und Trieb zum anderen Geschlecht nur für etwas Episodisches, Grobsinnliches. So leide sie zwar gegenwärtig schrecklich unter sexuellen Drängen zu jenem Manne ihrer Umgebung, aber ein edlerer und höherer Genuss sei es ihr, auf eine sanftgerundete, weiche Mädchenwange einen Kuss zu hauchen. Dieser Genuss biete sich ihr oft, denn sie sei unter den „lieben Geschöpfen" als „gefällige Tante" sehr beliebt, da sie die verschiedensten „Ritterdienste" jenen unverdrossen leiste und sich dabei immer mehr als Mann fühle.

Beobachtung 129. Homosexualität. Fräulein L., 55 Jahre alt. Ueber Familie des Vaters fehlen Nachrichten. Die Eltern der Mutter werden als zornmüthig, launenhaft, nervös geschildert. Ein Bruder der Mutter epileptisch, ein anderer excentrisch und geistig nicht normal.

Die Mutter war sexuell hyperästhetisch und lange Zeit Messaline. Sie galt als psychopathisch und starb 69 Jahre alt an einer Hirnkrankheit.

Fräulein L. entwickelte sich normal, hatte nur geringfügige Kinderkrankheiten zu überstehen, war geistig sehr begabt, jedoch von neuropathischer Constitution, emotiv, von allerlei Tics geplagt.

Mit 18 Jahre erwachte, noch 2 Jahre vor der ersten Menstruation, die erste Liebesleidenschaft für eine Altersgenossin, „ein träumerisches Gefühl, noch ganz rein von Sinnlichkeit".

Die zweite Liebe galt einem älteren Mädchen, das Braut war, mit bereits quälendem sinnlichem Sehnen. Eifersucht und dem noch „unklaren Gefühl geheimnissvoller Ungehörigkeit"; zurückgewiesen von dieser Dame, verliebte sich Patientin in eine um 20 Jahre ältere, glücklich verheirathete Frau und Mutter. Sie vermochte sich in ihren sinnlichen Regungen zu beherrschen, so dass diese Frau nie den wahren Grund einer solch schwärmerischen „Freundschaft" ahnte und dieselbe auch ihrerseits durch 12 Jahre gerne gewährte. Patientin bezeichnet diese lange Zeit als ein wahres Martyrium.

In den letzten Jahren, vom 25. Jahre ab, hatte sie begonnen, durch Masturbation sich zu befriedigen. Patientin dachte damals ernstlich daran, ob nicht eine Heirath sie retten könnte, aber ihr Gewissen sprach dagegen, denn sie hätte vielleicht ihr Unglück Kindern vererben oder einen vertrauensvollen Mann „unglücklich machen können".

27 Jahre alt nahte sich ihr ein Mädchen mit unverhüllten Anträgen, schilderte den Unsinn der Entsagung, gab volle Aufklärung über den sie beherrschenden homosexualen Trieb und war sehr stürmisch. Patientin duldete die Liebkosungen dieses Mädchens, liess sich aber zu keinem sexuellen Verkehr herbei, da sie fühlte, dass ihr Sinnengenuss ohne Liebesleidenschaft widerlich sei.

Geistig und körperlich unbefriedigt, im Bewusstsein eines verfehlten Lebens gingen Patientin die Jahre dahin. Sie schwärmte ab und zu für Damen ihres Bekanntenkreises, wusste sich aber zu beherrschen. Auch von Masturbation vermochte sie sich wieder zu befreien.

38 Jahre alt, lernte Fräulein L. ein um 19 Jahre jüngeres Mädchen kennen, von seltener Schönheit, aber aus demoralisirter Familie, von Cousinen früh zur mutuellen Masturbation verführt. Es ist nicht zu entscheiden, ob dieses Mädchen A. ein Fall von psychischem Hermaphroditismus war oder einer von erworbener conträrer Sexualempfindung. Die erstere Annahme ist die wahrscheinlichere.

Aus einer Autobiographie der L. ergibt sich folgendes:

„Die A., meine Schülerin, fing an, mir ihre abgöttische Liebe zuzuwenden. Sie war mir in hohem Grade sympathisch. Da ich wusste, dass sie ein aussichtsloses Liebesverhältniss mit einem wüsten Gesellen und fortdauernd vertrauten Umgang mit ihren demoralisirten Cousinen hatte, wollte ich sie nicht von mir stossen. Mitleid, die Ueberzeugung, dass sie sonst dem sittlichen Untergang zutreibe, veranlassten mich, ihre Annäherung zu dulden.

Ich hielt ihre Neigung zu mir für nicht gefährlich, da ich es nicht für möglich hielt, dass (mit Hinblick auf ihr Liebesverhältniss) in einer Seele zwei Leidenschaften (für einen Mann und ein Weib zugleich) bestehen könnten, zudem glaubte ich meiner Widerstandskraft sicher zu sein. Ich behielt also A. um mich, erneute meine sittlichen Vorsätze und hielt es für eine Pflicht. A.'s Liebe zu mir zu ihrer Veredlung zu benutzen. Welch thörichter Wahn dies gewesen, sollte ich nur zu bald erfahren. Einmal, als ich im Schlummer lag, wusste A. ihre Lust an mir zu stillen. Ich war noch rechtzeitig erwacht, und wäre ich sittlich stärker gewesen, so hätte ich sie noch zurückweisen können. Aber ich war furchtbar aufgeregt, wie berauscht — sie siegte.

Was ich nachher empfand, ist unbeschreiblich. Jammer über die gebrochenen Vorsätze, die ich bisher mit so grossen Anstrengungen aufrecht erhalten hatte, Angst vor Entdeckung und vor Verachtung, Jubel, endlich des qualvollen Wachens und Ringens ledig zu sein, unsägliche Sinnenfreude, Zorn über die unselige Gefährtin und zugleich das Gefühl der tiefsten Zärtlichkeit. A. belächelte ruhig meine Gemüthserregung und bemühte sich, liebkosend mich zu beruhigen.

Ich fand mich in die neue Situation. Lange Jahre dauerte unsere Gemeinschaft. Wir lebten in gegenseitiger Masturbation weiter, nie excessiv oder cynisch.

Nach und nach hörte der sinnliche Verkehr zwischen uns wieder auf. A.'s Zärtlichkeit ermattete, die meine aber blieb, obwohl ich kein sinnliches Verlangen mehr empfand. A. trug sich mit Heirathsplänen, theils um versorgt zu werden, wesentlich aber, weil ihre Sinnlichkeit wieder in normale Bahnen einlenkte. Es gelang ihr, einen Gatten zu finden. Möge sie ihn glücklich machen, was ich aber bezweifeln muss. So habe ich Aussicht, mein Alter ebenso freud- und friedlos hinzuschleppen, wie es mit meiner Jugend der Fall war.

Mit Wehmuth gedenke ich der Jahre, die ich gemeinsam mit der Geliebten verlebte. Dass ich mit A. geschlechtlich verkehrte, vermag mein Gewissen nicht zu belasten, denn ich erlag ihrer Verführung und bemühte mich redlich, sie vor dem sittlichen Ruin zu retten und zu einem gebildeten und wohlgesitteten Wesen zu erziehen, was mir auch gelungen ist. Ueberdies beruhigt mich der Gedanke, dass sittliche Gesetze nur für normale Menschen ersonnen, nicht aber für anormale bindend sein können. Ganz glücklich kann allerdings ein fein empfindender Mensch, der sich von der Natur ausgestossen und von der Cultur der Verachtung preisgegeben weiss, nie werden, aber in mir war eine wehmüthige Ruhe und in Momenten, wo ich A. glücklich glaubte, war ich es vorübergehend auch.

Das ist die Geschichte einer Unglücklichen, die durch eine verhängnissvolle Laune der Natur um alle Lebensfreude betrogen und dem Kummer überantwortet ist."

Ich lernte die Schreiberin dieser Lebens- und Leidensgeschichte als eine feingebildete Persönlichkeit kennen, von groben Zügen, starkknochigem aber durchaus weiblichem Körperbau. Sie hat seit einigen Jahren das Klimakterium ohne besondere Beschwerden hinter sich, fühlt sich seither frei von sinnlichen Regungen. In einer bestimmten Rolle habe sie sich dem geliebten Weibe gegenüber sexuell nie gefühlt; für Männer niemals irgend eine sinnliche Regung empfunden.

Ueber die familiären und Gesundheitsverhältnisse ihrer früheren Geliebten A. befragt, machte Fräulein L. Mittheilungen, aus welchen schwere Belastung, insofern der Vater in einer Irrenanstalt gestorben ist, die Mutter im Klimakterium alienirt war, Neurosen mehrfach in der Familie vorgekommen sind und die A. lange Zeit an schwerer Hysteropathie mit zeitweisem hallucinatorischem Delir gelitten hatte, zweifellos erscheint.

Beobachtung 130. Homosexualität. S. J., 38 Jahre, Gouvernante, suchte ärztlichen Rath bei mir wegen eines Nervenleidens. Der Vater war vorübergehend geisteskrank und starb an einer Gehirnkrankheit. Patientin ist das einzige Kind, litt schon in frühen Jahren an Angstgefühlen und quälenden Vorstellungen, z. B. dass sie im Sarge, nachdem dieser geschlossen, erwachen werde, dass sie bei der Beichte etwas vergessen, unwürdig communiciren könnte. Sie litt viel an Kopfschmerzen, war immer sehr erregt, schreckhaft, hatte aber gleichwohl einen Drang, aufregende Dinge, z. B. Leichen, zu sehen.

Schon in den frühesten Kinderjahren war Patientin sexuell erregt und kam ohne alle Verführung zur Masturbation. Die Menses traten mit 14 Jahren ein, in der Folge jeweils von colikartigen Schmerzen, heftiger sexueller Erregung, Migräne und geistiger Verstimmung begleitet. Ihren Drang zur Masturbation lernte Patientin vom 18. Jahre ab unterdrücken.

Patientin hat niemals Neigung zu einer Person des anderen Geschlechts gefühlt. Wenn sie an Ehe dachte, so geschah dies nur, weil sie sich eine Versorgung durch Heirath wünschte. Hingegen fühlte sie sich mächtig zu Mädchen hingezogen. Sie hielt solche Neigung Anfangs für Freundschaft, erkannte aber aus der Innigkeit, mit welcher sie an solchen Freundinnen hing, und aus der tiefen Sehnsucht, die sie fortwährend nach denselben empfand, dass diese Gefühle doch mehr als Freundschaft waren.

Patientin findet es unbegreiflich, dass ein Mädchen einen Mann lieben könne, dagegen verstehe sie es wohl, dass dies einem Manne einem Mädchen gegenüber möglich sei. Für schöne Frauen und Mädchen habe sie sich stets lebhaft interessirt, sei durch deren Anblick mächtig erregt worden. Ihre Sehnsucht sei es immer gewesen, solche liebe Geschöpfe zu küssen und zu umarmen. Geträumt habe sie nie vom Manne, sondern nur von Mädchen. Im Genuss des Anblicks solcher zu schwelgen, sei ihr Wonne gewesen. Die Trennung von solchen „Freundinnen" habe sie jeweils desperat gemacht.

Patientin, deren äussere Erscheinung eine durchaus weibliche und höchst decente ist, will sich nie in einer besonderen Rolle Freundinnen gegenüber gefühlt haben, auch nicht in beseligenden Träumen. Weibliches Becken, grosse Mammae, keine Andeutung von Bartwuchs.

Beobachtung 131. Homosexualität. Frau R., 35 Jahre, den höheren Ständen angehörig, wurde mir 1886 behufs Consultation von ihrem Manne zugeführt.

Vater war Arzt und sehr neuropathisch. Vatersvater war gesund, normal und erreichte ein Alter von 96 Jahren. Ueber die Mutter des Vaters fehlen Notizen. Die Geschwister des Vaters sollen sämmtlich nervös sein. Die Mutter der Patientin war nervenkrank, litt an Asthma. Deren Eltern waren ganz gesund. Die Schwester der Mutter litt an Melancholie.

Patientin litt schon seit dem 10. Jahre an habituellem Kopfschmerz, machte, ausser Masern, keine Krankheiten durch, war begabt, genoss die beste Erziehung, hatte besonderes Talent für Musik und Sprachen, war genöthigt, sich als Gouvernante auszubilden, war in den Entwicklungsjahren übermässig geistig angestrengt, machte im 17. Jahre eine mehrmonatliche Melancholia sine delirio durch. Patientin versichert, dass sie von jeher nur Sympathie für Personen des eigenen Geschlechts hatte und an Männern höchstens ästhetisches Interesse fand. Sinn für weibliche Arbeiten hat sie nie gehabt. Als kleines Mädchen habe sie sich am liebsten mit Knaben herumgetummelt.

Patientin will gesund geblieben sein bis zum 27. Jahre. Da wurde sie ohne äussere Ursache gemüthskrank — hielt sich für eine schlechte Person voll Sünden, hatte an nichts mehr Freude, war schlaflos. Während dieser Krankheitszeit war sie überdies von Zwangsvorstellungen geplagt, sich den Tod, ihr eigenes Sterben und das ihrer Angehörigen vorstellen zu müssen. Genesung nach etwa 5 Monaten. Sie wurde nun Gouvernante, war sehr angestrengt, bis auf zeitweise neurasthenische Beschwerden, Spinalirritation gesund.

Mit 28 Jahren machte sie die Bekanntschaft einer 5 Jahre jüngeren Dame. Sie verliebte sich in dieselbe, fand Gegenliebe. Die Liebe war eine sehr sinnliche, wurde in mutueller Onanie befriedigt. „Ich habe sie abgöttisch geliebt — sie ist ein so edles Wesen." meint Patientin, als sie auf dieses Liebesbündniss zu sprechen kommt, das 4 Jahre währte und mit der (unglücklichen) Heirath dieser Freundin sein Ende fand.

1885, nach vielen Gemüthsbewegungen, erkrankte Patientin unter dem Bild einer Hysteroneurasthenie (Dyspepsia gastrica, Spinalirritation, starrkrampfartige Anfälle, solche von Hemiopie mit Migräne, Anfälle von transitorischer Aphasie, Pruritus pudendi et ani). Im Februar 1886 traten diese Symptome zurück.

Im März lernte Patientin ihren jetzigen Mann kennen und heirathete ihn ohne langes Besinnen, da er reich, ihr sehr zugethan und sein Charakter ihr sympathisch war.

Am 6. April las sie eines Tages die Phrase: „Der Tod verschont Niemand". Wie ein Blitz aus heiterem Himmel kehrten die früheren Todeszwangsvorstellungen wieder. Sie musste sich die schrecklichsten Todesarten für sich und ihre Umgebung ausdenken, besonders Sterbescenen sich vorstellen, verlor Ruhe und Schlaf, hatte an nichts mehr Freude. Der Zustand besserte sich. Sie heirathete Ende Mai 1886, war aber damals noch von peinlichen Gedanken geplagt, dass sie dem Mann und ihrer Freundschaft Unheil bringe.

Am 6. Juni 1886 erster Coitus. Sie war davon moralisch tief deprimirt. So hatte sie sich die Ehe nicht gedacht! Anfangs war sie von heftigem Taedium vitae geplagt. Der Mann, welcher seine Frau aufrichtig liebte, thut sein Möglichstes, um sie zu beruhigen. Consultirte Aerzte meinten, wenn

Patientin gravid werde, sei alles gut! Der Mann konnte sich das räthselhafte Benehmen seiner Frau nicht erklären. Sie war freundlich gegen ihn, duldete seine Liebkosungen, verhielt sich beim Coitus, dem sie thunlich auswich, ganz passiv, war nach dem Akt tagelang matt, erschöpft, von Spinalirritation geplagt, nervös.

Eine Reise des Ehepaares führte ein Wiedersehen der Freundin herbei, die in unglücklicher Ehe seit 3 Jahren lebt. Die beiden Damen zitterten vor Wonne und Erregung, als sie sich in die Arme sanken, waren von nun an unzertrennlich. Der Mann fand, dass dieses Freundschaftsverhältniss doch ein eigenthümliches sei und beschleunigte die Abreise. Gelegentlich überzeugte er sich durch die Correspondenz seiner Frau mit dieser „Freundin", dass der Briefwechsel genau dem zweier Liebenden entsprach.

Frau R. wurde schwanger. In der Gravidität schwanden die Reste psychischer Depression und die Zwangsvorstellungen. Mitte September Abortus etwa in der 9. Woche der Gravidität. Im Anschlusse daran neuerliche Erscheinungen von Hysteroneurasthenie. Ueberdies Anteflexio et Lateropositio dextra uteri. Anaemia. Atonia ventriculi.

Patientin machte bei der Consultation den Eindruck einer höchst belasteten neuropathischen Persönlichkeit. Unverkennbar war der neuropathische Ausdruck des Auges. Habitus durchaus weiblich. Ausser sehr schmalem steilem Gaumen keine Skeletabnormität. Patientin entschloss sich schwer zu Mittheilungen über ihre sexuelle Abnormität. Sie klagte, dass sie geheirathet habe, ohne zu wissen, was die Ehe zwischen Mann und Weib sei. Sie liebe ja ihren Gemahl herzlich ob seiner geistigen Vorzüge, aber der eheliche Umgang sei ihr eine Pein, sie leiste ihn widerwillig, ohne jemals eine Befriedigung davon zu empfinden. Post actum sei sie tagelang ganz matt und erschöpft. Seit dem Abortus und dem Verbot des Arztes, ehelichen Umgang zu pflegen, gehe es ihr besser, aber die Zukunft sei ihr schrecklich. Sie achte ihren Mann, liebe ihn geistig, möchte alles für ihn thun, wenn er sie nur sexuell künftig schone. Sie hoffe, dass mit der Zeit sie auch sinnlich für ihn fühlen könne. Wenn er Violine spiele, komme ihr oft vor, als ob eine Empfindung in ihr auftauche, die mehr als Freundschaft sei, aber das sei nur eine flüchtige Empfindung, in welcher sie keine Gewähr für die Zukunft erblicke. Ihr höchstes Glück sei die Correspondenz mit der früheren Geliebten. Sie fühle, dass dies unrecht sei, aber sie könne davon nicht lassen, sonst fühle sie sich namenlos elend.

Beobachtung 132. Homosexualität. Fräulein X., aus bürgerlicher Familie in einer grossen Stadt, war beim Abschluss meiner Beobachtung 22 Jahre alt.

Sie gilt als Beauté, wird umschwärmt von der Herrenwelt, ist eine entschieden sinnliche Natur, wäre wie geschaffen zu einer Aspasia, lehnte aber alle ihr gemachten Anträge ab. Nur für einen ihrer Verehrer, einen jungen Gelehrten, zeigte sie Entgegenkommen, wurde intim mit ihm, gestattete ihm Küsse, aber nicht wie ein liebendes Weib, und als Herr T. einmal dem Ziel seiner Wünsche sich naheglaubte, bat sie unter Thränen, ihr so etwas nicht anzuthun, da sie dazu, nicht etwa aus moralischen Gründen, sondern aus tieferen seelischen, absolut unfähig sei. Auf das erfolglose Rendezvous folgten briefliche Confidencen, aus welchen sich der sichere Schluss auf conträre Sexualempfindung ergab.

Fräulein X. stammt von einem dem Potus ergebenen Vater und hysteropathischer Mutter. Sie ist von neuropathischer Constitution, hat vollen Busen, ist die äussere Erscheinung eines selten schönen Weibes, wird aber auffällig durch burschikoses Wesen, hat entschieden männliche Neigungen, turnt, reitet, raucht, hat strammes Auftreten und entschieden männlichen Gang. Sie möchte sich der Bühne widmen.

Neuerlich ist sie auffällig geworden durch schwärmerische Freundschaftsverhältnisse mit jungen Damen. Sie hat eine solche bei sich, theilt mit ihr das Lager.

Bis zur Pubertät will Fräulein X. sexuell ganz indifferent gewesen sein. Mit 17 Jahren machte sie in einem Badeort die Bekanntschaft eines jungen Ausländers, der durch seine „königliche" Gestalt einen fascinirenden Eindruck auf sie machte. Sie war glücklich, mit ihm einen Abend hindurch tanzen zu dürfen. Am folgenden Abend in der Dämmerung wurde sie Zeugin einer empörenden Scene — sie sah nämlich jenen entzückenden Mann von ihrem Fenster aus im Gebüsch futuare more bestiarum mulierem quondam inter menstruationem.

Adspectu sanguinis currentis et libidinis quasi bestialis viri fühlte sich Fräulein X. ganz entsetzt, wie vernichtet, hatte Mühe, ihr seelisches Gleichgewicht wieder zu erringen, war eine Zeitlang schlaf- und appetitlos und sah in dem Mann von nun an den Inbegriff der Gemeinheit.

Zwei Jahre später näherte sich ihr in einem öffentlichen Garten eine junge Dame, lächelte sie an und warf einen ganz eigenthümlichen Blick auf sie, der ihr tief in die Seele drang.

Am folgenden Tag trieb es die X. förmlich, diesen Park wieder aufzusuchen. Die Dame war schon da, schien auf sie zu warten. Man begrüsste sich wie alte liebe Bekannte, plauderte, scherzte, gab sich täglich neue Rendezvous, die sich, als die Jahreszeit ungünstig wurde, im Boudoir der jungen Dame fortsetzten.

„Eines Tages," berichtet Fräulein X. in ihren Confidencen, „führte sie mich zu ihrem Divan und während sie sich setzte, liess ich mich zu ihren Füssen gleiten. Sie heftete ihre scheuen Augen auf mich, strich mir die Haare aus der Stirne und sagte: ‚Ach, wenn ich dich nur einmal so ordentlich lieb haben dürfte. Darf ich?' Ich bejahte und während wir nun so neben einander sassen, und uns in die Augen schauten, glitten wir hinüber in jene Strömung, wo es kein Zurück mehr gibt. — — Sie war bestrickend schön, ich wünschte nur den Pinsel führen zu können, um diese Formen zu verewigen. Für mich war dies Alles neu und berauschend, man gab sich hin, voll und ganz, ungehemmt im glühendsten Rausch weiblichen Sinnentaumels. Ich glaube nicht, dass je ein Mann das zauberhaft Berauschende, Zarte und Pikante trifft — der Mann ist doch zu wenig feinfühlig, zu wenig sensitiv. — — Unser wildes Spiel hatte solange gedauert, bis ich ermattet zurücksank, kraftlos, entnervt. Ich lag, durch diese Erschlaffung eingeschlafen, auf ihrem Bett, als mich plötzlich ein unsagbares, nie gekanntes Gefühl jäh emporfahren liess — ein Schauer durchrieselte meinen ganzen Körper, ich sah J. auf mir — cunnilingum perficiens — es war für sie der höchste Genuss, tandem mihi non licebat altrum quam osculos dare ad mammas — wobei sie jedesmal in convulsivische Zuckungen gerieth.

So dauerte unser ungetrübtes Verhältniss ein Jahr lang, bis die Versetzung des Vaters meiner Geliebten in eine andere Stadt erfolgte."

Fräulein X. bekannte noch, dass sie in diesem homosexuellen Verkehr sich immer als Mann dem Weibe gegenüber fühlte und dass sie, faute de mieux, einmal einen ihrer Anbeter zum Cunnilingus zuliess.

Beobachtung 133. Homosexualität. Frau C., 32 Jahre alt, Beamtengattin, eine grosse, nicht unschöne, durchaus weibliche Erscheinung, stammt von neuropathischer, sehr aufgeregter Mutter. Ein Bruder war psychopathisch und ging durch Potus zu Grunde. Patientin war von jeher sonderbar, starrköpfig, verschlossen, jähzornig, excentrisch. Auch ihre Geschwister sind aufgeregte Leute. In der Familie ist mehrfach Phthisis pulm. vorgekommen. Schon als 13jähriges Mädchen machte Patientin, neben Zeichen grosser sexueller Erregbarkeit, sich durch schwärmerische Liebe zu einer Altersgenossin auffällig. Die Erziehung war streng, jedoch las Patientin heimlich viel Romane und machte massenhaft Gedichte. Mit 18 Jahren heirathete sie, um aus unbehaglichen Verhältnissen des elterlichen Hauses loszukommen.

Von jeher will sie ganz gleichgültig gegen Männer gewesen sein. Thatsächlich mied sie Bälle. Weibliche Statuen erregten ihr Wohlgefallen. Das Höchste sei ihr immer der Gedanke gewesen, mit einem geliebten Weibe ehelich verbunden zu werden. Ihrer sexuellen Eigenart will sie sich bis zur Eingehung der Ehe nicht bewusst gewesen sein. Unerklärlich sei ihr die Sache allerdings immer gewesen. Patientin unterzog sich der ehelichen Pflicht, gebar 3 Kinder, von denen zwei an Convulsionen litten, lebte friedlich mit dem Mann, den sie aber nur seiner moralischen Eigenschaften wegen achtete. Dem Coitus ging sie gern aus dem Wege. „Ich hätte lieber mit einem Weibe verkehrt."

Patientin war bis 1878 neurasthenisch geworden. Anlässlich eines Badeaufenthalts lernte sie einen weiblichen Urning kennen, dessen Krankengeschichte ich im Irrenfreund 1884, Nr. 1 als Beobachtung 6 veröffentlicht habe.

Patientin kehrte wie ausgewechselt zur Familie heim. Der Mann berichtet: „Sie war nicht mehr mein Weib, hatte keine Liebe mehr zu mir und den Kindern und wollte von ehelichen Annäherungen nichts mehr wissen." Sie entbrannte in brünstiger Liebe zur „Freundin", hatte für nichts Anderes mehr Sinn. Nachdem der Mann der Dame das Haus verboten, gab es Briefwechsel mit Stellen wie: „Mein Täubchen, ich lebe ja nur für Dich, meine Seele!" Rendez-vous, schreckliche Aufregung, wenn ein erwarteter Brief ausblieb. Das Verhältniss war kein platonisches. Aus einzelnen Andeutungen lässt sich vermuthen, dass mutuelle Onanie das Mittel der sinnlichen Befriedigung war. Dieses Liebesverhältniss dauerte bis 1882 und machte Patientin in hohem Grade neurasthenisch.

Da Patientin ihr Hauswesen gründlich vernachlässigte, nahm der Mann eine 60jährige Dame als Haushälterin an, ausserdem eine Gouvernante für die Kinder. Patientin verliebte sich in die Beiden, die wenigstens Liebkosungen sich gefallen liessen und von der Liebe der Herrin materiell profitirten.

Ende 1883 musste Patientin, sich entwickelnder Tuberculosis pulm. wegen, nach dem Süden reisen. Dort lernte sie eine 40jährige Russin kennen, verliebte sich sterblich in dieselbe, fand aber keine Gegenliebe nach ihrem Sinne. Eines Tages brach Irrsinn bei der Kranken aus — sie hielt die Russin für eine Nihilistin, glaubte sich von ihr magnetisirt, bot förmliches Verfolgungsdelir, entfloh, wurde in einer Stadt Italiens aufgegriffen, ins Spital gebracht, beruhigte sich bald wieder, verfolgte neuerdings die Dame mit ihrer Liebe, fühlte sich namenlos unglücklich, plante Selbstmord.

Heimgekehrt war sie tief verstimmt, ihre Russin nicht zu besitzen, kalt und abstossend gegen die Angehörigen; Ende Mai 1884 setzte ein deliranter erotischer Aufregungszustand ein. Sie tanzte, jubelte, erklärte sich für männlichen Geschlechts, verlangte nach ihrem früheren Geliebten, behauptete, aus kaiserlichem Hause zu sein, entwich in Männerkleidung aus dem Hause, wurde in manisch-erotischer Erregung der Irrenanstalt zugeführt. Der Exaltationszustand schwand nach einigen Tagen. Patientin wurde ruhig, deprimirt, machte einen verzweifelten Selbstmordversuch, war in der Folge tief schmerzlich, mit Taedium vitae behaftet; die conträre Sexualempfindung trat immer mehr zurück, die Tuberculose machte Fortschritte. Patientin starb phthisisch Anfang 1885.

Die Section des Gehirns bot hinsichtlich des Baustils und der Windungsanordnung nichts Auffälliges. Gehirngewicht 1150. Schädel leicht asymmetrisch. Keine anatomischen Degenerationszeichen. Innere und äussere Genitalien ohne Anomalie.

Beobachtung 134. (Viraginität.) Fräulein N., 25 Jahre, stammt von angeblich gesunden Eltern. Sämmtliche (5) Geschwister sind aber nervös, drei derselben (Schwestern) verheirathet. Sie ist sehr talentirt, besonders für schöne Künste. Schon als kleines Kind spielte sie am liebsten Soldaten- und andere Knabenspiele, war keck und ausgelassen und that es darin selbst Knaben zuvor. Sie hatte nie Sinn für Puppen und für weibliche Handarbeit. Mit dem 15. Jahr trat die Pubertät ein. Bald darnach verliebte sie sich in junge Damen, aber nur platonisch, da sie ein sittliches Mädchen ist. Seit einigen Jahren ist ihre Libido sehr heftig geworden, so dass sie sich kaum beherrschen kann. Sie hat lascive Träume, in welchen nur weibliche Individuen eine Rolle spielen, denen gegenüber sie sich in männlicher Position fühlt. Seit einigen Jahren ist sie in eine ältere, etwa 40jährige Dame sterblich verliebt. Sie quält dieselbe mit Eifersucht.

Fräulein N. sind Männer ganz gleichgültig. Sie könnte ruhig mit ihnen Zimmer und Lager theilen, während sie Personen des eigenen Geschlechts gegenüber Schambaftigkeit an den Tag legt.

Sie ist sich des Pathologischen ihres Zustandes bewusst.

Fräulein N. hat männliche Gesichtszüge, tiefe Stimme, männliche Gehweise, ist ohne Behaarung im Gesicht, hat schwach entwickelte Mammae, trägt kurz geschnittenes Haar und macht den Eindruck eines Mannes in Frauenkleidern.

Beobachtung 135. (Viraginität.) C. R., Dienstmädchen, 26 Jahre. leidet seit den Entwicklungsjahren an Paranoia originaria und Hysterismus. hatte, wesentlich auf Grund ihrer Wahnideen, eine romanhafte Vergangenheit und gerieth 1884 in der Schweiz, wohin sie aus Verfolgungswahn geflohen war, in gerichtliche Untersuchung. Bei dieser Gelegenheit stellte sich heraus, dass die R. mit conträrer Sexualempfindung behaftet ist.

Ueber die Eltern und die Verwandtschaft stehen keine Auskünfte zu Gebot. Die R. will, ausser an Lungenentzündung mit 10 Jahren, früher nie erheblich krank gewesen sein.

Erste Menstruation mit 15 Jahren ohne alle Beschwerden, in der Folge oft unregelmässig und abnorm stark. Patientin versicherte, sie habe niemals Neigung zu Personen des anderen Geschlechts gefühlt, nie die Annäherung eines Mannes geduldet. Sie habe nie begreifen können, wie ihre Freundinnen die Schönheit und Liebenswürdigkeit männlicher Personen besprechen konnten. Sie könne nicht begreifen, wie sich ein Weib von einem Manne küssen lassen könne. Dagegen sei es ihr Entzücken und Begeisterung gewesen, einen Kuss auf die Lippen einer geliebten Freundin zu drücken. Sie habe eine ihr unbegreifliche Liebe zu Mädchen. Sie habe einige Freundinnen schwärmerisch geliebt und geküsst; sie hätte für diese ihr Leben hingeben mögen. Ihr Höchstes wäre gewesen, mit einer solchen Freundin dauernd zusammenzuleben, sie einzig und ganz zu besitzen.

Sie fühle sich dabei als Mann dem geliebten Mädchen gegenüber. Schon als kleines Mädchen habe sie nur Sinn für Knabenspiele gehabt, am liebsten Schiessen und Militärmusik gehört, sei von solcher immer ganz begeistert geworden und wäre gerne als Soldat mitgezogen. Jagd und Krieg seien ihr Ideal gewesen. Im Theater habe sie nur Sinn für die weiblichen Darsteller gehabt. Sie wisse wohl, dass diese ganze Richtung unweiblich sei, aber sie könne nicht anders. In männlicher Kleidung zu gehen, sei ihr ein grosser Genuss gewesen, ebenso habe sie mit Vorliebe von jeher männliche Arbeit verrichtet und dazu besonderes Geschick gezeigt, während sie das Gegentheil bezüglich weiblicher Arbeit, besonders Handarbeit behaupten müsse. Auch liebt Patientin Rauchen und geistige Getränke. Auf Grund von persecutorischen Wahnideen, um vermeintlichen Verfolgern zu entgehen, hat Patientin wiederholt in Männerkleidern und männlichen Rollen sich bewegt. Sie that dies mit solchem (wohl angeborenem) Geschick, dass sie allgemein die Leute über ihr wahres Geschlecht zu täuschen vermochte.

Aktenmässig ist festgestellt, dass Patientin schon 1884 längere Zeit bald in Civilkleidern, bald in Lieutenantsuniform sich bewegte und in einem Männeranzug, wie ihn etwa Herrschaftsdiener tragen, im August 1884 aus Verfolgungswahn aus Oesterreich nach der Schweiz flüchtete. Sie fand dort einen Dienst in einer Kaufmannsfamilie und verliebte sich in die Tochter des Hauses, die „schöne Anna", welche ihrerseits, das wahre Geschlecht der R. nicht erkennend, sich in den schmucken jungen Mann verliebte.

Patientin macht über diese Episode folgende charakteristische Bemerkungen: „Ich war ganz verliebt in die Anna. Ich weiss nicht, wie dies gekommen ist, und kann mir keine Rechenschaft über diese Neigung geben. In dieser fatalen Liebe liegt der Grund, dass ich so lange die Rolle des Mannes fortgespielt habe. Ich habe noch nie eine Liebe zu einem Manne gefühlt und glaube, dass sich meine Liebe dem weiblichen und nicht dem männlichen Geschlecht zuwendet. Ueber diesen meinen Zustand bin ich mir durchaus unklar."

Aus der Schweiz schrieb die R. Briefe an ihre heimathliche Freundin Amalie, die den Gerichtsakten beigelegt wurden. Es sind Briefe von schwärmerischer, weit über das Mass der Freundschaft hinausgehender Liebe. Sie apostrophirt die Freundin: „Meine Wunderblume, Sonne meines Herzens, Sehnsucht meiner Seele". Sie sei ihr höchstes Glück auf Erden, ihr gehöre das Herz. Auch in Briefen an die Eltern der Freundin heisst es: sie möchten doch auf ihre „Wunderblume" schauen, denn würde diese sterben, so vermöchte auch sie das Leben nicht mehr zu ertragen.

Die R. befand sich zur Untersuchung ihres Geisteszustandes einige Zeit in der Irrenanstalt. Als die Anna einmal zum Besuch bei der R. zugelassen wurde, wollte das feurige Umarmen und Küssen kein Ende nehmen. Die erstere gab unverhohlen zu, dass sie sich schon daheim mit der gleichen Zärtlichkeit umarmt und geküsst hätten.

Die R. ist eine grosse, schlanke, stattliche Erscheinung, von durchaus weiblichem Bau, aber mehr männlichen Zügen. Schädel regelmässig, keine anatomischen Degenerationszeichen, Genitalien ganz normal und ganz jungfräulich. Die R. machte den Eindruck einer sittlich unverdorbenen und decenten Persönlichkeit. Alle Umstände deuteten darauf, dass sie nur platonisch geliebt habe; Blick und Erscheinung deuten auf eine neuropathische Persönlichkeit. Schwerer Hysterismus, zeitweise starrkrampfartige Anfälle mit visionären und deliranten Zuständen. Patientin ist sehr leicht durch hypnotische Beeinflussung in Somnambulismus zu bringen und in diesem Zustande aller möglichen Suggestionen fähig. (Eigene Beobachtung. Friedreich's Blätter 1881. Heft 1.)

Beobachtung 136. (Viraginität.) Fräulein O., 23 Jahre, stammt von constitutionell und schwer hysteropathischer Mutter. Der Vater der Mutter war irrsinnig. Von väterlicher Seite stammt Patientin aus unbelasteter Familie.

Der Vater starb früh an Pneumonie. Patientin wird mir von ihrem Curator zugeführt, weil sie kürzlich von Hause in Männerkleidern durchging, um die Welt zu durchstreifen und „Künstler" zu werden. Patientin ist nämlich sehr für Musik talentirt.

Schon seit Jahren ist Fräulein O. auffällig durch ihr keckes, mehr männliches Wesen und ihr Bestreben, Haar und Kleidung thunlichst nach männlichem Zuschnitt zu tragen. Seit dem 13. Jahr zeigte sie schwärmerische Liebe zu Freundinnen, denen sie oft durch brünstige Umarmungen geradezu lästig fiel.

Patientin macht bei der Consultation kein Hehl aus ihrer Leidenschaft für Personen des eigenen Geschlechts. Seit ihrem 13. Jahr sei sie sich bewusst, dass sie nur solche lieben könne. Sie fühle sich als Mann dem Weibe gegenüber, meint, sie sehe auch ganz männlich aus, und ginge am liebsten in Männerkleidern.

Vor nicht langer Zeit habe sie einen bei der Polizei angestellten Verwandten allen Ernstes um seine Vermittlung gebeten, dass ihr gestattet werde, in Männerkleidern zu gehen.

Ihre erotischen Träume drehen sich nur um intimen Verkehr mit Freundinnen. Irgend ein Interesse für Männer habe sie nie empfunden, auch nie daran gedacht, dass sie je heirathen könnte.

Patientin fühlt sich in ihrer abnormen sexuellen Rolle ganz glücklich und kann sie nicht als krankhaft anerkennen. Dass ihr sexuelles Fühlen im Widerspruch mit dem anderer Weiber steht, vermag sie nicht einzusehen. Sie ist geistig entschieden beschränkt und originär psychisch abnorm.

Der Schädelumfang beträgt nur 51 cm. Patientin hat Wolfsrachen. Das Skelet ist durchaus weiblich, bis auf auffallend grosse und mehr männliche Füsse. Die Bewegungen und die ganze Pose, gleichwie auch der Gang sind mehr männlich. Die Stimme ist weiblich. Patientin ist seit dem 13. Jahr regelmässig menstruirt.

Beobachtung 137. (Gynandrie.) Fräulein X., 38 Jahre, erschien im Spätherbst 1881 in meiner Sprechstunde wegen heftiger Spinalirritation und hartnäckiger Schlaflosigkeit, in deren Bekämpfung sie Morphinistin und Chloralistin geworden sei.

Die Mutter und Schwester waren nervenkrank, die übrige Familie angeblich gesund. Das Leiden datirte angeblich seit einem Fall auf den Rücken 1872, wobei Patientin heftig erschrocken war, jedoch litt sie schon als Mädchen an Muskelkrämpfen und hysterischen Symptomen. Im Anschluss an den Sturz entwickelte sich eine neurasthenisch-hysterische Neurose, mit vorwaltender Spinalirritation und Schlaflosigkeit. Episodisch kamen hysterische Paraplegie bis zu 8 Monaten Dauer und Zustände von hyster. hallucinator. Delir mit Krampfanfällen vor. Dazu gesellten sich im Verlauf Symptome des Morphinismus. Ein mehrmonatlicher Aufenthalt in der Klinik beseitigte diesen und besserte erheblich die neurasthenische Neurose, wobei allgemeine Faradisation eine auffällig günstige Wirkung zeigte.

Schon bei der ersten Begegnung hatte Patientin durch Kleidung, Züge und Benehmen einen auffälligen Eindruck gemacht. Sie trug einen Herrenhut, die Haare kurz geschoren, Zwicker, Herrencravatte, ein rockartiges, weit über das Damenkleid herabreichendes Oberkleid mit männlichem Zuschnitt, Stiefel mit Absätzen; sie hatte grobe, mehr männliche Züge, rauhe, etwas tiefe Stimme und machte eher den Eindruck eines Mannes im Weiberrock als den einer Dame, wenn man vom Busen und entschieden weiblichen Bau des Beckens absah.

Patientin bot in der langen Beobachtungszeit nie Zeichen von Erotismus. Ueber ihre Kleidung interpellirt meinte sie nur, die von ihr gewählte Tracht kleide sie besser. Allmählig brachte man aus ihr heraus, dass sie schon als kleines Mädchen Vorliebe für Pferde und männliche Beschäftigung hatte, jedoch niemals Interesse für weibliche Arbeiten. Später habe sie besonders gerne gelesen und einen Beruf als Lehrerin angestrebt. Das Tanzen habe sie nie gefreut, es sei ihr immer als ein Unsinn erschienen. Auch das Ballet habe sie nie interessirt. Ihr höchster Genuss sei der Circus gewesen. Bis zu ihrer Krankheit 1872 habe sie weder Neigung zu Personen des anderen, noch zu solchen des eigenen Geschlechtes empfunden. Von da an habe sie eine ihr selbst auffällige Freundschaft gegen weibliche Personen, vorwiegend jüngere Damen, gefühlt und das Bedürfniss gehabt und befriedigt, Hüte und Paletot nach männlichem Zuschnitt zu tragen. Schon seit 1869 hatte sie überdies ihre Haare kurz geschoren und trug sie, wie Männer sie zu scheiteln pflegen. Sinnlich erregt will sie nie im Umgang mit ihnen gewesen sein, aber ihre Freundschaft und Opferwilligkeit gegen ihr sympathische Damen sei grenzenlos gewesen, während sie von da an Widerwillen gegen Herren und Herrengesellschaft empfand.

Die Verwandten berichten, dass Patientin vor 1872 einen Heirathsantrag hatte, denselben aber zurückwies und von einer 1874 unternommenen Badereise sexuell geändert zurückkam und gelegentliche Andeutungen machte, sie halte sich nicht für ein weibliches Wesen.

Seither wolle sie nur mit Damen umgehen, habe immer so eine Art Liebesverhältniss mit Der oder Jener, lasse gelegentlich Bemerkungen fallen, dass sie sich als Mann fühle. Diese Anhänglichkeit an Damen sei eine entschieden über die Freundschaft hinausgehende, mit Thränen, Eifersucht u. s. w. Als sie 1874 in einem Badeort weilte, habe sich eine junge Dame in Patientin, sie für einen verkleideten Mann haltend, verliebt. Als jene Dame später heirathete, sei Patientin eine Zeitlang ganz schwermüthig gewesen und habe von Untreue gesprochen. Auch den Verwandten fiel die Hinneigung zu männlicher Kleidung und männlichem Benehmen, die Abneigung gegen weibliche Arbeiten seit der Erkrankung auf, während Patientin früher, mindestens in sexueller Hinsicht, nichts Auffälliges geboten habe. Weitere Nachforschungen ergaben, dass Patientin mit der in Beobachtung 133 geschilderten Dame in einem jedenfalls nicht rein platonischen Liebesverhältniss steht und ihr zärtliche Briefe schreibt, etwa so wie ein Liebhaber der Geliebten. Ich sah 1887 Patientin wieder in einer Heilanstalt, wohin sie wegen hysteroepileptischer Anfälle, Spinalirritation und Morphinismus gebracht worden war. Die conträre Sexualempfindung bestand unverändert fort und war Patientin nur durch sorgsame Ueberwachung von unzüchtigen Angriffen auf weibliche Mitpatienten abzuhalten.

Der Zustand blieb ziemlich unverändert bis 1889. Da verfiel Patientin dem Siechthum und starb August 1889 in „Erschöpfung".

Die Sektion ergab in den vegetativen Organen: Degeneratio amyloidea renum, Fibroma uteri, Cystis ovarii sinistri. Das Stirnbein erschien stark verdickt, an der Innenfläche uneben, mit zahlreichen Exostosen besetzt, die Dura mit dem Schädeldach verwachsen.

Längsdurchmesser des Schädels 175, Breitendurchmesser 148 mm. Gesammtgewicht des ödematösen, aber nicht atrophischen Gehirns 1175 g. Meningen zart, leicht ablösbar. Hirnrinde blass. Hirnwindungen breit, wenig zahlreich, regelmässig angeordnet. Im Kleinhirn und den grossen Ganglien nichts Abnormes.

Beobachtung 138. (Gynandrie[1]). Anamnese. Am 4. November 1889 erstattete der Schwiegervater eines Grafen V. die Anzeige, dass dieser ihm unter dem Vorwande, einer Caution als Secretär einer Aktiengesellschaft zu benöthigen, 800 fl. herausgelockt habe. Ueberdies habe sich herausgestellt, dass Sandor Verträge gefälscht, die im Frühjahr 1889 erfolgte Trauung fingirt habe und vor Allem, dass dieser angebliche Graf gar kein Mann sei, sondern ein in Männerkleidern einhergehendes Weib und Sarolta (Charlotte) Gräfin V. heisse.

S. wurde verhaftet und wegen Verbrechens des Betrugs und Fälschung öffentlicher Urkunden in Voruntersuchung gezogen. Im ersten Verhör bekennt S., geb. 6. Dezember 1866, dass er weiblichen Geschlechtes, katholisch, ledig und als Schriftstellerin unter dem Namen Graf V. beschäftigt sei.

Aus der Autobiographie dieses Mannweibes ergeben sich folgende bemerkenswerthe, von anderer Seite bestätigte Thatsachen.

S. stammt aus einer altadeligen, hochangesehenen Familie, in welcher Excentricität Familieneigenthümlichkeit war. Eine Schwester der Grossmutter mütterlicherseits war hysterisch, somnambul und lag wegen eingebildeter Lähmung 17 Jahre zu Bette. Eine zweite Grosstante brachte wegen eingebildeter Todeskrankheit 7 Jahre im Bette zu, gab aber gleichwohl Bälle. Eine dritte hatte den Spleen, dass eine Console in ihrem Salon verwünscht sei. Legte Jemand etwas auf diese Console, so gerieth sie in höchste Aufregung, schrie

---

[1]) Vgl. die ausführlichen gerichtsärztlichen Gutachten über diesen Fall von Dr. Birnbacher in Friedreich's Blättern f. ger. Med. 1891, Heft 1.

„verwünscht, verwünscht" und eilte mit dem Gegenstand in ein Zimmer, das sie die „schwarze Kammer" nannte und dessen Schlüssel sie niemals aus den Händen gab. Nach dem Tod dieser Dame fand man in der schwarzen Kammer eine Anzahl von Shawls, Schmucksachen, Banknoten u. s. w. Eine vierte Grosstante liess 2 Jahre ihr Zimmer nicht kehren, wusch und kämmte sich nicht. Nach 2 Jahren erst kam sie wieder zum Vorschein. Alle diese Frauen waren nebenher geistreich, gebildet, liebenswürdig.

S.'s Mutter war nervös und konnte den Mondschein nicht ertragen.

Von der väterlichen Familie behauptet man, dass sie einen Sporn zuviel habe. Eine Linie der Familie beschäftigt sich fast ausschliesslich mit Spiritismus. Zwei Blutsverwandte väterlicherseits haben sich erschossen. Die Mehrzahl der männlichen Angehörigen ist ausserordentlich talentirt. Die weiblichen sind durchweg beschränkte, hausbackene Persönlichkeiten. Der Vater S.'s hatte eine hohe Stellung, aus der er jedoch wegen seiner Excentricität und Verschwendung (er verschwendete über $1^1/_2$ Millionen) ausscheiden musste.

Eine Marotte des Vaters war es u. A., dass er S. ganz als Knaben erzog, sie reiten, kutschiren, jagen liess, ihre Energie als Mann bewunderte, sie Sandor nannte.

Dagegen liess dieser närrische Vater seinen zweiten Sohn in Weiberkleidern gehen und als Mädchen erziehen. Die Farce hörte mit dem 15. Jahre, wo dieser Sohn eine höhere Bildungsanstalt bezog, auf.

Sarolta-Sandor blieb unter dem Einfluss des Vaters bis zum 12. Jahre, kam dann zur excentrischen mütterlichen Grossmutter nach Dresden und wurde von dieser, als der männliche Sport zu sehr überhand nahm, in ein Institut gebracht und in Weiberkleider gesteckt.

13 Jahre alt, ging sie dort mit einer Engländerin, der sie sich als Bub erklärte, ein Liebesverhältniss ein und entführte sie.

Sarolta kam zur Mama, die aber nichts ausrichtete und es zulassen musste, dass ihre Tochter wieder Sandor wurde, Knabenkleider trug und jedes Jahr mindestens ein Liebesverhältniss mit Personen des eigenen Geschlechtes inscenirte. Daneben erhielt S. eine sorgfältige Erziehung, machte grössere Reisen mit dem Vater, natürlich immer als junger Herr, emancipirte sich frühe, besuchte Cafés, selbst zweideutige Lokale und rühmte sich sogar eines Tages im Lupanar in utroque genu puellas sedisse. S. war oft berauscht, passionirt für männlichen Sport, ein sehr gewandter Fechter. S. fühlte sich sehr zu Schauspielerinnen oder sonstigen alleinstehenden, womöglich nicht ganz jungen Damen hingezogen. Sie versichert, nie eine Neigung zu einem jungen Mann gefühlt und von Jahr zu Jahr eine zunehmende Abneigung gegen Männer empfunden zu haben. „Ich ging am liebsten mit unschönen, unscheinbaren Männern in Damengesellschaft, damit ja keiner mich in Schatten stelle. Bemerkte ich, dass einer Sympathien bei den Damen erweckte, so wurde ich eifersüchtig. Ich zog bei Damen geistreiche den körperlich schönen vor. Dicke und gar männersüchtige konnte ich nicht ausstehen. Ich liebte es, wenn sich die Leidenschaft einer Frau unter poetischem Schleier offenbarte. Alles Schamlose an einer Frau war mir ekelhaft. Ich hatte eine unaussprechliche Idiosynkrasie gegen weibliche Kleider, überhaupt gegen alles Weibliche, aber nur an und bei mir, denn im Gegentheil, ich schwärmte ja für das schöne Geschlecht."

Seit etwa 10 Jahren lebte S. fast beständig ferne von ihren Angehörigen und als Mann. Sie hatte eine Menge Liaisons mit Damen, machte mit solchen Reisen, verschwendete viel Geld, machte Schulden.

Daneben ergab sie sich literarischer Thätigkeit und war geschätzter Mitarbeiter zweier angesehener Zeitschriften der Hauptstadt.

Ihre Leidenschaft für Damen war eine sehr wechselnde, Beständigkeit in der Liebe war nicht vorhanden.

Nur einmal dauerte eine solche Liaison 3 Jahre. Es war vor Jahren, dass S. auf Schloss G. die Bekanntschaft der um 10 Jahre älteren Emma E.

machte. Sie verliebte sich in diese Dame, machte mit ihr einen Ehecontract und lebte 3 Jahre mit ihr wie Mann und Frau in der Hauptstadt.

Eine neue Liebe, die S. verhängnissvoll werden sollte, veranlasste sie, das „Eheband" mit E. zu lösen. Diese wollte nicht von ihr lassen. Nur mit schweren Opfern erkaufte S. ihre Freiheit von E., die angeblich jetzt noch sich als geschiedene Frau gerirt und sich als Gräfin V. betrachtet! Dass S. auch bei anderen Damen Leidenschaft hervorzurufen vermochte, geht daraus hervor, dass, als sie (vor der „Eheschliessung" mit E.) eines Fräuleins D. überdrüssig geworden war, nachdem sie mit dieser einige tausend Gulden verjubelt hatte, von der D. mit Erschiessen bedroht wurde, wenn sie ihr nicht treu bleibe.

Es war im Sommer 1887 während eines Aufenthaltes in einem Badeort, dass S. die Bekanntschaft einer angesehenen Beamtenfamilie E. machte. Sofort verliebte sich S. in die Tochter Marie und fand Gegenliebe. Deren Mutter und Cousine suchten dieses Liebesverhältniss zu hintertreiben, aber vergebens. Den Winter über correspondirten die beiden Liebenden eifrig mit einander. Im April 1888 kam „Graf S." zum Besuch und im Mai 1889 erreichte er das Ziel seiner Wünsche, indem Marie, die inzwischen eine Stelle als Lehrerin aufgegeben hatte, in Gegenwart eines Freundes ihres geliebten S. in einem Gartenhause von einem Pseudopriester in Ungarn getraut wurde. Den Trauschein fingirte S. mit seinem Freunde. Das Paar lebte in Glück und Freude und ohne die Anzeige des schlimmen Schwiegervaters hätte diese Scheinehe voraussichtlich noch lange gedauert. Bemerkenswerth ist, dass S. während des ziemlich langen Brautstands die Familie seiner Braut über sein wahres Geschlecht vollkommen zu täuschen wusste.

S. war passionirter Raucher, hatte durchaus männliche Allüren und Passionen. Seine Briefe und selbst gerichtliche Zustellungen gelangten unter der Adresse „Graf S." an ihn, auch sprach er öfter davon, dass er zu einer Waffenübung einrücken müsse. Aus Andeutungen des „Schwiegervaters" geht hervor, dass S. (was dieser auch später zugestand) mittelst in den Hosensack eingestopften Sacktuches oder auch Handschuhes ein Scrotum zu markiren wusste. Auch bemerkte der Schwiegervater einmal etwas wie ein erigirtes membrum am künftigen Schwiegersohn (wahrscheinlich ein Priap), der auch gelegentlich die Bemerkung fallen liess, er müsse beim Reiten ein Suspensorium tragen. Thatsächlich trug S. eine Bandage um den Leib, möglicherweise zur Befestigung eines Priaps.

Obwohl S. sich auch pro forma öfters rasiren liess, war man im Hotel gleichwohl überzeugt, dass er ein Weib sei, weil das Stubenmädchen in der Wäsche Spuren von Menstrualblut fand (was S. aber als hämorrhoidales erklärte) und gelegentlich eines Bades, das S. nahm, durch das Schlüsselloch sich von dessen weiblichem Geschlecht überzeugt haben wollte.

Die Familie der Marie macht es glaublich, dass diese lange Zeit über das wahre Geschlecht ihres Pseudogatten in Täuschung befangen war.

Für die unglaubliche Naivität und Unschuld dieses unglücklichen Mädchens spricht folgende Stelle in einem Briefe Mariens an S. vom 26. August 1889:

„Ich mag keine fremden Kinder mehr, aber so ein Bezerl von meinem Sandi, so ein Patscherl — ach, welch Glück, mein Sandi!"

Bezüglich der geistigen Individualität S.'s geben eine grosse Anzahl vorhandener Manuscripte erwünschten Aufschluss. Die Schriftzüge haben den Charakter der Festigkeit und Sicherheit. Es sind echt männliche Züge. Der Inhalt wiederholt sich überall in denselben Eigenthümlichkeiten: — wilde zügellose Leidenschaft, Hass und Widerstand gegen Alles, was dem nach Liebe und Gegenliebe dürstenden Herzen sich gegenüberstellt, poetisch angehauchte Liebe, in der auch nicht mit einem Zug Unedles berührt wird, Begeisterung für Alles Schöne und Edle, Sinn für Wissenschaft und schöne Künste.

Ihre Schriften verrathen ungewöhnliche Belesenheit in Klassikern aller

Sprachen, Citate aus Poeten und Prosaikern aller Länder. Von berufener Seite wird auch versichert, dass S.'s dichterische und belletristische Erzeugnisse nicht unbedeutend sind.

Psychologisch bemerkenswerth sind die das Verhältniss zu Marie berührenden Briefe und Schriften.

S. spricht von der Seligkeit, die ihr an M.'s Seite blühte, äussert masslose Sehnsucht, das angebetete Weib, wenn auch nur für einen Moment zu sehen. Nach solcher Schmach wünscht sie nur mehr die Zelle mit dem Grab zu vertauschen. Der bitterste Schmerz sei das Bewusstsein, dass jetzt auch Marie sie hasse. Heisse Thränen, so viel, dass sie sich darin ertränken könnte, habe sie um ihr verlorenes Glück geweint. Ganze Bogen behandeln die Apotheose dieser Liebe, Reminiscenzen aus der Zeit der ersten Liebe und Bekanntschaft.

S. klagt über ihr Herz, das sich von keinem Verstande dominiren liess, sie äussert Gefühlsausbrüche, die man nur fühlen, nicht aber simuliren kann. Dann wieder Ausbrüche tollster Leidenschaft mit der Erklärung, ohne Marie nicht leben zu können. „Deine theure, liebe Stimme, diese Stimme, auf deren Klang ich vielleicht noch vom Grabe aufstehen werde, deren Klang mir immer die Verheissung des Paradieses gewesen ist. Deine blosse Gegenwart war genug, um meine physischen und moralischen Leiden zu lindern. Es war das ein magnetischer Strom, es war das eine eigenthümliche Macht, welche dein Wesen auf meines ausübte und welches ich mir auch nie ganz definiren kann. So blieb ich bei der ewig wahren Definition: ich lieb' sie, weil ich sie liebe. — In trostloser Nacht hatte ich nur einen Stern, den Stern der Liebe von Marie. Der Stern ist nunmehr erloschen — es ist nur mehr der Widerschein davon da, die süsse, wehmüthige Erinnerung, die auch die wirklich schauerliche Nacht des Sterbens mit sanftem Scheine erleuchtet, ein Schimmer der Hoffnung. — — diese Schrift endet mit der Apostrophe: meine Herren, weise Rechtsgelehrte, Psycho- und Pathologen, richten Sie mich! Jeden Schritt, den ich that, leitete die Liebe, jede meiner Thaten war durch sie bedingt — Gott hat sie mir ins Herz gegeben. Wenn er mich so schuf und nicht anders, bin ich denn daran schuld oder sind es die ewig unergründlichen Wege des Schicksals? Ich baute auf Gott, dass eines Tages die Erlösung kommen werde, denn mein Fehler war nur die Liebe selbst, welche die Grundlage, der Grundsatz seiner Lehren, seines Reiches selbst ist.

Mein Gott, du Barmherziger, Allmächtiger, du siehst meine Qual, du weisst, wie ich leide. Neige dich zu mir und reiche mir deine helfende Hand, wo mich schon die ganze Welt verlassen. Nur Gott ist gerecht. Wie schön beschreibt dies V. Hugo in seinen Légendes du siècle. Wie traurig malerisch klingt mir die Mendelssohn'sche Weise: „Allnächtlich im Traume seh' ich dich . . .""

Obwohl S. weiss, dass keine ihrer Schriften ihren „angebeteten Löwenkopf" erreicht, ermüdet sie nicht, in bogenlangen Vergötterungen von Mariens Person Ausbrüche von Liebesschmerz und Liebeswonne zu schreiben, „sich nur noch eine helle glänzende Thräne zu erbitten, geweint an einem stillen hellen Sommerabend, wenn der See im Abendschein erglüht wie geschmolzenes Gold und die Glocken von St. Anna und Maria-Wörth, in harmonischer Melancholie verschmelzend, Ruhe und Frieden verkünden — für jene arme Seele, für dieses arme Herz, das bis zum letzten Hauch für dich geschlagen".

Persönliche Exploration. Die erste Begegnung, welche die Gerichtsärzte mit S. hatten, war einigermassen eine Verlegenheit für beide Theile, für die ersteren, weil S.'s vielleicht etwas greller forcirte männliche Tournüre imponirte, für sie, weil sie der Meinung war, mit dem Stigma der moral insanity bemakelt zu werden. Ein nicht unschönes, intelligentes Gesicht, das trotz einer gewissen Zartheit der Züge und Kleinheit aller Parthien ein ganz entschieden männliches Gepräge hatte, wenn nicht der schwer entbehrte Schnurrbart fehlen würde! Fiel es doch selbst den Gerichtsärzten schwer, trotz Damenkleidung immer gegenwärtig zu haben, dass es sich um eine Dame handelt, während der Verkehr mit dem Manne Sandor viel ungezwungener, natürlicher, scheinbar correcter von Statten geht. Dies empfindet auch die Angeschuldigte. Sie wird sofort offener, mittheilsamer, freier, sobald man sie wie einen Mann behandelt.

Trotz ihrer schon von den ersten Lebensjahren an vorhandenen Zuneigung zum weiblichen Geschlecht, will sie doch erst im 13. Jahr, gelegentlich der Entführung der rothhaarigen Engländerin aus dem Dresdener Institute, die ersten Spuren sexuellen Triebes verspürt haben, der sich damals schon in Küssen, Umarmungen, Berührungen mit wollüstigen Empfindungen manifestirte. Schon damals erschienen ihr in ihren Traumbildern ausschliesslich weibliche Gestalten und habe sie sich, wie auch seither immer, in wollüstigen Träumen in der Situation eines Mannes gefühlt und gelegentlich auch Ejaculation dabei verspürt.

Solitäre oder mutuelle Onanie kenne sie nicht. So etwas erscheine ihr höchst ekelhaft und der „Manneswürde" (!) nicht entsprechend. Sie habe sich auch niemals von Anderen ad genitalia berühren lassen, schon deshalb nicht, weil es ihr um die Wahrung ihres grossen Geheimnisses zu thun war. Die Menses stellten sich erst mit 17 Jahren ein, verliefen immer schwach und ohne Beschwerden. Besprechung menstrualer Vorgänge perhorrescirt S. sichtlich, das sei etwas ihrem männlichen Bewusstsein und Fühlen sehr Zuwideres. Sie erkennt die Krankhaftigkeit ihrer sexuellen Neigungen an, wünscht sich aber nichts Anderes, da sie sich in dieser perversen Empfindung vollkommen wohl und glücklich fühle. Die Idee eines sexuellen Verkehrs mit Männern mache ihr Ekel und ihre Ausführung halte sie für unmöglich.

Ihre Schamhaftigkeit erstrecke sich so weit, dass sie eher unter Männern schlafen könnte als unter Frauen. So müsse sie, wenn sie ein Bedürfniss befriedigen wolle oder die Wäsche wechsle, ihre Zellengenossin bitten, so lange sich vom Fenster abzuwenden, damit sie ihr nicht zusehen könne.

Als S. gelegentlich mit dieser Zellengenossin, einer Person aus der Hefe des Volkes, in Berührung kam, empfand sie wollüstige Erregung und musste darüber erröthen. S. erzählte sogar ungefragt, dass sie von förmlicher Angst befallen wurde, als sie in der Gefängnisszelle sich in die ungewohnten Frauenkleider wieder einzwängen lassen musste. Ihr einziger Trost war, dass man ihr wenigstens ihr Herrenhemd liess. Bemerkenswerth, und für die Bedeutung von Geruchsempfindungen in ihrer Vita sexualis sprechend, ist auch ihre Mittheilung, dass sie gelegentlich einer Entfernung ihrer Marie jene Parthien des Sopha aufgesucht und berochen habe, an denen Mariens Kopf zu liegen pflegte, um aus diesen Stellen mit Wonne den Geruch der Haare zu inhaliren. Von Frauen interessiren S. nicht gerade schöne oder üppige, auch nicht sehr junge. Sie stellt überhaupt die körperlichen Reize des Weibes in zweite Linie. Sie fühlt sich zu denen von etwa 24—30 Jahren hingezogen wie mit „magnetischem" Zug. Ihre sexuelle Befriedigung fand sie ausschliesslich in corpore feminae (nie am eigenen Körper) in Form von Manustupration des geliebten Weibes oder Cunnilingus. Gelegentlich bediente sie sich auch eines mit Werg ausgestopften Strumpfes als Priap. Diese Eröffnungen macht S. nur ungern, mit sichtlichem Schamgefühl; gleichwie in ihren Schriften auch niemals Schamlosigkeit oder Cynismus sich finden.

Sie ist religiös, hat lebhaftes Interesse für alles Edle und Schöne, ausgenommen für Männer, ist sehr empfänglich für sittliche Werthschätzung seitens Anderer.

Sie bedauert tief, dass sie in ihrer Leidenschaft Marie unglücklich gemacht, findet ihre sexuellen Empfindungen pervers und solche Liebe eines Weibes zum Anderen bei Gesunden moralisch verwerflich. Sie ist hoch talentirt für literarische Leistungen, besitzt seltenes Gedächtniss. Ihre einzige Schwäche ist der colossale Leichtsinn und die Unmöglichkeit, mit Geld und Geldeswerth vernünftig umzugehen. Sie ist sich jedoch dieser Schwäche bewusst und bittet, darüber nicht weiter zu sprechen.

S. ist 153 cm hoch, von zartem Knochenbau, mager, jedoch an Brust und Oberschenkeln auffallend muskulös. Der Gang ist in Weiberkleidern ungeschickt.

Ihre Bewegungen sind kräftig, nicht unschön, wenn auch mehr männlich steif, ungraziös. Ihre Begrüssung erfolgt mit kräftigem Händedruck. Das ganze Auftreten ist decidirt, stramm, etwas selbstbewusst. Blick intelligent, Miene etwas verdüstert. Füsse und Hände auffallend klein, auf infantiler Stufe stehen geblieben. Streckseiten der Extremitäten auffallend stark behaart, während von Barthaaren, trotz aller Rasirexperimente, nicht einmal ein Flaum zu bemerken ist. Der Rumpf entspricht durchaus nicht weiblicher Bauart. Es fehlt die Taille. Das Becken ist so schlank und so wenig prominirend, dass eine von der Achselhöhle zum entsprechenden Knie gezogene Linie der Richtung der Geraden entspricht und durch eine Taille nicht ein-, durch das Becken nicht auswärts gedrängt wird. Der Schädel ist leicht oxycephal und bleibt in allen Massen um wenigstens 1 cm unter dem Durchschnittsmass des weiblichen zurück.

Die Schädelcircumferenz beträgt 52, die Ohrhinterhauptlinie 24, die Ohrscheitellinie 23, Ohrstirnlinie 28,5, Längsumfang 30, Ohrkinnlinie 26,5, Längsdurchmesser 17, grösster Breitedurchmesser 13, Distanz der Gehörgänge 12, der Jochfortsätze 11,2 cm. Der Oberkiefer springt stark vor, sein Alveolarfortsatz überragt den Unterkiefer um 0,5 cm. Zahnstellung nicht ganz normal. Der rechte obere Augenzahn hat sich nie entwickelt. Mund auffallend klein. Ohren abstehend, Läppchen nicht differenzirt, in die Wangenhaut sich verlierend. Harter Gaumen schmal, steil. Stimme rauh, tief. Brustdrüsen genügend entwickelt, weich, ohne Sekret. Der Mons Veneris mit dichten dunklen Haaren bedeckt. Genitalien vollkommen weiblich, ohne Spur von hermaphroditischen Erscheinungen, aber auf der infantilen Stufe des 10jährigen Mädchens stehen geblieben. Die Labia majora berühren sich fast vollständig, die minora haben hahnenkammartige Form und prominiren über die grossen. Die Clitoris ist klein und höchst empfindlich. Frenulum zart, Perineum sehr schmal, Introitus vaginae enge, Schleimhaut normal. Hymen fehlt (wahrscheinlich angeboren), ebenso die Carunculae myrtiformes. Vagina derart enge, dass die Einführung eines Membrum virile unmöglich wäre, überdies höchst empfindlich. Ein Coitus hat bisher jedenfalls nicht stattgefunden. Uterus wird durchs Rectum etwa wallnussgross gefühlt, derselbe ist unbeweglich und retroflektirt.

Das Becken erscheint als ein allseits verengtes (Zwergbecken) mit entschieden männlichem Typus. Die Distanz der vorderen Darmbeinstachel beträgt 22,5 (statt 26,3), die der Darmbeinkämme 26,5 (statt 29,3), die der Rollhügel 27,7 (31), die äussere Conjugata 17,2 (19—20), daher vermuthlich die innere 7,7 (10,8) haben wird. Wegen mangelhafter Breite des Beckens ist auch die Stellung der Oberschenkel keine convergente wie beim Weib, sondern eine gerade.

Das Gutachten erwies, dass bei S. eine angeborene krankhafte Verkehrung der Geschlechtsempfindung, welche sogar anthropologisch in Anomalien der Körperentwicklung sich ausspricht, verbunden sei, auf Grund schwerer hereditärer Belastung, ferner dass die incriminirten Handlungen der S. ihre Begründung in ihrer krankhaften und unwiderstehlichen Sexualität finden.

Insofern habe S.'s bezeichnende Aeusserung: „Gott hat mir die Liebe ins Herz gegeben. Wenn er mich so schuf und nicht anders, bin dann ich schuld daran, oder sind es die ewig unergründlichen Wege des Schicksals?" alle Berechtigung.

Der Gerichtshof fällte ein freisprechendes Erkenntniss. Die „Gräfin in Männerkleidung", wie sie die Zeitungen nannten, kehrte nach der heimathlichen Hauptstadt zurück und gerirt sich wieder als Graf Sandor. Ihr einziger Kummer ist ihr zerstörtes Liebesglück mit ihrer heiss geliebten Marie.

Glücklicher war eine Ehefrau in Brandon (Wisconsin), von der Dr. Kiernau (The med. Standard 1888, Nov.-Dec.) berichtet. Dieselbe entführte 1883 ein junges Mädchen, liess sich mit ihm trauen und lebte ungestört als Mann mit demselben.

Ein interessantes „historisches" Beispiel von Androgynie dürfte ein von Spitzka (Chicago med. Review vom 20. August 1881) mitgetheilter Fall sein. Er betrifft Lord Cornbury, Gouverneur von New-York, der unter der Regierung der Königin Anna lebte, offenbar mit moral insanity behaftet, ein schrecklicher Wüstling war und sich nicht enthalten konnte, trotz seiner hohen Stellung, in Weiberkleidern, kokettirend und mit allen Allüren der Courtisane in den Strassen herumzugehen.

Auf einem von ihm erhaltenen Bild fallen schmaler Stirnschädel, asymmetrischer Gesichtsschädel, weibliche Züge, sinnlicher Mund auf. Sichergestellt ist, dass er sich nie für ein wirkliches Weib gehalten hatte.

---

Auch bei den mit conträrer Sexualempfindung behafteten Individuen kann die an und für sich perverse Geschlechtsempfindung und Geschlechtsrichtung mit anderweitigen Perversionserscheinungen complicirt sein.

Es dürfte sich hier um ganz analoge Vorkommnisse bezüglich der Bethätigung des Triebes handeln, wie bei dem geschlechtlich zu Personen des anderen Geschlechts hinneigenden, aber in der Bethätigung des Triebes perversen Individuum.

Bei dem Umstand, dass eine fast regelmässige Begleiterscheinung der conträren Sexualempfindung ein krankhaft gesteigertes Geschlechtsleben ist, werden wollüstig-grausame sadistische Akte in Befriedigung der Libido leicht möglich. Ein bezeichnendes Beispiel in dieser Hinsicht ist der Fall Zastrow (Casper-Liman, 7. Aufl., Bd. I, p. 160, II, p. 487), der eines seiner Opfer, einen Knaben, biss, ihm das Präputium zerriss, den Anus schlitzte und das Kind strangulirte.

Z. stammte von psychopathischem Grossvater, melancholischer Mutter; deren Bruder fröhnte abnormem Geschlechtsgenuss und beging Selbstmord.

Z. war ein geborener Urning, war in Habitus und Beschäftigung männlich geartet, mit Phimosis behaftet, ein psychisch schwacher, ganz verschrobener, social unbrauchbarer Mensch. Er hatte Horror feminae, fühlte sich in seinen Träumen als Weib dem Manne gegenüber, hatte peinliches Bewusstsein der fehlenden normalen Geschlechtsempfindung und des perversen Triebs, versuchte durch mutuelle Onanie Befriedigung und hatte häufig päderastische Gelüste.

Aehnliche derartige sadistische Antriebe bei conträr Sexualen finden sich auch in einzelnen der vorausgehenden Krankengeschichten (vgl. Beob. 107, 108 dieser Auflage und die 6. Auflage, Beob. 96, ferner Moll, Contr. Sexualempfindung, 2. Aufl., p. 189; v. Krafft, Jahrb. f. Psychiatrie XII, p. 389 und 357; Moll, Untersuchungen über Libido sexualis, Fall 26. 27).

Als Beispiele perverser Sexualbefriedigung auf dem Boden der conträren Sexualempfindung möge noch der Grieche erwähnt werden, der, wie Athenäus berichtet, in eine Cupidostatue verliebt war und sie im Tempel zu Delphi schändete; ferner, neben monströsen Fällen bei Tardieu (Attentats p. 272), der von Lombroso (L'uomo delinquente p. 200) berichtete scheussliche Fall eines gewissen Artusio, der einem Knaben eine Bauchwunde versetzte und ihn durch diese sexuell missbrauchte.

Belege dafür, dass auch Fetischismus bei conträrer Sexualempfindung vorkommt, sind Beob. 92 (Taschentuch), 115 (Stiefel), 110 (8. Aufl. Mund), ferner ein von mir mitgetheilter Fall von Schuhfetischismus in „Jahrbücher f. Psychiatrie" XII. 1; Moll, op. cit. 2. Aufl., p. 179; Garnier, Les Fétichistes, p. 98 (Kleidungsfetischismus — Arbeiterblousen).

Der folgende Garnier entlehnte Fall ist ein klassisches Beispiel von Stiefelfetischismus. Nicht selten ist auch Masochismus als Complication von conträrer Sexualempfindung vgl. Moll, 2. Aufl., p. 172 (Fall 12) und p. 190. Derselbe, Internation. Centralbl. f. d. Physiol. und Pathol. der Harn- und Sexualorgane IV, Heft 5 (Homosexualität eines Weibes mit passivem Flagellantismus und Koprophagie); v. Krafft, Beob. 43 der 6. Aufl. dieses Buches, ferner Beob. 115 dieser und 114 der 8. Aufl., ferner „Jahrbücher für Psychiatrie" XII. p. 339 (Homosexualität, abortiver Masochismus), p. 351 (psych. Hermaphrodisie. Masochismus).

**Beobachtung 139. Homosexualität.** X., 26 Jahre alt, aus höherem Stand, wurde über Masturbation in einer öffentlichen Anlage betreten und verhaftet. Er ist hereditär schwer belastet, hat einen abnormen Schädel, erschien von Kindsbeinen auf eigenthümlich, psychisch abnorm, hatte schon mit 10 Jahren eine sonderbare Inclination für Lackstiefel, ergab sich mit 13 Jahren der Masturbation, wobei er aber, um zur Ejaculation zu gelangen, jeweils des Anblicks von Lackstiefeln theilhaftig sein musste. Er hatte nie eine Neigung zum Weibe und fühlte sich, als er mit etwa 21 Jahren einmal Coitus in einem Lupanar unternahm, davon gar nicht befriedigt. Mit 24 Jahren entwickelte sich immer mehr eine homosexuelle Empfindung. Er fühlte sich aber nur zu jungen Männern von eleganter Kleidung und mit Lackstiefeln hingezogen. In der Erinnerung an solche masturbirte er. Sein Ideal war aber das Zusammenleben mit einem solchen Mann und die Ausführung mutueller Masturbation. Unfähig seine Wünsche zu realisiren, führte er sich eine Kugel in den Anus ein, machte sie ein- und austreten, indem er sich dabei vorstellte, von einem idealen jungen Mann mit Lackstiefeln coitirt zu werden. Gleichzeitig masturbirte er sich. Während dieser Imitatio passiver Päderastie hatte er Unterhosen aus rother Seide angelegt. Eine Zeitlang klebte er Zettel an einem öffentlichen Gebäude mit: „meine Nates stehen schönen Herrn mit Lackstiefeln zur Verfügung." Wenn er derlei schrieb und dann seine Lackstiefel anschaute, kam es zur Erection. Seit dem 16. Jahr, wo ihn junge Leute zu interessiren begannen, hatte er nur Auge für ihr Schuhwerk und nur dann gefielen sie ihm, wenn sie Lackstiefel anhatten. Lieblingsaufenthalt waren ihm Schuhwaarenläden und der Platz vor der Militärschule, wo er Gelegenheit hatte, Offiziere in Lackstiefeln zu bewundern. Eines Tages kaufte er sich solche und berauschte sich daheim in ihrem Anblick. Aber schon ihr „Duft" genügte, um ihn sexuell mächtig zu erregen. Endlich zog er sie auch an, um auf Eroberungen auszugehen, aber ohne Erfolg. Nun benutzte er sie, um masturbando in dieselben zu ejaculiren, was seine Wollust aufs Aeusserste steigerte, namentlich wenn er dabei einen der Stiefel ad anum, femora u. s. w. legte und damit frottirte. Als einmal X. an einem der Stiefel, die er sehr schonte, einen kleinen Schaden am Lacküberzug bemerkte, war er tief betrübt. Er kam sich vor, wie Jemand, der die erste Runzel im Antlitz eines geliebten Wesens bemerkt. Eines Tags im Park meinte er, dass ein junger Mann nach seinem Geschmack ihm Avancen mache. Trunken vor Entzücken konnte er sich nicht zurückhalten, zu exhibiren. Da wurde er verhaftet. L. wurde nicht verurteilt, einer Irrenanstalt übergeben (Garnier, Les Fétichistes p. 114).

## Zur Diagnose, Prognose und Therapie der conträren Sexualempfindung.

Während die conträre Sexualempfindung für die bisherige Wissenschaft nur ein anthropologisches, klinisches und forensisches Interesse bieten konnte, kann auf Grund neuester Forschungen nunmehr auch an die Therapie dieser unheilvollen, ihren Träger social, moralisch und physisch so schwer heimsuchenden Anomalie gedacht werden.

Eine Vorbedingung für ein therapeutisches Eingreifen ist die genaue Differenzirung der erworbenen von den angeborenen Fällen und unter diesen letzteren wieder die Einreihung des concreten Falles in die wissenschaftlich empirisch gefundenen Categorien.

Die diagnostische Auseinanderhaltung der erworbenen Fälle von den angeborenen ist ohne Schwierigkeiten in den Anfangsstadien.

Ist schon Inversio sexualis erfolgt, so wird die retrospective Entwicklung des Falles über denselben Klarheit verbreiten.

Die prognostisch wichtige Entscheidung, ob angeborene oder erworbene conträre Sexualempfindung bestehe, lässt sich in solchen Fällen nur durch eine minutiöse Anamnese gewinnen.

Die Ermittlung, ob conträre Sexualempfindung schon lange vor der Hingabe an Masturbation bestand, wird im Sinne der Angeborenheit der Anomalie von grösster Wichtigkeit sein. Eine Schwierigkeit erwächst dabei durch die Möglichkeit unrichtiger zeitlicher Localisation in der Vergangenheit (Erinnerungstäuschung).

Für die Annahme erworbener conträrer Sexualempfindung ist wichtig der Nachweis heterosexualer Empfindung vor dem Zeitpunkt des Beginnes der Auto- oder mutuellen Masturbation.

Im Allgemeinen sind die erworbenen Fälle charakterisirt dadurch, dass

1. Die homosexuale Empfindung secundär in der Lebensgeschichte auftritt und jeweils auf Momente, welche die normale Geschlechtsbefriedigung störten (masturbatorische Neurasthenie, psychische Einflüsse), sich zurückführen lässt.

Es ist jedoch anzunehmen, dass hier ab origine, selbst trotz mächtiger grobsinnlicher Libido, die Empfindung und Neigung zum anderen Geschlecht, besonders in seelischer Hinsicht und speciell in ästhetischer, schwach veranlagt ist (vgl. p. 223).

2. Die homosexuale Empfindung wird vom Bewusstsein — so lange nicht Inversio sexualis erfolgt ist — als lasterhaft und krankhaft aufgefasst und ihr nur faute de mieux nachgegeben.

3. Die heterosexuale Empfindung bleibt lange die vorherrschende und die Unmöglichkeit ihrer Befriedigung wird peinlich empfunden. Jene geht unter in dem Masse, als die homosexuale zur Geltung gelangt.

Bei den angeborenen Fällen dagegen ist

a) Die homosexuale Empfindung die primär auftretende und in der Vita sexualis dominirende. Sie erscheint als die naturgemässe Art der Befriedigung und gibt sich als dominirend auch im Traumleben des Individuums kund.

b) Die heterosexuale Empfindung fehlt von jeher oder, wenn auch in der Lebensgeschichte des Individuums zu Tage tretend (psychische Hermaphrodisie), so ist sie doch eine episodische Erscheinung, findet keine Wurzeln in der Psyche des Individuums und ist wesentlich nur Mittel zur Befriedigung sexueller Dränge.

Die Differenzirung der übrigen Gruppen der angeboren conträr Sexualen von einander und von den erworbenen Fällen überhaupt wird nach dem Vorausgehenden keinen Schwierigkeiten begegnen.

Die Prognose der erworbenen Fälle von conträrer Sexualempfindung ist eine jedenfalls viel günstigere als die der angeborenen. Bei den ersteren dürfte die eingetretene Effeminatio — die seelische Umwandlung des Individuums im Sinne seiner perversen Sexualgefühle — die Grenze sein, von welcher an für die Therapie nichts mehr zu hoffen ist. Bei den angeborenen Fällen bilden die verschiedenen in diesem Buche aufgestellten Categorien ebenso viele Gradstufen psychosexualer Belastung, und wird bestimmt nur innerhalb der Categorie der Hermaphroditen, möglicherweise (ein Fall von Schrenck-Notzing) auch bei schwereren Entartungszuständen Hülfe möglich sein.

Um so wichtiger wäre die Prophylaxe dieser Zustände — für die angeborenen die Nichterzeugung solcher Unglücklichen, für die erworbenen die Bewahrung vor den Schädlichkeiten, welche zu dieser fatalen Verkehrung der Geschlechtsempfindung erfahrungsgemäss führen können.

Unzählige Belastete verfallen diesem traurigen Schicksal, weil Eltern und Erzieher keine Ahnung von den Gefahren haben, welche die Masturbation den Kindern auf solcher Grundlage bereiten kann.

In vielen Schulen, Pensionaten wird Masturbation und Unzucht geradezu gezüchtet. Auf das physische und moralische Verhalten der Schüler wird heutzutage viel zu wenig geachtet.

Wenn nur der Lehrstoff persolvirt wird, das ist die Hauptsache. Dass darüber mancher Schüler an Leib und Seele verdirbt, kommt nicht in Betracht.

Mit einer lächerlichen Prüderie wird den heranwachsenden jungen Leuten die Vita sexualis verschleiert gehalten, den Regungen ihres Sexualtriebes aber nicht die mindeste Beachtung geschenkt. Wie wenig Hausärzte werden in den Entwicklungsjahren der Kinder ihrer oft recht belasteten Clienten zu Rathe gezogen!

Man meint Alles der Natur überlassen zu müssen. Inzwischen regt sich diese übermächtig und führt den Hülf- und Schutzlosen auf gefährliche Abwege.

Ein näheres Eingehen auf diese prophylactische Seite der Frage ist hier nicht zulässig [1]).

Für Eltern und Erzieher geben die in diesem Buche niedergelegten Erfahrungen, sowie zahlreiche wissenschaftliche Arbeiten über Masturbation Anhaltspunkte und Winke.

Die Aufgaben der **Behandlung** bestehender conträrer Sexualempfindung gegenüber sind folgende:

1. Bekämpfung von Onanie und anderen die Vita sexualis schädigenden Momenten.
2. Beseitigung der aus antihygienischen Verhältnissen der Vita sexualis entstandenen Neurose (Neurasthenia sexualis und universalis).
3. Psychische Behandlung im Sinne einer Bekämpfung homosexualer und der Förderung heterosexualer Gefühle und Impulse.

Der Schwerpunkt der Aufgabe wird in der Erfüllung der 3. Indication liegen, namentlich auch bezüglich der Onanie.

Nur in sehr seltenen Fällen vermag bei noch nicht vorgeschrittener **erworbener** conträrer Sexualempfindung die Erfüllung von 1 und 2 zu genügen, wie ein von mir in der Zeitschrift „Irrenfreund" 1885 Nr. 1 ausführlich berichteter Fall [2]) erweist.

In der Regel wird die körperliche Behandlung, wenn auch unterstützt durch moralische Therapie im Sinne energischer Rathschläge behufs Meiden von Masturbation, Unterdrückung homosexualer Gefühle und Dränge und Weckung heterosexualer, selbst bei erworbenen Fällen von conträrer Sexualempfindung, nicht ausreichen.

Hier kann nur eine Methode der psychischen Behandlung — die Suggestion — Hülfe bringen.

Ich kenne nur einen Fall (Beob. 129 der 9. Aufl.), in welchem Selbstbekämpfung homosexualer Neigungen, also Autosuggestion, erfolgreich war.

In der Regel wird nur die **Fremdsuggestion**, und zwar nur die durch **Hypnose** bewerkstelligte. Aussicht auf Erfolg bieten.

Die Aufgabe posthypnotischer Suggestion ist es, in solchen Fällen den Drang zur Masturbation, sowie homosexuale Gefühle und Dränge ab- und heterosexuale nebst dem Bewusstsein der Potenz anzusuggeriren.

---

[1]) Bemerkenswerth im Sinne einer Prophylaxe sind folgende Worte, welche mir der Patient der Beob. 88 der 6. Aufl. schrieb: „Wenn es einmal dazu käme, nicht wie bei den Spartanern, wo die kraftlose Jugend vernichtet wurde und im Sinne einer guten Zuchtwahl nach Darwin's Ideen, sondern dass, die Erkennung unserer conträren Sexualempfindung schon in der Jugend vorausgesetzt, in dieser Lebenszeit durch Suggestion diese schlimmste aller Krankheiten geheilt werden könnte! Wahrscheinlich würde die Heilung in der Jugend eher zu bewerkstelligen sein als später."

[2]) Im Auszug mitgetheilt als Beob. 128 der 9. Aufl. dieses Buches.

Eine Vorbedingung ist natürlich die Möglichkeit, eine genügend vertiefte Hypnose herbeizuführen. Dies gelingt gerade bei Neurasthenikern nur zu häufig nicht, da sie vielfach aufgeregt, befangen und nicht im Stande sind, ihre Gedanken zu concentriren.

Angesichts der enormen Wohlthat, welche solchen Unglücklichen erwiesen werden kann, und im Hinblick auf Ladame's Fall (s. u.) sollte man in derartigen Fällen künftig Alles aufbieten, um das einzige Rettungsmittel, die Hypnose, zu erzwingen. Befriedigend war der Erfolg in folgenden zwei Fällen.

Beobachtung 140. Durch Masturbation erworbene conträre Sexualempfindung. Herr X., Geschäftsmann, 29 Jahre. Eltern des Vaters gesund. In des Vaters Familie nichts von Nervosität.

Vater war ein reizbarer, griesgrämiger Mann. Ein Bruder des Vaters sei ein Lebemann gewesen und ledig gestorben.

Die Mutter starb im dritten Wochenbett, als Patient 6 Jahre alt war: sie hatte eine tiefe, rauhe, mehr männliche Stimme und barsches Auftreten.

Von den Geschwistern des Patienten ist ein Bruder reizbar, „melancholisch", neutral gegen Weiber.

Patient litt als Kind an Scharlach mit Delirien. Er sei bis zu seinem 14. Lebensjahr heiter und gesellig gewesen, von da ab still, einsam, „melancholisch". Die erste Spur des geschlechtlichen Empfindens stellte sich mit 10—11 Jahren ein; er lernte damals die Onanie von anderen Knaben kennen und trieb mit diesen mutuelle Masturbation.

Mit 13—14 Jahren zum ersten Mal Samenergiessung. Patient nahm bis vor ¼ Jahr keine üblen Folgen der Onanie wahr.

In der Schule habe er leicht gelernt, mitunter habe er Kopfweh gehabt. Vom 20. Lebensjahre ab Pollutionen, trotz täglicher Onanie. Bei den Pollutionen Träume, „Begattungssituationen", es schwebte ihm vor, wie Mann und Weib den Akt vollziehen. Im 17. Lebensjahre wurde er von einem mannmännlich liebenden Individuum zu mutueller Onanie verführt. Bei dieser Verführung habe er Befriedigung empfunden, insoferne er von jeher sehr geschlechtsbedürftig war. Es dauerte lange, ehe Patient neuerliche Gelegenheit zu mannmännlichem Verkehr aufsuchte. Es war ihm bloss darum zu thun, den Samen los zu werden.

Er empfand keine Freundschaft, keine Liebe zu Personen, mit denen er verkehrte. Er empfand nur Befriedigung, wenn er der passive Theil war, wenn er manustuprirt wurde. Er hatte keine Achtung vor dem Betreffenden, wenn er den Akt einmal vollzogen hatte. Gewann er später hingegen Achtung, so unterliess er den Akt. Später war es ihm gleich, ob er onanirte oder onanisirt wurde. Wenn er selbst onanirte, dachte er an die Hand von gefälligen Männern, die ihn onanisirten. Harte, rauhe Hände waren ihm lieber.

Patient glaubt, dass er ohne Verführung auf eine naturgemässe Bahn der Befriedigung des Geschlechtstriebs gelenkt worden wäre. Liebe zum eigenen Geschlecht habe er niemals empfunden, doch habe er sich in dem Gedanken gefallen, mit Männern der Liebe zu pflegen. Er habe anfangs sinnliche Regungen gegenüber dem anderen Geschlecht gehabt. Getanzt habe er gern; er habe auch an Weibern Gefallen gefunden und habe mehr auf die Figur gesehen, als auf das Gesicht. Er habe auch Erectionen bekommen, wenn er ein sympathisches Weib sah. Er habe nie versucht, den Beischlaf auszuführen, weil er sich vor Ansteckung fürchtete; er wisse gar nicht, ob er einem Weib gegenüber potent wäre. Er glaube, dass dies nicht mehr der Fall sei, denn seine Gefühle gegenüber den Weibern seien erkaltet, besonders seit dem letzten Jahr.

Während er früher in seinen sinnlichen Träumen Vorstellungen von Männern und Weibern hatte, träumte er später nur von Annäherungen an den Mann; von sinnlichen Beziehungen zu einem Weibe in den letzten Jahren geträumt zu haben, kann er sich nicht erinnern. — Im Theater interessire ihn immer die weibliche Figur, ebenso im Circus und Ballet. In Museen haben ihn männliche und weibliche Statuen gleich angezogen.

Patient sei starker Raucher, Biertrinker, liebe Herrengesellschaft, sei Turner, Schlittschuhläufer. Das Geckenhafte sei ihm immer zuwider gewesen, er habe niemals das Bedürfniss gehabt, Männern zu gefallen, schon eher den Wunsch, Damen zu gefallen.

Er empfinde jetzt seine Position peinlich, weil die Onanie überhand genommen habe. Die früher unschädlich getriebene Onanie entfalte jetzt schädliche Wirkungen.

Seit Juli 1889 leide er an Hodenneuralgie; der Schmerz trete besonders Nachts auf; Nachts trete auch Zittern auf (gesteigerte Reflexerregbarkeit); der Schlaf sei unerquicklich, Patient wache auf mit Schmerzen im Hoden. Er sei geneigt, jetzt häufiger zu onaniren als früher. Er habe Angst vor der Onanie. Er hoffe, dass sein Geschlechtsleben noch in normale Bahnen gelenkt werden könne. Er denke jetzt an die Zukunft, er habe schon ein Verhältniss, das Mädchen sei ihm sympathisch, auch der Gedanke, sie als Frau zu besitzen sei ihm angenehm.

Seit fünf Tagen habe er sich der Onanie enthalten, er glaube aber kaum, dass er im Stande wäre, durch eigene Kraft der Onanie zu entsagen. In letzter Zeit sei er sehr niedergeschlagen gewesen, habe keine Arbeitslust, sei lebensüberdrüssig.

Patient ist gross, kräftig, wohlgenährt, dichtbebartet. Schädel und Skelet normal.

P. S. R. sehr prompt; tiefe Reflexe in o. E. sehr gesteigert, Pupillen über mittelweit, beiderseitig gleich, sehr prompt reagirend. Carotiden von gleichem Caliber. Hyperaesthesia urethrae. Samenstrang und Testikel nicht empfindlich; ganz normale Genitalien.

Patient wird beruhigt, auf glückliche Zukunft vertröstet unter der Bedingung, dass er der Onanie entsage und sein geschlechtliches Fühlen von Personen des eigenen Geschlechts ab- und auf weibliche lenke.

Verordnung von Halbbädern (24—20° R.) extr. Secal. cornut. aquos. 0,5, Antipyrin 1,0 pro die; Abends 4,0 Bromkalium.

13. December. Patient kommt heute verstört in die Sprechstunde, klagend, dass er aus eigener Kraft dem Reiz zur Masturbation nicht widerstehen könne, und bittet um Hülfe.

Ein Hypnoseversuch bringt Patient in tiefes Engourdissement.

Er erhält Suggestionen:
1. ich kann, darf und will nicht mehr onaniren;
2. ich verabscheue die Liebe zum eigenen Geschlecht und werde keinen Mann mehr schön finden;
3. ich will und werde gesund werden, ein braves Weib lieben, glücklich sein und glücklich machen.

14. December. Patient hat heute beim Spaziergang einen schönen Mann gesehen und sich mächtig zu ihm hingezogen gefühlt.

Von nun an jeden zweiten Tag hypnotische Sitzungen mit obigen Suggestionen. Am 18. December (vierte Sitzung) gelingt Somnambulismus. Der Drang zur Onanie und das Interesse am Manne schwinden.

In der achten Sitzung wird „volle Potenz" zu den obigen Suggestionen hinzugefügt. Patient fühlt sich moralisch gehoben und körperlich gekräftigt. Die Hodenneuralgie ist geschwunden. Er findet, er sei jetzt auf dem Nullpunkt geschlechtlicher Empfindung.

Masturbation und conträre Sexualempfindung glaubt er los zu sein.

Nach der elften Sitzung erklärt er weitere ärztliche Hülfe für unnöthig. Er wolle jetzt heim und sein Mädchen heirathen. Er fühle sich ganz gesund und potent. Patient wird Anfang Januar 1890 aus der Behandlung entlassen.

Im März 1890 schrieb mir Patient: „Ich hatte seither noch einige Male Gelegenheit, meine ganze moralische Kraft zusammennehmen zu müssen, um meine Angewohnheit zu bekämpfen, und ist es mir Gott sei Dank gelungen, mich von diesem Uebel zu befreien. Schon einige Male war ich in der Lage, den Coitus auszuführen, wobei ich einen leidlichen Genuss empfand. Ich sehe meiner glücklichen Zukunft mit Ruhe entgegen."

Weitere Fälle von durch hypnotische Suggestivbehandlung beseitigter, erworbener conträrer Sexualempfindung siehe Wetterstrand, Der Hypnotismus und seine Anwendung in der praktischen Medicin, 1891 p. 52 u. ff.; Bernheim, „Hypnotisme", Paris 1891 etc. p. 38; meine Psychopathia sexualis, 8. Aufl., Beob. 136; 9. Aufl., Beob. 131 (erhebliche Besserung).

Die vorausgehenden Thatsachen des Erfolges hypnotischer Suggestion gegenüber Fällen von erworbener conträrer Sexualempfindung lassen an die Möglichkeit denken, auch Unglücklichen, welche mit angeborener Perversion der Sexualempfindung behaftet sind, einigermassen Hülfe zu bringen.

Allerdings ist die Situation hier eine ganz andere, insofern eine angeborene Anomalie zu bekämpfen, eine krankhafte psychosexuale Existenz zu vernichten und eine neue gesunde zu schaffen wäre.

Am günstigsten liegen noch die Verhältnisse beim psychosexualen Hermaphroditen, wo wenigstens Rudimente heterosexualer Empfindung suggestiv gekräftigt und zur Geltung gebracht werden können.

Beobachtung 141. Herr v. X., 25 Jahre, Gutsbesitzer, stammt von neuropathischem, jähzornigem Vater. Derselbe soll sexuell normal sein. Die Mutter war nervenleidend, gleichwie zwei ihrer Schwestern. Muttersmutter war nervös, Muttersvater ein Lebemann, in Venere höchst ausschweifend. Patient ist der Mutter nachgeartet, einziges Kind. Er war von Geburt an schwächlich, litt viel an Migräne, war nervös, machte verschiedene Kinderkrankheiten durch, ergab sich vom 15. Jahre an der Onanie ohne Verführung.

Bis zum 17. Jahre will er weder für das weibliche noch für das männliche Geschlecht irgend eine Neigung gefühlt haben; nun erwachte Neigung zum Manne. Er verliebte sich in einen Kameraden. Dieser erwiderte seine Liebe. Die Beiden umarmten, küssten, masturbirten einander. Gelegentlich übte Patient Coitus inter femora viri aus. Päderastie perhorrescirte er.

Lascive Träume drehten sich nur um Männer. Im Theater und Circus interessirten ihn solche. Die Neigung richtete sich auf etwa 20jährige. Schöner üppiger Wuchs war Patient sympathisch.

Unter dieser Voraussetzung war ihm der Stand des betreffenden Mannes ganz gleichgültig. Er fühlte sich in seinen sexuellen Rencontres immer in männlicher Rolle.

Vom 18. Jahre an war Patient der Gegenstand der Sorge seiner hochachtbaren Familie, da er eine Liebschaft mit einem Kellner anfing, sich dadurch auffällig, lächerlich machte und ausbeuten liess. Man nahm ihn heim. Er trieb sich mit Bedienten, Stallknechten herum. Es gab Scandal. Man schickte ihn auf Reisen. In London hatte er eine Chantage-Affaire. Es gelang ihm, in sein Heimathland zu entfliehen.

Auch durch diese bittere Erfahrung blieb er ungewitzigt und zeigte neuerlich fatale Inclinationen zu männlichen Personen. Man sandte Patient zu mir behufs — Heilung von seiner fatalen Neigung. (December 1888.) Patient ist ein grosser, stattlicher, robuster, gut genährter junger Mann von durchaus männlichem Bau, grossen, gut entwickelten Genitalien. Gang, Stimme und Haltung sind männlich. Ausgesprochene männliche Passionen hat er nicht. Er raucht wenig und nur Cigaretten, trinkt sehr wenig, liebt Süssigkeiten, Musik, schöne Künste, Eleganz, Blumen, verkehrt mit Vorliebe in Damenkreisen, trägt Schnurrbart, sonst aber das Gesicht glatt rasirt. Seine Kleidung hat nichts Stutzerhaftes. Er ist ein weichlicher, blasser Mensch, ein vornehmer Bummler und Tagedieb, schwer vor Mittags aus dem Bette zu bringen. Seine Neigung zum eigenen Geschlecht will er nie als etwas Krankhaftes empfunden haben. Er hält sie für angeboren, möchte, durch üble Erfahrungen belehrt, von seiner Perversion loskommen, vertraut aber wenig seiner eigenen Kraft. Er habe es schon versucht, gerathe dann aber wieder gleich in Masturbation, die er als schädlich empfinde, da sie (übrigens leichte) neurasthenische Beschwerden mache. Moralische Defekte bestehen nicht. Die Intelligenz steht ein wenig unter dem Durchschnittsmittel. Sorgfältige Erziehung und aristokratische Manieren stehen zu Gebot. Das exquisit neuropathische Auge verräth die nervöse Constitution. Patient ist kein vollkommener und hoffnungsloser Urning. Er besitzt heterosexuale Empfindungen, aber seine sinnlichen Regungen gegenüber dem schönen Geschlecht treten nur selten und schwach zu Tage. 19 Jahre alt wurde er von Freunden zum ersten Mal in ein Lupanar gelockt. Er empfand keinen Horror feminae, hatte ausreichende Erectionen, coitirte mit einigem Genuss, jedoch ohne das intensive Wollustgefühl, das er bei männlicher Umarmung empfand.

Seitber versicherte Patient noch sechsmal coitirt zu haben, zweimal sua sponte. Er versichert jederzeit dazu in der Lage zu sein, jedoch nur faute de mieux, etwa wie ihm Masturbation, wenn ihn der sexuelle Drang plagt, als Surrogat für mannmännlichen Verkehr diene. Er habe sogar schon an die Möglichkeit gedacht, eine sympathische Dame zu finden und zu heirathen. Den ehelichen Umgang und die definitive Abstinenz vom Manne würde er freilich als harte Pflichten betrachten.

Da hier doch Rudimente heterosexualen Fühlens vorhanden waren und der Fall nicht als hoffnungslos betrachtet werden konnte, erschien mir ein therapeutischer Versuch geboten. Die Indicationen waren klar genug, aber auf den Willen des schlaffen und seiner fatalen Lage sich keineswegs klar bewussten Patienten kein Verlass. Es lag nahe, in der Hypnose eine Stütze für den moralischen ärztlichen Einfluss zu suchen. Die Erfüllung dieser Hoffnung erschien zweifelhaft durch die Mittheilung des Patienten, der bekannte Hansen habe wiederholt vergebens Hypnose bei ihm versucht.

Gleichwohl musste dieser Versuch aus Rücksicht für die wichtigsten socialen Interessen des Patienten wiederholt werden. Zu meinem grossen Erstaunen führte die Bernheim'sche Methode sofort zu tiefem Engourdissement mit Möglichkeit posthypnotischer Suggestion.

Bei der zweiten Sitzung gelingt Somnambulismus durch blosses Anblicken. Patient ist nach jeder Richtung hin suggestibel, man kann durch Streichen der Haut Contracturen hervorrufen. Die Erweckung geschieht durch Zählen auf drei. Patient hat Amnesie ausserhalb der Hypnose für alles in dieser Geschehene. Diese wird nun jeden zweiten bis dritten Tag behufs Ertheilung hypnotischer Suggestionen vorgenommen. Daneben Traitement moral und Hydrotherapie.

Die in Hypnose ertheilten Suggestionen sind folgende:
1. Ich verabscheue die Onanie, denn sie macht sich und elend;
2. ich habe keine Neigung mehr zum Manne, denn die Liebe zum Manne ist gegen die Religion, gegen die Natur und gegen das Gesetz;
3. ich empfinde Neigung zum Weib, denn das Weib ist lieb und begehrenswerth und für den Mann geschaffen.

Patient sagt in den Sitzungen jeweils diese Suggestionen verbotenus auf. Schon nach der vierten Sitzung fällt es auf, dass Patient in Kreisen, in welchen er eingeführt ist, Damen die Cour macht. Kurz darauf, als eine berühmte Sängerin gastirt, ist er Feuer und Flamme für sie. Einige Tage später erkundigt sich Patient sogar nach der Adresse eines Lupanar.

Gleichwohl sucht Patient noch mit Vorliebe die Gesellschaft der jungen Herren auf, jedoch ergibt die genaueste Ueberwachung durchaus nichts Verdächtiges.

17. Februar. Patient bittet um Erlaubniss zu coitiren und ist von seinem Debüt bei einer Dame der Halbwelt sehr befriedigt.

16. März. Bisher etwa zweimal per Woche Hypnose. Patient kommt durch einfaches Anblicken jeweils in tiefen Somnambulismus, sagt auf Verlangen seine Suggestion auf, ist beliebiger posthypnotischer Suggestion zugänglich, weiss im wachen Zustande nicht das Mindeste von den Beeinflussungen im hypnotischen Zustand. In diesem versichert er jeweils von Onanie und sexuellen Gefühlen gegenüber Männern ganz frei zu sein. Da er stereotyp in Hypnose dieselben Antworten gibt, z. B. an dem so und so vielten zum letzten Mal onanirt zu haben, und zu tief unter dem Willen des Arztes steht, um lügen zu können, verdienen seine Angaben allen Glauben, zumal da er blühend aussieht, frei von allen neurasthenischen Beschwerden ist, im Verkehr mit Herren nicht im geringsten mehr bedenklich ist, und ein offenes, freies, mannhaftes Wesen entwickelt.

Da er zudem aus eigenem Antrieb ab und zu und mit Genuss coitirt, gelegentliche Pollutionen nur mehr durch lascive Traumbilder, welche weibliche Personen betreffen, ausgelöst werden, kann an der günstigen Umwandlung der Vita sexualis nicht mehr gezweifelt werden und lässt sich annehmen, dass die hypnotischen Suggestionen nunmehr zu festen autosuggestiven Directiven des ganzen Fühlens, Vorstellens und Strebens geworden sind. Eine Natura frigida dürfte Patient wohl immer bleiben, aber er spricht öfter vom Heirathen und seinem Vorsatz, sobald er eine ihm sympathische Dame kennen lernt, um sie zu werben. Patient wird aus der Behandlung entlassen. (Eigene Beobachtung. Internat. Centralblatt für die Physiol. und Pathol. der Harn- und Sexualorgane, Band I.)

Im Juli 1889 erhielt ich einen Brief des Vaters, welcher volles Wohlbefinden und Wohlverhalten seines Sohnes meldet.

Am 24. Mai 1890 traf ich zufällig meinen früheren Patienten auf einer Reise. Sein blühendes frisches Aussehen liess Günstiges vermuthen. Er theilte mit, dass er zwar noch einzelne Männer sympathisch finde, aber nie mehr Anwandlungen im Sinne mannmännlicher Liebe verspüre. Er coitire gelegentlich mit vollem Genuss mit Frauenzimmern und denke jetzt ernstlich an Heirath.

Ich hypnotisirte Patient probeweise in der früheren Weise und fragte nach den Befehlen, die ich ihm seiner Zeit ertheilt habe. In tiefem Somnambulismus, mit ganz demselben Tonfall wie früher, sagte Patient seine im December 1888 erhaltenen Suggestionen her — jedenfalls ein zutreffendes Beispiel der möglichen Dauer und Macht posthypnotischer Suggestion.

Weitere Fälle siehe meine Psychopathia sexualis. 8. Aufl., Beob. 137. 138. 140. 141; 9. Aufl., Beob. 133.

Dass auch bei den schwersten Fällen angeborener conträrer Sexualempfindung Suggestionsbehandlung Erfolg haben kann, lehren Fälle des Verf. und von Ladame, in welchen wenigstens die Absuggerirung homosexueller Empfindungen und damit die (gegenüber der Gefahr von Schande und richterlicher Verfolgung) wohlthätige sexuelle Neutralisirung gelang.

Aber auch Ersetzung der homosexualen Empfindung durch heterosexuale, selbst mit Potenz, gelang Wetterstrand (berichtet von Schrenck op. cit. als Fall 49), Bernheim (bei Schrenck Fall 51), Müller (Schrenck op. cit. Fall 53), Schrenck (op. cit. Fall 66. 67), dem Letzteren sogar in Fällen von Effeminatio (Schrenck, op. cit. Fall 62. 63).

Nur da, wo die Hypnose zum Somnambulismus vertieft werden kann, lassen sich übrigens solche entscheidende und dauernde Erfolge erhoffen, die doch nur auf suggestiver Dressur und nicht wirklicher Heilung beruhen dürften. Es sind dies bewunderungswürdige Artefacta hypnotischer Kunst an nicht normalen Menschen, keineswegs aber „Umzüchtungen" (v. Schrenck) der psychosexualen Existenz.

Belehrend in dieser Hinsicht ist der glänzendste Fall von Schrenck, dessen Repräsentant nach gelungener „Heilung" von sich selbst sagt: „ich fühle immer eine gewisse, nicht zu überwindende Schranke, die nicht auf moralischen Gründen basirt, sondern, wie ich glaube, direct auf die Behandlung zurückzuführen ist." Jedenfalls beweisen solche „Heilungen" nichts gegen die Annahme des originären Bedingtseins der conträren Sexualempfindung.

Vor Illusionen über den Werth hypnotischer Therapie dürfte zu warnen sein.

# IV. Specielle Pathologie.

## Die Erscheinungen krankhaften Sexuallebens in den verschiedenen Formen und Zuständen geistiger Störung.

### Psychische Entwicklungshemmungen.

Das Geschlechtsleben ist bei den Idioten im Allgemeinen wenig entwickelt. Es fehlt sogar gänzlich bei den Idioten hohen Grades. Die Genitalien sind dann häufig klein und verkümmert, die Menstruation tritt spät oder gar nie ein. Es besteht Impotenz resp. Sterilität. Auch bei höherstehenden Idioten steht das Geschlechtsleben nicht im Vordergrund. In seltenen Fällen tritt es mit einer gewissen Periodicität und dann mit grosser Intensität zu Tage. Es kann sogar brunstartig erscheinen und stürmisch befriedigt werden. Perversionen des Geschlechtstriebs scheinen auf dieser Stufe der geistigen Entwicklung nicht vorzukommen.

Wird dem Drang nach sexueller Befriedigung Widerstand geleistet, so entstehen hier mächtige Affekte mit gefährlichen Gewalthandlungen gegen die betreffenden Personen. Dass der Idiot in der Befriedigung seines Triebs nicht wählerisch ist und sich selbst an den nächsten Anverwandten vergreift, ist begreiflich.

So berichtet Marc-Ideler (a. a. O.) von einem Idioten, der seine eigene Schwester stupriren wollte und sie fast erwürgt hätte, als man ihn daran hinderte.

Einen analogen Fall theilte Friedreich (Friedreich's Blätter 1858, p. 50) mit.

Fälle von Unzuchtsvergehen mit kleinen Mädchen habe ich wiederholt begutachtet.

Auch Giraud (Annal. méd. psych. 1885, Nr. 1) theilt einen bezüglichen Fall mit. Die Einsicht in die Bedeutung der That fehlt immer, ein instinctives Bewusstsein, dass dergleichen obscöne Handlungen öffentlich nicht zulässig sind, ist vielfach vorhanden und veranlasst dann zur Vornahme der geschlechtlichen Handlung an einsamem Orte.

Bei den Imbecillen ist das Geschlechtsleben in der Regel entwickelt wie bei Vollsinnigen. Die sittlichen Hemmungsvorstellungen sind dürftig und damit tritt es mehr weniger unverhüllt zu Tage. Jedenfalls sind schon aus diesem Grund Imbecille störend in der Gesellschaft. Krankhafte Steigerung und Perversion des Triebes sind selten.

Die häufigste Befriedigung des Sexualtriebs ist Onanie. An erwachsene Personen des anderen Geschlechts wagt sich der Schwachsinnige selten.

Häufig macht er sich mit Thieren zu schaffen. Die weitaus grössere Zahl von Thierschändern betrifft Imbecille. Ziemlich häufig sind auch Kinder Opfer ihrer Angriffe.

Emminghaus (Machka's Handb. IV. p. 234) weist auf die Häufigkeit der ungenirten Manifestation sexueller Triebe hin, die sich in öffentlicher Masturbation, Exhibition der Genitalien, Angriffen auf Kinder, auch solche des eigenen Geschlechts, und in Sodomie äussern.

Giraud (Annal. méd. psychol. 1855, Nr. 1) hat eine ganze Serie von unsittlichen Attentaten an Kindern mitgetheilt [1]).

1. H., 17 Jahre alt, imbecill, hat ein kleines Mädchen in einer Scheune mit Nüssen beschenkt. Genitalia puellae nudavit, sua genitalia ei ostendit et in abdomine infantis coitum conatus est. Der sittlich-rechtlichen Bedeutung der That ist er sich nicht bewusst.

2. L., 21 Jahre alt, imbecill, degenerativ, ist mit Viehhüten beschäftigt. Da kommt seine 11jährige Schwester mit einer 8jährigen Gespielin und erzählt, wie gerade ein Unbekannter unzüchtige Attentate an ihnen versucht hat. L. führt die Kinder sofort in ein unbewohntes Häuschen, versucht Coitus an dem 8jährigen Kind, lässt aber ab von ihm, da die Immissio nicht gelingt und das Kind schreit. Auf dem Heimweg verspricht er dem Kind, es zu heirathen, wenn es nichts verrathe. Vor dem Richter meinte er, durch Heirath könne er sein Unrecht gut machen.

3. G., 21 Jahre alt, mikrocephal, imbecill, seit dem 6. Jahre Masturbant, später bald aktiver, bald passiver Päderast, hat wiederholt Knaben zu päderastiren versucht und kleine Mädchen attaquirt. Er war absolut einsichtslos für seine Handlungen. Seine sexuellen Gelüste kamen zeitweise und brunstartig, wie beim Thier [2]).

4. B., 21 Jahre alt, imbecill, verlangt, allein mit der 19jährigen Schwester im Wald, von dieser Gestattung des Coitus. Sie weigert sich. Er droht sie zu erwürgen, sticht sie mit dem Messer. Das geängstigte Mädchen reisst ihn am Penis, worauf er von ihr ablässt und ruhig an seine Arbeit zurückkehrt. B. hat mikrocephalen difformen Schädel, ist einsichtslos für seine That.

Emminghaus (op. cit. p. 234) theilt den Fall eines Exhibitionisten mit.

---

[1]) Zahlreiche andere Fälle s. Henke's Zeitschr. XXIII, Ergänzungsheft, p. 147. — Combes, Annal. méd. psych. 1866. — Liman, Zweifelh. Geisteszustände p. 389. — Casper-Liman, Lehrb., 7. Aufl., Fall 295. — Bartels, Friedreich's Blätter f. ger. Med. 1890, Heft 1.

[2]) Weitere Fälle von Päderastie s. Casper, Klinische Novellen, Fall 5. — Combes, Annal. méd. psychol. 1866, Juli.

Beobachtung 142. Ein 40 Jahre alter Mann, verheirathet, hatte 16 Jahre hindurch in Parkanlagen und anderen öffentlichen Orten in der Dämmerung vor kleinen Mädchen, weiblichen Dienstboten u. s. w. exhibitionirt und dabei durch Pfeifen auf sich aufmerksam gemacht. Von Auflauernden oft geprügelt, hatte er künftig die betreffenden Orte gemieden, jedoch im Uebrigen sein Treiben anderwärts fortgesetzt. Hydrocephalus. Schwachsinn leichten Grades. Geringe Bestrafung.

Beobachtung 143. X., aus erblich belasteter Familie, imbecill, defect und verschroben im Denken, Fühlen und Streben, hat es durch Protection und Nachhülfe bis zum Referendar gebracht. Accusatus est quod iterum iterumque ancillis genitalia sua ostendit et superiorem corporis partem de fenestra demonstravit. Sonst keine Erscheinungen von Geschlechtstrieb. Angeblich keine Masturbation. (Sander, Archiv f. Psych. I. p. 655.)

Beobachtung 144. Päderastirung eines Kindes. Am 8. April 1884 Morgens 10 Uhr gesellte sich zur X., welche einen 16 Monate alten Knaben auf dem Schoss hielt, auf öffentlicher Strasse ein gewisser Vallario und nahm der X. das Kind ab, vorgebend, es etwas spazieren tragen zu wollen. Er ging ½ Kilometer fort, kam zurück, erklärte, der Knabe sei ihm vom Arm gefallen und habe sich dabei am After verletzt. Dieser war geschlitzt und es ergoss sich aus ihm Blut. Am Thatort fanden sich Spuren von Sperma vor. V. gestand sein scheussliches Verbrechen, benahm sich aber in der Hauptverhandlung so sonderbar, dass eine Prüfung seines Geisteszustandes verfügt wurde. Den Gefängnisswärtern hatte er den Eindruck eines Imbecillen gemacht. V., 45 Jahre, Maurer, moralisch und intellectuell defectiv, ist dolichomikrocephal, hat schmalen, verkümmerten Gesichtsschädel, asymmetrische Gesichtshälfte und Ohren, niedere, fliehende Stirn. Genitalien normal. V. zeigt allgemein herabgesetzte Hautsensibilität, ist imbecill, verfügt nicht über Begriffe. Er lebt in den Tag hinein, lebt für sich, thut nichts aus eigener Initiative. Er ist wunschlos, gemüthlos, hat nie coitirt. Ueber seine Vita sexualis ist sonst nichts heraus zu bekommen. Nachweis der intellectuellen und moralischen Idiotie aus Mikrocephalie; Zurückführung des Verbrechens auf einen perversen, unbeherrschbaren Sexualtrieb. Versetzung in ein Irrenhaus. Virgilio, Il Manicomio V. Jahrgang Nr. 3).

Dass imbecille Frauenspersonen durch schamlose Prostitution und andere Unsittlichkeiten anstössig werden können, lehrt ein von L. Meyer (Arch. f. Psych. Bd. 1, p. 103) besprochener Fall [1]).

### Erworbene geistige Schwächezustände.

Der mannigfachen Anomalien der Vita sexualis bei Dementia senilis wurde schon in der allgemeinen Pathologie gedacht. Bei den anderweitigen erworbenen geistigen Schwächezuständen, wie sie durch Apoplexie, Trauma capitis entstehen oder als Secundärstadien nach nicht zum Ausgleich gelangten Psychosen oder auf Grund chronisch entzündlicher Vorgänge in der Hirnrinde (Luës, Dem. paralytica) vorkommen, scheinen

---

[1]) S. f. Sander, Vierteljahrsschr. f. ger. Med. XVIII, p. 31. — Casper, Klin. Novellen, Fall 27.

Perversionen des Geschlechtstriebs selten zu sein und die geschlechtlich anstössigen Handlungen auf blosser krankhafter Steigerung oder ungehemmter Geltendmachung eines an und für sich nicht abnormen Geschlechtslebens zu beruhen.

### 1. Consecutive Geistesschwäche nach Psychosen.

Casper (Klin. Novellen, Fall 31) theilte einen hieher gehörigen Fall von Unzucht mit einem Kinde mit, deren sich ein Dr. med., 33 Jahre alt, secundär geistesschwach nach hypochondrischer Melancholie, schuldig gemacht hatte. Er entschuldigte sich in höchst läppischer Weise, hatte keine Einsicht für die sittlichrechtliche Bedeutung der Handlung, die offenbar die Folge eines durch geistige Schwäche nicht beherrschbaren sexualen Triebes war.

Einen analogen Fall stellt der 21. in Liman's „Zweifelhafte Geisteszustände" dar (Dementia aus Melancholie; Verletzung der Schamhaftigkeit durch Exhibition).

### 2. Schwachsinn nach Apoplexie.

Beobachtung 145. B., 52 Jahre alt, hatte eine Gehirnaffection durchgemacht und in Folge derselben nicht mehr seinem Beruf als Kaufmann vorzustehen vermocht.

Eines Tages, in Abwesenheit seiner Frau, lockte er zwei kleine Mädchen in sein Haus, gab ihnen Spirituosen zu trinken, machte dann wollüstige Manipulationen mit den Kindern, befahl ihnen, nichts zu verrathen und ging dann seinen Geschäften nach. Die Expertise constatirte Schwachsinn nach wiederholter Apoplexie. B., der bisher musterhaft sich betragen hatte, will in seinem ihm selbst unerklärlichen Drang, und seiner Sinne nicht mehr mächtig, die incriminirte Handlung begangen, und als er zu sich kam und des Geschehenen bewusst wurde, sich geschämt und die Mädchen gleich weggeschickt haben. B. war seit seinen apoplectischen Insulten geistig geschwächt, unfähig zum Beruf, halbgelähmt, in Sprache und Auffassung verlangsamt. Er weinte oft ganz kindisch, hatte bald nach der Verhaftung einen ungeschickten Selbstmordversuch gemacht. Seine sittliche und intellectuelle Energie in der Bekämpfung sinnlicher Regungen war jedenfalls erheblich geschwächt. Keine Verurtheilung. (Giraud, Annal. méd. psychol. 1881, März.)

### 3. Schwachsinn nach Kopfverletzung.

Beobachtung 146. K. wurde 14 Jahre alt von einem Pferde an dem Kopf verletzt. Der Schädel war an mehreren Stellen gebrochen, mehrere Knochenstücke mussten entfernt werden.

Von da an erschien K. geistig beschränkt, leidenschaftlich aufbrausend. Allmählig entwickelte sich eine unmässige, wahrhaft thierische, ihn zu den unzüchtigsten Handlungen anleitende Sinnlichkeit. Eines Tages nothzüchtigte er ein 12jähriges Mädchen und erwürgte es, da er die Entdeckung der That besorgte. Verhaftet gestand er. Der Gerichtsarzt erklärte ihn für zurechnungsfähig. Hinrichtung.

Die Section ergab Verwachsung fast aller Schädelnähte, auffallende Asymmetrie der Schädelhälften, Spuren geheilter Schädelsprünge. Die afficirte Gehirnhälfte war von strahligen Narbenmassen durchsetzt und um ein Drittel kleiner als die andere. (Friedreich's Blätter 1855, Heft 6.)

### 4. Erworbene Geistesschwäche, wahrscheinlich durch Lues.

Beobachtung 147. Offizier X. Saepius cum parvis puellis stupra fecit, eas masturbare ipsum iussit, genitalia sua ostendit earumque genitalia tetigit.

X, früher gesund und von tadelloser Aufführung, war 1867 an Syphilis erkrankt. 1879 trat Lähmung des l. Abducens ein. Man bemerkte in der Folge Gedächtnissschwäche, Aenderung des ganzen Wesens und Charakters, Kopfweh, zeitweise Incohärenz der Rede, Verminderung der Gedankenschärfe und Logik, zeitweise Ungleichheit der Pupillen, Parese des rechten Mundfacialis.

X., 37 Jahre alt, bietet bei der Exploration keine Spuren von Lues. Die Lähmung des Abducens besteht fort. Das linke Auge ist amblyopisch. Er ist geistig geschwächt, behauptet bei der Wucht der gegen ihn vorliegenden Beweise, es handle sich nur um ein harmloses Missverständniss. Spuren von Aphasie. Gedächtnissschwäche, namentlich für Jüngsterlebtes, Oberflächlichkeit der gemüthlichen Reaction, rasche geistige Erschöpfbarkeit bis zum Versagen des Gedächtnisses und der Rede. Nachweis, dass der ethische Defect und der perverse geschlechtliche Antrieb Symptome eines wahrscheinlich durch Lues bedingten krankhaften Hirnzustandes sind.

Einstellung des Strafverfahrens. (Eigene Beobachtung. Jahrbücher für Psychiatrie.)

### 5. Dementia paralytica.

Das Sexualleben ist hier in der Regel krankhaft mitafficirt, in den Anfangsstadien der Krankheit, sowie in episodischen Aufregungszuständen gesteigert, zuweilen auch pervers; in den Endstadien des Leidens pflegen Libido und Potenz bis auf den Nullpunkt zu sinken.

Gerade wie im Prodromalstadium der senilen Formen begegnet man hier früh, neben mehr weniger deutlichen Ausfallserscheinungen in der sittlichen und intellectuellen Sphäre, Aeusserungen eines zu Tage tretenden, jedenfalls gesteigerten Geschlechtstriebs (unzüchtige Reden, Lascivität im Verkehr mit dem anderen Geschlecht, Heirathspläne, Besuch von Bordellen u. s. w.) mit für die Umneblung des Bewusstseins charakteristischer Ungenirtheit.

Verführung, Entführung, öffentliche Skandale sind hier an der Tagesordnung. Anfangs wird den Umständen noch einigermassen Rechnung getragen, wenn auch der Cynismus der Handlungsweise auffällig genug ist. Mit fortschreitender geistiger Schwäche werden derartige Kranke durch Exhibition, Masturbation auf offener Strasse, Unzucht mit Kindern anstössig.

Kommt es zu psychischen Erregungszuständen, so werden auch wohl Nothzuchtsversuche begangen oder wenigstens grobe Verletzungen des Anstands, indem der Kranke Weiber auf der Strasse attaquirt, öffentlich in höchst defekter Toilette erscheint oder in solcher in fremde Häuser eindringt, in der Absicht, mit der Frau eines Bekannten zu cohabitiren, die Tochter des Hauses vom Fleck weg zu heirathen.

Zahlreiche Fälle dieser Kategorie finden sich bei Tardieu (Attentats aux moeurs); Mendel (Progr. Paralyse der Irren 1880, p. 123); Westphal (Archiv f. Psych. VII, p. 622); dass auch Bigamie hier vorkommen kann, lehrt ein Fall von Petrucci (Annal. méd. psychol. 1875).

Bezeichnend ist die brutale Rücksichtslosigkeit, mit welcher die Kranken in vorgerückten Stadien in der Befriedigung ihrer sexuellen Triebe vorgehen.

In einem von Legrand (La folie p. 519) berichteten Falle wurde ein Familienvater auf offener Strasse masturbirend betroffen. Er verzehrte nach dem Akt sein Sperma!

Ein von mir beobachteter Kranker, ein Offizier aus vornehmer Familie, machte am hellen Tage unzüchtige Angriffe auf kleine Mädchen in einem Badeorte.

Ein ähnlicher Fall wird von Dr. Regis (De la dynamie ou exaltation fonctionnelle au début de la paral. gén. 1878) berichtet.

Dass auch Päderastie und Bestialität im Prodromalstadium und im Verlauf dieser Krankheit vorkommen, lehren Beobachtungen von Tarnowsky (op. cit. p. 82).

### Epilepsie.

An die erworbenen psychischen Schwächezustände reiht sich die Epilepsie an, weil sie häufig zu solchen führt und dann alle die Möglichkeiten bezüglich einer rücksichtslosen Befriedigung des Geschlechtstriebs sich ergeben, die im Vorausgehenden besprochen wurden. Zudem ist der Geschlechtstrieb bei vielen Epileptischen ein sehr reger. Meist wird er durch Masturbation befriedigt, ab und zu durch Unzucht mit Kindern, Päderastie. Perversion des Triebes, mit entsprechenden perversen geschlechtlichen Handlungen, dürfte selten vorkommen.

Viel wichtiger sind die in der Literatur sich mehrenden Fälle, in welchen Epileptiker intervallär keine Zeichen eines regen Geschlechtslebens bieten, wohl aber im Zusammenhang mit epileptischen Insulten und zur Zeit äquivalenter oder postepileptischer psychischer Ausnahmezustände. Diese Fälle sind klinisch bisher kaum und forensisch gar nicht gewürdigt, verdienen aber ein eingehendes Studium, da gewisse Fälle von Unzucht und Nothzucht dadurch einem richtigen Verständniss entgegengeführt und Justizmorde vermieden werden.

Aus den folgenden Thatsachen dürfte sich jedenfalls klar ergeben, dass die mit dem epileptischen Insult einhergehenden Hirnveränderungen eine krankhafte Erregung des Geschlechtslebens[1]) bedingen können. In

---

[1]) Arndt, Lehrb. d. Psych. p. 410, hebt speciell das brünstige Element beim Epileptischen hervor. „Ich habe E. gekannt, welche in sinnlicher Lust gegen ihre leibliche Mutter entbrannten, und solche, welche im Verdacht selbst seitens ihrer Väter standen, mit ihrer Mutter geschlechtlichen Umgang zu pflegen." Wenn A. aber behauptet, dass, wo immer ein absonderliches sexuelles Leben besteht, vielleicht immer an ein epileptisches Moment zu denken sei, so ist er im Irrthum.

psychischen Ausnahmezuständen ist der Epileptiker überdies vermöge seiner Bewusstseinsstörung widerstandslos gegen seine Triebe.

Ich sah Jahre hindurch einen jungen Epileptiker, schwer belastet, der jeweils im Anschluss an gehäufte Insulte sich auf seine Mutter stürzte und sie stupriren wollte. Patient kam nach einiger Zeit wieder zu sich mit Amnesie für das Vorgefallene. Intervallär war er ein streng sittlicher, geschlechtlich nicht bedürftiger Mann.

Vor einigen Jahren lernte ich einen Bauernknecht kennen, der im Zusammenhang mit epileptischen Anfällen rücksichtslos onanirte, intervallär von tadellosem Verhalten war.

Simon (Crimes et délits, p. 220) erwähnt eines 23jährigen epileptischen Mädchens von bester Erziehung und strengster Sittlichkeit, das im Vertigoanfall einige schlüpfrige Worte vor sich hinspricht, dann die Röcke aufhebt, lascive Bewegungen macht und sein (geschlossenes) Unterbeinkleid zu zerreissen bemüht ist.

Kiernan (Alienist und Neurologist, Januar 1884) berichtet von einem Epileptiker, der als Aura von Anfällen jeweils die Vision eines schönen Weibes in lasciven Stellungen hatte und darüber Ejaculation bekam. Nach Jahren, und unter Brombehandlung, stellte sich statt dieser Vision die eines Teufels ein, der mit einem Dreizack auf ihn losging. Im Momente, wo dieser ihn erreichte, wurde er regelmässig bewusstlos.

Derselbe Autor erwähnt einen höchst ehrbaren Mann, der zwei- bis dreimal jährlich epileptische Anfälle, gefolgt von Wuth und Dysthymie und päderastischen Antrieben in der Dauer von 8—14 Tagen, hatte; ausserdem eine Dame, die im Klimakterium epileptische Anfälle und im Zusammenhang damit, sexuelle Impulse zu einem Knaben bekam.

Beobachtung 148. W., unbelastet, früher gesund, vor und nachher geistig normal, still, gutmüthig, sittlich, dem Trunk nicht ergeben, hatte am 13. April 1877 keine Esslust. Am 14. Morgens sprang er in Gegenwart von Frau und Kindern auf, stürzte sich auf eine anwesende Freundin seiner Frau, beschwor zuerst sie, dann seine Frau, ihn zum Coitus zuzulassen. Abgewiesen, bekam er einen epilepsieartigen Insult; im Anschluss daran tobte, zerstörte er, begoss die zu seiner Ergreifung Nahenden mit kochendem Wasser und warf ein Kind in den Ofen. Darauf wurde er bald ruhig, blieb noch einige Tage verworren und kam dann mit völliger Amnesie für alles Vorgefallene zu sich. (Kowalewsky, Jahrbücher f. Psych. 1879.)

Ein weiterer, von Casper begutachteter Fall (Klin. Novellen, p. 267), in welchem ein sonst anständiger Mann kurz hinter einander auf offener Strasse vier Weiber attaquirte (das eine Mal sogar vor zwei Zeugen) und eines derselben nothzüchtigte, während doch seine „junge, nette, gesunde Frau" ganz in der Nähe wohnte, dürfte ebenfalls mit (larvirter) Epilepsie in Verbindung zu bringen sein, zumal da der Betreffende Amnesie für seine skandalösen Handlungen bot.

Zweifellos klar ist die epileptische Bedeutung der sexuellen Akte in den folgenden Beobachtungen.

Beobachtung 149. L., Beamter, 40 Jahre alt, liebevoller Gatte, guter Vater, hat während 4 Jahren 25 schwere Vergehen gegen die öffentliche Schamhaftigkeit begangen, wegen deren er längere Freiheitsstrafen zu verbüssen hatte.

In den ersten sieben Anklagefällen war er beschuldigt, vor Mädchen von 11—13 Jahren im Vorbeireiten seine Genitalien entblösst und sie mit obscönen Worten darauf aufmerksam gemacht zu haben. Sogar im Gefängniss hatte er sich genitalibus denudatis am Fenster, das auf eine belebte Promenade ging, gezeigt.

L.'s Vater war geisteskrank, L.'s Bruder wurde einmal, bloss mit dem Hemde bekleidet, auf der Strasse betroffen. L. hatte während der Militärdienstzeit zweimal tiefe Ohnmachten gehabt. Seit 1859 litt er an sich häufenden eigenthümlichen Schwindelanfällen — er wurde dann ganz matt, zitterte am ganzen Körper, wurde leichenblass, es wurde ihm dunkel vor den Augen, er sah helle Sternchen flimmern und musste sich stützen, um nicht umzufallen. Nach heftigeren Anfällen grosse Mattigkeit, profuse Schweisse.

Seit 1861 grosse Reizbarkeit, die dem sonst so belobten Beamten ernste Rügen im Dienst eintrug. Seine Frau fand ihn verändert — er hatte Tage, an welchen er wie wahnsinnig im Hause herumlief, den Kopf zwischen den Händen hielt, ihn an die Wand stiess und über Kopfschmerz klagte. Im Sommer 1869 stürzte Patient viermal zu Boden, starr, mit offenen Augen daliegend.

Auch Dämmerzustände wurden constatirt.

L. behauptete von den ihm zur Last gelegten Vergehen nicht das Geringste zu wissen. Die Beobachtung ergab weitere und heftigere Anfälle von Vertigo epilept. L. wurde nicht verurtheilt. 1875 entwickelte sich Dementia paralytica mit baldigem tödtlichem Ausgang. (Westphal, Arch. f. Psych. VII. p. 113.)

Beobachtung 150. Ein 26 Jahre alter reicher Mann lebte seit 1 Jahr mit einem Mädchen, das er sehr liebte. Er cohabitirte selten, war nie pervers. Zweimal während dieses Jahres hatte er nach Excess in Alkohol epileptische Insulte gehabt. Am Abend nach einem Diner, wobei er viel Wein getrunken, ging er in die Wohnung der Maitresse, festen Schrittes in deren Schlafzimmer, obgleich das Kammermädchen meldete, die Herrin sei nicht zu Hause; von da ging er in ein Zimmer, wo ein 14jähriger Knabe schlief, und begann diesen zu nothzüchtigen. Auf das Geschrei des Knaben, dem er das Präputium und die Hand verletzt hatte, eilte das Dienstmädchen herbei. Da liess er ab vom Knaben und that dem Mädchen Gewalt an. Darauf legte er sich zu Bett und schlief 12 Stunden. Erwacht, wusste er nur summarisch von Betrunkenheit und einem Coitus. In der Folge wiederholt epileptische Insulte. (Tarnowsky, op. cit. p. 52.)

Beobachtung 151. X., von höherem Stand, führt einige Zeit ein dissolutes Leben und bekommt epileptische Anfälle. Er verlobt sich dann. Am Hochzeitstag, kurz vor der Trauung, erscheint er am Arm seines Bruders in dem mit Hochzeitsgästen erfüllten Saal. Vor seiner Braut angelangt, denudat coram omnibus genitalia et masturbare incipit. Er wird sogleich nach einer psychiatrischen Klinik gebracht, onanirt unterwegs fortwährend und ist noch einige Tage von diesem Drang in abnehmendem Masse heimgesucht. Nach Beendigung dieses Paroxysmus hatte Patient nur eine ganz verschwommene Erinnerung für die Ereignisse und vermochte keine Erklärung seiner Handlungsweise zu geben. (Ebenda p. 53.)

Beobachtung 152. Z., 27 Jahre, schwer erblich belastet, epileptisch, nothzüchtigt ein 11jähriges Mädchen, tödtet es dann. Er leugnet die That. Amnesie, bezw. psychische Ausnahmezustände zur Zeit des Crimen nicht erwiesen. (Pugliese. Arch. di Psich. VIII, p. 622.)

Beobachtung 153. V., 60 Jahre, Arzt, beging Unzucht mit Kindern. Verurtheilung zu 2 Jahre Kerker. Dr. Marandon constatirt später epileptoide Angstanfälle, Demenz, erotische und hypochondrische Delirien, zeitweise Angstanfälle. (Lacassagne, Lyon. méd. 1887, Nr. 51.)

Beobachtung 154. Am 4. August 1878 Nachmittags pflückte die fast 15 Jahre alte H. mit mehreren kleinen Mädchen und Knaben auf offener Strasse Stachelbeeren. Plötzlich warf die H. die 9½jährige L. zu Boden, fixirte und entblösste sie und forderte den 7½jährigen A. und den 5jährigen O. auf, eine Conjunctio membrorum mit dem Mädchen auszuführen, was diese auch thaten.

Die H. hatte guten Leumund. Seit 5 Jahren litt sie an nervöser Reizbarkeit, Kopfweh, Schwindel, epileptischen Anfällen, blieb in der Entwicklung geistig und körperlich zurück. Sie ist noch nicht menstruirt, bietet aber Molimina menstr. Ihre Mutter ist epilepsieverdächtig. Seit ½ Jahr hatte die H. öfter nach Anfällen verkehrte Sachen gemacht und dafür Amnesie geboten.

Die H. erscheint deflorirt. Geistige Defecte bietet sie nicht. Von ihrer incriminirten That erklärt sie nicht das Geringste zu wissen.

Nach dem Zeugniss der Mutter hatte sie am Morgen des 4. August einen epileptischen Anfall gehabt und hatte die Mutter sie deshalb angewiesen, das Haus nicht zu verlassen. (Pürkhauer, Friedreich's Blätter f. ger. Med. 1879, H. 5.)

Beobachtung 155. Unzüchtige Handlungen in Zuständen krankhafter Bewusstlosigkeit bei einem Epileptiker.

T., Steuereinnehmer, 52 Jahre alt, verheirathet, ist angeklagt, seit etwa 17 Jahren mit Knaben Unzucht getrieben zu haben, indem er theils dieselben masturbirte, theils sich von ihnen masturbiren liess. Der Angeklagte, ein geschätzter Beamter, ist sehr bestürzt über diese schreckliche Beschuldigung und behauptet, von den ihm zur Last gelegten Handlungen nicht das Geringste zu wissen. Seine Geistesintegrität erschien fraglich. Sein Hausarzt, der T. seit 20 Jahren kannte, hebt seinen verschlossenen düsteren Charakter und häufigen Stimmungswechsel hervor. Seine Frau berichtet, dass T. sie einmal ins Wasser stürzen wollte, ebenso dass er zeitweise Anfälle hatte, in denen er seine Kleider vom Leibe riss, sich zum Fenster hinausstürzen wollte. T. weiss auch von diesen Vorfällen nichts. Auch andere Zeugen berichten von auffallendem Wechsel der Stimmung, Bizarrerien des Charakters. Ein Arzt will auch zeitweise Schwindel- und Krampfanfälle bei T. constatirt haben.

T.'s Grossmutter war irrsinnig, sein Vater war dem chronischen Alkoholismus anheimgefallen und hatte in den letzten Jahren an epileptiformen Anfällen gelitten; dessen Bruder war irrsinnig und hatte einen Verwandten in einem deliranten Zustand getödtet. Ein weiterer Onkel des T. hatte sich entleibt. Von den drei Kindern des T. war eines geistesschwach, ein anderes schielend, ein drittes hatte an Convulsionen gelitten. Der Angeklagte gab an, er habe zeitweise Anfälle gehabt, in welchen sich sein Bewusstsein trübte, so dass er nicht mehr wusste, was er that. Diese Anfälle wurden von einem auraartigen Schmerz im Nacken eingeleitet. Es trieb ihn dann an die frische Luft. Er habe nicht gewusst, wohin er ging. Seine Frau habe ihn geschlechtlich vollkommen befriedigt. Seit 18 Jahren habe er ein chronisches Ekzem am Scrotum (thatsächlich), das ihm oft eine ausserordentliche geschlechtliche Erregung verursache. Die Gutachten der sechs Sachverständigen waren einander entgegengesetzt (Geistesgesundheit — Anfälle larvirter Epilepsie), die Stimmen der Jury waren getheilt, so dass Freisprechung erfolgte. Dr. Legrand du Saulle, der als Experte berufen war, constatirte, dass T. bis zum 22. Jahr etwa zehn- bis achtzehnmal jährlich ins Bett urinirt hatte. Nach dieser Zeit hatte die Enuresis nocturna aufgehört, aber seitdem waren zeitweise Stunden bis einen Tag andauernde tiefe Dämmerzustände mit Amnesie aufgetreten. Bald darauf wurde T. wegen öffentlicher Unsittlichkeit nochmals angeklagt und zu 15 Monaten verurtheilt. Im Kerker kränkelte er und wurde zusehends geistig schwächer. Er wurde deshalb begnadigt, aber die Geistesschwäche nahm überhand. Wiederholt wurden epileptiforme Anfälle (tonische Krämpfe mit

Bewusstseinsverlust und Zittern) an T. bemerkt. (Auzouy, Annal. méd. psychol. 1874, November; Legrand du Saulle, Etude méd. légale etc., p. 99.)

Der folgende, vom Verfasser selbst beobachtete und in Friedreich's Blättern mitgetheilte Fall von Unzuchtsdelikten mit Kindern möge diese für das Forum höchst wichtige Casuistik [1]) beschliessen. Er ist um so werthvoller, als der Befund eines epileptischen Bewusstlosigkeitszustands zur Zeit der That sichergestellt ist, und wie die — aus naheliegenden Gründen — lateinisch gegebene Species facti lehrt, ein combinirtes raffinirtes Handeln in solchem Zustand gleichwohl möglich ist.

Beobachtung 156. P., 49 Jahre alt, verheirathet, Siechenhauspfründner, ist angeschuldigt, am 25. Mai 1883 an der 10jährigen D. und der 9jährigen G. in seiner Arbeitshütte folgende scheussliche Unzuchtsdelicte begangen zu haben:

Die D. gibt an:
Ich war mit der G. und meinem 3jährigen Schwesterchen J. auf der Wiese. P. rief uns in seine Arbeitshütte und verriegelte die Thüre. Tum nos exosculabatur, linguam in os meum demittere tentabat faciemque mihi lambebat; sustulit me in gremium, bracas aperuit, vestes meas sublevavit, digitis me in genitalibus titillabat et membro vulvam meam fricabat ita ut humida fierem. Als ich schrie, schenkte er mir 12 Kreuzer und drohte mich zu erschiessen, wenn ich etwas ausplaudere. Schliesslich lud er mich ein, am folgenden Tage wiederzukommen.

Die G. deponirt:
P. nates et genitalia D... ae exosculatus, iisdem me conatibus aggressus est. Deinde filiolum quoque tres annos natum in manus acceptum osculatus est nudatumque parti suae virili appressit. Postea quae nobis essent nomina interrogavit ac censuit, genitalia D... ae meis multo esse maiora. Quin etiam nos impulit, ut membrum suum intueremur, manibus comprehenderemus et videremus, quantopere id esset erectum.

P. gibt im Verhör vom 29. Mai an, er erinnere sich nur dunkel, vor Kurzem kleine Mädchen geliebkost, beschenkt, geküsst zu haben. Wenn er etwas Anderes gethan, müsse er unzurechnungsfähig gewesen sein. Er leide übrigens seit einem Sturz vor Jahren an Kopfschwäche. Am 22. Juni weiss er überhaupt nichts mehr von den Vorgängen am 25. Mai, auch nichts vom Verhör am 29. Mai. Diese Amnesie bewährt sich im Kreuzverhör.

P. stammt aus gehirnkranker Familie, ein Bruder ist epileptisch. P. war früher Trinker. Eine Kopfverletzung erlitt er thatsächlich vor Jahren. Seither hatte er binnen Wochen bis Monaten wiederkehrende Anfälle geistiger Störung mit einleitender Morosität, Gereiztheit, Neigung zu Alkoholexcessen, Angst, Verfolgungsdelir bis zu gefährlichen Drohungen und Gewaltthätigkeit. Dabei acustische Hyperästhesie, Schwindel, Kopfweb, Congestion zum Gehirn. Alles dies bei schwerer Bewusstseinsstörung und Amnesie für die ganze bis zu Wochen sich erstreckende Anfallszeit.

Intervallär litt er an Kopfweh, ausgehend von der Stelle der erlittenen Kopfverletzung (kleine auf Druck schmerzhafte Hautnarbe an der rechten Schläfe). Mit Exacerbation des Kopfschmerzes war er gereizt, moros bis zu Lebensüberdruss, rauschartig benommen im Sensorium. In einem solchen

---

[1]) Vgl. ausserdem Liman, Zweifelhafte Geisteszustände, Fall 6; die Arbeit von Lasègue, Ueber Exhibitionisten (Union méd. 1877); Ball und Chambard, Art. Somnambulisme (Dict. des scienc. méd. 1881).

Zustand hat P. 1879 einen ganz impulsiven Selbstmordversuch gemacht, dessen er sich hinterher nicht erinnerte. Bald darauf ins Krankenhaus aufgenommen, machte er den Eindruck des Epileptikers, stand längere Zeit in Bromkalibehandlung. Ende 1879 ins Siechenhaus aufgenommen, hatte man nie an ihm einen eigentlichen epileptischen Insult wahrgenommen.

Intervallär war er ein braver, fleissiger, gutmüthiger Mensch, hatte nie Spuren von sexueller Erregung geboten, auch bisher nicht in seinen Ausnahmezuständen, überdies mit seinem Weib bis auf die letzte Zeit ehelich verkehrt. Um die Zeit der incriminirten That hatte P. wieder Spuren eines nahenden Anfalls geboten, auch den Arzt um neuerliche Darreichung des Bromkali gebeten.

P. versichert, dass er seit jenem Sturz intolerant für calorische Schädlichkeiten und Alkohol sei und davon gleich sein Kopfweh bekomme und verwirrt werde. Seine weiteren Angaben von Gedächtnissschwäche, geistiger Schwäche, Reizbarkeit, schlechtem Schlaf bestätigt die ärztliche Beobachtung.

Uebt man an der Stelle des Trauma einen kräftigen Druck aus, so wird P. congestiv, gereizt, verstört, zittert am ganzen Körper, erscheint aufgeregt, im Bewusstsein gestört und verbleibt so durch Stunden.

Zu Zeiten, wo er frei von Sensationen ist, die jeweils von der Narbe ausgehen, erscheint er artig, mimisch, frei, willig, offen, jedoch andauernd geistig geschwächt und dämmerhaft. P. wurde nicht verurtheilt. (Ausf. Gutachten s. Friedreich's Blätter.)

### Periodisches Irresein.

Gleichwie in den Fällen nicht periodischer Manie, zeigt sich vielfach bei den Anfällen periodischer eine krankhafte Steigerung oder wenigstens ein deutliches Hervortreten der sexuellen Sphäre (s. u. Manie).

Dass die Sexualempfindung dann auch pervers sein kann, lehrt folgender von Servaes (Arch. f. Psych.) berichteter Fall.

Beobachtung 157. Catharine W., 16 Jahre alt, noch nicht menstruirt, früher gesund. Vater jähzorniger Natur.

7 Wochen vor der Aufnahme (3. December 1872) melancholische Verstimmung und Reizbarkeit. Am 27. November zweitägiger Tobsuchtsanfall. Dann wieder melancholisch. Am 6. December normaler Zustand.

Am 24. December (28 Tage nach dem ersten Tobanfall) still, scheu, gedrückt. Am 27. December Exaltationszustand (Heiterkeit, Lachen u. s. w.) mit brünstiger Liebe zu einer Wärterin. Am 31. December plötzlich melancholische Starre, die sich nach 2 Stunden löst. Am 20. Januar 1873 neuer Anfall, ganz wie der frühere. Ein gleicher am 18. Februar, zugleich mit den Spuren von Menses. Patientin hatte absolute Amnesie für das in den Paroxysmen Geschehene und hörte schamroth, mit unverhohlenem Erstaunen, was man ihr berichtete.

In der Folge noch abortive Anfälle, die mit Regelung der Menses im Juni vollem psychischem Wohlbefinden wichen.

In einem anderen Fall, von Gock berichtet (Arch. f. Psych. V), in welchem es sich wahrscheinlich um cyclisches Irresein bei einem schwer belasteten Manne handelte, trat im Exaltationszustand Geschlechtstrieb zu Männern auf. Hier hielt sich aber der Betreffende für ein Frauenzimmer, und fragt es sich, ob nicht eher der Wahn veränderten Geschlechts als eine conträre Sexualempfindung das geschlechtliche Vorgehen bestimmte.

Von grösstem Interesse sind im Anschluss an diese Fälle von krankhafter Aeusserungsweise des Geschlechtslebens, als Theilerscheinung einer Manie, diejenigen, wo ein krankhaftes und vielfach auch perverses Geschlechtsleben anfallsartig zu Tage tritt, analog einer Dipsomanie den Kern der ganzen psychischen Störung ausmacht, während intervallär der Geschlechtstrieb weder abnorm stark noch pervers ist.

Ein ziemlich reiner Fall von solcher periodischer Psychopathia sexualis, geknüpft an den Vorgang der Menstruation, ist der folgende von Anjél (Arch. f. Psych. XV. H. 2) mitgetheilte.

Beobachtung 158. Ruhige Dame, nahe dem Klimakterium. Starke erbliche Belastung. In jungen Jahren Anfälle von petit mal. Stets excentrisch, heftig, streng sittlich, kinderlose Ehe.

Vor mehreren Jahren, nach heftigen Gemüthsbewegungen, hysteroepileptischer Anfall, darauf mehrwöchentliches postepileptisches Irresein. Dann mehrmonatliche Schlaflosigkeit. In der Folge jeweils menstruale Insomnie und Drang, pueros decimum annum nondum agentes allicere, osculari et genitalia eorum tangere. Drang zu Coitus, überhaupt zu Verkehr mit einem Erwachsenen besteht in dieser Zeit nicht.

Patientin spricht manchmal offen über diesen Drang, bittet, sie zu überwachen, da sie nicht für sich gutstehen könne. Intervallär meidet sie ängstlich jedes bezügliche Gespräch, ist streng decent, in keiner Weise geschlechtsbedürftig.

Bezüglich derartiger, noch wenig gekannter Fälle von periodischer Psychopathia sexualis hat Tarnowsky (op. cit. p. 38) werthvolle Beiträge geliefert, jedoch sind seine Fälle nicht sämmtlich periodischen Charakters.

Tarnowsky berichtet Fälle, wo verheirathete, gebildete Männer, Familienväter, von Zeit zu Zeit gezwungen waren, den abscheulichsten Geschlechtsakten sich zu ergeben, während sie intervallär geschlechtlich normal waren, ihre paroxystischen Akte perhorrescirten und vor der zu gewärtigenden Wiederkehr neuerlicher Anfälle zurückschauderten.

Kaum es dann neuerlich zum Paroxysmus, so schwand die normale Geschlechtsempfindung, es kam ein psychischer Aufregungszustand mit Schlaflosigkeit, mit Vorstellungen und Drängen, im Sinne der perversen geschlechtlichen Handlungen vorzugehen, mit ängstlicher Beklemmung und immer mächtiger anwachsendem Impuls zur sonst perhorrescirten, nun aber erlösenden, weil den Zustand lösenden geschlechtlichen Handlung.

Die Analogie mit dem Dipsomanen ist eine vollkommene.

Weitere Fälle (periodische Päderastie betreffend) siehe Tarnowsky op. cit. p. 41. Der dort p. 46 berichtete Fall dürfte in das Gebiet der Epilepsie gehören.

Der folgende Fall, von Anjél (Arch. f. Psych. XV. H. 2) berichtet, ist einer der bezeichnendsten für das anfallsweise Auftreten von krankhafter Sexualerregung.

Beobachtung 159. Herr aus höheren Ständen, 45 Jahre alt, allgemein beliebt, unbelastet, sehr geachtet, streng sittlich, seit 15 Jahren verheirathet, mit früher normalem Geschlechtsverkehr, Vater mehrerer gesunder Kinder, in bester Ehe lebend, hatte vor 8 Jahren heftigen Schreck erlitten. Im Anschluss daran mehrere Wochen lang Angstgefühle und Herzkrämpfe. Dann kamen eigenthümliche Anfälle in Zwischenräumen von Monaten bis zu einem Jahr, die Patient seinen „moralischen Schnupfen" nennt. Er wird schlaflos. Nach 3 Tagen Verlust des Appetits, wachsende Gemüthsreizbarkeit, verstörtes Aussehen, starrer Blick, Vorsichhinstarren, grosse Blässe, wechselnd mit Erröthen, Zittern der Finger, geröthete glänzende Augen mit eigenthümlich lüsternem Ausdruck, hastige, überstürzte Redeweise. Drang zu kleinen Mädchen von 5—10 Jahren, selbst zu den eigenen. Bitte an die Frau, die Mädchen vor ihm in Sicherheit zu bringen. Patient schliesst sich tagelang in diesem Zustand im Zimmer ein. Früher drängte es ihn, weibliche Schulkinder auf der Strasse abzupassen, und er empfand eine eigenthümliche Befriedigung, iis praesentibus genitalia nudare, se mingentem fingens.

Aus Furcht vor Skandal schliesst er sich im Zimmer ab, still brütend, bewegungsunfähig, abwechselnd von quälenden Angstgefühlen gepeinigt. Das Bewusstsein scheint ganz ungetrübt. Dauer der Anfälle 8—14 Tage. Ursachen der Wiederkehr ganz unklar. Plötzliche Besserung; grosses Schlafbedürfniss, nach dessen Befriedigung wieder ganz wohl. Intervallär nichts Abnormes. Anjel nimmt eine epileptische Grundlage an und hält die Anfälle für das psychische Aequivalent eines epileptischen Insults.

## Manie.

An der allgemeinen Erregung, welche hier im psychischen Organ besteht, betheiligt sich vielfach auch die sexuelle Sphäre. Bei manischen Personen weiblichen Geschlechts ist dies sogar Regel. Im einzelnen Fall kann es fraglich sein, „ob der an und für sich nicht gesteigerte Trieb bloss rücksichtslos entäussert wird oder wirklich in krankhafter Steigerung vorhanden ist. Meist wird die letztere Annahme die richtige sein, sicher da, wo sexuelle Delirien und äquivalente religiöse fort und fort geäussert werden. Je nach der Höhe der Krankheit äussert sich der gesteigerte Trieb in verschiedenartiger Form.

Bei blosser manischer Exaltation und da, wo es sich um Männer handelt, beobachtet man Courmacherei, Frivolität, Lascivität in der Rede, Aufsuchen von Bordellen — bei Weibern Neigung, in Herrengesellschaft zu kokettiren, sich zu putzen, pomadisiren, von Heiraths- und Skandalgeschichten zu sprechen, andere Weiber sexuell zu verdächtigen, oder — in äquivalenter religiöser Inbrunst, zeigt sich Drang, sich an Wallfahrten, Missionen zu betheiligen, ins Kloster zu gehen oder wenigstens Pfarrersköchin zu werden, wobei viel von der eigenen Unschuld, Jungfräulichkeit die Rede ist.

Auf der Höhe der Manie (Tobsucht) begegnet man Aufforderungen zum Coitus, Exhibition, Zoten, massloser Gereiztheit gegen die weibliche Umgebung, Neigung zu Schmierereien mit Speichel, Urin, selbst Koth, religiös-sexuellen Delirien, vom hl. Geist überschattet zu sein, das Jesuskindlein geboren zu haben u. s. w., rücksichtsloser Onanie, beckenwetzenden Coitusbewegungen.

Bei tobsüchtigen Männern hat man sich schamloser Masturbation, Nothzucht an weiblichen Individuen zu versehen.

### Satyriasis und Nymphomanie.

Psychische Erregungszustände, in welchen ein krankhaft gesteigerter Sexualtrieb im Vordergrund des Krankheitsbildes steht, hat man als Satyriasis (beim Mann) und als Nymphomanie s. Uteromanie (beim Weib) bezeichnet.

Moreau (a. a. O.) hält diese Zustände für eigenartige, gewiss aber mit Unrecht. Der sexuelle Symptomencomplex ist immer nur Theilerscheinung innerhalb einer allgemeinen Psychose (Manie, hallucinatorischer Wahnsinn?).

Das Wesentliche innerhalb des sexuellen Erregungszustands ist ein Zustand psychischer Hyperästhesie mit Betheiligung der sexuellen Sphäre. Die Phantasie führt nur sexuelle Bilder vor bis zu Hallucinationen und Illusionen und wahrem hallucinatorischem Delirium.

Die gleichgültigsten Vorstellungen wecken sinnliche Beziehungen, und die wollüstige Lustbetonung der Vorstellungen und Apperceptionen ist eine hochgesteigerte. Der krankhafte Bewusstseinsinhalt nimmt das ganze Fühlen und Streben in Beschlag, geht mit einer allgemeinen körperlichen Aufregung, ähnlich der beim Coitus stattfindenden (s. p. 31), einher. Vielfach sind die Genitalorgane in anhaltendem Turgor (Priapismus beim Manne).

Der von Geschlechtswuth heimgesuchte Mann sucht den Trieb um jeden Preis zu befriedigen und wird dadurch Personen des anderen Geschlechts höchst gefährlich. Faute de mieux onanirt oder sodomirt er. Das nymphomanische Weib sucht Männer durch Exhibition oder brünstige Geberden an sich zu locken, geräth Angesichts solcher in hochgradige sexuelle Erregung, die in Masturbation oder beckenwetzenden Bewegungen befriedigt wird.

Satyriasis ist selten. Nymphomanie wird häufiger beobachtet, nicht so selten im Klimakterium. Sogar im Senium kann sie vorkommen. Abstinenz[1]) bei beständiger Anregung der sexuellen Sphäre durch psychische und periphere Reize (Pruritus pudendi, Oxyuris u. s. w.) kann diese Zustände hervorbringen, wahrscheinlich aber nur bei Belasteten.

---

[1]) Vgl. die interessanten Fälle bei Marc-Ideler II, p. 137. — Ideler, Grundriss der Seelenheilkunde II, p. 488—492.

Die Behauptung, dass sie auch in Folge von Vergiftung durch Canthariden vorkomme, scheint auf Verwechslung mit Priapismus zu beruhen. Das anfängliche Wollustgefühl, das mit Priapismus ab intoxicatione cantharid. verbunden ist, geht wenigstens bald in das Gegentheil über. Satyriasis und Nymphomanie sind acute psychosexuale Erkrankungszustände.

Es gibt übrigens auch solche, die man nicht ohne Grund als chronische Fälle von Satyriasis, resp. Nymphomanie, bezeichnen könnte.

Dahin gehören Männer, die, meist nach Abusus Veneris, besonders durch Masturbation, an Neurasthenia sexualis leiden, gleichwohl eine hochgesteigerte Libido sexualis besitzen. Ihre Phantasie ist, gleichwie in acuten Fällen, sehr erregt, ihr Bewusstsein mit schmutzigen Bildern erfüllt, so dass selbst das Erhabenste mit cynischen Bildern und Vorstellungen besudelt wird.

Das Denken und Verlangen solcher Menschen ist nur auf die Sexualsphäre gerichtet, und da ihr Fleisch schwach ist, kommen sie, unterstützt durch ihre Phantasie, zu den grössten Perversitäten geschlechtlichen Handelns.

Analoge Zustände bei Frauen kann man als chronische Nymphomanie bezeichnen. Sie führen natürlich zu Prostitution. Legrand du Saulle (La folie p. 510) theilt interessante Fälle mit, die offenbar nicht anders sich deuten lassen.

## Melancholie.

Bewusstsein und Stimmung des Melancholischen sind einer Weckung sexueller Triebe nicht günstig. Gleichwohl kommt es zuweilen vor, dass solche Kranke masturbiren.

In Fällen meiner Erfahrung handelt es sich immer um belastete und schon vor der Krankheit der Masturbation ergebene Kranke. Eine Befriedigung einer wollüstigen Erregung schien den Akt nicht zu motiviren, als vielmehr Gewohnheit, Langeweile, Angst und der Drang, eine temporäre Aenderung der peinlichen psychischen Situation herbeizuführen.

## Hysterie.

Aeusserst häufig ist bei dieser Neurose auch das sexuelle Leben abnorm, bei belasteten Fällen wohl immer.

Alle möglichen Anomalien der sexuellen Funktion kommen hier vor, in buntem Wechsel und sonderbarer Verquickung, auf hereditär degenerativer Grundlage und bei moralischer Imbecillität, in den perversesten Erscheinungsformen. Die krankhafte Aenderung und Verkehrung der Geschlechtsempfindung bleibt niemals ohne Folgen für das Gemüthsleben dieser Kranken.

Ein denkwürdiger bezüglicher, von Giraud mitgetheilter Fall ist der folgende:

Beobachtung 160. Marianne L. in Bordeaux hat Nachts, während ihre Herrschaft unter dem Einfluss von ihr beigebrachten Narcoticis fest schlief, deren Kinder ihrem Geliebten zu geschlechtlichem Genuss preisgegeben und zu Zeugen der unmoralischsten Scenen gemacht. Es ergab sich, dass die L. hysterisch (Hemianästhesie und Krampfanfälle) und vor ihrer Erkrankung eine anständige, vertrauenswürdige Person gewesen war. Seit der Krankheit hatte sie sich schamlos prostituirt und ihren moralischen Sinn eingebüsst.

Häufig ist bei Hysterischen das Sexualleben krankhaft erregt. Diese Erregung kann intermittirend (menstrual?) sich geltend machen. Schamlose Prostitution, selbst seitens Ehefrauen, kann die Folge sein. In milderer Form äussert sich der sexuelle Drang in Onanie, Nacktgehen im Zimmer, Sichsalben mit Urin und anderen unsauberen Stoffen, Anlegen von Männerkleidern u. s. w.

Schüle (Klin. Psychiatrie 1886, p. 237) findet besonders häufig krankhaft gesteigerten Geschlechtstrieb, „welcher disponirte Mädchen und selbst in glücklicher Ehe lebende Frauen zu Messalinen werden lässt". Der genannte Autor kennt Fälle, wo bereits auf der Hochzeitsreise Fluchtversuche mit Männern aus zufälliger Begegnung gemacht wurden, wo geachtete Frauen Liaisons ohne Wahl anknüpften und in unersättlicher Gier jede Würde opferten.

Bei hysterischer Geistesstörung kann sich das krankhaft erregte Sexualleben in Eifersuchtswahn, grundlosen Anklagen männlicher Personen wegen unzüchtiger Handlungen [1]), Coitushallucinationen [2]) u. s. w. äussern.

Zeitweise kann auch Frigidität vorkommen mit mangelndem Wollustgefühl, meist auf Grund genitaler Anästhesie.

### Paranoia.

Abnorme Erscheinungen seitens des Sexuallebens sind in den verschiedenen Formen der primären Verrücktheit nichts Seltenes. Entwickeln sich doch manche derselben auf der Grundlage des sexuellen Abusus (masturbatorische Paranoia) oder sexueller Erregungsvorgänge, und handelt es sich um psychisch degenerative Individuen, bei denen erfahrungsgemäss, neben anderweitigen funktionellen Degenerationszeichen, auch das sexuelle Leben vielfach tief belastet ist.

---

[1]) S. u. a. Fall Merlac in d. Verf. Lehrb. d. ger. Psychopathol., 2. Aufl., p. 322. — Morel, Traité des malad. mentales p. 687. — Legrand, La folie p. 337. — Process La Roncière in Annal. d'hyg., 1. Serie, IV., 3. Serie, XXII.

[2]) Darauf beruhen die Incuben in den Hexenprocessen des Mittelalters.

Besonders deutlich tritt das krankhaft gesteigerte, nach Umständen auch perverse sexuelle Leben zu Tage in der Paranoia erotica und der religiosa. Bei der ersteren äussert sich aber der sexuelle Erregungszustand nicht sowohl in direkt auf die Befriedigung des Geschlechtsgenusses abzielenden Vorgängen und Handlungen, als vielmehr (jedoch nicht ausnahmslos) in platonischer Liebe, in Schwärmerei für eine durch ästhetische Befriedigung imponirende Person des anderen Geschlechts, nach Umständen sogar für ein Phantasiegebilde, ein Bild oder eine Statue.

Die schwächlich oder rein geistig sich kundgebende Liebe zum anderen Geschlecht hat übrigens nicht selten ihren Grund in durch lang getriebene Masturbation entstandener Schwächung der Zeugungsorgane, und unter der keuschen Begeisterung für ein geliebtes Wesen kann sich grosse Lüsternheit und sexueller Missbrauch verbergen. Episodisch, namentlich bei Weibern, kann sogar heftige sexuelle Erregung im Sinne der Nymphomanie auftreten.

Auch die Paranoia religiosa fusst grösstentheils auf der sexuellen Sphäre, die in Form abnorm frühen und krankhaft starken Sexualtriebs sich kund gibt. Die Libido findet Befriedigung in Masturbation oder in religiöser Schwärmerei, deren Gegenstand einzelne Geistliche, Heilige u. s. w. sein können.

Diese psycho-pathologischen Beziehungen zwischen sexuellem und religiösem Gebiet wurden auf p. 9 ausführlich besprochen.

Verhältnissmässig häufig sind — abgesehen von Masturbation — bei religiöser Paranoia sexuelle Delikte.

Einen bemerkenswerthen Fall von religiösem Wahnsinn, der zu Ehebruch führte, enthält Marc's Werk (Uebers. von Ideler II, p. 160). Einen Fall von Unzucht mit kleinen Mädchen seitens eines an Paranoia religiosa leidenden 43jährigen Mannes, der temporär erotisch erregt war, hat Giraud (Annal. méd. psychol.) berichtet. Hierher gehört auch folgender Fall von Incest (Liman, Vierteljahrsschr. f. ger. Med.).

Beobachtung 161. M. hat seine Tochter geschwängert. Seine Ehefrau, Mutter von 18 Kindern und selbst schwanger von ihrem Manne, erstattete die gerichtliche Anzeige. M. litt seit 2 Jahren an religiöser Paranoia. „Es wurde mir die Offenbarung, dass ich mich zu meiner Tochter, zu der ewigen Sonne, legen solle. Dann entstünde ein Mensch von Fleisch und Blut durch meinen Glauben, der 18 Jahrhunderte alt sei. Dieser Mensch als eine Brücke in das ewige Leben zwischen altem und neuem Testament." Diesem, nach seiner Meinung göttlichen Befehl hatte der Wahnsinnige Folge geleistet.

Auch bei Paranoia persecutoria kommen zuweilen pathologisch motivirte sexuelle Handlungen vor.

Beobachtung 162. Eine 30 Jahre alte Frauensperson hatte einen in der Nähe spielenden 5jährigen Knaben durch Versprechung von Geld und

Braten an sich gelockt, pene lusit, supra puerum flexa coitum conavit. Die Betreffende war Lehrerin, von einem Manne verführt und verstossen worden, hatte sich, früher streng sittlich, einige Zeit der Prostitution ergeben. Der Schlüssel zur Erklärung ihres sittenlosen Lebenswandels ergab sich insofern, als sie weitverzweigten Verfolgungswahn bot, wähnte, unter dem geheimnissvollen Einfluss ihres Verführers zu stehen, der sie zu sexuellen Handlungen nöthige. So glaubte sie auch, der Knabe sei ihr durch ihren Verführer in den Weg geschickt worden. An rohe Sinnlichkeit als Motiv des Verbrechens liess sich um so weniger denken, als es der Person leicht gewesen wäre, auf naturgemässe Weise ihren Sexualtrieb zu befriedigen. (Küssner, Berl. klin. Wochenschrift.)

Aehnliche Fälle hat Cullerre (Perversions sexuelles chez les persécutés in Annal. médico-psychol., Mars 1886) mitgetheilt, z. B. die Beobachtung eines Kranken, der, an Paranoia sexualis persecutoria leidend, seine Schwester zu nothzüchtigen versuchte, dem vermeintlichen Zwang Folge gebend, den auf ihn die Bonapartisten ausübten.

In einem anderen Falle wird ein an elektro-magnetischem Verfolgungswahnsinn leidender Capitän von seinen Verfolgern zu Päderastie gereizt, die er lebhaft perhorrescirt. In einem ähnlichen Fall reizt der Verfolger zu Onanie und Päderastie.

# V. Das krankhafte Sexualleben vor dem Criminalforum[1]).

Die Gesetzbücher aller Culturnationen verfolgen Denjenigen, welcher unzüchtige Handlungen begeht. Insofern die Erhaltung von Zucht und Sitte eine der wichtigsten Existenzbedingungen für das staatliche Gemeinwesen ist, kann der Staat kaum genug thun als Hüter der Sittlichkeit in dem Kampf gegen die Sinnlichkeit. Dieser Kampf ist ein ungleicher, insofern nur eine gewisse Zahl von sexuellen Ausschweifungen gerichtlich verfolgt werden kann, den Ausschweifungen eines so mächtigen Naturtriebs gegenüber die Strafdrohung nur sehr wenig auszurichten vermag und es in der Natur der sexuellen Delikte liegt, dass nur ein Theil derselben zur Kenntniss der Behörde gelangt. Dem Walten dieser kommt die öffentliche Meinung zu Hülfe, indem sie derlei Delikte als entehrend ansieht.

Aus der Criminalstatistik ergibt sich die traurige Thatsache, dass die sexuellen Delikte in unserem modernen Culturleben eine fortschreitende Zunahme aufweisen[2]), darunter ganz speciell die Unzuchtsvergehen an Individuen unter 14 Jahren.

Der Moralist sieht in diesen traurigen Thatsachen weiter nichts als einen Verfall der allgemeinen Sittlichkeit und kommt nach Umständen zu der Anschauung, dass die im Vergleich zu vergangenen Jahrhunderten übergrosse Milde des Gesetzgebers in der Bestrafung sexueller Delikte daran theilweise schuld sei.

Dem ärztlichen Forscher drängt sich der Gedanke auf, dass diese Erscheinung im modernen socialen Culturleben mit der überhandnehmenden

---

[1]) S. Weisbrod, Die Sittlichkeitsverbrechen vor dem Gesetz. Berlin 1891. — Dr. Pasquale Penta, I pervertimenti sessuali nell' uomo. Napoli 1893. — Scydel, Die Beurtheilung der perversen Sexualvergehen in foro. Vierteljahrschr. f. ger. Med. 1893, Heft 2. — Viazzi, Sui reati sessuali (Biblioteca antropologico giuridica).

[2]) Vgl. Casper, Klin. Novellen. — Lombroso, Goltdammer's Archiv Bd. 30. — Oettingen, Moralstatistik p. 494.

Nervosität der letzten Generationen in Zusammenhang stehe, insofern sie neuropathisch belastete Individuen züchtet, die sexuelle Sphäre erregt, zu sexuellem Missbrauch antreibt und bei fortbestehender Lüsternheit, aber herabgeminderter Potenz, zu perversen sexuellen Akten führt.

Wie berechtigt derartige Anschauungen speciell zur Erklärung der in auffallender Weise sich mehrenden Unzuchtsdelikte an Kindern sind, wird sich aus dem Folgenden klar ergeben.

Dass bezüglich der Begehung von sexuellen Delikten neuro- und selbst psychopathische Bedingungen vielfach ausschlaggebend sind, ist aus dem bisher Erörterten leicht ersichtlich. Damit wird nichts Geringeres als die Zurechnungsfähigkeit vieler eines Unzuchtsdeliktes beschuldigter Menschen in Frage gestellt.

Der Psychiatrie kann die Anerkennung nicht versagt werden, dass sie die psychisch krankhafte Bedeutung zahlreicher monströser, paradoxer sexueller Akte erkannt und nachgewiesen hat.

Von diesen Thatsachen psycho-pathologischer Forschung hat die Jurisprudenz als Gesetzgebung und Rechtssprechung bisher sehr wenig Notiz genommen. Sie setzt sich damit in Widerspruch mit der Medizin und steht beständig in Gefahr, Urtheile und Strafen über Solche zu verhängen, die wissenschaftlich als für ihre Handlungen unzurechnungsfähig dastehen.

Durch diese oberflächliche Behandlung von tief in das Interesse und Wohl der Gesellschaft eingreifenden Delikten geschieht es gar leicht der Justiz, dass sie einen Verbrecher, der gemeingefährlicher als ein Mörder oder als ein wildes Thier ist, nach festem Strafmass abstraft und ihm nach ausgestandener Strafe die Gesellschaft wieder ausliefert, während die wissenschaftliche Forschung nachweisen kann, dass ein originär psychisch und sexuell entarteter und damit unzurechnungsfähiger Mensch der Thäter war, der zeitlebens unschädlich gemacht werden müsste, aber nicht bestraft werden sollte.

Eine Justiz, die nur die That und nicht den Thäter würdigt, wird immer Gefahr laufen, wichtige Interessen der Gesellschaft (allgemeine Sittlichkeit und Sicherheit), wie auch solche des Individuums (Ehre) zu verletzen.

Auf keinem Gebiete des Strafrechts ist ein Zusammenarbeiten von Richter und medicinischen Experten so sehr geboten, wie bei den sexuellen Delikten, und nur die anthropologisch-klinische Forschung vermag hier Licht und Klarheit zu verbreiten.

Die Art des Deliktes kann niemals an und für sich eine Entscheidung darüber herbeiführen, ob es sich um einen psychopathischen oder einen in physiologischer Breite des Seelenlebens zu Stande gekommenen Akt handelt. Der perverse Akt verbürgt nicht die

**Perversion der Empfindung.** Jedenfalls sind die monströsesten und perversesten sexuellen Handlungen bei geistig Gesunden schon vorgekommen. **Aber die Perversion der Empfindung muss als eine krankhafte erwiesen werden.** Dieser Nachweis wird geliefert durch Entwicklung ihrer Entstehungsbedingungen und durch ihre Constatirung als Theilerscheinung eines neuro- oder psychopathischen Gesammtzustandes.

Wichtig ist die Species facti, aber auch sie gestattet nur Vermuthungen, insofern dieselbe sexuelle Handlung, je nachdem sie z. B. ein Epileptiker, Paralytiker oder geistig Gesunder begeht, ein anderes Gepräge und Besonderheiten der Handlungsweise aufweist.

Periodische Wiederkehr des Aktes unter identischen Modalitäten, impulsive Art der Ausführung erwecken gewichtige Präsumptionen für eine pathologische Bedeutung. Die Entscheidung liegt jedoch in der Zurückführung der That auf ihre psychologischen Motive (Abnormitäten des Vorstellens und Fühlens) und in der Begründung dieser elementaren Anomalien als Theilerscheinungen eines neuropsychopathischen Gesammtzustandes — entweder einer psychischen Entwicklungshemmung oder eines psychischen Degenerationszustandes oder einer Psychose.

Die in dem allgemein- und speciell-pathologischen Theil dieses Buches niedergelegten Erfahrungen dürften für den Experten von Werth für die Auffindung der Impulse zur Handlung sein.

Diese für die Entscheidung, ob bloss Immoralität oder ob Psychopathie vorliege, unerlässlichen Thatsachen können nur durch eine gerichtsärztliche Untersuchung, die nach Regeln der Wissenschaft die ganze Persönlichkeit anamnestisch und gegenwärtig, anthropologisch und klinisch berücksichtigt, gewonnen werden.

Der Nachweis einer originären angeborenen Anomalie des Sexuallebens ist wichtig und fordert auf, in der Richtung eines psychischen Degenerationszustandes Untersuchungen anzustellen. Eine erworbene Abweichung muss, um als krankhaft anerkannt werden zu können, auf eine Neuro- oder Psychopathie zurückgeführt werden.

Praktisch muss hier zunächst an Dementia paralytica und an Epilepsie gedacht werden. Die Entscheidung bezüglich der Zurechnungsfähigkeit findet ihren Schwerpunkt in dem Nachweis eines psychopathischen Zustandes bei dem eines sexuellen Deliktes Beschuldigten.

Dieser Nachweis ist unerlässlich, um der Gefahr zu begegnen, dass nicht blosse Immoralität mit dem Deckmantel der Krankheit entschuldigt werde.

Psychopathische Zustände können zu Sittlichkeitsverbrechen führen und zugleich die Bedingungen der Zurechnungsfähigkeit aufheben, insofern

1. dem normalen, eventuell gesteigerten Sexualtrieb keine sittlichen und rechtlichen Gegenvorstellungen gegenübergestellt werden können, und zwar: a) indem solche nie erworben wurden (angeborene geistige Schwächezustände) oder b) in Verlust geriethen (erworbene geistige Schwächezustände);

2. der Sexualtrieb gesteigert ist (psychische Exaltationszustände) und zugleich das Bewusstsein getrübt, der psychische Mechanismus zu gestört ist, um die virtuell allerdings vorhandenen Gegenvorstellungen wirksam werden zu lassen;

3. der Sexualtrieb pervers ist (psychische Degenerationszustände). Er kann zugleich gesteigert und unwiderstehlich sein.

Ausserhalb eines psychischen Defekt-, Entartungs- oder Erkrankungszustandes stehende Fälle von sexuellem Delikt können niemals der Entschuldigung der Unzurechnungsfähigkeit theilhaftig werden.

In zahlreichen Fällen wird statt eines psychisch-krankhaften Zustandes eine Neurose (lokale oder allgemeine) gefunden werden. Insofern die Uebergänge zwischen Neurose und Psychose fliessende sind, elementare psychische Störungen bei jener häufig, bei tiefer Perversion des Sexuallebens wohl immer zu finden sind, die neurotische Affektion, wie z. B. Impotenz, reizbare Schwäche u. s. w., auf die Begehung der strafbaren That Einfluss gewann, wird eine gerechte Justiz, unbeschadet des nur aus psychischem Defekt oder aus Krankheit statuirbaren Mangels der Zurechnungsfähigkeit, auf mildernde Umstände der Strafthat erkennen.

Der praktische Jurist wird aus verschiedenen Gründen Anstand nehmen, bei allen sexuellen Delikten Gerichtsärzte zu berufen behufs Anstellung einer psychiatrischen Expertise.

Ob und wann er dazu bemüssigt ist, muss freilich seinem Gewissen und Ermessen anheim gegeben werden. Indicien dafür, dass der Fall pathologisch sein dürfte, ergeben sich jedenfalls unter folgenden Umständen:

Der Thäter ist ein Greis. Das sexuelle Delikt wurde mit auffallendem Cynismus öffentlich begangen. Die Art der Geschlechtsbefriedigung ist eine läppische (Exhibitioniren) oder grausame (Verstümmelung, Lustmord) oder perverse (Nekrophilie u. s. w.).

Erfahrungsgemäss lässt sich sagen, dass unter den vorkommenden sexuellen Akten Nothzucht, Schändung, Päderastie, Amor lesbicus, Bestialität eine psycho-pathologische Begründung haben können.

Beim Lustmord, sofern er über den Zweck der Ermordung hinausgeht, desgleichen bei der Leichenschändung sind psychopathische Zustände wahrscheinlich.

Das Exhibitioniren, sowie die mutuelle Masturbation lassen pathologische Bedingungen sehr wahrscheinlich erscheinen. Die Onanisirung eines Anderen, sowie die passive Onanie kann bei Dementia senilis, conträrer Sexualempfindung, aber auch bei blossen Wüstlingen vorkommen.

Der Cunnilingus, gleichwie das Fellare (penem in os mulieris arrigere) bot bisher nur ausnahmsweise psycho-pathologische Beziehungen.

Diese sexuellen Scheusslichkeiten scheinen fast ausschliesslich bei im natürlichen Geschlechtsgenusse übersättigten, zugleich in der Potenz geschwächten Wüstlingen vorzukommen. Die Paedicatio mulierum erscheint nicht psychopathisch, sondern Praktik moralisch tiefstehender Ehemänner aus Scheu vor Nachkommenschaft, sowie übersättigter Cyniker im ausserehelichen Geschlechtsgenuss.

Die praktische Wichtigkeit des Gegenstandes nöthigt dazu, die vom Gesetzgeber als sexuelle Delikte mit Strafe bedrohten geschlechtlichen Handlungen vom gerichtsärztlichen Standpunkt speciell ins Auge zu fassen. Dabei ergibt sich der Vortheil, dass die psycho-pathologischen, nach Umständen ganz analogen Handlungen in das richtige Licht durch noch in die physio-psychologische Breite fallende gestellt werden.

### 1. Verletzung der Sittlichkeit in Form des Exhibitionirens [1]).
(Oesterreich § 516. Entwurf § 195. Deutsch. Stgsb. § 183.)

Schamhaftigkeit ist in dem Culturleben der heutigen Menschen eine durch Erziehung vieler Jahrhunderte so gefestigte Charaktererscheinung und Direktive, dass sich vorweg Vermuthungen einer psycho-pathologischen Beziehung ergeben müssen, wenn der öffentliche Anstand in gröblicher Weise verletzt wird.

Die Vermuthung wird berechtigt sein, dass ein Individuum, welches derart das Sittlichkeitsgefühl seiner Mitmenschen und zugleich seine eigene Würde verletzt, der Gefühle der Sittlichkeit nicht theilhaftig werden konnte (Idioten) oder verlustig ging (erworbene geistige Schwächezustände) oder in einem Zustand von Trübung seines Bewusstseins (transitorisches Irresein, geistige Dämmerzustände) gehandelt hat.

Eine ganz eigenartige, hierher gehörige Handlung stellt das sog. Exhibitioniren dar.

Die bisherige Casuistik weist ausschliesslich Männer auf, die vor Personen des anderen Geschlechts ostentativ ihre Genitalien entblössten, dieselben eventuell auch verfolgten, ohne jedoch irgendwie aggressiv zu werden.

Die läppische Art und Weise dieser Geschlechtsbethätigung oder

---

[1]) Boissier et Lachaux, Perversions sexuelles à forme obsédante. Archives de neurologie 1893, Octobre. — Schäfer, Vierteljahrsschr. f. gerichtl. Medicin. 3. Folge. X. 1.

eigentlich sexuellen Demonstration weist auf intellektuellen und ethischen Schwachsinn oder wenigstens auf temporäre Hemmung intellektueller und ethischer Funktionen, bei gleichzeitig erregter Libido, auf Grund einer erheblichen Bewusstseinstrübung (krankhafte Bewusstlosigkeit, Sinnesverwirrung) hin und stellt zugleich die Potenz dieser Individuen in Frage. Darnach ergeben sich verschiedene Kategorien von Exhibitionisten.

Eine erste umfasst erworbene geistige Schwächezustände, bei welchen durch die zu Grunde liegende Hirn- (Rückenmarks)krankheit das Bewusstsein getrübt, die ethischen und intellektuellen Funktionen geschädigt sind, eine von jeher mächtig bestehende oder durch den Krankheitsprocess angefachte Libido damit kein Gegengewicht zu finden vermag, überdies Impotenz besteht und den geschlechtlichen Drang nicht mehr in kraftvollen Akten (eventuell Nothzucht), sondern nur in läppischen zu bethätigen gestattet.

In diese Kategorie fällt die Mehrzahl der mitgetheilten Fälle [1]). Es sind der Dementia senilis, dem paralytischen Blödsinn verfallene oder auch durch Alkoholismus, Epilepsie u. s. w. geistig defekte Individuen.

Beobachtung 163. Z., höherer Beamter, 60 Jahre alt, Wittwer. Familienvater, hat dadurch Anstoss erregt, dass er einem 8jährigen, ihm gegenüber wohnenden Mädchen während eines Zeitraums von 14 Tagen wiederholt genitalia sua de fenestra ostendit. Nach mehreren Monaten hat dieser Mann unter gleichen Umständen seine unanständige Handlung wiederholt. Er erkannte im Verhör das Abscheuliche seiner Handlungsweise an, wusste keine Entschuldigung dafür. Ein Jahr später Tod in Hirnerkrankung. (Lasègue, op. cit.)

Beobachtung 164. Z., 78 Jahre, Seemann, hat wiederholt an Kinderspielplätzen und in der Nähe von Mädchenschulen exhibitionirt. Es war dies die einzige Art seiner Geschlechtsbethätigung. Z., verheirathet, Vater von zehn Kindern, hat vor 12 Jahren eine schwere Kopfverletzung erlitten, von welcher eine tiefe Knochennarbe datirt. Druck auf diese Narbe macht Schmerz; dabei röthet sich das Gesicht, die Miene wird starr, Patient erscheint dann somnolent, es kommt zu Zuckungen in der rechten Oberextremität (offenbar epileptoide Zustände im Zusammenhang mit einer Hirnrindenerkrankung). Im Uebrigen Befund einer (senilen) Demenz und vorgeschrittenes Senium. Ob das Exhibitioniren mit epileptoiden Anfällen coincidirte, ist nicht mitgetheilt. Nachweis einer Dementia senilis. Freisprechung. (Dr. Schuchardt, op. cit.)

Eine Anzahl hierher gehöriger Fälle hat Pelanda (op. cit.) mitgetheilt.

1. Paralytiker, 60 Jahre alt. Mit 58 Jahren hatte er begonnen, vor Frauen und Kindern zu exhibitioniren. Er war in der Irrenanstalt (Verona) noch längere Zeit lasciv und versuchte auch Fellatio.

---

[1]) Lasègue, Union médicale 1877. Mai. — Laugier, Annal. d'hygiène publ. 1878. Nr. 106. — Pelanda, Ueber Pornopathiker, Archivio di Psichiatria VIII. — Schuchardt, Zeitschr. f. Medicinalbeamte 1890. Heft VI.

2. Alter Potator, 66 Jahre, schwer belastet, an Folie circulaire leidend. Seine Exhibition wurde zum ersten Mal in der Kirche während des Gottesdienstes bemerkt. Sein Bruder war ebenfalls Exhibitionist.

3. Mann, 49 Jahre, belastet, Potator, von jeher sexuell sehr erregbar, wegen Alkohol. chron. in der Irrenanstalt, exhibirt jeweils, wenn er eines weiblichen Wesens ansichtig wird.

4. Mann, 64 Jahre, verheirathet, Vater von 14 Kindern. Schwere Belastung. Rhachitisch mikrocephaler Schädel. Seit Jahren Exhibitionist, trotz wiederholter Bestrafungen.

Beobachtung 165. X., Kaufmann, geb. 1833, ledig, hat wiederholt vor Kindern exhibitionirt oder auch urinirt, einmal auch in derartiger Situation ein kleines Mädchen abgeküsst. Vor 20 Jahren hatte X. eine schwere geistige Krankheit von 2jähriger Dauer durchgemacht, in welcher ein apoplektischer Anfall vorgekommen sein soll.

Später, nach Verlust seines Vermögens, ergab er sich dem Trunk und erschien in den letzten Jahren öfters wie geistesabwesend.

Der Stat. praes. ergab Alkoholismus, Senium praecox, geistige Schwäche. Penis klein, Phimosis, Hoden atrophisch. Nachweis geistiger Krankheit. Freisprechung. (Dr. Schuchardt, op. cit.)

Derartige Fälle von Exhibitioniren erinnern an die Gepflogenheit junger, mehr weniger noch bübischer, sexuell erregter Leute, aber auch gar mancher erwachsener Cyniker von tiefstehender Moral, die sich damit vergnügen, die Wände öffentlicher Aborte u. s. w. mit Bildern männlicher und weiblicher Genitalien zu besudeln — eine Art von ideellem Exhibitioniren, von dem aber zum reellen noch ein weiter Schritt ist.

Eine weitere Kategorie von Exhibitionisten wird durch Epileptiker[1]) gebildet.

Diese Kategorie unterscheidet sich von der vorausgehenden wesentlich dadurch, dass ein bewusstes Motiv für das Exhibitioniren fehlt, dieses vielmehr als eine impulsive Handlung erscheint, die, ganz ohne Rücksicht auf die äusseren Umstände, im Sinne einer krankhaften organischen Nöthigung sich den Vollzug erzwingt.

Ein geistiger Dämmerzustand ist tempore delicti immer vorhanden, und daraus erklärt es sich wohl, dass der Unglückliche ohne Bewusstsein der Bedeutung seiner Handlung, jedenfalls ohne Cynismus, in blindem Drange seine Handlung begeht, die er, wieder zu sich gekommen, bedauert, verabscheut, sofern nicht schon dauernde geistige Schwäche besteht.

Das Primum movens in diesem geistigen Dämmerzustand ist, gleichwie bei anderen impulsiven Akten, ein Gefühl ängstlicher Beklemmung. Associirt sich damit ein sexuelles Gefühl, so erhält das Vorstellen eine bestimmte Direktive im Sinne einer entsprechenden (sexuellen) Handlung.

Dass bei Epileptikern gerade sexuelle Vorstellungen besonders leicht tempore insultus auftauchen, erklärt sich aus p. 291—296 dieses Buches.

---

[1]) Instruktiver Fall von Morselli, Bolletino della R. Accademia medica di Genova, Vol. IX (1894), fasc. 1.

Ist aber eine solche Association einmal geknüpft, eine bestimmte Handlung in einem Anfall zu Stande gekommen, so wiederholt sie sich um so leichter in jedem folgenden, weil sich ein ausgefahrenes Geleise in der Bahn der Motivation sozusagen gebildet hat.

Der angstvolle Zustand im dämmerhaften Bewusstsein lässt den associirten sexuellen Impuls als einen Befehl, als eine innere Nöthigung erscheinen, die rein impulsiv und in absolut unfreiem Zustand vollzogen werden.

Beobachtung 166. K., Subalternbeamter, 29 Jahre, aus neuropathischer Familie, in glücklicher Ehe lebend, Vater eines Kindes, hat wiederholt, besonders in der Dämmerung, vor Dienstmädchen exhibitionirt. K. ist gross, schlank, blass, nervös, hastig in seinem Wesen. Nur summarische Erinnerung für die Delicte. Seit der Kindheit häufige starke Congestivzustände mit heftiger Röthe des Gesichts, beschleunigtem, gespanntem Puls, starrem, wie abwesendem Blick. Ab und zu dabei Unbesinnlichkeit, Schwindel. In diesem (epileptischen) Ausnahmszustande gab K. erst auf wiederholtes Anrufen Antwort und kam dann wie aus einem Traum zu sich. K. will stets vor seinen incrim. Akten sich einige Stunden erregt und unruhig gefühlt, Angst mit Beklemmung und Fluxion zum Kopf verspürt haben. Dabei sei er öfter ganz taumelig gewesen und habe ein unbestimmtes Gefühl geschlechtlicher Erregung gehabt. Auf der Höhe solcher Zustände sei er planlos von Hause fort und habe irgendwo seine Genitalien präsentirt. Zu Hause habe er dann von diesen Vorkommnissen nur eine traumhafte Erinnerung gehabt und sich sehr matt und abgeschlagen gefühlt. Bemerkenswerth ist auch, dass er seine Genitalien während der Exhibition mit Streichhölzern beleuchtet hatte. Gutachten, dass auf epileptischer Grundlage und zwangsmässig die incrim. Handlungen vorkamen. Gleichwohl Verurtheilung, unter Annahme mildernder Umstände. (Dr. Schuchardt, op. cit.)

Beobachtung 167. L., 39 Jahre alt, ledig, Schneider, von wahrscheinlich dem Trunk ergebenem Vater, hatte zwei epileptische Brüder und einen, der geisteskrank war. Er selbst bietet leichtere epileptische Insulte, hat von Zeit zu Zeit Dämmerzustände, in welchen er planlos herumirrt und hinterher nicht weiss, wo er gewesen ist. Er galt als ein anständiger Mensch, steht jetzt unter Anklage, 4—6mal in fremdem Hause seine Genitalien exhibirt und daran gespielt zu haben. Seine Erinnerung für diese Handlungen war eine höchst summarische.

L. war wegen wiederholten Desertirens vom Militär (wahrscheinlich ebenfalls in epileptischen Dämmerzuständen) schwer bestraft worden, im Zuchthaus geistig erkrankt, wegen „epileptischen Irreseins" nach der Charité gekommen und dort „geheilt" entlassen worden. Bezüglich der incriminirten Handlungen liessen sich Cynismus und Uebermuth ausschliessen. Dass sie im geistigen Dämmerzustand vorkamen, ist u. a. daraus wahrscheinlich, dass den ihn verhaftenden Polizeiorganen der „blödsinnige", recte in geistigem Dämmerzustand befindliche Mensch psychisch auffällig war. (Liman, Vierteljahrsschr. f. ger. Med. N. F. XXXVIII, H. 2.)

Beobachtung 168. L., 37 Jahre, hat vom 15. Oktober bis 2. November 1889 eine grosse Zahl von Exhibitionen vor Mädchen sich zu Schulden kommen lassen und zwar am hellen Tage, auf offener Strasse und sogar in Schulen, in welche er eindrang. Gelegentlich kam es vor, dass er von den Mädchen Masturbation oder Coitus begehrte und da dies verweigert wurde, vor den

Betreffenden masturbirte. In G. schlug er in einer Schankwirthschaft mit dem entblössten Penis an die Fensterscheiben, so dass es die in der Küche befindlichen Kinder und Mägde sehen mussten.

Nach der Verhaftung stellte sich heraus, dass L. schon unzählige Male seit 1876 wegen Exhibitionen Aergerniss erregt hatte, jedoch jeweils wegen ärztlich erwiesener geistiger Krankheit ohne Bestrafung durchgekommen war. Dagegen war er schon beim Militär wegen Desertirens, Diebstahls, später auch einmal als Civilist wegen Cigarrendiebstahls gestraft worden. Wiederholt war L. wegen Irrsinns (Wahnsinnsanfälle?) in Irrenanstalten gewesen. Im Uebrigen war er durch wandelbares, streitsüchtiges Wesen, zeitweise Erregung, Unstetigkeit vielfach auffällig geworden.

L.'s Bruder starb an Paralyse. Er selbst bietet keine Degenerationszeichen, keine epileptischen Antecedentien. Er ist zur Zeit der Beobachtung weder geistig krank, noch geistig geschwächt.

L. benimmt sich höchst decent, äussert tiefen Abscheu gegenüber seinen sexuellen Delicten.

Er erklärt sie folgendermassen: Sonst kein Säufer, bekomme er zeitenweise einen Drang zu trinken. Bald nachdem er damit begonnen, stellen sich Blutandrang zum Kopf, Schwindel, Unruhe, Angst, Beklemmung ein. Er gerathe dann in einen traumartigen Zustand. Ein unwiderstehlicher Reiz zwinge ihn nun, sich zu entblössen, wovon er Erleichterung und Freiheit des Athmens empfinde.

Wenn er einmal sich entblösst habe, wisse er nicht mehr, was er thue.

Als Vorboten solcher Anfälle habe er oft kurze Zeit vorher Flimmern vor den Augen und Schwindel.

Für die Zeit seiner Dämmerzustände habe er nur eine ganz unklare traumhafte Erinnerung.

Erst mit der Zeit hatten sich sexuelle Vorstellungen und Dränge diesen angstvollen Dämmerzuständen associirt. Schon Jahre vorher war er in solchen ganz ohne Motiv und mit höchster Gefahr desertirt, einmal zu einem Fenster des zweiten Stocks hinabgesprungen, ein andermal aus einer guten Stellung planlos in ein Nachbarland gelaufen, wo er wegen Exhibition sofort verhaftet wurde.

Wenn L. ausserhalb seiner krankhaften Perioden gelegentlich sich einmal berauschte, kam es nie zum Exhibitioniren. Im luciden Zustand ist sein sexuelles Fühlen und Verkehren ganz normal. (Dr. Hotzen. Friedreich's Blätter 1890, H. 6.) Weitere Fälle s. o. Beob. 149. 151.

Eine klinisch den epileptischen Exhibitionisten nahestehende Gruppe wird durch gewisse Neurastheniker repräsentirt, bei denen ebenfalls anfallsweise (epileptoide?) Dämmerzustände [1]) in Verbindung mit ängstlicher Beklemmung vorkommen, in welcher mit dieser associirte sexuelle Dränge ganz impulsiv zu exhibitionistischen Akten führen können.

Beobachtung 169. Gymnasiallehrer Dr. S. hat dadurch öffentliches Aergerniss erregt, dass er wiederholt im Berliner Thiergarten vor Damen und Kindern mit genitalibus denudatis herumlaufend gesehen wurde. S. gibt dies zu, stellt aber Absicht und Bewusstsein, ein öffentliches Aergernis zu geben, in Abrede und entschuldigt sich damit, dass das schnelle Laufen mit entblössten Genitalien ihm gegen nervöse Aufregungen Erleichterung gewährte. Muttersvater war gemüthskrank und endigte durch Selbstmord, die Mutter war

---

[1]) Vgl. v. Krafft, Ueber transitorisches Irresein bei Neurasthenischen. Zeitschrift „Irrenfreund" 1883, Nr. 8, und Wiener Klin. Wochenschr. 1891, Nr. 50.

constitutionell neuropathisch, Nachtwandlerin und vorübergehend gemüthskrank gewesen. Inculpat ist neuropathisch, war Nachtwandler, hatte von jeher Abneigung gegen geschlechtlichen Verkehr mit Frauenspersonen, trieb in jungen Jahren Onanie, ist ein scheuer, schlaffer, leicht in Verlegenheit und Verwirrung gerathender Mensch, neurasthenisch. Er war sexuell immer sehr erregt. Er träumte oft, dass er mentula denudata umherlaufe oder im Hemde an einem Rock hänge, den Kopf nach unten, so dass das Hemd zurückfalle und das erigirte Glied entblösst sei. Diese Träume führen dann zur Pollution und er habe eine halbe bis ganze Woche Ruhe.

Auch im wachen Zustand befalle ihn im Sinn seiner Träume oft der Drang, mit entblösstem Glied umherzulaufen. Indem er zur Entblössung schreite, werde ihm glühend heiss, er laufe dann planlos herum, das Glied werde feucht, jedoch komme es nicht zur Pollution. Endlich erfolge relaxatio membri, er stecke es ein, komme dann zu sich, froh, wenn den Vorgang Niemand gesehen habe. Er befinde sich in solchen Erregungen wie im Traum, wie in Trunkenheit. Nie habe er dabei die Absicht gehabt, Weiber zu provociren. S. ist nicht epileptisch. S.'s Angaben haben das Gepräge der Wahrheit. Er hat thatsächlich nie Weiber in diesen Zuständen verfolgt, oder auch nur angesprochen. Frivolität, Rohheit lässt sich ausschliessen. Jedenfalls geht das Handeln des S. aus krankhaftem Empfinden und Vorstellen hervor und befand sich S. zur Zeit seiner Handlungen in einem Zustand krankhafter Störung der Geistesthätigkeit. (Liman, Vierteljahrsschrift für gerichtl. Med. N. F. XXX. VIII. Heft 2.)

Beobachtung 170. X., 38 Jahre, verheirathet, Vater eines Kindes, von jeher düster, schweigsam, häufig an Kopfweh leidend, schwer neurasthenisch, jedoch psychisch nicht krank, viel mit nächtlichen Pollutionen geplagt, ist wiederholt Ladenmädchen, denen er in einem Anstandsorte aufgelauert hatte, mit exhibitionirten Genitalien, am Penis herummanipulirend, auf der Strasse nachgegangen. In einem Falle hatte er das betreffende Mädchen sogar bis in den Laden hinein verfolgt. (Trochon, Arch. de l'anthropologie criminelle III, p. 256.)

In der folgenden Beobachtung erscheint das Exhibitioniren nebensächlich gegenüber einem impulsiven Drang, durch Masturbation eine plötzlich entstandene heftige Libido zu befriedigen.

Beobachtung 171. R., Kutscher, 49 Jahre, in Wien seit 1866 verheirathet, kinderlos, stammt von neuropathischem, sexuell excessivem Vater, welcher an einer Gehirnkrankheit starb. Er bietet keine Degenerationszeichen.

29 Jahre alt erlitt er eine schwere Commotio durch Sturz von einer Höhe. Seine Vita sexualis war bis dahin normal gewesen. Seither befiel ihn alle 3—4 Monate eine ihm höchst peinliche sexuelle Erregung mit gebieterischem Drang zu Masturbation. Voraus gehe ein Gefühl grosser Ermattung und Unbehaglichkeit, mit dem Bedürfniss nach alkoholischen Getränken. In der Zwischenzeit sei er sexuell kalt und habe nur höchst selten das Bedürfniss gehabt, mit seiner Frau, die überdies seit 5 Jahren krank und beischlafsunfähig ist, zu coitiren.

Als junger Mensch versichert er nie masturbirt zu haben, ebensowenig habe er an diese Art, sich geschlechtlich zu befriedigen, jemals in der Zwischenzeit seiner Anfälle gedacht.

Der Impuls zur Masturbation wird in der gefährlichen Zeit jeweils durch gewisse weibliche Reize — kurzer Rock, hübscher Fuss und Waden, elegante Erscheinung — ausgelöst. Das Alter ist ganz gleichgültig. Selbst kleine Mädchen können erregend wirken. Der Antrieb sei plötzlich, unwiderstehlich.

R. schildert Situationen und Vorgehen im Sinne eines impulsiven Aktes. Er habe oftmals zu widerstehen versucht, aber dann werde ihm heiss, schrecklich bang, es walle ihm heiss auf zum Kopf, er sei wie im Nebel, verliere zwar nie ganz das Bewusstsein, sei aber wie von Sinnen. Dabei habe er heftige stechende Schmerzen in Hoden und Samenstrang. Er bedauere, bekennen zu müssen, dass der Impuls stärker sei als der Wille. Es zwinge ihn in solchen Situationen, sich zu masturbiren, gleichviel wo er sich befinde. Mit der erfolgten Ejaculation werde ihm wieder leicht und er finde seine Selbstbeherrschung wieder. Die Sache sei ihm schrecklich fatal. Sein Vertheidiger theilt mit, dass R. schon 6mal wegen desselben Delicts — Exhibition und Masturbation auf offener Strasse — bestraft wurde. Eine verlangte Untersuchung des Geisteszustands sei jedesmal abschläglich beschieden worden, weil der Gerichtshof fand, dass aus den Akten Zweifel bezüglich der Zurechnungsfähigkeit sich nicht ergäben.

Am 4. November 1889 befand sich R. gerade wieder in der gefährlichen Zeit auf der Strasse, als ein Trupp Schulmädchen daher kam. Da erwachte sein unbändiger Drang. Um auf einen Abort zu gehen, reichte die Zeit nicht, er war zu aufgeregt. Sofort Exhibition, Masturbation unter einem Hausflur grosser Skandal, sofortige Arretirung. R. ist nicht schwachsinnig, auch nicht ethisch defect. Er beklagt sein Geschick, schämt sich tief seiner Handlung, fürchtet sich vor neuen Attaquen, empfindet aber seine Zustände als krankhafte, als ein Verhängniss, dem gegenüber er sich machtlos fühlt.

Er hält sich für noch potent. Penis abnorm gross. Cremasterreflex vorhanden, gesteigerter Patellarreflex. Seit einigen Jahren Schwäche des Sphincter vesicae. Verschiedene neurasthenische Beschwerden.

Das Gutachten erwies, dass R. unter dem Einfluss krankhafter Bedingungen und impulsiv handelte. Keine Verurtheilung. Patient kam in die Irrenheilanstalt, aus welcher er nach einigen Monaten entlassen wurde.

In der vorausgehenden Beobachtung liegt der Schwerpunkt klinisch nicht in der vorhandenen Neurose, sondern vielmehr in dem impulsiven Charakter der Handlung (Exhibition bezw. Masturbation).

Offenbar ist mit der Aufstellung der Kategorien der imbecillen, der geistig geschwächten, sowie der in neurotischem (epileptischem oder neurasthenischem) Dämmerzustand befindlichen Exhibitionisten die klinisch-forensische Seite dieser Erscheinung noch nicht erschöpft und lässt sich den gefundenen eine weitere anreihen, deren Repräsentanten **auf Grund schwerer Belastung (hereditär degenerative Neurose?)** periodisch und höchst impulsiv zum Exhibiren gedrängt werden.

Mit Recht legt Magnan[1]), dem ich die beiden folgenden instruktiven Fälle entlehne, bezüglich dieser Zustände von Psychopathia sexualis periodica (vgl. p. 297), bei welcher der zufällig geweckte Drang zum Exhibiren nur Theilerscheinung eines grösseren klinischen Ganzen ist, gleichwie der Drang nach Alkoholicis bei der Dipsomania periodica, grossen Werth auf das impulsive periodische Gepräge dieser krankhaften Antriebe, nicht minder darauf, dass sie von oft qualvoller Angst begleitet sind, die nach ihrer Realisirung einem Gefühl grosser Erleichterung Platz macht.

---

[1]) Recherches sur les centres nerveux. 2e Série. Paris 1893.

Diese Thatsachen, nicht minder das ganze klinische Bild der psychischen Entartung, meist zurückführbar auf hereditäre oder in den ersten Lebensjahren die Hirnentwicklung schädigende Bedingungen (Rhachitis u. s. w.) sind gerichtsärztlich von entscheidender Bedeutung.

Beobachtung 172. G., 29 Jahre, Garçon eines Café, hat 1888 unter der Kirchenthür vor mehreren in einem Gewölbe gegenüber arbeitenden Mädchen exhibirt. Er gesteht das Factum, sowie dass er schon mehrmals am gleichen Ort zu gleicher Tageszeit sich desselben Vergehens schuldig gemacht habe und deshalb schon im Vorjahr mit 1 Monat Gefängniss bestraft worden sei.

G. hat sehr nervöse Eltern. Sein Vater ist psychisch nicht äquilibrirt, höchst jähzornig. Seine Mutter ist zeitweise psychisch krank und mit schwerer Nervenkrankheit behaftet.

G. hatte von jeher nervöses Zucken im Gesicht, beständigen Wechsel von unmotivirter Verstimmung mit Taed. vitae und Zeiten heiterer Erregung. Mit 10 und 15 Jahren hatte er ob geringfügiger Anlässe sich tödten wollen. Bei Gemüthsbewegungen hat er gleich Zuckungen in den Extremitäten. Er bietet constant allgemeine Analgesie. Im Gefängniss war er anfangs ausser sich vor Scham über die Schande, die er seiner Familie zugefügt, erklärte sich für den schlechtesten, der schwersten Strafe bedürftigen Menschen.

Bis zum 19. Jahre hatte G. mit Auto- oder mutueller Masturbation sich befriedigt, gelegentlich auch einmal Mädchen onanisirt. Von da ab in einem Café bedienstet, regten ihn weibliche Besucher desselben so mächtig auf, dass es öfters zu Ejaculation kam. Er litt fast beständig an Priapismus, und wie seine Frau versichert, störte ihm derselbe trotz Coitus oft die Nachtruhe. Seit 7 Jahren hatte er wiederholt an seinem Fenster exhibirt, sich auch nudatus feminis vicinis gegenüber exponirt.

1883 schloss er eine Ehe aus Neigung. Der eheliche Umgang genügte nicht seinem excessiven Bedürfniss. Die sexuelle Erregung war zeitweise so heftig, dass er Kopfweh bekam, ganz verwirrt, wie betrunken, auffällig und unbrauchbar im Beruf erschien.

In einem solchen Zustand hatte er kurz hinter einander am 12. Mai 1887 in zwei Strassen von Paris vor Damen exhibirt. Seither kämpfte er einen verzweiflungsvollen Kampf gegen seine ihn fast permanent verfolgenden krankhaften Antriebe, auf deren Höhe er düster, verstört war und Nächte hindurch weinte. Gleichwohl wurde er immer wieder rückfällig. Gutachten: Nachweis hereditärer Degeneration mit Zwangsvorstellungen und unwiderstehlichen Antrieben („Perversion délirante du sens génital"). Freisprechung. (Magnan. Arch. de l'anthropologie criminelle, V. Bd. Nr. 28).

Beobachtung 173. B., 27 Jahre, von neuropathischer Mutter und alkoholischem Vater, hat einen Bruder, der Säufer, und eine Schwester, die hysterisch ist. Vier Blutsverwandte von väterlicher Seite sind Säufer, eine Cousine ist hysterisch.

Vom 11. Jahre an Onanie, solitär oder mutuell. Vom 13. Jahre ab Dränge zu exhibiren. Er versuchte es am Pissoir einer Strasse, empfand wollüstiges Behagen, aber gleich darauf Gewissensbisse. Versuchte er im weiteren Verlauf seinen Trieb zu bekämpfen, so fühlte er heftige Angst und Beklemmung auf der Brust. Als Soldat trieb es ihn häufig, mentulam Kameraden unter verschiedenen Vorwänden zu zeigen.

Vom 17. Jahre an verkehrte er sexuell mit Weibern. Es gewährte ihm grossen Genuss, sich vor ihnen nackt zu zeigen. Sein Exhibitioniren auf den Strassen setzte er fort. Da er aber nur selten vor Pissoirs auf Zuschauerinnen rechnen konnte, verlegte er den Schauplatz seiner Delikte in Kirchen. Um an dieser Stelle zu exhibiren, musste er sich immer vorher Muth antrinken.

Unter dem Einfluss geistiger Getränke war der sonst noch leidlich beherrschbare Drang unwiderstehlich. B. wurde nicht verurtheilt, verlor seinen Posten, trank mehr seitdem. Nicht lange danach neuerliche Arretirung, da er in einer Kirche exhibirt und sogar masturbirt hatte. (Magnan, ebenda.)[1]

**Beobachtung 174.** X., Barbiergehilfe, 35 Jahre, wiederholt wegen Vergehens gegen die Sittlichkeit bestraft, ist neuerdings verhaftet, da er, seit 3 Wochen in der Nähe einer Mädchenschule herumlungernd, die Aufmerksamkeit von Mädchen auf sich zu lenken suchte, und wenn ihm dies gelungen war, exhibitionirt hatte. Gelegentlich hatte er ihnen auch Geld versprochen mit den Worten: „Habeo mentulam pulcherrimam, venite ad me ut eam lambatis."

X. gesteht im Verhör Alles zu, weiss aber nicht, wie er dazu gekommen sei. Er sei sonst der vernünftigste Mensch, habe aber den Hang in sich, dies Vergehen zu verüben, und könne ihn nicht bezwingen.

Schon 1879 als Militär war er einmal vom Dienste fort, hatte sich in der Stadt herumgetrieben und vor Kindern exhibitionirt. 1 Jahr Gefängniss. 1881 dasselbe Vergehen. Er lief den schreienden Kindern nach und sah sie „starr" an. Gefängniss 1 Jahr 3 Monate. 2 Tage nach der Entlassung aus dem Gefängniss sagte er zu zwei kleinen Mädchen: „si mentulam meam videre vultis mecum in hanc tabernam veniatis." Er leugnete diese Worte gesprochen zu haben, behauptete Trunkenheit. 3 Monate Gefängniss.

1883 neuerliche Exhibition. Er sprach dabei nichts, behauptete im Verhör, seit seiner schweren Krankheit vor 8 Jahren an derartigen krankhaften Erregungen zu leiden. 1 Monat Gefängniss.

1884 Exhibition vor Mädchen auf einem Kirchhof, 1885 neuerlich. Er erklärte: „Ich sehe mein Unrecht ein, es ist aber wie eine Krankheit. Wenn es über mich kommt, kann ich mich solcher Handlungen nicht erwehren. Es dauert manchmal eine geraume Zeit, dass mir diese Neigungen fernbleiben." 6 Monate Gefängniss.

Am 12. August 1885 entlassen, wurde er schon am 15. August rückfällig. Dieselbe Verantwortung. Diesmal ärztliche Untersuchung. Sie konnte keine geistige Störung finden. 3 Jahre Zuchthaus.

Aus diesem entlassen, eine Reihe neuer Exhibitionen.

Die diesmalige Exploration ergab Folgendes:

Vater litt an Alkohol. chron. und soll dieselben unzüchtigen Handlungen begangen haben. Mutter und eine Schwester nervenkrank, die ganze Familie von heftigem Temperament.

X. litt vom 7.—18. Jahre an epileptischen Krämpfen. Mit 16 Jahren erste Cohabitation. Später Gonorrhöe und angeblich Syphilis. In der Folge normaler Geschlechtsverkehr bis zum 21. Jahre. Damals hatte er oft in der Nähe eines Spielplatzes vorbeizugeben und befriedigte gelegentlich das Bedürfniss zu uriniren, wobei es vorkam, dass die Kinder neugierig zuschauten.

Gelegentlich bemerkte er, dass dies Zuschauen ihn sexuell erregte, ihm Erection und sogar Ejaculation machte. Er fand an dieser Art der Geschlechtsbefriedigung nunmehr Gefallen, wurde gleichgültiger gegen Coitus, befriedigte sich nur mehr auf jene Weise, fühlte davon sein ganzes Denken beherrscht, träumte von solcher Exhibition unter Pollutionen. Er habe immer mehr vergebens gegen seinen Exhibitionsdrang angekämpft. Dieser sei stets mit solcher Gewalt über ihn gekommen, dass er um sich her nichts Anderes berücksichtige, nichts sah und hörte, vollständig wie „ohne Verstand", wie „ein Bulle, der mit dem Kopf durch die Wand will".

---

[1] Analoge Beobachtung: Boissier u. Lachaux, Archiv. de neurologie 1893. Oct.

X. bietet abnorm breiten Schädel, kleinen Penis; linker Hoden verkümmert. Patellarreflex fehlt. Erscheinungen von Neurasthenie, besonders cerebraler. Häufig Pollutionen. Die Träume drehen sich meist um normalen Beischlaf, nur selten um Exhibition vor kleinen Mädchen.

Bezüglich seiner abnormen Geschlechtsakte versichert er, der Trieb, Mädchen aufzusuchen und anzulocken, sei das Primäre, und erst dann, wenn es ihm gelungen sei, earum intentionem in sua genitalia nudata transferre, erectionem et eiaculationem fieri. Beim Akt schwinde ihm das Bewusstsein nicht. Nach demselben sei er ärgerlich über die That und sage sich, wenn nicht dabei ertappt, „wieder einmal dem Staatsanwalt entgangen".

Im Gefängniss habe er den Trieb nicht; hier belästigen ihn nur die Träume und Pollutionen. In der Freiheit habe er täglich die Gelegenheit gesucht, sich durch E. zu befriedigen. Er gäbe 10 Jahre seines Lebens, um die Sache loszuwerden; „dieses ewige Angstleben, dieses Schweben zwischen Freiheit und Nichtfreiheit sei unerträglich".

Das Gutachten nahm eine angeborene (?) Perversität der Geschlechtsempfindung an, bei unverkennbarer erblicher Belastung, neuropathischer Constitution, Schädelasymmetrie, mangelhafter Entwicklung der Genitalien.

Bemerkenswerth sei auch, dass das Exhibitioniren auftrat, als das epileptische Leiden aufhörte, so dass man an eine vicariirende Erscheinung denken möchte.

Die sexuelle Perversität entwickelte sich bei vorhandener Disposition durch zufällige Ideenassociation sexuellen Inhalts (neugieriges Zuschauen der Kinder, als er urinirte) mit einer an und für sich bedeutungslosen Handlung.

Der Kranke wurde nicht verurtheilt und einer Irrenanstalt übergeben. (Dr. Freyer, Zeitschr. f. Medicinalbeamte 3. Jahrg. Nr. 8.)

Beobachtung 175. Abends 9 Uhr im Frühling 1891 kam eine Dame ganz bestürzt zu dem Polizisten im Stadtpark zu X. mit der Anzeige, aus dem Gebüsch sei ein vorne ganz entblösster Mann auf sie zugetreten, so dass sie entsetzt geflohen sei. Der Polizist begab sich sofort nach dem bezeichneten Ort und fand einen Mann vor, der ventrem et genitalia nuda exponirte. Er versuchte zu entfliehen, wurde aber eingeholt und verhaftet. Derselbe gab an, er sei durch Alkoholgenuss sexuell erregt und im Begriff gewesen, eine Prostituirte aufzusuchen. Auf dem Wege durch den Park habe er sich aber erinnert, dass ihm Exhibition einen viel grösseren Genuss bereite als Coitus, den er nur selten und faute de mieux pflege. Nachdem er sein Hemd ausgezogen und den Obertheil seiner Beinkleider abgerissen, habe er sich nun in ein Gebüsch postirt et quum duae feminae advenissent nudatis genitalibus iis occurrisse. Bei solcher Exhibition werde ihm angenehm warm und das Blut steige ihm zu Kopf.

Der Verhaftete ist ein Fabrikarbeiter, dem sein Werkmeister das Zeugniss eines pflichttreuen, sparsamen, nüchternen, intelligenten Menschen ertheilt.

Schon 1886 war B. bestraft worden, weil er zweimal an öffentlichem Ort, das eine Mal am hellen Tage, das andere Mal Abends unter einer Laterne sitzend, exhibirt hatte.

B., 37 Jahre, ledig, macht durch stutzerhafte Kleidung, manierirte Sprache und Bewegungen einen eigenthümlichen Eindruck. Sein Auge hat einen neuropathischen, schwärmerischen Ausdruck; um seinen Mund spielt ein selbstgefälliges Lächeln. Er stammt angeblich von gesunden Eltern. Eine Schwester des Vaters und eine solche der Mutter waren irrsinnig. Andere Geschwister dieser galten als religiös excentrisch.

B. hat nie schwere Krankheiten durchgemacht. Von Kindsbeinen auf war er excentrisch, phantastisch, liebte Ritter- und andere Romane, ging ganz in solchen auf, weitergehend sich in seiner Phantasie mit dem Romanhelden identificirend. Er hielt sich immer für etwas Besseres als die Anderen, legte grossen Werth auf elegante Kleidung und Pretiosen, und wenn er Sonntags einherstolzirte, dünkte er sich in seiner Phantasie als ein hoher Beamter.

Epileptische Erscheinungen hat B. nie geboten. In jungen Jahren mässige Masturbation, später mässiger Coitus. Niemals früher perverse sexuelle Empfindungen oder Dränge. Eingezogene Lebensweise, in den Freistunden Lektüre (populäre, ferner Rittergeschichten. Dumas u. A.). B. war kein Trinker. Nur ausnahmsweise bereitete er sich eine Art Bowle, von deren Genuss er jeweils sich sexuell erregt fühlte.

Seit einigen Jahren, bei bedeutend verminderter Libido, hatte er anlässlich solcher Alkoholgenüsse den „verflucht dummen Gedanken" und die Begierde bekommen, genitalia adspectui feminarum publice exhibere.

Gerathe er in diese Situation, so werde ihm warm, das Herz schlage heftig, das Blut schiesse ihm in den Kopf und er könne sich dann seines Triebes nicht mehr erwehren. Er höre und sehe dann nichts Anderes mehr und sei ganz versunken in seine Lust. Nachträglich habe er sich dann oft seinen verrückten Schädel mit den Fäusten geschlagen und sich fest vorgenommen, derlei nicht mehr zu thun, aber die verrückten Ideen seien immer wieder gekommen.

Bei seinen Exhibitionen gerathe sein Penis nur in Halberection und nie erfolge eine Ejaculation, die auch beim Coitus nur tardiv eintrete. Es genüge ihm, beim Exhibiren genitalia sua adspicere, und er habe dabei die wollüstig betonte Vorstellung, dass dieser adspectus Frauen höchst angenehm sein müsse, da ja auch er genitalia feminarum so gerne anschaue. Zum Coitus sei er nur fähig, wenn ihm die Puella sich sehr entgegenkommend zeige. Andernfalls zahle er lieber und gehe unverrichteter Dinge davon. In erotischen Träumen exhibire er vor jungen üppigen Frauenzimmern.

Das gerichtsärztliche Gutachten erwies die hereditär-psychopathische Persönlichkeit des Inculpaten, den perversen impulsiven Antrieb zu den incriminirten Delicten und brachte den bemerkenswerthen weiteren Beweis, dass auch die Impulse zum Alkoholgenuss bei dem sonst nüchternen und sparsamen B. auf krankhaften, periodisch wiederkehrenden Nöthigungen beruhen. Dass B. in seinen Anfällen in einem psychischen Ausnahmezustand, in einer Art Sinnesverwirrung, ganz versunken in seine sexuell perversen Phantasien sich befand, geht aus der Species facti klar hervor. So erklärt sich auch, dass er das Nahen des Polizisten erst gewahr wurde, als es zur Flucht zu spät war. Interessant ist in diesem hereditär degenerativ-impulsiven Exhibitionismus die Erweckung des perversen sexuellen Dranges aus seiner Latenz durch den Einfluss des Alkohols.

Die vorausgehende Casuistik spricht entschieden zu Gunsten der Vermuthung einer psycho-pathologischen Bedeutung des Exhibitionirens im Sinne sexueller Demonstration.

Dr. Hoche mahnt gleichwohl zur Vorsicht, indem er folgenden mit Prof. Fürstner beobachteten, nach der Ansicht der Experten und des Gerichtshofs nicht psychopathischen Fall mittheilt.

Beobachtung 176. Dr. X. hat seit Jahren die weibliche Bevölkerung in Strassburg erschreckt, indem er in fast identischer Weise vor Damen Abends, am liebsten bei einer Laterne oder unter Entzündung bengalischer Zündhölzer, seinen langen Mantel auseinander schlug und genitalia nuda präsentirte. In anderen Fällen that er dies, indem er früh Morgens an Wohnungen klingelte und vor dem die Thür öffnenden oder am Fenster erscheinenden Dienstmädchen exhibirte.

Der Befund in der psychiatrischen Klinik ergab: die nachweisliche directe erbliche Belastung war mässig. Von Kindheit auf lebhafter Sexualtrieb (Onanie, später normal sexuelle Excesse bis zur Gegenwart). Entschuldigung mit „unwiderstehlichem Trieb", aber nie Verlust des Bewusstseins schimpflicher strafbarer Handlung. Epilepsie. Geistesstörung im engeren Sinne auszuschliessen. X. ist eine weichliche, schlaffe Natur, aber nicht schwachsinnig.

Die klinische Beobachtung ergab nach Verf. keine Momente im Sinne der Ausschliessungsgründe der Zurechnungsfähigkeit (§. 51 deutsch. Stgb.). Verurtheilung zu 1 Jahr Gefängniss. In der Strafhaft keine abnormen „Triebe". Heirath nach Verbüssung der Strafe.

(Dr. Hoche, neurolog. Centralblatt 1896. 2.)

Der vorstehende Fall ist zu aphoristisch mitgetheilt, um die Berechtigung der These von Hoche entscheiden zu können. Der unbefangene Beurtheiler wird den Eindruck nicht verwinden können, dass es sich hier um eine, wenn auch nur „mässig direkt erblich belastete", so doch immerhin um eine belastete, abnormale psychische Persönlichkeit handelte, der mildernde Umstände soweit als möglich hätten zugebilligt werden müssen. Ein Jahr Gefängniss war zu viel der Strafe und kein genügender Schutz der Gesellschaft vor X.

Eine forensisch bemerkenswerthe Varietät der Exhibitionisten, jedenfalls auf gleicher klinischer neurotisch-degenerativer Grundlage stehend und im eigenartigen Vorgehen durch heftige Libido (Hyperaesthesia sexualis) bei geschädigter Potenz bedingt, stellen die sogen. Frotteurs dar.

Die folgenden drei Magnan (op. cit.) entlehnten Beobachtungen sind typisch.

Beobachtung 177. D., 44 Jahre, belastet, Alkoholiker und an Saturnismus leidend, hatte bis vor einem Jahre viel onanirt, oft auch pornographische Bilder gezeichnet und sie seinen Bekannten gezeigt. Wiederholt hatte er sich, allein zu Hause, als Weib angezogen.

Seit 2 Jahren, wo er impotent wurde, fühlte er das Bedürfniss, im Menschengedränge in der Dämmerung mentulam denudare eamque ad nates mulieris crassissimae terere.

Einmal in flagranti ertappt, war er zu 4 Monaten Gefängniss verurtheilt worden.

Seine Frau hat eine Milchwirthschaft. Iterum iterumque sibi temperare non potuit quin genitalia in ollam lacte completam mergeret. Er hatte dabei ein wollüstiges Gefühl — „wie von Berührung durch Sammt".

Er war cynisch genug, diese Milch für sich und die Kunden zu benutzen. Im Gefängniss entwickelte sich bei ihm alkoholischer Verfolgungswahnsinn.

Beobachtung 178. M., 31 Jahre, seit 6 Jahren verheirathet, Vater von 4 Kindern, schwer belastet, episodisch an Melancholie leidend, wurde vor 3 Jahren von seiner Frau betreten, wie er ein Seidenkleid anhatte und sich masturbirte. Eines Tages wurde er in einem Laden betreten, wo er Frottage an einer Dame trieb. Er war tief zerknirscht, verlangte empfindliche Strafe für seinen übrigens unwiderstehlichen Trieb.

Beobachtung 179. G., 33 Jahre, schwer hereditär belastet, wird an einer Omnibusstation betreten, als er Frottage mit seinem Glied an einer Dame trieb. Tiefe Zerknirschung, aber Versicherung, dass er beim Anblick der markanten Posteriora einer Dame unwiderstehlich hingerissen sei, Frottage zu treiben, dabei ganz verwirrt sei und nicht mehr wisse, was er thue.

Versetzung in die Irrenanstalt.

**Beobachtung 180. Ein Frotteur.** Z., 1850 geboren, von tadellosem Vorleben, aus guter Familie, Privatbeamter, finanziell gut situirt, unbelastet, nach kurzer Ehe seit 1873 Wittwer, war seit geraumer Zeit in Kirchen dadurch auffällig geworden, dass er sich an Frauenzimmer, gleichgültig ob jung oder alt, von hinten angedrängt und an deren Tournüren herummanipulirt hatte. Man lauerte ihm auf, und eines Tages gelang seine Verhaftung in flagranti. Z. war auf's Höchste bestürzt, verzweifelte über seine Lage und bat, indem er ein unumwundenes Geständniss ablegte, um Schonung, da ihm sonst nur der Selbstmord übrig bleibe.

Seit 2 Jahren sei er von dem unglückseligen Hang befallen, sich im Menschengewühl, in Kirchen, an Theaterkassen u. s. w. von rückwärts an Frauenspersonen anzudrängen und mit deren aufgebauschten Kleidern zu manipuliren, wobei Orgasmus und Ejaculation eintrete.

Z. versichert, niemals der Masturbation ergeben gewesen zu sein, auch nach keiner Richtung sexuell pervers empfunden zu haben. Seit dem frühen Tod seiner Frau habe er seine mächtigen sexuellen Bedürfnisse durch temporäre Liebschaften befriedigt, von Bordellen und Lustdirnen sich von jeher angewidert gefühlt. Der Anreiz zu Frottage sei ihm vor 2 Jahren, als er zufällig in der Kirche verweilte, plötzlich gekommen. Obwohl er sich bewusst war, dass es unanständig sei, habe er sich nicht enthalten können, sofort ihm nachzugeben. Seither sei er so erregbar durch die Posteriora weiblicher Individuen geworden, dass es ihn förmlich getrieben habe, Gelegenheiten zu Frottage aufzusuchen. Am Weib errege ihn nur die Tournüre, alles Uebrige an Körper oder Kleidung desselben sei ihm ganz gleichgültig, ebenso ob das Weib jung oder alt, schön oder hässlich Zu naturgemässer Befriedigung habe er seither keine Inclination mehr. Neuerlich erscheinen auch in seinen erotischen Träumen Frottagesituationen.

Während solcher sei er sich seiner Lage und seiner Handlung vollkommen bewusst und bemüht, dieselbe so unauffällig als möglich zu begehen. Nach dem Akt habe er sich immer seiner Handlungsweise geschämt.

Die Expertise gab keine Zeichen von geistiger Krankheit oder geistiger Schwäche, wohl aber solche von Neurasthenia sexualis — ex abstinentia libidinosi (?), worauf auch der Umstand hinwies, dass schon blosse Berührung des Fetisch mit den nicht exhibirten Genitalien zur Ejaculation genügte. Offenbar gelangte der sexuell geschwächte, seiner Potenz misstrauende, libidinöse Z. zu Frottage, indem der Anblick der Posteriora feminae zufällig mit einer sexuellen Erregung zusammentraf und diese associative Verbindung einer Wahrnehmung mit einem Gefühl die erstere die Bedeutung eines Fetisch gewinnen liess.

Ob diese Frotteurs einfach (als temporär oder dauernd hypersexuale Degenerationsmenschen bei irgendwie gestörter Potenz) unter die Exhibitionisten einzureihen oder nicht, vielmehr als Fetischisten zu betrachten seien, wie Garnier (Les fétischistes p. 73) annimmt, lässt sich bei der geringen Zahl bisher vorliegender Beobachtungen nicht sicher entscheiden.

Der Umstand ob Denudatio genitalium stattfindet oder nicht, kann nicht entscheidend sein, denn dies mag beim Frotteur von der Höhe des Orgasmus, die bis zur wollüstigen Ekstase führen kann und von äusseren, dem eklen Drang günstigen Umständen abhängig sein.

Im Allgemeinen spricht gegen Garnier's Auffassung qua Fetischismus der nates feminae der Umstand, dass bisher nie bei pathologischem Fetischismus der Fetisch partes genitales und deren Nachbarschaft betraf (vgl. p. 143).

Am einfachsten ist die Erklärung der Frottage als masturbatorischer Akt eines Hypersexualen, aber in seiner Potenz Unsicheren in corpore feminae, wobei es begreiflich ist, dass der Angriff nicht ad anteriora, sondern ad posteriora erfolgt (vgl. Beob. 177). Dass aber Fetischismus im Spiel sein kann, dürfte aus Beob. 178 hervorgehen, wo offenbar Seidefetischismus bestand. Wahrscheinlich hatte die betreffende Dame ein seidenes Kleid an und galt der unzüchtige Angriff dem Kleid, nicht den Nates. Auch in Beob. 180 ist es offenbar die Tournüre und nicht der Körpertheil, welcher die Handlung bedingt.

Im Sinne der den öffentlichen Anstand verletzenden und damit strafbaren Handlungen lassen sich hier die Fälle von Statuenschändung anreihen, deren Moreau (op. cit.) eine ganze Reihe aus alter und neuer Zeit gesammelt hat. Leider sind sie zu anekdotenhaft berichtet, um sicher beurtheilt zu werden. Den Eindruck des Pathologischen rufen sie immerhin hervor, so z. B. die Geschichte jenes jungen Mannes (von Lucianus und dem hl. Clemens von Alexandrien erzählt), der eine Venus von Praxiteles zur Befriedigung seiner Lüste gebrauchte, ferner der Fall des Clisyphus, der im Tempel zu Samos die Statue einer Göttin schändete, nachdem er an einer gewissen Stelle ein Stück Fleisch angebracht hatte. Aus neuerer Zeit theilte das Journal L'évènement vom 4. März 1877 die Geschichte eines Gärtners mit, der sich in die Statue der Venus von Milo verliebt hatte und über Coitusversuchen an dieser Bildsäule betreten wurde. Diese Fälle stehen jedenfalls mit abnorm starker Libido, bei mangelhafter Potenz oder Fehlen von Muth oder Gelegenheit zu normaler Geschlechtsbefriedigung, in ätiologischem Zusammenhang.

Dasselbe muss angenommen werden für die sog. „Voyeurs" [1]), d. h. Menschen, welche so cynisch sind, dass sie sich den Anblick eines Coitus zu verschaffen suchen, um ihrer eigenen Potenz aufzuhelfen oder beim Anblick eines erregten Weibes Orgasmus und Ejaculation zu bekommen! Bezüglich dieser aus verschiedenen Gründen hier nicht weiter zu erörternden sittlichen Verirrung möge es genügen, auf Coffignon's Buch „La corruption à Paris" zu verweisen. Die Enthüllungen auf dem Gebiet sexueller Perversität und wohl auch Perversion, welche dieses Werk bringt, sind grauenerregend.

---

[1]) Dr. Moll nennt diese Perversion (?) Mixoskopie (von μίξις = geschlechtliche Vereinigung und σκπτειν = zuschauen). Seine Vermuthung, sie sei dem Masochismus verwandt, indem vielleicht ein Reiz für den Voyeur darin liegt, dass er leidet,

## 2. Nothzucht und Lustmord.

(Oesterr. Stgb. §§ 125, 127. Oesterr. Entw. § 192. Deutsch. Stgb. § 177.)

Unter Nothzucht versteht der Gesetzgeber den an einer Erwachsenen durch gefährliche Bedrohung oder wirkliche Gewaltthätigkeit erzwungenen, an einer solchen im Zustande der Wehr- oder Bewusstlosigkeit ausgeführten oder an einem Mädchen unter 14 Jahren unternommenen ausserehelichen Beischlaf. Immissio penis oder wenigstens conjunctio membrorum (Schütze) ist zum Thatbestand erforderlich. Auffallend häufig ist heutzutage Nothzucht an Kindern. Hofmann (Ger. Med. I, p. 155) und Tardieu (Attentats) berichten entsetzliche Fälle.

Der Letztere constatirt die Thatsache, dass von 1851 bis incl. 1875 in Frankreich 22017 Nothzuchtfälle abgeurtheilt wurden, davon allein 17657 an Kindern begangen.

Das Verbrechen der Nothzucht setzt einen temporär durch Alkoholexcess oder sonstwie mächtig erregten Geschlechtsdrang voraus. Dass ein sittlich intakter Mensch das doch höchst brutale Verbrechen begehe, ist unwahrscheinlich. Lombroso (Goltdammer's Archiv) hält die Mehrzahl der Nothzüchter für degenerative Menschen, besonders dann, wenn die Nothzucht an Kindern oder alten Weibern begangen wurde. Bei vielen derartigen Menschen will er Degenerationszeichen gefunden haben.

Thatsächlich ist Nothzucht vielfach impulsiver Akt belasteter imbeciller Menschen [1]), wobei nach Umständen selbst die Bande der Blutsverwandtschaft nicht respektirt werden.

Denkbar und vorgekommen sind Fälle bei Tobsucht, Satyriasis, Epilepsie.

Dem Akt der Nothzucht kann die Tödtung des Opfers folgen [2]). Es kann sich um unbeabsichtigte Tödtung, um Mord als Mittel, den einzigen Zeugen der Unthat ewig stumm zu machen, handeln, oder um Mord aus Wollust (s. o.). Nur für solche Fälle sollte der Ausdruck „Lustmord" [3]) gebraucht werden.

Die Triebfedern des Mordes aus Wollust wurden früher erörtert. Die dabei angeführten Beispiele sind charakteristisch für die Handlungsweise. Die Präsumption eines Mordes aus Wollust wird sich immer da ergeben, wo sich Verletzungen der Genitalien von solchem Charakter und Umfang vorfinden, dass sie aus einem brutal unternommenen Coitus allein

---

indem er ein Weib in dem Besitz eines Anderen sieht, erscheint mir nicht zutreffend. Weiteres Detail siehe bei Moll, „Die conträre Sexualempfindung", p. 137.

[1]) Annal. médico psychol. 1849, p. 515; 1863, p. 57; 1864, p. 215; 1866, p. 253.
[2]) Vgl. die Fälle bei Tardieu, Attentats, p. 182—192.
[3]) Vgl. Holtzendorff, Psychologie des Mords.

nicht erklärbar sind, noch mehr, wenn Körperhöhlen geöffnet, Körpertheile (Därme, Genitalien) herausgerissen sind [1]), fehlen.

Der Lustmörder aus psychopathischen Bedingungen dürfte niemals Complicen haben.

Beobachtung 181. Schwachsinn, Epilepsie. Versuchte Nothzucht. Tod des Opfers. Am 27. Mai 1888 Abends spielte der 8jährige Knabe Blasius mit anderen Kindern in der Nähe des Dorfes S. Ein unbekannter Mann kam des Weges daher und lockte den Knaben in den Wald.

Am folgenden Tag fand man in einer Schlucht die Leiche des Knaben mit aufgeschlitztem Bauch, einer Schnittwunde in der Herzgegend und zwei Stichwunden am Halse.

Da schon am 21. Mai ein Mann, auf welchen die Beschreibung des Mörders des Knaben passte, ein 6jähriges Mädchen in analoger Weise zu behandeln versucht hatte, was nur durch zufällige Umstände vereitelt wurde, vermuthete man einen Lustmord.

Es wurde constatirt, dass die Leiche in hockender Stellung, nur mit Hemd und Brustfleck bekleidet aufgefunden wurde, ferner dass am Hodensack eine lange Schnittwunde sich vorfand.

Der Verdacht des Mordes lenkte sich auf einen Bauernknecht E., jedoch gelang es bei der Confrontation mit den Kindern nicht, seine Identität mit dem Unbekannten, der den Knaben in den Wald gelockt hatte, zu erweisen. Ueberdies brachte er mit Hülfe seiner Schwester einen Alibibeweis zu Stande.

Der unermüdlichen Gendarmerie gelang es, neue Verdachtsmomente zu sammeln, und endlich gestand E.

Das Mädchen habe er in den Wald gelockt, niedergeworfen, dessen Geschlechtstheile entblösst, dasselbe brauchen wollen. Da es aber einen Kopfausschlag hatte und heftig schrie, sei ihm die Lust vergangen und er entflohen.

Nachdem er den Knaben in den Wald gelockt unter dem Vorwand, ihm Vogelnester auszuheben, sei ihm die Lust gekommen, ihn zu brauchen. Da derselbe sich weigerte, die Hose abzuziehen, habe er ihm dieselbe herabgenommen, da er zu schreien anfing, ihm zwei Stiche in den Hals versetzt. Darauf habe er ober dessen Schamberg, in Nachahmung eines weiblichen Geschlechtstheils, einen Schnitt gemacht, um durch diese Spalte seine Lust zu befriedigen. Da der Körper aber gleich kalt geworden sei, habe er die Lust verloren und bei der Leiche gleich Messer und Hände gereinigt und die Flucht ergriffen.

Es sei ihm nämlich, wie er den Knaben todt sah, Angst aufgestiegen und sein Glied sei schlapp geworden.

Während seines Verhörs spielte E. ganz apathisch an einem Rosenkranz. Er habe im Schwachsinn gehandelt. Er könne nicht begreifen, wie er so was habe thun können. Es müsse im Geblüte stecken, denn er werde öfters blöde, fast zum Umfallen. Frühere Dienstgeber berichten, dass er Zeiten hatte, wo er gedankenlos, störrisch war, Tage lang nichts arbeitete, die Gesellschaft mied.

Sein Vater gibt an, dass E. schwer lernte, ungeschickt zur Arbeit und oft so stutzig war, dass man sich gar nicht getraute, ihn zu strafen. Er ass dann nichts, lief gelegentlich auf und davon, blieb Tage lang aus. Auch schien er in solchen Zeiten ganz in Gedanken verloren, verzerrte ganz eigenthümlich das Gesicht und sprach ganz ungereimte Dinge.

Noch als Jüngling habe er gelegentlich ins Bett gepisst und sei auch

---

[1]) Tardieu, Attentats, Beob. 51, p. 188.

als Schüler öfters mit nassen oder kothigen Kleidern aus der Schule heimgekommen. Im Schlaf war er sehr unruhig, so dass man nicht neben ihm schlafen konnte. Er habe niemals Kameraden gehabt. Grausam, schlecht oder unsittlich sei er nie gewesen.

Die Mutter deponirt analog, ferner dass E. im 5. Jahr zum ersten Mal Convulsionen und einmal 7 Tage lang die Sprache verloren hatte. Etwa im 7. Jahre habe er einmal 40 Tage lang Convulsionen gehabt und sei auch wassersüchtig gewesen. Auch später habe es ihn noch oft im Schlafe gerissen, er habe dabei oft im Schlafe gesprochen und am Morgen nach solchen Nächten sei jeweils das Bett ganz nass gewesen.

Zeitweilig sei gar nichts mit ihm zu richten gewesen. Da die Mutter nicht wusste, ob das Bosheit oder Krankheit sei, habe sie sich nicht getraut, ihn zu bestrafen.

Seit den Fraisenanfällen im 7. Jahre sei er geistig so zurückgegangen, dass er nicht einmal die gewöhnlichen Gebete lernen konnte, auch sei er sehr jähzornig geworden.

Nachbarn, Gemeindevorsteher, Lehrer bestätigen, dass E. ein eigenartiger, geistig schwacher, jähzorniger, zeitweise ganz eigenthümlicher, offenbar in einem psychischen Ausnahmezustande befindlicher Mensch war.

Aus den Explorationen der Gerichtsärzte ergibt sich Folgendes:

E. ist gross, schlank, schlecht genährt, hat einen Schädelumfang von schwach 53 cm. Der Schädel ist rhombisch verschoben, in der Hinterhauptgegend steil abfallend.

Die Miene ist intelligenzlos, der Blick ist starr, ausdruckslos, die Körperhaltung nachlässig, nach vorne gebeugt; die Bewegungen sind langsam, schwerfällig. Genitalien normal entwickelt. Die ganze Erscheinung des E. deutet auf Torpidität und geistige Schwäche.

Degenerationszeichen, Abnormität vegetativer Organe, Störungen von Seiten der Motilität und Sensibilität sind nicht nachweisbar. E. stammt aus ganz gesunder Familie. Er weiss nichts von Fraisen, nächtlichem Bettnässen, erzählt aber, dass er in den letzten Jahren Anfälle von Schwindel und „Blödigkeit" im Kopf gehabt habe.

Seinen Mord leugnet er Anfangs rundweg. Später gesteht er Alles ganz zerknirscht und motivirt sein Verbrechen klar vor dem Untersuchungsrichter. Nie sei ihm früher ein solcher Gedanke gekommen.

E. ist seit Jahren der Onanie ergeben. Er trieb sie bis zu zweimal täglich. Aus Mangel an Muth will er sich nie daran gewagt haben, vom Weibe den Coitus zu begehren, obwohl ihm in erotischen Träumen ausschliesslich bezügliche Situationen vorschwebten. Weder im Traum noch im wachen Zustand habe er je perverse Triebrichtungen gehabt, speciell keine conträr sexualen und keine sadistischen. Auch der Anblick des Tödtens von Thieren habe ihn nie interessirt. Als er das Mädchen in den Wald lockte, habe er an demselben allerdings seine Lust befriedigen wollen; wie es aber kommen konnte, dass er an dem Knaben sich vergriff, wisse er nicht zu erklären. Er müsse damals von Sinnen gewesen sein. Die Nacht nach dem Morde habe er aus Angst nicht geschlafen, seine That auch schon zweimal gebeichtet, um sein Gewissen zu erleichtern. Er fürchte sich nur vor dem Gehängtwerden. Nur das möge man ihm nicht anthun, er habe ja in Schwachsinnigkeit seine That begangen.

Warum er dem Knaben den Leib ganz aufgeschnitten, wisse er nicht zu sagen. Es sei ihm nicht beigefallen, in den Eingeweiden zu wühlen, sie zu beriechen u. s. w. Er behauptet, am Tage nach dem Attentat auf das Mädchen und in der Nacht nach dem Morde des Knaben seinen Fraisenanfall gehabt zu haben. Zur Zeit seiner Straftaten sei er zwar ganz bei sich gewesen, habe aber das, was er thue, gar nicht bedacht.

Er leide viel an Kopfweh, vertrage keine Hitze, keinen Durst, kein geistiges Getränke, habe Stunden, wo er ganz verwirrt im Kopfe sei. Die Prüfung der Intelligenz ergibt einen hohen Grad von Schwachsinn.

Das Gutachten (Dr. Kautzner in Graz) erweist die Imbecillität und die epileptische Neurose des Angeklagten und macht es wahrscheinlich, dass die Verbrechen desselben, für welche zudem nur eine summarische Erinnerung besteht, in einem durch die Neurose bedingten (präepileptischen) psychischen Ausnahmszustand begangen wurden. Unter allen Umständen sei E. höchst gemeingefährlich und wahrscheinlich lebenslänglich der Internirung in einer Irrenanstalt bedürftig.

Beobachtung 182 [1]). Nothzucht an einem kleinen Mädchen durch einen Idioten. Tod des Opfers.

Am 3. September 1889 Abends ging die 10jährige Arbeiterstochter Anna nach der ³/₄ Stunden entfernten Dorfkirche und kehrte nicht zurück. Am andern Tage fand man deren Leiche etwa 50 Schritte von der Landstrasse in einem Gehölze, das Gesicht der Erde zugekehrt, den Mund mit Moos verstopft, am Anus die Spuren einer Vergewaltigung.

Der Verdacht der Thäterschaft lenkte sich auf den 19 Jahre alten Tagelöhner K., da dieser schon am 1. September das Kind beim Heimgang von der Kirche in den Wald zu locken versucht hatte.

K., verhaftet, leugnete Anfangs, legte aber dann ein umfassendes Geständniss ab. Er hatte das Kind durch Ersticken getödtet und als es nicht mehr „zappelte" actum sodomiticum in ano infantis perpetravit.

Niemand hatte während der Voruntersuchung die Frage nach dem Geisteszustand dieses monströsen Verbrechers aufgeworfen; der Antrag des kurz vor der Hauptverhandlung bestellten Vertheidigers auf Prüfung des Geisteszustands wurde verworfen, „da sich aus den Akten kein Anhalt für Annahme einer Geistesstörung ergebe".

Zufällig gelang dem braven Vertheidiger die Constatirung, dass des Angeklagten Urgrossvater und Vatersschwester irrsinnig, sein Vater von Jugend auf Schnapstrinker und auf einer Körperhälfte krüppelhaft gewesen war, und diese Thatsachen in der Hauptverhandlung verificiren zu lassen.

Auch das machte keinen Eindruck. Endlich bewog die Vertheidigung den Gerichtsarzt zum Antrag, es möge K. auf 6 Wochen zur Beobachtung in die Irrenanstalt gesendet werden.

Das Gutachten der Aerzte der Anstalt erwies K. als Idioten, dem seine That nicht zugerechnet werden könne.

Er erschien interesselos, stumpfsinnig, apathisch, hatte grösstentheils die Kenntnisse aus der Schulzeit vergessen, zeigte nie, weder in Stimme noch Mimik, irgend eine Regung des Mitleids, der Reue, der Scham, Hoffnung, Furcht vor der Zukunft. Gesicht starr wie eine Maske.

Ganz abnormer kugelähnlicher Schädel. Nachweis, dass das Gehirn schon während der Fötalperiode oder in den ersten Entwicklungsjahren erkrankt war.

K. wurde auf dieses Gutachten hin zu dauernder Versorgung der Irrenanstalt zugewiesen.

Dem unermüdlichen Pflichtbewusstsein eines wackeren Vertheidigers verdankte in diesem Fall die Justiz die Verhütung eines Justizmordes, die menschliche Gesellschaft eine Ehrenrettung.

Beobachtung 183. Lustmord. Moralische Imbecillität.

Mann in mittleren Jahren, in Algier geboren, angeblich aus arabischem Stamme. Er hat einige Jahre in der Colonialtruppe gedient, war dann als

---

[1]) Vgl. das ausführliche gerichtsärztliche Gutachten über diesen Fall in Friedreich's Blättern 1891, Heft 6.

Matrose zwischen Algier und Brasilien gereist und hatte sich später, von der Hoffnung auf leichteren Verdienst gelockt, nach Nordamerika gewendet. War in seinem Kreise als arbeitsscheu, feig, gewaltthätig bekannt. Des öfteren war er wegen Vagabondage bestraft worden; man sagte ihm nach, dass er ein Dieb niedrigster Sorte sei, sich mit Frauenzimmern der gemeinsten Art herumtreibe und mit ihnen gemeinsame Sache mache. Auch von seinen perversen sexuellen Beziehungen und Bethätigungen wusste man. Er hatte wiederholt Weiber, mit denen er sexuell verkehrt hatte, gebissen und geschlagen. Der Personsbeschreibung nach glaubte man in ihm eines Unbekannten habhaft geworden zu sein, der Nachts in den Gassen Weiber durch Umarmen und Küssen beängstigte und dem man den Namen „Jack the kisser" beigelegt hatte.

Er war grosser Statur (über 6 Fuss hoch), ganz leicht gebeugt. Stirn niedrig, auffallend vorspringende Backenknochen, massive Kiefer, kleine, eng zusammengerückte, geröthete Augen, stechender Blick, grosse Füsse, Hände wie Vogelklauen, schlenkernder Gang. Seine Arme und Hände trug er mit zahlreichen Tätowirungen, darunter das bunte Bild eines Weibes „Fatima" umschrieben, was bemerkenswerth erscheint, da Tätowirung von Frauenbildnissen bei den Arabern der algerischen Truppen als entehrend gilt, und Prostituirte dort ein Kreuz tätowirt zu tragen pflegen. Seine Erscheinung machte den Eindruck tiefstehender Intelligenz.

N. wurde des Mordes an einer älteren Frauensperson überwiesen, mit der er zusammen genächtigt hatte. Die Leiche zeigte verschiedene, durch ihre Länge auffallende Wunden, die Bauchhöhle war eröffnet, Darmstücke waren herausgeschnitten, ebenso ein Ovarium, andere Theile in der Umgebung der Leiche verstreut. Mehrere der Wunden bildeten ein Kreuz, eine hatte die Form eines Halbmondes. Der Mörder hatte sein Opfer erwürgt, N. leugnete den Mord und jede Neigung zu derartigen Akten. (Dr. Mac-Donald, Clark university, Mass.)

### 3. Körperverletzung, Sachbeschädigung, Thierquälerei auf Grund von Sadismus.

(Oesterr. §§ 152, 411. Deutschl. § 223 [körperl. Beschädigung]. Oesterr. §§ 85, 468. Deutschl. § 303 [Sachbeschädigung]. Oesterr. Polizeiverordnung. Deutsch. Stg×b. § 360 [Thierquälerei].

Abgesehen von dem im vorausgehenden Abschnitt besprochenen Lustmord finden sich als mildere Ausdrucksweisen sadistischer Antriebe solche zum Blutigstechen, Flagelliren, Besudeln von weiblichen Individuen. Flagelliren von Knaben, Misshandeln von Thieren u. s. w. vor.

Die schwer degenerative Bedeutung derartiger Fälle ergibt sich klar aus der im allgemeinen pathologischen Theil besprochenen Casuistik. Solche geistig Entartete können, falls sie ihre perversen Gelüste nicht zu beherrschen vermögen, nur Gegenstand der Versorgung in einer Irrenanstalt sein.

Beobachtung 184. X., 24 Jahre. Eltern gesund, zwei Brüder an Tuberculose gestorben, eine Schwester leidet an periodischen Krämpfen. X. empfand schon mit 8 Jahren ein eigenthümliches Wollustgefühl unter Erection beim Andrücken des Abdomen an die Schulbank.

Er verschaffte sich nun oft diesen Genuss. Später mutuelle Masturbation mit einem Mitschüler. Erste Ejaculation mit 13 Jahren. Beim ersten Coitusversuch mit 18 Jahren impotent. Fortsetzung von Automasturbation, schwere Neurasthenie nach Lektüre eines populären, die Folgen der Onanie bedenklich schildernden Buches. Besserung durch Wasserkur. Bei neuerlichem Coitusversuch abermals impotent. Rückkehr zu Masturbation. Diese versagt mit der Zeit. Nun greift X. lebende Vögel bei den Schnäbeln, schwingt sie in der Luft. Der Anblick des gequälten Thieres führt die ersehnte Erection herbei. Sobald das Thier mit seinen Schwingen die Glans penis berührt, erfolgt die Ejaculation unter grossem Wollustgefühl. (Dr. Wachholz, Friedreich's Blätter f. ger. Med. 1892, 6. Heft, p. 336.)

Beobachtung 185. Sadismus an Knaben und Mädchen, verübt von einem moralischen Idioten.

K., 14 Jahre 5 Monate alt, tödtet einen kleinen Knaben in grausamer Weise. Die Untersuchung fördert, neben 2 Fällen von Tödtung, eine Reihe von (7) Fällen zu Tage, in denen K. kleine Knaben grausam gepeinigt hatte. Alle diese Kinder standen im Alter von 7—10 Jahren. K. lockte sie abseits, kleidete sie vollständig nackt aus, fesselte ihnen Hände und Füsse, band sie an irgend einem Gegenstande fest, knebelte ihnen den Mund mit einem Taschentuch und schlug sie dann mit einem Stock oder Riemen oder Tauende, langsam, mit minutenlangen Pausen — dabei „lächelnd", ohne ein Wort zu sprechen. Einen der Knaben zwingt er unter Todesandrohung, zweimal das Vaterunser herzusagen und Stillschweigen zu schwören, dann lüsterliche Worte nachzusprechen. In einem späteren Fall versetzt er dem Knaben Nadelstiche in die Wange, spielt mit seinen Genitalien, bringt ihm auch dort und in der Schamgegend Stiche bei, befiehlt ihm, sich auf den Bauch zu legen, tritt und springt auf ihm herum, sticht und beisst ihn endlich in die Nates. Einen anderen Knaben beisst er in die Nase, bringt ihm mit einem Messer Stiche bei. Das achte seiner Opfer ist ein kleines Mädchen, das er in den Laden seiner Mutter lockt. Dort überfällt er es von rückwärts, hält ihm mit der einen Hand den Mund zu, mit der anderen schneidet er ihm die Kehle ab.

Die Leiche wird in einem Winkel, mit Kohlenasche und Mist bedeckt, gefunden, das Haupt vom Rumpf getrennt, das Fleisch von den Knochen gelöst, der Körper durch zahlreiche Schnittwunden verletzt. Der grösste, klaffendste Schnitt fand sich an der Innenseite des linken Schenkels, durch das Genitale bis in die Bauchhöhle dringend. Ein anderer Schnitt erstreckte sich von der Fossa iliaca schief über das Abdomen. Kleider und Wäsche waren zerschnitten und zerrissen.

Die Leiche des neunten Opfers hatte die Kehle durchschnitten, Blut war aus den Augen geflossen, das Herz war von zahlreichen Stichen durchbohrt. Eine Menge von Stichen drang in die Bauchhöhle. Das Scrotum war eröffnet, die Testikel hingen heraus, die Glans penis abgeschnitten.

K. hatte den Knaben ähnlich wie das Mädchen an sich gelockt, ihm zuerst die Kehle durchschnitten, dann die Stiche beigebracht.

K., über dessen hereditäre Verhältnisse nichts bekannt ist, war das ganze erste Lebensjahr hindurch schwer krank, zum Skelet abgemagert. Von da ab erholte er sich allmählig und soll, bis auf häufige Klagen über Schmerzen in Kopf und Augen und Schwindel, nicht krank gewesen sein, bis er im 11. Jahre eine „schwere Krankheit" mit Delirien durchmachte. Der Kopfschmerz pflegte ihn jeweils plötzlich zu überfallen, so dass er vom Spiel wegflief und erst nach einer Weile dazu zurückkehren konnte. Befragt, gab er in solchen Fällen nur langsam zur Antwort „mein Kopf, mein Kopf".

Es war ein unlenksames Kind, ungehorsam, unerziehbar. Zeigte jähen, extremen Wechsel in Stimmungen, Begehrungen und Behauptungen. Einmal wird er, als etwa 3jähriges Kind, entdeckt, wie er ein Hühnchen mit Messerstichen martert. Er fabulirt mit dem vollen Schein der Wahrhaftigkeit. In der Schule ist er störend, grimassirt; fortwährend flüstert er vor sich hin, ist widerspenstig und respektlos. Strafe sieht er als Ungerechtigkeit an, wird renitent. In der Correctionsschule hält er sich abseits, mit sich selbst beschäftigt, ist misstrauisch, bei den Kameraden unbeliebt, hat keinen Genossen. Die intellectuellen Fähigkeiten sind gut, es wird ihm heller Verstand, Scharfsinn, gutes Gedächtniss zugestanden. Ethisch dagegen erweist er sich sehr defekt. Er zeigt nicht das leiseste Gefühl von Schmerz oder Reue wegen seiner Thaten, nicht das geringste Bewusstsein von Verantwortlichkeit. Nur für seine Mutter hat er etwas wie zartere Regungen. Seinen Verbrechen legt er keine besondere Bedeutung bei. Er erörtert kalt erwägend seine Chancen, meint, zum Tode könne man ihn nicht verurtheilen, da er erst 14 Jahre alt sei; 14jährige Jungen zu hängen sei bisher, wie er wisse, nicht üblich gewesen, und mit ihm werde man nicht den Anfang machen. Ueber das Motiv zu seinen Handlungen ist von K. selbst nichts zu erfahren. Einmal gibt er an, er sei durch Lecture von den Torturen der Gefangenen bei den Indianern mit dieser Grausamkeit bekannt und zur Nachahmung gereizt worden. Er habe sogar einmal deswegen zu den Indianern entlaufen wollen. Wenn er sich ein Opfer ersah, so hatte er immer die Phantasie erfüllt von Vorstellungen grausamer Aktionen.

Am Morgen solcher Tage sei er immer mit Schwindel und eingenommenem Kopf erwacht, und das habe den ganzen Tag angehalten.

Von körperlichen Abnormitäten werden nur der ungewöhnlich grosse Penis und die ebensolchen Testes erwähnt. Der Mons veneris zeigt volle Behaarung, das ganze Genitale die Entwicklungsverhältnisse eines Mannes. Auf Epilepsie deutende Symptome sind nicht nachzuweisen. (Dr. Mac-Donald, Clark university, Mass.).

Beobachtung 186. Sadismus. Körperverletzung. B., 17 Jahre. Blechschmied, kaufte am 4. Januar 1893 ein langes Messer, ging zu einer Prostituirten, mit der er wiederholt sexuell verkehrt hatte, gab ihr Geld und liess sie ausgekleidet auf den Bettrand sitzen. Nun versetzte er ihr, während sein Membrum in Erection sich befand, drei leichte Messerstiche auf Brust und Bauch. Als auf das Schreien der Puella Leute herbeieilten, entfloh B., stellte sich aber alsbald der Polizei. Er behauptete zuerst, im Streit, dann ohne Motiv das Mädchen gestochen zu haben. In der Blutsverwandtschaft des Vaters kam wiederholt Geisteskrankheit vor. B. ist nicht belastet, kein Trinker, hat keine schweren Krankheiten durchgemacht, nie masturbirt, seit 2 Jahren coitirt. Genitalien normal. Er erscheint in der Beobachtung geistig normal, schämt sich seiner That, für welche die Expertise mit Recht ein sexuelles Motiv annahm. Trotz Constatirung von geistiger Gesundheit Freisprechung. (Coutagne, Annal. méd. psych. 1893, Juli, August.)

Beobachtung 187. Gewaltthätige Handlungen aus Sadismus. M., 60 Jahre, mehrfacher Millionär, glücklich verheirathet, Vater einer 18 und einer 16jährigen Tochter, ist der Verführung von Minderjährigen zur Unzucht und der Vornahme gewaltthätiger Handlungen an Frauenspersonen überführt. Er pflegte in der Wohnung einer Gelegenheitsmacherin, in welcher er als „l'homme qui pique" bekannt war, auf einem Sopha, in ein Rosa-Atlas-Peignoir, reich mit Spitzen garnirt, gehüllt, seine Opfer — puellas tres nudas — zu erwarten. Sie mussten sich ihm einzeln, schweigend, lächelnd nähern. Man reichte ihm Nadeln, Batisttaschentücher und eine Geissel. Er stach nun einem der Mädchen, während es vor ihm kniete, etwa 100 Nadeln in den Körper, dann heftete er ihm ein Taschentuch mit etwa 20 Nadeln auf den Busen, riss es ab, peitschte sein Opfer, riss ihm Haare aus dem Mons veneris, quetschte ihm die Mammae u. s. w., während die zwei anderen ihm den Schweiss von der Stirne wischen und lascive plastische Stellungen annehmen mussten.

Dann, aufs Höchste erregt, coitirte er sein Opfer. Später, aus Ersparnissrücksichten, begnügte er sich, derlei Brutalitäten allein mit demselben vorzunehmen. Die Puella erkrankte in Folge derselben, bat in ihrer Noth um Unterstützung, worauf M. diese „Erpressungen" der Polizei denuncirte. Deren Erhebungen führten zur Anklage gegen M., der Anfangs leugnete, überführt, seine Verwunderung ausdrückte, dass man von einer solchen Lappalie so viel Aufhebens mache! M., der als ein Mann von abschreckendem Aeusseren, mit fliehender Stirn geschildert wird, wurde zu 6 Monaten Gefängniss, 200 Franken Geldbusse und 1000 Franken Schadenersatz an sein Opfer verurtheilt. (Journal Gil Blas vom 14. u. 16. August 1891 ....; Eulenburg, Klin. Handb. der Harn- und Sexualorgane IV, p. 59.)

Weniger abscheulich ist der Fall eines jungen Mannes, von dem Ferrioni im Archivio delle psicopatie sessuali I, 1896, p. 106 berichtete.

Der betreffende Sadist musste mit der Puella ante coitum sich raufen, um potent zu sein, und inter actum sie beissen und kneifen, um zur Befriedigung zu gelangen. Eines Tages fügte er der Consorts eine so starke Bisswunde in solchem Falle zu, dass das Mädchen klagbar gegen ihn auftrat.

Beobachtung 188. Mord aus Sadismus. Verheiratheter Mann, zur Zeit des letzten (d. h. entdeckten) Verbrechens 30 Jahre alt. Er hatte ein Mädchen in den Glockenthurm der Kirche, an der er Küster war, gelockt und dort getödtet. Unter dem Zwang des Indicienbeweises schritt er zu einem Geständniss, noch einen zweiten ähnlichen Mord bekennend. Beide Leichen zeigten zahlreiche Hiebquetschwunden der Weichtheile des Kopfes, Schädelknochenbrüche, Blutaustritte unter der Dura mater und im Gehirn. Beide Leichen zeigten keinerlei Verletzung am übrigen Körper, insbesondere waren die Genitalorgane unversehrt.

In der Leibwäsche des Verbrechers, der bald nach der That verhaftet wurde, fanden sich Spermaflecken. L. wird als von einnehmendem Aeusseren geschildert, dunkel, bartlos. Ueber hereditäre Verhältnisse, Antecedentien, seine Vita sexualis anteacta etc. fehlen die Angaben.

Als Motiv gestand er „Wollust der grausamsten und abscheulichsten Art". (Dr. Mac-Donald, Clark university, Mass.)

## 4. Masochismus und geschlechtliche Hörigkeit.

Auch dem Masochismus[1]) kann unter Umständen eine forensische Bedeutung zukommen, denn den Grundsatz „volenti non fit injuria" kennt

---

[1]) Wie Herbst (Handb. des österr. Strafrechts. Wien 1878, p. 72) bemerkt, gibt es Verbrechen, welche durch den Mangel der Einwilligung des Verletzten bedingt und daher nicht vorhanden sind, sobald der als verletzt Erscheinende dazu seine Einwilligung gegeben hat, z. B. Diebstahl, Nothzucht.

Herbst zählt aber hieher auch die Einschränkung der persönlichen Freiheit (?).

In der jüngsten Zeit ist eine principielle Aenderung der Anschauungen in diesem Punkte eingetreten. Das Strafgesetzbuch für das Deutsche Reich betrachtet bei der Tödtung eines Menschen dessen Einwilligung als so schwerwiegenden Umstand, dass eine ganz andersartige, viel mildere Strafe eintritt (§ 216). Ebenso der Entwurf des österr. Strafgesetzes (§ 222). Man hat dabei die sogen. Doppelselbstmorde der Liebespaare im Auge gehabt. Bei Körperverletzung und Freiheitsentziehung wird aber wohl die Einwilligung des Verletzten eine analoge Berück-

das moderne Strafrecht nicht mehr, und das geltende österreichische Strafgesetz sagt in § 4 ausdrücklich: Verbrechen werden auch an solchen Personen begangen, die ihren Schaden selbst verlangen.

Von ungleich grösserem criminalpsychologischem Interesse sind dagegen die Thatsachen der **geschlechtlichen Hörigkeit** (vgl. p. 130). Ist die Sinnlichkeit übermächtig, eventuell durch einen Fetischzauber gefangen und die moralische Widerstandskraft eine geringe, so kann ein hab- oder rachsüchtiges Weib, in dessen Gewalt der Mann durch Liebesleidenschaft gerathen ist, ihn zum schwersten Verbrechen hinreissen. Der folgende Fall ist ein denkwürdiges Beispiel dafür.

**Beobachtung 189. Mord der Familie aus geschlechtlicher Hörigkeit.**
N., Seifenfabrikant in Catania, 34 Jahre, früher gut beleumundet, hat in der Nacht vom 21. December 1886 seine neben ihm schlafende Frau erdolcht und seine 7jährige und seine 6wöchentliche Tochter erdrosselt. N. leugnete zuerst, suchte den Verdacht auf einen Anderen zu lenken, legte dann ein unumwundenes Geständniss ab und bat, ihn hinzurichten.

N., aus ganz gesunder Familie, früher gesund, geachteter und tüchtiger Geschäftsmann, in guter Ehe lebend, befand sich seit Jahren unter dem fascinirenden Einfluss einer Maitresse, die ihn an sich zu locken gewusst hatte und ihn ganz beherrschte.

Der Welt und der Frau hatte er diese Beziehungen geheim zu halten vermocht.

Jenes Monstrum von Weib wusste durch Erweckung von Eifersucht und die Erklärung, N. könne nur durch die Ehe ferner in ihrem Besitz bleiben, den schwachen und liebestollen N. so weit zu treiben, dass er zum Mörder an Weib und Kindern wurde. Nach der That hatte er seinen kleinen Neffen gezwungen, ihn zu fesseln, wie wenn er selbst das Opfer von Mördern gewesen wäre, und hatte ihm Schweigen geboten, bei Gefahr seines Lebens. Als Leute kamen, spielte er die Rolle eines unglücklichen überfallenen Familienvaters!

Nach seinem Geständnisse äusserte er tiefe Reue. In den 2 Jahren der Untersuchung und der wiederholten Hauptverhandlungen bot N. nie Erscheinungen geistiger Störung.

Seine Liebestollheit zur Metze konnte er sich nur mit einer Art Fascination erklären. Ueber seine Frau hatte er sich nie zu beklagen gehabt. Von abnorm starkem oder perversem Sexualtrieb fanden sich keine Spuren an diesem denkwürdigen Ausnahmsverbrecher aus Leidenschaft vor. Seine Reue und Zerknirschung bewiesen, dass er auch moralisch nicht defekt war. Nachweis geistiger Gesundheit. Ausschluss unwiderstehlichen Zwanges. (Mandalari, il Morgagni 1890, Februar.)

**Beobachtung 190. Geschlechtliche Hörigkeit bei einer Dame.**
Frau X., 36 Jahre, Mutter von 4 Kindern, stammt von neuropathisch schwer belasteter Mutter, psychopathischem Vater, begann schon mit 5 Jahren Masturbation, machte mit 10 Jahren einen Zustand von Melancholie durch, in welchem sie meinte, ihrer Sünden wegen nicht in den Himmel zu kommen.

---

sichtigung durch den Richter finden müssen. Für die Beurtheilung der Wahrscheinlichkeit einer behaupteten Einwilligung ist jedenfalls die Kenntniss des Masochismus von Wichtigkeit.

war in der Folge immer nervös, erregt, emotiv, neurasthenisch, verliebte sich mit 17 Jahren in einen Mann, den ihr die Eltern versagten, bot von nun an Symptome von Hysterismus, heirathete mit 21 Jahren einen um viele Jahren älteren Mann von wenig Temperament, hatte nie Befriedigung vom ehelichen Umgang, litt nach jedem Coitus an heftigem Erethismus genitalis, den kaum Masturbation stillen konnte, litt schrecklich unter ihrer Libido insaliata, ergab sich immer mehr der Masturbation, wurde schwer hysteroneurasthenisch, dabei launisch, zänkisch, so dass das laue eheliche Verhältniss immer mehr erkaltete.

Nach 9 Jahren seelischer und leiblicher Qual erlag Frau X. der Verführung durch einen Mann, in dessen Armen sie jene Befriedigung fand, nach der sie so lange geschmachtet hatte.

Dagegen litt sie seelisch furchtbar unter dem Bewusstsein, die eheliche Treue gebrochen zu haben, fürchtete oft wahnsinnig zu werden und war oft dem Selbstmord nahe, wovon sie nur die Liebe zu ihren Kindern abhielt.

Sie getraute sich kaum, ihrem Manne, den sie ob seiner edlen Charaktereigenschaften willen hochachten musste, unter die Augen zu treten und empfand schreckliche Qualen im Bewusstsein, ein so fürchterliches Geheimniss vor ihm verbergen zu müssen.

Obwohl sie in den Armen des Anderen volle Befriedigung und unsäglichen sinnlichen Genuss empfand, versuchte sie sich oft aufzuraffen, um den Pfad der Sünde zu verlassen. Ihre Anstrengungen waren vergeblich. Immer tiefer gerieth sie in Abhängigkeit von dem Anderen, der, seine Macht erkennend und missbrauchend, nur dergleichen zu thun brauchte, als wolle er sie verlassen, um schrankenlos sie zu besitzen. Er nutzte diese Hörigkeit des unglücklichen Weibes nur zur Befriedigung seiner sexuellen Begierden aus, allmählig selbst in perverser Weise, ohne dass die hörige Sklavin im Stande gewesen wäre, ihm irgend einen Wunsch zu versagen.

Als Frau X. verzweiflungsvoll meinen ärztlichen Rath begehrte, erklärte sie, diesen Dornenpfad des Lebens nicht weiter so wandeln zu können. Eine ihr selbst ekle, aber unüberwindliche Libido ziehe sie zu einem Menschen hin, den sie nicht lieben und doch nicht entbehren könne, während doch beständig die Gefahr der Entdeckung ihrer Schande, quälende Selbstvorwürfe, gegen göttliches und menschliches Gesetz sich zu versündigen, sie marterten.

Die grösste Seelenpein verursache ihr gleichwohl der Gedanke, den Geliebten zu verlieren, der überdies oft, wenn sie ihm nicht zu Willen sein wolle, ihr damit drohe und sie so schrankenlos beherrsche, dass sie zu Allem auf sein Geheiss fähig wäre.

Die Zurechnungsfähigkeit in dem entsetzlichen Fall der Beob. 189 und in vielen analogen ist selbstverständlich nicht zu bestreiten, und bei der heutigen Lage der Dinge, wonach Laien die feinere Analyse der Motive einer That ferne liegt und Juristen von aller Psychologie zu Gunsten des logischen Formalismus systematisch ferne gehalten werden, ist nicht anzunehmen, dass bei Richtern und Geschworenen die geschlechtliche Hörigkeit Beachtung finde — um so weniger, weil bei ihr das Motiv zu strafbaren Handlungen nicht krankhaft ist und die Intensität eines Motivs an und für sich nicht in Betracht kommen kann.

Gleichwohl sollte in solchen Fällen in Erwägung gezogen werden, ob hier noch Empfänglichkeit für moralische Gegenmotive vorhanden oder diese ausgeschaltet waren, was eine Störung des psychischen Gleichgewichts bedeutet.

Zweifelsohne wird in solchen Fällen eine Art erworbener moralischer Schwäche hervorgerufen, welche die Zurechnungsfähigkeit beeinflusst. Immer sollte geschlechtliche Hörigkeit bei angestifteten Delikten als Milderungsgrund der Strafe Berücksichtigung finden.

### 5. Körperverletzung, Raub, Diebstahl auf Grund von Fetischismus.
(Oesterr. § 190. Deutschl. § 249 [Raub]. Oesterr. §§ 171 u. 460. Deutschl. § 242 [Diebstahl].)

Aus dem bezüglichen Capitel der allgemeinen Pathologie geht hervor, dass pathologischer Fetischismus die Ursache von Delikten werden kann. Als solche kennt man bis jetzt Zopfabschneiden (Beob. 81. 82. 83), Rauben oder Stehlen von Frauenwäsche, Taschentüchern, Schürzen (Beob. 86. 87. 91. 93), Frauenschuhen (Beob. 66. 93. 94), Seidenstoffen (Beob. 99). Daran, dass derartige Attentäter psychisch schwer belastet sind, kann nicht gezweifelt werden. Zur Annahme geistiger Unfreiheit und damit der Unzurechnungsfähigkeit muss aber der Nachweis erbracht werden, dass unwiderstehlicher Zwang, sei es im Sinne eines impulsiven Aktes, sei es durch Schwachsinn, der eine Beherrschung des strafbaren perversen Antriebes unmöglich machte, vorhanden war.

Derartige Delikte und die eigenthümliche Art ihrer Ausführung, die doch von einem gewöhnlichen Raub oder Diebstahl bedeutend abweicht, nöthigen immerhin zu einer gerichtsärztlichen Exploration. Dass aber das Delikt an und für sich keineswegs psycho-pathologischen Umständen zu entspringen braucht, lehren jene seltenen Fälle von Zopfabschneiden[1]) aus blosser — Gewinnsucht.

Beobachtung 191. Taschentuchfetischismus. Fortgesetzte Diebstähle von Weibern gehörigen Taschentüchern.

D., 42 Jahre, Dienstknecht, ledig, wurde am 11. März 1892 von der Behörde zur Beobachtung seines Geisteszustandes der Kreisirrenanstalt Deggendorf (Niederbayern) übergeben.

Er ist ein 1,62 m grosser, kräftiger, gut genährter Mann. Der Schädel ist submicrocephal, der Gesichtsausdruck fatuös. Der Ausdruck der Augen ist exquisit neuropathisch. Die Genitalorgane sind ganz normal. Ausser einem mässigen Grad von Neurasthenie und gesteigerten Patellarreflexen ist von Seiten des Nervensystems an D. nichts körperlich Abnormes aufzufinden.

1878 war D. zum ersten Mal vom Schwurgericht Straubing wegen Raubes und Diebstahls von Taschentüchern zu 1½ Jahren Gefängniss verurtheilt worden.

1880 stahl er im Hofe einer Wirthschaft einer Händlersfrau ein Taschentuch und erhielt dafür 14 Tage Gefängniss.

---

[1]) Nach österr. Recht dürfte dieses Delikt als leichte körperliche Beschädigung unter § 411 fallen, nach deutschem Strafrecht liegt hier Körperverletzung vor (vgl. Liszt, Lehrb. p. 325).

1882 versuchte er auf offener Landstrasse einem Bauernmädchen das Taschentuch aus der Hand zu reissen. Wegen versuchten Raubes angeklagt, wurde er über amtsärztliches Gutachten, das hochgradige Geistesschwäche und eine krankhafte Störung der Geistesthätigkeit tempore delicti constatirte, freigesprochen.

1884 wurde er wegen des unter identischen Umständen begangenen wirklichen Raubs eines weiblichen Taschentuchs vom Schwurgericht zu 4 Jahren Gefängniss verurteilt.

1888 zog er auf offenem Marktplatz einem Frauenzimmer das Taschentuch aus der Tasche. Verurtheilung zu 4 Monaten.

1889 wegen des gleichen Reats 9 Monate Gefängniss.

1891 dito, 10 Monate. Sonst weist seine Strafliste nur einige kleine Geld- und Haftstrafen wegen unbefugten Tragens von Messern und Landstreicherei auf.

Alle Diebstähle von Taschentüchern waren ausnahmslos an jugendlichen Frauenzimmern verübt worden und zwar meist am hellen Tage, in Gegenwart anderer Personen und so plump und rücksichtslos, dass D. jeweils sofort arretirt wurde. Nirgends in den Akten finden sich Anhaltspunkte dafür, dass D. sonst irgend etwas, und sei es auch noch so Unbedeutendes, gestohlen habe.

Am 9. December 1891 war D. wieder einmal aus dem Gefängniss entlassen worden. Am 14. wurde er ertappt, wie er in einem Jahrmarktgedränge einem Bauernmädchen das Taschentuch aus der Tasche zog.

Sofort arretirt, fand man bei ihm noch zwei weisse, Weibern gehörige Taschentücher vor.

Auch bei den früheren Diebstählen waren ganze Collectionen von weiblichen Taschentüchern bei D. vorgefunden worden (1880 32 Stück, 1882 14, von denen er 9 auf blossem Leibe trug; ein andermal 25 Stück. Bei der Verhaftung 1891 fand man bei der Leibesvisitation 7 weisse Taschentücher vor.)

In den Verhören hatte D. stets als Motiv der Diebstähle angegeben, er sei hochgradig betrunken gewesen und habe sich nur einen Spass erlauben wollen.

Die bei ihm vorgefundenen Taschentücher wollte er gekauft, eingetauscht oder von Dirnen erhalten haben, mit denen er verkehrt hatte.

D. erscheint in der Beobachtung in höherem Grad geistig beschränkt, dabei durch Vagabondage, Trunk, Masturbation herabgekommen, aber gutmüthig, lenksam und keineswegs arbeitsscheu.

Er weiss nichts von seinen Eltern, ist ohne jede Aufsicht herangewachsen, erbettelte sich als Kind seinen Unterhalt, wurde mit 13 Jahren Stallbube, mit 14 Jahren zu Päderastie missbraucht. Er versichert, dass er früh und mächtig seinen Sexualtrieb empfunden, früh coitirt und daneben Masturbation getrieben habe. 15 Jahre alt, habe ihm ein Kutscher mitgetheilt, dass man mit Taschentüchern von jungen Frauenzimmern sich grossen Genuss verschaffen könne, wenn man jene ad genitalia applicire. Er versuchte dies, fand diese Angabe bestätigt und versuchte sich von nun an auf alle mögliche Weise derartige Tücher zu verschaffen. Sein Trieb wurde so übermächtig, dass er, sobald er eines ihm zusagenden Frauenzimmers ansichtig wurde, das ein Taschentuch in der Hand oder sichtbar in der Tasche trug, unter heftiger sexueller Erregung vom Drange erfasst wurde, sich an die betreffende Person heranzudrängen und ihr das Taschentuch zu entwenden.

Im nüchternen Zustand war es ihm meist möglich, aus Furcht vor Strafe, diesem Drange zu widerstehen. Hatte er aber getrunken, so war die Widerstandsfähigkeit geschwunden. Bereits in der Militärzeit hat er sich von jungen und ihm zusagenden Frauenzimmern gebrauchte Taschentücher geben lassen und dieselben, wenn er sie einige Zeit getragen, wieder vertauscht. Wenn er bei Mädchen nächtigte, hatte er gewöhnlich sein eigenes Taschentuch mit dem des Mädchens vertauscht. Wiederholt hatte er auch Taschentücher gekauft, um sie bei Frauenzimmern auszutauschen.

Solange die Taschentücher neu und ungebraucht waren, übten sie keinerlei Wirkung auf ihn aus. Erst wenn sie von Mädchen getragen waren, erregten sie ihn sexuell.

Um ungebrauchte Taschentücher mit Frauenzimmern in Berührung zu bringen, hat er, wie auch aus den Akten hervorgeht, wiederholt ihm begegnenden Frauenzimmern Taschentücher in den Weg gelegt und sie zu nöthigen versucht, darauf zu treten. Einmal fiel er ein Mädchen an, drückte ihm ein Taschentuch an den Hals und lief wieder davon.

War er in den Besitz eines von einem Frauenzimmer berührten Taschentuchs gelangt, so stellte sich bei ihm Erection und Orgasmus ein. Er legte dann das betreffende Tuch ad corpus nudum, am liebsten ad genitalia und erzielte damit eine befriedigende Ejaculation.

Coitus hat er von den Frauenzimmern nie begehrt, zum Theil weil er abgewiesen zu werden fürchtete, wesentlich aber, weil ihm das Taschentuch lieber war als das Mädchen."

D. machte diese Geständnisse nur sehr zurückhaltend und stückweise. Wiederholt gerieth er in's Weinen und wollte nicht mehr weiter reden, weil er sich so schäme. Er sei ja auch kein Dieb, habe nie auch nur um einen Pfennig Werth gestohlen, selbst wenn er in bitterer Noth war. Nie habe er sich entschliessen können, die Taschentücher zu veräussern.

In treuherzigem Ton versichert er: „Ich bin kein schlechter Kerl. Nur wenn ich diese Dummheiten mache, bin ich ganz auseinander."

Das treffliche Anstaltsgutachten betonte den auf abnormer Veranlagung beruhenden krankhaften unwiderstehlichen Zwang, unter dem die Reate begangen wurden, neben dem Schwachsinn mässigen Grades. Freispruch wegen Diebstahls.

Beobachtung 192. Beschädigung von Damentoiletten auf Grund von Stofffetischismus.

X., schwer belastet (Grossonkel geisteskrank, Vater Säufer, Schwester Idiotin), wurde in einem Bureau verhaftet, während er, mit der Scheere sich an Damen andrängend, diesen aus ihren Pelzen, Sammt- oder Tuchmänteln Stücke herausschnitt. In seinen Taschen und auch in seiner Wohnung fand man eine Menge solcher Ausschnitte.

X. hatte seit dem 10. Jahr ein Faible für wollige und flaumige Stoffe gehabt und allmählig schon bei ihrem Anblick, besonders aber wenn er sie betastete, Orgasmus, selbst Ejaculation bekommen. Ganz besonders hatte auf ihn diese Wirkung Pelzwerk, aber Atlas kam diesem nahe. So erklärte es sich, dass auch abgeschnittene Atlasbänder in seiner Collection sich fanden.

Daheim verschaffte er sich wollüstige Erregung, indem er die erbeuteten Stoffabschnitte sich auf die Haut legte. Gelangte er nicht spontan zur Ejaculation, so half er mit Masturbation nach. Das Weib als solches und der sexuelle Umgang mit einem solchen hatte für ihn nicht den geringsten Reiz. (Garnier, Les Fétichistes pervertis. Paris 1896, p. 49.)

### 6. Unzucht mit Individuen unter 14 Jahren. Schändung (Oesterr.).

(Oesterr. Stgsb. §§ 128, 132. Oesterr. Entw. §§ 189, 191². Deutsch. Stgsb. §§ 174, 176¹.)

Unter Unzucht (Schändung) an geschlechtlich unreifen Individuen fasst der Gesetzgeber alle möglichen unzüchtigen Handlungen an Personen unter 14 Jahren zusammen, die nicht unter den Begriff Nothzucht gehören. Der Ausdruck „Unzucht" im gesetzlichen Sinne des Wortes vereinigt die trostlosesten Verirrungen und grössten Scheusslichkeiten, deren nur der von Wollust triefende, sittlich und meist auch sexuell schwache Mensch fähig werden kann.

Ein gemeinsamer Zug dieser an mehr oder weniger noch der Kindheit angehörigen Individuen begangenen Unzuchtsdelikte ist der des Unmännlichen, Bübischen, oft geradezu Läppischen. Thatsächlich werden derartige Delikte, abgesehen von pathologischen Existenzen, wie sie Imbecille, Paralytiker und dem Altersblödsinn Verfallene repräsentiren, fast ausschliesslich von jugendlichen Menschen, die ihrer Potenz und ihrem Muth noch nicht trauen, oder von Wüstlingen, die ihre Potenz mehr weniger eingebüsst haben, begangen. Es ist psychologisch undenkbar, dass der völlig potente und geistig intakte Erwachsene Gefallen an der Unzucht mit Kindern fände.

Die Phantasie des Wüstlings in der aktiven und passiven Inscenirung unzüchtiger Handlungen ist eine äusserst grosse, und es fragt sich, ob mit der folgenden summarischen Aufzählung der forensisch bis jetzt bekannten alle Möglichkeiten erschöpft sind.

Am häufigsten besteht die Unzucht in wollüstiger Betastung (nach Umständen auch Flagellation [1]), aktiver Manustupration, Verleitung von Kindern zur Unzucht durch Benützung derselben zu Onanisirung, wollüstiger Betastung. Seltenere Delikte sind Cunnilingus, Irrumare an Knaben oder Mädchen, Paedicatio puellarum, Coitus inter femora, Exhibition.

In einem Fall, den Maschka (Handb. III, p. 174) berichtet, liess ein junger Mann puellas 8—12 annorum denudatas in seinem Zimmer tanzen, springen, mingere, bis er Ejaculation bekam.

Nicht selten ist der Missbrauch von Knaben durch wollüstige Weiber, die mit diesen eine Conjunctio membrorum vornehmen, um durch Friction sich zu befriedigen, oder sich durch Onanisirung zu befriedigen suchen [2]).

Eines der scheusslichsten Beispiele hat Tardieu erlebt. In demselben masturbirten Dienstmägde im Verein mit ihren Liebhabern ihnen anvertraute Kinder, trieben Cunnilingus mit einem 7jährigen Mädchen, introducirten ihm Rüben und Kartoffeln in vaginam und einem 2jährigen Knaben in anum!

Beobachtung 193. Z., 62 Jahre, schwer belastet, Masturbant, hat angeblich nie coitirt, häufig Fellatio getrieben. Er befindet sich in der Irrenanstalt wegen Paranoia. Sein grösster Genuss war es gewesen, 10—14jährige Mädchen an sich zu locken, Cunnilingus und andere Scheusslichkeiten mit ihnen zu treiben. Er ejaculirte dabei unter Orgasmus.

---

[1]) Fälle s. Friedreich's Blätter f. ger. Anthropologie 1859, III, p. 77.
[2]) Fälle Maschka, Handb. III, p. 175. — Casper's Vierteljahrsschr. 1852, Bd. 1. — Tardieu, Attentats aux moeurs.

Masturbation verschaffte ihm nicht dieselbe Befriedigung und brachte nur mühsam Ejaculation zu Stande. Faute de mieux war er auch Fellator virorum, gelegentlich Exhibitionist. Phimosis. Asymmetrischer Schädel. (Pelanda, Arch. di Psichiatria X, fascic. 3—4.)

Beobachtung 194. X., Priester, 40 Jahre, stand unter der Anklage, Mädchen von 10—13 Jahren zu sich gelockt, sie entkleidet, wollüstig betastet und im Anschluss daran sich masturbirt zu haben.

Er ist belastet, von Kindheit auf Onanist, moralisch imbecill, von jeher sexuell sehr erregbar. Schädel etwas klein. Penis ungewöhnlich gross; Andeutung von Hypospadie. (Ebenda.)

Beobachtung 195. K., 23 Jahre, Werkelmann, ist angeklagt und überwiesen, wiederholt kleine Knaben und hie und da auch Mädchen an sich gelockt und an abgelegenen Orten mit ihnen Unzucht (mutuelle Masturbation, Fellatio puerorum, Betastung der Genitalien von Mädchen) getrieben zu haben.

K. ist imbecill, auch körperlich verkümmert, kaum 1,5 m hoch, von rhachitisch hydrocephalem Schädel, mit gerieften, defekten, unregelmässigen, schlechten Zähnen. Wulstige Lippen, blöde Miene, stotternde Sprache, täppische Haltung vervollständigen das Bild geistig-körperlicher Entartung. K. benimmt sich wie ein Kind, das auf einem dummen Streich ertappt wurde.

Bartwuchs kaum erkenntlich. Genitalien gut und normal entwickelt.

Er hat ein oberflächliches Bewusstsein, etwas Ungehöriges begangen zu haben, aber der sittlichen, socialen und rechtlichen Bedeutung seiner Delikte ist er sich nicht bewusst.

K. stammt von einem trunksüchtigen Vater und einer Mutter, die durch die üble Behandlung ihres Mannes irrsinnig wurde und im Irrenhause starb. Der Knabe erblindete fast völlig in den ersten Lebensjahren durch Hornhautgeschwüre, wuchs vom 6. Jahre bei einer Armenbetheilten auf und verdiente sich, herangewachsen, kümmerlich seinen Unterhalt als Drehorgelspieler.

Sein Bruder ist ein Taugenichts, er selbst galt als ein mürrischer, zänkischer, boshafter, launenhafter, reizbarer Mensch.

Das Gutachten betonte die intellectuelle, moralische und körperliche Verkümmerung des Inculpaten.

Leider muss zugestanden werden, dass gerade die scheusslichsten dieser Unzuchtsdelikte geistig Gesunde betreffen, die aus Uebersättigung im Geschlechtsgenuss, aus Geilheit und Rohheit, nicht selten in angetrunkenem Zustande, so weit ihre Menschenwürde vergessen.

Ein grosser Theil dieser Fälle steht aber entschieden auf krankhaftem Boden. Eine Uebersicht über die psycho-pathologischen Fälle von Unzucht mit Kindern lehrt, dass wohl die grösste Quote derselben auf Zustände von erworbener Geistesschwäche kommt. In erster Linie stehen hier die Dementia senilis [1]) (Kirn, Allg. Zeitschr. f. Psychiatrie 39, p. 217), dann der Alkoholismus chronicus [2]), die Paralyse [3]), die geistigen

---

[1]) Fälle Beob. 163. 164. 165 dieses Buches.

[2]) Leppmann, Die Sachverständigenthätigkeit, p. 96. — Lombroso, Archivio di psichiatria, VIII, p. 519.

[3]) Dieses Buch, p. 290.

Schwächezustände aus Epilepsie[1]), Kopfverletzung und Apoplexie[2]), bei Lues cerebri[3]). Daran reihen sich die originären geistigen Defekte[4]) und Entartungszustände[5]). Auch in Zuständen von krankhafter Bewusstlosigkeit können solche Delicte ihre Begründung finden.

Nicht seltene Vorkommnisse sind solche Unzuchtsattentate bei alkoholistischen und epileptischen psychischen Ausnahmszuständen, zum Theil als Error sexus aut personae. Sie begreifen sich aus der sexuellen Erregung, welche vielfach mit solchen Zuständen, namentlich epileptischen[6]) einhergeht.

Hier kommt es leicht zu Nothzucht und selbst Päderastie. In den psychischen Schwächezuständen spielt der Umstand, ob die Potenz erhalten ist, bezüglich der Qualität des sexuellen Aktes die entscheidende Rolle.

Im Anschluss an die obigen Kategorien der sittlich Verkommenen, der originär oder durch spätere Hirnerkrankung geistig-sittlich Geschwächten, sowie der durch eine episodische Sinnesverwirrung zu Schändern von Kindern Gewordenen mögen aber noch Fälle Erwähnung finden, bei welchen weder tiefstehende Moral, noch psychische oder physische Impotenz sexuell Bedürftige zu Kindern hintreiben, sondern vielmehr eine krankhafte Disposition, eine psychosexuale Perversion, die vorläufig als Paedophilia erotica[7]) bezeichnet werden möge.

In meiner Erfahrung finde ich nur 4 Fälle. Sie betreffen Männer. Am werthvollsten ist der erste Fall, da er im Rahmen sogen. platonischer Liebe bleibt, aber seine sexuelle Bedeutung dadurch deutlich manifestirt, dass den (überdies paranoischen) Kinderfreund nur kleine Mädchen reizen. Er ist frigid gegenüber dem erwachsenen Weib und, wie es scheint, Haarfetischist. In den anderen Fällen kam es zu delictuösen Handlungen.

Beobachtung 2 repräsentirt einen hereditär belasteten Mann, der seit der Pubertät, welche aber tardiv (24. Jahr) auftrat, sinnlich für 5—10jährige Mädchen empfand, schon beim Anblick solcher ejaculirte, bei ihrer Berührung einen förmlichen Sexualaffekt, mit bloss summarischer Erinnerung für dessen Dauer erfuhr, vom maritalen Akt leidlich befriedigt, seinen Drang zu kleinen Mädchen zu beherrschen vermochte, bis er, mit überhandnehmender schwerer Neurasthenie (zum Theil ex coitu interrupto), sei es unter dem Einfluss verminderter sittlicher Widerstandskraft, sei es auf Grund vermehrter sexueller Erregung, zum Verbrecher wurde.

---

[1]) Beob. 152. 153. — Liman, Zweifelhafte Geisteszustände, Fall 6.
[2]) Beob. 145. 146.
[3]) Beob. 147.
[4]) Casper's klin. Novellen, p. 161, 193, 272. — Leppmann, Op. cit., p. 115. — Henke's Zeitschr. XXIII, Ergänzungsb., p. 147. — Dieses Buch, p. 286. 287. 323. 325.
[5]) Dieses Buch, Beob. 174. 193. 194. — Vierteljahrsschr. f. ger. Med., N. F., XLIX. 2.
[6]) Vgl. Beob. 149. 150. 154. 155. 156.
[7]) Vgl. d. Verf. Arbeit in Friedreich's Blätter f. ger. Med. 1896.

Im dritten Fall handelt es sich um einen hereditär belasteten, constitutionell neurasthenischen Mann, von abnormem Schädel, der keine rechte Neigung zum erwachsenen Weibe hatte, aber, wenn coitirend, brunstartig sich benahm.

Dem erst mit 25 Jahren pädophil Gewordenen bereitete unzüchtiges Betasten kleiner Mädchen den höchsten Genuss!

Der vierte meiner Fälle betrifft einen belasteten Mann, den von jeher unreife Mädchen sinnlich reizten, während die sexuelle Neigung zum erwachsenen Weib gering war. Mit eingetretener Impotenz (e tabe?) und beginnender Dementia paralytica vermochte er seinem krankhaften Trieb nicht mehr zu widerstehen.

Die von mir als „Paedophilia erotica" im Sinne einer sexuellen Perversion angesprochenen Fälle haben gemeinsame Züge:

1. Es handelt sich um belastete Individuen.

2. Die Neigung zu unreifen Personen des anderen Geschlechts erscheint primär (im Gegensatz zum Wüstling); die bezüglichen Vorstellungen sind in abnormer Weise und zudem mächtig von Lustgefühlen betont.

3. Die delictuösen Akte der bis auf einen Fall Potenten bestehen in blosser unzüchtiger Betastung und Onanisirung der Opfer. Gleichwohl führen sie zur Befriedigung des Betreffenden, selbst wenn er dabei nicht zur Ejaculation gelangt.

Dass diese Paedophilia erotica auch beim Weibe vorkommt, lehren folgende, Magnan (Psychiatrische Vorlesungen, deutsch v. Möbius, 1892. Heft II u. III, p. 41) entlehnte Beobachtungen.

Magnan's erster Fall betrifft eine 29 Jahre alte, hereditär belastete, mit Phobien und Zwangsvorstellungen behaftete Dame.

Seit 8 Jahren heftiges Bedürfniss nach geschlechtlicher Vereinigung mit einem ihrer (fünf) Neffen. Ihr Verlangen richtete sich zunächst auf den ältesten, als er etwa 5 Jahre alt war, und übertrug sich jeweils auf den heranwachsenden jüngeren. Der Anblick des betreffenden Kindes genügte, um Orgasmus und selbst Pollution hervorzurufen. Die Unglückliche vermochte ihrem ihr ganz unerklärlichen Drang zu widerstehen. Für Erwachsene hatte sie keine Zuneigung.

Im zweiten Fall handelte es sich um eine 32 Jahre alte Frau, Mutter zweier Kinder, erblich schwer belastet, wegen Brutalität ihres Mannes von ihm getrennt.

Seit Monaten hatte sie ihre Kinder vernachlässigt, täglich eine befreundete Familie besucht, jeweils zur Zeit, wo der Sohn des Hauses aus der Schule kam. Sie hätschelte, küsste ihn, äusserte zuweilen, sie sei in den Knaben verliebt, wolle ihn heirathen.

Eines Tages behauptete sie dessen Mutter gegenüber, der Knabe sei krank, unglücklich, sie wolle mit ihm cohabitiren, um ihn zu heilen.

Hinausgeworfen, belagerte sie das Haus des jungen Geliebten.

Als sie eines Tages Gewalt anzuwenden versuchte, musste man sie in die Irrenanstalt bringen, wo sie fortfuhr, für den Knaben zu schwärmen.

Dass Paedophilia erotica auch periodisch auftreten kann, lehren die Erfahrungen Anjél's (Beob. 158 u. 159 dieses Buches).

Auch dem Gebiet der conträren Sexualempfindung ist diese Perversion nicht fremd. Da jene ein Aequivalent der heterosexualen Empfindung ist, muss die Vorliebe für das Unreife hier ebenso abnorm und exceptionell sein. Thatsächlich gehören Sittlichkeitsvergehen an Knaben, begangen von conträr sexualen Männern, zu den grössten Seltenheiten.

Diese Thatsache habe ich schon in meiner Schrift „Der conträr Sexuale vor dem Strafrichter", 2. Aufl., p. 9 betont und darauf hingewiesen, dass der eigentliche Verführer der Jugend der normal sexual geborene Schwachsinnige, der impotente oder wenigstens sexuell pervertirte und moralisch verkommene Wüstling und der sittlich geschwächte, dabei sexuell irritirte Greis sind.

Unter solchen accidentellen Bedingungen kann auch der conträr Sexuale eventuell dem Knaben gefährlich werden (vgl. Beob. 106 der gegenwärtigen und 109 der 9. Auflage dieses Buches); aber hier kann von Pädophilie nicht die Rede sein, schon deshalb nicht, weil in solchen Fällen die Knaben pubertati proximi waren, während der wirklich Pädophile sich nur zum sexuell ganz Unreifen hingezogen fühlt. Am instruktivsten in dieser Hinsicht ist der zweite Fall von Magnan, in welchem sich die Neigung jeweils vom älteren Knaben ab- und dem heranwachsenden jüngeren 3—5jährigen zuwandte.

Dass aber auch bei conträrer Sexualempfindung Paedophilia erotica vorkommen kann, lehrt folgender von Pacotte und Raynaud (Archives d'Anthropologie criminelle X, p. 435) berichteter Fall.

Beobachtung 196. X., 36 Jahre, Journalist, schwer bereditär belastet, ethisch und intellectuell defektiv, seit der Jugend mit epileptoiden Anfällen behaftet, alkoholintolerant, von asymmetrischem Gesichtsschädel, hat nie für das Weib empfunden, seit dem 18. Jahre masturbirt, bei Coitusversuchen sich frigid und impotent erwiesen.

Dagegen erregten ihn mächtig Knaben von 10—15 Jahren. Obwohl bewusst der Strafbarkeit seiner Handlung, konnte er sich nicht enthalten, solche Knaben zu pädiciren. Oft genügte ihm aber ihr „bezaubernder Anblick, ihr süsses Lachen".

Nie reizte ihn der Erwachsene, ebenso wenig das kleine Mädchen. Erst vom 22. Jahre ab, als ein 12jähriger Knabe sich ihm zu sexuellem Verkehr aufdrängte, sei er pädophil geworden. Damals wies er den Verführer noch zurück, bald aber vermochte er dem anlässlich jenes Vorfalls in ihm wachgerufenen Drang nicht mehr zu widerstehen, auch dann nicht, als er mehrfach eingesperrt und verurtheilt worden war. Aber sein Leben war ihm wegen dieses unglückseligen Dranges verleidet und wiederholt hatte er ernstliche Selbstmordversuche gemacht.

Die Expertise betonte die angeborene conträre Sexualempfindung und, innerhalb des Rahmens der Homosexualität, eine specielle Anomalie — die ausschliessliche Neigung zu Knaben und zwar solchen von bestimmtem Alter und zarten Formen.

Das Gutachten lautete auf degenerative Geistesstörung, die Unzurechnungsfähigkeit und grosse Gemeingefährlichkeit bedinge.

X. war untröstlich über diesen Ausgang des Processes, denn er kam in eine Irrenanstalt, während er auf eine Freiheitsstrafe gerechnet hatte.

Aus dem Thatbestand einer Paedophilia erotica kann an und für sich unmöglich die Straflosigkeit für aus ihr resultirende Delikte abgeleitet werden, denn wie die bisher vorliegende Casuistik lehrt, gelang regelmässig die Beherrschung pädophiler Dränge, solange nicht eine Schwächung oder Aufhebung der sittlichen Widerstandsfähigkeit durch krankhafte Vorgänge sich hinzugesellte.

Sehr instruktiv sind in dieser Hinsicht die von mir beobachteten Fälle, in welchen trotz Belastung und Perversio sexualis der krankhafte Antrieb beherrscht werden konnte, solange nicht ein dritter Faktor hinzugetreten war.

Im zweiten und dritten Falle geschah dies durch eine Neurasthenia gravis, im vierten durch Dementia paralytica. Immerhin gestattet der Nachweis einer krankhaften sexuellen Triebrichtung im Sinne einer Paedophilia erotica und als Theilerscheinung einer Belastung die Forderung der Zubilligung mildernder Umstände.

### 7. Unzucht wider die Natur (Sodomie) [1].

(Oesterr. Stgsb. § 129. Entw. § 190. Deutsch. Stgsb. § 175.)

#### a) Thierschändung (Bestialität) [2].

Auch die Thierschändung, so monströs und widerlich sie jedem anständigen Menschen erscheinen muss, entspringt keineswegs immer psycho-pathologischen Bedingungen. Tiefstehende Moralität, grosser geschlechtlicher Drang bei erschwerter naturgemässer Befriedigung dürften Hauptmotive dieser sowohl bei Männern als bei Frauen vorkommenden widernatürlichen Geschlechtsbefriedigung sein.

---

[1] Ich folge dem herrschenden Sprachgebrauch, indem ich Bestialität und Päderastie unter dem gemeinsamen Ausdruck Sodomie bespreche. In der Genesis (Cap. 19), woher dieses Wort stammt, bezeichnet es ausschliesslich das Laster der Päderastie. Später hat man Sodomie vielfach als gleichbedeutend mit Bestialität gebraucht. Die Moraltheologen, wie der hl. Alphons von Liguori, Gury u. A. haben immer richtig, d. h. im Sinne der Genesis, unterschieden zwischen: Sodomia, i. e. concubitus cum persona ejusdem sexus und Bestialitas, i. e. concubitus cum bestia (vgl. Olfers, Pastoralmedicin, p. 7*).

Die Juristen haben Verwirrung in die Terminologie gebracht, indem sie eine „Sodomia ratione sexus" und eine „S. ratione generis" statuiren. Die Wissenschaft sollte aber sich hier als ancilla Theologiae bekennen und zum richtigen Sprachgebrauch zurückkehren.

[2] Interessante histor. Notizen s. Krauss, Psychol. des Verbrechens, p. 180. — Maschka, Handb. III, p. 188. — Hofmann, Lehrb. d. ger. Med., p. 180. — Rosenbaum, Die Lustseuche, 5. Aufl., 1892.

Durch Polak wissen wir, dass sie in Persien nicht selten aus dem Wahn hervorgeht, durch den sodomitischen Akt die Gonorrhöe los zu werden, gleichwie in Europa noch vielfach der Glaube besteht, der Beischlaf mit einem kleinen Mädchen vermöge von der Venerie zu heilen.

Erfahrungsgemäss ist Bestialität in Kuh- und Pferdeställen kein allzu seltenes Vorkommniss. Gelegentlich kann sich der Betreffende auch an Ziegen, Hündinnen, ja, wie ein Fall bei Tardieu und einer bei Schauenstein (Lehrb. p. 125) lehren, sogar an Hennen vergreifen.

Bekannt ist die Verfügung Friedrichs des Grossen im Falle eines Cavalleristen, der eine Stute geschändet hatte: „Der Kerl ist ein Schwein und soll unter die Infanterie gesteckt werden."

Der Verkehr weiblicher Individuen mit Thieren beschränkt sich auf den mit Hunden. Ein monströses Beispiel von sittlicher Depravation in grossen Städten ist der von Maschka (Handb. III) berichtete Fall einer Weibsperson in Paris, die in geschlossenen Kreisen gegen ein Eintrittsgeld vor Wüstlingen sich damit producirte, dass sie sich von einem abgerichteten Bulldogg begatten liess!

Beobachtung 197. In einer Provinzstadt ertappte man einen 30 Jahre alten Mann aus höherem Stande im sodomitischen Verkehr mit einer Henne. Man hatte lange nach dem Uebelthäter gefahndet, weil die Hennen im Hause, eine nach der anderen, zu Grunde gingen. Auf die Frage des Gerichtspräsidenten, wie der Betreffende zu dieser scheusslichen Handlung gekommen sei, vertheidigte sich der Angeklagte mit Hinweis auf seine kleinen Genitalien, die ihm den Verkehr mit Weibern unmöglich machten. Die ärztliche Untersuchung ergab thatsächlich äusserst kleine Genitalien. Das Individuum war geistig ganz normal.

Ueber etwaige Belastung, Zeit des Erwachens des Sexualtriebs u. s. w. fehlen Angaben. (Gyurkovechky, Männl. Impotenz 1889, S. 82.)

Beobachtung 198. Am 23. September 1889 Mittags fing der 16 Jahre alte Schuhmacherlehrling W. im Garten des Nachbars eine Gans und beging an dem Thier Akte der Bestialität, bis der Nachbar hinzukam. Auf dessen Vorhalt sagte W.: „Nun, fehlt der Gans etwas?" und entfernte sich. Im Verhör gestand er den Sachverhalt, entschuldigte sich aber mit temporärer Geistesabwesenheit. Seit einer schweren Krankheit mit 12 Jahren habe er mehrmals im Monat mit Hitze im Kopf verbundene Anfälle, in welchen er geschlechtlich sehr aufgeregt sei, sich nicht zu helfen wisse, auch nicht wisse, was er thue. In einem solchen Anfall habe er die That begangen. Er verantwortete sich in gleicher Weise in der Hauptverhandlung, behauptete, von der Species facti nur aus den Angaben des Nachbars etwas zu wissen. Der Vater theilt mit, dass W., aus gesunder Familie stammend, seit Scarlatina mit 5 Jahren immer kränklich gewesen sei, mit 12 Jahren eine hitzige Kopfkrankheit gehabt habe. W. war gut beleumundet, lernte gut in der Schule, half später seinem Vater beim Handwerk. Der Masturbation war er nicht ergeben.

Die ärztliche Exploration ergab keine intellektuellen noch ethischen Defecte. Die körperliche Untersuchung ermittelte normale Genitalien, Penis relativ stark entwickelt, erhebliche Steigerung des Kniesehnenreflexes. Im Uebrigen negativer Befund.

Die Amnesie tempor. delicti erwies sich als nicht stichhaltig. Von früheren Anfällen geistiger Störung war nichts zu eruiren, von solchen in der 6wöchentlichen Beobachtungszeit nichts wahrzunehmen. Eine Perversion der Vita sexualis bestand nicht. Das ärztliche Gutachten gab die Möglichkeit zu, dass von einer Hirnerkrankung herrührende organische Momente (Fluxion zum Kopf) von Einfluss bei Verübung der incriminirten Handlung gewesen sein können. (Aus einem Gutachten des Herrn Dr. Fritsch in Wien.)

Innerhalb der Bestialität findet sich aber eine Gruppe von Fällen, in welchen entschieden eine pathologische Grundlage besteht, insofern schwere Belastung, constitutionelle Neurosen, Impotenz beim normalen Akt, impulsive Art der Ausführung des widernatürlichen Aktes darauf hinweisen. Es wäre zweckmässig, diese pathologischen Fälle eigens zu benennen, etwa indem für die nicht pathologischen der Ausdruck Bestialität beibehalten, für die krankhaften der der Zooerastie gewählt würde.

Beobachtung 199. Impulsive Sodomie. A., 16 Jahre, Gärtnerjunge, unehelich, Vater unbekannt, Mutter schwer belastet, hysteroepileptisch. A. hat difformen, asymmetrischen Gehirn- und Gesichtsschädel, desgleichen Skelet, ist klein, war seit der Kindheit Masturbant, immer moros, apathisch, die Einsamkeit liebend, höchst reizbar, in seinen Affecten von geradezu pathologischer Reaction. Er ist imbecill, wohl durch Masturbation körperlich sehr herabgekommen und neurasthenisch. Ueberdies bietet er hysteropathische Symptome (Einschränkung des Sehfelds, Dyschromatopsie, Herabsetzung von Geruch, Geschmack, Gehör rechts, Anaesthesia testiculi dextr., Clavus u. s. w.).

A. ist überwiesen, Hunde und Lapins theils masturbirt, theils sodomisirt zu haben. 12 Jahre alt, sah er, wie Knaben einen Hund masturbirten. Er machte es nach und konnte sich nicht enthalten, in der Folge Hunde, Katzen, Lapins in dieser scheusslichen Weise zu misshandeln. Viel häufiger sodomisirte er aber weibliche Kaninchen, die einzigen Thiere, welche für ihn einen Reiz hatten. Mit Einbruch der Nacht pflegte er sich nach dem Kaninchenstall seines Herrn zu begeben, um seinem entsetzlichen Drang zu fröhnen. Man fand wiederholt Lapins mit zerrissenem Rectum. Die bestialen Akte spielten sich immer in derselben Weise ab. Es handelte sich um förmliche Anfälle, die etwa alle 8 Wochen und jeweils Abends in identischer Weise sich einstellten. A. bekam grosses Unbehagen, ein Gefühl, wie wenn man ihm den Kopf zerhämmere. Es war ihm, wie wenn er den Verstand verliere. Er kämpfte gegen den auftretenden Zwangsgedanken, Lapins zu sodomisiren, empfand wachsende Angst dabei, Steigerung des Kopfschmerzes bis zur Unerträglichkeit. Auf der Höhe des Zustands Glockenläuten, Ausbruch von kaltem Schweiss, Zittern der Kniee, endlich Aufhören der Widerstandsfähigkeit und impulsive Ausführung der perversen Handlung. Sobald dieselbe geschehen ist, wird er frei von Angst. Die nervöse Krise ist geschwunden, er ist wieder Herr seiner selbst, empfindet tiefe Beschämung über das Vorgefallene und fürchtet die Wiederkehr solcher Situationen. A. versichert, dass er in solchen Krisen, vor die Wahl gestellt, ein Weib oder ein Lapinweibchen zu gebrauchen, nur sich zu letzterem entschliessen könnte. Auch intervallär erregen einzig unter den Hausthieren Lapins sein Wohlgefallen. In seinen Ausnahmszuständen genügt ihm zur sexuellen Befriedigung meist das blosse Andrücken, Küssen u. s. w. des Lapin, zuweilen geräth er dabei aber in solchen furor sexualis, dass er stürmisch das Thier sodomisiren muss.

Die erwähnten bestialen Akte sind die einzigen, welche ihn sexuell befriedigen, und die einzige ihm mögliche Art sexueller Thätigkeit. A. versichert, dass er dabei nie ein Wollustgefühl hatte, sondern Befriedigung nur insofern, als er dadurch aus seiner qualvollen, durch impulsiven Zwang geschaffenen Situation befreit wurde.

Es gelang leicht der ärztlichen Epikrise, nachzuweisen, dass dieses menschliche Scheusal ein psychisch Degenerirter, unfreier Kranker, kein Verbrecher ist. (Boeteau, La France médicale 38. Jahrgang, Nr. 38).

Beobachtung 200. X., Bauer, 40 Jahre, griechisch-katholisch. Vater und Mutter waren starke Trinker. Vom 5. Jahre ab bekam Patient epileptische

Anfälle, d. h. er fällt bewusstlos um, liegt 2—3 Minuten regungslos, dann rafft er sich auf und läuft planlos mit weit aufgerissenen Augen davon. Mit 17 Jahren Erwachen des Geschlechtstriebs. Patient hatte weder sexuelle Neigung zu Weibern noch zu Männern, wohl aber zu Thieren (Vögel, Pferde u. s. w.). Er coitirte mit Hühnern, Enten, später mit Pferden, Kühen. Nie Onanie.

Patient ist Heiligenbildmaler, sehr geistesbeschränkt. Seit Jahren religiöse Paranoia mit Ekstasezuständen. Er hat eine „unerklärliche" Liebe für die Gottesmutter, für die er sein Leben hingeben möchte. In die Klinik aufgenommen, erweist sich Patient frei von Gebrechen und von anatomischen Degenerationszeichen.

Er hat von jeher Aversion gegen Frauen gehabt. Bei einmaligem Versuch, mit einem Weib zu coitiren, war er impotent, Thieren gegenüber immer sehr potent. Er ist Frauen gegenüber sehr schamhaft. Coitus mit solchen erscheint ihm fast wie Sünde (Kowalewsky, Jahrb. für Psychiatrie VII, Heft 3).

Beobachtung 201. T., 35 Jahre, von trunksüchtigem Vater und psychopathischer Mutter, war nie schwer krank gewesen und hatte in seinem Benehmen nie etwas Auffälliges geboten. Schon mit 9 Jahren trieb er Unzucht mit einem Huhn, später mit anderen Hausthieren. Als er mit Weibern zu cohabitiren begann, schwanden seine bestialen Gelüste. Er heirathete mit 20 Jahren, war sexuell befriedigt.

Mit 27 Jahren begann er zu trinken. Da erwachten seine früheren perversen Neigungen wieder. Als er eines Tages seine Ziege zum Beschälen in ein nahes Dorf führte, erwachte in ihm der Drang, sie zu sodomisiren, wurde immer mächtiger, jedoch noch mühsam bekämpft. Herzklopfen, quälender Schmerz auf der Brust, heftiger Orgasmus machten ihn seinem Drang erliegen. T. versichert, dass er bei solchen bestialen Akten viel grössere Wollust empfunden habe als beim Coitus cum femina.

Seine bestialen Handlungen blieben unbemerkt. Er kam schliesslich wegen Alkoholwahnsinn in die Irrenanstalt und bei Aufnahme der Anamnese machte er die obigen Enthüllungen. (Boissier et Lachaux, Annal. médico-psychol. Juli-August 1893, p. 381.)

Grosse Schwierigkeiten bieten sich für die Erklärung des Zustandekommens der Zooerastie. Der Versuch, sie auf Fetischismus zurückzuführen, wie dies bei der Zoophilia erotica (vgl. p. 181) möglich ist, gelingt nicht bei den bisher beobachteten Fällen von Zooerastie.

Es fragt sich, ob Zoophilia überhaupt zu geschlechtlichen Akten an Thieren (also eventuell Bestialität) führen könnte. Ist sie wirklich eine fetischistische Erscheinung, so wird diese Möglichkeit auf Grund der Erfahrungen hinsichtlich des Fetischismus überhaupt kaum annehmbar.

Auch im berichteten Falle von Zoophilia erotica fetischistica (p. 181) kam es bemerkenswerther Weise nicht zu solchen Anwandlungen, und der Träger der Beobachtung dachte gar nicht an den Sexus der betreffenden Thiere. Es bleibt angesichts der Zooerastie vorläufig nichts übrig, als sie für eine originäre, etwa der conträren Sexualempfindung gleichzustellende Perversion der Vita sexualis zu halten.

Der folgende, allerdings rudimentäre und abortive Fall von Zooerastie spricht jedenfalls zu Gunsten einer solchen Annahme und für die völlige Unbewusstheit der Motivation des bezüglichen Dranges.

Beobachtung 202. Y., 20 Jahre, intelligent, wohlerzogen, erblich angeblich nicht belastet, körperlich gesund bis auf Erscheinungen von Neurasthenie und Hyperaesthesia urethrae, hat angeblich nie masturbirt. Von Kindheit auf grosse Freude an Thieren, besonders Hunden und Pferden. Seit der Pubertät Potenzirung dieses Sports, bei dem aber nie sexuelle Vorstellungen untergelaufen zu sein scheinen.

Eines Tages, beim erstmaligen Besteigen eines Pferdes, Wollustempfindung. Nach 14 Tagen bei neuerlichem Anlass dasselbe, zugleich mit Erection.

Kurz darauf erster Ritt. Diesmal Ejaculation. Nach 1 Monat derselbe Vorfall. Patient empfindet darüber Aerger und Abscheu, abstinirt vom Reiten. Nunmehr fast tägliche Pollutionen.

Der Anblick von Reitern und von Hunden macht ihm Erectionen. Fast allnächtlich Pollution mit der Traumvorstellung, er sitze zu Pferde oder dressire Hunde. Patient sucht ärztliche Hülfe. Eine Sondenkur beseitigt die Hyperaesthesia urethrae und mindert die Pollutionen. Dem Rath des Arztes, zu coitiren, folgt Patient widerstrebend, theils aus fehlender Zuneigung zum andern Geschlecht, theils aus Misstrauen in seine Potenz.

Er macht erfolglose Coitusversuche, erzielt nicht einmal Erection, die aber sofort auftritt, als er einem Reiter begegnet. Er wird deprimirt, hält sich für ein abnormes Wesen und Heilung für unmöglich.

Entsprechende ärztliche Behandlung. Neuer Coitusversuch gelingt unter Zuhülfenahme der die Erection fördernden Phantasiebilder von Hunden und Reitern.

Patient reüssirt immer leichter, fühlt seine Zuneigung zu Thieren schwinden, hat keine Erectionen beim Anblick von Reitern, Hunden mehr, die Pollutionen auslösenden Traumvorstellungen haben immer seltener Thiere zum Inhalt, er träumt von Mädchen. Der anfangs noch durch rasch erlahmende Erection und Ejaculatio praecox pathologische Coitus wird unter Zuhülfenahme einer Sondenkur normal. Patient ist sexuell befriedigt und von seinem abnormen sexuellen Trieb befreit. (Dr. Hanc, Wien. med. Blätter. 1887. Nr. 5.)

Der vorausgehende Fall rechtfertigt die Annahme einer originären Perversion, denn anstatt der Vorstellung des normalen Objektes (Weib) ist es die häufig gesehener Thiere (Pferde, Hunde), welche sexuelle Gefühle und Dränge erweckt. Daneben mag noch ein dunkles sadistisches Motiv im Spiele gewesen sein, da, wenigstens in der Vita sexualis des Träumenden, es sich um das Reiten auf Pferden und das Dressiren von Hunden handelte.

Durchaus pathologisch erscheint die folgende, einen Stuprator bestiarum betreffende Beobachtung.

Beobachtung 203. Herr X., 47 Jahre, in hoher gesellschaftlicher Stellung, kommt zu mir, um sich Rath und Hülfe wegen einer ihm peinlichen Anomalie seiner Vita sexualis zu erbitten, zumal da er endlich zum Heirathen entschlossen sei und in seiner jetzigen Verfassung es moralisch für unmöglich halte, eine Ehe einzugehen. X. ist offenbar schwer belastet — sein Vater, zwei seiner Schwestern und ein Bruder sind in hohem Grad nervenleidend. Die Mutter soll ganz gesund sein.

Sehr früh erwachte bei X. die Vita sexualis, insofern er schon als etwa 11jähriger Knabe zu Masturbation ohne alle Verführung gelangte.

Entschieden hypersexual, trieb er nun leidenschaftlich Masturbation und von dem 14. Jahr ab vergass er sich so weit, Hündinnen, Stuten und andere weibliche Thiere zu sodomisiren. Er motivirt dies mit übermässigem Sexualtrieb und mangelnder Gelegenheit, — er brachte seine Kinder- und Jünglingsjahre einsam auf dem Land und später in einem Erziehungsinstitut zu — in natürlicher Weise Befriedigung zu finden.

X. versichert, des Abscheulichen seiner Handlungsweise sich wohl bewusst gewesen zu sein und mit aller Willenskraft gegen seine bestialen Antriebe gekämpft zu haben. Aber die Gier, die Wollust, der Genuss, die er bei ihrer Befriedigung empfand, seien übermächtig gewesen. Herangewachsen habe er weder homosexual jemals empfunden noch sich zum Weibe hingezogen gefühlt.

Bis zu diesen Geständnissen fühlt man sich berechtigt, die Bestialität des X. nicht für Perversion, sondern für durch Gewohnheit festgewurzelte Perversität zu halten.

Auffallend erscheint, dass seine erotischen Träume sich nur um bestialen Verkehr drehten und dass, als er endlich mit 25 Jahren an die Sanirung seiner Vita sexualis durch coitus cum muliere ging, er trotz sehr annehmbarem Versuchsobjekt und trotz vorhandener Potenz nicht die geringste Befriedigung empfand.

Dieselbe Erfahrung machte er bei neun weiteren Coitusversuchen, die er im Lauf der nächsten 22 Jahre ausführte. Er sei dabei immer nur „mechanisch" thätig, nie wollüstig erregt gewesen, so, wie wenn er ein Stück Holz coitire, selbst bis zum Ekel, während er doch cum bestia die höchste Wollust empfunden habe!

Schon beim blossen Anblick von Bestien sei er oft ganz brünstig geworden, während er in Damengesellschaft kalt und gelangweilt blieb und die Puella im Lupanar besonderer Manipulationen bedurfte, um ihn zum Akt zu präpariren.

Seit 2 Monaten bevor X. zu mir kam, hatte er mit Aufbietung aller Willenskraft masturbatorischen und bestialen Akten widerstanden.

Er ist ein psychisch eigenartiger Mensch, offenbar ein dégénéré supérieur. Anatomische Degenerationszeichen, Spuren von Neurasthenie sind an ihm nicht nachweisbar.

Ich ertheilte kräftige Wachsuggestionen gegen Masturbation und Bestialität und zu Gunsten der Annäherung an das weibliche Geschlecht, wandte Antaphrodisiaca an, rieth zu frugaler Lebensweise, leichter Hydrotherapie, reichlicher Bewegung, ablenkender Beschäftigung und hatte die Genugthuung, dass Patient nach 10 Monaten der Gewöhnung an Feminae eine schwache Befriedigung beim sexualen Umgang mit solchen empfand und von seinen früheren perversen Gelüsten sich ziemlich frei fühlte.

Einen dem vorstehenden analogen Fall berichtete Moll in seinem Werk über Libido sexualis p. 421.

Bemerkenswerth ist auch ein Fall von Zooerastie, den Howard (Alienist und Neurologist 1896 vol. XVII. 1) veröffentlichte. Er betrifft einen jungen Menschen von 16 Jahren, der nur durch Schweine geschlechtlich erregt wurde und in Liebkosungen solcher, sexuelle Befriedigung fand.

Auffällig erscheint die grosse Seltenheit der Fälle wirklicher Zooerastie. Sie erklärt sich wohl aus der Leichtigkeit, mit der sie verborgen bleiben.

Die forensisch bedeutungsvolle Unterscheidung von Bestialität und von Zooerastie kann in concreto nicht schwierig sein.

Wer bei Gelegenheit zur Befriedigung normaler sexueller Dränge ausschliesslich bei Thieren geschlechtliche Befriedigung sucht und findet, muss vorweg die Vermuthung pathologischer Bedeutung seiner perversen

Triebrichtung für sich haben, jedenfalls ungleich mehr als der conträr Sexuale, weil bei sexuellen Handlungen an Thieren die psychische Ansteckung fehlt, die Möglichkeit, dass die Perversion des einen Theils zur Perversität des anderen geführt habe.

Immerhin lässt sich annehmen, dass die Zahl der Fälle von Zooerastie gegenüber denen von conträrer Sexualempfindung eine ungleich geringere ist. Es ergibt sich dies a priori aus dem Charakter beider Perversionen, der weit grösseren Entfernung des Zooerasten gegenüber dem conträr Sexualen vom normalen Objekt. Damit würde die erstere Perversion viel schwerer, weil degenerativer, als die des Letzteren sich qualificiren.

### a) Unzucht mit Personen desselben Geschlechts (Päderastie, Sodomia sensu strictiori).

Deutschland kennt nur widernatürliche Unzucht zwischen männlichen Personen. Oesterreich kennt solche zwischen Personen desselben Geschlechts, wonach also auch Unzucht zwischen Weib und Weib strafrechtlicher Verfolgung unterstehen würde.

Unter den unzüchtigen Handlungen zwischen männlichen Individuen nimmt die Päderastie (Immissio penis in anum) das Hauptinteresse in Anspruch. An diese Perversität sexuellen Handelns hat der Gesetzgeber wohl ausschliesslich gedacht und nach den Ausführungen hervorragender Interpreten der Strafgesetzgebung (Oppenhoff, Stgsb., Berlin 1872, p. 324 und Rudolf und Stenglein, D. Strafgesb. f. d. Deutsche Reich 1881, p. 423) gehörte Immissio penis in corpus vivum zum Thatbestand des im § 175 vorgesehenen Verbrechens.

Nach dieser Auffassung entfiel die strafgerichtliche Ahndung von anderweitigen unzüchtigen Handlungen zwischen männlichen Personen, soweit sie nicht durch Verletzung der öffentlichen Schamhaftigkeit, Anwendung von Gewalt oder Vornahme an Knaben unter 14 Jahren complicirt erschien. Von dieser Auffassung ist man in der letzten Zeit wieder abgegangen und erachtet das Verbrechen der widernatürlichen Unzucht unter Männern als vorhanden, wenn auch nur beischlafähnliche Handlungen stattfanden [1]).

---

[1]) Wie spitzfindig, anstössig und bedenklich für den Richter die Beurtheilung dieser „beischlafähnlichen" Handlungen für die Constatirung des objektiven Thatbestandes des Verbrechens sein mag, deuten gut an eine Arbeit über die Strafbarkeit des mannmännlichen Verkehrs in der Zeitschr. f. d. gesammte Strafrechtswissenschaft Bd. VII, Heft 1, sowie eine solche in Friedreich's Blättern f. ger. Medicin, Jahrgang 1891, Heft 6. — Siehe ferner Moll's Buch, „Conträre Sexualempfindung", p. 223 u. ff. — Bernhardi, „Der Uranismus". Berlin 1895. — van Erkelens, Strafgesetz u. widernatürl. Unzucht. Berlin 1895.

Die Forschungen über conträre Sexualempfindung haben die mannmännliche Liebe in ein ganz anderes Licht gestellt als das, in welchem die aus ihr hervorgehenden Unzuchtsdelikte, speciell die Päderastie, zur Zeit der Abfassung der Gesetzbücher standen. Die Thatsache einer psychopathologischen Begründung vieler Fälle von conträrer Sexualempfindung lässt keinen Zweifel darüber zu, dass auch die Päderastie die Handlung eines Unzurechnungsfähigen sein kann und zwingt dazu, ferner in foro nicht bloss die That, sondern auch den geistigen Zustand des Thäters zu berücksichtigen.

Die Eingangs dieses Abschnitts aufgestellten Gesichtspunkte müssen auch hier massgebend sein. Nicht die That, sondern einzig und allein die anthropologisch-klinische Würdigung des Thäters kann die Entscheidung herbeiführen, ob strafwürdige Perversität oder krankhafte und nach Umständen die Strafbarkeit ausschliessende Perversion des geistigen und Trieblebens vorliege.

Die nächste Frage in foro muss dahin gehen, ob die sexuelle Neigung zu Personen desselben Geschlechts eine angeborene oder eine erworbene Erscheinung sei, im letzteren Falle, ob sie eine krankhafte Perversion oder bloss eine moralische Verirrung (Perversität) darstellt.

Die angeborene conträre Sexualempfindung kommt nur bei krankhaft veranlagten (belasteten) Individuen vor, als Theilerscheinung einer durch anatomische oder funktionelle oder durch beiderlei Abnormitäten gekennzeichneten Belastung. Um so klarer wird der Fall und um so sicherer die Diagnose, wenn das Individuum in Charakter und ganzem Fühlen seiner geschlechtlichen Eigenart entsprechend erscheint, der Neigung zu Personen des anderen Geschlechts vollkommen entbehrt oder gar Horror vor sexuellem Verkehr mit solchen empfindet, wenn der Betreffende in dem Drang zur Befriedigung der conträren Sexualempfindung Merkmale anderweitiger Anomalie des Sexuallebens, sowie tiefere Degeneration in Form von Periodicität des Drangs und impulsivem Handeln bietet und eine neuro- und psychopathische Persönlichkeit ist.

Die weitere Frage betrifft den Geisteszustand des Urnings. Ist dieser ein solcher, dass die Bedingungen der Zurechnungsfähigkeit überhaupt fehlen, so ist der Päderast kein Verbrecher, sondern ein unzurechnungsfähiger Geisteskranker.

Dieser Fall ist aber bei geborenen Urningen offenbar der seltenere. In der Regel bieten sie höchstens elementare psychische Störungen, welche die Zurechnungsfähigkeit an und für sich nicht aufheben.

Damit ist aber die forensische Frage der Verantwortlichkeit des Urnings nicht abgethan. Der Sexualtrieb ist eines der mächtigsten organischen Bedürfnisse. Keine Gesetzgebung findet die ausserehelische Befriedigung des Sexualtriebs an und für sich strafbar; dass der Urning pervers fühlt, ist nicht seine Schuld, sondern die einer abnormen Naturanlage. Sein sexuelles Verlangen mag ästhetisch höchst widerlich sein, von seinem krankhaften Standpunkt aus ist es ein natürliches. Dazu kommt, dass bei der Mehrzahl dieser Unglücklichen der perverse Sexualtrieb mit abnormer Stärke sich geltend macht und dass ihr Bewusstsein vielfach den perversen Trieb nicht einmal als etwas Widernatürliches erkennt. Damit ermangeln sie sittlicher, ästhetischer Gegengewichte zur Bekämpfung des Drangs.

Unzählige normal constituirte Menschen sind im Stande, auf Befriedigung ihrer Libido zu verzichten, ohne durch diese erzwungene Abstinenz an ihrer Gesundheit Schaden zu nehmen. Viele Neuropathiker — und dies sind Urninge durchweg — werden dagegen schwer nervenkrank, wenn sie dem Naturtrieb nicht genügen oder ihn in für sie perverser Weise befriedigen.

Die meisten Urninge sind in peinlicher Lage. Auf der einen Seite ein abnorm starker, in seiner Befriedigung wohlthätig und als Naturgesetz empfundener Trieb zum eigenen Geschlecht — auf der anderen Seite die öffentliche Meinung, welche ihr Thun brandmarkt, und das Gesetz, welches sie mit schimpflicher Strafe bedroht. Auf der einen Seite qualvolle Seelenzustände bis zu Gemüthskrankheit und Selbstmord, mindestens Nervensiechthum, — auf der anderen Seite Schande, Verlust der Stellung u. s. w. Dass hier Noth- und Zwangslagen geschaffen werden können durch eine unselige krankhafte Disposition und Naturanlage, kann nicht bezweifelt werden. Diesen Thatsachen müssen jedenfalls Gesellschaft und Forum gerecht werden; die erstere, indem sie solche Unglückliche bedauert, nicht verachtet, das letztere, indem es sie straflos lässt, insofern sie sich innerhalb der Schranken bewegen, die überhaupt der Bethätigung des Sexualtriebes gezogen sind.

Als Bestätigung dieser Anschauungen und Forderungen, welche bezüglich dieser Stiefkinder der Natur sich ergeben müssen, sei es gestattet, ein Promemoria eines Urnings an den Verfasser hier zum Abdruck zu bringen. Der Schreiber der folgenden Zeilen ist ein hochgestellter Mann in London.

„Sie haben keinen Begriff, welch fortdauernde schwere Kämpfe wir Alle — und die Denkenden und Feinfühlenden unter uns am meisten — heute noch zu bestehen haben und wie sehr wir unter der jetzt noch herrschenden falschen Anschauung über uns und unsere sogen. ‚Unsittlichkeit' zu leiden haben.

Ihre Anschauung, dass die in Rede stehende Erscheinung, als letzte Ursache in den meisten Fällen, einer angeborenen, ‚krankhaften' Disposition zuzuschreiben ist, wird es vielleicht am ehesten möglich machen, die bestehenden Vorurtheile zu überwinden und, statt Abscheu und Verachtung, Mitleid für uns arme ‚kranke' Menschen zu erwecken.

So sehr ich also glaube, dass die von Ihnen vertretene Ansicht eine für uns möglichst vortheilhafte ist, so vermag ich doch im Interesse der Wissenschaft das Wort ‚krankhaft' nicht so ohne Weiteres zu acceptiren und möchte mir gestatten, Ihnen noch einige darauf bezügliche Auseinandersetzungen zu geben.

Anomal ist die Erscheinung unter allen Umständen, dem Wort krankhaft liegt aber noch eine andere Bedeutung bei, die ich in diesem Falle nicht zutreffend finden kann, wenigstens bei sehr vielen Fällen nicht, die ich zu beobachten Gelegenheit hatte. Ich will a priori zugeben, dass man bei den Urningen in einer weit höheren Proportion Fälle von geistigen Störungen, von nervöser Ueberreizung etc. constatiren kann, als bei anderen normalen Menschen. Hängt diese gesteigerte Nervosität aber nothwendig mit dem Wesen des Urningthums zusammen oder ist sie nicht in weitaus den meisten Fällen dem Umstand zuzuschreiben, dass der Urning in Folge der jetzt herrschenden Gesetzgebung und gesellschaftlicher Vorurtheile nicht wie die anderen Menschen in einfacher und leichter Weise zur Befriedigung der ihm angeborenen geschlechtlichen Neigung gelangen kann?

Der urningische Jüngling, schon wenn er die ersten geschlechtlichen Regungen empfindet und sie naiv seinen Kameraden äussert, findet bald heraus, dass er bei Anderen kein Verständniss findet; er verschliesst sich nun in sich. Macht er dem Lehrer oder seinen Eltern Mittheilung von dem, was ihn bewegt, so wird ihm die Regung, die ihm so natürlich ist wie dem Fische das Schwimmen, als verderbt und sündhaft geschildert, es wird ihm gepredigt, dass dies um jeden Preis bekämpft und unterdrückt werden müsse. Es beginnt nun ein innerer Kampf, eine gewaltsame Unterdrückung der geschlechtlichen Regung, und je mehr die natürliche Befriedigung derselben unterdrückt wird, desto lebhafter fängt die Phantasie an zu arbeiten und zaubert gerade immer wieder die Bilder herauf, die man gerne bannen möchte. Je energischer der Charakter ist, der diesen inneren Kampf kämpft, desto mehr muss das ganze Nervensystem darunter leiden. Eine solche gewaltsame Unterdrückung eines uns so tief eingepflanzten Triebes entwickelt meiner unmassgeblichen Ansicht nach erst die krankhaften Erscheinungen, die wir bei vielen Urningen beobachten können, sie hängt aber nicht nothwendig mit den betreffenden urningischen Dispositionen selbst zusammen.

Die Einen nun setzen diesen steten inneren Kampf mehr oder weniger lang fort und reiben sich dabei auf, die Anderen kommen schliesslich zur Erkenntniss, dass der ihnen angeborene so mächtige Trieb unmöglich sündhaft sein könne, sie versuchen also nicht länger das Unmögliche — die Unterdrückung desselben. Nun beginnt aber erst recht die Serie der Leiden und steten Aufregungen! Der Dioning, wenn er für seine geschlechtlichen Regungen Befriedigung sucht, weiss sie immer leicht zu finden; nicht so der Urning! Er sieht die Männer, die ihn reizen, er darf aber nichts sagen, ja nicht einmal merken lassen, was ihn bewegt. Er denkt, dass er allein auf der ganzen Welt so abnorme Empfindungen habe. Naturgemäss sucht er den Umgang mit jungen Männern, wagt es aber nicht, sich ihnen anzuvertrauen. So verfällt er darauf, als Ersatz sich selbst die Befriedigung zu verschaffen, die er sonst nicht erreichen kann. Das Onaniren wird in ausgedehntem Masse geübt, und alle Folgen dieses Lasters machen sich geltend. Wenn dann nach einer gewissen Zeit eine Zerrüttung des Nervensystems eintritt, ist die krankhafte Erscheinung wiederum nicht durch das Urningthum an sich bedingt, sondern eben nur dadurch entstanden, dass der Urning infolge der heute allgemein herrschenden Anschauung die ihm natürliche normale Befriedigung seines Geschlechtstriebes nicht finden konnte und so der Onanie verfiel.

Oder nehmen wir nun an, der Urning habe das seltene Glück gehabt, bald eine gleichempfindende Seele zu finden, oder er sei von einem erfahrenen Freunde bald über die Vorgänge in der urningischen Welt aufgeklärt worden, so bleiben ihm vielleicht manche innere Kämpfe erspart, aber eine lange Reihe von aufregenden Sorgen und Aengsten folgt auch ihm auf allen seinen Schritten. Nun weiss er, dass er nicht mehr der Einzige auf der Welt mit solch abnormen Empfindungen ist; er öffnet die Augen und wundert sich, wie zahlreiche Genossen er in allen socialen Kreisen und in allen Berufsklassen findet; er erfährt auch, dass es im Urningthum so gut wie bei den Dioningen eine Prostitution gibt und dass käufliche Männer zu haben sind, so gut wie Dirnen. An Gelegenheit zur Befriedigung der geschlechtlichen Triebe fehlt es also nicht mehr. Aber doch wie verschieden von den Dioningen entwickeln sich hier die Dinge!

Nehmen wir den glücklichsten Fall an! Der gleichempfindende Freund, nach dem man sich das ganze Leben gesehnt, ist gefunden. Ihm darf man sich aber nicht offen hingeben, wie der Jüngling dem Mädchen, das er liebt. In steter Angst müssen Beide ihr Verhältniss stets verheimlichen, ja selbst die zu grosse Intimität, die leicht Verdacht erregen könnte — zumal wenn Beide nicht von gleichem Alter sind oder nicht derselben Gesellschaftsklasse angehören —, muss der Aussenwelt verborgen bleiben. So beginnt mit dem Verhältniss selbst eine Kette von Aufregungen, und die Furcht, das Geheimniss könnte doch verrathen oder errathen werden, lässt den Armen zu keinem frohen Genuss mehr kommen. Ein jedem Anderen gleichgültiges Vorkommniss macht ihn zittern, weil dadurch ein Verdacht erweckt werden könnte und sein Geheimniss an den Tag kommen könnte, wodurch seine ganze gesellschaftliche Stellung untergraben würde und er Amt und Beruf verlieren müsste. Und diese stete Aufregung, diese fortwährende Angst und Sorge sollte spurlos vorübergehen und nicht eine Rückwirkung üben auf das ganze Nervensystem?

Ein Anderer, weniger glücklich, fand nicht den gleichgesinnten Freund, sondern fiel einem hübschen Manne in die Hände, der ihm erst bereitwillig entgegenkam, bis ihm die innersten Geheimnisse verrathen waren. Nun werden die raffinirtesten Erpressungen ausgeübt. Der unglücklich Verfolgte, vor die Alternative gestellt, zu zahlen oder social unmöglich zu werden, eine geachtete Stellung zu verlieren, über sich und seine Familie Schande hereinbrechen zu sehen, zahlt, und je mehr er zahlt, desto gieriger wird der Vampyr, der an ihm saugt, bis schliesslich nur die Wahl bleibt zwischen gänzlichem finanziellen Ruin oder Entehrung. Wer will sich wundern, wenn die Nerven eines Jeden diesem fürchterlichen Kampfe nicht gewachsen sind?

Dem Einen versagen sie ganz, die geistige Störung tritt ein und der Arme findet endlich in der Irrenanstalt die Ruhe, die er im Leben nicht finden konnte. Ein Anderer macht in der Verzweiflung diesem unerträglichen Zustand durch Selbstmord ein Ende. Wie viele der oft unerklärlichen Selbstmorde junger Männer hierher zu zählen sind, lässt sich gar nicht ergründen!

Ich glaube mich nicht zu irren, wenn ich behaupte, dass mindestens die Hälfte der Selbstmorde bei jungen Männern auf solche Umstände zurückzuführen sind. Selbst in den Fällen, wo nicht der erbarmungslose Erpresser einen Urning verfolgt, sondern nur ein Verhältniss zwischen zwei Männern besteht, das an sich befriedigend verläuft, führt die Entdeckung oder auch nur die Furcht vor der Entdeckung gar oft zum Selbstmord. Wie viele Officiere, die zu einem ihrer Untergebenen, wie viele Soldaten, die zu einem Kameraden ein Verhältniss hatten, haben im Augenblick, da sie sich entdeckt glaubten, durch eine Kugel der ihnen drohenden Schande zu entgehen versucht! Und ähnlich in allen anderen Berufsarten!

Wenn also thatsächlich gewiss zugegeben werden muss, dass bei den Urningen mehr geistige Abnormitäten und wohl auch mehr wirklich geistige Störungen beobachtet werden können als bei anderen Menschen, so ist damit aber der Beweis durchaus nicht erbracht, dass diese geistige Störung nothwendig mit dem Urningthum zusammenhänge und dass eines das andere bedinge. Nach meiner festen Ueberzeugung ist weitaus der grösste Theil der bei Urningen beobachteten geistigen Störungen oder krankhaften Dispositionen nicht auf Rechnung ihrer sexuellen Abnormität zu setzen, sondern sie sind hervorgerufen durch die jetzt bestehende falsche Anschauung über das Urningthum und, damit zusammenhängend, durch die bestehende Gesetzgebung und die herrschende Meinung über diesen Gegenstand. Wer nur annähernd einen

Begriff hat von der Fülle von geistigen und moralischen Leiden, von den Aengsten und Sorgen, die ein Urning erdulden muss, von den ewigen Heucheleien und Verheimlichungen, die er üben muss, um den ihm innewohnenden Trieb zu verbergen, von den unendlichen Schwierigkeiten, die sich der ihm naturgemässen Befriedigung seiner sexuellen Triebe entgegenstellen —, der kann sich nur darüber wundern, dass nicht noch mehr ernste geistige Störungen und nervöse Erkrankungen bei den Urningen vorkommen. Der grösste Theil dieser krankhaften Zustände käme aber gewiss gar nicht zur Entwicklung, wenn der Urning wie der Dioning in einfacher und leichter Weise seine geschlechtliche Befriedigung finden könnte, wenn er nicht diesen ewigen folternden Aengsten ausgesetzt wäre!"

De lege lata sollte der Urning insofern Berücksichtigung finden, dass der betreffende Paragraph nur im Sinne von wirklicher Päderastie ausgelegt wird und dass der psychisch-somatischen Abnormität durch genaue Expertise und durch individualisirende Erwägung der Schuldfrage Rechnung getragen wird.

De lege ferenda wünschen die Urninge nichts sehnlicher als die Aufhebung des Paragraphen. Dazu wird sich der Gesetzgeber nicht so leicht verstehen wollen, wenn er bedenkt, dass Päderastie häufiger ein abscheuliches Laster als die Folge eines körperlich-geistigen Gebrechens ist, dass zudem viele Urninge, wenn auch zu sexuellen Handlungen am eigenen Geschlecht genöthigt, doch keineswegs gezwungen sind, der wirklichen Päderastie zu fröhnen, eine sexuelle Handlung, die zu allen Zeiten als eine cynische, ekle und, als passive, wohl auch als schädliche dastehen wird. Ob aber nicht aus Utilitätsgründen (Schwierigkeit der Feststellung der Schuldfrage, Vorschubleistung der scheusslichsten Erpressungen, Chantage u. s. w.) es opportun wäre, die strafgerichtliche Verfolgung mannmännlicher Liebe aus den Codices zu streichen, das möge der Gesetzgeber der Zukunft reiflich erwägen [1]).

Meine Gründe für Abschaffung des betreffenden Gesetzesparagraphen sind etwa folgende:

1. Die in der Gesetzgebung vorgesehenen Delicte entspringen in der Regel einer abnormen seelischen Veranlagung.

2. Nur eine sorgfältige ärztliche Untersuchung vermag die Fälle blosser Perversität von denen krankhafter Perversion zu differenziren. Mit der Erhebung der Anklage ist das Individuum aber bereits social vernichtet.

3. Die Mehrzahl dieser Urninge ist neben der Perversion des Triebes mit abnormer Stärke desselben heimgesucht. In der Bethätigung ihres Geschlechtstriebes stehen diese geradezu unter einem physischen Zwang.

---

[1]) Vgl. die Broschüre des Verf.: „Der conträr Sexuale vor dem Strafrichter." Leipzig u. Wien (Deuticke). 2. Aufl. 1895.

4. Vielen derselben erscheint ihre Geschlechtsbefriedigung nicht als eine unnatürliche, im Gegentheil als eine natürliche und die vom Gesetz zugelassene als eine widernatürliche. Sie entbehren damit aller sittlichen Correctiv, die sie von ihrem sexuellen Delict abhalten könnten.

5. Beim Mangel einer Definition, was unter widernatürlicher Unzucht zu verstehen sei, ist dem subjectiven Ermessen des Richters ein zu grosser Spielraum eingeräumt. Die immer spitzfindiger werdende Auslegung des § 175 in Deutschland beweist die Unsicherheit der Rechtsauffassung. Entscheidend für diese und die Rechtsprechung ist gleichwohl der objective Thatbestand. (Nach dem subjektiven wird in der Regel gar nicht gefragt.) Wie soll jener festgestellt werden? Das Delict wird ja doch in der Regel ohne Zeugen begangen.

6. Theoretische strafrechtliche Gründe für die Beibehaltung des betreffenden Paragraphen lassen sich nicht gut aufstellen. Abschreckend wirkt er nur selten, bessernd niemals, denn krankhafte Naturerscheinungen werden nicht durch Strafen amovirt; als Sühne für eine strafbare Handlung, die nur unter gewissen und vielfach fälschlichen Voraussetzungen eine solche ist, kann er zur grössten Ungerechtigkeit führen. Man vergesse nicht, dass in verschiedenen Culturländern dieser Strafrechtsparagraph nicht besteht, dass er in Deutschland nur noch eine Concession an das öffentliche Sittlichkeitsgefühl darstellt, das aber diesen Delikten gegenüber von falscher Voraussetzung ausgeht und Perversion und Perversität verwechselt.

7. Während meines Erachtens die öffentliche Sittlichkeit und die Jugend genugsam in Deutschland durch andere Paragraphen des Strafgesetzbuches geschützt sind, schadet der § 175 entschieden mehr als er nützt, indem er einer der scheusslichsten Niederträchtigkeiten — dem sogenannten Chantage — Vorschub leistet.

Allerdings wird auch der denuncirende Chanteur bestraft, aber er hat die grosse Chance, dass sein Opfer es nicht zum Aeussersten — nämlich zur Strafanzeige — kommen lässt. Im schlimmsten Fall sitzt solch ein Wicht ein bischen Gefängnis ab, ohne in seiner Schandexistenz gefährdet zu sein, während sein Opfer ehrlos, ruinirt ist und nicht selten durch Selbstmord endet.

8. Sollte der deutsche Gesetzgeber durch Aufgebung des § 175 den Schutz der Jugend gefährdet erachten, so würde Ausdehnung des § 176, 1, auf Personen überhaupt (der jetzige Paragraph ahndet nur an Frauenspersonen mit Gewalt oder Drohung erzwungene unzüchtige Handlungen) gewiss genügen. Einen solchen Paragraphen hat der Code pénal français. Eventuell liesse sich daran denken, überdies in § 176, 3, das Alter (14 Jahre), von welchem an unzüchtige Handlungen, an jugendlichen Personen begangen, straflos bleiben, höher zu setzen. Dies würde auch

weiblichen Individuen zu gut kommen, die doch im 15. Jahre nur ausnahmsweise die erforderliche Reife des Geistes und nöthige Selbstbestimmungsfähigkeit besitzen, um sich selbst zu schützen. Dadurch wäre aber auch jugendlichen Individuen männlichen Geschlechts (etwa bis zum beendigten 16. Jahre) ein wirksamerer Schutz geboten, als durch den § 175, der bekanntlich nur Päderastie (und nach neuerer Auslegung andere beischlafähnliche Handlungen) im Auge hat, Onanisirung und andere Unzucht aber straflos lässt. Gerade mit solchen Unzuchtshandlungen werden aber Perverse der Jugend gefährlich, nur ganz ausnahmsweise durch Päderastie. Von einem gewissen Alter, etwa dem erreichten 16. Jahre an, wo ein genügendes Mass sittlicher und intellectueller Reife zu Gebote steht, hat der Gesetzgeber weder ein Recht, noch eine Pflicht, unsittliche Handlungen inter mares, die portis clausis und im gegenseitigen Einverständniss erfolgen, mit Strafe zu bedrohen. Derlei hat Jeder mit sich selbst abzumachen, denn ein öffentliches oder privates Interesse wird dabei nicht verletzt.

Was de lege lata bezüglich der angeborenen conträren Sexualempfindung gesagt wurde, dürfte wesentlich auch für die erworbene gültig sein. Die begleitende Neurose oder Psychose wird diagnostisch oder forensisch bezüglich der Schuldfrage schwer ins Gewicht fallen.

Von hohem psychopathologischem und nach Umständen auch criminellem Interesse ist die Thatsache, dass, wenn derlei conträrsexuale Individuen Zurückweisung ihrer Liebe oder gar Untreue von ihren bisherigen Geliebten erfahren, sie all jener psychischen Reactionen in Gestalt von Eifersucht, Rachsucht fähig sind, die wir bei Liebesverhältnissen zwischen Mann und Weib so häufig beobachten können und die nicht selten zu schweren Gewaltthaten von Seiten des in seinen tiefsten Empfindungen Gekränkten am Gegenstand seiner bisherigen Liebe oder dem Räuber seines Glückes führen.

Nichts beweist wohl besser das tief Constitutionelle, das ganze Fühlen, Denken und Streben Beherrschende solcher conträrsexualen Empfindungen, ihre vollkommene Substituirung für heterosexuale normale Empfindungs- und Entwicklungsweise. Ein Beispiel dafür, welcher Handlungen solche verschmähte oder verrathene Liebe fähig ist, ist der folgende denkwürdige, der neuesten amerikanischen Gerichtspraxis entlehnte Fall, für dessen Zusammenstellung aus Zeitungen und Gerichtsverhandlungen ich Herrn Dr. Boeck in Troppau zu besonderem Danke verpflichtet bin.

Beobachtung 204. Ein conträrsexuales Mädchen mordet die Geliebte aus verschmähter Liebe.
Im Januar 1892 tödtete zu Memphis in Nordamerika ein junges Mädchen, Alice M., einer der angesehensten Familien der Stadt entsprossen, ihre gleich-

falls den besten Kreisen angehörende Freundin Freda W. auf offener Strasse, indem sie ihr mit einem Rasirmesser mehrere tiefe Schnitte in den Hals beibrachte.

Die Untersuchung ergab Folgendes:

Al. ist von der Ascendenz der Mutter her schwer belastet — ein Onkel und mehrere Vettern ersten Grades waren geisteskrank — die Mutter selbst, psychopathisch veranlagt, machte nach der Geburt jedes ihrer Kinder „puerperal. Irresein" durch, am schwersten nach der Geburt des 7. — der Angeklagten Al. —, später verfiel sie in einen geistigen Schwächezustand mit Verfolgungsideen.

Ein Bruder der Angeklagten litt eine Zeitlang, an „Irresein", angeblich nach einem Sonnenstich.

Alice M. ist 19 Jahre alt, von mittlerer Grösse, nicht hübsch. Das Gesicht ist kinderhaft und „fast zu klein für ihre Gestalt", asymmetrisch, die rechte Gesichtshälfte stärker entwickelt als die linke, die Nase „von auffallender Unregelmässigkeit", der Blick stechend. Al. M. ist Linkshänderin.

Vom Eintritte der Pubertät ab stellten sich häufig schwere und anhaltende Kopfschmerzen ein —, einmal in jedem Monat litt sie an Nasenbluten, häufig, und auch noch in der letzteren Zeit, an Anfällen von allgemeinem Zittern und Schütteltremor. Einmal war damit auch Bewusstseinsverlust verbunden.

Al. war ein nervöses, reizbares Kind, im Wachsthum hinter ihrem Alter zurück. Sie hatte niemals Freude an Kinder- und zumal an Mädchenspielen. Im Alter von 4—5 Jahren machte es ihr viel Vergnügen, Katzen zu schinden oder an einem Bein aufzuhängen.

Ihren jüngeren Bruder und seine Spiele zog sie den Schwestern vor — sie wetteiferte mit ihm im Spiel mit Peitschen von Kreiseln, base-ball and foot-ball, dann im Scheibenschiessen und allerhand tollen Streichen. Klettern war eine Lieblingsübung von ihr, in der sie grosse Gewandtheit besass. Mit besonderer Vorliebe trieb sie sich bei den Maulthieren im Stalle herum. In ihrem 6. oder 7. Jahre, da ihr Vater ein Pferd kaufte, liebte sie es, dieses zu füttern und zu warten und ungesattelt in Knabenweise auf den Anger zu reiten. Auch später befasste sie sich damit, das Pferd zu putzen, ihm die Hufe zu waschen; sie führte es an der Halfter über die Strasse, sie schirrte es an, spannte es ein, sie verstand sich auf Bespannung sowie darauf, Fehler an derselben zu verbessern.

In der Schule kommt sie nur langsam und mangelhaft fort, ist unfähig zu anhaltender Beschäftigung mit einer Sache, fasst und behält schwer. — Unterricht in Musik und Zeichnen schlägt gänzlich fehl, zu weiblichen Handarbeiten ist sie nicht zu bringen. — An Lectüre hat sie auch später keinen Geschmack, sie liest weder Bücher noch Zeitungen. Sie ist eigensinnig und launenhaft, wird von ihren Lehrern und von Bekannten für nicht normal gehalten. Sie gibt sich als Kind nicht mit Knaben ab, hat keine Gespielen unter diesen, hat später kein Interesse an jungen Männern, keine Courmacher. Sie benimmt sich gegen junge Männer stets gleichgültig, manchmal schroff und gilt bei diesen als „verrückt".

Zu Freda W. dagegen, einem Mädchen gleichen Alters, Tochter einer befreundeten Familie, fühlte sie eine aussergewöhnliche Zuneigung „so lange sie denken kann". Fr. war mädchenhaft zart und gefühlvoll — die Neigung bestand auf beiden Seiten, viel heftiger jedoch auf Seiten Al.'s; sie steigerte sich mit den Jahren mehr und mehr, bis zur Leidenschaft. Ein Jahr vor der Katastrophe übersiedelte die Familie W. nach einer anderen Stadt — Al. blieb in tiefer Trauer zurück — eine zärtliche Liebescorrespondenz entwickelte sich.

Zweimal kommt Al. zu Besuch zu Fr.'s Familie — die beiden Mädchen verkehren dabei mit einander, wie die Zeugen versichern, „widerlich zärtlich". Man sieht sie stundenlang in einer Hängematte liegen, sich an einander pressend und küssend — „es war ein Gedrücke und ein Geküsse zwischen beiden Mädchen, dass es Einem zum Ekel wurde". — Al. schämt sich, dergleichen in der Oeffentlichkeit zu thun, Fr. tadelt sie dafür.

Während eines Gegenbesuchs Fr.'s macht Al. den Versuch, diese zu tödten — sie will ihr im Schlaf Laudanum in den Mund giessen — der Versuch scheiterte, da Fr. erwachte.

Al. nimmt dann vor Fr. das Gift selbst und liegt lange schwer krank darnieder. Das Motiv des Mord- und des Selbstmordversuches war aber dieses: Fr. hatte Interesse für zwei junge Männer gezeigt, Al. erklärte, Fr.'s Liebe nicht entbehren zu können, dann wieder, „sie habe sich tödten wollen, um sich von ihren Qualen zu erlösen und Fr. frei zu machen". Nach der Genesung Al.'s nimmt die Correspondenz, von Liebesgluth mehr denn je erfüllt, ihren Fortgang.

Bald darauf beginnt Al. der Geliebten den Vorschlag zur Ehe zu entwickeln. Sie sendet ihr einen Verlobungsring — sie droht mit Mord im Falle des Wortbruchs. Sie sollten einen falschen Namen annehmen, zusammen nach St. Louis entfliehen. — Al. wollte Männerkleider anziehen und auf Arbeit für sie Beide ausgehen; — sie wollte sich auch, wenn Fr. darauf bestände, einen Schnurrbart wachsen lassen, den sie sich durch Rasiren zu erzeugen hoffte.

Unmittelbar vor der Ausführung der Flucht Fr.'s wird die Sache entdeckt; die Flucht wird vereitelt, man schickt den „Verlobungsring" und andere Liebeszeichen an Al.'s Mutter und verbietet jeden weiteren Umgang der beiden Mädchen.

Al. ist völlig gebrochen. Sie wird schlaflos, nimmt nur widerwillig spärliche Nahrung, ist antheillos, tief zerstreut (sie setzt auf Haushaltungsrechnungen statt ihres Namens den der Geliebten). Den Ring und die übrigen Liebeszeichen, darunter einen Fingerhut Fr.'s, den sie mit Blut von dieser gefüllt hatte, verbirgt sie in einem Winkel der Küche, bringt dort oft Stunden mit deren Betrachtung zu, bald in Lachen, bald in Weinen ausbrechend.

Sie magert ab, das Gesicht nimmt eine ängstliche Miene an, die Augen bekommen einen „eigenthümlich unheimlichen Glanz". Als ihr zu dieser Zeit der bevorstehende Besuch Fr.'s in M. zur Kenntniss kommt, fasst sie den Vorsatz, Fr. zu tödten, wenn sie sie nicht besitzen kann. Sie bringt ein Rasirmesser ihres Vaters an sich und bewahrt es so sorgfältig auf.

Mit dem Verehrer Fr.'s knüpft sie, Interesse für ihn heuchelnd, eine Correspondenz an, um sich in seine Beziehungen zu Fr. Einblick zu verschaffen und sich über deren weitere Entwicklung in Kenntniss zu erhalten.

Während des Aufenthaltes Fr.'s in M. scheitern alle ihre Versuche einer Annäherung oder eines schriftlichen Verkehrs. Sie passt Fr. auf der Strasse ab, will einmal bereits den Ueberfall ausführen, wird aber durch einen Zufall abgehalten. Erst am Tage der Abreise Fr.'s gelingt es ihr, an Fr. auf dem Wege zum Dampfboot heranzukommen.

Tief verletzt, dass Fr. auf dem ganzen Wege, den sie in ihrem Wägelchen neben ihr her fährt, nur einen Augenwink, aber kein Wort für sie hat, springt sie endlich heraus, auf Fr. zu und bringt ihr mit dem Rasirmesser einen Schnitt bei. Von Fr.'s Schwester geschlagen und beschimpft, geräth sie in besinnungslose Wuth und schneidet blindlings Fr.'s Hals mit mächtigen tiefen Schnitten durch, deren einer fast von einem Ohr bis zum anderen reicht. — Während Alle sich um Fr. bemühen, jagt Al. in ihrem Wagen im Galopp davon und kreuz und quer durch die ganze Stadt nach Hause. — Der Mutter erzählt sie sofort, was sie gethan. Für das Entsetzliche ihrer Handlung hat sie keinen Sinn; Tadel, Hinweis auf die Folgen für sie lässt sie kalt und unbewegt; nur als sie von dem Tode und dem Begräbniss Fr.'s hört und sich des Verlustes der Geliebten bewusst wird, bricht sie in Thränen und leidenschaftlichen Jammer aus, küsst alle Bildnisse, die sie von Fr. besitzt, spricht, als ob Fr. noch leben würde.

Auch während der Gerichtsverhandlung ist sie auffällig durch ihre Gleichgültigkeit für ihre tief bekümmerten, gebeugten Angehörigen, ihre Stumpfheit gegenüber allen ethischen Beziehungen der That.

Nur Momente, die ihre leidenschaftliche Liebe zu Fr. oder ihre Eifersucht beleben, bringen sie in Bewegung und in massloseu Affect. Fr. „bat ihr die Treue gebrochen", sie „hat sie getödtet, weil sie sie geliebt hat". — Ihre intellectuelle Entwicklung wird von allen Experten als die eines 14- oder 13jährigen Mädchens geschildert. Dass ihrer „Verbindung" mit Fr. Kinder nicht hätten entspriessen können, wird von ihr verstanden — dass ihre „Ehe" ein Unding gewesen wäre, will sie jedoch nicht zugeben. Supposition sexuellen (etwa masturbatorischen) Verkehrs mit Fr. lehnt sie ab. Hierüber, wie über ihre Vita sexualis peracta wird überhaupt nichts bekannt; auch eine gynäkologische Exploration ist nicht vorgenommen worden.

Der Process endete mit dem Verdict auf Geisteskrankheit. (The Memphis medical monthly 1892.)

### Die gezüchtete, nicht krankhafte Päderastie [1].

Sie stellt eines der entsetzlichsten Blätter in der Geschichte menschlicher Ausschweifungen dar.

Die Motive, die einen sexuell ursprünglich normal fühlenden, geistig gesunden Mann zur Päderastie gelangen lassen, können verschiedenartig sein. Temporär kommt sie vor als Mittel der sexuellen Befriedigung faute de mieux — gleichwie in seltenen Fällen Bestialität — bei erzwungener Abstinenz vom normalen Geschlechtsgenuss [2]. Derlei kommt vor auf Schiffen mit langer Fahrzeit, in Gefängnissen, Bagnos u. s. w. Höchst wahrscheinlich befinden sich unter der betreffenden Gesellschaft einzelne Menschen mit tiefer Moral und mächtiger Sinnlichkeit, oder auch wirkliche Urninge, die zu Verführern der Anderen werden. Wollust, Imitationsdrang, Habsucht tragen das Ihrige bei.

Bezeichnend für die Stärke des sexuellen Triebes bleibt es immerhin, dass solche Triebfedern genügen, um die Scheu vor dem widernatürlichen Akt überwinden zu lassen.

Eine andere Kategorie von Päderasten stellen alte Wollüstlinge dar, die in normalem Geschlechtsgenuss übersättigt sind, darin ein Mittel finden, ihre Wollust aufzukitzeln, indem der Akt einen neuartigen Reiz darstellt. Damit helfen sie temporär ihrer psychischen und somatischen, tief ge-

---

[1] Interessante histor. Notizen s. Krauss, Psychol. des Verbrechens, p. 174. — Tardieu, Attentats. — Maschka, Handb. III, p. 174. Das in Rede stehende Laster scheint aus Asien über Kreta nach Griechenland gekommen und in der Zeit des klassischen Hellas allgemein verbreitet gewesen zu sein. Von da kam es nach Rom, wo es üppig gedieh. In Persien, China (wo es sogar tolerirt ist) ist es sehr verbreitet, aber auch in Europa (vgl. Tardieu. Tarnowsky u. A.).

[2] Dass sexueller Verkehr mit dem eigenen Geschlecht auch bei zur Abstinenz genöthigten Thieren vorkommt, geht aus Zusammenstellungen von Lombroso (Der Verbrecher, übers. v. Fränkel, p. 20 u. ff.) hervor.

sunkenen Potenz auf. Die neuartige geschlechtliche Situation macht sie sozusagen relativ potent und ermöglicht Genüsse, die ihnen der sexuelle Umgang mit dem Weib nicht mehr zu bieten vermag. Mit der Zeit erlahmt auch die Potenz für den päderastischen Akt. Dann kann der Betreffende zu passiver Päderastie kommen, als einem Reizmittel für die temporäre Ermöglichung der activen, gleichwie gelegentlich zu Flagellation, Zuschauen bei obscönen Scenen (Maschka's Fall von Thierschändung!) gegriffen wird.

Den Schluss der sexuellen Thätigkeit derartig sittlich verkommener Existenzen bilden Unzucht aller Art mit Kindern, Cunnilingus, Fellare und andere Scheusslichkeiten.

Diese Sorte von Päderasten ist die gemeingefährlichste, da sie zunächst und zumeist Knaben nachstellt und sie an Leib und Seele verdirbt.

Schrecklich sind in dieser Hinsicht die Erfahrungen, welche Tarnowsky (op. cit. p. 53 u. ff.) in der Petersburger Gesellschaft gesammelt hat. Der Schauplatz dieser Brutstätten gezüchteter Päderastie sind Institute. Alte Wollüstlinge und Urninge spielen die Rolle der Verführer. Dem Verführten fällt es anfangs schwer, den eklen Akt zu vollbringen. Er nimmt zunächst die Phantasie zu Hülfe, indem er sich das Bild eines Weibes vorstellt. Allmählig gewöhnt er sich an die Scheusslichkeit. Schliesslich wird er, gleichwie der durch Masturbation sexuell Verdorbene, relativ impotent dem Weib gegenüber und lüstern genug, um an dem perversen Akt Gefallen zu finden. Unter Umständen wird der Betreffende zum verkäuflichen Kyneden.

Solche Existenzen sind, wie Tardieu's, Hofmann's, Liman's und Taylor's Erfahrungen lehren, nicht selten in Grossstädten. Aus zahlreichen Mittheilungen, die mir von Urningen zugingen, geht auch hervor, dass gewerbsmässige Prostitution und förmliche Prostitutionshäuser für mannmännliche Liebe daselbst bestehen. Bemerkenswerth sind die Coquetteriekünste, welche solche männliche Meretrices in Form von Putz, Parfüms, Kleidung mit weiblichem Zuschnitt u. s. w. anwenden, um Päderasten und Urninge anzulocken. Diese absichtliche Nachäffung weiblicher Eigenthümlichkeiten findet sich übrigens spontan und unbewusst bei angeborenen und manchen erworbenen Fällen von (krankhafter) conträrer Sexualempfindung.

Interessante, für den Psychologen und namentlich den Polizeibeamten werthvolle Aufschlüsse über das sociale Leben und Treiben der Päderasten bilden die folgenden Zeilen.

Coffignon, La corruption à Paris, p. 327, theilt die activen Päderasten ein in amateurs, entreteneurs und souteneurs.

Die amateurs („rivettes") sind debauchirte, jedenfalls aber vielfach angeborene conträrsexuale Leute von Stand und Vermögen, die in der Befriedigung ihrer homosexualen Gelüste sich hüten müssen, entdeckt zu werden. Sie gehen zu diesem Zweck in Lupanare, Maisons de passe oder Privatwohnungen weiblicher Prostituirter, die mit den männlichen auf gutem Fuss zu stehen pflegen. So entgehen sie dem Chantage.

Einzelne dieser amateurs sind kühn genug, an öffentlichem Ort ihren abscheulichen Gelüsten zu fröhnen. Sie riskiren dabei Verhaftung, weniger leicht (in der grossen Stadt) Chantage. Die Gefahr soll ihren heimlichen Genuss erhöhen.

Die entreteneurs sind alte Sünder, die es nicht lassen können, selbst auf die Gefahr hin, in die Hände eines Chanteurs zu fallen, sich eine (männliche) Maitresse zu halten.

Die souteneurs sind bestrafte Päderasten, welche sich ihren „jesus" halten, ihn auch ausschicken, um Kunden anzulocken („faire chanter les rivettes") und womöglich dann im richtigen Moment erscheinen, um das Opfer zu rupfen.

Sie leben nicht selten in Banden zusammen, die einzelnen Mitglieder je nach ihren activen und passiven Gelüsten, als Mann oder Weib. Bei solchen Banden gibt es förmliche Hochzeiten, Trauungen, Bankett und Geleiten der Neuvermählten in ihre Gemächer.

Diese souteneurs ziehen sich ihre jesus heran.

Die passiven Päderasten sind „petits jesus", „jesus" oder „Tanten".

Die petits jesus sind verlorene verdorbene Kinder, welche der Zufall in die Hände eines activen Päderasten führt, der sie verführt und ihnen dann ihre scheussliche Erwerbsbahn eröffnet, sei es als entretenus, sei es als männliche Strassenhetären mit oder ohne souteneur.

In der Lehre Solcher, welche diese Kinder in der Kunst weibischer Kleidung und Haltung unterrichten, werden die geriebensten und gesuchtesten petits jesus herangebildet.

Allmählig suchen sich diese dann vom Lehrer und Exploiteur zu emancipiren, um femme entretenue zu werden, nicht selten sogar durch anonyme Denunciation des souteneur bei der Polizei.

Des souteneur und des petit jesus Sorge ist, dass dieser letztere durch allerhand Toilettenkünste möglichst lange jünglinghaft erscheine.

Die äusserste mögliche Grenze dürfte das 25. Lebensjahr sein. Dann wird jener ein jesus und femme entretenue, wobei er meist von mehreren zugleich ausgehalten wird. Die jesus zerfallen in die Kategorien der „filles galantes", d. h. solcher, die wieder in den Besitz eines souteneur gerathen sind, ferner der „pierreuses" (gewöhnliche coureurs de rues gleich ihren weiblichen Kollegen) und der „domestiques".

Diese verdingen sich zu activen Päderasten, um ihren Lüsten zu fröhnen oder auch um ihnen petits jesus zuzubringen.

Eine Untergruppe dieser domestiques bilden solche, die als femme de chambre petits jesus ihre Dienste widmen. Ein Hauptziel dieser domestiques ist es, in ihrer Stellung sich compromittirendes Material zu verschaffen, mit Hülfe dessen sie später einmal Chantage treiben und sich durch solche Erpressung auf ihre alten Tage eine gesicherte Existenz schaffen können.

Die scheusslichste Kategorie unter den passiven Päderasten sind wohl die „Tantes", d. h. der souteneur irgend einer Prostituirten, der, eine sexuell normale Existenz, aber ein moralisches Ungeheuer, Päderastie (passiv) nur aus Gewinnsucht oder zu Chantagezwecken treibt.

Die reichen amateurs haben ihre Reunions, Gesellschaftslokale, wo die passiven in weiblicher Kleidung erscheinen, scheussliche Orgien gefeiert werden. Die Kellner, Musikanten u. s. w. bei solchen Festen sind lauter Päderasten. Die filles galantes wagen es nicht, ausser im Carneval, sich in Weibertoilette auf der Strasse zu zeigen, aber sie wissen ihrem Exterieur durch etwas weiblichen Zuschnitt der Kleidung u. s. w. ein ihr Schandgewerbe andeutendes Etwas zu verleihen.

Sie locken an durch Gesten, Handgreiflichkeiten u. s. w. und führen ihre Eroberungen in Hotels, Bäder oder Bordelle.

Was Verfasser über Chantage sagt, ist allgemein bekannt. Es gibt Fälle, wo sich Päderasten ihr ganzes Vermögen erpressen liessen.

Dass diese monströsen Erscheinungen der Weltstädte in Gestalt der „pétits jesus" aber nicht allein das Produkt einer beruflichen Züchtung, sondern vielmehr einer degenerativen Veranlagung sind, geht aus Forschungen von Laurent (Les bisexués" Paris 1894) hervor; der p. 175 seiner Schrift unter „hermaphrodisme artificiel" Erscheinungen der effemination und des „infantilisme" beschreibt.

Sie betreffen Knaben, die von der Pubertät ab in Skelet und Genitalien keine Fortentwicklung zeigen, an Gesicht und Pubes keine Haarentwicklung bieten, nicht mutiren, in ihrer Intelligenz einen Rückgang erfahren. Oft geschieht es nun, dass hier secundäre physische und psychische weibliche Geschlechtscharaktere sich entwickeln. Kommen solche „petits garroches" (Brouardel) zur Necropsie, so findet man kleine Blase, blosse Rudimente der Prostata, Mangel der Mm. ischio- und bulbo-cavernosi, infantilen Penis, sehr enges Becken.

Es handelt sich hier offenbar um schwer Belastete, die in der Pubertät eine Art von rudimentärem Geschlechtswechsel erfahren.

Laurent macht nun (p. 181) die interessante Bemerkung, dass aus dieser Gesellschaft der Infantilen und Effeminirten sich die professionsmässigen passiven Päderasten („petits jesus") rekrutiren.

Es sind also offenbar degenerative und anthropologische Factoren, welche diese monströsen menschlichen Wesen zu einer solchen abscheulichen Carrière prädestiniren und ihrer Ausbildung dazu Vorschub leisten.

Die folgende Notiz aus einer Berliner (National-?) Zeitung vom Februar 1884, welche mir durch einen Zufall unter die Hand kam, scheint geeignet, das Leben und Treiben der Päderasten und der Urninge zu kennzeichnen.

„Der Ball der Weiberfeinde. Fast alle socialen Elemente Berlins haben ihre geselligen Vereinigungen: die Dicken, die Kahlköpfigen, die Junggesellen, die Wittwer — warum nicht auch die Weiberfeinde? Diese psychologisch merkwürdige und gesellschaftlich nicht allzu erbauliche Menschenspecies hatte dieser Tage einen Ball. „Grosser Wiener Maskenball" — so lautete die Ansage: bei der Billetvertheilung bezw. dem Billetverkauf wird mit grosser Rigorosität verfahren, die Herrschaften wollen unter sich sein. Ihr Rendez-vous ist ein bekannteres grösseres Tanzlokal. Wir betreten den Saal gegen Mitternacht. Nach den Klängen eines gutbesetzten Orchesters wird flott getanzt. Der starke Tabaksqualm, der die Gaslustres verschleiert, lässt die Details des wogenden Treibens nicht sofort hervortreten. Erst in der Tanzpause können wir nähere Umschau halten. Die Masken sind bei weitem in der Mehrzahl; schwarzer Frack und Ballrobe erscheinen nur vereinzelt.

Doch, was ist das? Die Dame, die eben in rosa Tarlatan an uns vorüberrauscht, hat eine glimmende Cigarre im Mundwinkel und pafft wie ein Dragoner. Und ein blondes, nur leicht „weggeschminktes" Bärtchen trägt sie auch. Und jetzt spricht sie mit einem starkdekolletirten „Engel" in Tricots, der mit auf dem Rücken verschränkten nackten Armen dasteht und gleichfalls raucht. Das sind zwei Männerstimmen und die Unterhaltung ist gleichfalls stark männlich; sie dreht sich um den „verfl.... Tobak, der keine Luft hat". Also zwei Männer in Damenkleidern.

Ein landesüblicher Clown steht dort an einer Säule im zärtlichen Gespräch mit einer Balleteuse und hat seinen Arm um ihre tadellose Taille geschlungen. Sie hat einen blonden Tituskopf, scharfgeschnittenes Profil und anscheinend üppige Formen. Die blitzenden Ohrgehänge, das Collier mit dem Medaillon um den Hals, die vollen runden Schultern und Arme lassen einen Zweifel an ihrer „Echtheit" nicht aufkommen, bis sie mit einer plötzlichen Wendung von dem sie umfangenden Arme sich losmacht und gähnend sich abwendet mit dem im tiefsten Bass geleisteten Stossseufzer: „Emil, du bist heute zu langweilig!" Der Uneingeweihte traut seinen Augen kaum; auch die Balleteuse ist männlichen Geschlechts!

Misstrauisch mustern wir weiter. Wir vermuthen fast, hier werde verkehrte Welt gespielt; denn hier geht oder vielmehr trippelt ein Mann — nein, entschieden kein Mann, obgleich er ein sorgfältig gepflegtes Schnurrbärtchen trägt. Der wohlfrisirte Lockenkopf, das gepuderte und geschminkte Gesicht mit den stark „nachgetuschten" Augenbrauen, die goldenen Ohrgehänge, das von der linken Schulter nach der Brust zu verlaufende Vorsteckbouquet mit lebenden Blumen, das den eleganten schwarzen Leibrock ziert, die goldenen Armbänder an den Handgelenken und der zierliche Fächer in der weissbeganteten Hand — das sind doch keine Attribute des Mannes. Und wie coquett er den Fächer handhabt, wie er tänzelt und sich dreht, wie er trippelt und lispelt! Und doch! Und doch hat die grundgütige Natur diese Puppe als Mann geschaffen. Er ist Verkäufer in einem hiesigen grossen Confectionsgeschäft, und die Balleteuse von vorhin ist sein „Kollege".

Am Ecktischchen dort scheint grosser Cercle abgehalten zu werden. Mehrere ältere Herren drängen sich um eine Gruppe stark decolletirter Damen, die beim Glase Wein sitzen und — der lauten Heiterkeit nach — nicht allzu zarte Scherze machen. Wer sind diese drei Damen? „Damen"! lächelt mein kundiger Begleiter. Nun wohl: die rechts mit den braunen Haaren und dem halblangen Phantasiecostüme ist die „Butterrieke", ihres Zeichens ein Friseur; die zweite, blonde, im Chansonnettencostüme und mit dem Perlencollier ist hier unter dem Namen „Miss Ella auf's Seil" bekannt und ihres Zeichens ein Damenschneider, — und die Dritte — nun, das ist die weit und breit berühmte „Lotte".

.... Das kann aber doch unmöglich ein Mann sein? Diese Taille, diese Büste, diese klassischen Arme, das ganze Air und Wesen ist doch ausgesprochen weiblich!

Ich werde dahin belehrt, dass „Lotte" früher Buchhalter gewesen ist. Heute ist sie oder vielmehr er allerdings ausschliesslich „Lotte", und findet ein Vergnügen daran, die Männerwelt möglichst lang über sein Geschlecht zu täuschen. Lotte singt eben einen nicht ganz courfähigen Chanson und entwickelt dabei eine durch langjährige Schulung erworbene Altstimme, um die sie manche Sängerin beneiden dürfte. „Lotte" hat auch schon als Damenkomiker „gearbeitet". Heute hat sich der ehemalige Buchhalter so in die Damenrolle hineingefunden, dass er auch auf der Strasse fast ausschliesslich in Damenkleidern erscheint und sich, wie seine Wirthsleute erzählen, sogar eines gestickten Damen-Nachtnegligés bedient.

Bei genauer Musterung der Anwesenden entdeckte ich zu meiner Verwunderung auch allerhand Bekannte: meinen Schuhmacher, den ich für alles Andere eher als für einen „Weiberfeind" gehalten; er ist heute „Troubadour" mit Degen und Federhut, und seine „Leonore" im Brautcostüm pflegt mir im Cigarrenladen die „Bock" und „Uppmann" vorzulegen. Die „Leonore", welche in der Pause die Handschuhe abgelegt hat, erkenne ich ganz genau an den grossen, erfrorenen Händen. Richtig! da ist ja auch mein Shlipslieferant. Er läuft in einem bedenklichen Costüm als Bacchus umher und ist der Seladon einer widerwärtig ausstaffirten Diana, die sonst in einem Weissbierlokal als Kellner fungirt. Was an wirklichen „Damen" auf dem Balle verkehrt, entzieht sich der öffentlichen Schilderung. Jedenfalls verkehren sie nur ganz unter sich und vermeiden jede Annäherung an die weiberfeindlichen Männer, während diese wieder konsequent unter sich bleiben und sich amüsiren, die holde Weiblichkeit aber gänzlich ignoriren.

Diese Thatsachen verdienen die volle Aufmerksamkeit der Polizeibehörden, welche in die Lage versetzt sein sollten, gesetzlich ebenso eine Handhabe gegen die männliche Prostitution zu besitzen, wie sie eine solche gegen die weibliche haben.

Jedenfalls ist die männliche Prostitution viel gefährlicher für die Gesellschaft als die weibliche und der grösste Schandfleck in der Geschichte der Menschheit.

Aus Mittheilungen eines höheren Polizeibeamten in Berlin ersehe ich, dass die Berliner Polizei die männliche Demimonde der deutschen Hauptstadt genau kennt und Alles aufbietet, um das Erpresserthum unter den Päderasten, die vielfach selbst vor dem Mord nicht zurückschreckt, mit allen Mitteln zu bekämpfen.

Die obigen Thatsachen rechtfertigen den Wunsch, dass der Gesetzgeber der Zukunft wenigstens aus Utilitätsgründen auf die Verfolgung der Päderastie verzichte.

Bemerkenswerth in dieser Hinsicht ist, dass der Code français sie straflos lässt, so lange sie nicht zugleich ein „outrage public à la pudeur" bildet. Wohl aus rechtspolitischen Gründen übergeht auch der neue italienische Strafcodex das Delict der widernatürlichen Unzucht mit Schweigen, gleichwie die Gesetzgebung Hollands und, soweit ich Kenntniss habe, die Belgiens und Spaniens.

Inwieweit gezüchtete Päderasten noch physisch und moralisch als gesund zu betrachten sind, mag dahingestellt bleiben. An genitalen Neurosen leiden wohl die meisten. Jedenfalls finden sich hier fliessende Uebergänge zur erworbenen krankhaften conträren Sexualempfindung (s. p. 185). Die Zurechnungsfähigkeit dieser jedenfalls noch tief unter dem sich prostituirenden Weib stehenden Existenzen kann im Allgemeinen nicht bestritten werden.

Die verschiedenen Kategorien der mannmännlich liebenden Individuen lassen sich bezüglich der Art ihrer Geschlechtsbefriedigung im Grossen und Ganzen dahin charakterisiren, dass der geborene Urning nur ausnahmsweise Päderast wird und dazu eventuell kommt, nachdem er die anderweitigen zwischen männlichen Individuen möglichen Unzuchtshandlungen durchgemacht und erschöpft hat.

Passive Päderastie ist ideell und praktisch die ihm adäquate Art des sexuellen Aktes. Active Päderastie übt er allerdings aus Gefälligkeit. Das Wichtigste ist die angeborene und unwandelbare Perversion der Geschlechtsempfindung. Anders der gezüchtete Päderast. Er hat normal geschlechtlich gehandelt oder wenigstens empfunden, und episodisch oder nebenher verkehrt er mit dem anderen Geschlecht.

Seine geschlechtliche Perversität ist weder originär noch unwandelbar. Er beginnt mit Päderastie und hört eventuell auf mit anderen, mit Schwäche des Erections- und Ejaculationscentrums verträglichen sexuellen Praktiken. Sein sexuelles Sehnen auf der Höhe der Leistungsfähigkeit ist nicht passive, sondern active Päderastie. Zu passiver versteht er sich gleichwohl aus Gefälligkeit oder aus Gewinnsucht in der Rolle der männlichen Hetäre, oder als Mittel, um im Zustande erlöschender Potenz gelegentlich doch die active Päderastie zu Stande zu bringen.

Eine hässliche Erscheinung, der noch hier im Anhang gedacht werden möge, ist die Paedicatio mulierum[1]), nach Umständen selbst uxorum! Wüstlinge vollziehen sie zuweilen aus besonderem Kitzel an feilen Dirnen oder selbst an ihren Ehefrauen. Tardieu gibt Beispiele, wo Männer neben Coitus ihre Ehefrauen zeitweise pädicirten! Zuweilen kann Furcht vor neuerlicher Schwängerung den Mann zu dieser Handlung bestimmen und das Weib veranlassen, den Akt zu toleriren!

Beobachtung 205. Imputirte, aber nicht erwiesene Päderastie. Ergebnisse aus den Akten.

Am 30. Mai 1888 wurde Dr. chem. S. in H. durch einen anonymen Brief bei seinem Schwiegervater beschuldigt, er stehe mit dem 19 Jahre alten Fleischhauersohne G. in einem unsittlichen Verhältniss. Dr. S. erhielt den Brief, eilte, empört über dessen Inhalt, zu seinem Vorgesetzten, welcher versprach, discret in dieser Angelegenheit vorgehen und sich bei der Polizei erkundigen zu wollen, ob und was eventuell über diese Angelegenheit im Publikum gesprochen werde.

Am Morgen des 31. Mai verhaftete die Polizei den in der Wohnung des Dr. S. an Gonorrhöe und Orchitis krankliegenden G. Dr. S. bemühte sich beim Staatsanwalt um Entlassung des G. und bot Caution an, was aber abgelehnt wurde. In seiner Eingabe an das Landgericht gibt Dr. S. an, dass er vor 3 Jahren den jungen G. auf der Strasse kennen lernte, ihn dann aus den Augen verlor, im Herbst 1887 im Laden seines Vaters wieder traf. G. besorgte vom November 1887 ab dem Dr. S. den Fleischbedarf für dessen Küche, kam Abends, um die Bestellung entgegenzunehmen, und am folgenden Morgen, um die Waare zu bringen. Dr. S. wurde so mit G. näher bekannt und allmählig befreundet. Als S. erkrankte und bis Mitte Mai 1888 meist auf dem Krankenlager war, erwies ihm G. so viel Aufmerksamkeiten, dass ihm S. und dessen Frau ob seines harmlosen, kindlichen, heiteren Wesens herzlich gewogen wurden. Dr. S. zeigte und erklärte ihm seine Sammlungen von Alterthümern, und die Beiden verbrachten die Abende gesellig zusammen, wobei auch meist Frau Dr. S. sich betheiligte. Ausserdem will S. mit G. Versuche über Wurst- und Geléefabrikation u. s. w. angestellt haben. Ende Februar 1888 erkrankte G. an Gonorrhöe. Da Dr. S. ihn als Freund schätzte, Liebe zur Krankenpflege hatte und mehrere Semester Medicin studirt hatte, nahm er sich des G. an, gab ihm ein Medikament u. s. w. Da G. noch im Mai krank war und aus verschiedenen Gründen ein Verlassen des elterlichen Hauses wünschenswerth war, nahm ihn das Ehepaar S. zur weiteren Pflege in die eigene Wohnung.

S. weist alle daraus erflossenen Verdächtigungen entrüstet zurück, stützt sich auf sein ehrenhaftes Vorleben, seine gute Erziehung, auf den Umstand, dass G. damals mit einer ekelhaften, ansteckenden Krankheit behaftet war

---

[1]) Vgl. Tardieu, Attentats, p. 198. — Martineau, Deutsche med. Ztg. 1882, p. 9. — Virchow's Jahrb. 1881, I, p. 533. — Coutagne, Lyon médical 1880, Nr. 35. 36. — Eulenburg in Zülzer's „Klin. Handbuch d. Harn- u. Sexualorgane", IV. Abtheil., p. 45 berichtet Fälle aus seiner Erfahrung, in welchen Frauen auf Ehescheidung klagten, weil der Ehemann angestrebter Kinderlosigkeit wegen sie (ausschliesslich) pädicirte.

und S. selbst an einer schmerzhaften Krankheit (Nierensteine mit zeitweiser Kolik) litt.

Gegenüber dieser harmlosen Darstellung des S. müssen aber folgende gerichtlich constatirte und bei der ersten Urtheilsschöpfung verwerthete Thatsachen berücksichtigt werden.

Das Verhältniss des S. zu G. hatte sowohl bei Privatpersonen als auch in Wirthshäusern seiner Anstössigkeit halber Anlass zu Bemerkungen gegeben. G. brachte meist die Abende im Familienkreise des S. zu, wurde zuletzt ganz heimisch daselbst. Die Beiden machten gemeinschaftliche Spaziergänge. Auf einem solchen äusserte sich einmal S. zu G., er sei ein hübscher Junge, er habe ihn lieb. Damals war auch von geschlechtlichen Ausschweifungen, u. a. von Päderastie, die Rede. S. will dieses Thema nur berührt haben, um den G. davor zu warnen. Bezüglich des häuslichen Verkehrs ist erwiesen, dass S., auf dem Sopha sitzend, den G. bisweilen um den Hals nahm und küsste. Dies geschah sowohl in Gegenwart der Frau des S. als auch des Dienstmädchens. Als G. an Gonorrhöe krank war, unterrichtete ihn S. in der Anwendung der Einspritzungen und nahm dabei dessen membrum in die Hand. G. gibt an, dass S. auf seine Frage, warum er ihn so lieb habe, erwiderte: „Ich weiss es selbst nicht." Wenn G. einige Tage ausblieb, beklagte sich S. mit Thränen in den Augen, wenn er wiederkam, darüber. Auch theilte ihm S. mit, seine Ehe sei keine glückliche, und bat G. unter Thränen, er möge ihn nicht verlassen, er müsse ihm Ersatz für seine Frau bieten.

Aus all dem folgerte die Anklage mit Berechtigung, dass das Verhältniss zwischen den beiden Angeklagten eine geschlechtliche Richtung hatte. Dass Alles öffentlich und von Jedermann erkennbar geschah, spricht nach der Anklage nicht für die Harmlosigkeit des Verhältnisses, sondern vielmehr für die Höhe der Leidenschaft des S. Zugegeben wird das makellose Vorleben des Angeklagten, sein ehrenhaftes Verhalten und sein weiches Gemüth. Wahrscheinlich gemacht wird das nicht glückliche eheliche Verhältniss des S. und dass er eine sinnlich angelegte Natur war.

G. wurde im Laufe der Untersuchung wiederholt gerichtsärztlich explorirt. Er ist von kaum mittlerer Grösse, blasser Gesichtsfarbe, kräftigem Körperbau. Penis und Hoden sind sehr kräftig entwickelt.

Uebereinstimmend wurde gefunden, dass der After durch Faltenlosigkeit in seiner Umgebung, Erschlaffung des Schliessmuskels krankhaft verändert sei und dass diese Veränderungen einen Wahrscheinlichkeitsschluss auf passive Päderastie gestatten.

Auf diese Thatsachen gründete sich die Urtheilsschöpfung. Sie erkannte an, dass das zwischen den Angeklagten bestandene Verhältniss nicht mit Nothwendigkeit auf widernatürliche Unzucht hinweise, ebensowenig der an G. festgestellte körperliche Befund für sich allein diesen Beweis liefere.

Aus der Verbindung dieser beiden Momente gewann jedoch der Gerichtshof die Ueberzeugung von der Schuld der beiden Angeklagten und erachtete für erwiesen: „dass der abnorme Zustand am After des G. durch das längere Zeit hindurch fortgesetzte Einführen des Gliedes des Angeklagten S. in denselben hervorgerufen wurde, und dass sich G. willig dazu hergab, die Vornahme dieser unzüchtigen Handlungen an sich duldete."

Damit erschien der Thatbestand des § 175 R.-St.-G.-B. festgestellt. Bei Bemessung der Strafe wurde der Bildungsgrad des S., sowie dass er offenbar der Verführer des G. war, bei letzterem diese Rücksicht, sowie sein jugendliches Alter, bei Beiden endlich ihre bisherige Unbescholtenheit in Betracht gezogen und demgemäss Dr. S. zu Gefängnissstrafe von 8 Monaten, G. zu einer solchen von 4 Monaten verurtheilt.

Die Verurtheilten legten Revision beim Reichsgericht in Leipzig ein und bereiteten sich vor, bei eventueller Verwerfung ihres Gesuches um Revision

Materialien zu gewinnen, um die Wiederaufnahme des Verfahrens herbeiführen zu können.

Sie unterwarfen sich einer Untersuchung und Beobachtung durch hervorragende Fachmänner. Diese erklärten, dass nach den Befunden am After des G. keinerlei Anhaltspunkte für stattgehabte passive Päderastie vorhanden seien. Da es den Betheiligten von Werth schien, auch die psychologische Seite des Falles, auf die im Process nicht eingegangen worden war, klar zu stellen, wurde der Verfasser mit der Untersuchung und Beobachtung des Dr. S. und des G. betraut.

Ergebnisse der persönlichen Exploration vom 11. bis 13. December 1888 in Graz.

Dr. S., 37 Jahre alt, seit 2 Jahren verheirathet, kinderlos, gewesener Vorstand des städtischen Laboratoriums in H., stammt von einem Vater, der infolge grosser Thätigkeit nervös gewesen sein soll, mit 57 Jahren einen Schlaganfall erlitt und mit 67 Jahren an einer erneuten Apoplexie zu Grunde ging. Die Mutter lebt, wird als eine rüstige, aber seit Jahren nervenleidende Persönlichkeit geschildert. Deren Mutter starb ziemlich bei Jahren, angeblich an einer Geschwulst des Kleingehirns. Ein Bruder des Vaters der Mutter soll Trinker gewesen sein. Des Vaters Vater starb früh an Gehirnerweichung.

Dr. S. hat zwei Brüder, die sich völliger Gesundheit erfreuen.

Er selbst erklärt, von nervösem Temperament, kräftiger Constitution gewesen zu sein. Nach einem acuten Gelenkrheumatismus, den er im 14. Jahre durchmachte, will er einige Monate an grosser Nervosität gelitten haben. In der Folge litt er oft an rheumatischen Beschwerden, sowie Herzklopfen und Kurzathmigkeit. Diese Beschwerden verloren sich allmählig unter dem Gebrauch von Seebädern. Vor 7 Jahren zog er sich eine Gonorrhöe zu. Diese Tripperkrankheit wurde chronisch und verursachte längere Zeit Blasenbeschwerden.

1887 erlitt Dr. S. den ersten Anfall von Nierensteinkolik. Solche Anfälle wiederholten sich im Winter 1887—1888 mehrmals, bis am 16. Mai 1888 ein ziemlich grosser Nierenstein abging. Seither war sein Befinden ein ziemlich befriedigendes. So lange er steinleidend war, will er beim Coitus, im Moment der Samenergiessung, einen heftigen Schmerz in der Harnröhre verspürt haben, desgleichen wenn er urinirte.

Bezüglich seines Curriculum vitae gibt S. an, er habe bis zum 14. Jahre das Gymnasium besucht, von da an, infolge seiner schweren Erkrankung, privatim weiter studirt. Darauf sei er 4 Jahre in einem Droguengeschäft gewesen, habe dann sechs Semester medicinischen Studien auf der Universität obgelegen, im 1870er Krieg als freiwilliger Krankenpfleger Dienste geleistet. Da er kein Abiturientenzeugniss besass, habe er das Studium der Medicin aufgegeben, den Dr. philos. erworben, dann in K. an der Mineraliensammlung, später in H. als Assistent des mineralogischen Instituts gedient, dann Specialstudien im Gebiete der Chemie der Nahrungsmittel gemacht und vor 5 Jahren die Stelle eines Vorstandes des städtischen Laboratoriums übernommen.

Explorat macht alle diese Angaben in prompter, präciser Weise, besinnt sich nicht auf seine Antworten, so dass man immer mehr den Eindruck gewinnt, dass man es mit einem wahrheitsliebenden und die Wahrheit sprechenden Menschen zu thun habe, um so mehr, als in den Explorationen der folgenden Tage die Angaben durchaus identisch lauten. Hinsichtlich seiner Vita sexualis gibt Dr. S. in bescheidener, decenter und offener Weise an, dass er vom 11. Jahre an sich über den Unterschied der Geschlechter klar zu werden begann, bis zum 14. Jahre einige Zeit der Onanie ergeben war, mit 18 Jahren zum ersten Mal und in der Folge mässig coitirte. Sein sinnliches Verlangen sei nie sehr gross gewesen, der sexuelle Akt bis auf die letzte Zeit nach jeder Richtung normal mit befriedigendem Wollustgefühl und Potenz. Seit seiner vor 2 Jahren geschlossenen Ehe habe er ausschliesslich mit seiner Ehefrau, die er aus Neigung geheirathet und noch jetzt herzlich liebe, coitirt, mindestens mehrmals in der Woche.

Frau Dr. S., deren Einvernehmung dem Gutachter möglich war, bestätigte vollinhaltlich diese Angaben.

Alle Kreuz- und Querfragen im Sinne einer perversen Geschlechtsempfindung dem Manne gegenüber beantwortete Dr. S. in den wiederholten Explorationen negativ, vollkommen übereinstimmend und ohne je auf die Antwort sich zu besinnen. Selbst als man ihn in eine Falle zu locken versuchte, indem man ihm vorstellt, dass der Nachweis einer perversen Geschlechtsempfindung für die Zwecke der Begutachtung höchst förderlich wäre, bleibt er bei seinen Angaben. Man gewinnt den werthvollen Eindruck, dass S. von den Thatsachen der Wissenschaft über mannmännliche Liebe nicht das Mindeste weiss. So erfährt man, dass seine Pollutionsträume nie Männer zum Inhalte hatten, dass ihn nur weibliche Nuditäten interessirten, dass er sehr gerne auf Bällen mit Damen tanzte u. s. w. Spuren irgendwelcher sexuellen Inclination zum eigenen Geschlecht sind an S. in keiner Weise zu entdecken. Bezüglich des Verhältnisses zu G. äussert sich Dr. S. genau so, wie er in der Untersuchung vor dem Richter angegeben hat. Er weiss seine Neigung zu G. nur dadurch zu erklären, dass er ein nervöser Mensch, ein Gemüths- und Rührungsmensch sei, sehr empfänglich für freundliches Entgegenkommen. Er habe sich in seiner Krankheit vereinsamt und verstimmt gefühlt; seine Frau sei häufig fort im Elternhause gewesen, und so sei es vorgekommen, dass er mit dem gutmüthigen, artigen G. befreundet worden sei. Er habe noch jetzt ein Faible für ihn, fühle sich in seiner Gesellschaft auffallend ruhig und zufrieden.

Er habe schon 2mal früher solche innige Freundschaften gehabt, so als er noch Student war, einem Corpsbruder gegenüber, einem Dr. A., den er auch umarmt und geküsst habe; später einem Baron M. gegenüber. Wenn er diesen einige Tage nicht sehen konnte, sei er ganz trostlos gewesen bis zum Weinen.

Eine solche Gemüthsweichheit und Anhänglichkeit habe er auch Thieren gegenüber. So habe er einen Pudel, der vor einiger Zeit starb, betrauert wie ein Familienglied, das Thier oft geküsst. (Bei Erwähnung dieser Erinnerungen treten Exploraten Thränen in die Augen). Diese Angaben werden vom Bruder des Exploraten bestätigt mit dem Bemerken, dass bezüglich der auffallenden Freundschaft seines Bruders mit A. und M. auch der leiseste Verdacht sexueller Färbung oder gar Beziehung ausgeschlossen erscheine. Auch das vorsichtigste und eingehendste Examiniren des Dr. S. ergibt für derartige Vermuthungen nicht den geringsten Anhaltspunkt.

Er behauptet, auch dem G. gegenüber nie die geringste sinnliche Regung, geschweige Erection oder gar sinnliches Verlangen gehabt zu haben. Die an Eifersucht grenzende Zuneigung zu G. motivirt S. einfach mit seinem sentimentalen Temperament und mit seiner überschwänglichen Freundschaft. G. stehe ihm noch jetzt so nahe, wie wenn er sein Sohn wäre.

Bezeichnend ist, dass S. erklärt, wenn G. ihm von seinen galanten Abenteuern mit Frauenzimmern erzählte, habe es ihn nur gekränkt, dass G. Gefahr lief, durch seine Ausschweifungen sich zu schaden, seine Gesundheit zu ruiniren. Ein Gefühl der eigenen Kränkung habe er dabei nie empfunden. Wenn er heute ein braves Mädchen für G. wüsste, so möchte er ihm dasselbe herzlich gönnen und behufs Eheschliessung Vorschub leisten.

S. will erst im Laufe der gerichtlichen Untersuchung eingesehen haben, dass er unklug handelte im socialen Verkehr mit G., indem er sich dadurch in das Gerede der Leute brachte. Mit der Harmlosigkeit dieses Freundschaftsverhältnisses erklärt er dessen Oeffentlichkeit.

Bemerkenswerth ist, dass Frau Dr. S. im Verkehr zwischen ihrem Mann und G. nie etwas Verdächtiges bemerkte, während doch die einfachste Frau schon ganz instinktiv derlei bemerken würde. Frau S. hat auch an der Aufnahme des G. ins S.'sche Haus keinen Anstand genommen. Sie macht in dieser Hinsicht geltend, dass das Fremdenzimmer, in welchem G. krank lag, im ersten Stock sich befindet und die Familienwohnung im dritten Stock; dass ferner S. nie allein mit G., während er im Hause war, verkehrte. Sie erklärt, von der Unschuld ihres Mannes überzeugt zu sein und ihn nach wie vor zu lieben.

Dr. S. gibt rückhaltlos zu, dass er G. früher oft geküsst und mit ihm auch über geschlechtliche Verhältnisse gesprochen habe. G. sei nämlich sehr auf Weiber aus, und da habe er ihn aus Freundschaft gewarnt vor geschlechtlichen Ausschweifungen, namentlich dann, wenn G., wie dies oft geschah, infolge sexueller Debauchen schlecht aussah.

Die Aeusserung, G. sei ein hübscher Mensch, habe er allerdings einmal gemacht, aber in ganz harmloser Beziehung.

Das Küssen des G. sei aus überschwänglicher Freundschaft erfolgt, wenn G. ihm gerade eine besondere Aufmerksamkeit oder Freude erwiesen habe. Niemals habe er dabei irgend eine sexuelle Empfindung verspürt. Auch wenn er hie und da einmal von G. träumte, sei dies in ganz harmloser Weise geschehen.

Von grossem Werth erschien es dem Verfasser, auch über die Persönlichkeit G.'s ein Urtheil gewinnen zu können. Von der gebotenen Gelegenheit wurde am 12. December d. J. ausgiebiger Gebrauch gemacht.

G. ist ein etwas zart gebauter, dem Alter — 20 Jahre — entsprechend entwickelter, neuropathisch und sinnlich erscheinender junger Mann. Die Genitalien sind normal und kräftig entwickelt. Den Befund am After glaubt der Verfasser übergeben zu dürfen, da er sich nicht berufen fühlt, über jenen ein Urtheil abzugeben. Bei längerem Verkehr mit G. bekommt man den Eindruck eines harmlosen, gutmüthigen, nicht hinterlistigen Menschen, der leichtsinnig, aber keineswegs sittlich verdorben ist. Nichts in Kleidung und Benehmen deutet auf perverse Geschlechtsempfindung. Im Sinne einer männlichen Courtisane kann nicht der leiseste Verdacht sich regen.

G., in medias res geführt, spricht sich dahin aus, dass S. und er im Gefühl ihrer Unschuld die Sache so gesagt hätten, wie sie wirklich war, und daraus habe man den ganzen Process aufgebauscht.

Anfangs sei ihm die Freundschaft des S. und namentlich das Küssen selbst auffällig vorgekommen. Später habe er sich überzeugt, dass es blosse Freundschaft war, und sich darüber nicht mehr gewundert.

G. habe den S. als väterlichen Freund erkannt und, da er ihm so uneigennützig entgegenkam, ihn gerne gehabt.

Der Ausdruck „hübscher Junge" sei gefallen, als G. eine Liebschaft hatte und wegen einer glücklichen Zukunft S. seine Befürchtungen aussprach. Da habe ihn S. getröstet und gesagt, er habe ja ein angenehmes Aeussere und werde schon eine Parthie machen.

Einmal habe S. ihm, G., geklagt, dass seine Frau Neigung zum Trinken habe, und sei bei dieser Mittheilung in Thränen ausgebrochen. Da sei G. gerührt über das Unglück seines Freundes gewesen. Bei dieser Gelegenheit habe ihn S. geküsst und um seine Freundschaft und häufigen Besuch gebeten.

S. habe nie spontan das Gespräch auf sexuelle Dinge gebracht. Als ihn G. einmal fragte, was Päderastie sei, von der G. in England viel gehört haben will, habe ihm S. dies erklärt.

G. gibt zu, dass er ein sinnlich veranlagter Mensch sei. Mit 12 Jahren sei er durch Reden der Lehrlinge in das Geschlechtsleben eingeweiht worden. Er habe sie onanirt, mit 18 Jahren zum ersten Mal coitirt, seither fleissig das Bordell besucht. Nie habe er eine Neigung zum eigenen Geschlecht verspürt, nie, wenn ihn S. küsste, eine sexuelle Regung empfunden. Er habe immer mit Genuss und ganz normal coitirt. Seine Traumpollutionen seien immer von lasciven Bildern, Weiber betreffend, begleitet gewesen. Die Insinuation, passiver Päderastie ergeben gewesen zu sein, weist er mit Berufung auf seine Descendenz aus gesunder und anständiger Familie entrüstet zurück. Bis zum Auftauchen der bezüglichen Gerüchte sei er harmlos und ahnungslos gewesen. Die an seinem Anus gefundenen Anomalien versucht er zu erklären, wie es in den Akten zu ersehen ist. Automasturbation in ano stellt er in Abrede.

Bemerkt zu werden verdient, dass Herr J. S. über angebliche mannmännliche Liebe seines Bruders nicht minder erstaunt gewesen sein will, als andere seinem Bruder nahestehende Leute. Allerdings habe er auch nicht begreifen können, was den Bruder an G. fesselte, und dass alle Vorstellungen, die Dr. S. von seinem Bruder bezüglich des Verhaltens G. gegenüber gemacht wurden, vergebens waren.

Der Untersuchende hat sich die Mühe genommen, Dr. S. und G., als sie in Gesellschaft von S.'s Bruder und Frau Dr. S. in Graz soupirten, in unauffälliger Weise zu beobachten. Diese Beobachtung ergab nicht das Mindeste im Sinne einer verbotenen Freundschaft.

Der Gesammteindruck, den mir Dr. S. machte, war der eines nervösen, sanguinischen, etwas überspannten Individuums, dabei gutmüthig, offenherzig und vorwaltend Gemüthsmensch.

Dr. S. ist körperlich kräftig, etwas korpulent, mit leicht brachycephalem, symmetrischem Schädel. Die Genitalien sind stark entwickelt, der Penis etwas bauchig, Vorhaut etwas hypertrophisch.

Gutachten.

Päderastie ist eine im heutigen Dasein der Menschen leider nicht seltene, immerhin aber bei den Bevölkerungen Europas ungewöhnliche, perverse, selbst monströs zu nennende Art der geschlechtlichen Befriedigung. Sie setzt eine angeborene oder erworbene Perversion des geschlechtlichen Empfindens, zugleich einen originären oder durch krankhafte Einflüsse erworbenen Defekt sittlicher Gefühle voraus.

Die gerichtlich medicinische Wissenschaft kennt genau die physischen und psychischen Bedingungen, auf Grund welcher diese Verirrung des Geschlechtslebens vorkommt, und im concreten und namentlich zweifelhaften Fall erscheint es geboten, nachzuforschen, ob auch diese empirischen, subjectiven Bedingungen für Päderastie vorhanden sind.

Dabei ist wieder wesentlich zu unterscheiden zwischen aktiver und passiver Päderastie.

Aktive Päderastie kommt vor:

I. Als nicht krankhafte Erscheinung:
1. Als Mittel der sexuellen Befriedigung bei grossem geschlechtlichen Bedürfniss und erzwungener Enthaltung von natürlichem Geschlechtsgenuss.
2. Bei alten Wüstlingen, die, in normalem Geschlechtsgenuss übersättigt und mehr oder weniger impotent geworden, überdies sittlich depravirt, zur Päderastie greifen, um durch diesen neuartigen Reiz ihre Wollust aufzukitzeln, ihrer psychischen und somatischen tief gesunkenen Potenz wieder aufzuhelfen.
3. Traditionell bei gewissen Völkern auf tiefer Culturstufe, bei unentwickelter Gesittung und Moral.

II. Als krankhafte Erscheinung:
1. Auf Grund angeborener conträrer Sexualempfindung, bei Abscheu vor dem geschlechtlichen Verkehr mit dem Weib, bis zur absoluten Unfähigkeit dazu. Wie schon Casper wusste, ist aber hier Päderastie sehr selten. Der sogenannte Urning befriedigt sich am Manne

durch passive oder mutuelle Onanie oder beischlafsähnliche Handlungen (z. B. Coitus inter femora) und gelangt zur Päderastie nur höchst ausnahmsweise aus geschlechtlicher Brunst oder aus Gefälligkeit bei tiefstehendem oder tiefgesunkenem moralischen Sinn.

2. Auf Grund erworbener krankhafter Sexualempfindung:
    a) Durch langjährige Onanie, die endlich impotent dem Weibe gegenüber machte, bei fortbestehender reger Geschlechtslust.
    b) Durch schwere psychische Krankheit (Altersblödsinn, Hirnerweichung der Irren etc.), bei welcher eine Verkehrung der Geschlechtsempfindung sich einstellen kann.

Passive Päderastie kommt vor:
I. Als nicht krankhafte Erscheinung:
1. Bei Individuen aus der Hefe des Volkes, die das Unglück hatten, von Wollüstlingen im Knabenalter verführt zu werden, deren Schmerz und Ekel durch Geld aufgewogen wurde, die sittlich verkamen und herangewachsen so tief gesunken waren, dass sie sich in der Rolle männlicher Hetären gefielen.
2. Unter analogen Verhältnissen wie bei I. 1. als Belohnung für aktiv gestattete Päderastie.

II. Als krankhafte Erscheinung:
1. Bei mit conträrer Sexualempfindung Behafteten, als Gegenleistung an Männer für erwiesene Liebesdienste, unter Ueberwindung von Schmerz und Ekel.
2. Bei sich dem Manne gegenüber als Weib fühlenden Urningen aus Drang und Wollust. Bei solchen Weibmännern besteht Horror feminae und absolute Unfähigkeit zu sexuellem Verkehr mit dem Weibe. Charakter und Neigungen sind weibisch.

Dergestalt sind die von der gerichtlichen Medicin und Psychiatrie gesammelten Erfahrungen. Vor dem Forum der medicinischen Wissenschaft bedarf es des Nachweises, dass ein Mann in eine der obigen Kategorien gehöre, um glaubhaft zu machen, dass er Päderast sei.

Vergebens forscht man in dem Vorleben und in der Erscheinung des Dr. S. nach Merkmalen, die ihn in eine der für aktive Päderastie wissenschaftlich feststehenden Kategorien einreihen liessen. Er ist weder die zu sexueller Abstinenz genöthigte, noch die durch Debauchen gegenüber dem Weibe impotent gewordene, noch die mannliebend geborene, noch durch Masturbation dem Weibe entfremdete und durch fortbestehenden Geschlechtsreiz zum Manne gedrängte, noch die durch schwere geistige Erkrankung sexuell pervers gewordene Persönlichkeit.

Es mangeln ihm sogar die allgemeinen Bedingungen für Päderastie — sittliche Imbecillität oder sittliche Depravation einer- und übergrosse Geschlechtslust andererseits.

Ebenso unmöglich ist die Unterbringung des Complicen G. in einer der empirischen Kategorien passiver Päderastie, denn er besitzt weder die Eigenschaften der männlichen Hetäre, noch die klinischen Kennzeichen des effeminirten, noch die anthropologischen und klinischen Stigmata des Weibmannes. Von allem ist er das Gegentheil.

Wollte man medicinisch-wissenschaftlich ein päderastisches Verhältniss zwischen den Beiden plausibel machen, so hätte Dr. S. die Antecedentien und Merkmale des activen Päderasten sub I. 2. und G. die der passiven sub II. 1. oder 2. zu bieten!

Vom gerichtlich psychologischen Standpunkt aus ist die dem Verdikt zu Grunde liegende Annahme unhaltbar.

Mit demselben Recht könnte man Jedermann für einen Päderasten halten. Es bleibt übrig zu erwägen, ob psychologisch die von Dr. S. und G. abgegebenen Erklärungen für ihre immerhin auffällige Freundschaft stichhaltig sind.

Psychologisch steht es nicht ohne Analogie da, dass ein so gemüthsweicher und excentrischer Mann wie S. — auch ohne alle sexuelle Regungen — in ein transcendentales Freundschaftsverhältniss eintritt.

Es genügt, an die innige Freundschaft in Mädchenpensionaten, an die aufopfernde Freundesliebe sentimentaler junger Leute überhaupt, an die Zärtlichkeit, welche der empfindsame Mensch zuweilen selbst einem Hausthiere gegenüber erweist — wo doch Niemand an Sodomie denken wird — zu erinnern. Bei der psychologischen Eigenart des S. ist eine überschwängliche Freundschaft dem jungen G. gegenüber immerhin begreiflich. Aus der Offenheit dieser Freundschaft lässt sich viel eher auf deren Harmlosigkeit, als auf sinnliche Leidenschaft schliessen.

Es gelang den Verurtheilten, die Wiederaufnahme des Verfahrens zu erreichen. Am 7. März 1890 fand die neuerliche Hauptverhandlung statt. Sie lieferte für die Angeklagten bezüglich der Zeugenaussagen wesentlich entlastende Thatsachen.

Die frühere sittliche Lebensführung des S. wurde allgemein anerkannt. Die barmherzige Schwester, welche den erkrankten G. im S.'schen Hause pflegte, fand im Verkehr zwischen S. und G. nie etwas Bedenkliches. Die früheren Freunde des S. bezeugten seine Moralität, seine innige Freundschaft und seine Gepflogenheit, sie beim Kommen und Gehen zu küssen. Die früher am Anus des G. vorgefundenen Veränderungen fanden sich nicht mehr vor. Einer der vom Gerichtshof geladenen Sachverständigen gab die Möglichkeit zu, dass sie durch blosse Digitalmanipulation entstanden waren. Ihr diagnostischer Werth wurde von den vom Vertheidiger geladenen Sachverständigen überhaupt bestritten.

Der Gerichtshof erkannte hierauf, dass der Beweis des imputirten Verbrechens nicht gelungen sei, und fällte ein freisprechendes Erkenntniss.

### Amor lesbicus [1]).

Die forensische Bedeutung ist eine sehr geringe da, wo es sich um sexuellen Verkehr unter Erwachsenen handelt. Praktisch könnte sie nur in Oesterreich in Betracht kommen. Als Pendant zum Urningthum hat diese Erscheinung anthropologisch-klinischen Werth. Das Verhältniss ist mutatis mutandis das gleiche wie bei Männern. An Häufigkeit scheint der Amor lesbicus dem mannmännlichen Verkehr nicht nachzustehen. Die grosse Mehrzahl der weiblichen Urninge folgt nicht einem angeborenen Drang, sondern entwickelt sich unter analogen Bedingungen wie der gezüchtete Urning.

Besonders gedeiht diese „verbotene Freundschaft" in den weiblichen Strafanstalten.

---

[1]) Vgl. Mayer, Friedreich's Blätter 1875, p. 41. — Krausold, Melancholie und Schuld 1884, p. 20. — Andronico, Archiv. di psich. scienze penali et anthropol. crim. Vol. III, p. 145. — Chevalier, L'inversion sexuelle. Paris 1893, p. 217 (sehr eingehende Darstellung der „saphischen Liebe" im modernen Paris).

Krausold (op. cit.) berichtet: „Die weiblichen Gefangenen schliessen oft solche Freundschaften, bei denen es allerdings, wenn möglich, auf ein mutuelles Manustupriren hinausläuft.

Allein nicht nur vorübergehende manuelle Befriedigung ist der Zweck solcher Freundschaften. Sie werden auch für längere Zeit, sozusagen systematisch geschlossen, wobei sich eine horrende Eifersucht und die Gluth der Liebe entwickelt, wie sie unter Personen verschiedenen Geschlechts kaum heftiger vorkommen kann. Wenn die Freundin einer Gefangenen von einer Anderen nur angelächelt wird, kommt es oft zu den heftigsten Eifersuchtsscenen, zu Prügeleien.

Hat nun die gewaltthätige Gefangene der Hausordnung gemäss Fesseln angelegt bekommen, so sagt sie: „sie habe von ihrer Freundin ein Kind erhalten".

Interessante Mittheilungen über gezüchteten Amor lesbicus verdanken wir auch Parent-Duchatelet (De la prostitution 1857, Bd. I, p. 159).

Der Ekel vor den abscheulichsten und perversesten Akten (Coitus in axilla, ore, inter mammas etc.), welche Männer an Lustdirnen begehen, soll nach diesem erfahrenen Autor nicht selten diese unglücklichen Geschöpfe zu lesbischer Liebe bringen. Aus seinen Andeutungen geht hervor, dass es wesentlich Prostituirte von grosser Sinnlichkeit sind, die, unbefriedigt von dem Umgang mit impotenten oder perversen Männern und angewidert von deren Praktiken, zu jener Verirrung gelangen.

Ueberdies sind Prostituirte, die sich als Tribaden bemerklich machen, durchweg Personen, die mehrjährige Gefängnissinsassen waren und in diesen Brutstätten lesbischer Liebe ex abstinentia sich diese Verirrung aneigneten.

Interessant ist, dass die Prostituirten Tribaden verachten, gleichwie der Mann den Päderasten verachtet, während die weiblichen Sträflinge dieses Laster nicht als anstössig betrachten.

Parent führt den Fall einer Prostituirten an, die betrunken einer Anderen lesbisch Gewalt anthun wollte. Darüber geriethen die andern Bordellmädchen in solche Entrüstung, dass sie die Sittenlose der Polizei denuncirten. Aehnliche Erfahrungen berichtet Taxil (op. cit. p. 166. 170).

Auch Mantegazza (Anthropologisch-culturhistorische Studien, p. 97) findet, dass der sexuelle Verkehr zwischen Weibern vorzugsweise die Bedeutung eines Lasters hat, das auf Grund unbefriedigter Hyperaesthesia sexualis sich entwickelt.

Bei zahlreichen derartigen Fällen — ganz abgesehen von angeborener conträrer Sexualempfindung — gewinnt man jedoch den Eindruck, dass ganz analog wie bei Männern (s. o.) das gezüchtete Laster allmählig zu erworbener conträrer Sexualempfindung, mit Abscheu vor dem sexuellen Umgang mit dem anderen Geschlecht führte.

Um solche Fälle mag es sich jedenfalls bei Parent handeln, bei welchen die Correspondenz mit der Geliebten ebenso schwärmerisch und überschwänglich war, wie unter Liebenden verschiedenen Geschlechts, Untreue und Trennung die Verlassene ausser sich brachten, die Eifersucht grenzenlos war und zu blutiger Rache führte. Entschieden krankhaft, möglicherweise Beispiele von angeborener conträrer Sexualempfindung sind folgende Fälle von Amor lesbicus bei Mantegazza p. 98:

1. Am 5. Juli 1777 wurde in London eine Frau vor Gericht gestellt, die sich, als Mann verkleidet, schon 3mal mit verschiedenen Frauen verheirathet hatte. Sie wurde vor aller Welt als Weib erkannt und zu 6 Monaten Kerker verurtheilt.
2. 1773 machte eine andere als Mann verkleidete Frau einem Mädchen den Hof und hielt um seine Hand an, aber das kühne Wagniss gelang nicht.

3. Zwei Frauen lebten 30 Jahre zusammen wie Mann und Frau. Erst auf ihrem Todtenbette enthüllte die „Gattin" den Umstehenden das Geheimniss.

Neuere bemerkenswerthe Mittheilungen gibt Coffignon (op. cit. p. 301).

Er berichtet, dass diese Verirrung neuerlich sehr in der „Mode" ist — zum Theil durch bezügliche Romane, zum Theil durch Erregung der Genitalien in Folge excessiver Arbeit an der Nähmaschine, Zusammenschlafen weiblicher Dienstboten in demselben Bett, Verführung in Pensionaten durch verdorbene Zöglinge oder Verleitung von Töchtern des Privathauses durch perverse Dienstmädchen.

Verfasser behauptet, dass dieses Laster („Saphismus") vorzugsweise bei den Damen der Aristokratie und bei Prostituirten angetroffen werde.

Er unterscheidet aber nicht physiologische und pathologische Fälle, unter den letzteren nicht erworbene und angeborene. Einige, entschieden pathologische Fälle betreffende Details entsprechen ganz den Erfahrungen, welche bezüglich conträrsexualer Männer bekannt sind.

Die Saphisten haben ihre Orte des Stelldicheins in Paris, erkennen einander an Blick, Geberden u. s. w. Saphistenpaare lieben es, sich ganz gleich zu kleiden, zu schmücken u. s. w. Man nennt sie dann „petites soeurs".

Mit folgenden markanten Zügen charakterisirt Chevalier (L'inversion sexuelle, Paris 1895), p. 268, die Perversität und unterscheidet er sie von der Perversion:

„... que l'on soit pédéraste ou lesbienne par surexcitation des sens épuisés, par avilissement mercantile, par besoin d'une ‚trompe la faim', par faiblesse d'esprit ou dilettantisme: il ressort de cette analyse que l'anomalie ne naît pas avec l'individu, que l'enfance l'ignore, qu'elle ne se montre guère d'un seul coup, mais peu à peu, graduellement, à un certain âge, après des pratiques sexuelles normales, qu'elle n'est ni permanente, ni absolue, qu'elle se concilie avec la pleine conscience et l'intégrité de l'intelligence, qu'elle peut s'amender et disparaître, qu'elle ne s'accompagne primitivement d'aucune tare physique ou psychique saillante, qu'elle n'a pas d'autre critérium objectif que le fait lui-même, qu'elle n'est ni fatale ni irrestible dans ses impulsions, qu'elle constitue enfin un état particulier d'origine plus sociale qu'individuelle. Défaut d'instinctivité, de spontanéité, d'incoercibilité, d'imutabilité, absence ou posteriorité des defectuosités organiques et mentales corrélatives, acquisition tardive et artificielle, préméditation des actes, conscience; genèse d'ordre mésologique, necessité d'une initiation préalable, et surtout nulle trace d'hérédité, ce sont bien là les caractères de la passion pure, du vice sans alliage. Somme toute: rien de pathologique; on doit donc prévenir, on peut donc réprimer."

### 8. Nekrophilie [1]).
(Oesterr. Stgsb. § 306.)

Die in Rede stehende scheussliche Art der sexuellen Befriedigung ist so monströs, dass die Vermuthung eines psychopathischen Zustandes

---

[1]) Vgl. Maschka, Hand. III, p. 191 (gute hist. Notizen). — Legrand, La folie. p. 521.

unter allen Umständen gerechtfertigt ist und die Forderung Maschka's, in solchen Fällen immer den Geisteszustand des Thäters untersuchen zu lassen, wohl begründet erscheint. Jedenfalls gehört eine krankhafte und entschieden perverse Sinnlichkeit dazu, um die natürliche Scheu, welche der Mensch vor Leichen hat, zu überwinden und gar an der sexuellen Vereinigung mit einem Cadaver Gefallen zu finden.

Leider ist bei den meisten in der Literatur verzeichneten Fällen der Geisteszustand nicht untersucht worden, so dass die Frage, wie Nekrophilie mit geistiger Gesundheit verträglich sei, eine offene bleiben muss. Wer Kenntnisse von den gräulichen Verirrungen des Sexualtriebs hat, wird jene Frage nicht ohne Weiteres zu verneinen sich getrauen.

## 9. Incest.
(Oesterr. Stgsb. § 132. Entw. § 189. Deutsch. Stgsb. § 174.)

Die Bewahrung sittlicher Reinheit des Familienlebens ist eine Frucht der Culturentwicklung, und lebhafte Unlustgefühle erheben sich beim ethisch intacten Culturmenschen da, wo ein lüsterner Gedanke bezüglich eines Gliedes der Familie auftauchen mag. Nur mächtige Sinnlichkeit und defecte rechtlich-sittliche Anschauungen dürften im Stande sein, zum Incest zu führen.

Beide Bedingungen können in belasteten Familien zusammentreffen. Trunksucht und ein Zustand des Rausches bei männlichen, Schwachsinn, der das Schamgefühl unentwickelt lässt und nach Umständen mit Erotismus bei weiblichen Individuen zusammentrifft, erleichtern das Vorkommen blutschänderischer Handlungen. Aeussere, Vorschub leistende Bedingungen sind die mangelhafte Trennung der Geschlechter in Proletarierkreisen.

Als entschieden pathologische Erscheinungen haben wir Incest bei angeborenen und erworbenen geistigen Schwächezuständen, ferner in seltenen Fällen von Epilepsie und Paranoia vorgefunden.

In einer grossen Zahl von Fällen, wohl der Mehrzahl, lässt sich jedoch eine pathologische Begründung des nicht bloss die Bande des Bluts, sondern auch die Gefühle eines Culturvolks tief verletzenden Aktes nicht erweisen. In gar manchem Falle, der in der Literatur berichtet ist, ist übrigens eine psychopathische Begründung zur Ehre der Menschheit möglich.

Im Falle Feldtmann (Marc-Ideler I. p. 18), wo ein Vater beständig unsittliche Attentate auf seine erwachsene Tochter machte und sie schliesslich tödtete, bestand bei dem unnatürlichen Vater Schwachsinn und wahrscheinlich überdies periodische Geistesstörung. In einem anderen Falle von Incest zwischen Vater und Tochter (l. c. p. 247) war wenigstens diese schwachsinnig. Lombroso (Archiv. di Psichiatria VIII, p. 519) berichtet den Fall eines 42 Jahre alten Bauern, welcher mit seinen 22, 19 und 11 Jahre alten Töchtern Incest trieb, die 11jährige sogar zur Prostitution zwang und im Bordell aufsuchte. Die gerichtsärztliche Untersuchung ergab Belastung, intellectuellen und moralischen Schwachsinn, Potatorium.

Psychisch unexplorirt sind Fälle wie der von Schürmayer (Deutsche Zeitschr. für Staatsarzneikunde XXII, H. 1) berichtete, in welchem eine Frau ihren 5½jährigen Sohn auf sich legte und mit ihm Nothzucht trieb, ferner der von Lafarque (Journ. méd. de Bordeaux 1874), wo ein 17jähriges Mädchen den 13jährigen Bruder auf sich legte, membrorum conjunctionem bewerkstelligte und den Bruder masturbirte.

Belastete Individuen betreffen die folgenden Fälle.

Legrand (Ann. méd.-psych. 1876, Mai) erwähnt ein junges Mädchen von 15 Jahren, das seinen Bruder zu allen möglichen sexuellen Excessen an ihrem Körper verführte, und nachdem der Bruder nach 2jährigem blutschänderischem Umgang gestorben war, einen Mordversuch an einem Verwandten machte. An gleicher Stelle findet sich der Fall einer 36jährigen Ehefrau, die ihre offene Brust zum Fenster hinaushing und mit ihrem 18jährigen Bruder Unzucht trieb; ferner der einer Mutter von 39 Jahren, die mit ihrem Sohn, in den sie sterblich verliebt war, Incest trieb und, schwanger von ihm, Abortus provocirte.

Fall 2 der gerichtlich psychiatrischen Gutachten aus der Züricher psychiatrischen Klinik, herausgegeben von Kölle, betrifft Incest eines mit Alkohol. chron. behafteten Vaters an seiner schwachsinnigen erwachsenen Tochter.

Dass verworfene Mütter in Grossstädten zuweilen ihre kleinen Töchter, um sie für die sexuelle Benutzung durch Wüstlinge zu präpariren, in scheusslicher Weise bearbeiten, wissen wir durch Casper. Diese verbrecherische Handlung gehört in ein anderes Gebiet.

### 10. Unsittliche Handlungen mit Pflegebefohlenen, Verführung (Oesterreich).

(Oesterr. Stgsb. § 131. Entw. § 188. Deutsch. Stgsb. § 173.)

Dem Incest nahestehend, jedoch das sittliche Gefühl nicht so tief verletzend, erscheinen die Fälle, wo Jemand eine seiner Aufsicht oder seiner Erziehung anvertraute und mehr oder weniger in Abhängigkeit von ihm stehende Person zur Begehung oder Duldung einer unzüchtigen Handlung verleitet. Eine psychopathische Bedeutung scheinen derartige, strafrechtlich besonders qualificirte unzüchtige Handlungen nur ausnahmsweise zu haben.

# Register.

## A.

Amor lesbicus 307. 369.
— gezüchteter 370.
Anästhesie, sexuale 35.
— angeborene 39.
— erworbene 44.
Androgynie 215. 250.
Anthropophagie 60.
Aphrodisiaca 25.

## B.

Bestialität 307. 340.
— Unterscheidung von Zooerastie 345.

## C.

Chantage 352.
Christenthum, Stellung des Weibes 3.
Cohabitation 30.
Cölibat 13.
Conträre Sexualempfindung 182.
— erworbene 185.
— angeborene 214.
— Behandlung der 279.
— Complicationen mit anderen Perversionen 275.
— Diagnose der erworbenen 277.
— der angeborenen 278.
— Erklärungsversuche derselben 218.
— beim Manne 224.
— beim Weibe 254.
— Prognose der 277.
— Prophylaxe der 278.
— Suggestionstherapie 279.
— Zeichen der neuropathischen Belastung bei 216.
Coquetterie 14.
Cunnilingus 308.

## D.

Defeminatio 192.
Delicte, sexuelle 304.
— Charakter, pathologischer 307.
— Zurechnungsfähigkeit bei 305.

Dementia paralytica 290.
Diebstahl auf Grund von Fetischismus 332.

## E.

Effeminatio 215. 244.
Ehe 14.
Ehebruch 13.
Ejaculationscentrum, Affectionen des 34.
Entwicklungshemmungen, psychische 286.
Epilepsie 291.
Erection 23.
Erectionscentrum, Affectionen des 33.
Erogene Körpertheile 29. 30.
Eviratio 192.
Exhibitionieren 308.
— bei Epileptikern 310.
— bei hereditär Degenerativen 314.
— bei Neurasthenikern 312.
— bei Schwächezuständen, erworbenen geistigen 309.

## F.

Fellare 308.
Fetisch 15.
 Auge 19. 153. Ausdünstung 19. Costüm 161. Fuss 19. 151. Haar 19. 156. Hand 19. 147. Seine Beziehungen zu anderen sexuellen Perversionen 148. 150. Handschuh 19. Haut 155. Körperfehler 154. Lederhandschuh 178. Mund 153. Ohr 153. Rosen 180. Schuh 19. 153. 169. Schuh- und Fussfetischismus als larvirter Masochismus 108. Schürze 165. Seele 20. Stimme 19. Stoff 173. Taschentuchfetischismus und conträre Sexualität 168. Thier 181. Unterrock 165. Weiber 21. Zopfabschneider 157.
Fetischismus 15. 51. 142.
— erotischer 15.
— physiologischer 16. 17.
— religiöser 15.
— als erworbene Perversion 145.

Fetischismus, Erklärung des, von Binet 145.
— Gegenstands- und Kleiderfetischismus 144. 160.
— Körpertheilfetischismus 143.
— Körperverletzung, Raub, Diebstahl bei 332.
— Wesen des Fetischismus 143.
Flagellation als Aphrodisiacum 27.
— auf Grund von Sadismus 66. 326.
— und Masochismus 90.
Flagellantensecten 27.
Frottage, Erklärung der 321.
Frotteurs 319.

### G.

Geistesschwäche, consecutive nach Psychosen 289.
— durch Lues erworbene 290.
Geruchssinn und Geschlechtssphäre 23. 25. 26.
Geschlechtsempfindung, Verkehrung der 188.
Geschlechtsreife 22.
Geschlechtstrieb 1. 23.
— als Grundlage ästhetischer Gefühle 9.
— socialer 1.
— als physiologischer Vorgang 30.
— im Kindesalter 35.
— im Greisenalter wieder erwachend 37.
Grausamkeit und Wollust 54.
— erduldete und Wollust 79.
Gynandrie 215. 256. 268. 269.

### H.

Hermaphrodisie, psychische 226. 257.
— psychosexuale 215. 282.
Homosexuale 234.
Homosexualität 215. 259. 261 (siehe auch Conträre Sexualempfindung).
Hörigkeit, geschlechtliche 130. 329.
Hyperästhesie, sexuale 35. 45.
Hysterie 300.

### I.

Impotenz 11.
— psychische als Folge von Fetischismus 146.
Incest 372.
Irresein, periodisches 296.

### K.

Klimacterium beim Weibe 12.
Knabenliebe 245.
Koprolagnie 120.
Körperverletzung auf Grund von Fetischismus 332.
— — — — Sadismus 326.

### L.

Leichenschändung 63. 307.
Liebe 10.
— erste 10.
— leidenschaftliche 2.
— platonische 11.
— sapphische 255.
— sentimentale 11.
— wahre 10.
Lustmord 59. 307. 322.
— passiver 101.

### M.

Manie 298.
Masochismus 79. 329.
— als originäre Abnormität 186.
— Aufsuchen von Misshandlung und Demüthigung 81.
— des Baudelaire 106.
— des Jean Jaques Rousseau 105.
— Erklärung des 128.
— Erklärungsversuch Binets 106.
— Flagellation 90.
— Fuss- und Schuhfetischismus 108.
— ideeller 102.
— Koprolagnie 120.
— larvirter 108. 120.
— symbolischer 101.
— und Sadismus, Analogie 137.
— — — bei demselben Individuum 140.
— und conträre Sexualempfindung 141.
— Verhältniss zur geschlechtlichen Hörigkeit 130.
— Wesen des 80.
— des Weibes 125.
Masturbation, Folgen der 185.
— mutuelle 307.
— impulsive 313.
Melancholie 300.
Menstruation 22.
Metamorphosis sexualis paronoia 186. 209.
Misshandlung von Weibern 66.

### N.

Nase, Beziehungen derselben zur Geschlechtssphäre 21.
Nekrophilie 307. 371.
Neurasthenie 312.
Neurosen, sexuale, Schema derselben 33.
— cerebral bedingte 34.
— peripherische, spinale 33.
Nothzucht 307. 322.
Nymphomanie 299.

### P.

Päderastie 307. 346.
— nicht krankhafte 356.
— Vorkommen der activen 367.
— — — passiven 368.

Paedicatio mulierum 362.
Paedophilia erotica 286. 337.
— bei conträr Sexualen 339.
Paginismus 87.
Paradoxie, sexuale 35.
Parästhesie der Geschlechtsempfindung 53.
Paranoia 301.
Parfums 26.
Perversion 53.
Perversität 53.
Physiologie des Sexuallebens 22.
Polygamie 4.
— christlicher Fürsten 4.
Prostitution, männliche 361.
Psychologie des Sexuallebens 1.
    Unterschied zwischen Mann und Weib 12.
Psychopathia sexualis periodica 297.
Pubertät 7. 10.
Putzsucht 14.

### R.

Raub auf Grund von Fetischismus 332.
Religion und Sinnlichkeit 7. 8.

### S.

Sadismus 54.
— an beliebigem Object 73.
— Besudelung weiblicher Personen 71. 326.
— Knabengeissler 73.
— Leichenschändung 63.
— Lustmord 59.
— Misshandlung von Weibern 66. 326.
— symbolischer 73.
— und conträre Sexualempfindung 141.
— und Masochismus, Analogie 136.
— — — bei demselben Individuum 140.
— Wesen des 55.
— des Weibes 78.
Sadistische Acte am Thier 76.
Satyriasis 35. 49. 299.
Schamhaftigkeit 2. 14.
Schändung 307.
Schwachsinn nach Apoplexie 289.
— — Kopfverletzung 289.
Schwärmerei, religiöse 7.
Schweissausdünstung 25.
Selbstgefühl und Impotenz 11.
Selbstmord aus unglücklicher Liebe 11.
Sexualleben, krankhaftes bei geistigen Störungen 286.
— — Epilepsie 291.

Sexualleben, krankhaftes bei Hysterie 300.
— — — periodischem Irresein 296.
— — — Manie 298.
— — — Melancholie 300.
— — — Paranoia 301.
— — — psychischen Entwicklungshemmungen 286.
Sittlichkeit 6.
— temporärer Verfall 6.
Skopzen 12.
Skythenwahnsinn 195. 213.
Sodomie 340. 346.
Statuenschändung 321.

### T.

Thierschändung 340.

### U.

Unzucht 334.
Unzuchtsdelicte, Charakter der 335.
— Vorkommen der psychopathologischen 336.
Urninge 217. 234.
— forensische Beurtheilung der 347. 351.
— sexuelle Acte der 225.

### V.

Verführung 373.
Vermittlichung des Menschengeschlechtes 6.
Viraginität 215. 255. 265.
Vita sexualis-Gesittung 2.
Voyeurs 321.

### W.

Weib 4.
— Stellung desselben in der christlichen Kirche 4.
— — im Islam 4.
Wollustgefühl beim sexuellen Act 31.

### Z.

Zonen, erogene 29.
Zooerastie 342.
— Erklärung der 343.
— Unterscheidung von Bestialität 345.
Zoophilia erotica 181.
Zopfabschneider 157.